化学驱提高石油采收率

（修订版）

杨承志　等著

石油工业出版社

内 容 提 要

本书是一部系统、全面论述化学驱法提高石油采收率的著作。介绍了提高石油采收率的储集层物理基础、驱油机理、方法筛选和应用原则以及矿场实施的风险分析理论;重点论述了化学驱油的理论基础,对驱油体系的界面性质、多相体系的胶体化学原理、相平衡原理、表面活性剂及其溶液性质、化学剂的协同效应和相互作用、高分子化合物及其水溶液性质等进行了完整的理论阐述;分别论述了各种化学驱油方法的原理;最后阐述了化学驱油的物理模拟、数学模拟、相似理论和实验研究技术等。

本书适合用作科学研究人员、工程技术人员和高等学校教学人员的科研、生产和教学参考书,同时也可作为培养石油高级技术人才的教科书。

图书在版编目(CIP)数据

化学驱提高石油采收率/杨承志等著.—修订本.
北京:石油工业出版社,2007.10
ISBN 978 – 7 – 5021 – 6150 – 7

Ⅰ. 化…
Ⅱ. 杨…
Ⅲ. 化学驱油 – 采收率(油气开采) – 文集
Ⅳ. TE 357 – 53

中国版本图书馆 CIP 数据核字(2007)第 096842 号

出版发行:石油工业出版社
　　　　　(北京安定门外安华里2区1号　100011)
　　　　　网　址:www.petropub.com.cn
　　　　　总　机:(010)64262233　发行部:(010)64523620
经　销:全国新华书店
印　刷:石油工业出版社印刷厂

2007年10月第2版　2007年10月第2次印刷
787×1092毫米　开本:1/16　印张:28.5
字数:726千字　印数:2001—4000册
定价:98.00元
(如出现印装质量问题,我社发行部负责调换)
版权所有,翻印必究

《化学驱提高石油采收率》序

在油田开发后期，在满足经济效益的前提下，尽可能地提高石油采收率，最大限度地开采水驱剩余油，充分挖掘油田潜力，是油田经营者普遍关注的极为重要的任务。

在我国，为了满足日益发展的社会主义经济建设对能源的需求，不断提高油田开发的效益，就必须十分重视提高石油采收率这一关键性的技术方向问题。

为此，我国油田、科研院所和院校进行了多年的化学驱提高石油采收率的研究、开发和现场实施。经过长期的工作，我国在此方面已积累了大量的资料、研究成果和丰富的经验。从理论、技术、方法、工艺等方面及理论与实践的结合上系统地总结这方面的进展，对提高石油采收率的科学研究、技术和工艺开发、现场应用和推广等都是很有必要的。《化学驱提高石油采收率》一书是系统地论述并总结这方面经验的专著。它的出版丰富了提高石油采收率理论和技术的知识宝库。必将对我国石油可采储量的提高、原油稳产和长期高产、生产效益的提高以及提高石油采收率方面的科研开发和人才培养做出贡献。

本书著者杨承志教授等人长期从事提高石油采收率的研究工作，在理论和实践上有丰富的积累，取得了许多高水平的研究成果，特别是在化学驱油剂溶液理论、液—液和液—固界面科学、化学驱油机理等方面做出了新的贡献。他和他的研究组长期同国外合作，共同取得的研究成果受到了国际同行的普遍关注。他和他的同事们共同撰写的《化学驱提高石油采收率》一书将国内外的经验和他们自己的研究成果融会贯通，内容丰富，是一本实用性很强的论著。有关科研、工程技术人员、油田管理和经营者以及高等学校教师、研究生和高年级本科生等读者都可以从中得到提高石油采收率方面的有益知识。

中国科学院院士
韩布平

《化学驱提高石油采收率》前言

　　石油是不可再生的能源。经济有效地开采已经发现的油田是油田开发过程中的永恒课题。利用油田天然能量和注水开采石油是迄今为止最为经济有效的采油技术。但是，据统计水驱石油采收率只采出石油地质储量的三分之一到五分之二左右，即大约多半的石油地质储量难以用注水的方法开采。自20世纪初，人们就开始探索开采水驱剩余油的技术。科学工作者们历经了漫长而艰难的道路，开展了卓越而有成效的研究工作。将这种技术概括为强化采油（Enhanced Oil Recovery，EOR）或改善石油采收率（Improved Oil Recovery，IOR）。包括混相驱、化学驱和热力驱等。这些技术是向油层中注入气体、化学剂或热能等，使水驱后剩余的油向油井流动而增加油井的产量。注入气体和热能基本上是利用物理的方法采油，而注入化学剂则是利用化学或物理—化学的方法采油。本书所论述的是注入化学剂即化学驱油提高石油采收率。

　　水是最廉价的驱油剂，然而，造成水驱石油采收率不高的原因：一是水的黏度低于石油的黏度，造成驱动过程中水的"指进"；二是油层的非均质引起水的"突进"；三是水动力学压力不足以克服毛细管力而形成油的"捕集"（或"圈捕"）等。化学驱油的研究内容就是在水中加入适当的化学剂，以改善水的"指进"、"突进"和油的"捕集"（或"圈捕"），揭示流体（驱油剂、油等）在多孔介质中的流动及流体同油层岩石间的相互作用规律。基于对化学驱油原理的认识，开发出了聚合物驱油、碱水驱油、表面活性剂驱油、多元组分复合驱油及泡沫驱油等提高石油采收率技术。

　　该书在系统论述化学驱油理论和技术的基础上，以更多的笔墨综述了中国油田的石油地质和开发特点及化学驱油技术的新的发展，新的成果和新的技术。从石油地质学，油层物理学和油田开发工程学的观点讲述了胶体和界面科学，渗流力学和流变学，展示了化学驱油的内涵及其基本规律。归根结底，化学驱是一种应用科学技术方法，因此，本书还以相当的篇幅论述了化学驱油的油田工程方法和数学模拟方法。

　　本书共分六章，第一章提高石油采收率的油田地质基础；第二章提高石油采收率的方法与应用的基本程序；第三章聚合物驱提高石油采收率；第四章多元组分复合驱提高石油采收率；第五章化学驱数值模拟；第六章化学驱油剂的检测。

　　本书第一章由何劲松、王德辰、载志坚、杨承志撰写；第二章由哈斯、杨振宇、廖广志、杨承志撰写；第三章、第四章由杨承志、李和全、童正新撰写；第五章由廖广志撰写；第六章由杨承志、梁萝兰撰写。全书由杨承志统编统审。

　　本书在撰写过程中，得到了北京石油勘探开发科学研究院采收率所、大庆石油管理局研究院、玉门石油管理局研究院、河南石油勘探局研究院等的大力支持；郭尚平院士、韩大匡教授、张朝琛教授、陈立滇教授等进行了具体的指导，提出了宝贵的意见；李延琴高级工程师对全书文字、图表进行了校订。表面化学研究室的所有同事以及近百位实习的大学生们、研究生们为本书所述研究成果作出了重要贡献。许多同事提供了宝贵的研究资料和图表。作者们对以上单位和个人表示衷心的感谢。由于作者水平所限，书中错误在所难免，热切希望读者批评指正。

作　者

1995年5月

《化学驱提高石油采收率（修订版）》前言

本书自出版发行以来受到了许多读者的关心和爱戴，他们或者作为案头书、或者作为教材、或者作为博士和博士后考试用书，作者对此深感欣慰。但是，随着科学技术和石油工业的发展，重新审读这本书，作者深感有许多遗憾和不足之处，许多读者朋友和使用单位也提出了不少宝贵意见和建议。为此，作者应读者和一些单位的要求对本书进行了全面修订和补充。

作者在修订版中本着既要适合科学研究人员、工程技术人员和学校教学人员用作参考书，又要满足培养高级人才作为教科书的原则对第一版进行修订。修订版着重加强了基础理论的论述，并结合近年来胶体与界面科学和提高石油采收率技术的最新发展，收录了已经臻于完善的相关理论和技术。修订版在保持第一版基本框架的基础上，力求完整地、系统地对化学驱提高石油采收率进行论述，使读者在掌握相关基础理论的基础上，能够全面地了解化学驱提高石油采收率的知识。为此，修订版修订和增加了如下内容：（1）化学驱油体系的界面性质；（2）表面活性剂的溶液性质；（3）聚合物水溶液的性质；（4）化学驱油的数值模拟；（5）相似理论和方法；（6）化学驱油的物理模拟和实验技术等。在原书总共六章的基础上增加为八章，为了强调基础理论知识，添加了"化学驱提高石油采收率的理论基础"一章；为了便于深入论述表面活性剂驱油和碱水驱油，将第一版的第三章分作"表面活性剂驱提高石油采收率"（第五章）和"碱水驱油提高石油采收率"（第六章）。近年来发展起来的化学复合驱提高石油采收率由于其基础理论没有重大的变化，没有列为专章进行论述，只在第五章中作为一节进行讨论。由于化学驱油是一项实验科学，因此，在第八章中增加了相似理论和物理模拟内容。

本书在修订过程中，韩大匡、沈平平、吴肇亮等人提出了宝贵的建议，同时得到了于连成、王洪庄、袁红、王强等人的帮助，他们提供了相关的资料。中国石油勘探开发科学研究院博士点和博士后流动站给予了大力的支持。对此，作者致以衷心的感谢！

李延琴自始至终参与了本书的修订和技术审查工作，做出了卓有成效的贡献，作者深感荣幸！

由于作者水平有限，修订版中的错误仍在所难免，衷心希望读者提出宝贵意见！

作　者
2006年秋于望都家园

目　　录

1 提高石油采收率的油田地质基础 ··· 1
　1.1 油藏流体物理化学性质 ··· 1
　1.2 储集层物理化学性质 ·· 15
　1.3 剩余油分布与监测方法 ··· 34
2 提高石油采收率的方法与应用 ·· 44
　2.1 油田开发阶段 ·· 47
　2.2 提高石油采收率的基本原理 ··· 49
　2.3 提高石油采收率方法概述 ·· 56
　2.4 提高石油采收率方法筛选 ·· 58
　2.5 提高石油采收率方法应用的基本程序 ··· 63
3 化学驱提高石油采收率的理论基础 ·· 73
　3.1 化学驱油体系的界面性质 ·· 73
　3.2 表面活性剂溶液性质 ··· 116
　3.3 水溶性高分子聚合物的物理化学性质 ·· 178
4 聚合物驱提高石油采收率 ·· 208
　4.1 概述 ··· 208
　4.2 聚合物驱油的基本原理 ··· 209
　4.3 聚合物溶液在多孔介质中的性质 ·· 210
　4.4 聚合物溶液驱油 ·· 219
5 表面活性剂驱油提高石油采收率 ··· 236
　5.1 概述 ··· 236
　5.2 表面活性剂驱油机理 ·· 239
　5.3 表面活性剂驱油体系的相态平衡 ·· 240
　5.4 化学驱油过程中表面活性剂损失及抑制途径 ··· 261
　5.5 表面活性剂驱油 ·· 278
　5.6 化学复合剂驱油 ·· 287
　5.7 泡沫驱油 ··· 300
6 碱水驱油提高石油采收率 ·· 317
　6.1 概述 ··· 317
　6.2 碱水驱的基本原理 ··· 318
　6.3 碱水—原油界面的化学动力学 ··· 320
　6.4 碱同岩石的相互作用 ·· 322
　6.5 碱水驱过程中垢的沉积 ··· 326
7 化学驱油的数值模拟 ·· 327
　7.1 聚合物驱油的数值模拟 ··· 327

7.2　化学复合驱油的数值模拟……………………………………………………334
8　化学驱油实验研究技术……………………………………………………………357
　　8.1　物理模拟基础理论……………………………………………………………357
　　8.2　化学复合驱油物理模拟相似准则的确定方法………………………………370
　　8.3　聚合物驱油物理模拟相似准数的确定方法…………………………………376
　　8.4　化学驱油物理模拟实验………………………………………………………380
　　8.5　表面活性剂的检测方法………………………………………………………382
　　8.6　聚合物的检测方法……………………………………………………………393
参考文献………………………………………………………………………………………403
附录……………………………………………………………………………………………410

1 提高石油采收率的油田地质基础

1.1 油藏流体物理化学性质

油藏中储藏着各种不同的流体,包括:原油、天然气、地层水(束缚水、边水或低水)等,天然气以游离或在原油中溶解的状态存在,在油藏投入开发之前,油藏中的各种流体处于相对平衡状态。

1.1.1 原油

1.1.1.1 原油的化学组成

石油主要由碳和氢元素组成,还含有少量的氧、硫、氮及其他金属元素。石油是烃类、非烃类及其各种衍生物的混合物,其主要族组成为:饱和烷烃(包括正构、异构烷烃和环烷烃)、芳香烃(包括纯芳香烃、环烷—芳香族烃及环状的含硫化物)和胶质及沥青质(主要指含氮、硫、氧的各种稠环化合物),一般而言,据统计,在可正常生产的原油中,其化学组成为:饱和烃约占57.2%,芳香烃约占28.6%,胶质和沥青质约占14.2%。以中国大庆油田为例,其原油的族组成见表1-1-1。

表1-1-1 大庆油田原油族组成

油 田	总烃,%	饱和烃,%	芳烃,%	胶质,%	沥青质,%
喇嘛甸	81.9	57.1	24.8	17.3	0.8
萨尔图	78.8	62.6	16.2	20	1.2
杏树岗	84.8	66.3	18.5	14.3	0.9
高台子	87.1	71.6	15.5	11.7	1.2
葡萄花	89.0	70.1	18.9	10.5	0.5

1.1.1.1.1 饱和烷烃

饱和烷烃包括正构和异构链(即支链)烷烃及其各种同分异构体。$C_1 \sim C_4$烷烃为气体,$C_5 \sim C_{11}$为汽油馏分,$C_{12} \sim C_{20}$为煤油、柴油馏分,$C_{20} \sim C_{36}$为润滑油馏分。C_{16+}的正构烷烃通常以溶解状态存在于石油中,当温度降低至凝固点(或倾点),以结晶状态析出称为石蜡,石蜡值(量)是衡量原油中石蜡含量的参数,石蜡值大于60的原油为石蜡基原油,例如:大庆、沈阳、齐古、吐哈、彩南和柯克亚油田的原油为石蜡基原油,总体上讲,中国油田大都发现于陆相沉积地层,原油大都以石蜡基为主。支链烷烃多存在于C_{10+},常见的有姥鲛(四甲基十五烷)和植烷(四甲基十六烷)等,表1-1-2列举了中国一些油田原油的馏分组成。

环烷烃是环状结构的烷烃,其通式为C_nH_{2n},通常有五碳、六碳环烷烃及其衍生物,单环及多环(双环、三环)共存。低级环烷烃和卤素起加成反应,而环戊烷、环己烷的环烷烃较稳定,但易发生取代作用,也会产生异构化、脱氢反应而转化成芳香烃。

表 1-1-2　中国一些油田原油馏分组成

原油馏分组成（质量分数），%　　初馏点，℃ 油　田	－200	200~350	350~500	>500
大庆	11.5	19.7	26.0	42.8
胜利	2.5	12.6	27.5	47.4
孤岛	6.1	14.9	27.2	51.8
辽河	12.3	24.3	29.9	33.5
华北	2.3	21.1	32.4	39.2
中原	19.4	25.1	23.2	32.3
克拉玛依	15.4	26.9	28.9	29.7
单家寺	1.7	11.5	21.2	65.6
欢喜岭	3.7	20.6	35.4	40.3
克拉玛依九区	1.7	18.3	23.7	51.3
井楼	0.3	2.1	33.2	57.4

1.1.1.1.2　芳香烃

石油中的芳香烃是一个非常复杂的族类，常见的芳香烃包括芳香烃、环烷芳香烃，它们的各种衍生物列于表 1-1-3 中。芳香烃一般有烷基苯、烷基萘等化合物；环烷芳香烃

表 1-1-3　芳香烃的多种衍生物（据 Tissot 和 Welte，1979）

分子式	单芳环烃	双芳环烃	三芳环烃	硫化芳香分子	
C_nH_{2n-6}	（烷基）苯			$C_nH_{2n-10}S$	苯并噻吩（硫茚）
C_nH_{2n-8}	R			$C_nH_{2n-12}S$	
C_nH_{2n-10}	R			$C_nH_{2n-14}S$	
C_nH_{2n-12}	R	（烷基）萘		$C_nH_{2n-16}S$	
C_nH_{2n-14}	R	R		$C_nH_{2n-18}S$	二苯并噻吩（硫芴）
C_nH_{2n-16}		R		$C_nH_{2n-20}S$	
C_nH_{2n-18}		R	（烷基）菲	$C_nH_{2n-22}S$	萘并硫茚
C_nH_{2n-20}			R	$C_nH_{2n-24}S$	

注：依据分子质量公式 C_nH_{2n-p}，芳香烃、环烷芳香烃和含硫芳香烃（噻吩）衍生物的例子在许多情况下可能有几种结构，图中所示仅为最常见的或最有可能的一种结构。

可以有多种结构形式和茚满、萘满及其甲基衍生物,三环四氢化菲及其衍生物也常见,四环、五环分子多为甾族化合物和三萜类化合物。通常苯环不易破裂,具有很强的稳定性,但环上的氢原子易被取代,如产生磺化、卤化、硝化反应,如在适当条件下同 SO_3(或发烟硫酸、氯磺酸等)反应生成烷基苯基磺酸。这部分化合物是制造石油磺酸盐的基本成分。表1-1-4、表1-1-5列举了几个中国油田350~500℃馏程中芳烃的含量及族组成。根据芳香烃的含量及族组成,可以选择用于合成石油磺酸盐的原油。

表1-1-4　350~500℃馏分族组成

油田	链烷烃,%	环烷烃,%	总芳烃,%					胶质,%	酸值 mgKOH/100ml
			单环芳	双环芳	三环芳	四环芳	五环芳		
大庆	52	34.6	7.60	3.4	1.5	0.6	0.1		
胜利	43.6	29.9	11.9	6.6	2.3	1.3	0.1	2.5	39~42
孤岛	13	48.7	13.5	12.4	6.1	2.5	0.1		14.9~211
克拉玛依	10~13	66~71	9~10	3.2~3.5	2.1~2.3	0.5	0.1	0	15~44
中原	50.7 30(正构) 20.7(异构)	29.7	10.1	5.0	2.5	1.0		2.0	
辽河	30.2	29.8	13.4	11.6	5.3	1.9	0.2	6.1	
锦十六块	7.5	48.0	12.6	11.4	7.1	3.5	0.8	5.9	

表1-1-5　350~500℃馏分中单芳烃组成

组成	克拉玛依	孤岛	胜利混合油	大庆
烷基苯,%	3.8	4.1	5.7	4.1
环烷基苯,%	3.3	4.6	3.4	2.0
二环烷基苯,%	3.5	4.8	2.8	1.5
总单芳烃,%	10.6	13.6	11.9	7.6

1.1.1.1.3　非烃化合物

非烃化合物主要指含硫、氮、氧的碳氢化合物,这些化合物主要存在于重质组分中,在低、中等相对分子质量组分中偶尔可见,有些化合物如 H_2S 存在于天然气中。

(1)含硫化物。原油中的硫化物主要是以硫醇或硫醚形式存在的化合物,如表1-1-6所列。在中、轻馏分原油中的硫是同碳、氢结合的化合物,而在重馏分中往往同氮、硫、氧一起存在于稠环大分子化合物中。

(2)含氮化合物。原油中的含氮化合物分为碱性氮化合物和非碱性氮化合物。碱性氮化合物主要是吡啶及其衍生物、喹啉及其衍生物、二苯并吡啶及苯胺等(见图1-1-1);非碱性氮化合物主要是吡咯系、吲哚系、咔唑系及卟啉等。通常用原油碱值(Alkali Number

表 1-1-6　石油中的含硫化合物

硫化物类型	结构式	硫化物类型	结构式
(元素硫)	(S)	环烷基硫醚	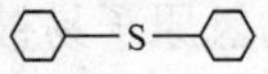 ⬡—S—⬡
(硫化氢)	(H₂S)	多环硫醚	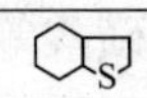 (多环S结构)
硫醇	R—SH	二硫化物	RSSR'
烷基硫醇	C_4H_9SH	烷基二硫化物	$C_2H_5SSC_2H_5$
环烷基硫醇	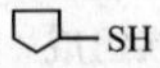 ⬠—SH	噻吩	(噻吩环)
芳基硫醇	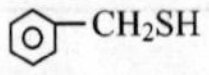 ⬡—CH₂SH	苯并噻吩	(苯并噻吩)
硫醚	R—S—R	二苯并噻吩	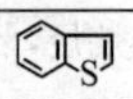 (二苯并噻吩)
烷基硫醚	$C_2H_5SC_2H_5$	萘并噻吩	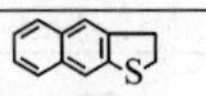 (萘并噻吩)
环硫醚	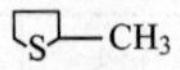 ⬠—S—CH₃	沥青质	由结构复杂的胶粒组成，相对分子质量为 37000～1000000*
烷基—环烷硫醚	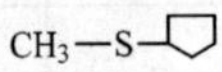 CH₃—S—⬠		

* 沥青质的宏观结构是胶状颗粒，简称"胶粒"，这种胶粒是由无数个沥青分子构成的。"胶粒"的基本单位是稠环芳烃"薄片"，由"薄片"结合成"微粒"，又由"微粒"结合成"胶粒"，而"胶粒"是由两个以上的"微粒"与卟啉金属有机化合物结合在一起构成的。

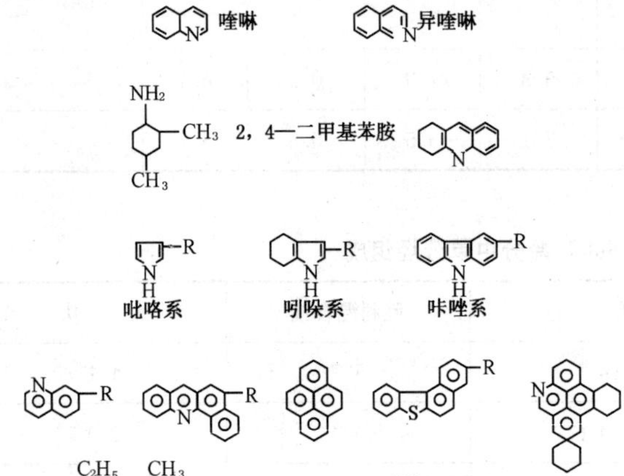

图 1-1-1　含氮化合物的结构

of Crude Oil）表示，原油碱值指原油中碱性氮化物的含量，通常进行酸碱中和滴定确定，以每克原油消耗 HCl（盐酸）的毫克数表示，即 mgHCl/g。原油中的碱性氮化物主要指吡啶及其衍生物、喹啉及其衍生物、二苯并吡啶和苯胺等。这些化合物（包括非碱性含氮化合物）对原油性质有重要影响，同时，它在岩石矿物表面上吸附后对岩石表面性质也产生重要影响。结构复杂的非碱性氮化合物主要存在于石油的沥青质和胶质中，在减压渣油中氮化合物的含量较高，表 1-1-7 列举了一些油田原油的减压渣油中氮化合物在不同族分中的含量。含氮化合物对原油的性质及其在岩石表面上吸附后对岩石表面性质产生重要的影响。

（3）含氧化合物。这类化合物主要指羧酸、酚类、环烷酸等。表 1-1-8 中列举了石油中的各种典型含氧化合物。石油羧酸类化合物主要是：①脂肪酸，它是末端含羧基的线性或带侧支的 C_1～C_{25} 化合物，通式为 R—COOH；②环烷酸，其结构式如表 1-1-8 中所示，在胶质含量高的原油中一般分布较多。通常用原油酸值（Acid Value of Crude Oil）表示原油中有机酸的含量，通常进行酸碱中和滴定确定，以每克原油消耗 KOH 的毫克数表示，即 mgKOH/g。1874 年俄国人艾赫列尔首先从阿普歇伦半岛油田原油中分离出饱和脂肪羧酸，通式为 $C_nH_{n-1}COOH$；不久马尔科甫尼和奥格洛勃林又从巴库原油中发现了环烷

表1-1-7　中国一些油田原油的减压渣油中氮化合物的分布

产地	氮含量（总N，质量分数），%					
	中芳烃	重芳烃	轻胶质	中胶质	重胶质	C₅—沥青
大庆	7.9	15.7	31.8	14.6	24.6	
华北	11.9	11.7	17.0	11.1	21.5	9.4
中原	16.9	10.2	17.7	12.5	30.5	20.2
胜利	6.0	11.1	22.1	13.5	24.5	25.1
孤岛	17.0	12.7	20.9	11.5	20.3	15.5
克拉玛依九区	0	6.3	23.0	9.4	22.1	14.8
井楼	10.8	13.1	23.1	16.0	32.7	9.5
古城	8.0	11.6	20.6	15.5	32.6	12.4
乌尔禾	6.7	9.2	16.9	12.9	34.1	20.1
欢喜岭	16.6	14.2	21.5	10.9	12.7	18.0

酸，其结构式如下表1-1-8所示。他们将这些物质命名为"石油羧酸-环烷酸"。通常大多分布在原油胶质中。许多原油中都或多或少地含有有机酸，表1-1-9是一些油田原油的酸值。一般重质原油的酸值比较高。

表1-1-8　原油中的含氧化合物及环烷酸结构

名称	分子式	名称	分子式
脂肪族羧酸	$CH_3(CH_2)_n-\overset{O}{\underset{\parallel}{C}}-OH$	多环芳羧酚	苯酚结构（带OH）
带支链脂肪族羧酸	$CH_3(CH_2)_n-\overset{O}{\underset{\parallel}{\underset{\mid}{C}}}-OH$ 带R支链	甲酚	甲苯酚结构（带CH₃和OH）
单环环烷酸	单环烷基-CH_2-COOH 结构	酯	$CH_3(CH_2)_n-\overset{O}{\underset{\parallel}{C}}-O(CH_2)_nCH_3$
双环环烷酸	双环烷基-CH_2-COOH 结构	酰胺	$CH_3(CH_2)_n-\overset{O}{\underset{\parallel}{C}}-NH(CH_2)_nCH_3$
		酮	$CH_3(CH_2)_n-\overset{O}{\underset{\parallel}{C}}-(CH_2)_nCH_3$
多环环烷酸芳羧	R—苯基—COOH	苯并呋喃	R—苯并呋喃结构
双环芳羧	R—萘基—COOH	二苯并呋喃	R—二苯并呋喃结构

表 1-1-9　中国和世界其他国家油田原油的酸值列表

油田名称	密度，g/cm³	胶质+沥青，%	酸值，mgKOH/g
大庆（混合）	0.861（萨尔图）	0.861（萨尔图）	0.04
胜利（混合）			0.93
孤岛	0.949	27.7	1.55
孤东			3.0
单家寺	0.948	26.82	7.4
欢喜岭			2.52
高升	0.944	47.6	0.81
曙光			1.60
兴隆台			0.24
大明屯			0.03
克拉玛依（0号）	0.769（克可亚）	1.85（克可亚）	0.08
克拉玛依（1号）			1.02
克拉玛依（2号）			0.74
克拉玛依（3号）			1.3~1.8
克拉玛依（9区）			4.87
老君庙	0.866	13.8	0.19
羊三木	0.949	22.2	>0.5
大港港西			
河南井楼			3.28
亚列格斯克	0.9446	33.08	0.68
科祖巴耶夫	0.8516	9.74	0.10
阿尔兰	0.8918	22.4	
切克马古舍夫	0.8981	29.7	
罗马什金	0.8626	10.64	0.14
穆汉诺沃	0.8462	9.74	0.65
克拉斯诺亚尔	0.9300	26.76	0.25
伏尔加河沿岸	0.8230	6.71	0.14
别什库利	0.8787	9.30	0.09
卡拉达格（含拉油）	0.8483	5.13	16.81
油石头	0.8844	12.58	2.77
加兹林	0.8174	1.90	
切列肯	0.8740	13.91	3.70
捷达乌久克	0.9354	14.88	4.46
乌金	0.8419	10.7	0.09
乌斯季-巴雷克	0.8836	13.4	0.14

环烷酸皂是很好的乳化剂，沥青分子则是很好的乳化稳定剂，因此重质原油在碱水作用下形成的乳状液是很稳定的，一般破乳比较困难。中国和世界其他国家一些油田原油的酸值列于表1-1-9中。由表可见重质原油中的羧酸类化合物含量较高，这类化合物在碱作用下能够皂化，形成可溶于水的皂化物，具有表面活性，是一种表面活性物质。

1.1.1.1.4　胶质和沥青质

原油中的胶质（Resin）和沥青质（Asphaltene）是含有氧、硫、氮的复杂的稠环化合物，它们的分子结构十分复杂，美籍华人T. F. Yen根据X射线衍射、核磁共振、红光光谱得到的信息，曾经提出了一个沥青质的分子结构模型，如图1-1-2所示。他将胶质、沥青质的结构概括如下：

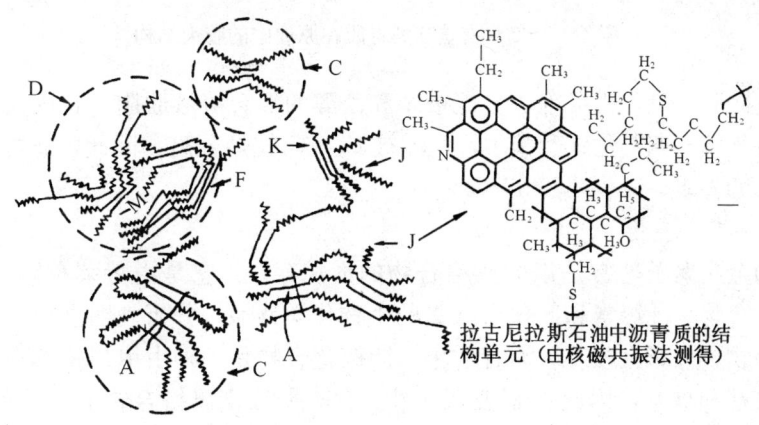

图1-1-2　沥青的分子结构模型（据T. F. Yen）

（1）沥青质基本单元是环状稠合的多芳环"层"（或"片"），芳香环上大多带有甲基取代的基团。硫原子在苯并噻吩类结构中，氮原子在喹啉类结构中，氧原子在醚键上，它们都代表一芳香结构的一个缺位。

（2）单个芳香层分子之间或分子内部缔合，层叠成"微粒"或"微晶"（约5层为一个单元），分子的缔合是通过稠环的芳香层间的"π"键。

（3）n个"微晶"形成大小不同的"聚集体"或"胶束"。"单层"的相对分子质量约为500～1000，尺寸大小为8～15Å❶；层叠的"微粒"的相对分子质量约为1000～10000，厚度约为15～20Å，"聚集体"或"胶束"的相对分子质量达50000以上，尺寸约为40～50Å。

（4）胶体的主体分子结构近似于沥青，但芳香度低，芳香核的数量和尺寸减少，含有酸类、酯类或醚类化合物。分离的胶质可能只包括一个单层，相对分子质量为500～1200。

胶质和沥青质在原油中的宏观结构如图1-1-3所示，由图可见，在原油中，由于胶质的作用，沥青呈分散状。胶质和沥青之间通过氢键的键合作用，使其缔合，沥青"微粒"作为核心（一个或几个沥青"分子"），周围为与其作用的胶质，胶质"分子"又为芳香烃所包围并逐步过渡扩展到饱和烃为主的外围原油，Pfeiffer和Soal（1940）将其命名为"胶束"型结构。这样，当原油中存在有足够量的胶质和芳香烃时，沥青质完全呈分散状态，相反，当原油中这些分子不足时，沥青质之间可能发生缔合，聚集成大的"聚合体"，形成一种胶状的结构。这些是使原油具有高的黏度并呈现出流变流体特性的根本原因。

---

❶　$1Å = 10^{-10} m$。

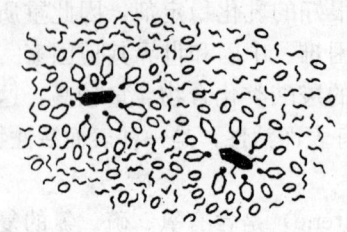
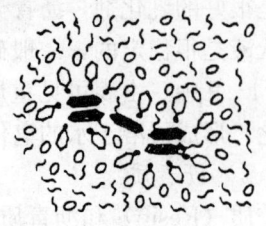

(a)   (b)

- 沥青质（多环核和脂肪链）
- 胶质
- 芳香烃类
- 石蜡烃和（或）环烷烃类

图 1-1-3 胶质和沥青质在原油中的胶束结构

胶质能被硅胶或氧化铝吸附，且能被苯和乙醇的混合溶液脱附，在丙烷中沉淀。沥青质能溶于二硫化碳、四氯化碳和苯中，但能被 $C_5 \sim C_7$ 烷烃分离，因此，通常将正庚烷沉淀出来的物质称沥青质。

1.1.1.1.5 金属络合物

原油中的金属离子通常是以卟族络合物的形式存在。它是由特莱布斯于 1934 年发现的。卟金属络合物是叶绿素和氯化血红素的生物化学残骸，分析表明主要为卟族钒络合物和卟族镍络合物，分布在胶质－沥青质中。卟族化合物是一种由甲川桥键结合的 4 个吡咯分子，含有羧基和羰基，因此具有表面活性。含有卟族金属络合物的原油使其呈暗黑色，含量越高黑色越浓。除了原油中的有机酸以外，卟族金属络合物能够使原油表现出强烈的表面活性，含量越高，则表面活性越高。在岩石中它首先吸附在岩石表面，同沥青质－胶质结合在一起形成异常原油油膜，并使岩石表面憎水化。

1.1.1.2 原油的物理化学性质

由于原油化学组成十分复杂，决定了原油物理—化学性质多变的特点。原油的颜色、黏度、流变性、凝点、密度等取决于原油的化学组成；它的相态特性，如饱和压力、体积系数、溶解气油比等不仅与原油的组成、天然气的含量及组成有关，还与环境条件，如压力、温度等有关。储存在油层中的原油通常总是同地层水、天然气接触，其界（表）面特性如界（表）面张力、界面黏度、界面电性等对于其在岩石多孔介质中的流动具有十分重要的影响。

1.1.1.2.1 原油的黏度及流变性

原油的黏度在很大程度上取决于原油中胶质和沥青质的含量，通常胶质和沥青质含量高，则原油的黏度高，且密度也高，反之，则黏度低，且密度也低。表 1-1-10 列出了中国一些油田的原油黏度、密度与胶质和沥青质含量的关系。根据原油的黏度、密度可以将原油分为轻质原油、中质原油、重质原油、特重原油和沥青五类，联合国培训研究署（UNITAR）提出了一个分类标准，该标准列于表 1-1-11 中。原油的黏度还受环境温度的影响，对地面原油黏度与温度的关系有如下经验公式：

$$\mu_{oD} = C\left[\lg\left(\frac{1.076}{\gamma_o} - 1\right) + 2.1189\right]^d \quad (1-1-1)$$

$$C = 205735(5.625 \times 10^{-2} T + 1)^{-3.44} \quad (1-1-2)$$

$$d = 10.313[\lg(5.625 \times 10^{-2} T + 1) + 1.5051] - 36.447 \quad (1-1-3)$$

式中 μ_{oD}——地面原油黏度，mPa·s；
　　　γ_o——地面原油重度，°API；
　　　T——温度，℃。

表1-1-10　一些原油的黏度、密度与胶质和沥青质含量的关系

原油名称	密度（20℃）g/cm³	重度 °API	运动黏度（50℃）mm²/s	沥青质 %	胶质 %	沥青+胶质 %
大庆萨尔图	0.861	32	23.79	0.98	15.9	16.88
胜利孤岛	0.949	17	333.7	2.9	24.8	27.7
胜利单家寺	0.948	—	710.7	1.52	25.3	26.82
辽河高升	0.944	17.3	2435	—	—	47.6
华北坝县	0.839	36.4	6.25	—	—	4.8
新疆柯克亚	0.769	—	1.82	—	—	1.85
中原文留	0.832	37.7	7.27	—	—	5.4
大港羊三木	0.949	17.0	637.9	0	22.2	22.2
长庆混合油	0.845	35.0	6.7	—	—	5.7
青海冷湖	0.804	43.5	1.46	0	1.9	1.9
玉门老君庙	0.866	31.1	20.12	—	13.8	13.8
冀东混合油	0.865	—	12.7	0.24	5.1	5.34
渤海埕北	0.954	—	819.15	0	5.1	23.35
海南西部涠	0.772	—	1.72	—	0.90	0.90
塔里木轮南	0.839	—	7.30	—	0.38	6.85

表1-1-11　原油按密度、黏度的分类标准[*]

分类名称	俗　称	动力黏度，mPa·s	相对密度 $d_4^{15.6}$	重度，°API
轻质原油	普通原油	<20	<0.9000	>20
中质原油	中等稠油	20～50	0.9000～0.9340	>20
重质原油	稠油	>50，100～10000	0.9340～1.000	10～20
特重原油	特重油	<10000 >10000	>1.000 <1.000	<10
沥青	天然沥青	>10000	>1.000	

[*] 引自刘志泉、李剑新等，1996。

原油由于在油藏压力下溶解天然气，因此，通常比地面脱气原油的黏度低。油藏原油黏度与油藏温度的关系通常可以用如下经验公式推算：

$$\mu_o = A \cdot \mu_{od}^B \qquad (1-1-4)$$

$$A = (5.615 \times 10^{-2} \cdot R_s + 1)^{-0.515} \qquad (1-1-5)$$

$$B = (3.7433 \times 10^{-2} \cdot R_s + 1)^{-0.338} \qquad (1-1-6)$$

$$\mu_{od} = 10^x - 1 \tag{1-1-7}$$
$$x = 1.7763 \times 10^{-2} \cdot y \cdot (5.625 \times 10^{-2} \cdot T + 1)^{-1.163} \tag{1-1-8}$$
$$y = 10^z \tag{1-1-9}$$
$$z = 3.0324 - 2.6602(1.076/\gamma_o - 1) \tag{1-1-10}$$

式中 μ_o——油藏原油黏度，mPa·s；

μ_{od}——在油层温度下地面脱气原油黏度，mPa·s；

R_s——原油的溶解气油比，m³/m³；

T——油层温度，℃；

γ_o——地面脱气原油相对密度。

上式使用范围为：

$R_s = 3.56 \sim 368.7 \text{m}^3/\text{m}^3$

$p = 0.1013 \sim 36.30 \text{MPa}$

$T = 21.13 \sim 146.23 ℃$

$\gamma_o = 0.7467 \sim 0.9593$

使用该相关经验公式的平均误差为 -1.83%，标准误差为 27.25%。

由于原油是复杂烃类和非烃类的混合物，且胶质和沥青质是以"胶束"的结构形式分散在原油中，因此，从这个意义上讲原油是一种胶体体系。同时，由于原油中含有石蜡，在温度高于析蜡温度时，石蜡在原油中处于溶解状态，低于原油的析蜡温度时，石蜡将以微小晶体颗粒析出。在原油中的胶质、沥青质和析出的石蜡晶体，都会使原油具有结构黏度，在流动时其流型表现出非牛顿流体的特性，一般用下列模型描述：

$$\tau = \tau_o + K\dot{\gamma}^n \tag{1-1-11}$$

式中 $\dot{\gamma}$——剪切速度；

τ——剪切应力；

τ_o——屈服应力；

K——稠度系数；

n——流变曲线幂率指数（$n<1$）。

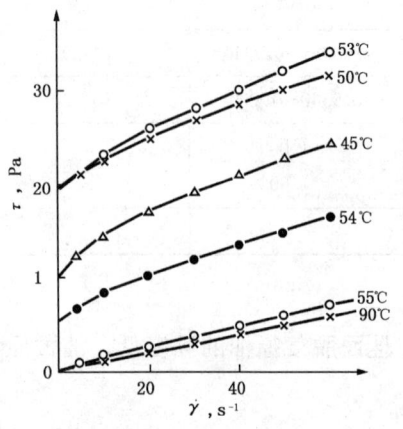

图 1-1-4 大庆原油剪切应力与剪切速度的关系（据罗哲鸣、严大凡，1986）

依据原油中的石蜡、胶质、沥青质等的含量不同，原油在不同的环境温度和压力下表现出牛顿流型、宾汉流型、假逆性流型、触变屈服假逆性流型等。图 1-1-4 为大庆原油在不同热处理温度、相同测试温度（27℃）下的剪切应力与剪切速度关系曲线，由图可见大庆原油在加热温度低于 55℃ 时为非牛顿流型，而高于此温度时则转化为牛顿流体特性，屈服应力减小至消失。沥青质和胶质在原油中的含量，对原油的流变性有明显的影响，图 1-1-5 表示沥青质含量不同的原油的黏度与剪切应力的关系曲线，由图可见，在相同剪切应力下，沥青质含量增加时，原油黏度增加。而且，原油的流变性呈现为假塑性流型。

事实上，油藏原油的黏度自油田投入开发之日起随着水驱过程就逐渐发生了变化。图1-1-6～图1-1-8是油田几口油井的原油中胶质、沥青质的含量、相对密度及黏度随产出液含水量的增加（即油田开发年限）而变化的曲线，由图可见，随着油井含水量的不断增加，即随油田开发年限的推移，油井产出原油中胶质和沥青质含量逐渐增加，相应的原油相对密度、黏度也随之增加。这主要是由于：

（1）原油中的一部分胶质和沥青质在同岩石多孔介质接触的漫长地质年代中被吸附在岩石表面上，在油田开发初期，地层原油中易于流动的较轻质的部分首先被开采出来。随着开发进程，吸附的胶质和沥青质被脱附

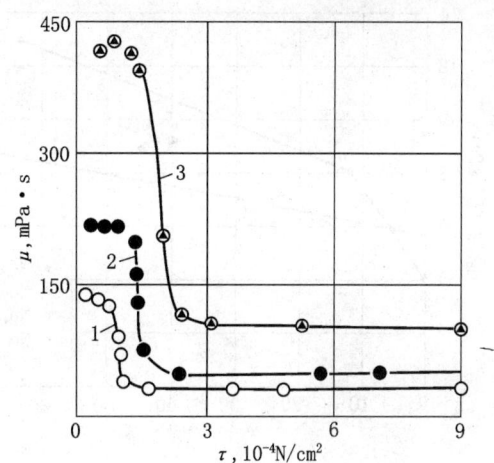

图1-1-5 沥青含量对原油流变性的影响
（据B.B.杰夫里卡莫夫，1983）
沥青含量（质量分数）：1—4.4%；2—7.3%；3—10.1%

到原油中而采出，从而采出原油中胶质和沥青质含量增加，相应的黏度、相对密度也随之不断增加。胜利孤东油田在一个水驱达到经济极限的区块进行的碱—表面活性剂—聚合物三元复合驱先导试验中发现，产出原油的黏度、沸点等参数随着开发时间的推移明显地增加，轻质馏分不断地减少，如表1-1-12中的资料所述的那样。从而，证明了被吸附的胶质和沥青质在化学驱油过程中能够被化学驱油剂脱附的解释，即原油中的一部分重质组分在油层中被岩石吸附，而

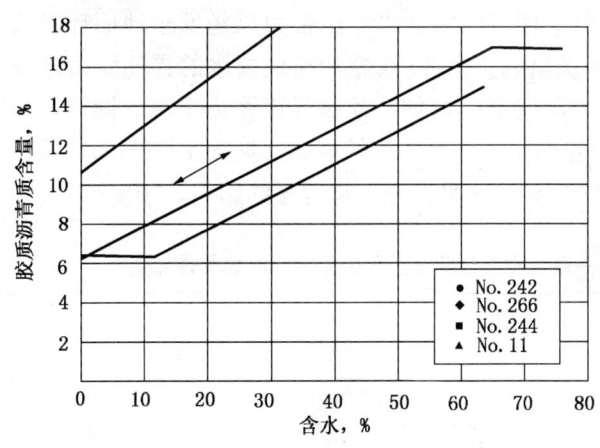

图1-1-6 油井产出原油中胶质和沥青质的含量随油井含水的变化

在采油过程中，特别是利用化学剂驱油过程中被解析。

（2）其他可能的原因是在注水开发过程中，由于注入水中溶解有不同数量的氧，它能使油水界面上的原油氧化，从而使原油变稠。

其次，通常油水过渡带及构造边部的原油往往比构造顶部及纯油区的原油稠，在原油开采过程中，由于过渡带及构造边部的油向中部及顶部运移，也可能是产出原油性质随开发过程变差的原因之一。

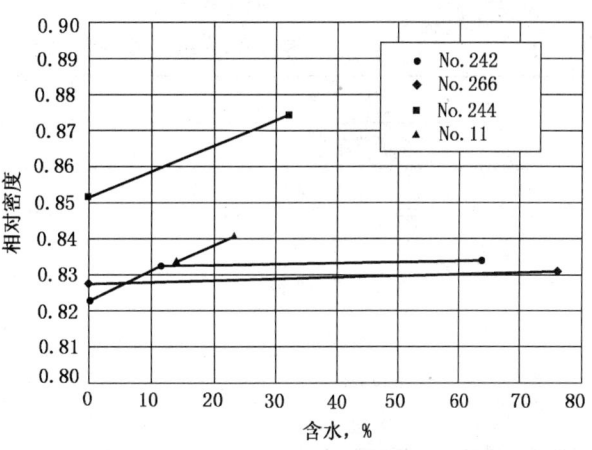

图1-1-7 产出原油的相对密度随油井含水的变化

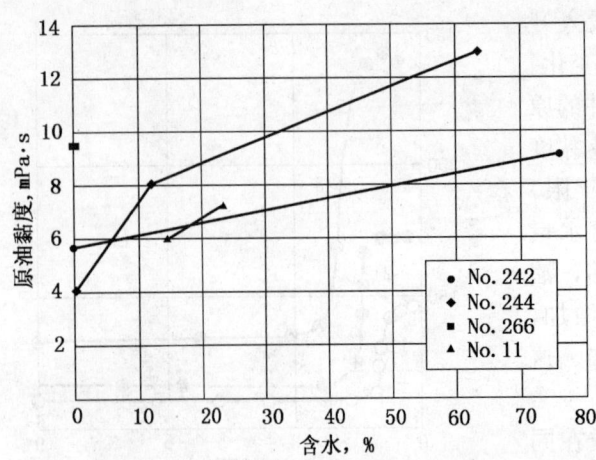

图 1-1-8 产出原油的黏度随油井含水的变化

1.1.1.2.2 原油的界面性质

在储集层中的原油不仅同岩石多孔介质接触,而且会覆盖在岩石颗粒表面上,从而形成了油—固界面。同时,通常由于地层中还存在气顶气、地层水,从而油层中还存在着油—气、油—水、气—水、气—固、水—固等界面。表征油—气、油—水、气—水、液—固界面性质的重要参数是表面张力和界面张力,油气界面张力或油水界面张力对原油在多孔介质中的运移起着十分重要作用,它是决定多孔介质对原油在其中运移的动力(或阻力)大小的最重要因素之一。油气界面张力或油水界面张力值与原油、水(气)的化学组成、地层压力、地层温度、原油的溶气能力等许多因素有关。表 1-1-13 列举了一般原油、气、水间的界面张力值资料。通常,油藏条件下的原油水界面张力总是低于地面环境条件下的界面张力,表 1-1-14 是中国南海文昌油田文 13 块原油与地层水的界面张力随压力与温度变化的资料,由表可见,随着压力与温度的增加,油水界面张力下降。同样,非洲利比亚 Bu Attilel 油田的原油与地层水的界面张力也有类似的规律(见图 1-1-9)。原油性质,特别是原油中胶质和沥青质的含量,对油—水界面张力有明显的影响,图 1-1-10 是

表 1-1-12 碱—表面活性剂—聚合物复合驱油过程中采出原油的物性变化

时　　间	1992 年 8 月 29 日	1992 年 12 月 10 日	1993 年 1 月 6 日	1993 年 2 月 6 日	1993 年 3 月 12 日	1994 年 3 月 12 日
地面黏度,mPa	536	557	560	561	—	593
沸点,℃	198	241	228	235	250	285
200℃馏分,%	4.2	4.1	3.6	3.4	—	2.5

表 1-1-13 油—水、油—气界面张力资料

体　　系	界面张力,mN/m
实验室条件下	—
空气—水	72
原油—水	48
空气—水银	480
空气—油	24
油藏条件下	—
水—原油	30
水—气	50

表 1-1-14　中国南海文昌油田原油与地层水界面张力资料*

界面张力，mN/m＼压力、温度＼油样	65℃ 10MPa	75℃ 12MPa	80℃ 13.4MPa	90℃ 14.5MPa
WC13-2-1 DST3	20.7	19.0	17.9	17.4
WC13-2-1 DST1	20.9	19.3	18.1	17.3
WC13-1-2 DST1	21.2	19.6	18.6	18.1
WC13-1-1 DST3	21.5	19.9	19.2	18.8

* 据金长文，1998。

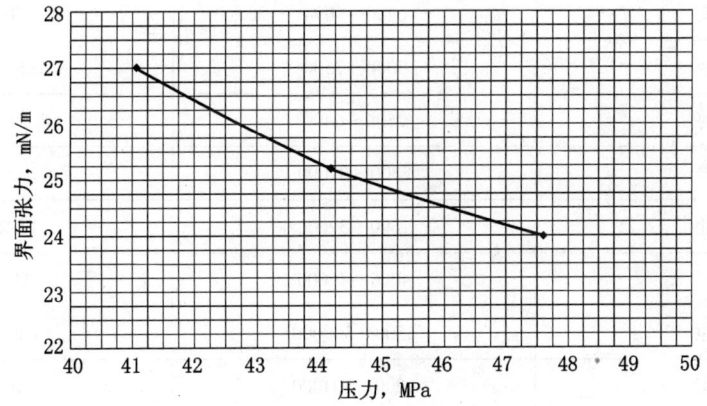

图 1-1-9　利比亚 Bu Attilel 油田油水界面张力与压力关系曲线（$T=145℃$）

表面活性剂水溶液体系在原油中的化学组分不同时的油—水界面张力曲线，曲线 4 为原油中只含有饱和烃时的油—水界面张力曲线，曲线 1、曲线 2、曲线 3 是在饱和烃中分别加入芳烃、沥青质、胶质时的油—水界面张力曲线，由图可见，原油中胶质对油水界面张力影响最为显著。

1.1.2　地层水

油藏中总是原油与地层水共存，在油层孔隙中地层水是以束缚水的形式与原油共存，在油层的边部（称为边水）或者油层的底部（称为底水）地层水以自由状态存在。

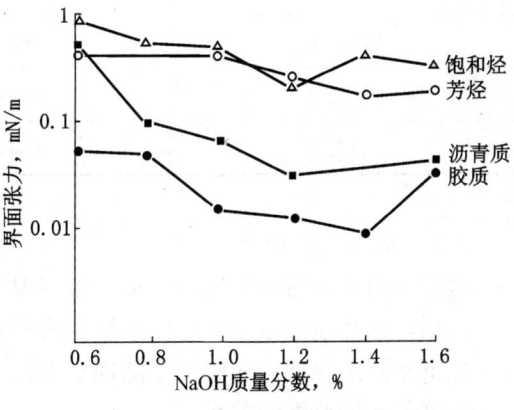

图 1-1-10　原油中不同化学组分对油—水界面张力的影响

体系中表面活性剂的浓度（质量分数）为 0.3%

地层水的物理化学性质和其分布状态对原油的性质和在油层投入开发后原油的流动有重要的影响。

1.1.2.1　地层水的矿化度

在油藏条件下，地层水通常以束缚水状态或边、底水部分的自由水状态存在，它与地层岩石紧密接触,它的物化性质通常与地层形成的环境(陆相沉积、海相沉积或者岩浆喷发等)和与其接触的地层矿物组成和性质有关,还与气含量、矿化度及环境温度、压力有关。地层水的矿化度及硬度对油井钻凿工艺技术、油井采油工艺技术有重要影响,特别是在进行化学驱油剂体系及化学驱油剂的选择时是首先要考虑的重要因素。由于沉积环境的差异及与地层水接触的岩石矿物多种多样,地层水的矿化度变化很大,一般陆相沉积环境下的地层水矿化度低于海相沉积环境下的地层水矿化度。表1-1-15列举了中国一些油田的地层水矿化度资料,由表可见中原油田、江汉油田、长庆油田等地层水矿化度高达几万毫克每升到几十万毫克每升,而其他油田则较低,一般在几千毫克每升到1万毫克每升。

表1-1-15 中国一些油田地层水含盐度

油田	地层水总矿化度,mg/L	二价离子含量,mg/L
大庆	6440～9094	9～21
扶余	5000～7500	29～117
辽河	2500～6400	9～30
大港	2300～31000	22～314
华北	1600～37000	17.2～522
胜利	4000～49000	23～1500
中原	5800～309000	612～12000
河南	1200～304000	7～123
江汉	285000～330000	41～4351
江苏	9500～39000	34～900
克拉玛依	4400～18000	16～622
玉门	20000～40000	4335
长庆	40000～93000	1118～4827

1.1.2.2 地层水的黏度

地层水的黏度与溶解气的含量、地层温度及矿化度等因素有关;如果不考虑气体溶解因素的话,通常地层压力对地层水黏度的影响很小。图1-1-11表示了在地层温度和大气压条件下不同矿化度的水的黏度随地层温度的变化曲线。一般可由如下经验公式推算地层水的黏度与油层温度的关系:

$$\mu_w = \exp[1.003 - 0.4733 \times (5.625 \times 10^{-2} T + 1) + 2.0296 \times 10^{-2} \times (5.625 \times 10^{-2} T + 1)^2]$$

(1-1-12)

式中 μ_w——地层水黏度,mPa·s;

T——油层温度,℃。

此外,地层水的表面(界面)性质即地层水与气体及原油的表面(界面)张力,除温度、压力等环境条件外,受地层水中溶解的活性物质(如有机酸等)及矿化度影响。

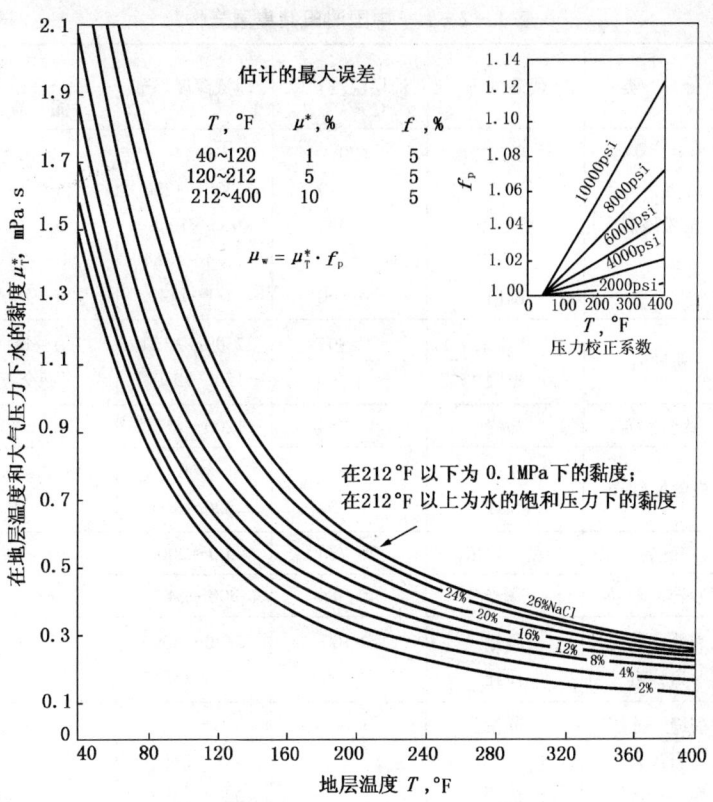

图1-1-11 矿化度及地层温度与地层水黏度的关系曲线
(1 °F = 1.8℃ + 32, 1psi = 6.89kPa)

1.2 储集层物理化学性质

1.2.1 储集层岩石及物化特性

1.2.1.1 储集层岩石

储集层岩石基质是组成岩石多孔介质的骨架,是各种饱和流体的储仓及其流动的流床。中国油田大多发现于陆相沉积盆地中,多属河流—三角洲和冲积扇—扇三角洲体系,储集层以碎屑岩为主,还有碳酸盐岩(或称石灰岩)、火成岩和变质岩等。按照储集层的岩性可将岩石大致分为砂岩、砾岩、砂砾岩、泥质砂岩、白云岩、石灰岩、火成岩、变质岩八大类(表1-2-1)。正常砂岩储集层占绝大部分,约占全国油田的94%,如大庆、胜利、辽河等大油田多属此类,也有少数石灰岩(如任丘、苏桥、桩西等油田)及个别变质岩(如鸭儿峡油田等)。

组成储集层砂岩的矿物主要有石英、长石、斜长石、云母及胶结物,一般胶结物主要是黏土和碳酸盐,其含量在4%～25%不等。尽管黏土和碳酸盐胶结物含量很少,但对岩石物性及流体在岩石多孔介质中的流动起着十分重要的作用。

表 1-2-1　中国油田储集层岩性*

岩性	分类	代表油田	油层温度,℃	埋藏深度,m	胶结物,% 泥质	胶结物,% 灰质
砂岩	疏松砂岩	胜坨	70	1954	>10	
		孤岛	69～70	1200～1250	10～12	1～5
		萨尔图	45	955～1060	5～10	
		羊三木	63	1184～1684	10～25	
		港西	56～60	960～1140	>4～16.9	8～13
	粉砂岩	文留东	>90	2500～3750	7.0～11.9	9.7～11
		枣园	>5	1700～2300	泥钙交互	
	致密砂岩	马岭	45～54	1200～1650		
	裂缝性砂岩	扶余	32	400	5.7～18	
		老君庙	17～32	320～810	6～110	
砾岩	砾岩	克拉玛依	20～54	400～2000	10～18	
砂砾岩	砂岩、砾岩	曙光	40～80	900～2400	6.6～16	
白云岩	裂缝—孔洞白云岩	雁翎	>100	2840～3090		
		任丘	>100	2630～3500		
石灰岩	裂缝—孔洞石灰岩	苏桥				
	生物石灰岩	桩西		3200～3500		
变质岩	裂缝性变质岩	鸭儿峡	90～110	2400～3500		

* 据李国玉、周元锦等，1990年。

1.2.1.2　黏土矿物

储集层中的黏土矿物大多是胶结物的形式存在，由于它对储集层流体的流动及原油的采出程度具有特殊的影响作用，因此这里进行重点的论述。储集层岩石中的黏土矿物主要有：

高岭石：1∶1层型二八面体结晶，结构式为 $Al_4[Si_4O_{10}]$

蒙脱石：2∶1层型二八面体结晶，结构式为 $(E_{0.33})(Al_{5/3}Mg_{1/3})[Si_4O_{10}](OH)_2 \cdot nH_2O$

皂石：2∶1层型三八面体结晶，结构式为 $(E_{0.33})(Mg_3)[(Si_{11/3}Al_{1/3})O_{10}](OH)_2 \cdot nH_2O$

伊利石：2∶1层型二八面体结晶，结构式为 $[K_x][Al(Fe^{3+},Mg)][(Si \cdot Al)_4O_{10}] \cdot nH_2O$

绿泥石：2∶1层型三八面体结晶，结构式为 $(Mg,Fe,Al)_6[(Si \cdot Al)_4O_5](OH)_8$

此外，还有伊利石/蒙皂石、绿泥石—蒙皂石等间层黏土矿物。

1.2.1.2.1　黏土的比表面

黏土矿物是层状的晶体，其晶体结构特点如表1-2-2所示。由于蒙脱石晶层间作用力为弱的分子力，因此遇水的膨胀率比高岭石、伊利石高很多，同时黏土矿物在储集层砂岩中作为胶结物，其粒级小于石英等矿物的粒砂级，一般为2～5μm。因此，黏土矿物都具有很高的比表面积，一般比石英高100～5000倍。在黏土矿物中蒙脱石的比表面远远高于其他黏土矿物。几种黏土矿物和中国含油气盆地黏土矿物的比表面积分别列于表1-2-3、表1-2-4中。

表1-2-2　黏土矿物晶体结构特点

黏土矿物	晶型	晶格间距，Å	晶间连接	晶层间作用力	膨胀率，%	相对密度
高岭石	1:1	7.2	OH—O	氢键强	<5	2.58~2.61
蒙脱石	2:1	9.6~214	O—O	分子力弱	90~100	2.348~2.72
伊利石	2:1	10	O—O 中间夹 K^+	分子力较强	2~5	2.649~2.688

表1-2-3　几种矿物比表面积

矿物	比表面*，m^2/g	比表面**，m^2/g		
		内表面	外表面	总和
蒙皂石	820	750	50	800
蛭石	—	750	<1	750
绿泥石	42	0	15	15
伊利石	113	5	25	30
高岭石	23	0	15	15
石英	0.15	—	—	—
白云石	1.68***	—	—	—

* 据 Almon, W.R., David. K., 1981；
** 据 Van Olphen 和 Fripiat，1979；
*** 据杨承志、韩大匡，1995。

表1-2-4　中国含油气盆地几种黏土矿物比表面平均值*

矿物	蒙皂石	伊利石—蒙皂石无序间层	伊利石—蒙皂石有序间层	伊利石	绿泥石	高岭石	钠板石	柯绿泥石
比表面，m^2/g	470	296.91	219.7	28.66	65.18	32.13	266.61	117.46
杂质	<10%的石英、伊利石、绿泥石	5%石英、3%的绿泥石	约10%的石英、绿泥石		5%的伊利石		约10%的高岭石、绿泥石	5%的绿泥石
样品数	7	1	3	3	2	3	2	3

* 据王少昌、王琪、赵杏媛，1995。

1.2.1.2.2　黏土的阳离子可交换能力

由于黏土矿物表面的电荷不平衡，因此，在其处于水环境条件下时，便从周围介质中吸附反离子而达到电荷的平衡，通常被吸附的阳离子有 H^+、Na^+、K^+、Ca^{2+}、Mg^{2+} 等。当介质条件发生变化时，这些被吸附的阳离子又可以与介质中的阳离子进行交换。一般黏土矿物吸附的可交换阳离子的能力（阳离子总量），或可交换阳离子量（记作 CEC），用在 pH=7 的环境溶液介质条件下每 100g 黏土吸附的可控性阳离子的摩尔数来表示。常见矿物的可交换阳离子量（CEC值）列于表1-2-5。由表可见不同的黏土矿物，其CEC值有很大差别，蒙皂石最高，高岭石最低。同时可交换阳离子在晶层中的分布也不同，对蒙皂石，可交换阳离子主要吸附在晶层间的位置上，吸附量约占80%，而20%吸附在侧棱断面上；然而伊利石、绿泥石和高岭石则相反。但是，当溶液介质的pH值向酸性变化时，黏土矿物晶层侧棱断口由荷负电向荷正电转换，则其吸附阳离子的能力变化成吸附阴离子的能力；相反，pH值向碱性变化时，其吸附阳离子的能力增加，而对阴离子进行排斥。

表1-2-5　几种黏土矿物可交换阳离子量（CEC）

黏土矿物	蒙皂石	伊利石	绿泥石	高岭石
可交换离子量 CEC, mmol/100g±	80～150	10～40	10～40	3～15

黏土矿物对不同阳离子的吸附能力受化合价和质量作用定律控制。在相同条件下，阳离子交换能力序列为：

$$H^+ > Al^{3+} > Ba^{2+} > Sr^{2+} > Ca^{2+} > Mg^{2+} > Rb^+ > NH_4^+ > K^+ > Na^+ > Li^+$$

在化合价相同的情况下离子半径大的可优先交换离子半径小的，只有H^+离子例外，高价离子（如Ca^{2+}）同低价离子（如Na^+、K^+）相比占据黏土中较多的交换位置，少量的Ca^{2+}就能使黏土处于Ca^{2+}交换形式，一般Ca^{2+}黏土的膨胀能力远远低于Na^+黏土的膨胀能力。阳离子交换对黏土的物化性能具有重要的影响，黏土矿物阳离子交换能力是其对周围环境（盐水）敏感性的重要标志，CEC值低的黏土矿物（如高岭石）的敏感性低于CEC值高的矿物（如蒙脱石）。在黏土中的流体（地层盐水）被低含盐度流体（注入水）替代时，由于Ca^{2+}与Na^+交换，使Ca^{2+}黏土转换成Na^+黏土，以及黏土颗粒表面扩散层的膨胀延伸，则使黏土稳定性减小，膨胀能力增加。

1.2.1.2.3　黏土胶体粒子的表面电性

黏土矿物的Si—O四面体和Al—OH八面体晶体内高价阳离子会被低价阳离子置换，如四面体中Si^{4+}被Al^{3+}、Fe^{3+}所取代，八面体中的Al^{3+}被Mg^{2+}、Fe^{3+}、Ca^{2+}所取代，而使黏土晶层荷负电，且呈层状分布。而在晶层侧缘断棱上，由于晶体缺陷而使铝、硅、羟基中的氢离子裸露，而引起荷正电，但是，它在不同的环境介质条件下水解的性质不同：

$$Al_2O_3 + 3H_2O \rightarrow 2H_2AlO_3^- + 2H^+ \qquad (1-2-1)$$

$$Al_2O_3 + 3H_2O \rightarrow 2Al(OH)^{2+} + 2(OH)^- \qquad (1-2-2)$$

在碱性条件下，Al_2O_3的水解方程式（1-2-1）呈弱酸性，黏土侧棱断口荷负电；在酸性条件下，Al_2O_3的水解方程式（1-2-2）呈弱碱性，黏土侧棱断口荷正电。因此，黏土矿物表面具有层表面荷负电，而侧棱面在酸性介质条件下荷正电的特殊性质。但是由于层表面积比侧棱面积大很多，后者约为总表面积的5%左右，因此黏土颗粒综合表现为荷负电。在酸性介质条件下，荷正电的侧棱断口同荷负电的层面产生耦合式相互作用，导致黏土颗粒的凝聚，也会导致强化荷负电的化合物在其表面吸附。在水中，黏土颗粒成为胶体，由于表面荷电则周围形成与水结合的双电层结构（见图1-2-1）。双电层的厚度与黏土颗粒的表面电荷及水的含盐度有关。黏土颗粒表面的静负电荷使外围阳离子呈不均匀分布形成扩散层，扩散层中的阳离子同极化的水分子结合形成水化层，当周围介质中阳离子浓度低时，水分子将会向高浓度的阳离子扩散层迁移使扩散层增加，反之，水分子将会向反方向迁移，使扩散层厚度压缩、减小。水化层的厚度还与黏土矿物的阳离子解离度 α 及活度 A 有关，几种黏土的 α、A 值列于表 1-2-6 中，由表可见，Na^+、K^+ 蒙脱石的解离度大于 Na^+、K^+ 高岭石的解离度，而 Mg^{2+}、Ca^{2+} 蒙脱石的解离度小于 Mg^{2+}、Ca^{2+} 高岭石的解离度，前者往往表现出强的水合能力。黏土表面净电荷性质也与水溶液的 pH 值有关，一般黏土表面电荷的特征参数为：电势决定离子、等电荷点（PEC）及零电势点（PZC）。几种黏土的特征参数列于表 1-2-7 中。当溶液的 pH 值低于 PEC（或 PZC）时，黏土表面电势为正值，荷正电；反之，则为负值，荷负电。

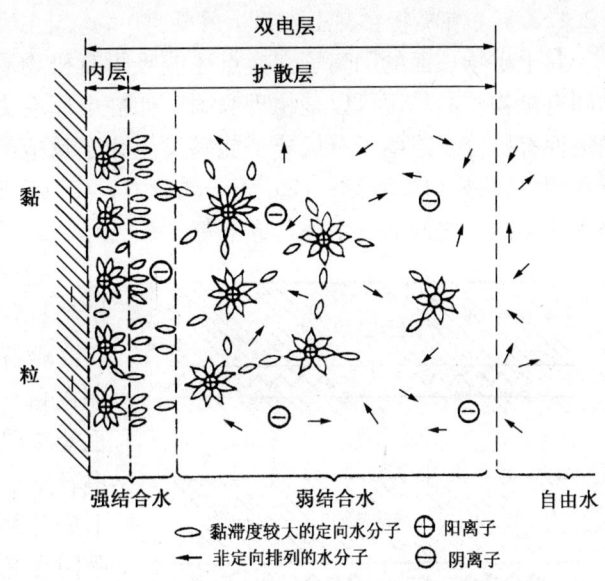

图 1-2-1　黏土胶体的双电层结构

表 1-2-6　几种黏土的阳离子活度及解离度*

黏土类型**	扩散层阳离子活度，mol/L	解离度，%
Na 蒙脱石	1.5×10^{-2}	27.3
Na 高岭石	5.6×10^{-4}	26.0
K 蒙脱石	1.4×10^{-3}	3.1
K 高岭石	6.0×10^{-5}	2.3
Mg 蒙脱石	1.0×10^{-4}	0.51
Mg 高岭石	1.0×10^{-5}	1.00
Ca 蒙脱石	6.0×10^{-5}	0.30
Ca 高岭石	4.3×10^{-6}	0.54

* 据许冀泉，1989；

** 4%黏土悬浮液。

表 1-2-7　几种矿物的电学性质

矿　物	电势决定离子	等电荷点（PEC）的 pH 值	零电势点（PZC）的 pH 值
高岭石	OH^-	5	5
伊利石	OH^-		
蒙脱石	OH^-	2	2
白云母	OH^-		0.95（酸处理后 1.55）
白云石		9.5	
方解石	H^+		9.5
拉长石	OH^-		1.54（酸处理后 1.55）
绿柱石	OH^-		4.15（酸处理后 3.82）
磷酸钙			6
铝矾土	H^+		9.1
石英	OH^-	3.5	3.5

1.2.1.2.4 有机物在黏土表面上的吸附

黏土矿物表面的阳离子交换点还能吸附有机物质以达到晶体内部的电荷平衡。黏土矿物同有机物质的作用可以是物理吸附，如静电库仑力的作用或分子间范德华力的作用；而同极性有机分子或离子有机分子能够发生化学反应形成有机复合体，黏土有机复合体的成键作用可以是（1）氢键；（2）离子偶极力；（3）阳离子交换、阴离子交换；（4）有机分子与水化阳离子之间的"水桥"成键等。

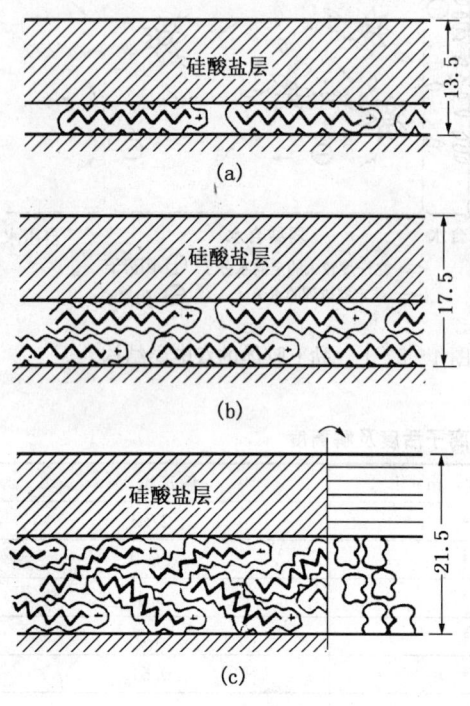

图 1-2-2　有机物质在蒙皂石层间的吸附形式
(a) 低电荷蒙皂石中的单层有机物质吸附；
(b) 高电荷蒙皂石中的双层有机物质吸附；
(c) 很高电荷蒙皂石中的假三层有机物质吸附

一般，蒙皂石吸附有机物质的能力最大，伊利石和绿泥石次之，高岭石最小。有机物质在高岭石、伊利石和绿泥石上的吸附主要是覆盖在黏土矿物的表面位置上，有些有机化合物也能在层间通过氢键与层面形成复合体；而蒙皂石则主要是将有机物质分子吸附在晶层间并形成各种形式的排列（见图 1-2-2），同时也吸附在晶体侧棱断口破键上。有机阴离子化合物能同 Al—OH 八面体裸露的 Al^{3+} 络合吸附在晶体侧棱面上，而黏土层间晶距不变；有些有机阳离子化合物或原油的非烃类有机化合物如卟啉等，取代晶层间的可交换性阳离子而吸附在晶层层间层面上；一些耦合有机化合物（如醇类、胺类）既可吸附在层间层面上，也可吸附在侧棱面上。黏土矿物对一些有机物质（如胶质和沥青质）的吸附能明显改变黏土表面对水或油的亲和力，变亲水为亲油，同时黏土矿物对有机物质的吸附将使流过多孔介质的流体（驱油剂）组分组成发生变化，改变了流体的物理—化学性质。杨承志等研究者还证明，储集层岩石中的黏土是吸附各种油层化学处理剂、化学驱油剂的主要吸附剂。

1.2.1.2.5　岩石中黏土产状

黏土矿物的成分、含量、成因类型、分布及产状特征，特别是填充方式等直接影响储集层岩石孔隙形态、孔隙度等岩石物性参数。砂岩储集层中黏土矿物的产状十分复杂（见图 1-2-3）。黏土矿物在砂岩孔隙中充填及分布方式见图 1-2-4：图 1-2-4 (a) 为分散质点式，黏土矿物以分散质点形式充填在砂岩粒间孔隙中，高岭石的分布状态是一典型例子，由于这种分布方式与基质颗粒附着力很差，在注水时被流体打

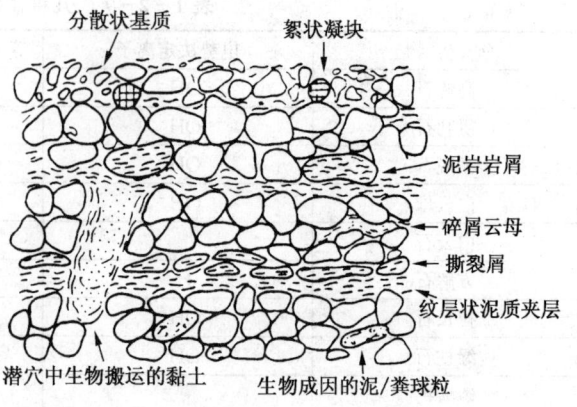

图 1-2-3　砂岩储集层中碎屑黏土矿物的产状
（据周自立，1986）

碎并随流体运移，堵塞喉道，如大庆油田储集层黏土的分布即属此类；图1-2-4（b）、图1-2-4（c）为薄膜式，黏土矿物在砂岩颗粒表面呈定向排列，构成连续的黏土薄膜黏附在孔隙内壁，好似孔隙的一层衬里，多为蒙皂石、绿泥石、伊利石和伊—蒙间层及绿—蒙间层，这种分布影响了孔隙及喉道半径尺寸，在很大程度上决定了油层表面性质，亲油表面多数由此而造成；同时极易同注入的各种驱油剂及液体发生反应，造成驱油剂的损耗，如玉门老君庙油田（图1-2-5）；图1-2-4（d）为塔桥式，黏土矿物晶体自孔隙壁向孔隙空间生长，最终可通过空间达到彼岸，在孔隙空间中形成黏土桥，常见的有条片状、纤维状（发丝状）的伊利石，在孔隙中呈网格状分布；蒙皂石及其间层矿物也可形成黏土桥，形成束缚状的微孔隙，这类岩石渗透率很低，而且比表面积很大，易吸水，具有高的束缚水饱和度，且在流体通过时黏土丝网状结构易被打碎，随流体迁移而堵塞喉道，如长庆油田的高岭石油藏。

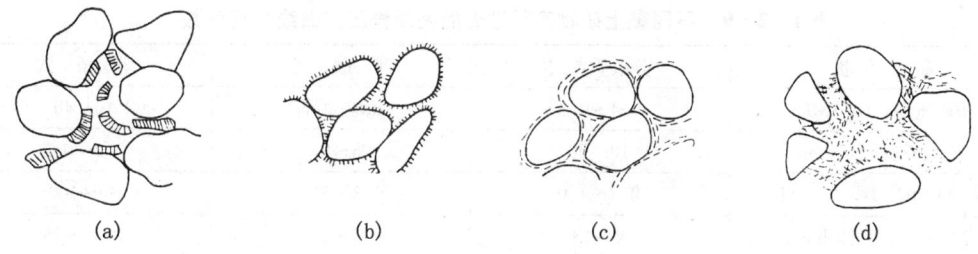

图1-2-4 黏土矿物在岩石孔隙中的分布（引自赵杏媛，1995）
(a) 分散质点式；(b) 薄膜式（径向排列）；(c) 薄膜式（切向排列）；(d) 搭桥式

图1-2-5 老君庙油田储集层岩石黏土产状电镜扫描照片

1.2.1.2.6 黏土分布对岩石孔隙结构的影响

黏土矿物在孔隙中的分布对岩石孔隙结构有显著的影响，表1-2-8为不同黏土分布状态的孔隙大小特征。岩石孔隙尺寸大小受黏土分布方式制约，不同分布方式下的孔隙大小顺序为：分散质点式＞薄膜式＞塔桥式。同时，不同黏土分布方式下岩石的毛细管曲线特征也不同，表1-2-9为松辽盆地不同黏土矿物产出的砂岩岩心的毛细管压力曲线特征参数，由表可见，砂岩中黏土产状对毛细管压力曲线特征参数有十分显著的影响，分散质点式分布的岩心比其他分布方式表现出好的岩心物性。分散质点式分布的黏土砂岩毛细管压力曲线偏向图的左下方，塔桥式分布的黏土砂岩则偏于图的右上方，而薄膜式分布的黏土砂岩属于两者之间（见图1-2-6）。

表1-2-8 不同黏土分布状态的岩石孔隙大小*

砂岩黏土矿物产状	分散质点式	薄膜式	塔桥式
最大孔隙半径，μm	15～25	5～15	<5
平均孔隙半径，μm	6～12	5～9	<1
孔隙半径中值，μm	6 (8)～12	1～6 (9)	<1 (0.5)

* 据赵杏嫒，1995。

表1-2-9 不同黏土矿物产状砂岩的毛细管压力曲线特征参数*

黏土产状	分散质点式	薄膜式	塔桥式
排驱压力，10^{-1}MPa	0.4～0.8	0.9～1.5	10～40
最大喉道半径，μm	10～20	6～9	0.2～0.7
饱和度中值压力，10^{-1}MPa	0.5～1.0	3～5	30～100
最小非饱和度孔隙体积分数，%	8～13	17～25	>30～35
最大汞饱和度，%	80～90	70～80	<70

* 据赵杏嫒，1995。

1.2.1.2.7 中国含油盆地黏土矿物分布模式

黏土由于中国含油气盆地多是陆相沉积，古地理环境、成岩作用等使得中国含油气盆地的黏土矿物分布十分复杂。在不同地区，不同地质年代黏土矿物是多样的，甚至在同一地区、同一地质年代的黏土矿物也是不同的。

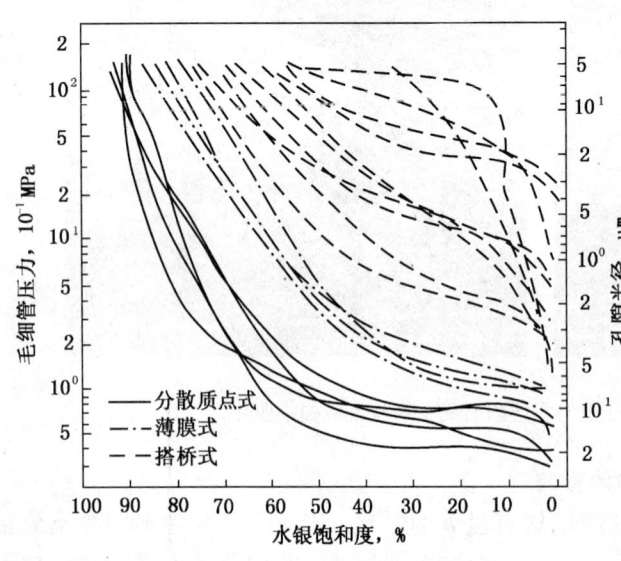

图1-2-6 松辽盆地不同黏土产状储集层岩石的毛细管压力曲线

根据对中国含油气盆地岩石黏土矿物的分析（见赵杏嫒《中国含油气盆地黏土矿物》，1995），大致可以在纵向上分为六种基本模式，表1-2-10列述了这些模式的划分及其相应的在全国各油气区的分布状况，表中所述分布地区和地质年代是总体而言，而实际上，同一地区可能存在几种分布模式。表中分类表明：从含油气盆地的区域地质而言，黏土矿物及其转型的分布大致有基本的规律可循，但是不同地区的储集层岩石黏土矿物类型，应当作具体的研究和调查。这些对于研究岩石物性及流体在其中的流动具有十分重要的意义。

表 1-2-10 中国含油气盆地黏土矿物分布模式

类型	主要黏土矿物	从浅至深转化序列	分布地区	分布地层时代
Ⅰ. 正常转化型	蒙皂石、伊利石、高岭石、三八面体绿泥石、伊利石/蒙皂石无序间层、伊利石/蒙皂石有序间层	蒙皂石→伊利石、高岭石→绿泥石	渤海湾、北部湾、苏北、东海	第三系
			松辽、二连盆地	下白垩统
Ⅱ. 不正常转化型	伊利石/蒙皂石无序间层、伊利石/蒙皂石有序间层、伊利石、高岭石、绿泥石、绿泥石/蒙皂石间层	具有蒙皂石向伊利石转化趋势	东濮凹陷、莘县凹陷、黄骅坳陷南部、苏北、南襄盆地	第三系
			尼乐、酒东、酒西	下白垩统
Ⅲ. 蒙皂石向绿泥石转化型	伊利石、绿泥石、绿泥石/蒙皂石间层、蒙皂石和少量高岭石	蒙皂石向绿泥石、蒙皂石间层向绿泥石	柴达木盆地	第三系
			江汉盆地	白垩系
Ⅳ. 伊利石、绿泥石组合型	伊利石、绿泥石	均为伊利石、绿泥石	江汉盆地、周口坳陷、舞阳凹陷、三水盆地、柴达木盆地	第三系
Ⅴ. 高岭石组合型	主要是高岭石,其他黏土少量	高岭石→叶蜡石、高岭石→地开石	华北盆地	石炭—二叠系
			准噶尔盆地	侏罗系
			塔里木盆地	三叠—侏罗系
			鄂尔多斯盆地	石炭—二叠,侏罗系
			酒泉地区	石炭—二叠,侏罗系
Ⅵ. 蒙皂石组合型	蒙皂石、伊利石/蒙皂石无序间层		准噶尔盆地	石炭—二叠系
			二连盆地	侏罗—白垩系
			渤海湾、苏北、河套、鄂尔多斯的个别地区、个别井段	

1.2.2 储集层的非均质性

由于沉积环境的差异,次生作用等诸多因素造成储集层的孔隙结构、孔隙度、渗透率等在宏观及微观上的严重非均质性,主要表现在储集层间、储集层内以及横向、纵向上表征岩石物性参数的各向异性。对于陆相沉积油藏表现了比海相沉积油藏更为严重的非均质性。陆相湖盆沉积的碎屑岩油藏受控于沉积环境、沉积作用的演变,由于高频的湖进、湖退,在各种环境条件下的沉积作用,使得具有不同相带的砂体频繁交错、叠合层起,从而使储集层具有多砂层、多韵律、多交替以及多几何形态的特点。中国储集层都具有多层非均质的特点,如大庆油田的萨尔图、葡萄花、高台子油层具有多达百个小油层,油藏多砂层的特点决定了油田开发井网的部署、开发层系的调整、分层采油工艺的实施、提高石油采收率工艺的选择等。储集层在纵向上的非均质还表现在油层内部垂向上的物性变化,这主要是指层内渗透率自上而下增加的正韵律储集层、层内渗透率自上而下减小的反韵律储集层和层内渗透率低（底部）—中部高（中部）—低（顶部）的复合韵律油层等。中国储集层多属陆相湖盆沉积体系，曲流河和三角洲分流河道沉积相占主导位置，故多属正韵律油层，油层垂向上的渗透率变化突出，油层顶部与底部的渗透率突进系数大，最高渗透率部位在油层的底部，因此，在注水开发条件下，由于流体重力差异的原因，注入水往往首先沿油层底部窜流或突进；对于反韵律油层则相反，注入水将首先沿顶部渗流，加上流体的重力差异作用，有较大的水波及系数，总之，油层内部纵向上渗透率的变化直接控制和影响注入驱油剂的垂向波及系数。同时，储集层平面上的砂体几何形态、连通性及展布情况也由于沉积条件、沉积相带的变化而呈现多样性、复杂性；中国由于大多数油藏属于河流及三角洲分流河道砂体，故单砂体多属土豆状、条带状及鞋带状。储集层平面非均质性直接影响注入驱油剂在平面各向上的波及系数。

储集层的非均质性，特别是其渗透率的变化状况，一方面受地质规律、沉积类型和环境的制约，另一方面也常有随机变化的性质，应用数理统计的方法研究表明，储集层渗透率的变化及分布规律大致有如下几类。

（1）对数正态分布：

$$\frac{1}{\sqrt{2\pi}\sigma K}e^{-\frac{(\ln K - \ln \varepsilon)^2}{2\sigma^2}}$$

（2）$\Gamma(K^2)$ 分布：

$$\frac{2}{\Gamma\left(\frac{u}{2}\right)}\left(\frac{K}{K_0}\right)^{u-1} \cdot e^{-\left(\frac{K}{K_0}\right)^2} \cdot \frac{1}{K_0}$$

（3）马克斯威尔分布：

$$\frac{2}{\sqrt{\pi}}e^{-\frac{(K-a)^2}{K_0^2}} \cdot \frac{(K-a)^2}{K_0^2} \cdot \frac{1}{K}$$

（4）$\Gamma(K)$ 分布：

$$\frac{1}{\Gamma\left(\frac{u}{2}\right)K_0\frac{u}{2}} \cdot K^{\left(\frac{u}{2}-1\right)} \cdot e^{-\frac{K}{2}}$$

（5）萨达洛夫分布：

$$\frac{2}{\sqrt{K}}e^{-\left(\frac{K-a}{K_0}\right)} \cdot \sqrt{\frac{K-a}{K_0}} \cdot \frac{1}{K_0}$$

式中　K——渗透率；

　　　K_0——渗透率分布系数；

　　　ε——数学期望；

　　　σ——方差；

　　　u——自由度；

　　　a——系数。

对于渗透率对数正态分布的情况，Dykstra-Parsons 于1950年提出了渗透率变异系数（V_{DP}）的概念：

$$V_{DP} = \frac{K_{0.5} - K_{0.84}}{K_{0.5}}$$

式中　$K_{0.84}$——分析岩心频率累积为0.84时对应的绝对渗透率值；

$K_{0.5}$——分析岩心频率累积为 0.5 时对应的绝对渗透率值；

$$K_{0.5} = \sqrt[n]{K_1 \cdot K_2 \cdots K_3 \cdot K_n}$$

油层渗透率变异系数 V_{DP} 的变化在 0~1 之间，绝对均匀的岩层为 $V_{DP}=0$，极限非均质的岩层为 $V_{DP}=1$。中国一些油田的储集层渗透率变异系数列于表 1-2-11 中。由表可见，渗透率的非均质性是中国多数油田的重要地质特征之一，这也是造成水驱采收率低（全国综合水驱石油采收率标定约为 33%）的重要原因之一。

表 1-2-11　中国一些油田渗透率的非均质系数

油田名称	孔隙度,%	渗透率,$10^{-3}\mu m^2$	Dykstra-Parsons 系数
胜坨	26~35	2000~10000	0.675
孤岛	33~34	900~1800	0.58~0.72
萨尔图	23~26	145~3600	0.53~0.66
羊三木	31	320~1931	0.5~0.6
港西	30~31	710~1500	0.67
文留东	16~20	40~180	—
枣园	27	170~1500	0.72
马岭	16	3.8~93	0.86
扶余	24	3.8~180	0.68
老君庙	12~23	24~618	0.73
克拉玛依	10.7~24	20~200	0.7~0.8
曙光	20~23.8	240~1900	0.8~0.9

1.2.3　储集层岩石的孔隙结构

储集层不仅在宏观上是非均质的，而且在微观上（即孔隙级的水平上）也是严重非均质的。我们知道，储集层岩石多孔介质由孔隙、连通孔隙的喉道及其基质所构成，通常有些岩石还伴有裂缝、溶洞。这些孔隙、连通孔隙的喉道及溶洞等由于组成岩石的矿物的差异、成岩作用、次生作用等造成了其尺寸、形状、连通状况及聚集形态的严重非均质性，对于石灰岩，甚至有些砂岩储集层还具有发育不同的裂缝，这些裂缝的宽度、方位（包括边角、沟槽）等也具有严重的非均质性。此外，其壁表面的组成和粗糙度也是非均匀的，这就产生了巨大的比表面积，对油藏流体（油、水和气）的分布、储集、圈捕及运移等都产生重要的影响。为了描述多孔介质的孔隙、喉道的大小、尺寸频率分布、形状、连通性以及孔隙—喉道间的相互关系等，人们利用压汞法、半渗透隔板法、离心法和铸模薄片法等进行测试，并试图用毛细管压力曲线、图像分析技术、分形几何理论等建立多孔介质孔隙结构模型。许多研究者都是通过各种假设和简化将复杂的孔隙结构模式化进行近似的描述，图 1-2-7 所描述的孔隙结构模

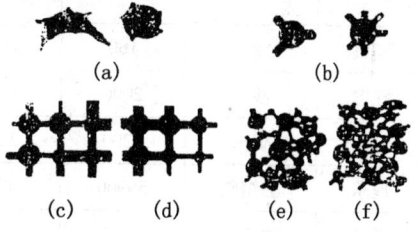

图 1-2-7　多孔介质的单元孔隙形状模型（据 Li Yu, 1994）
(a) 孔隙形状；(b) 连通性或与每个孔隙相连的喉道数（图中为 3 个和 6 个）；(c) 不相关的孔隙—喉道结构；(d) 相关的孔隙—喉道结构；(e) 空间无序孔隙（不成簇的）；(f) 空间有序孔隙（成簇的）

式是这些简化模型中的一种，它描述了孔隙及孔隙—喉道排列的相互关系。与含油（或含水）饱和度及驱油效率等渗流特征直接相关联的孔隙结构主要特征参数是孔隙大小及分布、喉道大小及分布、孔隙与喉道的连通关系等。通常压汞法测得的毛细管压力曲线主要反映了连通孔隙的喉道大小及其分布；用图像显微技术在岩心铸模薄片上根据概率统计方法可以测得孔隙大小及其分布。综合不同的技术得到的孔隙结构信息，可以用孔隙介质均质系数 α 描述岩石微观的孔隙非均质状况：

$$\alpha = \frac{\sum_{i=1}^{n} \frac{r_i}{r_{\max}} \Delta S_i}{\sum_{i=1}^{n} \Delta S_i} \tag{1-2-3}$$

式中　$r_{\max}$——毛细管压力曲线上排驱压力对应的最大喉道半径，μm；

　　　$\dfrac{r_i}{r_{\max}}$——任一喉道半径对最大喉道半径的偏离度；

　　　$\sum_{i=1}^{n} \dfrac{r_i}{r_{\max}} \Delta S_i$——喉道尺寸偏离度对相应的饱和度范围内的加权。

若上式写成积分的形式则有：

$$\alpha = \frac{\int_{S_i}^{S_0} r(S) \mathrm{d}S}{r_{\max} S_0} \tag{1-2-4}$$

α 值的变化范围为 $0 < \alpha \leqslant 1$。α 值越大，则岩样孔隙结构越均质，反之则不均质。

此外，储集层岩石微观孔隙结构的非均质性特征具有分形体的自相似性和不规则性，因此，近年来一些学者也试图用分形几何学理论的分形维数 D 定量地描述多孔介质的分形问题。综合孔隙介质的微观均质系数 α，描述孔隙介质分形问题的分形维数 D 以及半径相对分选系数 CCR、孔隙几何因子 G 等可以将中国主要油田的储集层孔隙结构的均质状况分为五类（表 1-2-12）。

表 1-2-12　砂岩油藏孔隙结构分类表

油田	层位	平均渗透率 $10^{-3}\mu m$	平均孔隙度 %	均质系数 α	半径相对分选系数 CCR	几何因子 G	喉道分形维数 D	类别
文留	沙三	160	26.2	0.59	0.62	0.11	2.32	Ⅰ
胜坨	沙二	2000	(30)	0.59	0.62	0.05~0.20	2.42	Ⅰ
萨尔图	葡一	1200	31.4	0.62	0.61	0.06	—	Ⅰ
埕东	上馆陶	59900	40.0	0.60	0.63	0.10	2.49	Ⅰ
曙光	沙三下	880	—	0.60	0.66	0.16	—	Ⅱ
濮阳	沙二上	300	27.5	0.53	0.69	0.30	—	Ⅱ
喇嘛甸	萨二葡一	600	27.8	0.48	0.81	0.33	2.70	Ⅱ
郝现	沙一	1800	37.5	0.52	0.70	0.17	—	Ⅱ
杏树岗	葡一	1940	28.0	0.51	0.67	0.20	2.46	Ⅱ
真武	戴二组	570	—	0.49	0.81	0.20	—	Ⅱ

续表

油田	层位	平均渗透率 $10^{-3}\mu m$	平均孔隙度 %	均质系数 α	半径相对分选系数 CCR	几何因子 G	喉道分形维数 D	类别
真武	垛一组	1000	—	0.45	0.84	0.26	—	Ⅲ
双河	核三段第二组	520	22.6	0.44	0.84	0.30	—	Ⅲ
滨南	沙四	93.5	29.4	0.42	0.92	0.32	2.65	Ⅲ
板桥	板二组	49	23.9	0.46	0.94	0.28	—	Ⅲ
港中	沙一组	(200)	(25.4)	0.44	0.80	0.20	2.59	Ⅲ
广利	沙四	800	26.9	0.45	0.82	0.26	2.81	Ⅲ
临盘	东营	1160	32.9	0.47	0.74	0.38	2.73	Ⅲ
扶余	扶余	180		0.45	0.98	0.35		Ⅲ
玉门	M层	52	16.4	0.43	0.90	0.46	2.84	Ⅲ
商河	沙二	48.1	29.0	0.46	1.02	0.40	2.81	Ⅲ
纯化	沙三上	1800	24.3	0.35	0.99	0.61	—	Ⅳ
欢喜岭	沙三下	170	25	0.36	1.06	0.52	2.78	Ⅳ
克拉玛依	克、克组	100	24.8	0.34	1.80	0.90	—	Ⅳ
羊三木	馆陶组	212	31.4	0.32	1.10	0.68	2.87	Ⅳ
羊二庄	明化镇	3768	27.7	0.31	1.07	0.50	2.79	Ⅳ
兴隆台	沙一	2000	22	0.16	2.00	2.60	2.97	Ⅴ
兴隆台	东营组	216	17.05	0.43	1.50	0.80	—	Ⅴ
马岭	延安	(10)	12.3	(10) 0.35	(10) 1.00	(10) 0.70	2.95	Ⅴ

（1）孔隙结构均匀的储集层。这类油层的均质系数在0.6左右，喉道分形维数 D 小于2.5，具有孔隙度大、颗粒分选好、孔隙分布均匀、孔隙连通好等特征。电镜照片可分辨出黏土含量少，且主要是水云母与高岭土共存，以分散状态分布于颗粒间，充填于孔隙中或黏附于喉道壁上，但未堵死孔喉。

（2）孔隙结构较均匀的储集层。这类油层均质系数在0.5左右，喉道分形维数 D 在2.5~2.7。孔隙大小比较均匀，喉道比较发育，但一般颗粒表面有较多的黏土矿物覆盖，黏土含量较多，影响了孔喉间的连通。

（3）孔隙结构均匀程度中等的储集层。这类油层的均质系数在0.4左右，喉道分形维数 D 在2.7~2.8。这类油层的颗粒不够均匀，黏土含量增加，颗粒表面覆盖严重，加之次生的成岩作用等使孔喉的连通性差。

（4）孔隙结构均匀程度偏差的储集层。这类油层的均质系数在0.3左右，喉道分形维数 D 在2.8~2.9，构成这类油层孔隙结构的因素较多，有些是颗粒分选很差，尺寸大小悬殊（0.01~200mm），具有山麓洪积相的特点（如克拉玛依油田克—百油组），砾石占了很大空间，砾间空隙又被颗粒填充，矿粒间往往还被黏土和碳酸盐充满，在泥质充填物与砂砾间有缝隙，砾内有孔，碳酸盐晶体间含有晶间孔，造成复杂且不均匀的孔隙结构，孔喉比很大，连通性也变差。

（5）孔隙结构均匀程度很差的储集层。这类油层的均匀质系数在 0.16~0.35 之间，喉道分维数 D 大于 2.9。属于这类油层的如兴隆台沙一段、马岭油田延安组由于次生的成岩作用、长石颗粒的高岭土化、石英颗粒的次生作用加剧了孔隙大小分布的非均匀性。

储集层岩石的孔隙结构与油、水饱和度及其分布、油、水的流动规律、水驱油效率、水驱后剩余油饱和度及其分布规律有着密切的关系。

1.2.4 储集层岩石的表面润湿性

储集层多孔介质体系通常是处于岩石—水—原油或岩石—水—油—天然气系统平衡状态。岩石表面对流体相的亲润能力或流体（油、水或天然气）在岩石固体表面的黏附功在很大程度上决定了流体在多孔介质中的分布状态、流体的渗流特性以及水驱后（或气驱后）残余油饱和度和其分布状况。

实际储集层岩石表面的润湿特性（亲油或亲水状况）是非常复杂的。首先，这是由于组成储集层岩石的矿物是多种多样的，如石英、长石、云母、方解石、高岭石、蒙脱石、伊利石等，它们各自具有不同的晶体形态和晶体表面缺陷、解离状况，从而对极性物质和非极性物质表现了不同的亲和力，通常情况下，石英、长石对极性物质（如水）表现出强的亲和水，而方解石、黏土矿物等由于晶格缺陷及层状晶体结构则对非极性物质表现出强的亲和力。由于实际储集层岩石矿物组成的复杂性，难以用准确的方法测得准确的润湿性，往往是用不同的方法得到的结果有很大差别。据统计（例如表 1-2-13、表 1-2-14 所列资料），对于硅酸盐类储集层（即砂岩油层）其通常呈现水湿、偏水湿或中性的概率较大，而碳酸盐类储集层通常呈现油湿、偏油湿或中性的概率较大。其次，原油组分中的胶质和沥青质如前所述是一种含有氧、硫、氮的杂环混合化合物，这些化合物带有极性基团，对极性表面具有强的亲和力，这些物质在表面吸附的结果，能使固体表面对油的亲润性增加。图 1-2-8 是大庆油区萨、喇、杏油田原油中胶质和沥青质含量对岩石亲润性的影响，处于大庆油区北部的萨尔图油田的原油胶质和沥青质含量较高，则岩石呈现较强的亲油性；相反，处于南部的葡萄花油田和高台子油田原油的胶质和沥青质含量较低，则岩石呈现出弱的亲水性。原油中卟啉等杂环化合物能够同黏土晶层间的 K^+ 离子产生交换，使黏土晶面具有非极性，增强了对油的亲和力。因此，黏土和原油中胶质和沥青质是造成岩石多孔介质表面具有亲油能力的主要原因。第三，岩石多孔介质的孔隙结构特征如孔隙几何形状的不规则性、孔喉尺寸大小及其分布、胶结物的分布及胶结状态、颗粒表面的粗糙程度等都对岩石表面润湿性有明显的影响；黏土及碳酸盐胶结物在颗粒间的堆积及在颗粒表面的覆盖，往往使岩石表面呈现亲油；相反孔喉分选系数小、颗粒表面光滑、胶结物含量少的岩石多孔介质则往往表现出亲水的特性。另外，储集层原生水的性质如矿化度、水型、pH 值等也会对岩石的润湿性有影响。总之，岩石多孔介质的润湿状况极为复杂，一般，均匀润湿（即所有孔隙表面对水或对油是有相同的亲和力）的可能性较小，通常岩石润湿性都是非均匀的，即部分表面亲油，部分表面亲水，这种非均匀的润湿性有人假设有两种可能性，一种可能是斑状润湿性（Spotted、Dalmation 或 Speckled），即某些表面部分是亲水的，它们呈点状、族状或碎片状分布，但对整个介质而言则是不连续的；另一种可能是混合润湿性（Mixing wettability），即大孔隙表面具有连续的亲水性，这种混合的润湿性可能是在原油由生油层运移至原来亲水的储集层期间，油首先侵入大孔隙中并沿大孔道运移，原油中的胶质和沥青质化合物在运移过程中排驱固体表面的水膜，并沉积、吸附在大孔道表面上，使之具有亲油能力；而被绕道的小孔隙及颗粒间接触处或盲孔则仍然被水所充满，依然为水所润湿。

表 1-2-13　Treiber（1972）和 Morrow（1976）对油藏岩石润湿性的评价

润湿性	前进接触角 θ_A、后退接触角 θ_R	砂岩油藏	碳酸盐油藏	比例,%
水湿	$\theta < 62°$	12（40%）	2（8%）	26
中性	$\theta_A > 62°$ $\theta_R < 133°$	10（33%）	16（64%）	47
油湿	$\theta_R > 133°$	8（27%）	7（28%）	27
总数		30	25	

表 1-2-14　Chilinger 和 Yen（1989）对碳酸盐油藏岩石润湿性的评价

润湿性	接触角,（°）	比例,%
水湿	0～80	8
中性	80～100	12
油湿	100～160	65
强油湿	160～180	15

表 1-2-15 所列为中国主要油田储集层岩石的润湿性，砂岩储集层多为亲水或偏亲水，而碳酸盐岩储集层则为亲油或偏亲油。对于低渗透的储集层，由于岩石致密，孔隙小，在原油初始向储集层运移过程中，原始充满水的小孔隙、盲孔及颗粒间由于高的毛细管阻力不易为油侵入，因此残余水（束缚水）饱和度比较高，原始亲水比表面比较大，因此，岩石表面多表现了亲水性；相反，中、高渗透层储集层由于大孔隙占的比例较大，在原油运移过程中有更多的孔隙为油所占据，因此原始为水充满的小孔隙、盲孔和颗粒间空隙体积小，比表面积小，因此，岩石表面多表现了亲油性。图 1-2-9 和图 1-2-10 为用 USBM 法对大庆油田储集层天然岩心进行的测试统计结果，结果表明在绝对渗透率低于 $100 \times 10^{-3} \mu m^2$ 时岩石表面偏亲水，水饱和度大于 30% 时则岩石表面由偏亲油向亲水转化。

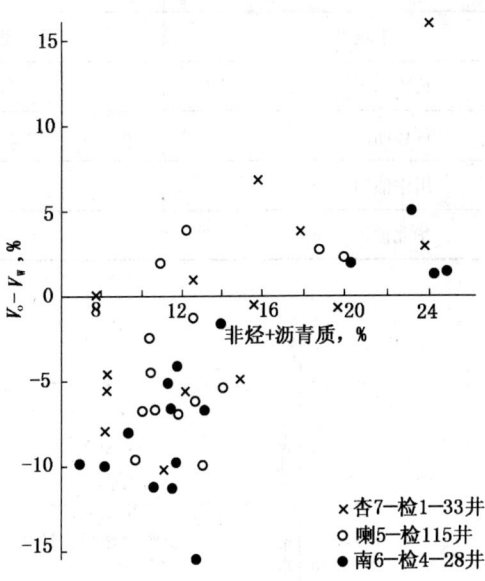

图 1-2-8　岩石表面亲润性与原油中胶质和沥青质含量的关系

表 1-2-15　中国一些油田油藏岩石润湿性

油　田	润湿性	备　注
喇嘛甸油田		
萨尔图油层	偏亲油	
葡萄花油层	偏亲水	
高台子油层	偏亲水	
萨尔图油田		
萨尔图油层	偏亲油	
葡萄花油层	偏亲油	
高台子油层	偏亲油	
葡萄花油田	偏亲水	
胜利油田		
馆陶组	亲水	孤岛、埕东油田
沙一、沙二上组	亲油	胜坨、王家岗
沙二下组	中性	胜坨
沙三、沙四组	亲水	胜坨、滨南、纯化、广利
老君庙油田		
L层	亲油	
M层	亲水	
王场油田	强亲水	
长庆油田	亲水	低渗透油田
吉林油田	亲水	
川中油田	亲油	石灰岩油藏
华北油田	亲油	白云岩油藏

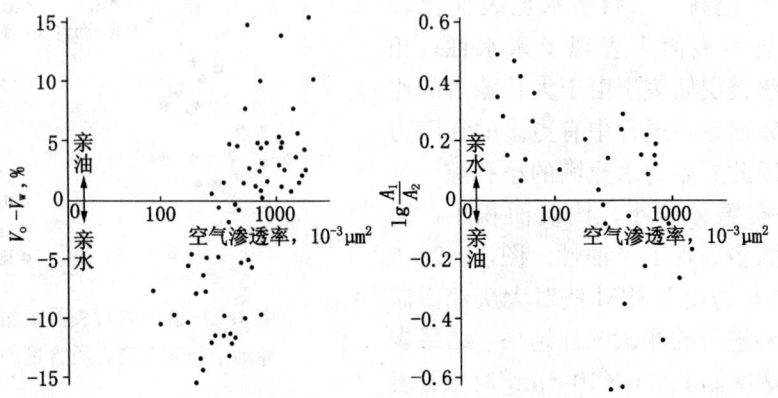

图 1-2-9　USBM法测得的大庆油田岩心润湿性与绝对渗透率的关系

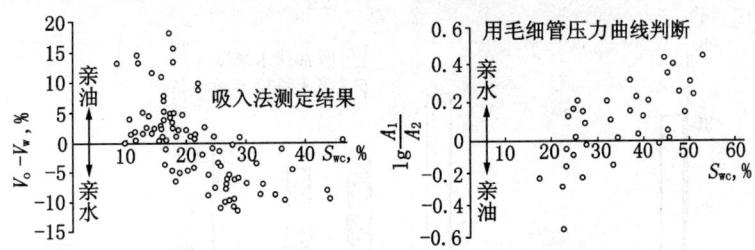

图 1-2-10　USBM 法测得的大庆油田岩心润湿性与束缚水饱和度关系

然而，储集层岩石表面润湿性在油田投入开发之后不是一成不变的，而是随着油田开发后随着注水过程发生变化，甚至产生润湿性的反转，这些已被油田开发实践所证实。表 1-2-16 是大庆油区萨尔图、喇嘛甸、杏树岗油田由取心检测的水侵前后油层岩石润湿性变化的资料。图 1-2-11 是胜利油区胜坨油田二区储集层岩石在不同开发阶段润湿性的变化对比结果。这些资料表明，油层水淹后岩石润湿性由油湿向水湿转变，而且随着开发历程的推移，岩石转变为水湿的程度加深。产生这种结果的主要原因是由于在注水开发过程中组成岩石矿物的黏土遇水膨胀并被水剥离而运移，从而裸露出亲水矿物表面，另一个原因是水驱时在水动力学作用下水冲刷岩石矿物表面，覆盖在岩石表面的油膜被水驱替，且使被沉积的胶质和沥青质脱附，随着更多的孔隙被水占据，岩石表面同水直接接触的面积增加，岩石表面向亲水方向转化。大庆主力油田的油层岩石取心分析表明：注入水的体积占据油层岩石孔隙空间大于 40% 时，岩心由偏油湿转为偏水湿，大于 60% 时转为水湿。据对胜利油田沙二$_{1-3}$油层组的统计，原始含油饱和度降低 10% 时，开始产生岩石润湿性转化，超过 20% 时由油湿转变为水湿。

表 1-2-16　大庆油区萨、喇、杏油田注水前后油层岩石润湿性变化

油田	井号	层位	水淹前			水淹后		
			吸水量 %	吸油量 %	差值 %	吸水量 %	吸油量 %	差值 %
喇嘛甸	喇 5、检 151	PI_2	3.7	4.0	0.3	6.4	2.7	-3.7
	喇 5、检 263	SII_{10+11}	4.2	4.2	0	5.3	3.3	-2.0
萨尔图	北 2-5-122	SII_{13-16}	6.6	15.0	8.4	9.2	7.9	-1.2
	中检 4-4	SII_8	6.5	17.3	10.8	9.5	9.5	0
		PI_{2+3}	6.6	11.7	5.1	9.6	6.3	-3.3
		PI_6	3.7	11.4	7.7	9.8	7.6	-2.0
	中 J4-103	SII_{2-3}	6.9	8.4	1.5	9.9	4.0	-5.4
		PI_2	6.4	10.3	3.9	9.8	3.8	-6.0
	南 2-检 5-32	PI_2	8.5	12.0	3.5	16.9	5.6	-11.3
杏桥岗	杏 7-检 1-33	PI_{21}	5.6	12.5	6.9	9.2	9.0	-0.2
		PI_{21-22}	9.2	16.3	7.1	12.8	4.8	-8.0

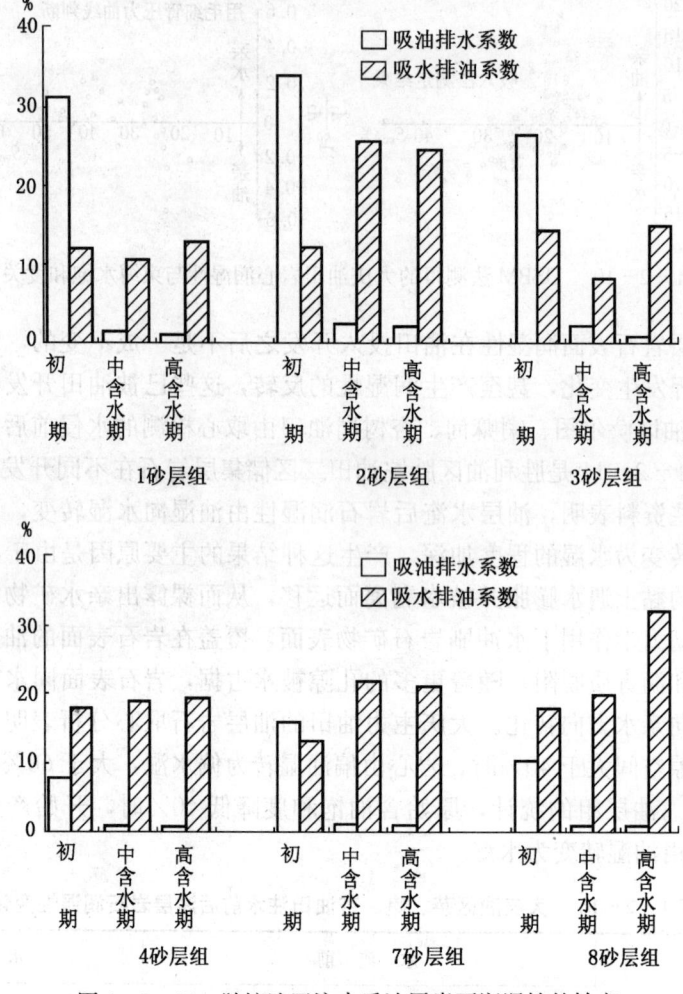

图 1-2-11 胜坨油田注水后油层岩石润湿性的转变

1.2.5 储集层岩石孔隙介质中的界面现象

1.2.5.1 毛细管效应

储集层多孔介质是由空隙和基质组成，而空隙空间则是由孔隙和连接孔隙的喉道所组成，这些孔隙和喉道组成了非常复杂和庞大的孔隙网络，为了揭示孔隙网络的内部结构，它们可以简化成不同直径的毛细管网络模型，原油、水和天然气实际上是共存于这个毛细管网络之中，从而存在毛细管网络模型中存在着油—水、油—岩石、水—岩石、油—气、水—气和气—岩石界面。我们可以将饱和油（气）—水的毛细管网络模型中存在的界面现象用 Laplace 公式进行描述：

$$\Delta p = \frac{2\gamma\cos\theta}{r} \tag{1-2-5}$$

式中　Δp——毛细管压力降，mPa；

　　　γ——油（气）/水界面（表面）张力，mN/m；

　　　θ——润湿接触角；

　　　r——岩石孔隙介质毛细管平均半径，μm。

显然，岩石表面的润湿接触角 θ 大于或小于 $90°$，即亲油或是亲水，则毛细管压力的方向不同，在亲水的情况下，即 θ 小于 $90°$ 时，毛细管压力的方向是与水驱油的方向一致的，毛细管力表现为水驱油的动力；反之，在亲油的情况下，毛细管力表现为水驱油的阻力，是造成油层水驱剩余油的最基本原因之一。

1.2.5.2 边界层效应

吸附在岩石表面吸附位上的沥青、胶质等极性物质及原油中的烃类组分构成了岩石表面上的界面膜，И. Л. 马尔哈辛称其为"边界层"。它是直接紧贴着固相表面的液体层，其性质与体相液体的性质显著不同。曾经用 X 光透视结构法，介电系数测量法等发现和证明了边界层的存在。边界层的厚度和力学性质，取决于原油中的极性物质的分布和浓度、溶剂的性质和岩石表面性质等诸多因素。在液体—固相体系中发生的许多表面现象，都是与在固体表面的液体边界层的单层结构和性质、边界层的结构力学性质、液体在固体表面的附着有关。液体分子在固体表面上的吸附，决定边界层的结构特点，边界层中大吸附分子，在较大程度上已经失掉了在体相内部它所具有的迁移率。因此，边界层中分子的物理性质在很大程度上与其体相性质不同，И. Л. 马尔哈辛还称其为"异常油油膜"。异常油油膜的黏度高于体相油的黏度，其流变性通常表现出假塑性和黏弹性的特点，具有很高的机械强度。异常油油膜的厚度受很多因素的影响，主要制约因素有：原油密度越大、沥青质含量越高则厚度越大；在白云石上的厚度大于石英上的厚度；岩石孔隙半径越小厚度越大。一般异常油油膜的厚度在 $0.1\sim100\mu m$ 范围内。分析表明，异常油油膜内极性物质的分布随体相向固体表面的延伸极性物质含量增加，即距离固相表面越近，极性物质含量越高。试验还证实，异常原油油膜与岩石表面之间不存在连续的水膜，油膜是直接覆盖在岩石表面上，油膜具有非常强的流动阻力，只有在岩石表面产生对水的选择性润湿的情况下，油膜才能够被破坏断裂。能够由油（o）、水（w）和固（s）三相接触边界之间的力学平衡关系判断油膜能否脱落：岩石（固相）表面对油或对水的亲润能力与油—水界面张力（γ_{o-w}）、油—固界面张力（γ_{o-s}）和水—固界面能力（γ_{w-s}）有关；水相（w）或油相（o）能否在固相—岩石表面（s）上铺展可以用铺展系数 B_{os}（或 B_{ws}）表示，在水（w）、油（o）和固（s）三相处于平衡状态时，可以用下式表示它们的关系：

$$B_{os} = \gamma_f - \gamma_{o-w} - \gamma_{o-s} \tag{1-2-6}$$

式中　B_{os}——铺展系数。

当油相（o）对岩石（s）相润湿时，则油相在岩石相表面铺展形成油膜，在平衡时，油膜存在剥离力与铺展力的平衡（图 1-2-12），即：

$$\gamma_f = \gamma_{o-w} + \gamma_{o-s} + \int_0^{\pi(h_{eq})} h d\pi \tag{1-2-7}$$

式中　γ_{o-w}，γ_{o-s}——分别为油—水相界面张力，油—固相界面张力；

$\int_0^{\pi(h_{eq})} h d\pi$——平衡时的分离功；

h——薄膜厚度；

γ_f——膜张力。

那么由式（1-2-6）和式（1-2-7），则有：

$$B_{os} = \int_0^{\pi(h_{eq})} h \mathrm{d}\pi \tag{1-2-8}$$

故当 $B_{os} > 0$ 时，分离功 $\int_0^{\pi(h_{eq})} h \mathrm{d}\pi$ 为正值，油对岩石完全润湿，油膜在岩石表面上铺展；反之，当 $B_{os} < 0$ 时，分离功 $\int_0^{\pi(h_{eq})} h \mathrm{d}\pi$ 为负值，油对岩石不润湿，油膜将从岩石表面上剥离。

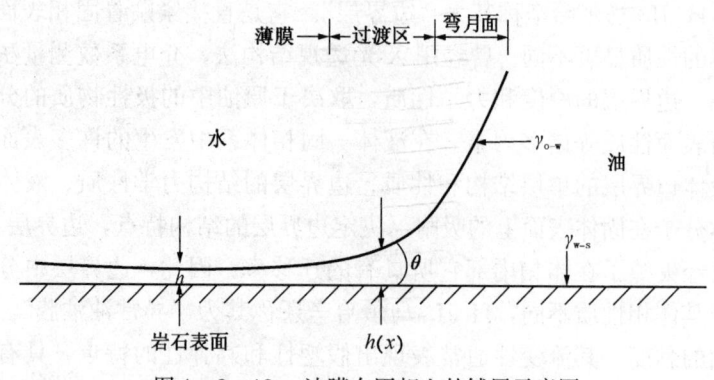

图 1-2-12　油膜在固相上的铺展示意图

1.3　剩余油分布与监测方法

剩余油饱和度及其分布是提高石油采收率及其方案优化设计的主要依据和物质基础。由于地质条件复杂，使得准确地确定剩余油饱和度及其分布十分困难，因而，通常需用多种监测方法，综合确定剩余油饱和度及其分布，研究剩余油分布形态，以确定可行的提高石油采收率方法，评价其在技术和经济上的可行性。通常，注水开发油藏水驱采收率一般仅为 30%～40%（原始石油地质储量，简称 OOIP），少数油层均质、原油黏度低、井网完善、油井密度较高者可能达到 50%～60%（OOIP），即大约 40%～70% 的原油由于各种不同地质条件、物化作用、开采因素而留在油层中。

1.3.1　剩余油饱和度

"剩余油饱和度"（Residual oil saturation）一词在不同的文献中称谓不同。可以从不同角度对其进行定义，广义上讲采用常规采油方法不能够采出的剩余在油层中的含油饱和度，包括未被驱油剂波及到的可流动的和驱油剂波及后不可流动的含油饱和度；狭义上讲驱油剂波及后不可流动的含油饱和度称为残余油饱和度，常规采油方法不能够采出的全部剩余在油层中的含油饱和度称为剩余油饱和度。从（水驱后）三次采油提高石油采收率的角度上讲剩余油饱和度包括以下三种。

1.3.1.1　束缚油饱和度

束缚油饱和度（IOS）常常当作残余油饱和度的定义。束缚油饱和度指的是剩余油变为不流动或者完全被束缚时的饱和度。在油层为强水湿岩层中（包括低黏原油）大约注入 1 倍孔隙体积的水常常就可接近达到束缚油饱和度；而对于混合润湿系统则要求注入更多倍孔隙体积的水。在某些岩层中，即使经过了很多倍（几千倍）孔隙体积的水的驱扫，仍然还保留了小而有限的油相渗透率。

1.3.1.2 平均（或物质平衡）含油饱和度

同样，也常用在注水结束时油藏中剩余油的平均（或物质平衡）饱和度（AOS）作为残余油饱和度的定义。这样的残余油饱和度估算值（也像束缚油饱和度那样）常常产生一些误解。用平均油饱和度所引起的误差是因为剩余油并不是均匀分布的。饱和度的变化是由很多因素引起的，包括重力分异、渗透率的分层性、平面非均质性、油田不同部位流过的总水量的差异等。由于这样一些因素，在采用平均含油饱和度的概念时，油藏中剩余油平均饱和度可能比驱替水波及冲刷带的油饱和度稍大一些或者可能大得很多。

1.3.1.3 水波及带中剩余油饱和度

水驱油过程中，残留在波及带后面的油层岩石孔隙中的油，称为水波及带中剩余油饱和度。从实用观点出发，当油藏开发综合水油比达到其经济极限时，水波及驱扫带后面的残余油饱和度特别有价值。通常把这个定义用于很多三次采油方法的评价和设计工作中。

由于油藏的这一部分是在三次采油过程中最有可能被波及的部分，因此，最好是能对油藏的各个部分的剩余油饱和度有一个综合、全面的了解。遗憾的是，没有一个单一的方法能够得出这种残余油的分布情况，尽管有时通过两种或多种方法所取得的资料可以用来增进我们对"残余"油的总量和分布位置的认识。通常的做法都是采用几种方法进行测试，然后进行综合评价分析。

1.3.2 剩余油宏观分布形态

从油藏开发的整个过程和总体角度考虑，概括国内外有关研究剩余油宏观分布的结果，其分布的基本形态是：

（1）注水未波及到的（未水洗）或弱水洗的中、低渗层带的剩余油；

（2）井网未钻遇的透镜体油层；

（3）局部不渗透遮挡（断层或局部不渗透带）形成的富油带；

（4）由于压力梯度小，未能驱动的油；

（5）油藏边部薄层带，注采井网未能动用的油；

（6）井网不完善，水动力学流线形成死油区；

（7）高的油、水流度比造成的指进和窜流；

（8）由于油层平面上的非均质而造成的死油区；

（9）由于层间非均质造成的层间窜流引起的未进水层段；

（10）驱替水波及带由于毛细管效应和岩石对有机极性物质的吸附作用滞留在岩石孔隙中的不能够流动的油。

为了了解剩余油的分布状态，河南油田曾经在双河油田437♯开发区块为完善调整井网和聚合物驱油的需要打了一口检7井，对三个单独的开发层系（Ⅱ$_{1,2}$、Ⅲ、Ⅳ$_{1,2}$）进行了密闭取心，然后进行岩心试验分析，检验结果表明，尽管三层系全部水洗，但水洗程度不同，Ⅱ$_{1,2}$层组大部分弱水洗（占该层系厚度的85.5%，占全井取心厚度的34%），小部分中洗；Ⅲ、Ⅳ$_{1,2}$层系全部为中—强水洗。使用岩心分析结果进行校正后剩余油饱和度全井平均为41%，其中Ⅱ$_{1,2}$层系：27.8%～30.5%，Ⅲ层系：38.8%～43.7%，Ⅳ$_{1,2}$层系：27.8%～30.9%。并对Ⅲ、Ⅳ$_{1,2}$层系分五个层段试油，在油井含水率97.2%～100%时，岩心分析、电测解释所得到的结果与试油结果完全吻合。取心的三个开发层系都处在特高含水期，综合含水率91%左右，采出程度33.5%（OOIP）左右，这种水淹状况与剩余油分布状况说明，非均质的砂砾岩油藏处于高含水期的剩余油主要以分散状态存在于中强水淹层内，少数存在于弱水淹层，未水淹的油层已很少。

大庆油田剩余油的宏观分布又有不同，大庆油田北一区断西聚合物驱油工业性矿场试验的油藏剩余油分布研究表明，由49口井水淹层测井解释资料，平均水淹厚度为62.8%的油层，平均含油饱和度61.4%，采出程度27.8%（OOIP）。北1-6-检27井的密闭取心分析资料是总有效厚度15.5m，水淹厚度10.0m，水淹厚度占总厚度的64.5%，与电测解释资料接近，说明有36%的厚度尚未水洗。在平面上各沉积时间单元的水淹状况差异很大，萄 I_1 层为未淹—弱淹层系，含水饱和度平均30.47%，含水饱和度小于40%的面积约占该层面积的87.5%，而萄 I_3^2 为下部的主力层，厚度5.5m，为泛滥平原相的辫状河道砂岩，该层大面积水淹，含水饱和度大于50%的井点面积为53.2%，采出程度为42.46%（OOIP），其余几个沉积单元水淹状况介于上述二者之间。说明该试验区纵向和平面上都有未水洗或弱水洗、连片分布的丰厚的剩余油潜力。

1.3.3 剩余油微观状态

如前所述，由于储集层岩石的岩性和孔隙结构的复杂性，岩石颗粒及胶结物构成的多样性，以及压实与成岩作用等，造成储集层岩石极为不均质的孔隙毛细管网络，加上岩石孔道的润湿性不同，使微观剩余油的分布状态多种多样。为了研究剩余油微观分布状态，开发了各种不同的技术，主要有：含油薄片分析技术、图像分析方法和实体显微镜观察统计技术等。水驱后岩心中剩余油状态与分布的显微图像扫描实际测量照片示于图1-3-1。剩余油分布状态模型示于图1-3-2和图1-3-3。概括起来，剩余油微观状态大致如下：

（1）油膜或残环状：一般在亲油岩石颗粒表面或在覆盖有黏土胶结物微粒的砂粒表面，呈薄膜或环状油环（如图1-3-1中的1）。

（2）油珠及油滴状：在亲水大孔隙中央或由于孔喉的液阻效应而滞留在小喉道前（如图1-3-1中的2，3）。

（3）油斑、网状或油水互包状：集中在某些较小的孔隙网络中，形成油斑、网状和油水互相包混，由于微观不均质，水沿大孔道绕流而形成的剩余油（如图1-3-1中的4，5）。

（4）死胡同（盲孔）状，存在于盲孔中的油（如图1-3-1中的6）。

（5）簇团状：颗粒间孔隙中填充的及黏土微粒微孔中黏附的呈簇团状的油（如图1-3-1中的7）。

（6）蠕虫状或索状：在亲水孔道中，随道的形状而形成的油（如图1-3-1中的8）。

（7）封闭型：如砾石遮挡、胶结物封闭（如图1-3-1中的9、10）。

（8）并联不等径毛细管孔隙圈闭油：剩余油在亲油、亲水、驱动压力、毛细管压力、油水黏度比等复杂作用条件下，油柱有时可能被圈闭存在于并联的小孔道，有时可能存于并联的大孔道（见图1-3-2）。

（9）H型孔隙内被滞留的油：滞留于H型孔道中的油（见图1-3-3）。

统计研究表明，上述各种分布状态的剩余油所占比例大致如下：未波及的、弱洗涤的

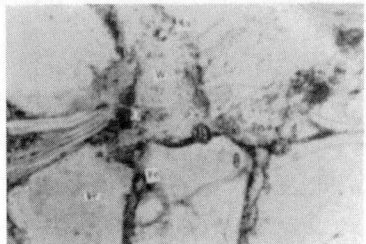

1. J455井2-27/31出口,单250X,残余油状态,油随填隙物分布而呈残环分布

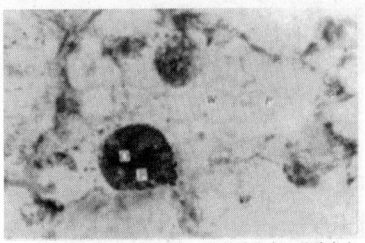

2. 安45井3-50/67,单250X,残余油状态,孔隙中央干净,微粒被迁移至喉道处,油滴对微粒有集聚作用,在孔隙缩小处,可能形成"液阻效应",油珠直径68～104μm,微粒直径1.5～4μm,K_g=0.048μm^2,m=13.74%,$E_{D1.0}$=70.91%

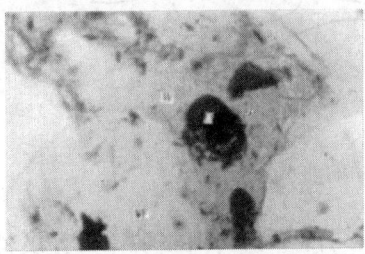

3. 1009井49-26/34中,单250X,残余油状态,同一孔中受孔喉形状及填隙物控制的多种状态残余油

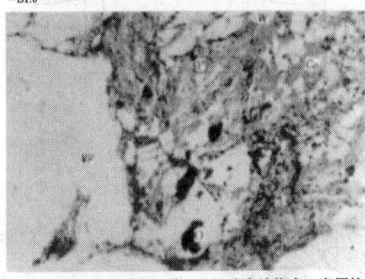

4. J455井6-1/57中间,单100X,残余油状态,岩屑粒内溶孔中的油呈斑状或小斑块状

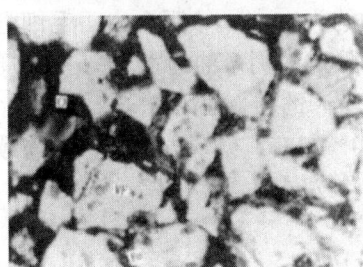

5. J455井2-27/31中间,单100X,残余油状态,孔隙中的油呈油水互包状态

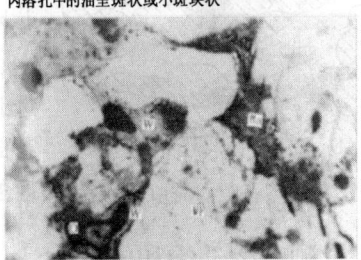

6. T225井7-63/64,单100X,油水互包的分润湿状及亲水孔道,亲油孔道特征

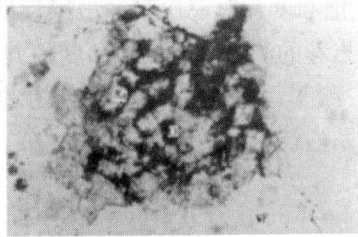

7. 安45井13-24/39,单250X,残余油状态,填隙物(6～40μm)充填孔隙,微孔(0.2～10μm)中充满油

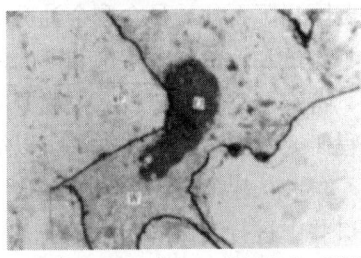

8. J455井6-1/57出口,单250X,残余油状态,填隙物量较少,呈充填状,蠕虫状油受孔隙形状控制,油湿粉砂质杂基,孔壁干净

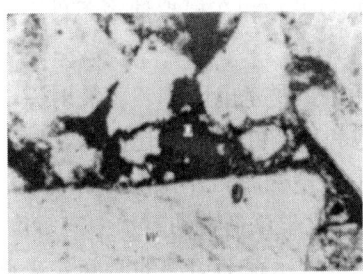

9. J455井6-1/57出口,单100X,残余油状态,砾石遮蔽作用,油呈网络状

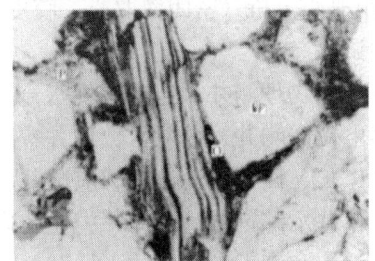

10. J455井6-1/57出口,单100X,残余油状态,云母片对水驱油的不利影响

图1-3-1 含油岩石切片图像电子显微扫描结果照片

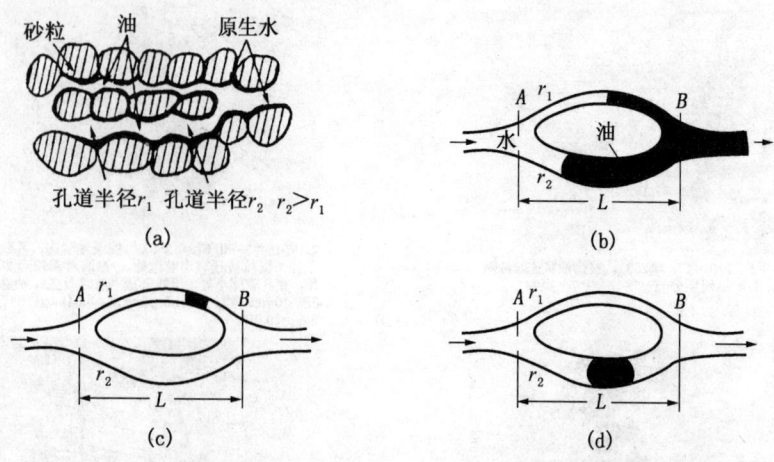

图 1-3-2　不等径毛细管中的油水分布

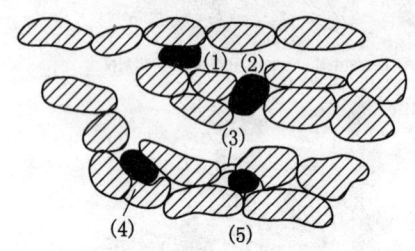

图 1-3-3　H 型孔隙内滞留油的分布

低渗透带剩余油约占 27%；因驱动压力梯度低而不能参与流动的剩余油约为 19.5%；油层中存在透镜体和井网未控制到的约为 16%，微观上由于毛细管效应束缚、滞留等因素形成的剩余油约占 13.5%，局部不渗透遮挡（如断层等）的剩余油约占 8%。总之，宏观分布的剩余油占 70% 左右，微观分布的、不连续的、分散的剩余油占 30% 左右。

1.3.4　检测剩余油饱和度的方法

根据美国州际石油委员会剩余油分会在对剩余油饱和度和对三次采油敏感性研究的基础上提出了测试和评价剩余油饱和度的建议，建议和推荐的测试剩余油饱和度的方法包括：岩心分析、特殊取心岩心分析（或称专项岩心分析）、测井、不稳定试井、化学示踪剂研究和油藏工程研究等方法。这些方法可以综合为如下的系列技术。

1.3.4.1　单井检测剩余油饱和度方法

在一口井中进行测试的方法：

（1）岩心分析：包括常规取心分析（含水基钻井液取心、油基钻井液取心、大直径取心）、密闭取心分析（密闭液取心、胶皮套海绵封闭取心等）和在模拟油藏条件下进行室内岩心驱油试验。

（2）地球物理测井：包括常规水淹层测井和解释，主要是电阻率、声波时差、伽马射线、自然电位法测井、介电常数测井等；特殊专项饱和度测井：C/O 比测井、脉冲中子寿命测井（PNC、测—注—测、感应测井、测—注—测）；电磁波测井和核磁测井。

（3）单井示踪剂试验：向井中注入化学试剂，根据化学试剂在油、水中溶解度的差异，测量剩余油饱和度。向井中注入示踪剂，巧妙地利用两种示踪剂运动的时间差来确定水淹井附近油层的残余油饱和度。示踪剂试验是先向油层注入含醋酸乙酯的地层盐水段塞，接着再注入盐水将该段塞驱出远离井筒的井底周围油层。然后关井反应，一部分醋酸乙酯就地水解形成成乙醇，成为次生示踪剂。由于乙醇仅略溶于油而完全溶解于水，故在油井开井采油时,它基本上和盐水相同的速度流动。而醋酸乙酯在油中的溶解能力比在水中高,因此它移动速度比水慢,类似于色谱中的移动。醋酸乙酯在回采期间的移动时间差首先取决于醋酸乙酯在油和盐水中的溶解度比,其次取决于残余油饱和度和水饱和度。取样进行试剂含量分析,根据分析得到的示踪剂分配系数等资料能够计算出油井井底周围剩余油饱和度。

1.3.4.2 井间确定剩余油饱和度方法

利用井间测量技术,检测两口或多口井之间油层的剩余油饱和度的方法:

(1) 井间检测法:应用一对井眼间的电流、电阻和势能分布,用 Pisson 公式计算油水饱和度。

(2) 地球物理测井井间预测法:利用测井解释的单井剩余油饱和度,用数学地质方法(克星金法、分形几何、分维法等)预测井间及油藏饱和度分布。

(3) 油田开发地质学法:包括微沉积相、小层动态、油藏结构精细地质学等。

(4) 油藏工程研究、数值模拟方法:根据油田开发过程中获得的各种开发资料建立油藏地质模型、油藏开发模型、试井模型,运用水动力学理论建立数值模型,然后进行计算机分析求解,求得油藏三维的剩余油饱和度分布。

1.3.4.3 试井法

不稳定试井常简称为试井,有时称为压力恢复试井,它为估算与液体饱和度有关的油层参数提供了多种方法。一般来讲,不稳定试井是在开井生产的情况下,在井中下入连续工作的压力计记录由于生产井(或注入井)产量(或注入量)的变化而引起的压力的变化。不稳定试井包括生产井的压力恢复试井和压降试井,注入井的注水能力试井和压降试井,以及干扰(或脉冲)试井。分析每种试井及其变异试井的结果,可以确定油、水和气体的有效渗透率(K_o、K_w、K_g)以及井眼损害(例如表皮系数、流动效率和损害比等)。此外,多井的(干扰)试井可以对油层孔隙度和压缩系数的乘积进行分析。对试井资料进行综合性的分析,可提供相对渗透率和油层液体饱和度关系的资料。运用试井资料和室内试验资料进行对比分析可以估算生产井井底周围平均流体饱和度。

1.3.4.4 物质平衡法确定平均剩余油饱和度

根据油田地质静态资料和油田开发过程中生产动态资料,利用物质平衡方程,计算油田原始原油储量和油田可采储量,计算油田剩余油饱和度,用这种方法得到的是剩余油饱和度平均值。

1.3.5 检测剩余油饱和度方法的评价

每种检测剩余油饱和度的方法都有各自的优缺点(例如表1-3-2中所列举)。通常要用几种方法所取得的资料来估算水淹后剩余油的数量及其分布。某些方法(例如根据油藏动态资料进行的物质平衡计算)能取得全油藏的平均残余油饱和度。另外一些方法(例如专门的取心方法和测井方法)可以提供井眼附近残余油的垂向分布资料。还有一些方法(例如示踪剂研究)可以对油藏的大部分进行取样,但是它所提供的是油藏中渗透性较好的那些带内的加权平均残余油饱和度。究竟哪一种方法或哪几种方法组合起来对三次采油的评价最为有用,则取决于油藏的具体的地质特征和开采历史等。表1-3-1列举了各种方法的选择顺序。单井示踪方法被认为是在各种井筒条件下的第一选择,中子寿命测井(PNC,测—注—测)是对老井进行测试的首要选择,高压密闭取心则作为基本选择,其他方法一般只作为第二、第三选择。实际上,由于这些资料在评价三次采油法的经济可行性方面的重要性,只要从所有上述方法能取到资料的话,它们都可以在油田使用。表1-3-3是根据近30年来得到的资料对各种方法的准确性进行统计的结果。由表可见,岩心分析、电阻率、电磁波传播和核磁测井方法的误差较小,而测一注一测、示踪剂、C/O比法的误差较大。

表1-3-1　确定剩余油饱和度方法选择顺序

方法 条件	取心			电磁波传导测井仪	测井(测一注一测)					单井示踪剂试验	物质平衡法	试井
	常规	压力	海绵		电阻率	核磁测井	PNC	C/O	重力			
裸眼井												
新井		1	2		2	2	2			1	3	3
低盐度		1	2	2		2		2		1	3	3
深油层(>3000m)		1	2				1				3	3
老井					2	2	2			1	3	3
低盐度				2		1		2			3	3
深油层(>3000m)					2		1	2			3	3
冲蚀						1			2	1	3	3
低盐度									2	1	3	3
											3	3
深油层(>3000m)					1				2		3	3
下套管井	2											
预先取心	2							1	2	1	3	3
低盐度	2							1	2	1	3	
深油层(>3000m)							1	2		3	3	
冲蚀								2	1	3	3	
深油层(>3000m)								2		3	3	

表1-3-2　剩余油饱和度测定法的优缺点

测定方法	探测深度	优　点	缺　点
岩心			
常规	<10in (25cm)	广泛应用	难以得到原始剩余油饱和度
压力	<10in (25cm)	精确度高	只限新油井
			难以修正取心收获率
海绵	<10in (25cm)	精确度高,价廉	难以得到气体饱和度
单井示踪剂试验	25~40in (17.5~12m)	精确度高	需对程序进行精确解释
		测试大体积油层	相对需要
			均质地层
		测试范围可控制	只限于平均的剩余油饱和度
测井			
电阻率			精确度差
常规	2~50ft (0.6~15m)	应用广泛,研究范围大	

续表

测定方法	探测深度	优 点	缺 点
NML 核磁			
常规	2ft（0.6m）		只限于重油
注测	2ft（0.6m）	剩余油饱和度直接测试	
介电常数			
常规	1～2ft（0.3～0.6m）	可在各种盐度地层中试验	精确度差
EPT 电磁波传播			
常规	2ft（5cm）	可在各种盐度地层中垂直分辨率高	研究浓度低
PNC 脉冲中子			
常规	7～24in（17.5～60cm）		精确度低
测—注—测，水	7～24in（17.5～60cm）	精确度高	
测—注—测，化学水	7～24in（17.5～60cm）	不需孔隙度数据	需注三次
测—注—测，氧化石油	7～24in（17.5～60cm）	可测可动油饱和度	需注四次
C/O			
常规	9in（23cm）	可在各种盐度地层中试验	精确度不可靠 性能不稳定
伽马射线测井			
测—注—测，水/化学剂	2～4in（5～10cm）	垂直分辨率高，应用广泛	精确度可疑难以消除油井第二次测井前的放射性
重力（常规和测—注—测）	50ft（15m）	适用于各种油井条件 大面积，大体积	垂直分辨率低 注水/生产时间长
试井方法			
有效渗透率	油井泄流区域		精确度低
井间剩余油饱和度			
电阻率	油井之间距离	井间剩余油饱和度	需油井试验
油井—油井示踪剂	油井之间距离	井间剩余油饱和度	测试时间长
油驱替	油井之间距离	井间剩余油饱和度	测试时间长
总压缩率	油井之间距离		精确度低
油水比	油井之间距离	计算简单	精确度低
物质平衡	整个油层	计算简单	需精确油藏/生产数据 精确度低
数值模拟	整个油层	提供面积剩余油饱和度	精确度低

表 1-3-3　以平均剩余油饱和度值为依据的剩余油饱和度方法对比

方　法	平均值 $\Delta S_{or}(X)$	标准偏差 σ	45°线的剩余油	比较数据数量	平均值的标准误差 $\sigma(X)$	$X+2\sigma X$	差别（可靠率为95%）
压力岩心全部数据	-3.9	6.4	7.6	31	1.2	-3.9-2.4	是
1978 年以来确定的有效数据	-2.1	2.7	6.3	12	0.8	-2.1±1.6	是
测—注—测 PNC	-0.4	6.3	6.3	25	1.3	-0.4±2.6	非
电阻率	2.4	5.8	6.3	42	0.9	2.4±1.8	是
示踪剂试验	-1.0	5.9	12.1	24	1.2	-1.0±2.4	非
电磁波传播测井仪	7.9	8.9	6.9	14	2.4	-7.9±4.8	是
C/O	0.4	6.8	10.5	20	1.5	0.4±3.0	非
核磁测井 NML	7.7	8.6	—	13	2.4	7.7±4.8	是

1.3.6 测试剩余油饱和度方法应用实例

据中国胜利油田有关资料(张萍、袁是高等人报告),胜利油田曾进行过七井次的单井示踪剂试验和四口井的中子寿命(测—测—测)测试,结果列于表1-3-4,两方法测得的剩余油饱和度值十分接近。表中示踪剂法测得的值略低于中子寿命法测得的值,分析认为示踪剂法,在注示踪剂溶液时,易进入S_{or}较小的高渗透层带,所以使平均的S_{or}值偏低。

表1-3-4 胜利油田剩余油饱和度测量结果资料

井 号	层 位	示踪剂法测得的S_{or},%	中子寿命法测得的S_{or},%
2-2-J1502	沙一 1^1	29	31,41
2-1-J1662	沙一 1^1	28	31,73
1-4-1451	沙二 1^1	32	36,62
2-5-J1502	沙二 1^2	15	16
2-1-J1662	沙二 1^2	14	—
2-1-J1662	沙二 3^{3+4}	14	—
1-4-131	沙二 1^2	48	

王玉成和王德辰等人报告了中国玉门油田对老君庙$L_{1,2}$层的剩余油饱和度综合研究成果,用测井参数数理统计、油藏工程方法、数值模拟和C/O比测井等方法计算了目前剩余油饱和度,结果列于表1-3-5中,由表可见四种方法测得的S_{or}比较接近。

表1-3-5 玉门油田采用四种方法得到的剩余油饱和度S_{or}值资料

井 号	L_1层的S_{or},%				L_2层的S_{or},%			
	数值模拟	C/O	测井数理统计	油藏工程	数值模拟	C/O	测井数理统计	油藏工程
F185	50.8	50.7	51.4	—	57.9	68.0	52.4	54.8
F184	59.0	43.9	53.6	52.4	59.8	48.7	51.4	52.0
G185	51.0	46.5	47.8	50.2	49.6	48.9	48.6	47.3
40-6	45.1	44.4	44.6	43.9	46.1	47.2	47.4	47.2
平均	51.5	46.4	49.4	48.9	53.4	53.2	50	50.3

美国伊利诺伊州隆敦油田为评价表面活性剂驱油项目,于1976年钻了一口检查井,用压力取心、常规电测、捕获中子测—注—测、C/O比和单井示踪剂五种方法测试两个油层剩余饱和度。结果Bethel层为17%~23%,Weiler层为28.5%~33.5%,除压力取心的数值偏低外,其他方法都较接近,详见表1-3-6。说明同一口井、不同方法所得结果具有可比互补性。

表 1-3-6　隆郭油田 M. Mills16 号井采用不同方法计算剩余油饱和度资料

地层	方法	S_{or}的统计范围,%	ϕh加权平均值法计算得到的S_{or},%	S_{or},%*
Bethel	压力取心	6.4～23.4	17.0	
	电测井	17～32	23.0	
	测—注—测	13～40	22.8	
	C/O测井	—	无解释	
	单井示踪剂测试	—	18.0**	18.0±4
Weiler	压力取心	13.～42.9	27.4	
	电测井	24～34	28.6	
	C/O测井	15～44	33.5	
	NLL（测—注—测）	1～55	30.2	
	单井示踪剂测试	13～37***	25.5***	19.0±2

* 根据厚度和有效渗透率对S_{or}加权；
** 整个层未取心，岩心柱缺失2ft岩心；
*** 唯一的计算是根据浓度剖面吻合程度的计算，但在该方法中未进行计算。

美国 Amoco 公司在得克萨斯州四个油田,用压力取心、测—注—测、常规测井、岩心流动试验测试了剩余油饱和度,结果见表 1-3-7,Frio Sand 油田除压力取心数值偏低外,其他方法吻合得很好,因目的层砂岩是胶结疏松的高渗透率、高孔隙度砂岩（渗透率 $1000\times10^{-3}\mu m$；孔隙度30%）,压力取心未能保持地下状态进行,而 San Andres A、B 油田是白云岩地层,低渗透率、低孔隙度（渗透率 $1\times10^{-3}\sim50\times10^{-3}\mu m^2$,孔隙度10%）,故压力取心的数值可靠,与测—注—测的结果相符。值得一提的是岩心流动测试值与其他方法相当接近。

表 1-3-7　美国四个油田不同方法得出的残余油饱和度资料

油田 \ 方法 (S_{or},%)	压力岩心法	中子寿命测—注—测法	常规测井法	岩心驱动试验法
Frio Sand 砂岩	9.1	19.8	19.6	23.0
Mudlly 砂岩	29.6	—	25.8	
San Andres A	28.7	38.4* 25.0** 25.7***	—	—
San Andres B	23.1	23.1	31	7～40

* 压力取心后（淡水钻井液取心）注盐水测得中子寿命曲线计算结果；
** 取心后注盐水,再注乙醇,又注盐水所测得结果；
*** 注盐水,再注乙醇,又注乙醇后的感应测井计算值。

2 提高石油采收率的方法与应用

提高石油采收率就是采用强制的技术措施增加油藏原始地质储量的采出程度。石油采收率的高低是衡量油田开发技术和经济水平的重要参数，因此为了提高石油采收率在油田自投入开发后的每个开采过程中都要研究、开发和实施一切可行的技术措施。"提高石油采收率"技术措施（Enhanced Oil Recovery，EOR；或 Improved Oil Recovery，IOR）指自油田投产到枯竭采取的增加石油采出程度的强制措施，包括各种驱动方法、吞吐方法和各种增产增注措施等；"三次采油"技术措施（Tertiary Oil Recovery）指增加水驱后剩余油采出程度的强制措施。

油田开发的不同阶段，提高采收率使用的技术方法不同。在油田开发初期为了充分利用天然能量实施合理的布井方案和合理的控制生产工艺条件提高石油采收率。在油田天然能量枯竭后进入补充能量开发阶段，为了增加和补充油藏压力和改变油层驱油机理，向油层注水、注气以及注碱水、高分子聚合物溶液和表面活性剂水溶液保持地层压力并作为驱油剂，称为强化采油（Enhanced Recovery，Enhanced Oil Recovery，EOR）或改善采收率（Improved Recovery，Improved Oil Recovery，IOR）（在有些文献中将油井深部堵水、水井调整吸剖面改变水流方向以及增加渗滤面积的水平井技术也划入这一范围）；对于稠油油藏为了增加地层原油的流动能力在油田开发初期或注水以后采用注入热水、蒸汽和火烧油层的方法提高采收率也属于提高石油采收率（Enhanced Oil Recovery）的技术范围。在油田补充能量开采进入后期，油田综合产水率达到经济极限（95%~98%）以后，为了开采水驱后剩余油（岩石微观孔隙介质中毛细管力滞留油滴、岩石骨架表面黏附油膜和油斑以及驱替水没有波及的油）采用注入各种化学剂、混相或非混相气体、石油微生物、热水或蒸汽以及实施其他物理或物理—化学的采油方法，称为三次采油（Tertiary Oil Recovery，Tertiary Method）。在中国，由于大多数已开发油田采取先注水后开发的技术政策，没有明确意义上的油田三个开发阶段（一次采油、二次采油和三次采油阶段）以及油层的非均质性引起过早和过快的油井产水，提高石油采收率的措施大都是在油田产水率没有达到经济极限以前进行的，因此，提高石油采收率的技术范围术语没有明显的演化过程；不过目前通常将除注水、注气保持油藏压力以外的各种驱油方法统称为"提高石油采收率"，有时也俗称为"三次采油"。

由于石油开采的特殊条件和环境，许多油田利用油藏天然能量（一次采油）和人工补充能量（油藏注水、注气等）（二次采油）能够采出的油量只占油藏原始地质储量的30%~40%，中国已开发油田综合水驱油采收率据推算约为33.16%（OOIP），即大约三分之二的原油不能使用常规的方法采出而滞留于油藏中，从而可见，不仅一次和二次采油阶段需要开发相应的提高采收率技术以使其有较高的采收率，而且，三次采油阶段油田更具有提高石油采收率的巨大潜力。由于石油是不可再生的战略能源，因此，研究和开发提高石油采收率的新技术特别是提高水驱后剩余油的采出程度对于充分利用天然能源具有巨大的意义。

自20世纪初乃至油田开发初期，人们就致力于提高石油采收率的基本理论和应用技术的研究和开发，特别是许多油田开发进入到中后期之后，由于油田综合含水率大幅度上升，油产量明显下降，加之 20 世纪中期国际油价上涨的刺激以及石油作为不可再生的战略物资地位，许多产油大国的政府主管部门开始将其列入研究专项，油田经营者开始加大对提高石油采收率研究的投入，于是，越来越多的油公司以及大学、研究所等成立了专门的研究机构，美国能源部（DOE）设立了专项研究基金，石油工程师协会（SPE）发行了"Enhanced Oil Recovery"周刊（公报）并每两年举行 EOR（或 IOR）专题国际会议，欧洲共同体每两年一届举办"欧洲提高石油采收率讨论会"，同时，一些权威学术团体如美国化学工程学会（AICHE）、国际界面化学协会（International Interface Chemistry Society）等举办的学术会议设立了有关提高采收率的专题研究分会，苏联全苏石油研究所（ВНИИ）制订了详尽的研究计划，在微观剩余油机理、物理化学渗流、驱油技术（特别是碱驱、内源菌微生物采油和非离子表面活性剂驱等）诸方面的研究很有独创性；技术的迅速发展使得在许多油田进行了不同规模的化学驱和微生物采油的油田现场实验。与化学驱相比气混相驱发展较快，特别是二氧化碳混相驱，由于在美国和加拿大具有丰富的天然二氧化碳资源，该项技术已成为重要的生产技术措施；热力采油在南美（如委内瑞拉）和北美（如加拿大）的稠油油田的开发已成为不可取代的生产手段。目前提高石油采收率不论在理论上而且在实践上都有了全面的发展，逐渐形成了一项系统的技术门类。在中国，由于中国油田大都是陆相沉积，油层非均质较为严重，驱油效率较差，水驱采收率较低，提高石油采收率研究和开发早在 20 世纪 50 年代初就开始了，最初的研究集中于提高水驱油波及效率以及微生物采油，大庆油田发现后，当时的石油部在北京石油学院成立了石油开发研究室专门从事提高石油采收率、物理化学渗流、剩余油测试和油田开发研究，先后在克拉玛依油田和胜坨油田进行了注稠化水、在玉门油田和克拉玛依油田注泡沫、在克拉玛依油田注微生物（以糖稀为碳源的串明珠菌）和在大庆油田注胶束的现场先导实验，先后在克拉玛依油田黑油山油矿和胜利胜坨油田进行了火烧油层的现场实验。70～80 年代以来逐渐将提高石油采收率研究和技术开发纳入国家重点科研攻关研究计划；中国石油勘探开发科学研究院和各大油田先后建立了采收率研究实体，国家科委先后组织实施了"攀登 B"和"973"大幅度提高石油采收率研究项目，由油田、大学和科学研究单位等机构进行合作研究，这项事业有了较大的发展；90 年代在注稠化水研究的基础上部分水解聚丙烯酰胺（PHPAM）驱采油有了较快的发展，在解决了高纯度单体合成和喷雾固粉成型的问题等技术关键之后，在大庆建立了全球最大产能的聚丙烯酰胺（年产量 5×10^4 t）合成工厂，同时，开始进行了不同规模的注 PHPAM 溶液的先导和扩大试验并逐步发展形成了聚合物驱采油商业规模的措施，目前大庆油田利用提高石油采收率技术产量已达 1100×10^4 t/a 的规模；在大港、胜利、辽河、河南和克拉玛依油田的聚合物驱采油也具有了一定的生产规模；PHPAM 用作油田控制产水率稳定油井产量的调剖和油层深部调整液流方向的技术措施无论在理论研究和油田应用都取得了很大的进展；黄胞胶（Xanthan Gum，XC）用作驱油剂的研究始于 80 年代末期，在成功开发了黄单孢菌株和进行了中试发酵的基础上，开展了油田应用研究并在孤岛油田进行了成功的先导实验，利用黄胞胶凝胶进行水井调剖和油井堵水也获得了成功，建起了多家能够生产固粉和发酵液的工厂，产能达到 1000t/a 以上；与此同时高相对分子质量聚合物和新型聚合物的分子设计与合成研究以及溶液性质的研究也有了新的发展。表面活性剂驱和多元复合驱在理论研究上，特别是表面活性剂驱油体系溶液性质研究上的新进展取得了一系列的研究成果，发展了表面活性剂－碱－聚合物（Surfactant－

alkaline-polymer，SAP）三元复合驱和碱-聚合物（Alkaline-polymer，AP）二元复合驱等技术，使得表面活性剂的用量降低了一个数量级以上，产品研制和生产技术也有了新的进步，在此基础上先后在大庆、辽河、胜利、玉门和克拉玛依等油田进行了微乳液、表面活性剂、二元（AP）和三元复合（SAP）驱的先导和扩大试验。微生物驱先后开发了外源菌、内源菌和以糖蜜或烃为唯一碳源的菌株并进行了其驱油机理的研究，在吉林、大港、大庆等油田开展了一定规模的单井吞吐和驱油试验。由于中国稠油储量十分丰富，热力采油的研究开展很早且发展很快，早在60年代就在克拉玛依黑油山和胜坨油田就进行了火烧油层的先导试验，目前井深1500m的点火技术已经研制成功；尤其是蒸汽吞吐开采稠油的技术已经成为商业生产措施，已经进行了不同规模的蒸汽驱的油田试验，热力采油的生产规模已达到1100×10^4t/a（见热力采油）。最近几年，随着中国西部天然气田和轻质油油田的发现，烃混相驱的理论研究和油田试验也有了很多进展，在吐哈油田进行了烃混相驱的先导试验，在华北油田、江苏油田、中原油田和大庆油田先后进行了气体吞吐和驱替的先导试验探索。

目前，聚合物驱油技术从可行性研究、溶液性质研究、物理和数值模拟预测、产品生产、工程设计和施工、污水处理和技术经济评价等有了一整套的经验。热力采油技术特别是蒸汽吞吐和驱替趋于完臻。表面活性剂驱油理论和技术处于发展阶段。微生物采油和气混相驱正在积极探索。同时，为了部署和规划全国油田整体提高石油采收率的发展，于20世纪90年代初期和末期对全国有代表性的120多个油藏和区块先后两次进行了提高石油采收率可行性的筛选，以及提高石油采收率潜力的调查和评价，对其适应的技术方法应用简化的筛选数值模拟进行了计算和分类，为规划全国油田的提高石油采收率研究和实施提供了科学的依据。

提高石油采收率是一项边沿科学技术门类，它综合了油藏工程、石油地质、物理化学、有机化学、高分子化学和物理、热力学、微生物学、渗流力学以及计算科学等基础科学。这一技术门类包含的主要研究内容为：（1）油藏精细描述研究水驱后油藏动态的变化、油层岩石及多孔介质内流体的物理化学性质的变化及其规律，为提高采收率方案的注采部署及动态观察和控制提供依据；剩余油测试与分布研究宏观水洗状况、微观孔隙中油水存在状况及其分布，以便根据驱油机理选择驱油方法；（2）驱油剂的分子设计和合成工艺的研究提供适合于具体油田的高效率的和价格低廉的稳定工业产品；（3）驱油剂溶液物理化学性质是化学剂驱油成功的关键，包括驱油剂之间的相互作用和配伍及其溶液的物理、化学和生物作用下的稳定性，流变学特性、表面和界面动力学、界面电性、同油层流体和油层岩石的相互作用等；（4）通过油层物理实验和物理模拟进行油层条件下驱油剂在多孔介质内驱油和流动状态模拟研究，评价和预测驱油效率，进行驱油剂配方的优选；（5）数学模拟预测，根据油藏精细描述、驱油机理、室内油层物理试验和溶液性质研究得到的数据和参数建立数学方程和油藏数学模型，采用相应的解析方法对所建立的模拟器进行运算，预测驱油动态和驱油效果；（6）油田地质和工程技术研究，设计油田现场实施工艺程序、流程和方法，包括现场开发现状分析、井网设计、开发过程历史拟合、注入方案设计、现场注入工艺流程和生产动态检测方法和实施细则；（7）环境保护研究，包括油层内和地面的污染防护，注入水水质要求和实现的技术方法、生产污水的治理和再利用循环；（8）风险分析和经济评价，在方案进行前对项目进行常规的风险评估和研究，在方案实施后根据取得的资料对项目进行技术和经济的最终评价，提出能否进行扩大试验或工业试验的建议。

由于提高石油采收率具有高风险和高投资的特点，因此，一项提高石油采收率项目必须经过上述各项研究，然后在油田依次进行现场先导试验、油田扩大实验、工业扩大试验直至最后商业性推广应用等环节，才能形成一项商业性技术措施。

传统意义上讲，到目前为止，除注水保持油藏压力以外作为油田应用的提高石油采收率的方法主要包括：(1) 化学驱油技术（表面活性剂驱、聚合物驱、碱水驱、泡沫驱、化学复合驱等）；(2) 气混相驱油技术（烃混相驱、二氧化碳驱、氮气驱、烟道气驱、非混相气驱、气水交替驱和混气水驱等）；(3) 热力驱油技术（蒸汽驱、蒸汽吞吐、热水驱、火烧油层等）；(4) 微生物采油技术（微生物驱、微生物吞吐等）；(5) 波动采油技术；(6) 磁化水驱油技术及其他物理的、化学的驱油技术和特殊油田开采技术如露天开采等。广义上讲，还包括油井层内深部堵水、水井调整吸水剖面和油层深部改变水流方向、增加渗滤面积的水平井技术等也常列入油田提高石油采收率技术范围。

就提高石油采收率的驱油技术而言，各种方法的技术效果的潜力不同，它们都具有很好的应用前景。但是，与注水采油相比各种提高石油采收率技术都仍然是尚处于发展中的技术门类，要形成油田广泛应用的成熟生产措施还要走相当长的路程。首先，需要进行油藏精细研究和描述，发展微观剩余油探测技术，以掌握剩余油分布规律；第二，需要研究水驱后油层及饱和流体物理化学性质变化规律；第三，需要进行基础性的理论研究和机理研究，以掌握岩石多孔介质中多相流规律，包括：二次采油后油层剩余油形成机理、岩石多孔介质中的界面物理化学（界面现象、界面分子热力学和界面动力学等）、微观多相渗流力学和物理化学渗流力学、分散体系溶液分子动力学等；第四，需要开发、设计和合成高效廉价的各种驱油剂（其中包括生物化学技术的开发和应用），特殊条件使用的驱油剂如耐高温驱油剂、耐盐驱油剂等，并具有形成生产力的能力；第五，开展多学科的综合研究开发新型的提高石油采收率技术；第六，需要进行油层内和地面环境的保护，开发防范油层和地面环境污染技术；第七，预测和风险研究，包括：各种数值模拟预测模型和相应的软件、技术和经济评价模型和相应的软件等。上述问题的研究进展会使得提高石油采收率技术进一步成熟，将油田（商业开采范围）最终采收率达到 60%（OOIP）左右，即在水驱采油（二次采油）后石油采收率再增加 20%（OOIP）以上是可能的。

本章将就影响石油采收率的各种因素、提高石油采收率的方法、提高石油采收率的原理、各种提高采收率方法的应用原则、油田实施和经济及技术前景进行深入的讨论。

2.1　油田开发阶段

油田自第一口井正式投产以后便投入了开发，驱使油层液体流入井底再通过井筒流到地面的能量来源包括：油层压能（边水、底水压能，气顶压能等）、油层岩石弹性能、油层流体（油、气、水）的弹性能、注入水（气）的压能、注入驱替剂（除注水以外）等。根据驱使油层流体流动的能量和能量来源可以将油田开发可以分为不同的阶段。

2.1.1　一次采油阶段

利用油藏天然能量开采，称为一次采油阶段，亦称自然能量开采阶段。油藏天然能量包括：(1) 储集层岩石骨架和岩石孔隙中流体的弹性能，当第一口井打开储集层时油层内部的压力平衡便被破坏了，从而建立了储集层和井筒井底之间的压力差，原来承受油层上覆压力的岩石骨架和其孔隙中的流体便释放其弹性能量，岩石孔隙体积收缩，孔隙中液体体积膨胀，从而液体被挤压流向井底；(2) 油藏边部水域和底部水域的水力压能，水与原油间的界面在油藏内部压力失去平衡后在上述水域的水动力学压力下向井底方向移动；(3) 油藏气顶气压能和原油溶解气的膨胀能量，在油藏压力降低时油藏气顶气和溶解在原油中的溶解气产生膨胀迫使岩石孔隙中的液体流向井底；(4) 油藏液体本身的重力压能，对于倾斜油层或者厚油层流体在自身重力作用下流向井底。根据驱动流体的主要能量，油藏开采驱动方式有边水（低水驱）驱、弹性驱、气驱或溶解气驱、重力驱等。一般在综合能量作用下油井大多处于自喷生产。该阶段由于充分利用了油藏本身的天然能量，因此具有较低的开采成本。一般，石油采收率为10%～20%（OOIP）。

2.1.2 二次采油阶段

在天然能量枯竭或不足的情况下，油田需要人工补充能量恢复（或保持）地层压力进行开采，例如油田顶部注气、边部注水或油田内部切割注水等，油田利用补充能量开发阶段，称为二次采油阶段。根据补充能量的方式油藏分为气驱开采、水驱开采等。在注水开发阶段，为了提高水驱效率，要合理的划分注采层位、合理的布置井网和井位、控制合理的采油速度、不断改善注采能力并且根据生产状况不断地调整井网和层位划分。二次采油阶段油田产水率将会不断上升，应当及时的采取控制含水上升的措施。注水补充能量开发同其他提高采收率方法相比是比较经济的开发方式。一般，石油采收率为30%～50%（OOIP）。

通常，补充能量开采阶段后期为进一步提高石油采收率而进行各种改善水驱措施的开采阶段，称为改善二次采油。在油田综合含水不断升高的情况下，为降低含水稳定油井产量而进行的各冲油田作业措施。包括：加密井网、调整开发层系组合、油井堵水、水井调整吸水剖面、油层内部调整水流方向、水平井增加井底渗滤面积开采以及各种油井增产和水井增注工艺措施等。例如大庆油田实施的"稳油控水工程"，就是改善水驱采油，使油田年产 5000×10^4 t 的水平连续稳定20多年。

2.1.3 三次采油阶段

在二次采油接近和达到经济极限的情况下为开采剩余油自地面注入除清水以外的各种驱油介质进行开采的阶段，称为三次采油阶段。注入的驱油介质包括：各种化学剂、溶剂、载热介质、微生物以及其他各种物理或物理化学的方法。依据注入的介质分为：表面活性剂驱、聚合物驱、碱驱、化学复合驱、泡沫驱、混相驱（烃混相、二氧化碳混相、氮混相、烟道气驱、非混相驱、气水交替驱）、微生物驱（微生物单井吞吐）以及在油田以投入开发就采用的热力驱（热水驱、蒸汽驱、蒸汽吞吐和火烧油层）等。不同的技术措施达到的最终石油采收率不同，一般，比二次采油再提高石油采收率约10%～30%（OOIP），即最终石油采收率约为50%～70%（OOIP）。

通常，在油藏能量不足时还采用单井抽油泵（或水力活塞泵）抽油，单井气举采油等，尽管这也是一种补充能量的方式，但是通常这种单井井筒的采油工艺只是油井生产方式，不被视作油田开采阶段划分的依据。

根据油田地质特点、技术水平、经济条、经营者的利益和国民经济对能源的需求，一个油田的不同开发阶段不是截然分开的，往往是相互交叉、互相衔接。原则上是根据当前的科学技术水平,在最低的投入情况下,合理有序地划分不同的开采阶段,尽可能追求最大限度的石油采收率。几乎所有的三次采油方法在二次采油阶段就进行了先导性试验,许多稠油油田开发之初就将注入热载体的采油法作为商业规模的采油工艺。

中国油田的地质特点决定了油田的开发过程。由于中国油田大多发现于陆相沉积盆地,油藏的类型复杂,沉积体积小,天然能量供给受到限制,因此,绝大多数油田都采用早期注水、保持油藏压力下进行开发,不存在截然不同的一次、二次采油阶段,油田自投入开发至今一直是在注水方式下进行生产,目前大都陆续进入高含水期采油阶段。根据室内实验、现场先导试验和统计预测的资料进行标定表明,中国大多数已开发油田的全国平均水驱石油采收率为 33.16% (OOIP),即 67% (OOIP) 左右的地质储量在水驱开发阶段不能被采出,需要进行传统意义上的所谓"三次采油"开采水驱剩余储量。由于中国大多数已开发油田已经进入高含水期开发,因此,各种地面注入化学剂、载热介质和其他物理化学及生物学方法的驱油方式在水驱(或气驱)没有达到经济极限情况下就开始进行了各种不同规模的试验,有些已经投入商业运营,以最大可能的提高石油采收率。

2.2 提高石油采收率的基本原理

2.2.1 石油采收率

石油采收率是一个油田的油藏地质、流体物性和相应的开采措施的综合指标,它是采出的原油量与油藏地质储量的比值。石油采收率是油田的储油藏地质性质、油藏流体性质和相应的开采措施的综合指标。该比值取决于驱油剂在油藏中所波及的储藏流体的孔隙体积分数和驱油剂在油藏岩石孔隙中驱出的石油体积分数,一般使用的计算公式如下:

$$\eta = \frac{累积产油量}{原始石油地质储量} = E_v \cdot E_d \qquad (2-1-1)$$

式中 η——石油采收率,%(OOIP);

E_v——驱油剂在油藏中宏观波及的储集层体积与原始含油油藏体积之比,即波及效率,代表油藏宏观含油范围内石油被驱油剂驱扫的程度,%;

E_d——驱油剂在油藏岩石孔隙中驱出的石油体积分数,即驱油效率,代表油藏微观孔隙尺寸范围内石油被排除的程度,%。

由式(2-1-1)可见,石油采收率的准确计算首先需要准确的原始石油地质储量,要求精确的油藏描述,以确定油藏含油面积,油层厚度及其变化分布,储液岩石孔隙结构及其变化,准确测试和化验原始含油饱和度,以及准确计算和校对产出油量等一系列油田开发和油藏的物性参数,这些是计算石油采收率的基础。通常决定石油采收率的波及效率 E_v 和驱油效率 E_d 则受储油藏地质性质、储藏流体性质和采取的驱油技术及工艺条件等各个因素的制约。

在油田资料数据库中和油田开发计算时还经常使用阶段石油采收率、目前石油采收率(或目前采出程度)和最终石油采收率的概念,它们分别表示油田开发到某时刻累积产油量、油田开发到目前累积产油量和油田开发达到经济极限时总共累积产油量与原始石油地质储量之比。

2.2.2 波及效率

驱油剂在油藏中宏观波及的储藏体积与原始含油油藏体积之比,称为波及效率,有时也称波及系数,可以将其分解为纵向波及效率和横向波及效率的乘积:

$$E_v = E_a \cdot E_i \tag{2-1-2}$$

式中 E_a——表示驱油剂所波及的含油面积与注入井和生产井之间所控制的含油面积之比,%;

E_i——表示驱油剂在垂向上波及的油层厚度与设计注入驱油剂油层的总厚度之比,%。

图 2-2-1 所示为在一个四分之一的五点面积井网上驱替过程的某一瞬间综合波及效率的模型示意图。宏观上的驱扫程度受如下因素的控制。

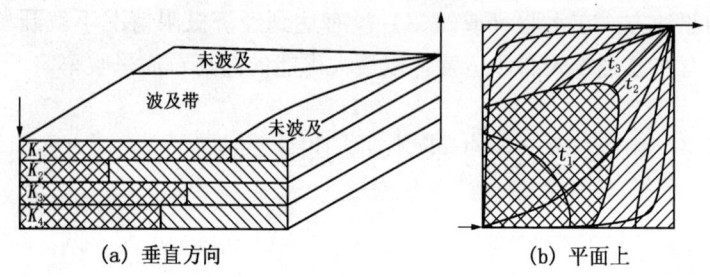

图 2-2-1 驱油过程驱油剂波及效率模型示意图

(1) 储集层岩石的纵向和横向渗透率 K_g 的差异及其分布(正韵律、反韵律和交互韵律等),表示储集层间的岩石渗透率差异及分布一般用 Dykstra-Parson(1950)提出的储集层岩石渗透率变异系数即 Dykstra-Paraon 系数(V_{DP})表示,渗透率差异的渗透率变异系数(V_{DP})越大,驱油剂绕过低渗透率层带沿高渗透率油层方向窜流的可能性越大,从而降低了纵向波及效率。中国主要油田的渗透率差异的渗透率变异系数(V_{DP})如大庆、胜利、大港等油田一般大于 0.6,甚至 0.8~0.9(见表 1-2-11),反映了多油层非均质性。由于驱油剂将会沿高渗透率方向绕过低渗透层带(或区域)而产生窜流,从而降低了驱油剂的波及效率。

(2) 储集层中驱替流体(驱油剂)与被驱替流体(原油)之间流动能力的差异。流体在多孔介质中的流动能力可以表示为:

$$\lambda = \frac{K_i}{\mu_i} \tag{2-1-3}$$

式中 K_i——流体的有效渗透率或相对渗透率(K_{ri})与绝对渗透率(K_g)之积($K_{ri} \cdot K_g$),$10^{-3} \mu m^2$;

μ_i——流体的黏度,mPa·s;

λ——流体的流度。

驱替与被驱替流体间的流度关系,可以用流度比表示:

$$M = \frac{\lambda_o}{\lambda_w} = \left(\frac{K_{rw}}{K_{ro}} \times \frac{\mu_o}{\mu_w}\right) \tag{2-1-4}$$

其中,注脚 w、o 分别表示驱替剂(水)和被驱替液(油)。M 是水、油的相对渗透率及其黏度的函数。当水的流动能力小于原油流动能力时，即 $M<1$，驱替是在有利的情况下进行，则驱油剂的波及效率高；反之，当 $M>1$ 时，即水（驱油剂）的流动能力大于原油的流动能力时，驱替是在不利的情况下进行的。在水油接触带，水（驱油剂）将绕过留在前进方向上的原油而产生类似伸出的手指那样的所谓"指进"，这样，在水油接触带（即驱替前缘）产生不稳定现象，这种不稳定现象取决于水油流度比（M），当 M 增大时，不稳定性明显增加，波及效率降低。当然也与驱油剂的推进速度有关，放慢驱油速度会减弱不稳定性。在一个一注四采五点井网上，在固定注入速度下，不考虑重力影响时的理想波及效率与水油流度比的关系如表 2-2-1 所示。在水、油两相同时流动时，由于水、油两相相对渗透率随饱和度变化，在计算波及效率时，应当考虑相对渗透率曲线的变化。

表 2-2-1 五点井网面积上的水油流度比与波及效率的关系资料表

水油流度比 M	波及效率,%	
	水在生产井突破时	产出水含水 90% 时
10	51	83
2	60	88
1	70	98
0.5	82	99
0.25	87	99.3

显然，油藏构造、裂缝发育状况以及油藏工程方法（如井网，注采关系等）也显著地影响波及效率。

2.2.3 驱油效率

驱油剂波及的储油岩石孔隙中被驱出的油量（体积）与原始含油量（体积）之比，称为驱油效率，表示为：

$$E_d = \frac{被驱出的油量(体积)}{驱油剂波及的储油岩石孔隙中的油量(体积)} = \frac{S_{oi} - \bar{S}_o}{S_{oi}} = 1 - \frac{\bar{S}_o}{S_{oi}} \quad (2-1-5)$$

式中 S_{oi}——储油孔隙中原始含油饱和度,%；
$\bar{S}_o$——储油孔隙中目前平均含油饱和度,%。

显然，驱油效率与岩石孔隙结构形态及原含油分布状态有关。驱油剂在波及储油孔隙中之前，原油成单相流动，在驱油剂进入储油岩石孔隙体积后，随着含油饱和度的降低，驱替剂和被驱替剂成二相流动，二相流状态除受制于水动力学力之外，在很大程度上受制于孔隙的大小分布和形态及被驱替剂（原始油）、驱替剂（水）在其中的分布状况即毛细管力和岩石表面的润湿性。在储油孔隙中共存的油、水存在着油—水、油—岩石、水—岩石的复杂界面现象，由于毛细管力的滞留作用和原油对岩石表面的亲润作用原油以油膜、油滴、油块、油环和油斑等十分复杂的形式存在于岩石表面、孔喉和复杂的孔隙网络中，如图 2-2-2 所示；因此，油、水的流动被复杂的毛细管现象所左右，由此被毛细管力和润湿作用产生的阻力所圈闭的油膜、油滴和油块等，在通常情况下成为所谓"死油"；为了使"死油"投入流动必须克服由此而产生的阻力。因此，微观状态下的界面现象，包括油—水间的界面张力、润湿接触角、孔隙大小（分布）和孔喉比等是决定驱油效率的关键因素，岩石的孔隙结构如孔隙大小及其分布是难以改变的客观存在，但是，油—水界面张力、岩石表面润湿性等则是可控制的因素。影响驱油效率的主要因素可归结如下：

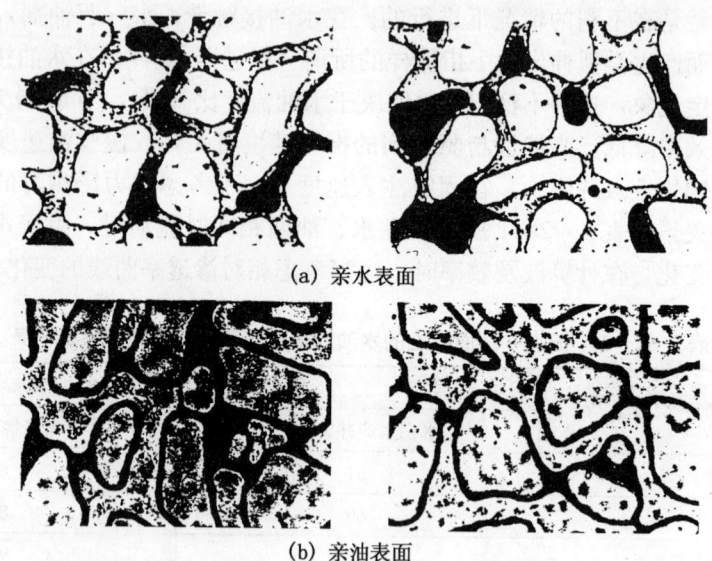

(a) 亲水表面

(b) 亲油表面

图 2-2-2　水驱剩余油的微观分布

（1）油—水间的界面张力（γ_{o-w}）。降低 γ_{o-w} 可以使毛细管滞留阻力减少。

（2）岩石孔隙表面的润湿性（θ）。使油湿表面向水湿表面转化，将减弱毛细管力对原油的圈捕作用；

（3）岩石孔隙的结构和矿物组成。岩石矿物中黏土含量高和非均质的孔隙结构会使毛细管滞留油的作用加剧。

诚然，增加驱动黏滞阻力即增加驱替液的黏度和驱油速度会使驱动力增加，但是同降低油—水界面张力减少毛细管阻力的作用相比则是比较弱的。

2.2.4　毛细管效应

2.2.4.1　毛细管数

为了表述毛细管效应、研究使被滞留捕集的剩余油投入流动的各种影响因素以及它们之间的关系，T.F. Moore，J.J. Taber 等人先后提出了水动力学力与毛细管力比值的概念，称其为毛细管数 N_c。

$$N_c = \frac{水动力学压力梯度}{毛细管压力梯度} = \frac{\Delta p}{L \times \gamma_{o-w}} \tag{2-1-6}$$

式中　$\Delta p/L$——驱动压力梯度，kPa/m；

　　　γ_{o-w}——油水界面张力，mN/m。

1973 年，W.R. Foster 等人进一步发展了毛细管数的概念，定义如下：

$$N_c = \frac{v \times \mu_w}{\phi \times \gamma_{o-w}} \tag{2-1-7}$$

式中　N_c——毛细管数，无量纲；

　　　v——驱替速度，cm/s；

μ_w——驱替剂（水）的黏度，mPa·s；

ϕ——岩石孔隙度，小数。

为了研究岩石多孔介质中剩余油饱和度与毛细管数 N_c 的关系，许多人曾经进行了物理模拟实验，建立了毛细管数 N_c 与剩余油饱和度的关系曲线，图 2-2-3 所示是 W. R. Forster（1973）的实验结果曲线。图中上、下限曲线间的阴影线表示岩石孔隙结构及其变化对 N_c 与 S_{or} 关系的影响，上限曲线表示孔隙结构复杂、组成岩石矿物颗粒分选差、孔隙半径中值小的储油岩石，下限曲线则表示上述参数变好的最好限度；有的作者也曾以岩石润湿性作为处理毛细管数与剩余油饱和度关系曲线的变量，也得到了类似的变化关系，不过上限为亲油介质，下

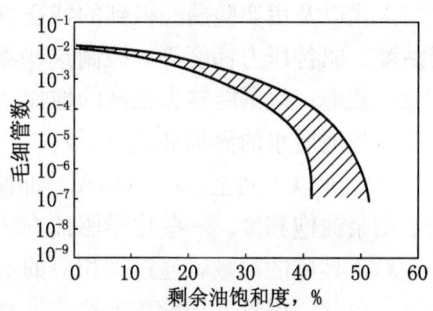

图 2-2-3 毛细管数与储油岩石孔隙中剩余油饱和度关系曲线图

限为亲水介质，中间区域为过渡润湿性。N_c 值增加则剩余油饱和度减小，通常，水驱油时 N_c 值一般约为 $10^{-6} \sim 10^{-2}$ 范围内，使水驱后剩余油进一步减小的 N_c 值称为临界毛细管数，记为 N_c^*（即剩余油开始流动时的毛细管数）；剩余油不再流动时的毛细管数 N_c 值称为最终毛细管数，记为 N_c^t（即剩余油不再流动时的毛细管数）。为了进一步降低剩余油饱和度，提高微观驱油效率，需要尽可能的增加 N_c 值。根据不同的实验条件临界毛细管数 N_c^* 大致为 $10^{-5} \sim 10^{-4}$，最终毛细管数 N_c^t 大致为 $10^{-3} \sim 10^{-2}$（见表 2-2-2 中所列）。

表 2-2-2 不同毛细管数 N_c 定义式及相应曲线的特征参数表

资料来源	实验岩心	实验流体	毛细管数定义式	水驱剩余油饱和度 S_{or} %	临界毛细管数，N_c^*	最终毛细管数，N_c^t
T. F. Moore & R. L. Slobod (1956)	露头砂岩	盐水—原油	$v\mu_1/\gamma_{ow}\cos\theta$	50	10^{-7}	10^{-2}
J. J. Taber (1969)	Berea 砂岩	盐水（含表活剂或碱）—soltrol	$v\mu_1/\gamma_{ow}\cos\theta$; $\Delta p/(L\cdot\gamma_{ow})$	40	$10^{-5} \sim 10^{-4}$	10^{-2}
W. R. Foster (1973)	Berea 砂岩	盐水—原油	$v\mu_1/\gamma_{ow}$	40~50	$10^{-5} \sim 10^{-4}$	$10^{-2} \sim 10^{-1}$
H. S. Dombrowski & L. E. Bronell (1954)	模拟	蒸馏水—模拟油	$K\|\nabla\phi\|/(\gamma_{ow}\cos\theta)$			
Du Prey (1973)	模拟	水—烃	$v\mu_1/\gamma_{ow}$	20	10^{-4}	
Erlich et al (1974)	露头砂岩	盐水—原油	$v\mu_1/\gamma_{ow}$	30	10^{-4}	
A. Abrams (1975)	露头砂岩	盐水—原油	$[v\mu_1/\gamma_{ow}\Delta S]\cos\theta\,(\mu_1/\mu_2)^{0.4}$	30~40	$10^{-5} \sim 10^{-4}$	$10^{-2} \sim 10^{-1}$
S. P. Gupta (1980)	Berea 砂岩	盐水—癸烷	$v\mu_1/\gamma_{ow}$	20~50	$10^{-5} \sim 10^{-4}$	$10^{-2} \sim 10^{-1}$
J. Chatzis & N. R. Morrow (1981)	露头砂岩	盐水—soltrol	$K\Delta p/\gamma_{ow}L$	27~41	$10^{-5} \sim 10^{-4}$	10^{-3}

符号注释：v—驱替速度；μ_1—驱替液黏度；μ_2—被驱替液黏度；γ_{ow}—油/水界面张力；K—有效渗透率；p/L—驱替压力梯度；$\cos\theta$—岩石润湿接触角的余弦；ϕ—岩石孔隙度；N_c^*—临界毛细管数；N_c^t—最终毛细管数。

为了表述不同的研究参数对岩石多孔介质中剩余油饱和度（或驱油效率）的影响，许多研究者根据他们的实验结果提出了各自的毛细管数 N_c 定义式，表 2-2-2 中列述了他们的定义式以及由实验曲线得到的特征参数。尽管影响 N_c 的因素有许多，如驱油速度、驱替剂黏度、驱替压力梯度等，控制这些参数可以增加毛细管数，降低剩余油饱和度，改善微观驱油效率；但是能够大幅度的增加 N_c 数的主要因素是油/水界面张力 γ_{ow}，一般油层条件下原油与地层水的界面张力 γ_{ow} 为 20～30mN/m，在给定条件下可以使 γ_{ow} 降低到 10^{-3}～10^{-2}mN/m 以下乃至 10^{-6}mN/m，即使 N_c 增加了 2～3 个数量级乃至更高，从而明显地降低了剩余油饱和度。一些化学驱油方法就是根据这一原理建立和发展起来的。

对于具体的油藏，通过其相应的 $N_c \propto S_{or}$ 关系曲线确定使水驱后剩余油流动的临界 N_c^* 数值，由此，根据毛细管数表达式计算出使剩余油流动的最高 γ_{ow} 值限度，从而通过适当的调配获取低于该限度的油—水界面张力驱油剂体系，并在油田驱油过程中控制油—水界面张力 γ_{ow} 始终低于最高 γ_{ow} 值限度，便可以达到提高石油采收率的目的。实验已经证明，增加驱油效率的最重要因素之一是大幅度地降低原油—水界面张力。

2.2.4.2 咬断效应

非润湿相流体通过变形孔道时由于毛细管力的作用被掐断形成串珠的效应，称为咬断效应。这是研究岩石多孔介质中残余油形成机理的一种模型，是由 J. C. Melrose 和 C. F. Brahdner 于 1974 年最早提出的。假定多孔介质是由单根变形毛细管组成，变形毛细管的几何形状相似于"糖葫芦"状，孔腔之间由收缩—发散的喉道连接；孔隙壁表面覆盖一层润湿相，非润湿相在毛细管中流动。在流动过程中，在孔道的任何部位都存在一个特定的毛细管压力，而且在不同部位的毛细管压力是不同的，在喉道处的毛细管压力大于孔腔处的毛细管压力。非润湿流体由前一个孔腔通过喉道进入下一个孔腔需要克服喉道处的毛细管压力，当流动压力不足以克服喉道处的毛细管压力时，非润湿相则被掐断并形成孤立的液珠圈捕于孔腔中。那么，使圈捕于孔腔中的孤立液滴恢复流动的必要条件是：

$$\Delta p + \Delta \rho g \Delta L \sin\alpha \geqslant \Delta p_c \qquad (2-1-8)$$

式中 Δp——作用于液滴的压力差；

$\Delta \rho g \Delta L \sin\alpha$——由于毛细管倾斜引起的重力差；

Δp_c——作用于液滴的毛细管压力差。

2.2.4.3 毛细管滞留油释放

使被毛细管力圈闭滞留的油滴、油珠和油块解除束缚投入流动，降低剩余油饱和度。这是降低剩余油饱和度的机理之一。油滴、油珠和油块等是水驱后剩余油在岩石孔隙中存在的重要形式。储油岩石孔隙介质是非常复杂的孔隙网络，大小分布极不均匀，连通结构极为复杂，通道曲曲折折，粒间孔隙常有孔和喉道组成；水驱后期保留在这样孔隙中的油、水具有极为复杂的相态关系，存在着油—水、油—固、水—固等不同的界面和油—水—固三相接触区，它们间的平衡关系受毛细管作用力的制约；显微观察表明，孔隙中的油、水通常的分布形态是：油以油滴、油珠、油块的形式被水圈闭，滞留在微细孔道中、"卡"在孔—喉交界处、"停泊"在弯曲通道的"港湾"中、"锁闭"在"死胡同"中。由于孔隙中油、水交替分布；故在表面亲水孔隙通道中油滴的成镜向对应的弯月油—水界面凸向水相，在表面亲油孔隙通道中的油滴成镜向对应的弯月油—水界面凹向水相，假设欲使（在水湿或油湿孔道中的）一个具有弯月油—水界面的油滴运动，在外力作用下前面的弯月面和后面的弯月面均产生相应的变形，具有不同的曲率半径，同时也将相应的分别产生后退和前进接触角，对此，可以用扩大的 Laplace-Young 方程描述该油滴的平衡状态：

$$\Delta p_c = \frac{\gamma_{w-o} \times \cos\theta_1}{r_1} - \frac{\gamma_{w-o} \times \cos\theta_2}{r_2} \quad (2-1-9)$$

式中　Δp_c——毛细管压力差，MPa；

　　　γ_{w-o}——油—水界面张力，mN/m；

　　　θ_1——前进润湿接触角，(°)；

　　　θ_2——后退润湿接触角，(°)；

　　　r_1——产生前进接触角的弯月面曲率半径，μm；

　　　r_2——产生后退接触角的弯月面曲率半径，μm。

欲使滞留状态的油流动，必须使驱替水动力学压力大于上述毛细管压力差，据考察如果油—水界面张力为 30mN/m，孔隙半径为 10μm，那么使该油滴移动的毛细管数至少为 45～113kPa/mN（或 10^{-6}～10^{-5}）。显然，在常规水驱油田矿场是难以实现的，在技术和工程上都无法做到。微细毛细管中被水相包围的油滴运移问题被称作"贾敏效应"（有关此问题的论述请参见《油层物理》）。这就是在储集层注入大量体积（几倍乃至十几倍岩石孔隙体积）后，仍然有可观的油被滞留在岩石孔隙中的重要原因。

研究表明，使毛细管滞留油释放的方法是降低油—水间界面张力 σ_{w-o}，根据具体条件如果将 γ_{w-o} 由 30～50mN/m 降至 10^{-3}～10^{-2}mN/m 数量级，即可以大大降低使滞留油滴释放的驱动压力。适当优选的表面活性剂配方体系不但能够大幅度的降低油—水间界面张力 γ_{w-o}，而且能够将油滴增溶形成稳定的油水微乳状液，理论上可以消除油—水界面。注入溶剂，例如轻烃、液态气体（LPG）以及能够在油藏内产生混相的 CO_2、N_2 等，可以消除油—界面，从而达到释放毛细管滞留油的目的。

2.2.4.4　油膜剥落

使黏附在岩石孔隙表面上的油膜脱附投入流动，这是降低剩余油饱和度的机理之一。油膜是岩石孔隙中剩余油存在的重要形式。储集层岩石孔隙表面在成岩过程中由于其矿物组成的原因通常是为水润湿，并在其表面形成一层水膜；在以后原油运移且在油藏形成过程中，由于原油中的活性物质（有机酸、有机碱、有机金属络合物等）能够部分溶于水中，它便通过水膜被岩石表面吸附使水膜失去稳定，而局部的改变岩石表面润湿性由水湿成为油湿，特别是原油中的有机酸、沥青质和胍族类金属络合物对岩石矿物表面具有很强的亲和性，由于其分子具有极性和非极性的两种不同的官能团，能够在固体界面形成极性基团朝向固体，非极性基团朝向有机液体的定向排列吸附层，尤其是在岩石中的黏土和方解石胶结物上具有极强的附着能力，从而形成了水润湿和油润湿的混合型润湿表面。在油润湿的表面上铺展了一种特殊的油膜，据 И. Л. 马尔哈辛的研究，这种油膜的厚度与原油性质、孔隙结构和孔隙大小以及岩石矿物组成有关，通常油膜的厚度为 2～5μm，据推算油膜约占据孔隙中剩余油量的 40%～60%，在通常情况下，根据岩石的矿物组成、地层水的性质和原油组成的差异，油膜成连续分布或者被束缚水分隔而成斑块状；同时，与体相原油相比该油膜具有许多不同的物理化学特性，其中的非极性物质和重烃的含量远高于体相原油，因此，它具有高的黏度和剪切应力，在很大的驱动压力梯度下（或者数倍孔隙体积的注入水冲刷下）也难以使其完全脱落，有人称其为"特殊膜""反常膜"，从而成为滞留状态束缚在孔隙介质中，即便在连续油流的情况下它也会对流动产生很大的黏滞阻力。研究表明，使其剥落的方法是改变岩石表面的润湿性，在注入水中加入表面活性物质，该表面活性物质分子的非极性基团能够定向吸附在被黏着在岩石表面上的原油中的活性物质上，从而使油湿表面反转为水湿表面而使油膜剥落。在溶剂（如能够产生混相的高压气、液烃等）的作用下油膜中相对较轻的烃类能够被萃取到溶剂中随液流被采出，从而使油膜厚度减小，然而油膜中的重组分（如沥青质等）不能够被萃取而仍然附着在岩石表面；适当体系的表面活性剂溶液能够增溶原油，实验表明在最佳的状态下表面活性剂溶液体系可以将原油增溶在其中形成微乳状液而使油膜剥落。在油膜—地层水—岩石的三相接触区域处于油膜分离力和油膜铺张力的平衡状态，油膜的黏附（或在岩石表面上的铺张）可以由铺张系数（B_{os}）描述，B_{os}同时受油和水对岩石的亲和力制约，增加水对岩石的亲和力使B_{os}成为负值时油膜被水冲断脱落形成油珠进入体相水流而被采出。实验证明，提高水的pH值（如加入碱类），可以萃取（皂化）原油中的有机酸进入水中而增加水对岩石的亲和力；同时水的pH值呈碱性的情况下，与其接触的岩石矿物如高岭土等原来在中性pH值呈正电性的表面转变为负电性，有利于减弱极性组分的吸附，使油膜变成不稳定。И. Л. 马尔哈辛的研究发现，尽管驱替水力压力梯度不能使油膜剥落，但是在高压力梯度剪切应力的作用下，油膜的厚度可以减小，从而降低了剩余油饱和度。近来有人提出，由于高分子水溶液具有黏弹性，其在多孔介流动时，与其接触的油膜边界部分在液流黏弹力的作用下形成的丝状液流不仅能够被水流夹带进入液流而且能够促使斑状的油膜进行连片从而有利于其流动的倾向，这是他们认为聚合物驱也具有提高驱油效率的重要依据。

2.3 提高石油采收率方法概述

涵盖在油田开发的全过程，一切最大限度地利用油层已知储量增加油田石油产量的措施都属于提高石油采收率的方法，例如：油田注水、注气补充能量保持油层压力的方法，调整完善井网和开采层位扩大注采井控制油层面积和厚度、降低油田综合含水的方法等，一般，这些属于"油藏开发"讨论的内容。本节主要论述除注水、注气之外的用以增加驱油剂的波及效率和驱油效率的方法，即提高石油采收率方法（Enhanced Oil Recovery Method），在许多文献中亦称为强化采油方法。提高石油采收率方法随着油田开发的深化和相关科学技术的发展而不断发展和完善。目前已经开发的各种提高石油采收率方法及类型绘于图2-3-1，由图可见主要有：

(1) 化学法。即向油层中注入适当的化学剂提高石油采收率的方法，根据不同的作用原理，化学法又可进一步分为聚合物驱（Polymer Flooding）、碱驱（Alkaline Fooding）、表面活性剂驱（Surfactant Flooding）、泡沫驱（Foam Flooding）等；表面活性剂驱又分为活性水驱、胶束驱、微乳状液驱等；近年来又在此基础上发展了碱—聚合物复合驱（AP驱）、碱—表面活性剂—聚合物复合驱（ASP）或表面活性剂—碱—聚合物复合驱（SAP驱）、泡沫复合驱（Foam Combination Flooding）。化学法主要适用于轻质原油的油田开采。

(2) 混相法。即向油层中注入能够同原油混相的物质提高石油采收率的方法，混相法根据混相剂的不同分为溶剂混相驱、轻烷烃混相驱、CO_2混相驱、N_2混相驱和烟道气混相驱等；在这些混相剂未达到混相压力前为非混相气驱，近年来又开发出气—水交替驱（WAG驱）（或称混气水驱）等。混相法主要适用于轻质原油的油田开采。

(3) 热力法。即向油层注入热源提高石油采收率的方法，热力法又可分为蒸汽吞吐、蒸汽驱和地下燃烧；近年来为了扩大蒸汽驱过程中蒸汽的波及效率又开发出蒸汽—泡沫复合驱等。黏度大于50mPa·s的重质原油的油田开采采用热力法则是适宜的。

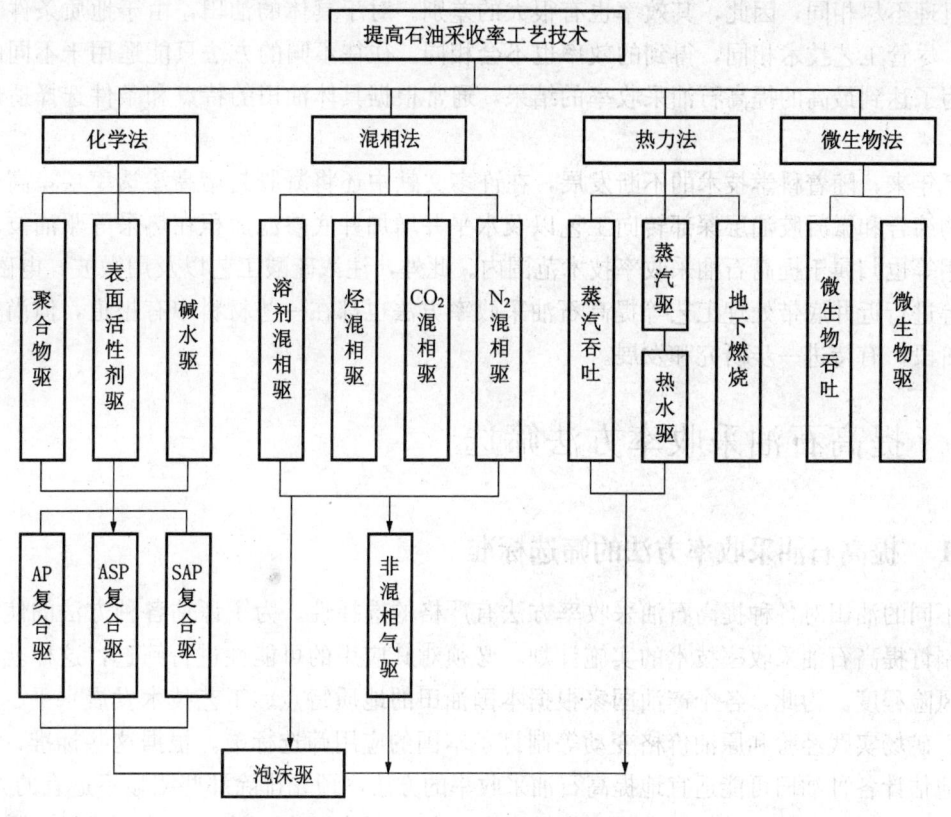

图 2-3-1 提高石油采收率方法分类

(4)微生物法。向油层中注入微生物或者激活油层中原来存在的微生物提高石油采收率的方法,微生物采油法根据注入工艺分为微生物单井吞吐和微生物驱;根据菌种的来源又分为内源菌采油和外源菌采油。

泡沫驱作为一种驱替工艺技术属于化学驱,但是通常又用于混相驱和蒸汽驱(和蒸汽吞吐)作为流度控制技术。

各种提高石油采收率方法的提高石油采收率潜力列于表 2-3-1 中。由于各种方法的

表 2-3-1　各种提高石油采收率方法的潜力

提高石油采收率技术		增加采收率幅度,%(OOIP)
聚合物驱	部分水解聚丙烯酰胺驱	7~15
	生物聚合物驱	7~15
碱—聚合物复合驱		10~18
碱—表面活性剂—聚合物复合驱		15~25
表面活性剂驱		15~25
泡沫驱(或气—水交替驱,WAG)		10~20
气体混相驱		15~20
热力采油	蒸汽(驱替和吞吐)	>20
	地下燃烧	10~15
微生物采油		能大幅度增产

驱油机理不尽相同，因此，其效率也有很大的差别。对于具体的油田，由于地质条件千差万别，尽管工艺技术相同，得到的效率也不会相同。往往不同的方法只能适用于不同的油田。为了达到最高的提高石油采收率的结果，通常根据具体油田的特点和条件选择适用的方法。

近年来，随着科学技术的不断发展，在许多文献中还将凝胶封堵高渗透率层，高分子聚合物缔合和微凝胶油层深部转向工艺以及水平井增加井底渗滤面积在热采等驱油技术中的应用等也归属为提高石油采收率技术范围内。此外，注浓硫酸工艺以及用微波、电磁波、磁场等进行近井底带处理工艺等提高石油采收率方法也都在一些材料中有报道，但尚处于探索阶段，有待进一步研究和发展。

2.4 提高石油采收率方法筛选

2.4.1 提高石油采收率方法的筛选标准

不同的油田对各种提高石油采收率方法有严格的选择性。为了评估各种方法的使用潜力，制订提高石油采收率技术的实施计划，必须对其应用的可能性进行筛选，这样就减少了其风险程度。为此，各个产油国家根据本国油田的地质特点、工艺技术发展水平、能源政策、矿场实践经验和原油价格变动等制订了本国的应用筛选标准，根据这些标准，可以粗略地估计各种油田可能适宜地提高石油采收率的方法，预先排除那些明显不适宜的方法，以减少设计时不必要的计算、实验工作量。中国在1990年进行了中国注水开发油田提高石油采收率潜力评价，由于当时中国实施油田提高石油采收率的项目较少，成功的矿场试验更少，经验不足，难以制订适合中国国情的筛选标准，因此，考虑到当时的实际情况，选用了参数较为宽松的美国国家石油委员会（NPC）的标准。近几年来，经过我国提高石油采收率应用的实践，证明对于某些标准目前技术的发展水平还难以实现。因此，根据中国已进行的现场试验经验和室内研究结果，结合中国的油田地质情况，综合其他国家的筛选标准，建立了如表2-4-1、表2-4-2所述的筛选标准。因为当前可选用的聚合物只有聚丙烯酰和黄胞胶，考虑到这些高分子化合物的热稳定特性，因此，将适用的油田地层温度范围由原来的93℃降至75℃。同时，考虑到化学驱的特点，还加入了渗透率变异系数 V_{DP} 等标准参数。微生物采油是一种经济有效的方法，已在中国许多油田进行了先导单井吞吐试验，由于没有对油田进行适用性的筛选，尽管也有成功的例子，但一些试验是失败的。表2-4-2建议的筛选标准是根据美国能源委员会的标准修改的，这个标准比较适合中国的国情，中国油田微生物采油用微生物菌种还不配套，技术也不太完备，为了减少失误，参数范围限制的比较严格。

基于目前的科学技术水平，已经开发的提高石油采收率方法难以在如下特殊的油田地质情况下应用。

(1) 裂缝性油层。在这种情况下，油层严重非均质性会使昂贵的驱油剂迅速地沿裂缝突入生产井，使其得不到合理的应用。计算表明，裂缝体积占油层孔隙总体积的1.5%～2%情况下，而其流动系数就可能达到油层总流动系数的60%～80%。因此，在多裂缝油层内，驱油剂的波及范围很小，增产油量将不会很高，经济效益很低，投资不合理。

表 2-4-1　建议的提高石油采收率筛选标准

油田参数		碱水驱	聚合物驱*	表面活性剂驱	复合驱	CO_2混相驱	烃混相驱	蒸汽吞吐	地下燃烧	蒸汽驱
原油性质	原油黏度 mPa·s	<40	<60	<40	<60	<10	<5	>60	>20	50~1000
	相对密度	<0.9	<0.9	<0.90	<0.90	<0.87	<0.90	<0.83		<0.95
	酸值 mgKOH/g	>0.2			>0.2					
地层水	矿化度 mg/L	<10000	<10000*	<10000	<10000					
	硬度,mg/L	<100	<500*	<500	<500	<500	—			
储集层	深度,m	—	<2500	<2500	<2500	>1000	>1500	65~1400	150~1400	<1400
	温度,℃	<90	<75*	<80	<75	<120	<120	—	—	—
	有效厚度,m					3~15	<15	>6	3~15	>10
	渗透率 $10^{-3}\mu m^2$	>50	>50	>50	>50	>5	>5	>100	>100	>200
	变异系数 V_{DP}	<0.6	0.60~0.75	<0.70	0.64~0.75	<0.6	<0.6	<0.6		<0.5~0.65
	岩性	砂	砂	砂	砂	砂	砂	砂	砂	
其他	有利因素	酸值高	低温、淡水、非均质	低黏土含量,低硬度水	低温,淡水,高酸值,非均质	倾斜地层	同CO_2混相驱	浅井、稠油	倾斜油层低垂向渗透率	严重非均质
	不利因素	黏土,石膏,灰质含量高	底水、灰质含量高	裂缝、底水、非均质	气顶、底水	高硬度地层水		裂缝、非均质	裂缝、气顶、低孔隙度裂缝	裂缝

* 黄胞胶驱时地层水含盐度、硬度不受此限制,地层温度小于85℃。

表 2-4-2　建议的微生物采油筛选标准

参　　数	建议参数的范围
地层水矿化度,mg/L	100000
pH 值	4~9
地层温度,℃	<75
油层渗透率,$10^{-3}\mu m^2$	>75
埋藏深度,m	<2500
剩余油饱和度,%	>25
油井含水,%	50~90
原始微生物	与选用的微生物相兼容
原油相对密度	<0.9

(2) 存在气顶。对于所有的提高石油采收率方法来说，油层的任何部分具有天然的或人为的高含气饱和度都是极为不利的，因为，含气部分的传导性比含油部分高 20~100 倍，注入的驱油剂会迅速突入气体部分。结果，像在裂缝性地层中一样，驱油剂就不能发挥作用。

(3) 油层含油饱和度过低。对于已经开发的提高石油采收率的方法，从经济效益考虑，不能够应用于含水饱和度大于 70%~75% 的油层。这是因为，一般讲来，昂贵的驱油剂的利用率只有注入量的 25%~30%，而其余部分都无益地消耗于油层的含水部分。在含油饱和度小于 50% 的情况下，许多方法（火烧油层、蒸汽驱、表面活性剂水溶液驱）不适用，其原因是所消耗的资金得不到回收，如果油层中大部分残余油以分散状态处于水淹范围内，那么，就需要应用能使其流动的一些方法（二氧化碳混相驱、胶束溶液混相驱），如果大部分残余油分布在没有波及小层和夹层中，则需要应用提高驱替波及范围的一些方法（聚合物驱，气水混合物驱、碱溶液驱）。因此，油层的含油饱和度在开始运用提高石油采收率的方法之前是一个很重要的决定性的选择指标。在确定采用何种方法或者工艺之前，要求具体的研究油层的含油饱和度及其在油藏范围内的分布，注水波及范围和水淹体积内的驱替程度。如果仅就单一的指标而言，在实施提高石油采收率工艺之前油层的原始平均含油饱和度越高，经济效果也就越高。

(4) 活跃的水压驱动。当油藏在活跃的天然水压动下开发时（通常是具有产能高的、且规模不大的低黏度原油油藏），油藏可以依靠边水和底水的驱替获得很高的注水波及系数和较低的残余油饱和度（25%~30%）。在这些条件下，应用提高石油采收率方法就变得很复杂，其原因是低的残余油饱和度下无论应用那种提高石油采收率方法都不会有高的效益，或者是处在活跃水驱条件下的油藏边缘区不可能用昂贵的驱油剂进行有效驱替，因为将驱油剂注入边外井会导致驱油剂的损失，而注入边内井又会降低开发效果。

(5) 原油黏度较高。从经济指标看，这个因素是很重要的，在多数实际情况下是决定性的因素。所有物理—化学方法与普通注水法综合采用，只有在原油黏度低于 $25\sim30\text{mPa}\cdot\text{s}$ 的情况下经济上才会有效。注聚合物水溶液适用于开采高渗透层中的黏度较高（达 $100\sim150\text{mPa}\cdot\text{s}$）的原油。热力法（蒸汽驱油，火烧油层，蒸汽周期处理）也适用于开采黏度较高的原油。但是，在原油黏度大于 $500\sim1000\text{mPa}\cdot\text{s}$ 时，井网要求很密（小于 $0.01\sim0.02\text{km}^2/$井），经济上未必有效。

(6) 地层水的硬度和含盐量较高。地层水和用于制备驱油剂的水的性质对应用提高石油采收率方法具有很重要的意义。所有提高石油采收率的物理—化学方法在高含盐情况下，特别是在用来制备溶液的地层水中钙盐和镁盐含量高的情况下，由于驱油剂分子同多价离子的化学反应，化学剂的吸附作用，沉积物的形成，溶液的结构转变和驱替能力下降都会急剧降低本身的效果。此外，为了用水制备任何化学产品的溶液必须脱氧和清除生物有机物（细菌），以便防止在地层中生成硫化氢、溶液遭微生物破坏，并导致设备受腐蚀。

(7) 储集层的泥质含量较高。油层中泥质含量高（大于 10%），对于所有提高石油采收率方法都是禁忌的。在油层中泥质含量高的情况下采用物理—化学方法时，由于化学驱油剂的吸附作用强烈而会降低本身的效果。化学剂的吸附作用与孔隙介质的比面积成比例。粉砂岩和碎屑岩储集层的比面积比石英砂岩高 10~15 倍。因而，化学驱油剂会从溶液中析出，沉淀在注入井的周围，而在油层的大部分范围内，驱油剂溶液的最佳条件已经被破坏了。在高泥质含量的情况下，应用热采法也将导致油层结构破坏和油井大量出砂。

2.4.2 提高石油采收率方法的数学模型筛选

目前一些产油大国大都对提高石油采收率方法的潜力进行了评估。为此，开发了不同的评价方法。当前较先进的是美国与委内瑞拉合作提出的评价分析模型（EORPM）。这套模型共包括五个子模型：聚合物驱预测模型 PFPM、化学驱预测模型 CFPM、CO_2 混相驱预测模型 CO_2PM、稠油热采的蒸汽驱预测模型和地下燃烧预测模型 ICPM。此外，还包括一个经济预测模型。

这套模型可以对同一油田进行各种提高石油采收率方法的预测计算，然后进行结果对比，从而确认该油田提高石油采收率在技术上和经济上较为可行的方法。模型要求输入的油田地质参数和室内实验资料是：原油的相对密度（或黏度）、水的黏度、油层深度、有效厚度、平均孔隙度、绝对渗透率、剩余油饱和度、束缚水饱和度、油水相对渗透率曲线、岩性、黏土含量、地层水矿化度、油层倾角等以及开发动态资料如井网面积、注入速度、水驱后累积产油量等。如果没有更加详尽的资料，模型内预置了经验数据可供选择。PFPM、CFPM 和 CO_2PM 模型要求的输入资料参数分别列于表 2-4-3、表 2-4-4。

表 2-4-3　聚合物驱预测模型（PFPM）要求输入的参数

必输的数据	可输可不输的数据
1. 原油重度，g/cm^3	1. 油层温度，℃
2. 油层深度，m	2. 油层压力，MPa
3. 油层有效厚度，m	3. 油的黏度，$mPa \cdot s$
4. 油层平均孔隙度，小数	4. 水的黏度，$mPa \cdot s$
5. 油层绝对渗透率，$10^{-3} \mu m^2$	5. 气油比，m^3/m^3
6. 贷款占总投资的百分比，%	6. 气的相对密度（对空气），小数
7. 贷款利率，%	7. 原油体积系数
8. 油价，元/t	8. 水的体积系数
9. 气价，元/m^3	9. 阻力系数
10. 井网面积，acre	10. 残余阻力系数
11. 岩性（砂岩或石灰岩）	11. 最大注入孔隙体积，V_p
12. 驱动类型：(1) 水驱；(2) 聚合物驱；(3) 聚合物驱－水驱＝增量	12. 井孔半径，m
13. 平均原始饱和度（驱替开始时），如果已知每小层的数据，可输各小层的孔、渗、饱数据及各小层的有效厚度	13. 聚合物操作设备投资，10^3元
14. 束缚水饱和度，小数	14. 聚合物设备生产能力，$10^3 m^3/a$
15. 水驱残余油饱和度，小数	15. 注水设备能力，$10^8 m^3/a$
16. 油水相对渗透率曲线	16. 每年井网大修费用，10^3元
17. 聚合物浓度，mg/L（推荐值：400～1000）	17. 生产水处理费，元/m^3
18. 聚合物黏度，$mPa \cdot s$	
19. 聚合物吸附量，$lb/(acre \cdot ft)$（推荐值：150）	
20. 聚合物段塞尺寸，V_p（推荐值：0.3～0.7）	
21. 聚合物价格，元/t	

表 2-4-4　化学驱预测模型（CFPM）（水驱后开始预测）要求输入的参数

必输的数据	可输可不输的数据
1. 油的重度	1. 油层温度，℃
2. 油层深度，m	2. 油层压力，MPa
3. 油层有效厚度，m	3. 油的黏度，mPa·s
4. 油层平均孔隙度，小数	4. 水的黏度，mPa·s
5. 油层绝对渗透率，$10^{-3}\mu m^2$	5. 气油比，m^3/m^3
6. 贷款占总投资的百分比，%	6. 允许的最高地层温度，℃（≤75℃）
7. 贷款利率，%	7. 地层水含盐度，mg/L
8. 油价，元/t	8. 允许的最高地层水含盐度，mg/L（≤10000）
9. 气价，元/m^3	9. 初始时油的体积系数
10. 井网面积，acre	10. 水驱时间
11. 岩性（砂岩或石灰岩）	11. 水驱终止时水的波及系数
12. 驱替类型：（1）胶束—聚合物驱（表面活性剂—聚合物驱）；（2）碱水驱；（3）碱水—聚合物驱	12. 气的相对密度（对空气）
13. 束缚水饱和度，小数	13. 垂向渗透率与横向渗透率之比
14. 水驱残余油饱和度，小数	14. 黏土质量占岩体质量的百分比
15. 油水相对渗透率曲线	15. 岩心颗粒密度，g/cm^3
16. 开发区内原始地层储量，$10^4 t$	16. 注入聚合物的孔隙体积数
17. 水驱结束后累积产油量，$10^6 t$	17. 化学剂处理投资，10^3元
18. 原始油层底水（0~1.0）	18. 化学剂处理厂投资，$10^6 m^3/a$
19. 原始油层气顶（0~1.0）	19. 单个井网大修费，10^3元/a
20. 表面活性剂溶液段塞价格，元/m^3	20. 注水厂投资，10^3元
21. 聚合物溶液价格，元/m^3	21. 注水厂水处理能力，m^3/a
22. 表面活性剂溶液段塞的浓度，g/m^3	22. 生产水处理费，元/m^3
23. 注入表面活性剂段塞的体积，体积分数	23. 化学处理费，元/m^3
24. 稳定状态下井网注入速度，m^3（油层）/a	

　　模型输出的资料包括：石油采收率增加值、可采储量增加值、化学剂利用率、化学剂用量等。这套模型在计算时首先对一个井组进行计算，然后通过近似处理将计算结果扩展至整个试验区或区块。在进行模拟计算之前，进行水驱历史拟合，将模拟计算的结果同水驱历史拟合结果进行对比，即可得出各种提高石油采收率方法的增产油量和采收率增加值。

2.4.3　提高石油采收率方法的筛选程序

　　应用 EORPM 模型时，一个油田提高石油采收率的适用方法筛选大致可按照下列程序进行：

　　（1）首先对要输入的油田地质资料进行收集、整理、研究分析和校对，确保资料的准确和可靠；应用表 2-4-1 和表 2-4-2 的筛选标准先进行粗筛选，淘汰不适用于油田的工艺方法，确定可能采用的提高石油采收率方法。

（2）广泛地收集和分析油田开发过程中的动态资料，利用PFPM模型中的水驱预测模型进行水驱历史拟合以确定水驱后（即实施提高石油采收率技术以前）的剩余油饱和度、注入速度、采出程度与含水百分数曲线，以及最终的水驱采收率和开发年限。进行较为准确的历史拟合的关键之一是油水相对渗透率曲线的选取和调整。由室内实验资料绘制的曲线可以根据油田开发过程中得到的生产资料进行必要的修正和调整，如果该油田没有测绘油水相渗透率曲线，可以根据油层物性、原油物性和油藏开发工程原理选用与之相似的油田的曲线。

（3）根据粗筛选研究提高石油采收率方法，应用相应的筛选模型进行动态和技术效果预测计算；对化学剂的浓度、尺寸、注入方式、注入孔隙体积倍数等进行敏感性分析、对比，以最终确定各项提高石油采收率指标。

（4）使用经济模型，计算各项经济指标：一般可以根据石油规划设计总院工程经济研究所1995年提供的"聚合物驱经济评价方法"中的原则和苏联Γ.A.巴巴良建议的表面活性剂驱经济评价方法（参见《表面活性剂在油田开发中的应用》，Γ.A.巴巴良，1987）进行。

（5）根据得到的技术指标和经济效益指标进行综合评价。

2.5 提高石油采收率方法应用的基本程序

由前面的分析可知，提高石油采收率工艺技术具有很大的应用潜力并能获得很高的效益。但是，同水驱技术相比，还是一项新的正在发展的技术，在很多方面还需要不断完善，同时油藏地下条件千差万别，各项参数变化复杂，因此，在应用时具有很大的风险性。为了避免失误、减少风险，在对一个油田实施提高石油采收率方案时，应当严格遵守基本运行程序，主要包括：方法筛选、可行性研究、实施方案设计、油田先导试验、工业性试验和商业性推广等步骤。

2.5.1 可行性研究

首先按照第四节所述的内容对油田进行初步筛选，在确定有希望的筛选油藏及区块并确定可能采用的提高石油采收率方法之后，进一步进行可行性研究。

2.5.1.1 可行性研究的目标

初步筛选仅是一个粗略的评估，因此，对待定的筛选油藏要在进一步收集实验室和矿场资料的基础上做出判断。可行性研究的目标是：

（1）候选油藏对可能采用的提高石油采收率方法的适用性对比；

（2）方案可能实施的最佳井网位置及层位；

（3）可能的适用工艺技术；

（4）适用的矿场实施作业条件；

（5）初步的投入与产出比估算及商业推广应用的可能性与可持性发展的前景。

可行性研究确定的目标为是否要进一步进行实施方案的设计提供科学和可靠的依据。

2.5.1.2 可行性研究的工作内容

一个油田提高石油采收率可行性研究的工作内容应当包括资料调查和分析、室内初步评价、最佳工艺技术条件筛选和经济评估四个方面。

（1）资料调查和分析。调查、收集筛选油藏的地质资料、油田开发动态数据、地面环境条件、物质保证及原油政策等，资料内容列于表2-5-1中。通过对这些资料的分析研究和评价，确定筛选油藏的特性和实施提高石油采收率方案的保证条件。最关键的因素是落实油层物性、原油黏度、水矿化度及组成和油层温度四项参数。

表2-5-1　可行性研究要调查收集的资料

项　目	资　料
油藏地质资料	油层岩石渗透率、孔隙度、原始油饱和度、储量、油层厚度、地层压力、破裂压力、岩性、润滑性、胶结物含量及类型、渗透率变异系数、油层温度等
原油资料	原油黏度、胶质—沥青含量、酸值、凝点、相对密度、蜡含量、芳烃含量、平均相对分子质量、ENCA值等
油田水资料	矿化度及离子组成、水型、硬度、pH值、含细菌类型、Eh、活度等
开发资料	生产曲线、注水曲线、试井资料、油层连通图、剩余油分布、采出程度、开发史、地质构造图及井位分布图等
地面环境	地貌、地面设备、水源及供水、环保等
社会环境	注入剂生产供应、运输和价格、原油外运及价格政策；税收政策、人文环境等

（2）室内初步评价。根据收集和整理的筛选油藏的资料，选取油田具有代表性的原油、地层水、注入水和岩心样品进行室内实验评价。筛选驱替使用的化学剂种类。选中的化学剂不仅必须同原油、地层水、注入水和岩心有很好的配伍性、适应性，而且应当有充分保证的商业供给。模拟油藏岩石物性条件进行物理模拟驱油效率的初步评价，初步确定选中的工艺技术方法可能取得的室内提高石油采收率的能力。如果该候选油藏适于气体混相驱，首先要通过室内毛细管物理模型实验确定最小的混相压力并同地层压力和油层最小破裂压力进行对照。通过室内实验最终确定工艺方法、注入剂类型、同油、水和岩石的配伍性和驱油效率四个关键参数。

（3）最佳工艺技术初步筛选。根据收集的资料和室内实验得到的资料进行数值模拟计算，敏感性分析。最终确定最佳的注入量、注入剂的消耗及用量、石油采收率增加值和注入剂的利用率四个关键参数。

（4）初步的经济评价。运用经济模型进行计算，在进行计算时要考虑原油运销政策、税收政策和各种人为环境，并要充分分析和计入各种风险因素。最终提出初步的投入、产出及利润三个关键参数。

2.5.2　油田实施方案设计

2.5.2.1　油田实施方案设计的目标

要实施提高石油采收率工艺技术的油藏，只有通过可行性分析研究确认了"肯定"的答案之后才能进行实施方案设计。方案设计的目标是精细描述油藏，确定目前剩余油饱和度及分布，标定油藏原油储量，建立油层地质模型，确定最优的配方体系，确定现场实施工艺技术条件和投资规模等。设计的方案必须具有先进性、可操作性和安全性。考虑到油藏的复杂性，特别是水驱开发之后油层的油水关系及流体与岩石之间的关系等发生了更加复杂的变化，油藏处于不平衡的状态，注入油藏内的物质还必将引起新的不平衡，这就具有很大风险性,因此在方案设计时必须对此充分注意。

2.5.2.2 油田实施方案设计的内容

(1)油藏精细描述。水驱过程中由于长期进行水驱,油层岩石在水力冲刷和浸泡下物性发生了许多变化,表2-5-2和表2-5-3分别列述了大港和大庆油田水驱前后的物性参数。由表可见,油层渗透率、孔隙度、润湿性等在注水前后发生了明显的变化,因此,要对油藏的原始地质模型重新进行描述。通过油井取心、产出液的分析等,校核岩石物性资料并进行解释,建立待处理油藏的孔隙度、渗透率、胶结物含量、孔隙大小分布等模型。

表2-5-2 大港油田港西区油藏注水前后物性变化

项目	泥质含量 %	孔隙度 %	孔喉半径 μm	渗透率 μm^2	渗透率变异系数 V_{DP}	润湿性
初始	16.91	31	5.3	0.719	0.7	弱亲水
注水后	13	36.4	7.4	1.2	0.76	亲水

应用示踪剂井间监测技术、玻璃钢套管测井技术、同位素吸水剖面和井温测井技术及分形几何理论等描述油层渗透率在纵向上和横向上的非均质性,绘制渗透率平面分布图,并划分不同油层和层内渗透率的变化,建立油藏非均质地质模型。

表2-5-3 大庆油田主力油层注水前后物性变化

项目	渗透率 μm^2	孔隙直径,μm			面孔率 %	分选参数	黏土含量* g/100g	渗透率变异系数 V_{DP}	润湿性
		最大	最小	平均					
初始	0.34	17.2	190.7	69.9	8.27	0.665	5.32	0.167	偏亲油
注水后	0.389	17.6	248.3	71.7	9.14	0.679	4.92	0.172	亲水

*黏土中高岭土和绿泥石在水驱前后的含量分别为59%、19%和49%、14%。

剩余油饱和度及分布的可靠性评价是一个关键因素。目前油田采用直接测试技术和油藏工程计算相结合的综合方法确定剩余油饱和度。直接测试技术包括密封取心分析、示踪剂监测以及测—注—测、C/O测井、玻璃套管测井等地球物理测井技术,这已在前章详述。大庆油田研制出一套高含水测井技术和相似的解释软件系统可以监测含油饱和度随时间的变化,图2-5-1为大庆油田萨北1-6检27井含油饱和度及变化曲线。大港油田将两种技术得到的结果进行综合评价解释,建立了水驱剩余油饱和度分布模型,综合误差在10%以内,证明这个模型可以作为提高石油采收率应用的计算基础。确定应用提高石油采收率方法前的油层剩余油饱和度已经在1.3中叙述,这里不再赘述。油水相对渗透率曲线是进行水驱历史拟合和提高石油采收率效果预测的基础资料,由水驱过程中得到的各项资料能够对室内测得的油水相对渗透率曲线进行修正,使之更合理更切合实际。

(2)确定最佳的配方体系。

室内模拟油藏物理、物理—化学、石油地质等条件,通过对驱油化学剂溶液性质、驱油剂—原油—岩石界面性质、驱油剂在模拟岩石多孔介质中的渗流及驱油试验等,确定最佳的化学剂组分、浓度等配方体系。通过这些实验建立物理、物理—化学等各参量间的关系方程式,组建或完善数学模型,提供模拟计算过程中的各项数据。这部分内容将在第四

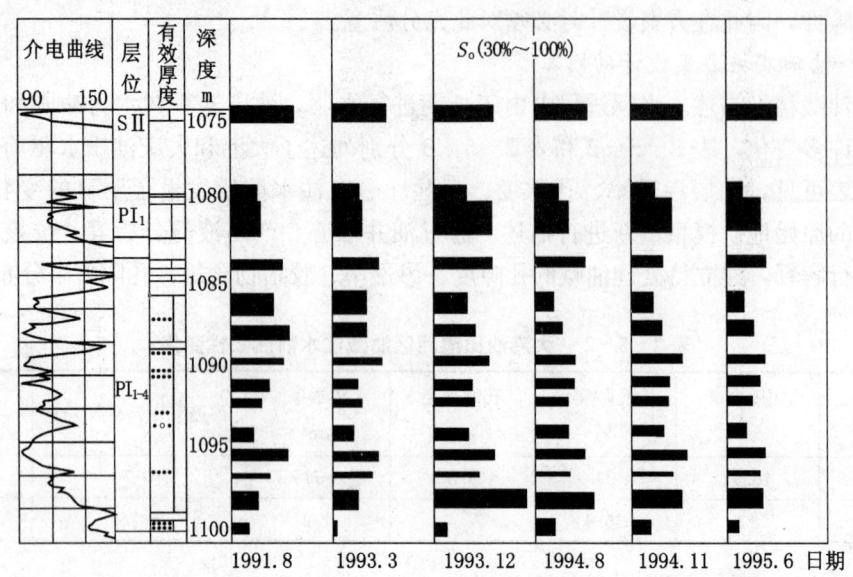

图 2-5-1 大庆油田萨北 1-6 检 27 井含油饱和度随时间的变化图

章、第五章中详细论述。

（3）确定注入工艺。

根据已建立的油层地质模型进行提高石油采收率的数值模拟计算（详述于第六章）。模拟计算所需的各项物理、化学和物理—化学参数由实验室根据油田地质条件和相应的条件实验得到，将这些数据整理并得出它们之间的关系（或解析解），用计算机求解。给出驱油剂注入方式、注入浓度、注入段塞尺寸及段塞组合形式；分配注入量、产量。预测产油量、含水、产液、注采压力变化和最终石油采收率增加值。这些都应在敏感性分析的基础上给出最优控制参数。由计算给出的注入工艺参数应当同室内物理模拟实验得到的结果进行对比，最终提出符合实际情况的工艺条件。

2.5.3 提高石油采收率方法油田应用的步骤

在进行了上述的研究和设计之后，在油田全面应用提高石油采收率方法需要经过不同的阶段。这是由于提高石油采收率工程项目需要很大的投资和相应的配套体系，同时项目的成败在很大程度上依赖于技术的先进性及其成熟度、对油田地质和开发条件的了解程度、油田施工和检测技术水平等，为了将风险降至最小程度，油田提高石油采收率全面实施一般要经历三个阶段，即先导试验、工业扩大试验和商业推广应用。只有在先导试验和工业扩大试验取得经验并证明其在技术和经济上是可行的情况下，才能够进行油田的商业化运行。目前，在世界范围内，热力采油、二氧化碳混相驱已经进入了商业推广应用阶段，化学驱尚处于先导试验，个别油田或区块进入了工业扩大试验。在中国热力采油已经进入了商业推广应用阶段，聚合物驱开始进入了商业推广应用阶段，化学复合驱开始进入工业扩大试验，其他化学驱、混相驱、微生物驱等尚处于先导试验阶段。

2.5.3.1 先导试验

对室内研究的提高石油采收率技术在油田推广应用之前进行的油田现场检验性放大试验，称为先导试验。先导试验的目的主要是证实所选择和设计的提高石油采收率项目的技术可行性。一般在要实施的油田上选择在油田地质、油层物性和开发状况等方面均具有代表性的井组，采用的井网应当满足以下原则：(1) 受益油层区域封闭性好，便于计算剩余储量和回采储量；(2) 注、采井连通性好；(3) 井况完好；(4) 井距大小和油、水井控制的面积尺寸应当使得在较短的时间取得技术上需要的参数。通常采用面积井网或者行列井网；正五点或者反五点布井法。选择一个或两个井组。主要观察的指标为注采压力变化、油井含水率变化、产油量变化、石油采收率提高值、化学剂利用率等。一般通过油藏工程方法研究、现场直接检测等方法进行评价。同时也要检验地面配制工艺和注入工的适应性、地面流程设备运行的安全性和可靠性、产出液处理的完善性、注入水供应和预处理的可靠性、化学试剂质量和供应的可靠性、对环境的污染达标程度、操作人员和技术人员的技术熟练水平等。在较短的时间内得出所使用的提高石油采收率技术对于进行试验的油田在技术上是否可行的结论。

2.5.3.2　工业扩大试验

在先导试验证明油田现场实施提高石油采收率技术可行之后，进行油田扩大区域的多井组规模试验，称为工业扩大试验。工业性试验的目的主要是证实工程项目的经济可行性、推广应用的可能性和取得与商业应用相关的数据。试验的区域适当放大，通常依先导试验的井组面积为基础扩大延伸。一般选取两个以上的多井组井网，油、水井的控制面积是在先导试验的井网基础上适当放大。工业扩大试验应当获取的主要指标是：(1) 与经济评价有关的各项指标，例如财务净现值、财务内部收益率、投资回收期、各种投入（基本建设、材料、劳动力）、各种收入（油、气销售量）、各种注入剂（例如化学剂、热能、气体等）的利用率（效率和效能）等；(2) 与技术有关的各项指标，例如合理的注采井网井距、注采层系划分与组合、注入量、注入速度、开发年限、生产压差与开采效果的关系，地面污水处理等；(3) 与经营管理有关的指标，例如化学试剂的生产、供应和运输，合格用水的来源与处理，生产动态的检测与观察，产品的运输与销售等。结合国民经济的发展及其对石油供给的要求、油价政策等确定该工艺技术的可持性发展的前景和商业应用的可能性。得出油田应用提高石油采收率技术能否较大幅度的提高可采储量和石油采收率、能否获得较高利润的结论。

2.5.3.3　商业推广应用

在先导试验和工业扩大试验证实了所选用的工程方法在技术上和经济上都是可行的结论之后，将提高石油采收率技术作为一种开发工艺手段在整个油田或完整的区块进行正常的生产施工、操作和运营管理，称为商业推广应用。商业推广应用在于在整体上提高石油采收率，经营者赚取最大的经济利益。

2.5.4　提高石油采收率的技术风险分析和效果评价

提高石油采收率工艺技术和经济效果评价尚未有成熟的方法可以借鉴。这是由于，一方面我国进行的提高石油采收率项目还很少；另一方面石油工业油田管理体制尚处在过渡的过程中，市场经济的经济模式尚处在建立过程中，许多经济法规尚未最终确立。因此，难以进行确切的评价。为了进行提高石油采收率项目效果评价，通常需要进行不确定性和风险分析、技术效果分析以及经济技术评价三个方面。这里根据 Г. А. 巴巴良和 М. Л. 苏尔古切夫介绍的经济技术指标的计算方法和风险分析方法，同时，结合中国石油规划设计总院和大港石油管理局提出了一个简化方法，只进行概要的论述。

2.5.4.1 效果评价

在先导试验、工业试验和工业推广提高油层原油采收率方法的所有情况下都必须根据矿场资料估价它们的效果。在试验研究阶段,是为了确定工业性应用方法的合理性,而在工业性推广阶段则是为了确定投资效果。当然,效果评价要求客观而又可靠地进行评价,既不过高又不过低地评价其应用潜力。为此,在评价提高采收率方法的效果时可以给出如下的概念。

(1) 理想效果:潜在的(理论的)效果。这样的效果在地层条件最有利、驱替过程最理想、油层的全部能量条件和物理条件有可能利用的情况下才能获得。这样的效果只是对合适的油田在正确反映和利用方法的机理和最佳工艺的全部特殊情况下才可以获得的。这是在实验室内对方法的研究程度很高的情况下获得的。在实践中,这样的效果是达不到的。例如,在用气体或者胶束溶液混相驱油时,比较均匀的孔隙介质中的原油采收率可达95%～98%(OOIP)。在实际条件下,由于油层结构比较复杂,工业试验过程与实验室条件不同,因而达不到这样高的原油采收率。

(2) 可能效果:设计效果。这样的效果是对合适的油田在正确反映和利用方法的机理和最佳工艺的全部特征情况下可以获得的。

(3) 可达效果:现场试验效果。这是在方法实施的油田现场实际条件下可获得的实际效果,但不可避免地会出现与设计效果有偏差,这与物质技术设备的质量、材料的供应、管理的水平等有关。

(4) 估算效果:推算效果。这是用各种方法根据矿场资料测定的或计算的效果。它取决于所用方法的精度、原始资料的可靠程度和计算的客观性等。

通常,可能效果或设计效果是在设计时确定的,并且取决于计算模型的拟合程度和原始材料的可靠性。在较好情况下,在设计中会将方法的效果定得太高,因为,油田开发的实际条件存在许多不稳定因素,经常比简化计算模型复杂得多。实际情况下,可达到的效果低于设计效果,这是由于最佳的工艺条件常常会出现不可避免的偏差,驱油剂的性质、注入条件、油井生产状况往往会发生不可预期的变化。根据矿场资料测定或计算的估算效果应该低于实际可达到的效果。

因此,上述提高采收率方法效果的概念通常具有如下的相互关系:

$$理想效果 > 可能效果 > 可达效果 > 估算效果$$

但是,实际上按矿场资料计算和确定的提高采收率方法的效果是不同的,与可达到的效果相比可能偏低或者偏高。这是由于:矿场资料不足,没有代表性或者缺乏必要的数据;信息有误差,失真;施工过程中其他作业措施的影响、评价效果所应用的方法不适合提高采收率方法的特点;操作人员经验不足或者缺乏客观性等。为了可靠评价提高采收率方法的效果,必须尽力排除所有引起上述复杂化的原因。

2.5.4.2 不确定性和风险分析

实际上,在油田上应用提高石油采收率技术进行采油具有许多不确定因素,担负着一定的风险。为了取得尽可能高的实际应用效果,必须对不确定因素和项目的风险性预先进行深入的分析。不确定性的程度主要是决定于对提高石油采收率方法本身和要实施提高石油采收率技术的目的油层的研究、认识程度。

2.5.4.2.1 采用方法的研究程度

提高石油采收率方法的研究状况决定于对以下五个方面的研究总和:

(1) 提高石油采收率方法机理的实验室研究和理论研究程度；
(2) 先导试验的实际效果；
(3) 相关信息的来源和信息资料风度的分析；
(4) 油田的地质和开发特点对方法指标的影响及最佳工艺条件；
(5) 数学模拟和设计方法。

所有这些方面互相联系，从其中一个方面获得的新资料有助于其他方面的深入认识。对方法的效果起有利影响和不利影响的已知因素的数量会随着提高石油采收率方法的研究深入而增加。所有这些因素可以认为对方法的认识程度具有同等的贡献。如果方法研究程度的理想状态用系数 1 表示，那么，测评者可以对上述五个方面的认知程度在 0～1 之间记分，然后进行加权平均，最终总结方法研究程度的测评结果在 0.0～1.0 之间。方法的研究程度系数越小，则计算结果偏离实际结果的范围就越大。

2.5.4.2.2　目的油层的研究程度

描述实施提高石油采收率方法目的油层的石油地质—物理参数可以归结为四类：
(1) 油层体积参数（孔隙度、油层厚度）；
(2) 油层面积参数（圈闭的油层面积）；
(3) 油层流动参数（含油饱和度、渗透率）；
(4) 石油采收率增加参数。

对已经提供的参数井进行抽样统计，然后将所有上述参数进行概率统计分析并作正态分布图。其峰值越集中，说明对目的油层的研究认知程度越高，不确定性越小。则计算结果偏离实际结果的范围就越小。在评估了方法和目的油层研究程度之后，就能够对其在技术上的不确定性有基本的了解。

2.5.4.2.3　风险分析

风险分析是在认识了技术上的不确定性程度之后对方法的经济盈亏的分析，投资油田进行提高石油采收率项目的风险可以有如下系数表征：
(1) 风险系数 K_f——预期效果指标偏离（正或负）最低无亏损增产油量的百分数，%；
(2) 相对损失系数 K_x——投资单位的经济损失，元/元；
(3) 绝对损失系数 K_j——投资绝对经济损失，元。

提高石油采收率项目的风险与驱油剂的最低无亏损增产油量的水平有关，而最低无亏损增产油量的水平又决定于原油、试剂的价格和用于提高石油采收率方法的其他费用。其中原油的价格尤其重要。如果没有先导矿场试验就开始推广应用，则在这种情况下，风险系数和相对损失系数将比经过先导试验的要高，可能的绝对经济亏损系数将更高，因为它与应用规模成正比例。总体而言，不经过先导试验就进行工业推广应用提高油层采收率方法有着相当大的风险。如果在具体油田上进行工业推广应用提高石油采收率方法之前就完成了一整套地层研究、作业和先导试验研究，那么，对于工业推广应用方法的条件，不确定因素要少得多。在有利的经济条件下，即可行的原油价格的条件下，风险指标就会下降到零，在油价高的情况下，在所研究的具体目的油层上进行工业推广应用将是合理的。

2.5.4.3　技术评价

在室内进行了可行性研究并得到了"可行"的结论之后，筛选的提高石油采收率方法应用于油田是否在技术上可行，需要在油田现场进行并完成了先导试验之后才能够确定。技术上的可行性评价主要是根据油田实施过程中得到的各项技术参数与设计和预先预测的各项指标的符合程度进行评估。例如对于聚合物驱油的各个阶段和最终的技术效果评价应包括的指标是：聚合物利用率（每吨聚合物增产油量）、石油采收率的增加幅度、油井少产水量、水井少注水量、油层阻力系数及剩余阻力系数的变化、波及面积及吸水剖面的变化、聚合物段塞的推移状态及剩余油饱和度等。通常采用的方法是油藏工程分析方法、测试方法、数据模拟预测及跟踪拟合，这些方法具体概述如下。

（1）油藏工程分析方法：通常使用产油量递减曲线、注入井 Hall 曲线图、水驱特征曲线和含水率变化曲线等计算阻力系数、剩余阻力系数、视黏度、产油量、采出程度、少产出水量、少注水量、采收率增加幅度等。在使用上述油藏工程曲线图进行计算时，应当考虑到非牛顿流型流体的性质引起的变化，并进行必要的修正。

（2）测试方法：这是一种直接评价聚合物驱效果的方法，其中包括钻取心井实施密闭高压取心进行岩心分析，确定水洗厚度、水洗效率、润湿性的变化以及聚合物的吸附量；分析产出水中 Cl^- 的浓度变化，计算驱替液的波及体积变化；在聚合物的前面注入示踪剂监测聚合物段塞推进速度，判断水线推进均匀程度；C/O 比测井，确定剩余油饱和度的变化；井下流量计或井温法测量吸水剖面和产水剖面的变化等。对上述监测进行综合分析，综合评判驱油效果。

（3）数值模拟预测和跟踪拟合：在注入之前，根据试验区的地质模型和聚合物溶液的渗流方程，利用室内实验数据进行聚合物驱动态和驱油效果的预测。在实施过程中，将油田试验取得的各项动态资料引入模型，跟踪拟合，计算驱替动态和效果。

根据大港油田的实施经验，聚合物驱提高采收率的技术评价指标综合列于表 2-5-4。由表可见，根据各项技术指标，可以将油田应用聚合物驱油的技术水平分为Ⅰ、Ⅱ、Ⅲ、Ⅳ类。Ⅰ类最好，Ⅳ类最差。

表 2-5-4 聚合物驱油效果评判指标

类别	聚合物利用率 t/t	提高采收率幅度（OOIP），%	Hall 曲线斜率比	波及体积增加比	少产水量 V_p	驱替特征曲线斜率比	投入/产出
Ⅰ	>400	>10	>2.5	>0.2	>1	>1.4	>4
Ⅱ	201~399	9~9.99	2~2.5	0.15~0.19	0.8~0.99	1.3~1.39	3~3.9
Ⅲ	100~199	4~7.9	1.5~2	0.1~0.14	0.4~0.79	1.2~1.29	2~2.9
Ⅳ	<99	<4.0	<1.5	<0.1	<0.4	1~1.19	<2

2.5.4.4 经济效益评价

在油田提高石油采收率技术实施完成之后在对实施项目进行技术评价的同时进行总投入和总回收的经济效益评价。中国进行的提高石油采收率的油田工程项目例如聚合物驱、化学复合驱等大都是在水驱未达到经济极限之前进行的，即是在油田注水开发的基础上建设和实施的，其性质属于改建项目。项目在某种程度上利用原有资产和资源，许多费用与原生产活动难以区别，同时，提高石油采收率的工程项目大都是在开发区中的一个区块内进行的，许多费用与整个油田的生产活动也难以区分，而且管理体制上不够健全。因此，给准确进行提高石油采收率的经济评价带来许多困难。为了判定提高石油采收率的经济效益，苏联学者 Г. А. 巴巴良曾经在 20 世纪 70 年代提出了一个表面活性剂水溶液驱的经济评价方法，中国石油规划设计总院经济研究所根据中国的情况综合美国能源委员会和苏联的经验在90年代也曾提出了一个"聚合物驱经济评价方法",这个方法根据石油工业建设项目经济评价方法中改扩建项目的评价科目的要求,提出采用"有无对比法",计算增量效益和增量费用。主要考虑的是化学驱油油田实施后增加的收入、节省的费用以及增加的投资和费用进行综合分析,在具体计算时,与水驱相同的各项开支不再计入。图2-5-2是计算化学驱增加产油量的示意曲线图,化学驱的增量效益是化学驱纯增加的油量带来的效益,它是与继续水驱进行对照而得到的。如果在实施化学驱时没有加密井网,原则上即以现井网为基础进行比较。在工业扩大试验和商业规模实施时,应当考虑加密井网所带来的效益。在数值模拟计算时,应当作出未加密的原井网采油曲线（$\sum Q_3$）、加密后水驱采油曲线（$\sum Q_2$）和化学驱采油曲线（$\sum Q_1$）,如图2-5-2所示。

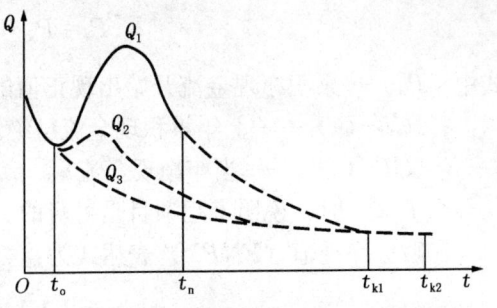

图2-5-2 计算化学驱增产油量示意图
Q_1—加密井网化学驱；Q_2—加密井网水驱；Q_3—水驱

（1）化学驱的增油量应按下式计算：

$$\Delta Q = \sum Q_1 - \sum Q_2 \tag{2-5-1}$$

式中 $\sum Q_1$——化学驱产油量；

$\sum Q_2$——加密井网水驱产油量；

ΔQ——化学驱纯增油量。

（2）提高石油采收率方法的增量效益为其增加油量带来的效益：

增量销售收入＝逐年纯增产油量×原油商品率×原油价格

其他效益：减少注水量、减少产水量等。

固定资产投资：地面建设工程费用,包括前期工程准备费、设备费、施工建筑费等,这部分费用可以按施工地区不同层次的重复利用,其总投资可取其1/3,即可按利用三次计算,如不能上返重复利用,则设备购置费取1/3前期工程准备费。另外有施工建筑费等则取全值。

化学剂投资：一次性投入,按产量分摊。

其他材料、燃料、劳力费用、作业费用、工人工资及福利费按规定计取。

（3）评价指标主要为财务内部收益率（FIRR）,投资回收期（P_t）和财务净现值（FNPV）：

①财务内部收益率（FIRR）的表达式为：

$$\sum_{i=1}^{n}(CI-CO)_t(1+FIRR)^{-t}=0 \tag{2-5-2}$$

式中 CI、CO——分别为现金流入和流出量；

$(CI-CO)_t$——第t年的净现金流量；

n——计算年限。

若$FIRR \geq 12\%$,说明赢利能力满足最低要求,工程在经济上是能够赢利的,因此是可行的。

②投资回收期（P_t）的表达形式为：

$$P_t = P_n - 1 + \frac{(CI-CO)}{(CI-CO)_n} \qquad (2-5-3)$$

式中 P_n——累积净现金流开始出现正值的年份数;

$|CI-CO|$——上年累积现金流量绝对值;

$(CI-CO)_n$——当年净现金流量。

当 $P_t \leqslant 6$ 时,说明工程项目是可行的。

③财务净现值($FNPV$)表达式为:

$$FNPV = \sum_{i=1}^{n}(CI-CO)_t(1+j_e)^{-1} \qquad (2-5-4)$$

式中 j_e——行业基准收益率,石油工业取 12%。

若 $FNPV > 0$,说明项目是赢利的。

(4) 化学驱的成本和费用可按下式计算:

$$F = (F_1 + F_2)\Delta Q + F_3 + F_4 + F_5 \qquad (2-5-5)$$

式中 F——化学驱增油量成本和费用;

F_1——水驱时每吨油经营成本和费用;

F_2——每吨化学剂费用;

F_3——新增投资折旧费用;

F_4——新增工人工资及各项福利费用;

F_5——化学驱节省的费用。

设备折旧费按平均年限计算,一般按可重复利用三次计算,一次使用期二年,即在生产期成本中列支年限折旧。在物价上涨因素上也应给予考虑,但由于物价上涨水平影响因素很多,难以准确预测,因此规划设计总院提出的方法中提出不考虑物价总水平的上涨因素。具体计算方法参考石油规划设计总院经济研究所编写的"聚合物驱经济评价方法"、美国能源委员会提出的经济模型和 Г. А. 巴巴良著《表面活性剂在油田开发中的应用》一书。由于提高石油采收率工程项目是一项风险大、时间长和投资多的工程,因而有很大的不确定性,在设计时应当进行敏感性分析、盈亏平衡分析和概率分析,以作出风险性估计。

3 化学驱提高石油采收率的理论基础

3.1 化学驱油体系的界面性质

化学驱油溶液体系本身具有复杂的界面性质，特别注入到油层多孔介质中同流体（原油、油藏气、地层水）、岩石等接触后形成了更复杂的界面系统，包括：液—气、液—液、液—固、气—固界面等。一般把液—气接触面称为表面，把液—液接触面称为界面。界（表）面的性质与其体相性质有许多不同的特点，这些性质包括：(1) 表面张力；(2) 界面张力；(3) 超低界面张力；(4) 界面膜；(5) 界面压；(6) 界面黏度和流变性；(7) 界面电性；(8) 固相自溶液中的吸附等。化学驱油剂的表面性质在油层中的驱油和石油生产过程中引发了许多重要的现象，如：(1) 乳化和破乳；(2) 油滴分散和聚并；(3) 发泡和消泡；(4) 胶束化和反相胶束；(5) 增溶油和增溶水；(6) 润湿和润湿性反转；(7) 吸附和脱附；(8) 毛细管效应等。这些现象决定着油层多孔介质剩余油的形成和使其投入运动的机理。

研究和掌握化学驱油剂溶液的界面性质及由此而引发的界面现象对于研究、筛选、配制最优的化学驱油体系和提高石油采收率具有十分重要的意义。从这个意义上讲，油层多孔介质中剩余油的研究、化学驱油体系的优选和配制等都是以研究溶液的界面性质为出发点的。同时，它也是化学驱油研究的最基本的理论基础。

3.1.1 溶液的表面能

3.1.1.1 表面张力和表面过剩自由能

所谓溶液（或液体）的表面张力即垂直表面边缘且平行表面的液体表面自动收缩的力。对于热力学平衡体系表面张力等于增加一个单位表面积所做的功，即单位表面积上表面分子比体相分子过剩的吉布斯函数，又称为比表面吉布斯函数，即比表面自由能。表面张力的常用单位为 mN/m 或 mJ/m^2。在液体体相中分子之间的相互作用力（包括范德瓦尔引力、分散力、静电作用力等的综合作用力）是对称的，相互平衡的，每个分子处于相对平衡状态；而在液—气表面上的分子所受液体分子的作用力大于气体分子受的作用力，则作用力是不对称的、不平衡的（见图3-1-1），结果产生了表面分子受到指向液体内部并垂直于表面的作用力，从而，引起液体表面具有自动收缩的现象。常规液体在标准条件下的表面张力值，可以由相关手册查得。

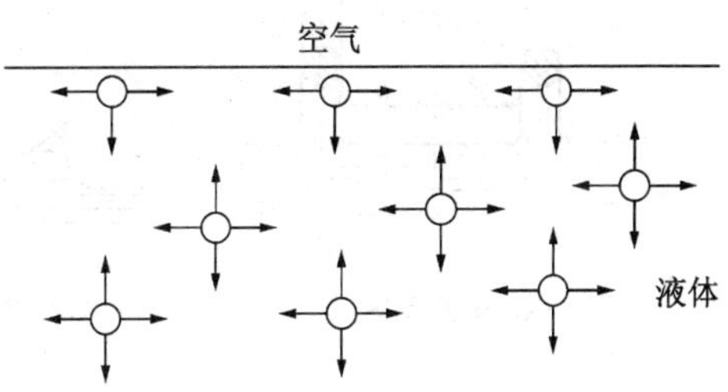

将液体做成如图3-1-2所示的液膜，$abcd$ 为一个液膜方框，其中 cd 边是可以活动的，其长度 L，如果忽略重力和活动边 cd 与框架之间的摩擦阻力，由于液体表面的自动收缩现象，cd 边将自动向 ab 边移动，为阻止 cd 边的移动需要施加于 cd 边一定的外力 P，当外力

图3-1-1 分子在液体表面和体相中所受引力场的不同示意图

F 与收缩力平衡时有下列的关系：

$$\gamma = \frac{P}{2L} \qquad (3-1-1)$$

式中　P——施于活动边的外力，mN；
　　　L——活动边的长度，m 或 cm；
　　　γ——表面张力，mN/m。

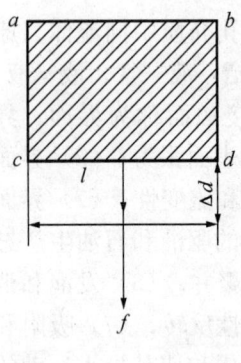

图 3-1-2　表达表面张力的示意图

由此可见，垂直并通过液体表面上任一单位长度、与液面相切地使液面收缩的力即为表面张力，其单位为 mN/m。表面张力也可以从能量的角度进行研究，对于热力学平衡体系表面张力等于增加一个单位表面积所做的功，即单位表面积上表面分子比体相分子过剩的吉布斯函数，又称为比表面吉布斯函数，即比表面自由能。即在图 3-1-2 中，若在恒温恒压下，欲使 cd 边平衡，则为对抗使 cd 边移动的自动收缩能而做的功应当与其相等，该功等于单位表面上表面分子比体相分子所具有的自由能过剩值，记作：mJ/m^2。称为过剩自由能，简称表面自由能。

有许多种测量液体表面张力的方法，由于不断发展的科学技术，已经制成了许多种定型的仪器，下面仅介绍几种测量方法的基本原理。

（1）环法。铂金丝弯制的圆环置放在试样液面上，在同液体完全接触后提起，在上提过程中，圆环会带起一部分液体，上提的力不断增加，当圆环与液体断开时，上提的力 P 最大并且等于液体与圆环接触处的表面张力 γ（见图 3-1-3），则可以由式（3-1-2）计算表面张力：

$$\gamma = \frac{FP}{4\pi R} \qquad (3-1-2)$$

式中　P——最大圆环上提力，10^{-5}N；
　　　R——圆环半径，cm；
　　　F——校正系数，与 R/r（r 为铂金丝半径）和 R^3/V（圆环拉起的液体体积）有关的仪器校正系数；能够由有关专著或手册查得校正系数。

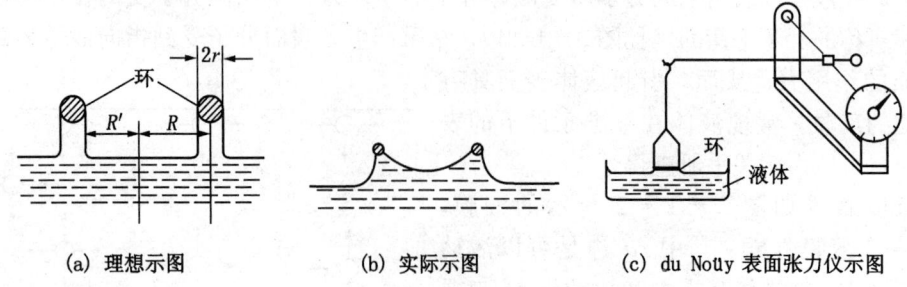

(a) 理想示图　　(b) 实际示图　　(c) du Noüy 表面张力仪示图

图 3-1-3　环法测量表面张力示意图

通过一定的装置测量拉力或扭力 P，就可以计算液体的表面张力。

(2) 吊片法。又称为 Wilhelmy 吊片法，云母片或铂金片吊入液面且刚好同液面接触，为了维持吊片这样的位置，施加以拉力 P（或扭力），使其刚好等于液体表面张力（见图 3-1-4），如果吊片的宽度为 L，厚度为 d，那么在平衡时，拉力与表面张力有如下关系：

$$\gamma = \frac{P}{2(L+d) \times \cos\theta} \qquad (3-1-3)$$

如果液体完全润湿吊片，则 $\cos\theta = 1$。

通过一定的装置精确测量拉力或扭力 P，就可以由上式计算液体表面张力。

(3) 毛细管上升法。半径为 r 的毛细管插入液体中，管中的弯月面沿管壁上升（接触角 $\theta < 90°$）或下降（接触角 $\theta > 90°$）（见图 3-1-5），当液面上升（或下降）至一定高度 h 达到平衡，此时，则毛细管中的液柱重量与表面张力有如下关系：

$$\gamma = \frac{r(h+r/3)\Delta\rho g}{2} \qquad (3-1-4)$$

式中 $\Delta\rho$——液、气密度差；
g——重力加速度，常数；
h——液柱高度。

准确测量液面上升（或下降）的高度 h，就可以由式（3-1-4）计算液体的表面张力。但是，毛细管上升问题必须引入 Laplace 方程，由于毛细管中的弯月面是一个曲面，因此才引起弯月面两边的压差，出现液柱上升（或下降），但是正因为如此必须对液柱高度 h 进行校正，Bashforth-Adams 表能够对此进行校正，以给出精确的液柱高度 h。

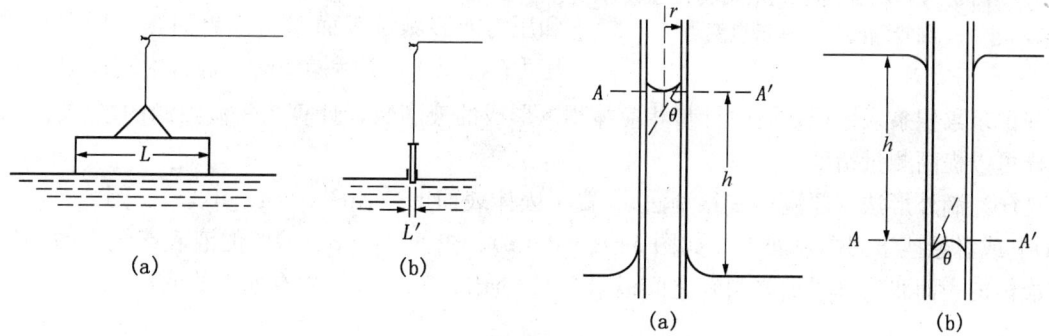

图 3-1-4 吊片法测量表面张力示意图　　图 3-1-5 毛细管上升法测量表面张力示意图

(4) 最大气泡压力法。将毛细管端面（经过精细加工磨平的）与液面紧密接触（见图 3-1-6），通过毛细管孔吹气（加压），吹气压力不断加大，直至吹出的气泡脱离毛细管端面，压力达到最大值，记录此时的压力 P（或液柱压力计高度 h），则气泡脱离毛细管端面时最大的压力与液体表面张力有如下关系：

$$P = 2\gamma/r \qquad (3-1-5)$$

通过一定的装置准确记录吹泡最大压力 P，就可以计算液体表面张力。

(5) 滴体积（滴重）法。将端面经过精细加工磨平的、内外周界均匀的毛细管垂直悬

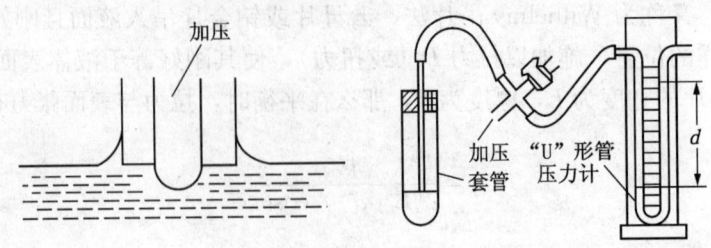

图 3-1-6 最大气泡压力法测量表面张力示意图

挂在恒温的空气中（测量表面张力）或恒温的液体（如烷烃）中（测量烷烃—水界面张力），通过毛细管孔用计量泵打入液体试样（如水），形成的液滴挂在毛细管端面（如图 3-1-7），在液滴脱离毛细管端面的瞬间，记录下计量泵泵出的体积 V，则液滴脱离端面时液滴的重量 W 与液体的表面张力（或界面张力）有如下关系：

$$\gamma = \frac{V\rho g F}{r} \tag{3-1-6}$$

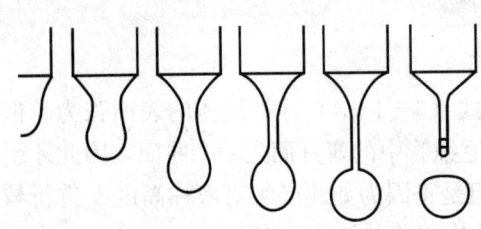

图 3-1-7 滴体积法液滴脱离毛细管端面的过程示意图

其中：$F=1/(2\pi f)$，对液滴在断开前形成细颈并在断离时部分液体留在端面而造成的误差进行校正的校正因子 $f(V/r^3)$，该校正因子是与液滴体积 V 和毛细管半径 r 有关的校正系数。修正因子可以从有关专著或手册中查得。其他参数同前。这种方法可以在常压恒温下进行，也可以在高压恒温下进行（程序控制环境温度和压力能够测量表面张力或界面张力同温度或压力的关系）。实际操作时，通常时连续泵入液体并记录累积泵入体积，同时计量相应体积下形成的液滴数，计算出每滴液滴的平均体积，这样可以提高测量精度。

（6）滴外形法（停滴法或悬滴法）。置于固体表面上 [如图 3-1-8（a）、图 3-1-8（d）] 或者悬挂于固体表面下 [如图 3-1-8（b）、图 3-1-8（c）] 的液滴或气泡的外形与液体的表面张力（界面张力）之间根据 Bashforth-Adams 方程有如下关系：

$$\gamma = \frac{\Delta \rho g d_c^2}{H} \tag{3-1-7}$$

式中 $1/H$——与 $S=d_s/d_e$ 有关的修正系数，可以由有关专著和手册查得；

d_c——悬滴的最大直径，cm。

其他参数同前。

在实际操作时，可以利用投影放大或者图像分析仪非常精确地测量液滴（或气泡）的外形尺寸，并根据测得的参数查得 $1/H$ 修正系数，利用上式计算表面张力（或界面张力）。这种方法可以测量表（界）面张力随时间的变化，即能够研究表（界）面张力动力学。

3.1.1.2 界面张力

除固气、液气界面以外的其他相界面常称为界面。界面上分子由于受力不平衡引起界

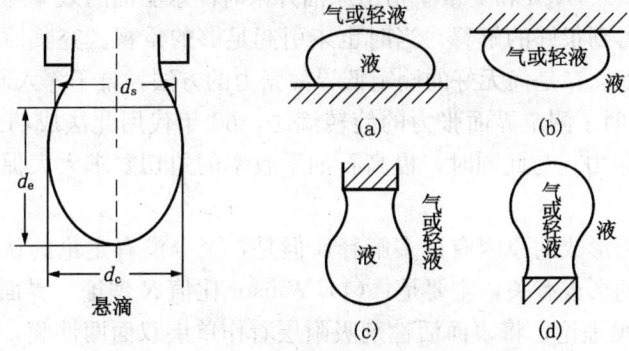

图 3-1-8 滴外形法测量表面张力原理示意图

面张力。界面张力也是垂直界面边缘平行界面的收缩力。它使界面存在自发收缩的趋势，在热力学平衡体系中它同样等于比界面吉布斯函数。由于两个液相的界面张力由界面分子受力不平衡引起，其界面张力的大小介于两个液相的表面张力之间。常温下常见的纯有机液体与纯水间的界面张力（在标准条件下）可以由相关手册查得。界面张力决定了液—液界面存在的形式（铺展、黏附或者一相在另一相中分散成小液滴）。估算两种液体的界面张力有许多经验公式，例如：Antonoff 规则、Good-Gitrifalco 方程、Fowkes 模型等。其中最简单的是 Antonoff 规则，根据该规则有如下关系式：

$$\gamma_{12} = \gamma_1 - \gamma_2 \tag{3-1-8}$$

式中 γ_{12}——液体 1 和液体 2 的界面张力；

γ_1，γ_2——分别为液体 1 和液体 2 的表面张力。

上述方程为经验方程，具体应用时，由于条件的差异，会造成一些偏差。

液—液界面张力的测定原理和方法基本上与表面张力的测定相同，原则上用于测量表面张力的方法都可以用来测量界面张力。近年来发明了一种专门测定液—液界面张力的仪器—旋转滴界面张力仪，它是根据离心力与界面张力平衡原理设计的，最低测量范围在 $10^{-6} \sim 10^{-5}$ mN/m 以下，将在下一节进行专门的介绍。

3.1.2 超低界面张力

由于表面活性剂和相应添加剂在两个不混相液体界面间的定向吸附而引起的界面张力，其值明显地低于这两种液体的表面张力。通常数值在 $10^{-2} \sim 10^{-1}$ mN/m 以下称为低界面张力，数值低于 10^{-3} mN/m 以下界面张力叫做超低界面张力，已知的超低界面张力达到 10^{-6} mN/m 以下。达到如此低的界面张力，必须是跨越界面的两种分子间的引力非常的大，这样就意味着界面两边的分子性质十分接近。油、水分子具有很强的极性差，如果油—水界面两边的性质要达到接近的情形，只有在界面两边的油、水具有相近的表面活性剂浓度的情况下才能够出现。1926 年 Harkins 和 Zollman 发现在苯水体系中加入油酸钠制备成 0.1mol/dm³ 水溶液时，苯—水界面张力从 35mN/m 降至 2.64mN/m（20℃）；若同时加入 NaOH 及 NaCl 的浓度分别达 0.1mol/dm³，则界面张力进一步降至 0.04mN/m，他们还发现，在苯—水两相体系中如果同时存在油酸、氢氧化钠、氯化钠和油醇，则界面张力更低。在当时的技术条件下，其值小得无法测量。Harkins 和 Zollman 是第一次报告低界面张力现象的人。次年（1927）Uren 和 Fahry 指出原油开采时注水驱油的效率与液体表面张力成反比。这些现象并未得到很好的解释，当时也未引起足够的重视。究其原因，可能一是由于生产上尚无迫切要求；二是尚无好的测定低界面张力的方法，难于深入研究。到 20 世纪 40 年代，Vonnegut 发明了测定界面张力的旋转滴法，60 年代用此法成功地测定出低达 10^{-6} mN/m 的超低界面张力。与此同时，提高石油采收率的迫切要求大大促进了对低界面张力现象的研究。

对超低界面张力形成的原因有许多解释，但是，至今没有定论的认识。已经提出的模型大多与微乳状液的形成有关，主要是：(1) Winsor 比值 R 理论，界面层分子相互作用理论；(2) 混合界面膜理论，将表面活性剂吸附层看作单层双面两性膜，其亲水（同水相一侧）和亲油（同油相一侧）能力平衡了两侧的极性差；(3) 界面双连续相理论，将界面层看作有水—表面活性剂亲水基—表面活性剂亲油基—油—表面活性剂亲油基—表面活性剂亲水基/水双连续排列的中间相；(4) 热力学理论，助剂和表面活性剂的同时存在使界面自由能降低至足于补偿新界面增加引起的熵的增加等。有关内容请参见 3.2.8 微乳状液（Microemulsion）一节中的论述。下面将主要介绍 Winsor 比值 R 理论。

3.1.2.1　Winsor 比值 R（平衡值理论）

目前，一个对超低界面张力最有说服力的解释是 P. A. Winsor 于 1948 年提出并在 1968 年发展了的 R 平衡值理论，亦称 Winsor 比值（R）理论。他将吸附在油—水界面的分子（表面活性剂分子）、油分子和水分子之间的相互作用看作统一的平衡关系。由于表面活性剂分子的吸附，在表面活性剂水溶液与烷烃组成的体系界面区域形成一个有限厚度的表面活性剂层（L）。图 3-1-9 是描述界面层区内 L 层中各种分子（表面活性剂分子、油、水）的分布及它们之间的相互作用的假想模型，在这个有限厚度内存在油、水、表面活性剂分子，它们不同于体相内的分子，是各向异性的，可以分别用 o、w 和 c 表示，不同的分子（如：x，y）之间的内聚能用 A_{xy} 表示；这样在 L 层内便存在如下单位面积上内聚能量之间的平衡。

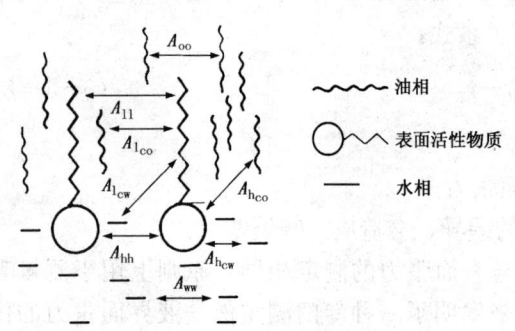

图 3-1-9　油—水解界面层表面活性剂结构模型示意图

油—油分子间的内聚功：A_{oo}；油—水分子间的内聚功：A_{wo}；水—水分子间的内聚能：A_{ww}；表面活性剂分子—水分子之间的内聚功：A_{cw}；表面活性剂分子—油分子之间的内聚功：A_{co}；表面活性剂分子亲油基之间的内聚功：A_{ll}；表面活性剂分子亲水基之间的内聚功：A_{hh}。

表面活性剂分子与水（或油）之间的内聚功包括表面活性剂分子亲油基同水分子（或油分子）内聚功与亲水基同水分子（或油分子）间的内聚功之和，即：

$$A_{cw} = A_{l_{cw}} + A_{h_{cw}} \tag{3-1-9}$$

$$A_{co} = A_{l_{co}} + A_{h_{co}} \tag{3-1-10}$$

式中　$A_{l_{cw}}$，$A_{l_{co}}$——表面活性剂分子亲油基与水、油分子间的内聚功；

$A_{h_{cw}}$，$A_{h_{co}}$——表面活性剂分子亲水基与水、油分子间的内聚功。

这些分子间的内聚功控制着界面层（L）的稳定性，这些内聚功可以分为两类：

同类分子间的内聚功：A_{hh}、A_{ll}、A_{oo}、A_{ww}。非同类分子间的内聚功：$A_{l_{co}}$、$A_{l_{cw}}$、$A_{h_{co}}$、$A_{h_{cw}}$、A_{ow}。

同类分子间的内聚功是表面活性剂分子向油相（或水相）分散（或扩散）的阻力；而非同类分子间的内聚功则是表面活性剂分子向油相（或水相）分散（或扩散）的动力。这样表面活性剂分子（c）向油相（o）分布的势能为A_{co}，但是，考虑到阻止其在油相（o）中分布的内聚功，则有：

$$A_{co} = A_{l_{co}} + A_{h_{co}} - (A_{oo} + A_{ll}) \tag{3-1-11}$$

同样，表面活性剂分子（c）向水相（w）分布的势能为A_{cw}：

$$A_{cw} = A_{h_{cw}} + A_{l_{cw}} - (A_{ww} + A_{hh}) \tag{3-1-12}$$

因此，在界面层（L）内的表面活性剂分子（c）向油相（o）、水相（w）中分布的综合趋势可以表示为：

$$R = \frac{表面活性剂分子（c）向油相（o）分布的势能}{表面活性剂分子（c）向水相（w）分布的势能}$$

$$R = \frac{A_{co}}{A_{cw}} = \frac{A_{l_{co}} + A_{h_{co}} - (A_{oo} + A_{ll})}{A_{h_{cw}} + A_{l_{cw}} - (A_{ww} + A_{hh})} \tag{3-1-13}$$

式中R值将有三种情况：

（1）$R<1$，即$A_{co}<A_{cw}$，也就是说表面活性剂分子向水相中分布的势能大于向油相中分布的势能，表面活性剂分子将倾向进入水相（w），界面层（L）将凹向油相，体系倾向形成水包油的微乳状液。

（2）$R>1$，即$A_{co}>A_{cw}$，也就是说表面活性剂分子向油相中分布的势能大于向水相分布的势能，表面活性剂分子将倾向进入油相（o），界面层（L）将凹向水相，体系倾向形成油包水的微乳状液。

（3）$R=1$，即$A_{co}=A_{cw}$，也就是说表面活性剂向水相（w）和油相（o）分布的势能相等，表面活性剂分子将倾向于在界面层（L）的紧密排列，形成相对稳定的表面活性剂层，使油水间的极性差降至最低，界面层成为双连续的油水互层区域，形成中间相微乳液，即界面层是由表面活性剂、油、水间互包容的双连续的层状结构，同时界面张力降至最低。显然，使油水界面张力达到最低与表面活性剂分子在界面层的分布有关，在$A_{cw}=A_{co}$时，界面张力将达最低值。为此，表面活性剂的亲水基及亲油基的结构对于油水界面张力达到最低值是关键因素，同时水相（w）的电介质浓度对离子表面活性剂分子极性基有影响，油相（o）的相对分子质量及结构对非极性基的作用也有显著的影响，因此对于一定的烷烃相（o），可以通过对A_{ll}、A_{hh}、$A_{l_{cw}}$、$A_{h_{cw}}$、A_{ww}的补偿作用，使R组倾向于（接近或等于）1，主要补偿的途径如下。

①调节表面活性剂的非极性基。

表面活性剂分子非极性基是由烷烃链组成，因此，表面活性剂分子非极性基间的内聚功可由下式表示：

$$A_{ll} = \frac{1}{2}\varepsilon_s \varGamma_s^2 a_{ll} = b(n^2) \tag{3-1-14}$$

式中　ε_s——相互作用的表面活性剂分子对的分数；
　　　Γ_s——单位界面层面积表面活性剂分子数；
　　　a_{ll}——两个非极性基之间的作用功；
　　　n——表面活性剂分子非极性基碳链长度（碳原子数）；
　　　b——常数，与非极性基结构有关。

由式（3-1-14）可见，表面活性剂非极性基之间相互作用内聚能与其非极性基碳原子数的平方成线性关系，增加碳原子数，其内聚能将增加。同样，表面活性剂非极性基同油分子间的内聚能 A_{l_∞} 为：

$$A_{l_\infty} = \varepsilon_{so}\Gamma_s\Gamma_o a_{so} = cn(ACN) \tag{3-1-15}$$

这样，通过调整表面活性剂亲油基的烷烃碳原子数（n）可以对其向油中分布能力进行补偿。

同样，对于油相分子间的内聚能 $A_{\infty\infty}$，也有：

$$A_{\infty\infty} = \frac{1}{2}\varepsilon_o\Gamma_o^2 a_{\infty\infty} = a(ACN)^2 \tag{3-1-16}$$

式中　ACN——油相碳原子数；
　　　a——与油相有关的常数。

②调节表面活性剂的极性基。

对于离子型表面活性剂分子，其极性基在水溶液中解离成荷电的离子，这样在界面层（L）中，如果在电介质存在条件下，可以将界面层（L）中表面活性剂分子的极性基排列视为双电层，这样可以按 Poisson-Boltzmann 方程处理，则表面活性剂分子极性基的静电自由能可以表示成：

$$\Delta\overline{f}_{cl} = \frac{8\pi^2 e^2 \Gamma_s \lambda}{\varepsilon} \tag{3-1-17}$$

式中　Γ_s——单位面积界面层中吸附表面活性剂分子数量；
　　　ε——介质介电常数；
　　　λ——Dely 常数。

如果 ε、λ 与温度的关系可以忽略不计，那么，离子型表面活性剂极性极之间的内聚能为：

$$A_{hh} = -\Delta f_{cl} = -B(I)^{1/2} \tag{3-1-18}$$

式中　B——正的常数，与极性基结构有关；
　　　I——溶液的离子强度。

由式（3-1-18）可见，对于离子型表面活性剂，极性基之间的内聚功是负值，如果极性基团或极性基团的静电自由能（或荷电密度）减小，则 A_{hh}（内聚功）减小，则不利于其在水相中的分布，反之，则有利于其在水相中的分布；当溶液离子强度（I）增加时，A_{hh} 也将减小，同样不利于其在水相中的分布，反之则有利于其在水相中的分布。显然，控制表面活性剂分子结构是调节 R 值及对体系进行补偿的重要因素，增加表面活性剂非极性基的碳链长度能够增加表面活性剂分子非极性基的内聚能 A_{ll} 和其与油相分子间的内聚能 A_{l_∞}；增加极性基的强度可以增加其极性基之间的内聚能 A_{hh} 和其与水分子之间的内聚能

$A_{h_{cw}}$。对于非离子表面活性剂，增加聚氧乙烯的数目，同样达到了调节其分子间的内聚能的作用，然而，由于非离子表面活性剂与水分子的内聚能受温度的影响，因而对于一定的油、水和非离子表面活性剂体系同类分子的内聚能以及非同类分子的内聚能在很大程度上可以通过升高或降低环境温度来调节。诚然，对于离子型表面活性剂，水中的离子强度（I）、反离子性质及强度也是调节 R 值及对体系进行补偿的重要因素。对于一定的油、水体系，油相（o）的平均等效碳原子数（ACN）及水中的离子强度（I）是非变量因素，而表面活性剂分子的非极性基的碳原子数（n）和其相关系数（b），以及极性基的结构及其相关系数（B），则是变量因素即可控因素，这些可通过分子设计（合成材料、工艺过程等）以及不同表面活性剂的协同效应来实现。同时，对于已经确定的体系，也可以通过加入助添加剂（如醇）补偿表面活性剂分子向水中的分布能力，加入电介质（包括碱）补偿其向油中的分布能力。

在对于一个具体的油藏，进行具有超低界面张力体系的研究时，由于其原油的等效碳原子数（ACN）和地层水（和注入水）的含盐度是已经确定的常量，表面活性剂的结构（n）和相关系数（b、B）则是可变因素，为了获得中相微乳状液（Winsor Ⅲ 体系）即（具有超低界面张力的）最佳驱油体系，可以通过分子设计获得相应的表面活性剂结构，同时也可以通过两种不同表面活性剂的复配，或者添加助剂（如醇等）和加入电解质（或碱）调节表面活性剂在油相、水相的分布倾向。

3.1.2.2 超低界面张力的测量技术

体系的界面张力低于 10^{-2} mN/m 以下时能够用传统的滴体积（滴重）法、滴外形（停滴或悬滴）法进行测量，这两种方法只能测量大于 10^{-3} mN/m 的界面张力值。目前，由 V. Vonnegut 提出的旋转滴法测量表面和界面张力法，可以测量低达 10^{-6} mN/m 以下的界面张力。近年来随着石油工业提高石油采收率技术的发展促使了超低界面张力理论和测量技术的发展，目前一种简洁、迅速、可靠的测量技术即旋转滴界面张力仪得到了广泛应用。在一只内、外径制备均匀的玻璃毛细管中，首先充满密度较重的液相，然后置入一滴密度较轻的液相，密封后置入旋转设备（见图 3-1-10）。充满两相液体的毛细管在一定角速度下进行旋转，转动过程中，较重的液体在离心力作用下倾向于管壁而远离中心，较轻的液滴集中于中心（见图 3-1-10），随着角速度的不断增加，液滴被拉长形成圆柱，在一定的足够高的角速度下，液柱的形状不再变化，那么，根据 Bashforth-Adams 方程描述的液柱外形与界面张力的关系，处于离心场中的液滴界面上一点 $P(x, y)$ 上的离心加速度与界面张力有如下关系：

$$\gamma \times \left(\frac{1}{r_1} - \frac{1}{r_2} \right) = \frac{2\gamma}{b} - \Delta \rho g y \tag{3-1-19}$$

由此，可以推导出平衡状态下离心力和界面张力的关系如下：

$$\gamma = \frac{\Delta \rho \omega^3 d_c \times J}{4} \tag{3-1-20}$$

式中　$\Delta \rho$——两相液体的密度差，g/cm³；
　　　ω——旋转角速度，r/s；
　　　d_c——测量得到的液柱直径，cm；
　　　J——与液柱的直径 d_c 和长度 L 之比（L/d_c）有关的校正系数，在 L/d_c 很大（L/d_c

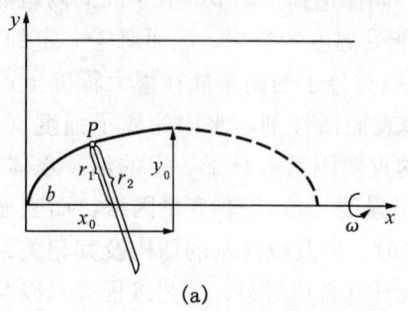 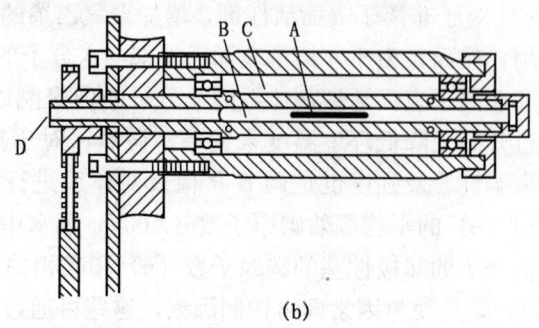

图 3-1-10 旋转滴法测量超低界面张力原理示意图
A—油滴；B—水相；C—样品管；D—旋转轴

大于 4）的情况下，$J=1$；在小于 4 的情况下，可以由仪器附带的校正表查得 J 值，利用该值对上式进行校正。

在平衡时记录旋转速度 ω，测量液柱的直径 d_c 和长度 L（为了校正由于光学方面引起的读数误差，需要在进行测试前测量液体试样的折射率 n，以便对测量长度进行校正）。利用上式即可计算界面张力。此法可以测量超低界面张力，测量范围 $10^{-6} \sim 10^{0}$ mN/m。使用这种方法还可以方便的研究界面张力随时间的变化关系。

低界面张力体系的一些规律显示低界面张力的体系通常由水、油、表面活性剂（或表面活性混合物）及盐组成。油相可以是各种烃类，如烷烃、芳烃、环烷烃等以及它们的复杂混合物，如原油。可以构成低界面张力体系的表面活性剂种类很多，但迄今研究得最多、也最有实际意义的还是石油磺酸盐。所用的盐类包括各种水溶性无机盐，研究最多的是氯化钠。体系的低界面张力状态对其组分成分十分敏感，任何两种成分的性质或含量的变化都可能使低界面张力状态消失。针对应用石油磺酸盐构成的体系，已摸索出一些规律。

①油相组成。如果表面活性剂和盐的配方固定，由不同碳原子数的烃同系物为油相构成的油—水体系，构成具有最低界面张力值体系的油相碳原子数（EACN）是固定的，大于或小于该碳原子数，则最低界面张力消失。

②表面活性剂。如果油相和盐水相固定，能够使其界面张力达到超低的表面活性剂的结构和浓度范围也是固定的，通常，表面活性剂的极性基和非极性极均较强时体系易于形成超低界面张力值，或者采用不同类型的表面活性剂复配。应用 Winsor 比值 R 理论有助于选择能够形成超低界面张力的表面活性剂。

③盐浓度。体系具有一个超低界面张力值的含盐度范围，在此范围内体系具有超低界面张力值，而超出该浓度范围，则界面张力上升。

研究表明，具有超低界面张力的不混相体系往往同微乳状液体系直接相关，一般，超低界面张力体系是微乳状液体系，有关超低界面张力与微乳状液的关系，将在微乳状液一节论述。

3.1.3 动态表面张力

3.1.3.1 表面张力时间效应

以上讨论的溶液表面吸附和表面（界面）问题只考虑了吸附平衡时的情况，而没有考虑到达平衡所需的时间，即没有涉及速度问题。但是，在实际问题中达到平衡的速度有时具有决定性的意义。例如,在泡沫和乳状液生成过程中,新的表面(或界面)不断形成的同时表面活性剂吸附到表面上,形成吸附层并降低表面张力,而有利于泡沫和乳状液的形成和稳定。如果吸附速度很慢,在要求时间内不能形成一定浓度的吸附层,则不易得到稳定的泡沫和乳状液。又如润湿作用要求液体表面张力低于一定数值才能在固体上铺展。在润湿过程中,随着液体展开,液面亦增加;如果吸附速度慢,液体表面在铺展过程中不能达到应有的吸附量及表面张力降低值,此液体的润湿作用便较差。

最先研究的是有机酸和醇的水溶液表面张力的时间效应,亦即其表面张力随时间变化的现象。图3-1-11示出癸醇水溶液表面张力随时间变化的曲线。此类曲线的一般形式都是在溶液表面刚形成时($t \to 0$)具有较高的数值,然后随时间而降低,经过一定时间后达到平衡值,这一过程叫做表面老化。到达平衡值前的表面张力叫做动表面张力,平衡值也称作静表面张力。图3-1-11表明溶液浓度不同,表面张力的时间效应也不同,溶液浓度越大,表面张力随时间降低的幅度也越大;而到达平衡的时间却更短。图中A,B,C,D 4个点分别是4个浓度的癸醇溶液表面张力开始基本不再随时间变化的点,它们大致成一直线,如虚线所示。其他表面活性物质溶液表面张力的时间效应也有类似情形,只是表面张力降低的幅度和速度随物质性质而不同。一般来说,分子较大的表面活性剂水溶液表面张力的时间效应更为突出,例如$5 \times 10^{-5} \mathrm{mol/dm^3}$ 的 $n\mathrm{C_{12}H_{25}O(Cl_2H_4O)_7H}$ 水溶液表面张力约需5min才达到变化不大的程度,而癸醇水溶液在同样浓度时则只需不足1min的时间。碳原子数在8以下的醇类水溶液表面张力基本上在1s以内即达到平衡值。对于离子型表面活性剂,溶液中加入无机盐可大大减弱表面张力时间效应。图3-1-12示出$\mathrm{C_{12}H_{25}SO_4Na}$水溶液在加盐和不加盐时的表面张力时间效应,曲线1表明在$5 \times 10^{-4} \mathrm{mol/dm^3} + 0.3 \mathrm{mol/dm^3}$ NaCl 时溶液表面张力几乎立即达到平衡。对于非离子表面活性剂,无机盐(量不很大时)对溶液表面张力时间效应影响不大。图3-1-13是使用旋转滴界面张力仪测量的石油磺酸盐溶液体系与原有的界面张力随时间的变化曲线,通常都可以看到界面张力开始时随时间延续而急剧下降,直到最低值,然后随着时间的推移界面张增加,直至达到一个平衡值后不再变化。在研究时通常称界面张力最低值为"瞬态最低界面张力",平衡值为"平衡界面张力"。对于二者在驱油过程中的作用目前尚没有共同的认识,仍然在研究中。不过,在评价化学驱油体系时,体系的界面张力值一般指"平衡界面张力"。

3.1.3.2 动表面张力测定方法

前面介绍的一些测定液体表面张力的方法稍加变动即可用于测定动表面张力。但各种方法可用的时间范围不同。液滴外形法(停滴法和悬滴法)适于研究长时间的表面老化现象,例如几分钟甚至几小时以上的情形此法的优点是试样用量少、测量方便、不扰动液面,只需按一定时间间隔测定液滴大小形状,即可算出$\gamma - t$的变化关系。吊片法也适于研究长时间的表面张力时间效应。原则上是将溶液表面刮去一层"皮"后(即生成新表面),立即使吊片接触液面并开始测量。记下各个时间吊片所受的力,即可得$\gamma - t$关系。滴体积法则适于测定中等时间范围的表面张力,尤其对液—液界面张力,较吊片法更为适用。原则是控制每一滴液体滴落的时间,即可测出表面经不同时间老化后的表面张力,此法实验装置及方法尚称方便,但可测的老化时间范围有限:最短时间仅至0.1~0.2s,而老化时间太长且又不易控制。

以上几种方法对研究1s以内的时间效应是不合适的。滴体积法虽可测至0.1~0.2s,但这时老化时间难以准确测定。最大气泡压力法可测到接近1/100s的时间效应。此法主要

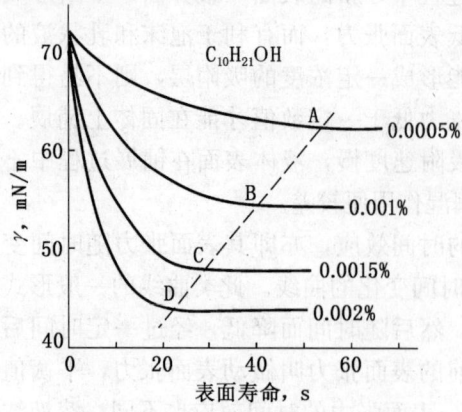

图 3-1-11 癸醇水溶液的表面张力—时间关系曲线

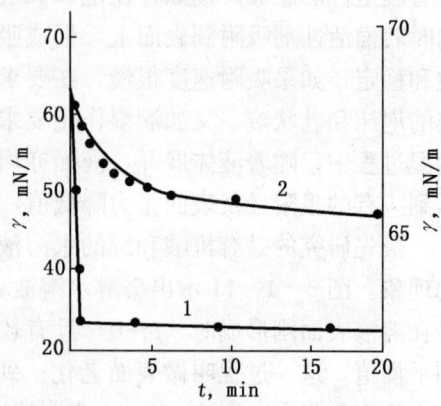

图 3-1-12 $C_{12}H_{25}SO_4Na$ 水溶液的表面张力—时间关系曲线

曲线 1，5×10^{-4} mol/dm³ + 0.3 mol/dm³ NaCl

曲线 2，5×10^{-4} mol/dm³

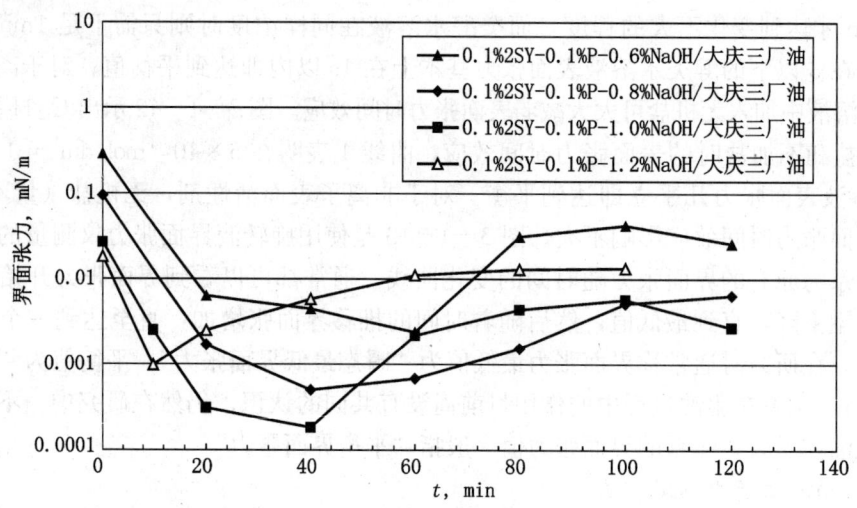

图 3-1-13 石油磺酸盐—原油体系的界面张力—时间关系曲线

困难是要求测定快速出泡的速度。人眼所能分辨的出泡速度一般小于 5 个泡/s，因此，要测出速度为数 10 个泡/s 至 100 个泡/s 必须借助于频闪计数器。此法实验装置和操作都比较复杂，也不易控制。特别是从泡速计算表面老化时间还有困难，因为两泡之间的停顿耐间不易准确确定。现时多用振荡射流法测定很短时间的动表面张力，可测定的时间范围低达 1/1000 秒左右。此法的原理和方法简述如下。

液体在一定压力下自毛细管口流出时，形成一射流。若毛细管口成椭圆形，则射流的形状有周期性改变，形成一连串的振动波形（见图 3-1-14）。波形的产生是由于液体表面张力力图使液流由椭圆柱形变为圆柱形的作用与射流惯性力相互影响的结果。液体表面张力越大，形成射流的波长越短。显然，表面存在时间沿射流方向增加。若液体表面张力有时间效应，则靠近喷口处表面张力较高，射流波长将比远离喷口处小。故自射流各波波长和射流速度可得表面张力与表面老化时间的关系。

根据流体力学理论，可得到计算射流动表面张力公式：

$$\gamma = \frac{2W^2(1 + 1.54b^2/r^2)}{rd(3\lambda^2 + 5\pi^2 r^2)} \quad (3-1-21)$$

式中 d——射流液体的密度，g/cm³；
W——射流流量，g/s；
λ——射流波长，cm；
r——射流"平均半径"，cm，按式（3-1-22）计算b。

$$\frac{b}{r} = (r_{max} - r_{min})/(r_{max} + r_{min}) \quad (3-1-22)$$

这里，r_{max}和r_{min}分别为射流最大半径和最小半径，常取喷口椭圆的长轴半径和短轴半径来表示。λ值虽可目测，但极不方便又不准确。采用光学方法，效果较好，装置示意于图3-1-14。光线通过透镜1聚焦于针孔，成为一新的点光源。针孔位于透镜2的焦点，于是通过透镜2的光线是平行光。狭缝s的宽度稍大于射流直径，形状与射流相适应［图3-1-14（b）］。平行光通过狭缝照于射流，由于射流椭圆体的聚焦作用（类似于一个透镜），所以在底片上形成聚焦线［图3-1-14（a）］。测量聚焦线间距离即得射流波长λ。

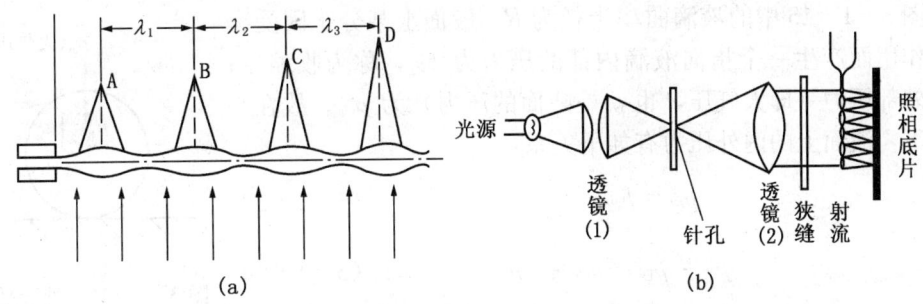

图3-1-14 振荡射流法测定动表面张力

应用此法时要注意靠近喷口处几个波的波长会偏离正常值，需加校正系数n校正系数值可自纯液体的测定结果及其平衡表面张力值算出。例如，用此法测定水及四氯化碳的表面张力，发现在射流第四波以后波长基本不变。根据公式计算的表面张力值也与平衡值相符。但在第四波以前波长变小，算出的表面张力值变大。靠近喷口处水的表面张力计算值甚至高达100mN/m。这显然是不合理的，因为在实验测定的时间范围内，纯液体（特别是此类分子结构比较对称的纯液体）不会有表面张力时间效应。偏差情况还与喷口大小有关，小喷口显示偏差的时间较短。例如，用$r = 0.0566$cm的喷口测定水的表面张力，13℃时12ms后才达恒定值73.8mN/m；而用较小的喷口（$r = 0.0218$cm）时，则在3ms以后即达恒值。自纯溶剂平衡表面张力与测出的各时刻表面张力之比可得出校正系数与时间的关系，再用此喷口测定溶液表面张力时，则按时间加相应的校正系数以计算表面张力。图3-1-15示出用此法测定的几种表面活性剂水溶液的表面张力—时间效应。

旋转滴法能够测量界面张力在$10^{-6} \sim 10^0$mN/m范围内的界面张力—时间关系（参见超

低界面张力一节）曲线，由于它具有方便、快速和准确等优点，是近年来开发的一种动态界面张力测量的有效方法，目前应用最为广泛。

3.1.4 弯曲液面

由于液体具有表面张力，因此液面往往显示出不同程度的弯曲，例如在管壁亲水的毛细管中的水面是凸向水相的，其弯曲程度与盛载容器（例如管件）的直径大小有关，由此引发许多液体在介质中的许多物理现象，例如在管壁亲水的毛细管中的水会自发上升等。

3.1.4.1 Laplace 公式

弯曲液面的一个根本特性就是曲面两侧存在压力差。例如，用小管吹肥皂泡后，必须把管的另一口堵住，泡才能存在，否则就自行收缩了，这就是因为弯曲的液面两侧有压力差。在一杯水的界面层处，界面内外两侧的压力是平衡、相等的；但是，弯曲界面的内外侧的压

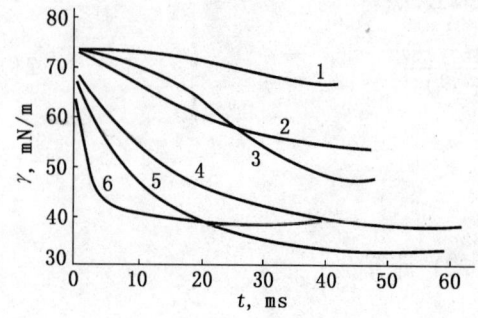

图 3-1-15 几种表面活性剂水溶液表面张力—时间效应
1—0.04% $C_{12}H_{25}N(OH_3)CH_2C_6H_5Br$;
2—0.04% "1283";
3—0.04% 琥珀酸二异辛酯磺酸钠（"1292"）;
4—0.1% "1283";
5—0.1% "1292"; 6—0.53% $C_{12}H_{25}SO_4Na$

力不等，存在压力差。下面分析处于平衡状态下的一个液滴（见图 3-1-16）。

设图 3-1-15 中的液滴曲率半径为 R；液面上某分子因受净吸力的作用而产生一个指向液滴内部的压力为 $p_收$，称为收缩压；液滴的外部压力（即大气压，也就是凸面的压力）为 $p_凸$。故在平衡状态下，液面上的内外压力有如下关系：

$$p_凹 = p_收 + p_凸 \qquad (3-1-23)$$

或

$$p_收 = p_凹 - p_凸 = \Delta p \qquad (3-1-24)$$

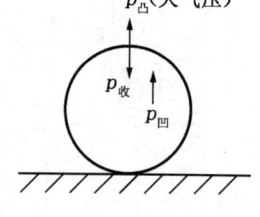

图 3-1-16 处于平衡状态下的液滴

显然，收缩压 $p_收$ 代表了弯曲液面两侧的压力差 Δp，有些人也称它为毛细管压力。由于表面张力的作用，在弯曲表面下的液体与平面不同，在曲界面两侧有压力差，或者说表面层处的液体分子总是受到一种附加的指向凹面内部（球心）的收缩压力 $p_收$，且在曲率中心这一边的体相的压力总是比曲面另一边体相的压力大。

图 3-1-17 是将任意曲界面 $ABCD$ 沿法线方向移动 $\mathrm{d}z$ 距离扩大为 $A'B'C'D'$ 时所要做的功示意图，曲面的增加量为：

$$\Delta A = (x+\mathrm{d}x)(y+\mathrm{d}y) - xy = x\mathrm{d}x + y\mathrm{d}y \qquad (3-1-25)$$

那么，面积增加做的功为：

$$W_1 = \gamma(x\mathrm{d}x + y\mathrm{d}y) \qquad (3-1-26)$$

由于曲面两面存在压力差 Δp，那么曲面位移 $\mathrm{d}z$ 所做的功为：

$$W_2 = \Delta p(xy\mathrm{d}z) \qquad (3-1-27)$$

这样，由于 $W_1 = W_2$，则：

$$\gamma(x\mathrm{d}x + y\mathrm{d}y) = \Delta p(xy\mathrm{d}z) \tag{3-1-28}$$

由图可见，三角形 AOB 与 $A'O'B'$ 是相似的，于是：

$$\mathrm{d}x = x\mathrm{d}z/R_1 \tag{3-1-29}$$

$$\mathrm{d}y = y\mathrm{d}z/R_2 \tag{3-1-30}$$

这样，便可以得到下式：

$$\Delta p = \gamma\left(\frac{1}{R_1} + \frac{1}{R_2}\right) \tag{3-1-31}$$

式中　R_1，R_2——分别为曲面纵横方向上的曲率半径。

这个公式就是 Laplace 公式。主曲率半径 R_1、R_2 的符号按如下规定：若曲率圆的圆心在 O 点，应用 Laplace 公式计算 Δp 时，R 取正值；反之，R 取负值。一般情况下，凸液面的液相压力大于气相，$\Delta p > 0$；凹液面的液相压力小于气相，$\Delta p < 0$；若为平液面，则两相压力相等 $\Delta p = 0$。对于球形液滴，曲率半径相等 $R_1 = R_2 = R$，则：

$$\Delta p = 2\gamma/R \tag{3-1-32}$$

如果对于气泡，由于存在两个气液界面，且两个球形的曲率半径基本相等，那么，则有：

$$\Delta p = 4\gamma/R \tag{3-1-33}$$

Laplace 公式是有关流体界面的基本公式，是对许多界面现象作出定量解释的基础，有广泛的应用，液体在毛细管中的上升或下降即是一例。

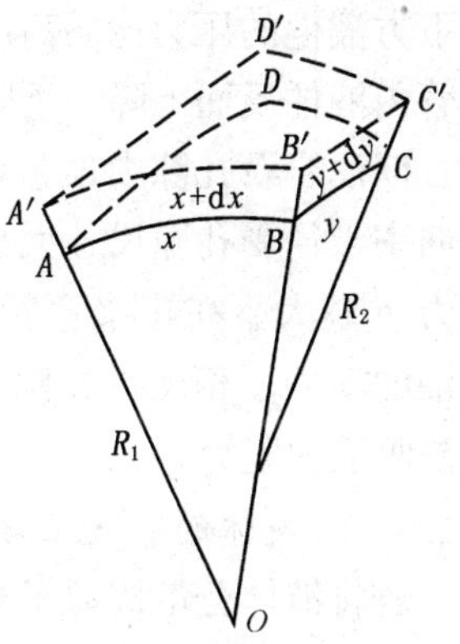

3.1.4.2 毛细管现象

应用 Laplace 公式可方便地得出毛细管中液面上升或下降高度 h 与 γ 毛细管半径 r，及润湿接触角 θ 的关系。

如图 3-1-18 所示，若液体能很好地润湿毛细管壁，则毛细管内的液面呈凹面。因为凹液面下方液相的压力比同样高度具有平面的液体中的压力低，因此液体将被压入毛细管内使液柱上升，直到液柱的静压 $\rho g h$（ρ 为液体的密度）与曲界面两侧压力差相等时即达平衡，由此产生的力，也称为毛细管压力，记作 p_c。此时：

图 3-1-17　任意曲界面扩大所做功的分析示意图

$$\Delta p = 2\gamma/R = \rho g h \tag{3-1-34}$$

所以

$$h = 2\gamma/\rho g R \tag{3-1-35}$$

因为液面的曲率半径与毛细管半径之间有如下关系：

$$R = r/\cos\theta \tag{3-1-36}$$

那么，则有：

$$h = 2\gamma\cos\theta/\rho g r \tag{3-1-37}$$

如果毛细管壁完全水湿，那么

$$\theta = 0°\quad(3-1-38)$$

则有

$$h = 2\gamma/\rho g r\quad(3-1-39)$$

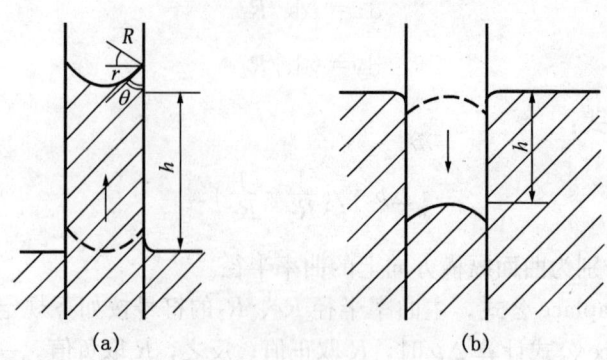

图 3-1-18 毛细管现象
(a) 毛细管上升；(b) 毛细管下降

同样，若液体不能润湿管壁，则毛细管内的液面呈凸面〔见图 3-1-17（b）〕。因凸液面下方液棍的压力比同高度具有平面的液体中的压力低，亦即比液面上方气相压力小，所以管内液柱反而下降，下降的深度 h 也与 Δp 成正比，且同样服从式（3-1-34）。

储油岩石孔隙中通常都是油/水或油/气共存，即存在油—水或油—气弯月面，弯月面的曲率半径受孔隙尺寸大小制约，孔隙半径越小弯月面越小，由 Laplace 公式可知，毛细管压力 p_c 越大。在孔隙壁亲水的情况下，弯月面凸向水相，毛细管力的方向指向油相，p_c 是驱油的动力；相反在孔隙壁亲油的情况下，弯月面凹向水相，毛细管力的方向指向水相，p_c 是驱油的阻力。

3.1.4.3 液体的蒸汽压与 Kelven 公式

若将液体分散成粒子半径为 r 的小液滴时，小液滴的饱和蒸汽压和平面液体的饱和蒸汽压是不同的。它的大小和液滴的半径 r 有关。

具有平液面的液体与分散成半径为 r 的小液滴的外压均为 p，小液滴凹面上所受压力为 p_r 则小液滴因液面弯曲其曲界面两侧有压力差 Δp（$\Delta p = p_r - p$）。据 Laplace 公式 $\Delta p = 2\gamma/r$。

在恒温下如果把 1mol 水平液面的液体转变成半径为 r 的小液滴，则自由焓的变化为

$$\Delta G = \frac{2\gamma V}{r}\quad(3-1-40)$$

如果平面液体和小液滴液体的饱和蒸汽压分别为 p_0 和 p_r，那么气—液的平衡条件应当是液、气的化学势相等，那么液体和蒸汽化学势的变化可以写为：

$$\Delta G = \mu_r - \mu = RT\ln\frac{p_r}{p_0}\quad(3-1-41)$$

考虑到 $V = M/\rho$（M 为液体的相对分子质量，ρ 为液体密度），由上两式可得到：

$$\ln\frac{p_\mathrm{r}}{p_0}=\frac{2\gamma_\mathrm{L-g}M}{RT\rho r} \tag{3-1-42}$$

这就是著名的 Kelvin 公式。

显然，由式（3-1-42）可见，液滴半径 r 越小，与之相平衡的蒸汽压 p_r 越大。当 $r\to\infty$ 时，$p_\mathrm{r}=p_0$。表 3-1-1 列出了 20℃下不同半径水滴的饱和蒸汽压与平液面水的饱和蒸汽压之比值，这个事实常被说明人工降雨的基本原理。例如在高空中如果没有灰尘，水蒸气可以达到相当高的过饱和程度（即比平液面时液体的饱和蒸汽压高许多倍）而不致凝结成水。因为此时高空的水蒸气压力虽然对平液面的水来说已是过饱和了，但对于将要形成的小水滴来说却尚未饱和，这意味着微小水滴难于形成。可以设想，这时如果在空中撒入凝结核心（例如 AgI 小晶粒），使凝聚水滴的初始曲率半径加大，则其对应的蒸汽压可以小于高空中已有的水蒸气压力，因此蒸汽将迅速凝成水滴，形成人工降雨。

表 3-1-1 水滴半径与相对蒸汽压的关系

水滴半径 r, cm	相对蒸汽压 p_r/p_0
10^{-4}	1.001
10^{-5}	1.011
10^{-6}	1.111
10^{-7}	2.95

由 Kelven 公式也可以解释毛细管凝聚现象，当润湿液体存在于毛细管中时，液体在毛细管中形成凹月面，此时曲率半径为负值，由式（3-1-42）可见。当 $p_\mathrm{r}<p$ 时，亦即在凹液面上方（或小气泡中液体）的蒸汽压将小于平面时的蒸汽压，且凹面越弯曲，蒸汽压越低，越容易产生凝聚现象。对于储藏在岩石孔隙介质中的凝析油气的相态相互转换，不仅与压力的变化有关，而且与岩石孔隙的大小分布即油气界面的弯曲曲率（受孔隙直径尺寸制约）有关；孔隙直径越小，弯月面的曲率半径减小，与油相（液态）平衡的蒸汽压 p_r 越大；相反大孔隙中的弯月面曲率半径增加，则使其蒸汽压 p_r 趋向于平油面的蒸汽压，相态将会发生转换；即凝析油气在孔隙大小不同的空隙中可能出现相反的油气相态的转换。

众所周知，平液面的水达到沸点时其饱和蒸汽压等于外压。在沸腾时液体形成的气泡必须经过从无到有、从小到大的过程。最初形成半径极小的气泡内其蒸汽压远小于静压，这意味着在外界压力下小气泡难于形成，致使液体不易沸腾而成为过热液体。过热较多时容易发生暴沸，这也是实验室或工业上经常造成事故的原因之一。为防止暴沸，在加热液体时要加入沸石或插入毛细管。这是因为多孔的沸石中已有曲率半径较大的气泡存在，因此泡内压力不致很小。故在达到沸腾温度时液体即沸腾而不致过热。Kelvin 公式还可用来说明溶液的过饱和和液体的过冷现象等。

Kelvin 公式也可用于固体在液体中的溶解平衡，这时，与固体成平衡的是溶液活度，溶液活度与固体的颗粒直径成反比，颗粒越小固体越容易溶解。

3.1.5 表面压与不溶性膜

3.1.5.1 表面压

极性有机物（两亲物质，如表面活性剂）在水面上铺展形成一层单分子膜时表现出来的单位长度的推力，称为表面压，记作 π。具有两亲性的表面活性物质的极性基通过氢键与水分子结合，犹如油类一样使其与水的界面张力降低，使铺展系数大于零，在水面上铺展并形成单分子吸附层，称为不溶物单分子层，如图 3-1-19 所示。铺展时表现出的对水面上浮动物的推力可以表示如下：

$$\pi = \gamma - \gamma_{ow} \tag{3-1-43}$$

式中　π——表面压力，mN/m；

　　　γ——水的表面张力，mN/m；

　　　γ_{ow}——不溶性膜与水的界面张力，mN/m。

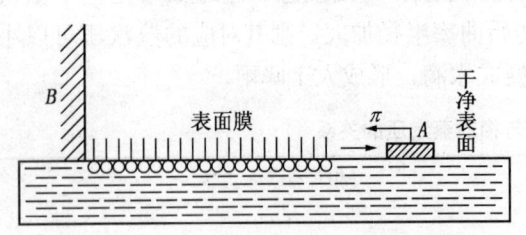

图 3-1-19　表面压示意图（赵国玺，1991）
A—浮片；B—固定挡板；π—表面压

可见，表面压就是不溶性单分子膜使水的表面张力降低的值。表面压的测量可以借助于 Langmuir 膜天平，图 3-1-20 为其结构示意图，图中 A 为水槽，B 为滑尺，C 为涂石蜡的云母或聚四氟乙烯条，D 为水槽边上的刻度，可以指示滑尺位置，E 为连接浮片的扭丝，F 为扭力指示仪，G 为连接装置。实验时在水槽中充满水，用 Pockels 刮净表面，再将试样溶入可挥发溶剂，将定量的溶液滴在水面上，溶剂挥发后不溶性膜即在水面上生成。利用膜天平上的机械装置就可以测量出膜的推力，即膜压 π。根据滴上的试样量和膜面积可以计算出分子面积 A，从而得出 π—A 曲线。如果综合使用表面电势、椭圆偏振显微镜、表面黏度计等可以全面研究表面膜的物理和物理—化学性质。

应用表面膜压理论，在石油地质的研究中模拟石油在地层中的运移和油藏形成过程中岩石表面反常油膜的形成、在石油开发研究中模拟水驱油过程中以膜状形式存在的剩余油，研究影响油膜形成和性质等的各种因素，研究油滴的聚并和乳化原油的稳定性等，对于提高石油采收率具有重要的意义。在石油开采中，界面膜理论对于乳化原油的形成、破乳、化学驱油过程中乳化和自发乳化现象、稠油冷输、剩余油微观状态（油滴聚并、油膜脱落等）、污水破乳处理、油基钻井液的制备等都具有重要的指导意义。

3.1.5.2　LB 膜

用带有压力控制的膜天平（Film balance, 亦叫 Langmuir Balance），将不溶性单分子层膜转移到固体基板上组建成单分子层或多分子层膜称为 Langmuir-Blodgett（LB）膜。通常将浮在液体（水）面上的单分子层膜叫 Langmuir 膜。LB 膜与其他膜相比有以下特点：(1) 膜的厚度可从零点几纳米至几百纳米；(2) 有高度各向异性的层状结构；(3) 具有几乎没有缺陷的单分子层膜。图 3-1-21 是一套比较简单的 LB 膜装置示意图。先把样品（通常为两亲性分子—表面活性剂）溶解在有机溶剂中，取一定

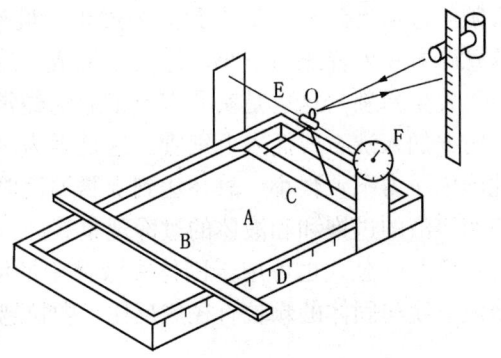

图 3-1-20　Langmuir 膜天平测量膜压示意图
（赵国玺，1991）

量溶液小心地滴在 LB 槽内的次相层（通常为水）表面上，在气—液（水）表面形成取向整齐的单分子层膜；而后，压缩单分子膜，测定表面压—面积（π—A）等温线；再在固定表面压下，开动上下运动机构，将单分子层膜转移到基板上。

将一金属板（或玻璃板等）浸入有单分子层覆盖的液体后再拉出，这样反复多次就建成了多分子层。由于形成单分子层的物质与累积方式（或转移方式）不同，可以形成不同结构的多分子层，已知有三种不同结构的多分子层，如图 3-1-22 所示。

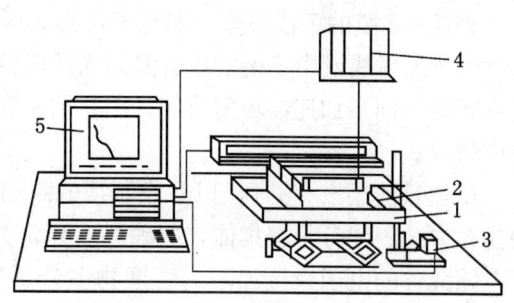

图 3-1-21　LB 膜装置示意图（沈钟，1997）
1—LB 槽；2—基板；3—单分子膜累积的上下运动机构；4—测 π 的电子天平；5—计算机

X 型多分子层（板—尾—头—尾—头等）是在一次一次浸入时只有单分子层的疏水部分和板接触而形成的，即当将板拉出时水面上无膜。相反，Z 型多分子层（板—头—尾—头—尾等）是在一次次拉出时只有单分子层的亲水部分连接到板上，而将板反复浸入时水面上无单分子膜。

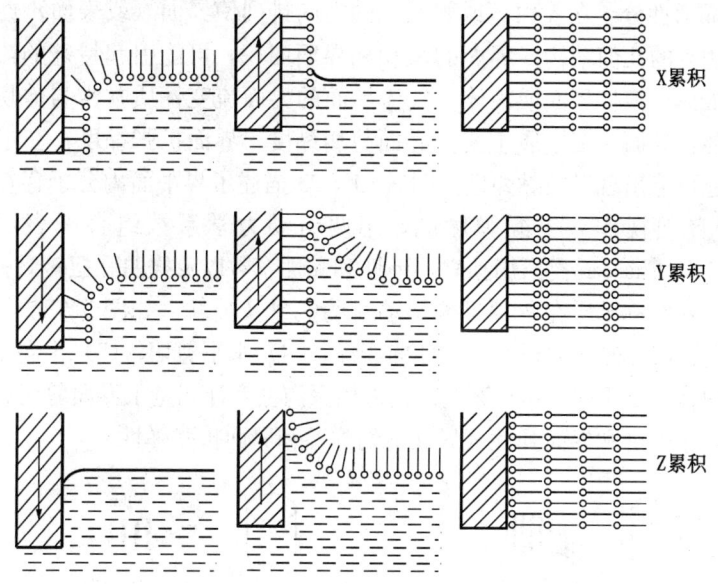

图 3-1-22　LB 膜形成过程和结构（沈钟，1997）
对每一个脂肪酸，圆圈表示羧基（头），棒代表长烃链（尾）

Y 型多分子层（板—尾—头—头—尾等）是最普通的排列。这些多分子层是在浸入时和拉出时都通过附着的单分子层而形成的。在外侧的单分子层上沉积一薄层 PVA（聚乙烯醇）可以分离多分子层。一旦 PVA 膜干了，就可以把它和黏在它上面的单分子层一起从板上移走。

适宜于 LB 膜的物质可分为以下三类：(1) 各种两亲性分子，其中的—CH_2—基团数应大于 10，否则就不能满足不溶于水的条件；(2) 高聚物，其中也必须有亲水部分与亲油部分，不过对大小与形状要求不严；(3) 芳香族大环化合物，如卟啉等。

影响 LB 膜质量的因素很多，如固体基板的性质、尺寸、预处理情况；界面温度；基板的垂直提拉速度；累积的层数；LB 槽及其他部件的污染程度；溶液和次相（水）中杂质；次相（水）表面上分子铺展均匀与否等。

表征 LB 膜的手段很多，如电子自旋共振光谱法、表面电位法、透射电子与背散射电子衍射法、X 射线或中子衍射法、偏振光共振拉曼光谱法、扫描隧道显微镜、二次离子质谱、光声光谱、同步加速器辐射法等。用它们来表征 LB 膜的层数、厚度、缺陷以及膜内的聚合反应情况。

虽然目前还没有见到用 LB 膜制得的商用器件，但它提供了在分子水平上利用人工控制的排布方式组建分子聚集体，的确具有异常光明的前景。如作非线性光学材料、大规模集成电路元件的电子束抗蚀层、高聚物多分子层膜记忆元件。LB 膜有可能开发为生物传感器，人们认为将酶分子结合到 LB 膜中，将会产生性能新颖的固体元件。苏联的科学家在研究油层剩余油时利用 LB 膜理论测定岩石表面覆盖的油膜性质和厚度等，提出了"异常油膜"的观点，对开采油层剩余油具有重要的理论价值。

3.1.6 界面流变性和界面黏度

溶液中的表面活性分子在界面（或表面）的定向排列使界面（或表面）性质与体相中不同，它影响着相边界的几何结构、界面的流动和界面面积，可能引起特殊的流变性。含有表面活性剂分子的液体—液体界面或液体—气体界面的界面流变性质常常与剪切、结构及老化有关。对牛顿流体，界面流变性质主要指界面剪切黏度、界面扩张黏度，在定向吸附相对分子质量增加时，还可能出现界面黏弹性。图 3-1-23 描述了界平面内分子存在的可能运动形态。可以把一个界面视作一个黏弹区间，用两组动力学系数组合来表示实际的界面。F. C. Goodrich 和 J. D. Fliassen 提出用独立的弹性和黏性系数以及挠曲和扭转黏弹性系数来描述一个非各向同性、轴对称单层在各种可能运动时的能量及消耗（如图 3-1-23 所示），它们是：(1) 垂向剪切；(2) 侧向剪切；(3) 侧向压缩；(4) 水平剪切；(5) 垂直压缩；(6) 简单挠曲；(7) 简单扭转。D. T. Wabsan 等人曾经采用深沟黏度计测量了界面剪切黏度和纵波干扰振动法测量界面扩张黏度和界面弹性（界面剪切弹性和界面扩张弹性）。

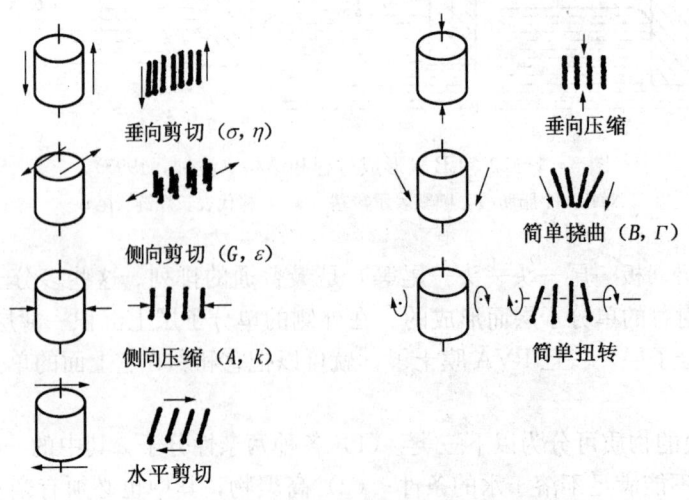

图 3-1-23 界平面内存在的可能运动

3.1.6.1 界面流变性

界面流变性主要是指油—水可流动界面在受力作用下形变响应的性质。乳状液在流动界面含有一层由表面活性剂或大分子表面活性剂形成的分子膜。这个膜的存在不仅起到稳定乳状液的作用，同时对体系的切力的响应在除去乳状液本身均相界面张力 γ 的贡献之外还附加额外的界面切力。如果在流动界面内产生了一个非均一的表面活性剂浓度，那么一个界面张力梯度 $d\gamma/dA$ 就会形成，其中 A 为界面面积。这个界面张力梯度有时被定义为吉布斯黏弹性 E，它等于 $d\pi/dlnA$，包含界面面相和体相液体的运动两个方面。这种由界面张力梯度驱动的流动就是所谓"Marangoni 效应"的基础。除了可能存在的这种界面张力梯度之外，其他黏性特征的界面流变切力也可能出现，如与界面相关的剪切黏度和膨胀黏度。许多表面活性剂和高分子膜也表现出非牛顿界面流动行为，如具有 Bingham 塑性流动模型和具有黏弹性。下面将概括介绍描述上述界面流变参数所需的基本方程，然后介绍一些测量界面流变性能的基本技术方法。

(1) 界面流变性的基本方程。

界面切变黏度 η_s 是在界面平面内切应力和切变速的比率，即二维黏度。因此，界面黏度的单位是：Ns/m。对于无吸附表面活性剂或高分子存在的液—液界面，或者液—气界面来说，界面剪切黏度实际上可以忽略不计。但是，当有吸附的表面活性剂或者高分子膜在界面上存在的话，就表现出明显的界面剪切黏度，有时甚至超过膜体的相黏度一个数量级。这个可测量的界面剪切黏度可以认为是由于表面活性剂或高分子在界面定向排列而引起的。例如表面活性剂分子在 O/W 乳状液界面往往形成一个垂直于界面的单分子层，其中憎水部分（基团）指向或溶解在油相，而极性基团则指向（留在）水相。一个两维表面压 π 可以定义为

$$\pi_r = \gamma_0 - \gamma \qquad (3-1-44)$$

其中 γ_0 是干净界面的界面张力（即在吸附表面活性剂或高分子之前），而 γ 为在有吸附膜存在时相应的界面张力。由于 γ_0 的大小在 $30\sim50mN/m$ 的数量级，而 γ 可以达到小于 $1mN/m$。因此，π_r 可能相当大，接近 $30\sim50mN/m$，所以任何切流场施加到含有表面活性剂或高分子膜界面（具有很高的表面压）时，将在相邻分子间产生一个相当大的黏性相互作用。对于那些在界面形成两点相连的环和拖尾的情况，膜将由于环和拖尾之间的排斥作用而抵抗外界的压缩力。

由于表面活性剂或高分子膜在界面的不均匀性产生的界面张力梯度，并由此形成界面膨胀弹性 ε。在那些缺少吸附膜覆盖的区域要比有吸附膜覆盖区域有较高的界面张力。由此可以确定界面张力梯度，并定义吉布斯膨胀弹性为：

$$\varepsilon = \frac{d\gamma}{dlnA} \qquad (3-1-45)$$

上述情况在乳化过程中或者在两个乳状液液滴相互接近时会出现。这是由于当界面被拉伸，膜将不能覆盖所有的界面，部分区域出现表面活性剂或高分子被耗散的情况。这就会产生界面张力梯度，并且表面活性剂或高分子倾向于从体相扩散到界面以补充在界面上的耗散部分（区域）。在此过程中，液体也可能随之被带到界面，此种现象通常称为 Marangoni 效应。这种 Gibbs - Marangoni 效应有人认为是液滴之间液膜稳定、防止乳状液聚结的驱动力。

如果考虑界面以一个恒定速率均匀膨胀的话,界面膨胀黏度 η_s^d 可以定义为

$$\eta_s^d = \frac{d\varepsilon}{dt} \tag{3-1-46}$$

如前所述,界面膜表现出非牛顿流体特性,这可以用处理分散体和高分子溶液的方法进行同样的处理。对于稳态流体可以用 Bingham 塑性模型来处理。黏弹性行为可以用切力松弛或切变松弛模型和动态振荡模型来处理。在假定有表面屈服值存在的前提下,界面流变学行为的 Bingham 流体模型可以用式(3-1-47)表示。

$$\sigma = \sigma_0 + \eta_s \dot{\gamma} \tag{3-1-47}$$

在切力松弛实验中,对界面膜突然施加一个恒定的切变,然后随着时间测定切力的变化。如 $\sigma(t)$ 是在时间为 t 时的切力,而在 σ_0 为在瞬间施加恒定切变 $\dot{\gamma}$ 时的切力,那么

$$\ln \frac{\sigma(t)}{\sigma_0} = \frac{t}{t_{\dot{\gamma}}} \tag{3-1-48}$$

式中 $t_{\dot{\gamma}}$——松弛时间,由 η/G 的比率给出,其中 G 为松弛模量。

在切变松弛(蠕变)实验中,对界面膜施加一个小的恒定切力,然后随时间测定切变或者屈从量 J ($=\dot{\gamma}/\sigma$) 的变化。在任一时刻 t 的屈从量 $J(t)$ 可以由式(3-1-49)给出。

$$J(t) = \frac{\left[1 - \exp\left(-\frac{t}{t_{\dot{\gamma}}}\right)\right]}{G} \tag{3-1-49}$$

在动态(振荡)实验中,切力或者切变随着所施加的正弦波在某一频率 ω(rad/s)下周期的变化,测得响应切力或切变与施加值进行比较。对于一个完全弹性的体系,二者没有相位差,即切力或切变在切力或切变正弦波上表现出没有时间漂移。但是大多数浓乳状液表现出黏弹性,因此在切力或切变正弦波上表现出时间漂移(Δt),这种时间的漂移导致施加的正弦波与测得的正弦波有一个相位差 δ(注意对于一个黏弹性材料 $0<\delta<90°$)。测得的切力和切变的振幅之比给出复合模量 G^*,复合模量又可以通过相位差 δ 分解成两部分:复合模量的真实部分 G',称为储存模量或者弹性模量,复合模量的影像部分 G'',称为损耗模量或者黏性模量,并有下列关系:

$$G' = |G^*| \cos\delta \tag{3-1-50}$$

$$G'' = |G^*| \sin\delta \tag{3-1-51}$$

$$|G^*| = G' + iG'' \tag{3-1-52}$$

对于正弦振荡表面膨胀模量 ε^*,也可以作类似的分解,即膨胀弹性 ε' 和膨胀黏性 ε'',两个组分有下列关系:

$$|\varepsilon^*| = \varepsilon' + i\varepsilon'' \tag{3-1-53}$$

(2)界面流变性能测量的基本原理。

测量界面剪切黏度的最简单的方法就是使用一个扭摆表面黏度仪。用此技术可以通过观察扭摆在受到界面膜的阻尼作用的过程来获得界面黏度的信息。如图 3-1-24 所示,剪切单元部件可以是一个环、一个平盘或者具有刀刃状的菱形扁锤,将此剪切部件悬挂在一

个扭丝上并置放于待测界面。在施加一个瞬时切变后,测定摆锤(剪切分部件)振荡衰减的周期。表观表面黏度可以由下式计算:

$$\eta_s = \eta_0 \left[\frac{\Delta}{\Delta_0} \times \frac{t_0}{t} - 1 \right] \quad (3-1-54)$$

式中　η_0——在界面形成两相体黏度的总和;
　　　Δ——对在界面有表面活性剂或高分子膜存在时的每连续两个阻尼波振幅的对数差;
　　　Δ_0——在无膜存在时(空白)界面连续两个阻尼波振幅的对数差;
　　　t——有膜存在时的扭摆时间;
　　　t_0——相应的无膜存在时的扭摆时间。

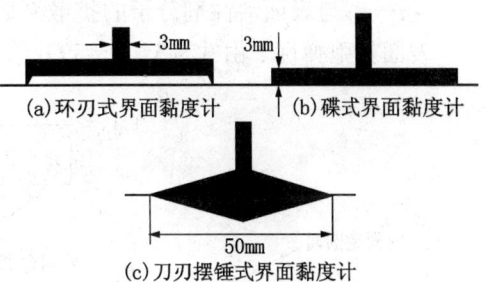

图 3-1-24　几种表面黏度计剪切部分设计示意图

表面黏度与扭丝的模量 C_w,振荡扭摆的惯性极性力矩 I 以及黏度计本身的大小尺度有下列关系:

$$\eta_s = \frac{C_w I}{2\pi} - \frac{R_2^2 - R_1^2}{R_1^2 R_2^2} \left(\frac{\Delta}{7.4 + \Delta^2} - \frac{\Delta_0}{7.4 + \Delta_0^2} \right) \quad (3-1-55)$$

式中　R_1——表面黏度计的半径;
　　　R_2——容器的半径。

扭摆黏度仪有一个主要的缺点就是它只适用于某一个切速的范围,所以不适合测量非牛顿膜。在后一种情况下,最好使用旋转扭力黏度计。表面膜在旋转的同心环之间受到剪切。剪切速率可以通过扭转一个环来保持恒定,同时测定另一个环的扭矩 T,即

$$\eta_s = \frac{T}{4\pi\omega} \cdot \frac{R_2^2 - R_1^2}{R_1^2 R_2^2} + \frac{\sigma_s}{\omega} \ln \frac{R_2}{R_1} \quad (3-1-56)$$

其中 ω 是角速度。

另一个测量界面剪切黏度的常用方法是使用一个深槽表面黏度计(Deep-channel),如图 3-1-25 所示。这个仪器主要由两个固定的相距 Y_0 的同心铜圆柱体,将其缓缓降入一个含有一个可旋转铜盘的液体池中,直到距离铜盘底部几乎接触的地方为止。将底盘按已知的角速度 ω_0 旋转,然后观察在两个同心圆柱体之间中线上的液槽表面的运动。这可以通过将滑石粉或者聚四氟乙烯粉撒在流体界面的方法,来观察颗粒在界面的运动情况,即

$$\frac{\eta_s \pi}{\eta Y_0} = \frac{v_c^*}{v_c} - 1 \quad (3-1-57)$$

式中　η——体相剪切黏度;
　　　v_c^*——在有膜存在时中心线表面速度;
　　　v_c——在无膜存在时相应的中心线速度。

对于测量膨胀表面弹性和表面黏性可以有三种基本的技术。

第一种方法是使用具有频率为 ω 的表面波加载到界面的技术。这时表面膨胀弹性 ε' 可以由式(3-1-58)给出。

$$\varepsilon' = \frac{\varepsilon_0 \left[1 + (\tau/\omega)^{1/2}\right]}{\left[1 + 2(\tau/\omega)^{1/2} + 2(\tau/\omega)\right]} \qquad (3-1-58)$$

式中 ε_0——吉布斯弹性；

τ——与表面活性剂分子的扩散系数 D 有关的一个扩散因子。

表面松弛弹性 ε'' 由式（3-1-59）给出。

$$\varepsilon'' = \frac{\varepsilon_0 (\tau/\omega)^{1/2}}{\left[1 + 2(\tau/\omega)^{1/2} + 2(\tau/\omega)\right]} \qquad (3-1-59)$$

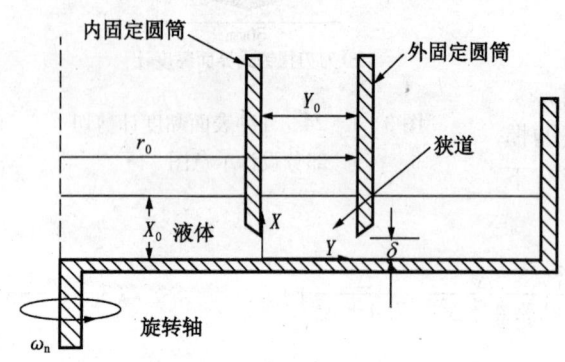

图 3-1-25 深槽表面黏度仪示意图

界面计算的正切体相切力组分由弹性组分 ε'（界面张力梯度）和表观黏度效应 $(\eta_s^d + \eta_s) + \varepsilon''/\omega$ 结合而成。最方便的测定表面波的方法使用光散射技术，从光散射测量可以同时获得有关界面张力和界面膨胀模量的信息。

第二种测量膨胀弹性和黏性的方法是基于泡沫或者液滴的旋转、平移或形变来进行的。Agarwal 和 Wasan 曾经建议测量泡沫或者液滴在静止的液体上的平移速度可以用来确定表观膨胀黏度。遗憾的是，这种简单的方法是不太实用的，因为沉降速度对表观界面黏度值来说太小而且不够灵敏。Wei 等人建议将一个球形的液滴放置在切变场中旋转，测量球形液滴在旋转过程中其赤道平面轨迹的切线速度，由此可以计算剪切和膨胀黏度的关系；同时研究液滴在切流场中的形变也可以测量表观界面膨胀黏度。由此，发展了一种旋转滴测量技术。

第三种用于测量膨胀弹性和黏性的方法是最大气泡压力法。尽管这种方法克服了上述在毛细波和液滴形变法中遇到的一些问题，但它只能应用与气液界面的测量。

对于由表面活性剂或高分子形成的膜的非牛顿流变行为的测量曾经提出了几种不同的方法。例如，Hayton 等人曾经建立了一个用于测量在 O/W 界面上蛋白质吸附膜的二维蠕变和切力松弛实验的特殊装置。在蠕变实验中施加一个恒定的切力（单位 mN/m），然后记录膜的形变（单位弧度）随时间的变化。在切力松弛实验中，通过施加一个初始切力使膜产生一个形变，然后通过逐渐减少切力而使形变保持恒定。

深槽（或称深沟）黏度计也可以用来测定膜的非线形界面流变行为。在测量时，将几个小滑石粉颗粒放置在流体界面不同半径的位置，然后通过测定旋转一周所用的时间来确定每个部位的角速度。当用此技术测定黏弹性时，深槽黏度计是在振荡模式下运行的，此时黏度计的底盘是以正弦波振荡的方式进行剪切的。同时测定在底盘正弦剪切和在表面的运动的相角和二者的振幅强度之比，在假定已知的流变模式下可以获得流体界面的黏弹性能。

3.1.6.2 界面黏度

界面黏度最简单的测定方法是使用扭摆黏度计。在此技术中，测定摆盘（刀、锤）的振荡受到界面膜的阻尼而逐渐衰减的过程。剪切单元可以由环、板（片）或者具有刀刃的偏锤悬挂在一个扭丝上组成（如图3-1-26所示）。界面的黏度可以通过摆锤的振荡随时间的衰减的情况来测得。

使用扭摆黏度计的一个主要缺点是每次测量所用的切速（振幅）是在不同的范围内。因此，此种测量所得的黏度只能认为是在某一切速范围内的平均黏度。尽管如此，扭摆黏度计可以使我们能够确定和测定牛顿界面膜的表面黏度，并且可以探索非牛顿体膜的工作稳定性和切速依赖性。

对于精确测定表面黏度对切速的依赖关系，旋转扭丝黏度计可能是最方便和有效的工具。从原理上讲，可以用旋转同心转筒黏度计加以改造来测定表面黏度。这可以通过在表面膜上剪切一个同心环所测定。通过旋转一个环并使其切速稳定，而观测与另一个环相连的扭丝的形变。在这种情况下，表面黏度可以由式（3-1-56）给出。其中 σ_s 是表面屈服值。尽管旋转扭丝黏度计

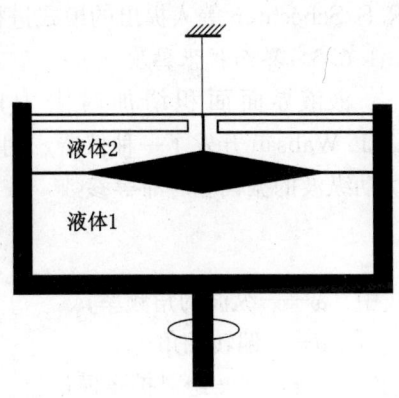

图3-1-26 刀刃式界面黏度计原理图

可以提供在恒定切速下的精确测量表面黏度的方法，但它有一个缺乏灵敏度的问题，因此只能用于黏度很高的膜，而这些膜往往是非牛顿体，例如蛋白质膜。界面黏度可分为界面剪切黏度和界面扩张黏度，其测量原理和方法如下。

界面剪切黏度（η_s）反映了单位界面形状改变时的阻力变化。用深沟式黏度计（Deep channel viscometter）进行单一的牛顿流体测量时，牛顿流体的表面剪切黏度（η_E）可以用式（3-1-60）计算：

$$\eta_E = \frac{4}{\pi v_c \cosh(D\pi)} - 1 \qquad (3-1-60)$$

式中　D——深沟黏度计的无量纲沟槽深度（X_0/Y_0）；
　　　v_c——深沟黏度计下底盘的转动速度。

同样，若在下面液体的上部注入另一种液体，使该液体的厚度为全部液体10%，那么，两种液体间界面的界面剪切黏度测量可以用下式进行计算：

$$\eta_s = \frac{4}{\pi \bar{v}_c \cosh(\pi \bar{D})} - 1 - \frac{\mu}{\bar{\mu}} \qquad (3-1-61)$$

或

$$\eta_s = \frac{4}{v_c \cosh(\pi \bar{D}) \cosh(\pi D)(1+\eta_E)} - 1 - \frac{\mu}{\bar{\mu}} \qquad (3-1-62)$$

式中　$\bar{v}_c$——上部液体存在时下底盘的转动速度；
　　　$\bar{D}$——上部液体存在时无量纲沟槽深度；
　　　μ——上部流体的相黏度；
　　　$\bar{\mu}$——下部流体的相黏度。

如果上部液体不透明时如原油，先进行上部液体的单独液—气测量，应用式（3-1-60）计算表面剪切黏度 η_E；再进行液—液—气测量，应用式（3-1-61）计算界面剪切黏度 η_s。如果上部液体为透明液体，那么可直接测量底盘的转动速度（v_c），应用式（3-1-

62）计算表面剪切黏度 η_s。

同时，用深沟表面黏度计也可以测量界面剪切弹性（ε_d），测量时，启动转盘并使其以恒定的速度进行旋转，然后，突然停止转盘转动，记录各项参数，用 R. J. Mannheimer 和 R. S. Schechten 等人提出的模式进行处理，可以得到界面剪切弹性。

3.1.6.3 界面扩张黏度（η_d）

液液界面面积增加时阻力的变化可以由界面扩张黏度 η_d 表示。V. Mohan 和 D. T. Wabsan 开发了一种仪器，用一个正弦振动的挡板对液液界面施加以纵波扰动，测量扰动纵波的振幅和时滞等参数，按下式计算界面扩张黏度 η_d：

$$\eta_d = |\varepsilon| \sin\theta/\omega \qquad (3-1-63)$$

式中　ω——纵波的角频率；
　　　θ——偏转相角；
　　　$|\varepsilon|$——绝对扩张模量。

由纵波在液液界面的传播理论可以得到液液界面的扩展性质与波动性质的关系，即：

$$\beta = \frac{\left[(\omega^3 \rho_o \mu_o)^{1/2} + (\omega^3 \rho_w \mu_w)^{1/2}\right]^{1/2}}{|\varepsilon|^{1/2}} \cdot \sin\left[\frac{\pi}{2} + \frac{\theta}{2}\right] \qquad (3-1-64)$$

$$L = \frac{2\pi}{\lambda} \left[\frac{(\omega^3 \rho_o \mu_o)^{1/2} + (\omega^3 \rho_w \mu_w)^{1/2}}{|\varepsilon|^{1/2}}\right]^{1/2} \cdot \cos\left[\frac{\pi}{8} + \frac{\theta}{2}\right] \qquad (3-1-65)$$

式中　β——纵波传动过程中的阻力系数；
　　　λ——纵波的波长；
　　　ρ_o, ρ_w——分别为油、水的密度；
　　　μ_o, μ_w——分别为油、水的体相黏度。

其他符号同前。

3.1.6.4 界面弹性

界面膜同时表现出黏性和弹性。当膜在界面平面上阻止其发生形变，并且在形变力被取消后表面倾向于恢复它原来状态时，膜表现出弹性。与体相相同，界面弹性可以用静态和动态方法测定。一般来说，形变膜的弹性常数与形变切力的性质有关。如果膜面积保持恒定，在表面的平面上稳定测量其对形变的抵抗能力，那么，表面弹性 E_s 可以由式（3-1-66）得出：

$$E_s = \frac{C_w}{4\pi} \frac{\omega_w}{\omega_f} \left(\frac{1}{R_1^2} - \frac{1}{R_2^2}\right) \qquad (3-1-66)$$

式中　ω_w, ω_f——分别为扭丝和膜的以弧度为单位的角度读数。

在动态测量中，表面剪切模量 G_s 由式（3-1-67）给出：

$$G_s = \pi I \left(\frac{1}{T^2} - \frac{1}{T_0^2}\right) \left(\frac{1}{R_1^2} - \frac{1}{R_2^2}\right) \qquad (3-1-67)$$

式中 I——惯量；

T，T_0——分别为在有表面活性剂存在和无表面活性剂存在时摆动的周期。

德国 Lauda 公司已经对界面流变仪实现了自动化和商业化，其商业产品称为自动界面剪切流变仪，如图 3-1-27 所示。

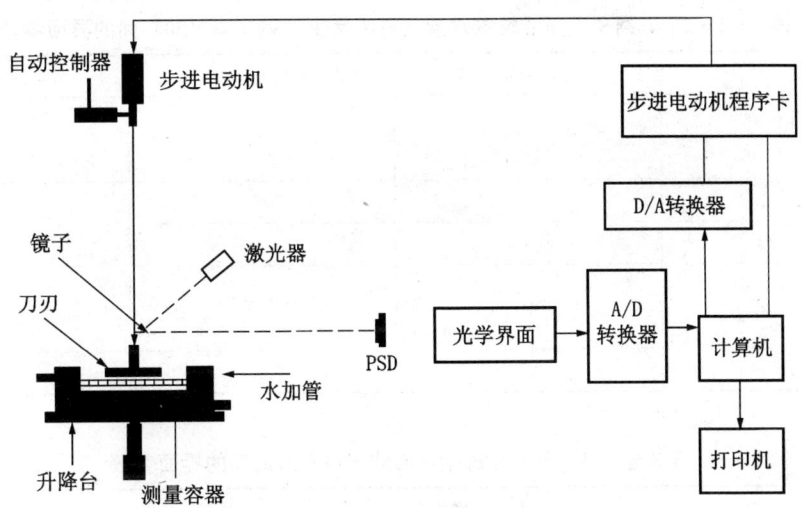

图 3-1-27 自动界面剪切流变仪 ISR1 示意图

同样，吉布斯弹性或称膨胀弹性则可以用下式表示：

$$\varepsilon = \frac{d\gamma}{d\ln A} = A\frac{d\gamma}{dA} \tag{3-1-68}$$

ε 可以用图（3-1-20）和图（3-1-21）描述的测定 π—A 等温线同样的方法进行测量，不同的是在此种情况下需要使两个挡板同时移动。通常在测量时将总面积的变化量 ΔA 控制在 1‰ 的范围内变化，与此同时用（测量界面张力的）吊片法测定界面张力 γ，这样就可以测得 $d\gamma/dA$，并由此获得 ε。

3.1.6.5 界面流变性的应用举例

界面流变性在表面活性剂溶液的研究、乳状液性质的研究等领域有着重要的应用价值。

（1）界面流变性能与乳状液稳定性之间的相关性，下面给出几个有代表性的典型例子。第一个观察到二者之间相关的是 Cockbain 及其同事，他们发现当在由阴离子表面活性剂稳定的乳状液中加入一种醇（如月桂醇）时，可以增加乳状液的稳定性。这是因为加入月桂醇后乳状液的界面剪切黏度增加的缘故。后来，Prince 等人发现在有醇存在时，膜的膨胀弹性有了明显的增加，而这种高表面弹性对增强乳状液的稳定性作出了贡献。其他作者也有类似的高界面黏度显示出乳状液稳定性增强的报道，但是 Prince 提出了不同的见解。他发现膜的稳定性对温度变化或者醇的浓度变化不敏感，但对表面黏度则有很大影响，因而不认为二者一定有正相关性。

（2）界面流变性与界面张力的关系，表 3-1-2 和表 3-1-3 中分别列举了非离子表面活性剂和石油磺酸钠两类表面活性剂的水溶液与油品油、不同地区原油的界面张力、界面剪切黏度的数据。由表可见，溶液中加入表面活性剂不仅能够降低油水界面张力，而且也明显地降低了界面黏度。

原油—表面活性剂溶液界面黏度降低的一个解释是：原油—盐水界面由于原油中的沥青—胶质在界面的吸附使得界面张力降低并且使得其具有高的界面强度，但是表面活性剂的加入替代了界面上吸附的沥青—胶质，由于表面活性剂分子比沥青—胶质小，因而界面机械强度（界面黏度）降低。

表 3-1-2　非离子表面活性剂水溶液与油品油（Soltrol—130）间的界面参数

表面活性剂	浓度，质量分数	界面张力，mN/m	界面黏度，Pa·s
TritonX-100（2.5%NaCl 水）	0.1	2.63	$\leqslant 10^{-4}$
Pluronic-162	0.1	7.77	$\leqslant 10^{-4}$
Span-20	0.01	—	$\leqslant 10^{-4}$
Onyx-01ww（2.0%，NaCl 水）	0.1	0.3	$\leqslant 10^{-4}$
Igepalco-430	0.1	7.56	7.5×10^{-4}

表 3-1-3　石油磺酸钠水溶液与中东原油间的界面参数

水相	界面张力，mN/m	界面黏度，Pa·s
1% NaCl 水	16.8	7.2×10^{-2}
0.2% Stepan 107*	3.8×10^{-2}	3.3×10^{-3}
0.2% Witco TRS10-80*	3.4×10^{-2}	1.2×10^{-2}
0.3% Witco TRS10-80*	2.0×10^{-2}	8.8×10^{-3}

注：*溶于 1% NaCl 水中。

3.1.7　界面电性

3.1.7.1　表面电性

表面活性剂溶液中由于表面活性剂分子亲油基的疏水作用而使其在界面上定向吸附形成亲水基朝向水的吸附层、分子自聚缔合在溶液中形成亲水基朝向水的胶团，由于亲水基电离而使胶团表面（或吸附层）带电，阴离子表面活性剂则使胶团表面（或吸附层）荷负电，阳离子表面活性剂则使其荷正电。一些固体同液体接触后，也会使固体表面带有某种电荷，固体表面带电的原因主要有：(1) 固体表面某些基团电离；(2) 选择性吸附，有些固体优先吸附水中的 H^+、OH^- 离子而使其带正电或负电，例如不溶性盐类；(3) 晶格取代或者晶格缺陷，例如黏土晶格中的 Si^{4+} 被 Al^{3+} 或 Mg^{2+}、Ca^{2+} 取代，使电中性破坏而带负电。使固体表面带电的特定离子在固体和液体中都存在，这些离子称为电势决定离子，带电固体表面与液体内部的电势差称为表面电势。使表面电势等于零的电势决定离子浓度的负对数称为等电点（Isoelectric Point，IEP），使表面电荷等于零的电势决定离子浓度的负对数称为零电荷点（Point of Zero Charge，PZC）。大多数金属和不溶性氧化物表面，电势决定离子为 H^+、OH^- 离子，因此，由介质的 pH 值和固体表面的等电点 IEP 可以判断表面电荷符号，当 pH 值大于 IEP 时表面带负电，反之，当 pH 值小于 IEP 时表面带正电。表 3-1-4 列出了在油田中常见的一些矿物和不溶性氧化物的电学性质参数。

表 3-1-4　一些矿物和不溶性氧化物等电点 IEP 数据表

固体	电势决定离子	等电点 IEP 的 pH 值
高岭石	OH^-	5
蒙脱石	OH^-	2
白云石	OH^-	9.5
石英	OH^-	3.5
方解石	H^+	9.5
TiO_2		5.3~6.0（依制法而异）
ZnO		9.3
Fe_3O_4		6.3~6.7

3.1.7.2　界面双电层

在阴离子表面活性剂水溶液的浓度大于 CMC 值之后，体系处于胶束与饱和单个自由表面活性剂分子之间的平衡。由于胶束表面荷负电，则在其表面存在着反离子的不均匀分布，形成双电层，如图 3-1-28 所示的那样。同处理其他胶体分散体系一样，可将胶束表面视作"平面"，则可以根据 Gouy－Chapman 模型写出胶束表面电势随界面扩散层距离的变化。

$$d^2\psi/dx^2 = -4\pi\rho/D \quad (3-1-69)$$

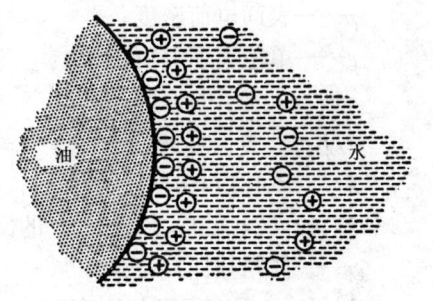

图 3-1-28　胶束表面吸附反离子形成双电层

式中　ψ——胶束表面电势；
　　　ρ——胶束表面电荷密度；
　　　D——表面活性剂溶液介电常数。

表面电荷密度与介质中各种离子浓度的关系为：

$$\rho = \sum z_i e n_i \exp(-z_i e \psi/kT) \quad (3-1-70)$$

这样可以将式（3-1-69）写成如下的形式：

$$d^2\psi/dx^2 = (-4\pi/D) \sum z_i e n_i \exp(-z_i e \psi/kT) \quad (3-1-71)$$

上式中的指数展开成一个幂级数，并取近似值，则得：

$$d^2\psi/dx^2 = (-4\pi/D) \sum z_i e n_i [1-(z_i e \psi/kT)] \quad (3-1-72)$$

由于　　　　　　　　　　　　　$z_i e \psi \gg 1$
故

$$d^2\psi/dx^2 = (4\pi e^2/DkT) \sum z_i^2 n_i \psi/kT \quad (3-1-73)$$

令

$$K^2 = (4\pi e^2/DkT) \sum z_i^2 n_i \quad (3-1-74)$$

那么

$$d^2\psi/dx^2 = K^2\psi \quad (3-1-75)$$

上式的解即

$$\psi = \psi_0 \exp(-Kx) \tag{3-1-76}$$

显然，电势与扩散层的距离呈指数关系。在 $x \to 0$ 时，$\psi \to \psi_0$；$x \to \infty$ 时 $\psi \to 0$。参数 K 的单位，在式中反应的应该是长度的倒数，即 $1/K$ 是长度的单位，也就是说 $1/K$ 是双电层的"厚度"。如果反离子数 n_i 用体积摩尔数 M_i 表示，则有：

$$n_i = M_i N_0 / 1600 \tag{3-1-77}$$

那么

$$1/K = [1000DKT/4\pi e^2 \sum z_i^2 M_i]^{1/2} \tag{3-1-78}$$

式中　ψ——表面电势；
　　　ψ_0——最大表面电势；
　　　ρ——表面电荷密度；
　　　e——单位离子电荷；
　　　z_i——i 离子的价数；
　　　$1/K$——扩散层厚度；
　　　k——Boltzeman 热力学常数；
　　　K——双电层厚度（$1/K$）的倒数；
　　　x——扩散层距离变量；
　　　M_i——i 反离子摩尔浓度；
　　　T——绝对温度。

由上式可见，双电层表面电势、表面电荷密度和双电层厚度与液体中反离子的浓度和离子价数密切相关。在溶液离子浓度很低时，扩散双电层厚度可以达到很大，但是，离子浓度增加，将压缩双电层厚度，而且，离子价数对双电层厚度有更强烈的影响。显然双电层的厚度与溶液反离子浓度的平方根成反比，即反离子浓度增高双电层厚度变薄；与离子价数成反比，例如所有其他条件相同时，十二烷基磺酸钠胶束的双电层厚度比十二烷基磺酸钙的要厚。

由于 Gouy 和 Chapman 扩散双电层模型的点电荷假设，使得其对电泳电位 ξ 和高表面电势情况下的计算结果的解释遇到了困难。为此，Stern 提出将双电层分为两部分，假想一个 Stern 面来划分双电层中的液体部分（如图 3-1-29 所示）：紧靠表面由于电性和非电性作用强地吸附在表面上并与其牢固结合的离子（包括一部分水偶极子），称为特性吸附离子，这些特性吸附离子的中心构成 Stern 面。Stern 面与表面之间的区域称为 Stern 层，厚度为 δ，在 Stern 面上的电势记作 ψ_δ，Stern 面之外为扩散层，扩散层的处理仍然按 Gouy 和 Chapman 扩散双电层模型，只是 ψ_0 为 ψ_δ 取代，扩散层距离变量 x 自 Stern 面算起。这样的处理，避免了 Gouy 和 Chapman 模型遇到的困难。

3.1.7.3　DLVO 理论

溶液分散相胶体粒子的稳定性取决于粒子之间的静电相互排斥势能和 Van Der Waals 力的相互吸引的势能共同作用的结果，Дерягин - Ландау（Dergaguin - Landau）和 Ver-

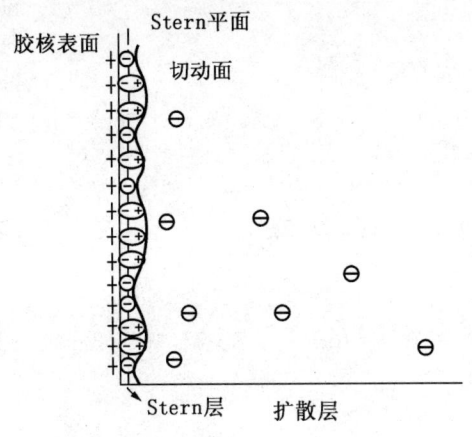

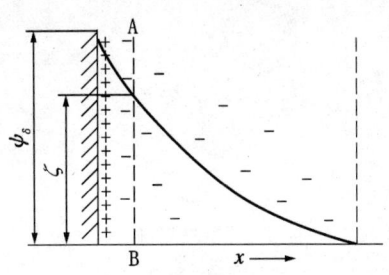

图 3-1-30 胶体离子间势能对距离的变化关系示意图（周祖康，1987）

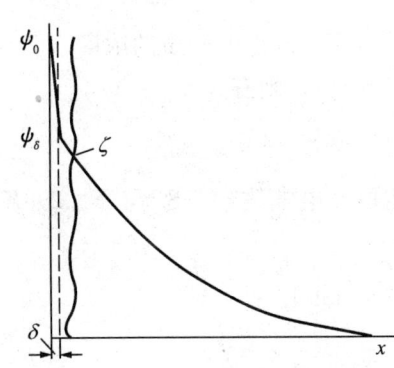

图 3-1-29 Stern 双电层模型示意图
（胶体与表面化学，周祖康）

wey-Overbeek 先后独立地提出了描述分散胶体粒子稳定的理论，称其为 DLVO 理论。假定两个表面为平面的胶体粒子，其势能随胶体粒子表面间距离（$D=2d$）的变化如下图 3-1-30 所示，曲线 ψ_R 为由粒子表面双电层静电排斥引起的势能变化，曲线 ψ_A 为由 Van Der Waals 引力引起的势能变化，实线为二者的叠加。叠加曲线显示出了一个极大值和两个极小值，极大值高出的高度称为势垒高度，较深的极小值为主极小值，较浅的为次极小值。如果势垒高度等于零，则 Van Der Waals 引力将把胶体粒子拉在一起并落入主极小值位置，发生胶体粒子的絮凝；反之，如果势垒足够高，则可防止在叠加势能主极小值出现絮凝，胶体体系稳定。势垒的叠加可以写作双电层的静电排斥势能和 Van Der Waals 引力的势能之和：

$$\psi_{净} = \psi_R - \psi_A \\ = (64 n_0 kT \gamma_0^2 / K) \exp(-KD) - (AD^{-2}/12\pi) \tag{3-1-79}$$

式中 A——与 Van Der Waals 引力有关的 Hamaker 常数；
  γ_0——与扩散双电层的最大电势有关的系数；
  K——为双电层厚度（K^{-1}）的倒数，与反离子浓度和价数有关；
  D——胶体粒子之间的距离，$D=2d$；
  n_0——粒子个数（浓度）；
  k,T——热力学常数。

上式表明胶体粒子表面电势越高，双电层中各处电势越高，则胶体粒子排斥力越大；Hamaker 常数 A 越大，粒子间引力越大；不相干电解质浓度越高，排斥力下降，粒子间距离拉近，则胶体粒子会产生絮凝。由 DLVO 理论的势能叠加方程，能够判断使胶体絮凝的临界电解质浓度（Critical Flocculation Concentration，CFC）或称为临界絮凝浓度与其离子价数的函数关系。假设在 CFC 时，势垒为零，则絮凝时的条件可写为：

$$\psi_{净} = 0 \qquad (3-1-80)$$

或

$$d\psi_{净}/dD = 0 \qquad (3-1-81)$$

即

$$(64n_i kTr_0^2/K) \exp(-KD_m) = AD_m^{-2}/12\pi \qquad (3-1-82)$$

和

$$64n_i kTr_0^2 \exp(-KD_m) = AD_m^{-2}/6\pi \qquad (3-1-83)$$

式（3-1-82）与式（3-1-83）相比较，则有：

$$D_m = 2K^{-1} \qquad (3-1-84)$$

此式即为判断胶体稳定性的标准，该式明显地表明了 CFC 值与电介质的浓度（C）与离子价数（z_i）的关系。将式（3-1-84）代入式（3-1-82），则有：

$$(64n_i kTr_0^2/K) \exp(-2) = AK^2/48\pi \qquad (3-1-85)$$

考虑到式（3-1-74），即将 K 值代入上式，并假定取介电常数 $\varepsilon = 78.5$，$T = 298K$，介质浓度以毫摩尔浓度计，则有：

$$C = 3 \times 10^{-22} r_0^{20}/A^2 z_i^6 \quad (\text{mmol/L}) \qquad (3-1-86)$$

在 ψ_0 很大时，$r_0 = 1$，则有：

$$C = 3 \times 10^{-22} (A^2 z_i^6)^{-1} \quad (\text{mmol/L}) \qquad (3-1-87)$$

即临界絮凝浓度值（CFC）与 Hamaker 常数的平方及反离子价数的六次方成反比，即电解质的离子价数越高，CFC 值越低。对于表面活性剂的胶束体系，其对一价离子的稳定容忍性要比多价离子的容忍性要高，胶束体系的稳定性对盐及金属离子（反离子）的价数是非常敏感的。DLVO 理论奠定了研究胶体稳定性的理论基础，由此可以研究和控制原油乳化、剩余油油滴的聚并和钻井泥浆的稳定性等所有油田工程中有关的胶体稳定性问题。

3.1.8 界面吸附

溶液分子在液体表面上出现与体相浓度差异的现象，称为吸附（作用）。在表面上的浓度高于体相，称为正吸附，反之，称为负吸附。一般在实际应用时"吸附"是指组分在界面上的富集，即正吸附。吸附作用可以发生在气—液、液—液、气—固和液—固等界面上。例如：天然气分子、原油和盐水在组成岩石矿物上的吸附对于油藏的生成、石油的开采和采收率的提高等具有重要的意义；表面活性剂在溶液表（界）面、在液—固界面的吸附对于表面活性剂的实际应用具有重要的意义。诸如润湿、铺展、表（界）面张力降低、乳化与破乳、发泡与消泡、毛细管现象等都涉及有关组分在界（表）面上的吸附理论和相关方：表面活性剂分子的结构特点决定了水溶液中表面活性剂分子的烷烃极化分子在界面（液—气或液—液）上定向排列，其极性基指向水，非极性基指向气（或油相），表面活性剂分子在界面的定向排列便产生了界面（或表面）同体相中的浓度差，这种现象称为表面过剩。

3.1.8.1 在气—液界面上的吸附

(1) Gibbs 吸附方程。

组分在溶液表面上与体相内部的浓度差异通常用表面过剩表述，描述表面过剩的基本公式是 Gibbs 吸附公式，若溶液很稀，则表面吸附量与溶液浓度、表面张力间的关系为：

$$\Gamma_i = -\left(\frac{1}{RT}\right)\frac{\mathrm{d}\gamma}{\mathrm{dln}C_i} \tag{3-1-88}$$

$$\Gamma_i = -\left(\frac{C_i}{RT}\right)\frac{\mathrm{d}\gamma}{\mathrm{d}C_i} \tag{3-1-89}$$

式中　Γ_i——溶液中 i 组分的吸附量；
　　　C_i——溶液中 i 组分的浓度；
　　　γ——溶液的表面张力；
　　　R——热力学常数；
　　　T——绝对温度。

上式可以直接应用于非离子表面活性剂吸附量的计算。

对于 1∶1 型离子表面活性剂，上式改写为：

$$\Gamma_2 = -\left(\frac{1}{RT}\right)\frac{\mathrm{d}\gamma}{\mathrm{dln}C_2} \tag{3-1-90}$$

式中　Γ_2——平衡吸附时表面活性剂吸附量；
　　　C_2——溶液中表面活性剂吸附平衡浓度。

由上式可见，若溶质能降低表面张力，它就能在界面（表面）吸附，吸附量与溶质的浓度有关对于有两种表面活性剂（同类型的或不同类型的）的混合物也可以进行类似的描述。

上式即为 Gibbs 方程，$(\mathrm{d}\gamma/\mathrm{d}C_i)$ 为负值，即溶液的表面张力随着溶质 i 浓度的增加而降低，则溶质 i 的表面过剩为正值，即溶质在溶液的表面发生正吸附。

(2) Gibbs 吸附方程应用。

在实验测得溶液的溶质浓度与表面张力的变化关系并处理成 γ—C 或 γ—$\lg C$ 关系曲线后，根据上述公式可以计算表面吸附量、吸附分子占据的平均面积、吸附分子极限占据面积和饱和吸附量等，从而推测吸附分子的尺寸、吸附分子在表面的吸附态、吸附层结构等，进而解释可能发生的与此有关的各种物理化学现象。由吸附量 Γ_2 可以计算出界面上的分子所占据的平均面积，由此可了解分子在吸附层的排列情况、紧密程度和定向情形：

$$A = \frac{10^{16}}{N_0 \Gamma_2} \tag{3-1-91}$$

式中　A——每个表面活性剂分子占据面积；
　　　N_0——Avogadro 常数；
　　　Γ_2——表面活性剂分子平衡吸附量，mol/cm²。

3.1.8.2 在液—液界面上的吸附

在水油界面也产生类似水气界面的吸附，只是由于"油"相的密度大于"气"相，在稀溶液状态下，表面活性剂的烷基链更易于进入"油"相而被吸附，即表面浓度较大；在浓溶液情况下，即接近饱和吸附的情况下，"油"相分子可能插入吸附的表面活性剂分子烷基链之间，而使表面吸附量减小。在实验测得溶液的表面活性剂浓度与界面张力的变化关系后并处理成 γ_{1-2}—C_2 或 γ_{1-2}—$\lg C_2$ 关系曲线，界面吸附量仍然可以由 Gibbs 公式计算：

$$\varGamma_2 = -\left(\frac{1}{RT}\right)\frac{\mathrm{d}\gamma_{1-2}}{\mathrm{d}\ln C_2} \qquad (3-1-92)$$

在应用式（3-1-72）处理表面活性剂在液—液界面吸附问题时必须注意满足的条件如下：

（1）上式适用于非离子型表面活性剂吸附，对于离子型表面活性剂的吸附应当进行适当改进（参见 Gibbs 公式在离子型表面活性剂在气—液表面吸附的应用）。

（2）第二液相（油）中没有表面活性剂，且构成液—液界面的二液体完全互不溶解。

（3）表面活性剂只溶解于第一液相（水）中。

（4）表面活性剂浓度超过 CMC 后界面张力不再变化，不能用上式计算吸附量。

实际上，这些条件很难严格成立，只能是近似的。应用式（3-1-92）于液—液界面时，其他诸如多溶质体系、离子型表面活性剂体系及离子型表面活性剂加过量无机电解质体系的界面吸附问题，可以以式（3-1-92）为基础依 Gibbs 公式所类似的方法处理。

（1）吸附等温线。

液—液界面吸附等温线的形式也与溶液表面上的相似，呈 Langmuir 型，也可以用同样的吸附等温线公式来描述。表面活性剂在液—液界面上吸附等温线有以下特点。

①极限（或饱和）吸附时相同的表面活性剂在液—液界面上吸附量小于在气—水界面上的吸附量；相应的极限吸附时每个分子所占面积在液—液界面上的大于在气—水界面上的，更大于由不溶物单分子膜所得到的直链碳氢链垂直定向的截面积（约 0.20nm^2/分子）。例如，25℃时十二烷基硫酸钠在水—苯界面上极限吸附量为 $2.33\times10^{-10}\text{mol/cm}^2$，分子面积为 0.71nm^2/分子；而在气—水界面上相应的结果是 $3.16\times10^{-10}\text{mol/cm}^2$ 和 0.53nm^2/分子。这一结果说明在液—液界面上即使是在极限吸附时表面活性剂分子也不可能是垂直定向紧密排列的，而是采取某种倾斜方式，在极特殊的条件下甚至可能以部分链节平躺方式吸附。

②对于直链同系列离子型表面活性剂，当碳链碳原子数在 10~16 间时，在液—液界面上极限吸附量 $\varGamma_\mathrm{m}$ 和极限吸附时分子面积 A_m 与碳链长短关系不大。当碳链碳原子数大于 18 时，$\varGamma_\mathrm{m}$ 明显减小，A_m 增大，这可能是因碳链太长而使吸附分子发生弯曲所致。碳氢链的支链化一般对 $\varGamma_\mathrm{m}$ 影响不大，这是由于在液—液界面上表面活性剂分子本来就不是垂直定向的，倾斜方式给支链留有足够的空间。

③含聚氧乙烯基的非离子型表面活性剂在液—液界面吸附时聚氧乙烯链可伸向水相。若分子中还含有聚氧丙烯基时，伸向水相中的聚氧乙烯链节的多少与分子中聚氧乙烯和聚氧丙烯的比例及温度有关，聚氧丙烯链节可部分伸向水相，大部分以多点形式在界面上吸附。

④在低浓度区吸附量随浓度增加而上升的速度比较快。

（2）液—液界面上的吸附层结构。

与溶液表面吸附一样，从吸附量可以算出每个吸附分子平均占有的界面面积 A。如前所述，由于界面吸附的极限吸附量比溶液表面上的小，相应的界面吸附分子的极限占有面积 A_m 就比在表面上占有的面积大。例如，$C_8H_{17}SO_4Na$ 和 $C_8H_{17}N(CH_3)_3Br$ 在空气—水溶液界面上吸附的极限面积分别为 0.50nm^2 和 0.56nm^2，而同样条件下，在庚烷—水溶液界面

上的极限面积则为 $0.64nm^2$ 和 $0.69nm^2$。这是由于表面活性剂分子的疏水基和油相分子间的相互作用与疏水基间的相互作用具有非常相似的性质和接近的强度，而不像在空气—水界面上，气相分子既少又小，与表面活性剂疏水基间的相互作用非常微弱。于是，油—水界面吸附层中含有许多油相分子插在表面活性剂疏水链之间，使吸附的表面活性剂分子平均占有面积变大，吸附分子间的凝聚力减弱。也由于这个原因，在低浓度时液—液界面上的吸附量随浓度上升较快。可以认为，在空气—水界面吸附过程中，疏水基在吸附相中所处的环境在变化，逐步接近烃环境，而在油—水界面吸附时吸附分子的疏水基始终处于碳氢环境之中。

根据界面压和吸附分子占有面积数据可知，在油—水界面上吸附的表面活性剂分子疏水链采取伸展的构象，近于直立地存在于界面上。由此可见，油—水界面表面活性剂吸附层的结构应当是：吸附层由疏水基在油相、亲水基在水相，直立定向的表面活性剂分子和油分子、水分子组成。吸附的表面活性剂分子疏水基插入油分子，它的亲水基则存在于水环境中。

根据吸附分子平均占有面积和吸附分子自身占有的面积 A_0 数资料，可以推论在吸附层中的油分子数大于表面活性剂分子数，因此吸附层性质应当与油分子性质有关系，这主要归因于较小的油分子容易进入界面吸附层的原因。

3.1.8.3 在液—固界面上的吸附

(1) 吸附机理。

发生在界面上的吸附作用机理因界面性质（固/液）、吸附质性质和吸附剂性质而异，但是，大体上有如下几种机理：

①带电荷固体表面的吸附，固体表面的电荷符号决定于固体的等电点（isoeletric point，IEP）和其周围介质电势决定离子（H^+ 或 OH^-）浓度，在 pH 值大于 IEP 时表面荷负电，pH 值小于 IEP 时表面荷正电，无论在何种电荷符号情况下都会出现以下情况：①由于静电引力的作用引起吸附，例如阳离子表面活性剂在荷负电高岭土表面上的吸附；②由于离子交换作用引起的吸附，例如碱剂由于 H^+/Na^+ 交换而在其同黏土接触时引起的损耗；③由于离子配对而引起的吸附，固体表面未被反离子占据的吸附位与溶液中带电溶质离子的吸附。

②形成氢键而引起的吸附，固体表面和吸附质之间在形成的氢键"键合"作用下形成吸附。

③π电子极化作用而引起的吸附，吸附质中某些富电子的基团（例如芳香环）与吸附剂强正电位之间的 π 电子极化作用形成的吸附。

④色散力的作用引起的吸附，对于不带电、非极性的表面或者不能解离的、不带电的吸附质，它们之间由于 Van Der Waals 力的作用而吸附，例如气体在固体表面的吸附，非离子表面活性剂在固体表面的吸附等。

⑤疏水作用引起的吸附，表面活性剂在水溶液中，由于亲油基的疏水作用使表面活性剂分子具有自发的逃逸趋向而在固—液界面上吸附，同时由于分子间亲油基的相互引力作用，使得溶液中处于自由状态的分子被已经吸附的分子缔合而吸附形成多层或半胶束状态吸附。

⑥化学吸附，一些情况下，吸附质同吸附剂之间会发生化学反应而在吸附剂表面成新的化合物，有关实验发现，碱剂同黏土接触时在一定条件下会形成新的矿物；气相催化反

应也是利用了化学吸附的机理，等等。

(2) 自溶液中的吸附。

液—固界面的吸附作用要比气—液界面、气—固界面的吸附复杂，它涉及吸附质和溶剂分子与吸附剂的作用、吸附层中和体相中溶质分子与溶剂分子的相互作用以及外界环境（温度）等的影响。固体自稀溶液中对溶质的吸附通常用吸附量—平衡浓度关系曲线描述，即吸附等温线。影响固体自稀溶液吸附的主要因素包括：吸附剂即固体表面的性质，吸附剂大致可以分为三类：①强烈带电吸附位的吸附剂，如硅酸盐、氧化铝、硅胶、各种矿物等；②没有强带电的吸附位，但是具有极性的吸附位，如纤维、聚酯化合物等；③具有非极性基吸附位的吸附剂，如石墨、炭黑等；不同的吸附剂表现出对不同性质吸附质的吸附能力。其他影响因素还有：吸附质（溶质）的性质、溶剂的性质、添加剂（如无机盐类、助溶剂等）的性质以及环境温度的影响等。

①固体自稀溶液中的吸附：稀溶液在固体表面上的吸附与吸附剂的性质、温度和气体压力有关，吸附表现为物理和化学的不同吸附状态。经常采用等温状况下吸附量与气体压力的关系曲线描述气体吸附作用的规律，实际上不同体系的吸附等温线形状不同，Brunauer 曾经把它们分成五类，放映了五种吸附剂的表面性质、孔隙分布性质和吸附质与吸附剂之间相互作用性质的差别，他和 Emmett、Teller 三人提出了描述气体在固体上多层吸附理论，称为 BET 吸附理论。利用气体在固体上的吸附资料，根据 BET 理论可以计算固体的比表面积，特别是具有孔隙的固体介质的比表面积，例如：油层岩石、黏土。在油层物理研究中具有重要的作用。

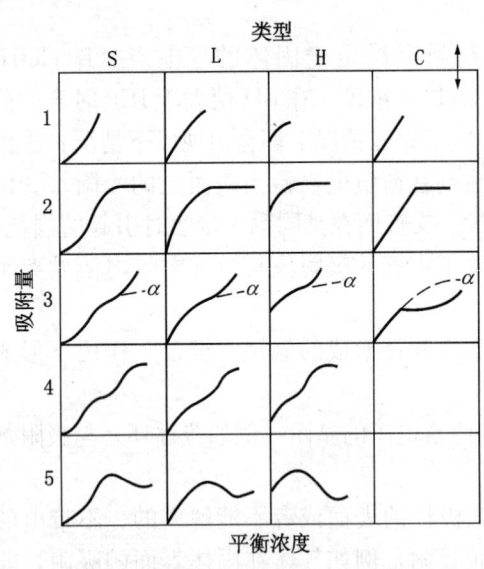

图 3-1-31 固体自溶液中吸附等温线分类图（肖进新等，2003）

②液固吸附等温线：在给定温度下，单位表面积（单位重量、单位体积）的固体（吸附剂）自溶液中吸附溶质的量与吸附平衡时溶质平衡浓度的关系曲线，称为吸附等温线。Gibbs 总结了大量的自稀溶液吸附的实验结果，将吸附等温线分为四类十六种，如图 3-1-31 所示，四种基本类型为 S 型、L 型、H 型和 C 型，S 型表示溶剂与溶质之间有很强的竞争吸附能力，用类似气—固吸附的 BET 公式描述；L 型表示溶质比溶剂更容易吸附，它是最常见的吸附等温类型，通常用 Langmuir 单分子层吸附公式描述；H 型表示有类似化学吸附的性质，也可以由 Langmuir 公式描述；C 型表示在很大的范围内吸附量与平衡浓度成直线关系，通常由 Henry 定律描述；对于不存在饱和吸附值的吸附等温线，Freundlich 吸附方程能够很好地描述。影响固体自溶液中吸附等温线的主要因素包括：a. 吸附剂的化学组成和表面性质，碳类物质为极性吸附剂，金属、不溶性氧化物和不溶性盐为非极性吸附剂；根据"相似相吸"的原则它们的吸附状况是不同的；b. 吸附剂的比表面积和空隙结构，决定了其吸附位的多少；c. 吸附剂的表面化学基团的性质和丰富程度，如活性炭的含氧基团在吸附极性有机物时起决定作用；d. 吸附剂的表面电性，一些

固体在与溶液接触时会使表面荷电，表面荷负电的固体，则吸附正离子，反之则吸附负离子；e. 吸附质（溶质）的性质，例如高岭土自溶液中吸附的表面活性剂的碳链长度增加时，吸附量则增加；f. 溶剂的性质，溶质与溶剂的极性差别大、溶剂在固体表面的竞争吸附作用小时，则吸附量增加；g. 添加剂的影响，无机盐在表面活性剂溶液中的存在会增加表面活性剂在高岭土上的吸附。

Brunauer 总结了气体在固体上吸附的等温线，将其归纳为五种形式，如图 3-1-32 所示。它们放映了五种吸附剂的表面性质、孔隙分布性质和吸附质与吸附剂之间相互作用性质的差别，Brunauer 和 Emmett、Teller 三人在 Langmuir 单分子层吸附理论的基础上提出了描述气体在固体上多层吸附理论，提出了 BET 二常数式方程、三常数式方程和四常数式方程分别用来描述不同类型的吸附等温线。

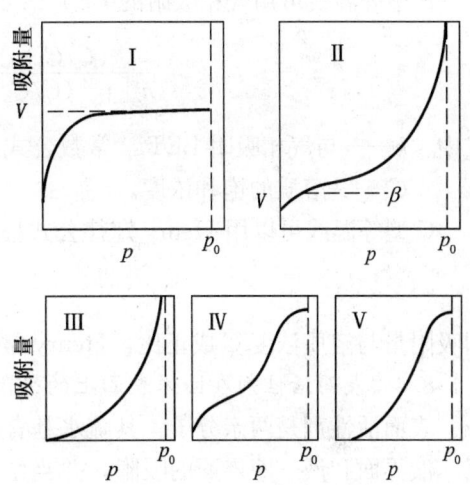

图 3-1-32 Brunauer 的气体吸附等温线类型示意图（沈钟等，2004）

③吸附等温式：描述自稀溶中吸附应用最多的是 Langmuir 等温式。其基本假设吸附是单分子层的；吸附层中溶质与溶剂是二维理想溶液；溶质与溶剂分子体积近似相等或有相同的吸附位。将溶质的吸附看作是体相溶液中溶质分子与吸附层中溶剂分子交换的结果，该交换过程的平衡常数为

$$K = x_2^s a_1 / x_1^s a_2 \qquad (3-1-93)$$

式中 x_1^s，x_2^s——分别为吸附平衡时吸附相中溶剂与溶质的摩尔分数；

a_1，a_2——分别为体相溶液中溶剂和溶质活度。

由于是稀溶液，吸附前后溶剂活度 a_1，近似为常数，令

$$b = K/a_1 \qquad (3-1-94)$$

将（3-1-93）式变化为

$$b = x_2^s / (x_1^s a_2) \qquad (3-1-95)$$

由于，$x_1^s + x_2^s = 1$ 故得

$$x_2^s = ba_2 / (1 + ba_2) \qquad (3-1-96)$$

在稀溶液中 a_2 与溶质浓度 C 接近，即 $a_2 \approx C$。若表面总吸附位（中心）数为 n^s，则吸附平衡时溶质吸附量 n_2^s 与 n^s 之比即为覆盖度 ϕ，$\phi = n_2^s/n^s$，显然 $n_2^s = n^s x_2^s$，代入（3-1-96），得：

$$n_2^s = n^s bC/(1 - bC) \qquad (3-1-97)$$

若每个吸附位只能吸附一个溶质或溶剂分子，则 n^s 即为极限吸附的溶质量 n_m^s，即 $n^s =$

n_m^s。因而

$$n_2^\mathrm{s} = n_\mathrm{m}^\mathrm{s} bC/(1-bC) \qquad (3-1-98)$$

此式为稀溶液吸附的 Langmuir 等温式，在此式中 n_m^s 和 b 为常数，I. Angmuir 等温式可以很好地描述 L 型等温线，有时也可处理 H 型等温线结果。

S 型等温线可用气相吸附的 BET 二常数公式的类似形式描述：

$$\frac{(C/C_\mathrm{s})}{n_2^\mathrm{s}[1-(C/C_\mathrm{s})]} = \frac{1}{n_\mathrm{m}^\mathrm{s} k} + \frac{[(k-1)C]}{n_\mathrm{m}^\mathrm{s} k C_\mathrm{s}} \qquad (3-1-99)$$

式中　　k——与气相吸附 BET 二常数公式中常数 C_s 相当的常数；

　　　　C_s——溶质的饱和浓度。

C 型等温线可以用 Henry 定律公式描述：

$$n_2^\mathrm{s} = KC \qquad (3-1-100)$$

即吸附量与溶质浓度 C 成正比，Henry 常数 K 是溶质在吸附剂与溶液体相间的分配常数。

3.1.8.4　表面活性剂在固体表面上的吸附

表面活性剂是两亲分子，其疏水基有逃离水相的自发趋向，这必导致其在液—气界面、固—液界面和液—液界面的吸附，并当浓度达一定值后在水相中形成胶团。表面活性剂胶团形成和在界面上吸附的自由能变化均为负值，是自发过程。实际应用的表面活性剂水溶液大多都是稀溶液。固体自其中吸附表面活性剂的规律与自稀溶液中吸附的一般规律有许多相似之处。但由于表面活性剂种类繁多，分子中疏水基和亲水基结构各异，故其吸附机制、吸附层结构等与一般有机分子又有所不同。一般来说，表面活性剂在固—液界面上吸附量大小、吸附作用强弱与固体表面性质、表面活性剂结构特点和浓度以及温度、介质性质（介质 pH 值、添加物的种类及性质）等因素有关，这些影响因素复杂，所得到的一些规律大多带有经验性质。

（1）表面活性剂在固—液界面吸附的主要原因。

除了表面活性剂分子的两亲性结构有使其在界面吸附的趋势外，涉及表面活性剂分子或离子在固体表面发生吸附的主要作用力如下。

①静电的作用。如前所述，在水中固体表面可因多种原因而带有某种电荷。离子型表面活性剂在水溶液中解离后，活性大离子可吸附在带反号电荷的固体表面上。显然，带正电的固体表面易吸附带负电的表面活性剂阴离子，带负电的固体表面易吸附表面活性剂阳离子。

②色散力的作用。固体表面与表面活性剂分子或表面活性剂离子的非电离部分间存在色散力作用，从而导致吸附。因色散力而引起的吸附量与表面活性剂的分子大小有关，相对分子质量越大，吸附量越大。

③氢键和 π 电子的极化作用。固体表面的某些基团有时可与表面活性剂中的一些原子形成氢键而使其吸附。如硅胶表面的羟基可与聚氧乙烯醚类的非离子型表面活性剂分子中的氧原子形成氢键。含有苯环的表面活性剂分子，因苯核的富电子性可在带正电的固体表面上吸附，有时也可能与表面某些基团形成氢键。

④疏水基的相互作用。在低浓度时已被吸附了的表面活性剂分子的疏水基与在液相中的表面活性剂分子的疏水基相互作用在固界面上形成多种结构形式的吸附胶团，使吸附量

急剧增加。

(2) 在固—液界面上表面活性剂吸附量的测定。

表征表面活性剂在固—液界面吸附的特征量是：单位质量或单位表面面积吸附剂吸附的表面活性剂量（质量或摩尔数）；达到饱和吸附时的平衡浓度；饱和吸附量；吸附温度；表示吸附的表面活性剂在界面的排列状态的参数等。测量表面活性剂吸附量的方法主要是测量表面活性剂吸附平衡后溶液的浓度变化，测量方法有：

①化学滴定法。通常是用于阴离子表面活性剂的两相滴定技术（见 8.2 表面活性剂的检测）。

②紫外光谱法。通常用于带有双键的表面活性剂的检测。

③干扰折射仪法。根据浓度的变化引起光折射的变化进行测量的技术，一般用于非离子表面活性剂和 CMC 值高的表面活性剂。

④表面张力法。根据表面活性剂浓度变化与表面张力的关系曲线推算表面活性剂的浓度变化计算吸附量。

(3) 表面活性剂在固—液界面上的吸附等温线。

在恒定温度、吸附质和吸附剂条件下，表面活性剂吸附量与吸附平衡后平衡浓度的关系曲线为表面活性剂的吸附等温线，可以从中得到表面活性剂吸附的许多信息和参数。表面活性剂吸附等温线基本上未超出固体自稀溶液中吸附的四种类型，其中以 L 型和 S 型及其复合型 LS 型（双平台型）最为多见。图 3-1-33 是上述三种等温线的示意图。

和自稀溶液中吸附的各类等温线的解释相似，一般来说，当表面活性剂与固体表面作用强烈时常出现 L 型和 LS 型等温线，如离子型表面活性剂在与其带电符号相反的固体表面上的吸附，非离子型表面活性剂在某些极性固体上的吸附等。S 型等温线表明，表面活性剂与固体表面的作用较弱，在低浓度时难以有明显的吸附。无论哪类等温线，在吸附量急剧上升区域的浓度都接近或略低于所研究表面活性剂的 CMC 值，这一结果表明只有当体相溶液有足够多的表面活性剂单体（或者说体相溶液中将要大量形成胶团）时，在固—液界面上的吸附量才可能明显升高，形成二维的表面活性剂聚集结构。

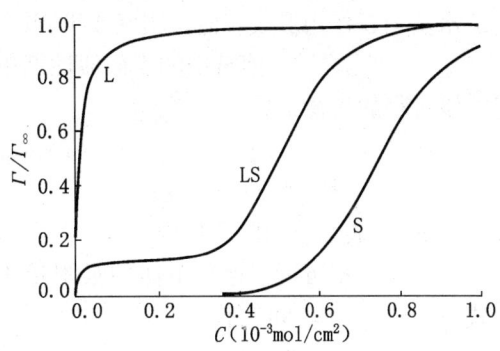

图 3-1-33　表面活性剂在固—液界面吸附的三种主要类型（肖进新等，2003）
L—Langmuir 等温式；S—S 型等温线；LS—双平台型等温线

对于等温线的类型需要说明以下几点。

① S 型等温线有时是 LS 型等温线的特例，当 LS 型等温线的第一平台吸附量极小时就可变为 S 型等温线。例如，ZrO_2 自 pH 值为 7.0 的水溶液中吸附十四烷基溴化吡啶时，等温线为 S 型的，这是由于 ZrO_2 表面开始时荷负电荷，但其电荷密度极小，极少量的十四烷基溴化吡啶阳离子吸附即可使 ZrO_2 表面由带负电荷变为带正电荷，此时表现出同号相斥的性质。当 LS 型等温线第一平台很短（很低浓度时就向第二平台转变）或 S 型等温线在很低浓度时吸附量急剧升高可使得它们类似于 L 型。

②在个别体系中，表面活性剂在固—液界面上的吸附等温线有最高点或呈台阶状。对

此现象文献中有不同的解释，一时难以统一。主要观点有：吸附剂表面不均匀或表面活性剂含有杂质；表面活性剂单体浓度有最大值；离子型表面活性剂在带相反号电荷固体上静电作用与达到 CMC 后体相溶液中胶团形成的竞争作用等（见 5.4）。

L 型等温线用 Langmuir 方程描述可得到满意的结果。用 BET 方程描述 S 型等温线大多只是形式上的应用，所得各常数的物理意义并不清楚。Klimenko 等提出用三个方程分析非离子型表面活性剂吸附的 LS 型等温线取得一定的成功，但引入参数太多，实际应用不大方便。

顾惕人和朱珧瑶在大量实验工作的基础上总结前人的理论工作，提出了表面活性剂在固—液界面吸附的通用等温式，该式可定量描述各种类型表面活性剂吸附等温线，假设表面活性剂在固体表面上吸附分两个阶段进行。

第一阶段是单个的表面活性剂分子或离子通过静电作用或 Van Der Waals 作用而吸附：

$$\text{吸附位} + \text{表面活性剂单体} \rightarrow \text{吸附单体}$$

该过程的平衡常数为

$$k_1 = a_1 / (a_s a) \tag{3-1-101}$$

式中　a——溶液中表面活性剂单体的活度，对于稀溶液可用浓度 C 来代替；

　　　a_1, a_s——吸附单体和空白吸附位的活度。

第二阶段是溶液中的表面活性剂分子或离子与吸附了的表面活性剂单体通过其碳氢链的疏水基相互作用形成表面胶团（或半胶团、吸附胶团等）：

$$\text{溶液中的表面活性剂单体} + \text{吸附单体} \rightarrow \text{表面胶团}$$

该过程的平衡常数为

$$k_2 = a_{sm} / (a_1 a^{n-1}) \tag{3-1-102}$$

式中　a_{sm}——表面胶团的活度；

　　　n——表面胶团的聚集数。

a_1、a_{sm}、a_s 可近似地用单体的吸附量 Γ_1、表面胶团吸附量 Γ_{sm} 和吸附位数目 Γ_s 代替，故式（3-1-102）可写作：

$$k_1 = \Gamma_1 / (\Gamma_s C) \tag{3-1-103}$$

$$k_2 = \Gamma_{sm} / (\Gamma_1 C^{n-1}) \tag{3-1-104}$$

根据在任意浓度 C 时，表面活性剂的总吸附量 Γ 和极限吸附量 Γ_{sm} 的物理意义可知：

$$\Gamma = \Gamma_1 + n\Gamma_{sm}$$

$$\Gamma_\infty = n(\Gamma_s + \Gamma_1 + \Gamma_{sm})$$

Γ 和 Γ_∞ 可由实验求得。将式（3-1-101）～式（3-1-104）结合，可得出：

$$\Gamma = [\Gamma_\infty k_1 C (1/n + k_2 C^{n-1})] / [1 + k_1 C (1 + k_2 C^{n-1})] \tag{3-1-105}$$

此式即为表面活性剂在固—液界面吸附的通用等温式。

根据式（3-1-105），当 $k_2 = 0$ 时，即不形成表面胶团，则 $n = 1$，（3-1-105）式可变化为：

$$\Gamma = [\Gamma_\infty k_1 C] / [1 + k_1 C] \tag{3-1-106}$$

即为 Langmuir 方程形式，可描述 L 型等温线。

当 $k_2 \neq 0$，而 $n > 1$，且 $k_2 C^{n-1} \ll 1/n$，则式（3-1-105）变为

$$\Gamma = [(\Gamma_\infty/n) k_1 C] / [1 + k_1 C] \tag{3-1-107}$$

此式仍为 Langmuir 方程形式，只是极限吸附量不是 Γ_∞，而是 Γ_∞/n。

当 $k_2 \neq 0$，而 $n > 1$，则 $k_2 C^{n-1} \gg 1$，则（3-1-105）式变为：

$$\Gamma = (\Gamma_\infty k_1 k_2 C^n)/(1 + k_1 k_2 C^n) \tag{3-1-108}$$

此式可描述 S 型等温线。

当 C 很大时，由式（3-1-105）、式（3-1-106）和式（3-1-108）可知 $\Gamma = \Gamma_\infty$，式（3-1-105）可描述 LS 型等温线。式中各常数可用下述方法求得：Γ_∞ 由高浓度时实验数据得出；k_1 可根据低浓度时的实验数据，用式（3-1-106）求得；k_2 可用尝试法求得。对多种类型等温线的实验结果处理所得理论线与实验点都很好相符。这就说明，上述通用等温式可定量地表示各类等温线，通过实测和对实验数据的拟合还可求出表面活性剂胶团聚集数和二阶段吸附的平衡常数。

3.1.9 润湿和润湿性测量

3.1.9.1 内聚功

两种完全相同的液体（A、A）相互接触后，它们之间的相互吸引能量，称为内聚功。这两种液体之间不会再形成新的界面［见图 3-1-34（a）］。或者说要将同一种液体分开的话，为了克服分子间的相互作用力所需要消耗的能量，尽管这个实验在实际上无法进行，但是，可以这样计算所消耗的能量：

$$W_{AA} = 2\gamma_A \tag{3-1-109}$$

式中 W_{AA}——内聚功；

γ_A——液体的表面张力。

那么，此能量称为液体的内聚功，即同种液体之间的吸引强度。相反的情况［如图 3-1-34（b）］，则称为黏附功。

3.1.9.2 黏附功

两种不相混溶的液体 A、B 相互接触后，液体 A 和液体 B 的表面消失，形成了一个新的 A-B 界面［见图 3-1-34（b）］，那么液体 A 和液体 B 的表面自由能（γ_A、γ_B）与新形成的 A-B 界面自由能有如下关系：

$$W_{AB} = (\gamma_A + \gamma_B) - \gamma_{AB} \tag{3-1-110}$$

那么，液体 A 和液体 B 的两个不同表面接触形成新的 A-B 界面后自由能的变化（W_{AB}）即为黏附功，黏附功表示两种液体（A、B）的吸引强度，即黏附为自由能降低的过程。当 $W_{AB} = 0$ 时，黏附

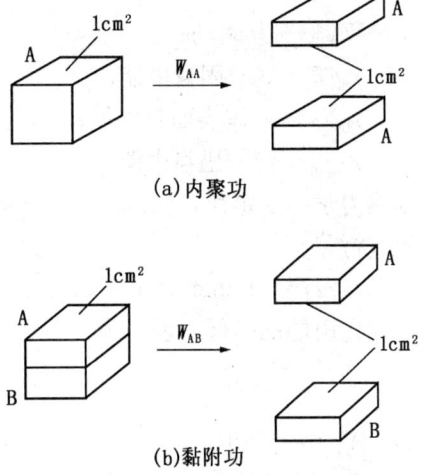

图 3-1-34 内聚功和黏附功示意图（周祖康，1987）

过程自发进行。两种物质的黏附功和内聚功之差为：

$$S_{A/B} = W_{AB} - W_{AA} \tag{3-1-111}$$

$S_{A/B}$ 称为铺展系数，当 $W_{AB} > W_{AA}$ 时，A-B 之间的作用力很强，足以使 B 润湿 A，此即是正的铺展系数的含义。反之，当 $W_{AB} < W_{AA}$ 时，因为 A-B 之间的作用力不足以补偿两个 A 分子之间的吸引力所需的功，此即是负的铺展系数，意味着 A 在 B 上不能铺展。表 3-1-5 列举了一些常见有机液体的内聚功和对水的黏附功的数据。

表 3-1-5 某些有机液体的内聚功和对水的黏附功数据表

液体种类	内聚功 W_{AA}，mJ/m²	黏附功 W_{AB}，mJ/m²
烷烃类	37~45	36~48
醇类	45~50	91~97
乙基硫醇	43.6	68.5
酸类	51~57	90~100
氰腈类	55	90

3.1.9.3 润湿

固体表面上的一种流体被另一种流体取代的过程，称为润湿（Wetting）。润湿必然涉及三相，而其中两相为流体。一般润湿是指固体表面上的气体被液体取代（或一种液体被另一种液体取代），通常把能够增强水或水溶液取代固体表面上的气体的能力的物质称为润湿剂。润湿是表面及界面现象，故表面活性剂必然在此过程中有显著作用。

3.1.9.3.1 润湿过程

润湿过程分为三类：

(1) 沾湿（Adhesional Wetting）：液体与固体接触使气—固界面变为液—固界面的过程，在接触面积为单位值时，此过程自由能的降低，表示为：

$$W_A = \gamma_{sg} + \gamma_{Lg} - \gamma_{SL} \tag{3-1-112}$$

式中 W_A——黏附功；
γ_{sg}——气—固自由能；
γ_{Lg}——液体表面自由能；
γ_{sL}——液—固自由能。

根据热力学第二定律，在恒温、恒压条件下，当 $W_a \geqslant 0$ 时过程为自然进行的过程，即沾湿自发进行。

(2) 浸湿（Immersinal Wetting）：固体浸入液体中的过程，在接触面积为单位值时，此过程自由能的降低，表示为：

$$W_i = \gamma_{sg} - \gamma_{SL} \tag{3-1-113}$$

式中 W_i——浸润功。

根据热力学第二定律，在恒温、恒压条件下，当 $W_i \geqslant 0$ 时，过程为自然进行的过程，即浸湿自发进行。

(3) 铺展（Spreading Wetting）：在液—固界面代替气—固界面的同时，液体在固体表

面上扩展的过程,在接触面积为单位值时,此过程自由能的降低,表示为:

$$S = \gamma_{sg} - \gamma_{Lg} - \gamma_{sL} \tag{3-1-114}$$

式中　S——铺展系数。

根据热力学第二定律,在恒温、恒压条件下,当 $S \geqslant 0$ 时,过程为自然进行的过程,即液体在固体表面自发展开,铺展自发进行。

对于液—气—固三相体系,液体表面自由能 γ_{sg} 小时,对沾湿不利,对铺展有利,对浸湿没有影响。

3.1.9.3.2　润湿性度量

滴在固体表面的液体或铺展覆盖在表面或形成液滴停留于表面(见图 3-1-35)上,当液滴平衡时,在气、液、固三相交界点向液—气界面作一切线,自固—液界面剖面线到切线的夹角,称为润湿接触角(角度大小由极性较强的流体方向算起),记作 θ,接触角 θ 与界面能之间的关系,由 T. Young 氏方程描述:

$$\gamma_{sg} - \gamma_{sL} = \gamma_{Lg} \cos\theta \tag{3-1-115}$$

式中　$\cos\theta$——润湿接触角的余弦。

其他符号同前。

上述适用于平的、均匀的、固—液间无其他作用的理想平衡体系。习惯上将 $\theta = 90°$ 定为润湿与否的标准,$\theta > 90°$ 为不润湿;$\theta < 90°$ 为润湿。θ 越小则润湿性越强,$\theta = 0$ 则液体在固体表面上铺展。

由于许多介质(如纤维、粉粒、岩石孔隙介质等)难以测量其表面的润湿接触角,通常还采用其他方法度量其润湿性。对于纤维和粉粒,采用将其制备成一定几何形状的模型,让模型与水接触,测量水的上升高度或者吸入水的重

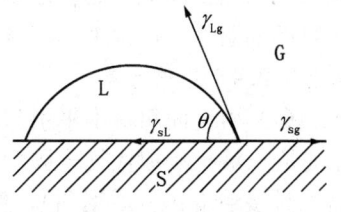

图 3-1-35　液滴在固体表面上的接触角示意图(赵国玺,1991)

量,度量其润湿性。对于多孔孔隙介质,采用压入液体的方法,计量压入(排驱)液量(或液体饱和度)和压入(排驱)压力(或毛细管压力)的关系,绘制压入压力(排驱压力)与液体饱和度的关系曲线,分别测绘压入压力—饱和度曲线和排驱压力—饱和度曲线的面积,计算二者的比值(称为润湿系数),由该比值度量润湿性。

3.1.9.3.3　润湿接触角测量

润湿接触角的测量方法有多种,根据直接测定的物理量可分为:

(1)角度测量法:①液滴(或气泡)法,在固体平面滴(或浮)上液滴(或气泡),在三相交界处作切线,再用量角器测量(自极性较强的一边),直接读出接触角 θ。通常采用投影放大或在显微镜下观察。②斜板法,将插板插入液体,不断改变插入的角度,直至在三相交界处没有弯曲时为止,此时,插板与液面的夹角即为接触角。③反射光法,利用点光源照射平板上液滴的三相交界处,在入射光与液面切线垂直时,在光源处能够看到反射光,以液滴为中心,使光源向上做圆周运动,只有在光源对固体平面的入射角等于接触角时,才会看到反射光。入射角小于此值,在光源处观察液滴呈现黑暗;增大入射角,直至呈现光明,则此入射角即为接触角。

(2)长度测量法:①液滴测量法,在忽略重力的情况下直接测量平板上液滴的高度和底宽,由三角函数关系计算;②最大液滴高度法,在液滴不至于铺展的情况下,增加液量

时则液滴高度增加，直至最大值，继续增加液量则只会增大液滴直径而不会增加高度，平衡时测出最大高度 h_m，即可依据下式得到接触角 θ。

$$\cos\theta = 1 - \rho g h_m^2 / 2\gamma_{Lg} \tag{3-1-116}$$

式中　　g——重力加速度，常数；
　　　　ρ——液体密度；g/cm^3；
　　　　γ_{Lg}——液体表面能（表面张力），mN/m。

③吊片法，表面光滑均匀的固体薄片插入液体中，液体会沿薄片上升，上升的高度 h 与接触角 θ 有关：

$$\sin\theta = 1 - \rho g h^2 / 2\gamma_{Lg} \tag{3-1-117}$$

所有符号同前。

（3）重量测量法：测量表面张力的吊片法也可以用来测量润湿接触角，将试样制成薄片，吊入待测液体中，薄片便受到液体的作用力 $f = P\gamma_{Lg}\cos\theta$（$P$ 为吊片的周长，其他符号同上），测量与其平衡的力 f，即可以计算出接触角。

对于具有孔隙的固体介质，例如油层岩石，由于无法得到均匀的、平的表面，通常采用驱替和压力排驱法，绘制毛细管压力—液体饱和度曲线，由曲线包围的面积计算比面积系数，根据比面积系数确定相对润湿性，此方法称为毛细管压力曲线比面积法。对于纤维织物的润湿性，通常采用测量一定重量的织物纤维在液体中的沉降时间度量其润湿性。

3.1.9.3.4　影响因素

（1）由表面粗糙不平引起的润湿滞后：在实际实验时，无论采用何种测量方法，不外乎是固—液扩展取代气—固后测量接触角 θ_A（前进角），或者固—液收缩（被气—固取代）后测量接触角 θ_B（后退角）；然而二者是不相等的，一般总是 $\theta_A > \theta_B$，这种现象称为润湿滞后。造成润湿滞后是由于固体表面的不平、不均匀以及测量技术上的原因。

（2）固体表面润湿能力：固体的表面性质不同，润湿能力则同，润湿能力取决于构成固体表面最外层的原子团性质和排列情况，它们的可润湿性依下列次序而增强：碳氟化合物＜碳氢化合物＜含有其他杂质的有机化合物＜金属等无机化合物。

（3）表面污染（特别是高能表面）或者表面化学的不均匀性。

（4）表面活性剂的吸附引起的润湿性反转：固体表面吸附其他物质后，例如：表面活性剂、胶质—沥青质等两性物质，由于其极性基在固体表面的定向吸附，它的非极性基部分与非极性物质具有较强的亲和力能够使润接触角 θ 小于 $90°$ 的石英、长石、高岭石等矿物的润湿性发生翻转而造成润接触角 θ 大于 $90°$；同样，润湿性偏向亲油的油层岩石，即接触角 θ 大于 $90°$。如果用表面活性剂溶液浸泡，即在其表面上定向吸附表面活性剂分子，则岩石表面由于表面活性剂分子极性基朝外而使润湿性会产生反转，成为偏向亲水，即接触角小于 $90°$。

3.2　表面活性剂溶液性质

3.2.1　表面活性剂的类型

表面活性剂是一种具有表面活性的物质，它在加入量很少的情况下能够显著降低溶剂

（例如水）的表面张力或液—液界面张力，改变体系的界面状态。表面活性剂分子的化学结构（图 3-2-1）是由极性的、亲水（疏油）基团（Hydrophile Group）和非极性的、亲油（疏水）基团（Libophile Group）两部分组成，而且这两部分处于分子的两端形成不对称结构，是一种又亲油又亲水的两性物质。亲水基团是能够同水分子自发缔合的基团，主要为 $—SO_3^- Na^+$、$—SO_4^- Na^+$、$—COO^- H^+$、$—PO_4^- Na^+$、$—N(CH_3)_3^+ Br^-$、$—(OC_2H_4)_n OH$ 等。一般亲水基团的结构变化比较大，因而表面活性剂的分类一般以亲水基的结构为依据。

亲油基团是能够同油等非极性分子自发缔合的基团，表面活性剂的亲油基的结构主要有以下几种形式：

(1) 直链烷基（碳原子数 8～20）；
(2) 支链烷基（碳原子数 8～20）；
(3) 烷基苯基（烷基碳原子数 8～16）；
(4) 烷基萘基（烷基碳原子数在 3 以上，烷基数一般是两个）；
(5) 松香衍生物；
(6) 高分子聚氧丙烯基；
(7) 长链全氟（或氟代）烷基；
(8) 全氟聚氧丙烯基（低相对分子质量）；
(9) 聚硅氧烷基。

图 3-2-1 是典型的离子性和非离子性表面活性两亲分子的分子结构示意图。图 3-2-1 (a) 为离子表面活性剂，图 3-2-1 (b) 为非离子表面活性剂。两种表面活性剂的亲油基团皆为十二烷基，而亲水基团则不同，一种为 $—SO_4^-$，一种为 $—(OC_2H_4)_6OH$，这种分子结构使得其一部分可溶于水而另一部分易自水中逃离的双重性质。

在表面活性剂溶于水中的时候，水分子结构重新排列在表面活性剂亲油基团的周围形成了所谓"冰山结构"（Iceberg Structure），在水介质中亲油基团之间存在自发的互相靠拢、缔合的吸引作用，在这种情况下，"冰山结构"破坏，这一过程是熵增加的过程，即自然过程，称为"熵驱动"过程；亲油基团在水介质中表现的相互靠拢、缔合作用即为"疏水作用"（Hydrophobic Interaction）或"疏水效应"（Hydrophobic Effect）。

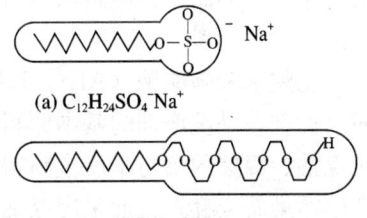

(a) $C_{12}H_{24}SO_4^- Na^+$

(b) $C_{12}H_{14}(OC_2H_4)OH$

图 3-2-1 表面活性剂分子结构示意图（赵国玺等，2003）

亲水基团的结构变化远比亲油基大，因而表面活性剂的分类一般以亲水基的结构为依据，根据表面活性剂在水中是否电离分为：阴离子性、阳离子性、非离子性和两性表面活性剂四大类，每一类又根据亲水基的结构分为若干小类。这种按离子类型分类的方法有许多优点，因为离子类型不同，其特性就有很多差别，从而可以根据油田实际情况进行选择和匹配，例如高黏土含量的油层不适合选用阳离子表面活性剂，因为黏土会产生对阳离子表面活性剂的大量吸附。

3.2.1.1 阴离子表面活性剂

表面活性剂驱油通常应用的阴离子表面活性剂种类主要有如下几种。

(1) 羧酸盐：极性基为 $—COO^-$ 的表面活性剂，其化学结构通式为：$R—COOM^+$。羧酸盐的制备原料有：天然（动物和植物）脂肪酸、合成（石蜡氧化制得的）脂肪酸和原油中的氧化物（脂肪酸和环烷酸）。天然脂肪酸和合成脂肪酸经碱皂化制得脂肪酸皂，即日常使用的肥皂（硬脂酸钠），化学结构式为 $C_{17}H_{35}COONa$。用油酸进行皂化得油酸钠，化学结构式为 $C_{17}H_{33}COONa$。在表面活性剂驱油中也有使用天然脂肪酸皂作驱油剂的报道，但是最常用的是石油羧酸盐，原油中含有不同类型的氧化物（脂肪酸和环烷酸），其含量通常以酸值表达，高酸值的原油或者炼厂渣油在碱作用下皂化生成石油酸钠。油田使用时石油酸钠通常通过两种途径制得：①就地制备，即在注入液中加入碱剂，加入的碱同油层中原油内的脂肪酸和环烷酸皂化就地形成水溶性石油酸皂，化学结构主要是脂肪酸钠和环烷酸钠。②地面制备，在地面将炼厂渣油用碱皂化制得石油酸皂；如果原油酸值较低，也可以将烷烃（如石蜡、减压馏分油）在催化剂作用下进行高温液相或气相氧化制成脂肪酸，然后碱皂化制得石油酸皂（亦称脂肪酸皂）。此外还有多羧酸皂在胶片工业用作乳化剂；用天然松香作原料制得的松香酸皂也具有很好的乳化性能，曾经在采油上用作高黏度原油乳化降黏剂。

这种类型的表面活性剂在 pH 值小于 7 时的水溶液不稳定，生成自由酸而失去活性；在高含盐度下活性降低，并且在硬水中易于形成不溶于水的钙、镁、铁、铝皂而沉淀失去活性。故此类表面活性剂不能应用于高硬度高矿化度地层水和酸性环境中，在油田使用时通常同非离子表面活性剂或者极性基强的表面活性剂复配，以增强其耐盐能力。

（2）磺酸盐：极性基为 $—SO_3^-$、非极性基为烷基或烷基芳基的表面活性剂，其化学结构通式为：$R—SO_3^-Na^+$ 或 $R—\phi—SO_3^-Na^+$。式中，R 为直链烷烃，ϕ 为苯环、联苯。

磺酸盐类表面活性剂主要有：烷基苯磺酸盐（ABS，LABS）、烷基萘磺酸盐、烷基磺酸盐（AS）、烯基磺酸盐和石油磺酸盐等。这类表面活性剂是目前表面活性剂驱油最常用的，其中烷基苯磺酸盐和石油磺酸盐由于性能较为稳定、价格较为低廉已经在油田较为广泛使用，它们的制备原料都是石油或者不同沸程的石油馏分。这类表面活性剂的主要品种如下。

①烷基苯磺酸钠（ABS，LABS）：烷基苯磺酸钠是由石油馏分做基料合成的阴离子表面活性剂，是洗涤剂的基本原料，其制备方法是：第一步烷基化制备烷基苯，早先采用氯化煤油、四聚丙烯与苯反应制得十二烷基苯，因其烷基中支链不易生物降解，容易对环境产生污染而废弃；目前采用煤油脱蜡再经氯化得直链正构氯代烷，或由石蜡裂解、乙烯齐格勒聚合和正构氯代烷脱氯制得洗涤剂单烯烃，再与苯进行烷基化制备烷基苯。第二步是烷基苯磺化，烷基苯作为亲油基，通过磺化使苯环脱氢引入磺酸作亲水基制得烷基苯磺酸，磺化剂通常采用浓硫酸 H_2SO_4、发烟硫酸 $H_2SO_4·SO_3$ 或者三氧化硫 SO_3。磺化方法有：釜式或罐式法、组罐式法、主浴连续磺化工艺和膜式磺化反应工艺。第三步是烷基苯磺酸经碱中和得到烷基苯磺酸钠。烷基苯磺酸钠是黄色油状液体，纯化后成六角形或斜方形状结晶。尽管在反应过程中严格控制反应条件，但是实际上得到的产品是不同烷基链长度、不同磺酸基数目、且其在苯环上的位置也不尽相同的化合物的混合物，其相对分子质量也不是均一的，只能测得产物的平均相对分子质量。作为洗涤剂原料的是其中的十二烷基苯磺酸钠，而剩余的重组分经过适当的分馏切割能够用来合成配制表面活性剂主驱油剂的基本原料；专门用于表面活性剂驱油的烷基苯磺酸钠实际上是将烷基化原料进行分馏切割，然后分别磺化、中和制备不同相对分子质量的烷基苯磺酸钠，再针对油田条件将其复配成驱油主剂。

②石油磺酸盐（PS）：石油磺酸盐是以原油或高沸点石油馏分为原料进行磺化、碱中和而制得的产品。原油中大都含有各种不同的芳烃、稠环烃和其衍生物，它们是制备石油磺酸盐的基本原料，第一章表1-1-4列举了中国一些油田原油中的350～500℃沸程中各种芳烃的含量和族组成。原油中的芳烃和稠环烃是一个非常复杂的族类，第一章表1-1-3列举了原油中芳烃的多种衍生物及其结构。芳香烃和环烷芳烃上的氢原子在一定条件下很易于被磺化取代，反应产物是石油磺酸。磺化工艺与磺化烷基苯基本相同，只是由于磺化原料油黏度较高不适宜主浴连续磺化工艺和膜式磺化反应工艺，通常采用组罐式磺化工艺。磺化过程严格控制磺化条件防止双磺酸和多磺酸产生，石油磺酸经NaOH中和制得石油磺酸钠。石油磺酸钠的亲水基同烷基苯磺酸钠基本相同，但是亲油基则具有复杂的结构，有单芳环烃、双芳环烃，也有单芳环烃与几个五元环稠合烃、双芳环烃与几个五元环稠合烃等，至今没有明确的结论，其平均分子式大致为$C_{27}H_{45}$—$C_{35}H_{84}$。作为表面活性剂驱油主剂的石油磺酸盐由于必须与具体油田条件配伍，因此不是任何商业产品都能够适用的，其磺化原料油需要经过严格筛选。筛选原则为使用本油田的原油作为合成原料油，如果其中芳烃含量较高可以采用原油直接磺化的方法制备，否则，则磺化收率较低。为了提高收率往往选用该原油的高沸程馏分，或者炼厂塔底渣油、糠醛精制剩余油，炼油厂烷基化的下脚料—高沸程物，经过切割分馏也能作为磺化原料，其磺化产物经过适当配伍也可以得到适应的驱油主剂。实际上，在炼油厂用浓硫酸或三氧化硫精制白油过程中得到的副产品就是PS，在烷基化工艺没有完善之前，曾经将其制成钙盐用来作为润滑油的添加剂。

③烷基萘磺酸盐（ANS）：经常见到的商品为二丁基萘磺酸盐，俗称拉开粉，亲油基为二丁基萘。合成方法是首先用二丁醇和萘作烷基化原料进行烷基化制备二丁基萘，然后用浓硫酸磺化制得二丁基萘磺酸，再用碱中和得到最终产品二丁基萘磺酸盐。用长链醇或烯烃与萘烷基化可制得较高相对分子质量的烷基萘磺酸盐。产品具有好的润湿和乳化性能，进行匹配后可以得到较高性能的驱油主剂。

④烷基磺酸盐（AS）：烷基磺酸盐化学结构的通式为R—SO_3M（其中R为C_{15-16}）。一般制备的方法有：磺氯化法，正构烷烃在紫外线光作用下与SO_3及Cl_2反应生成烷基磺酰氯，用碱中和制得烷基磺酸盐。磺氧化法，正构烷烃以紫外光或γ射线作引发剂下形成烷基自由基，在加入水的情况下再与α—烯基及O_2最终制得烷基磺酸，用碱中和得烷基磺酸钠，此法通常也称水—光磺氧化反应法，由于磺氧化反应中仲碳原子容易反应，因此最终产物主要为仲烷基磺酸盐。AS除了具有ABS的性能之外，其最大的特性是其溶液具有很好的耐盐能力，特别是在硬水中仍然具有很好的表面活性，在油藏地层水为高含盐度和高硬度的情况下，使用AS进行配伍制得的驱油主剂能够适应这样的油层条件。

⑤α—烯基磺酸盐（AOS）：α—烯基磺酸盐化学结构的通式为R—CH＝CH—$(CH_2)_n$—SO_3M，制备的方法是用石蜡裂解或乙烯齐格勒聚合法得到的α—烯烃与SO_3进行膜式磺化反应，反应物再用碱中和，但是由于磺化反应物成分复杂，因此中和反应制得的最终产物不仅含有烯基磺酸盐还有羟基磺酸盐等其他组分。同AS一样AOS具有很好的耐盐能力，同其他表面活性剂有很好的配伍性，在高含盐度地层水条件下仍然能够有很好的表面活性。

⑥木质素磺酸盐（Lignosulfonate，LS）：木质素磺酸盐是亚硫酸盐法制木浆时的副产品，亦称为磺化木质素。木浆在与二氧化硫水溶液和亚硫酸氢钙进行反应时形成的木质

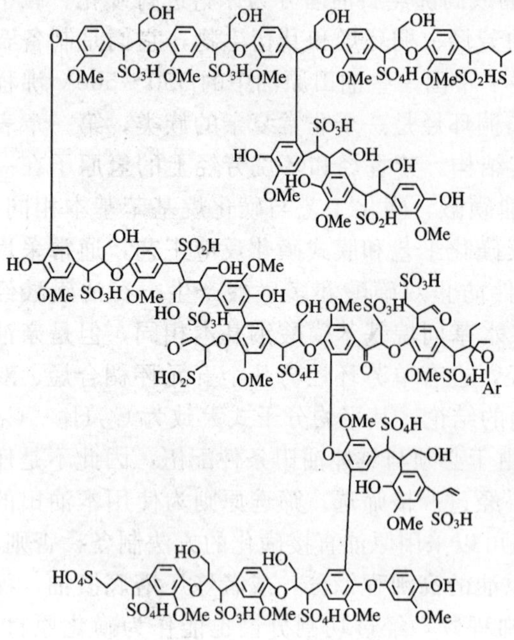

图 3-2-2 木质素磺酸盐化学结构图（王志武、高树棠等，1995）

素磺酸混杂在木浆中，通常由亚硫酸纸浆废液经加工浓缩后再用石灰、氯化钙沉淀制得钠盐、钙盐等，其化学结构如图 3-2-2 所示。

检测表明 LS 的结构比较复杂，它是由大约 50 个 4-羟基-3-甲氧基丙苯基的三维多聚物，低相对分子质量的 LS 多为直链，在水溶液中缔合，高相对分子质量的 LS 多为支链，在水溶液中呈现聚电解质的性质，高相对分子质量部分难以降解，LS 的平均相对分子质量为 200~10000 不等。在油田无论用作驱油主剂还是用作牺牲剂的 LS，都是从制纸过程产生的废液中提取的，目前采用的 LS 的品种列于表 3-2-1 中。可以将木质素进行改性，引入 HSO_3CH_2-，或进行甲基化、羧甲基化、羧乙基化、磺甲基化、甲氧基化改性得到相应的改性产品。

木浆造纸排污对环境会带来污染，为了减少污染，同时又废物利用。因此，木浆造纸排

表 3-2-1 已经在油田实用的木质素磺酸盐种类列表

品　种	来　源
酸性漂白液	生产牛皮纸的木浆漂白液
碱性抽取物	生产牛皮纸的木浆的碱中和产物
Sacharinate 钠	醣类化的氧化物与羟基化合物的混合物，含游离木质素
黑液	生产牛皮纸的木浆蒸煮物的提取物
Kraft 木质素磺酸	黑液的提纯产物
木质素磺酸盐商品	Westvaca 公司的商业产品

泄液的提取物——木质素磺酸盐 LS，一方面可以用来作为化学驱油主剂的牺牲剂，因为 LS 的相对分子质量大，当其在固体表面上吸附时能够占据较大的表面积，因此，在注入主驱油剂之前预先注入 LS，使其预先吸附并占据易于产生吸附的岩石表面，以减少驱油主剂在驱替过程中的吸附损失。另一方面，由于 LS 也是一种表面活性物质，将其与石油磺酸钠（PS）或其他表面活性剂复配用作表面活性剂驱油的助剂，可以使驱油剂体系具有更好的性能，同时由于其价格低廉，降低了化学驱油剂的成本。在加拿大和美国的一些大学和石油公司都曾进行了木质素磺酸盐与石油磺酸盐复配用作驱油主剂的研究，并且得到了肯定的结论。同时，也有资料表明 LS 也能够用于油田开发的其他方面，如将 LS 与烷基酚聚氧乙烯醚类非离子表面活性剂复配能够乳化稠油和沥青，增加其流动能力，从而在稠油开采中能够用作稠油乳化降黏剂。在钻井液中将其改性制得铁铬木质素磺酸盐用作钻井液分散剂，改善钻井液的流动性。作为污水处理剂用以沉淀污水中的蛋白和螯合水中的多价金属离子。

(3) 硫酸酯盐：硫酸酯盐类表面活性剂的亲水基为—OSO_3^-。它是由高级醇（C_{12}～C_{14}），如月桂醇、油醇或鲸蜡醇等经硫酸化、碱中和制得。由蓖麻油硫酸化制得的通常称为"土耳其红油"。硫酸脂盐类表面活性剂具有很好的表面活性，但是在碳原子数大于 14 时，其在常温下水溶解能力减弱，但是聚氧乙烯化的直链醇硫酸酯盐［$C_{16}H_{33}O(C_2H_4O)_n SO_3Na$］以及聚氧乙烯化的烷基酚硫酸酯盐［$C_{12}H_{23}—\phi—O(C_2H_4O)_n SO_3Na$］则克服了上述缺陷，这类表面活性剂具有很好的钙皂分散能力和发泡能力，特别是在未硫酸化的高碳醇如十二醇存在下，起泡能力更强，它是进行泡沫驱油时十分理想的发泡剂。近年为了拓宽表面活性剂驱油剂的最佳含盐度范围，采用了聚氧乙烯化的直链醇硫酸酯盐或聚氧乙烯化的烷基酚硫酸酯盐，这样增强了亲水基的表面活性剂与 ABS 或 PS 复配得到了较好的结果。

(4) 磷酸酯盐：磷酸酯盐类表面活性剂的亲水基为磷酸基，它由脂肪醇与五氧化二磷反应得到磷酸单酯和磷酸双酯，再用 NaOH、KOH 或三乙醇胺、二乙醇胺等碱性试剂中和制得单酯磷酸盐和双酯磷酸盐的混合物。其化学结构式为：

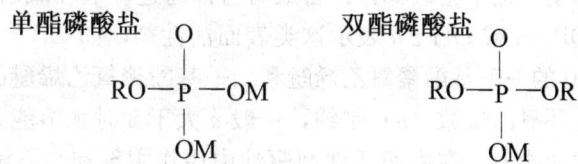

其中：R 代表 C_{8-18}，M 代表 Na^+、K^+ 或二乙醇胺、三乙醇胺盐。

这类表面活性剂主要有烷基醇磷酸酯钠盐、二烷基醇磷酸酯钠盐和脂肪醇聚氧乙烯醚磷酸盐等。在表面活性剂驱油体系中，主要使用单酯磷酸盐，实验研究表明由于单磷酸酯盐的每一个极性基上有两个荷负电的离子，因此具有比磺酸盐强的电荷，将其同石油磺酸钠复配可以形成混合表面活性剂胶团，在胶团表面和油—表面活性剂水溶液界面产生较大的表面电荷密度，则溶液具有较高的活性，且体系最低界面张力向高含盐度偏移，即体系最佳含盐度增加，使得其适应具有更宽含盐度范围的地层水。磷酸酯盐还可以用作油基压裂液的稠化剂和润湿剂等。

3.2.1.2 阳离子表面活性剂

在水溶液中解离成极性基带正电荷的表面活性剂，其化学结构是至少含有一个长链疏水基和一个带有正电荷的亲水基，一般长链疏水基为脂肪酸或烷烃的衍生物，正电荷主要由氮原子携带，也可以由硫或磷原子携带，商业阳离子表面活性剂产品主要为胺盐，如盐酸胺盐、醋酸胺盐等。这类阳离子表面活性剂在 pH 值大于 7 时，自由胺基易于析出，从而失去活性。但是由于这种阳离子表面活性剂在荷负电的固体表面具有很强的吸附能力，因此在采油上使用有机胺盐阳离子表面活性剂在岩石黏土胶结物上的吸附形成亲油表面从而能够防止黏土膨胀，增加注入井的注入能力。商业产品中最常见的则是季铵盐，NH_4^+ 的四个氢原子分别由 R_1、R_2、N^+R_3、R_4 取代，R 基中只有一个或两个为长碳氢链作为亲油基，其余为 1～2 个碳原子，代表产品如十六烷基三甲基溴化铵；季铵盐类与胺盐不同，其溶液性质不受 pH 值变化的影响，具有很强的杀菌作用，在采油上用作杀菌剂。还有十二烷基吡啶盐酸盐、鎓类化合物等，在表面活性剂驱油中用来定量分析阴离子表面活性剂，如用底米鎓（Dimidium, bromide）作滴定剂定量分析磺酸盐类表面活性剂。一般不能够用来作驱油主剂，近来也见有关阳离子表面活性剂同阴离子表面活性剂混合具有协同效应的报道。

3.2.1.3 非离子表面活性剂

不能在水溶液中电离的表面活性剂称为非离子表面活性剂。其亲水基主要是由具有一定数量的含氧基团（一般为醚基和羟基）构成。常见的非离子表面活性剂的亲水基主要由聚氧乙烯基—$(C_2H_4O)_n$—H 构成。聚氧乙烯基（EO）数量（n）越大则亲水能力越强。此外还有以多醇（如甘油、季戊四醇、蔗糖、葡萄糖和山梨醇等）为基础的结构。采油工艺中经常使用的有：

(1) 脂肪醇聚氧乙烯醚（平平加型）R—O—$(C_2H_4O)_n$—H，具有很好的润湿性和乳化能力，用作乳化剂。

(2) 脂肪酸聚氧乙烯酯 RCOO$(C_2H_4O)_n$—H，在酸、碱热溶液中不稳定，常用作乳化剂。

(3) 烷基苯酚聚氧乙烯醚（OP 型）R—φ—O$(C_2H_4O)_n$—H，化学性质很稳定，即使在强碱、强酸和较高温度下也不会破坏，在合成时可以通过调节环氧乙烷数（n）控制其亲水、亲油性，通常以 OP-n 或 OΠ-n 表示这类表面活性剂，如 OP-10（或 OΠ-10）表示环氧乙烷数平均为 10 的一壬基酚聚氧乙烯醚和二壬基酚聚氧乙烯醚的混合物。同时，它的物理—化学性质也受环氧乙烷数（n）制约，一般 n 大于 8 时水溶能力增强，浊点温度随之增加，具有很强的耐盐能力。在表面活性剂驱油中用作主剂和与石油磺酸钠、烷基苯磺酸钠等复配具有更好的表面活性。在苏联，自 20 世纪 60 年代，乃至目前仍在其许多油田广泛使用 OΠ-10 作驱油剂提高石油采收率。

(4) 烷基醇酰胺 R—CON—$(C_2H_4O)_2$ 是由脂肪酸（如月桂酸、椰子油脂肪酸、脂肪酸甲酯等）和单乙醇胺或二乙醇胺缩合制得。与其他聚氧乙烯型表面活性剂不同，它没有浊点，其水溶性依靠合成时加入的过量二乙醇胺。溶水后使水溶液的黏度增加，溶液对盐、酸和碱很敏感，在酸性条件下产品中的脂肪酸容易析出，加入阴离子表面活性剂或调节 pH 值为 8~12 可以防止上述现象。烷基醇酰胺与二乙醇胺的复合物 R—CON—$(C_2H_4O)_2$NH$(C_2H_4O)_2$ 则具有很好的水溶性。烷基醇酰胺同其他表面活性剂具有很好的协同效应，具有很强的去污、乳化和起泡能力。在大庆油田，曾经研究将其作为主剂，或者同其他表面活性剂复配作为驱油主剂的复配组分之一都得到了较好的效果。在石油钻井中可以用作乳化剂制备有机钻井液。

(5) 聚氧乙烯烷基胺、聚氧乙烯烷基酰醇胺，这类表面活性剂的聚氧乙烯可以是一个（n）基团也可以是两个（x，y）基团直接同氮连接，亲油基为一个或两个烷基。因此，这类表面活性剂兼有非离子性和阳离子性表面活性剂的一些特性，通过调节 x、y，n 能够控制其偏阳离子性或偏非离子性。在采油上通常用作乳化剂、稳泡剂等。

(6) 多酯类表面活性剂，这类表面活性剂主要是脂肪酸与多羟基物作用而生成的酯，例如单硬酯酸甘油酯、单月桂酸双甘油酯、蔗糖单月桂酸酯、失水山梨醇单月桂酸酯（Span 型）和山梨糖醇酐单月桂酸酯聚氧乙烯醚（Tween 型）等，具有很好的乳化性能。在采油工艺中有广泛的应用，如用作稠油乳化开采、稠油冷输等。

由于非离子表面活性剂具有很好的耐盐和耐温性能，因此在采油工艺的许多环节应用的十分广泛。在表面活性剂驱油方面，实验表明这类表面活性剂与阴离子表面活性剂的复配能够明显地增加溶液的界面活性，同时配方体系在较大的含盐度和温度范围内具有很好的稳定性，因此，在驱油时普遍采用作为复配主剂之一。但是，这类表面活性剂特别是 OP 型非离子表面活性剂不易降解而且具有一定的毒性，使用时应当控制在环境保护许可的浓度范围内，这点应当特别注意。

3.2.1.4 两性离子表面活性剂

亲水基同时具有阳离子（碱性基）和阴离子（酸性基）的表面活性剂，容易形成"内盐"的化合物，称为两性表面活性剂（Amphoteric Surfactants）。其碱性基主要是胺基或季铵基，其酸性基主要是羧基和磺酸基（或磷酸基）。在商业上主要是按阳离子基团分类，这类表面活性剂的主要类型有：氨基酸类表面活性剂、表面活性甜菜碱、两性咪唑啉衍生物和卵磷脂类四种类型。前三类为合成化合物，而卵磷脂则为天然表面活性剂。合成的两性表面活性剂的性质受溶液 pH 值的影响，当溶液的 pH 值小于 $pH_{等电点}$ 值时，两性表面活性剂主要表现为阳离子特性，当 pH 值大于 $pH_{等电点}$ 值时则表现为阴离子特性。这类表面活性剂具有很好的去污、起泡和乳化能力，不易同多价金属离子反应，对酸、碱也比较稳定，毒性很低。与其他类型的表面活性剂复配时具有很好的协同效应（Synergistic Effect）。在采油工艺中用作发泡助剂、防止原油中蜡析出的防蜡剂，通常同其他表面活性剂复配使用。由于价格较贵，目前难以在油田广泛应用。

3.2.1.5 生物表面活性剂

生物表面活性剂指由微生物的代谢作用或生物酶的生物催化作用产生的具有表面活性的化合物。这类表面活性剂具有与合成表面活性剂不同的结构和无法替代的许多性质，对环境污染小、易于降解和生产方便、价格低廉等特点，在表面活性剂驱油中具有很大的应用潜力。制备生物表面活性剂的方法主要由：微生物发酵法，微生物菌种以碳氢化合物（如糖蜜、玉米油、米糠油和正构烷烃等）为底料在有氧、无氧或兼性条件下进行发酵代谢，得到单糖脂、多糖脂、脂蛋白和类脂衍生物等；生物酶促反应法，碳氢化合物底料在生物蛋白酶的催化作用下进行氧化、脱氢、还原、羟基化、缩合以及卤代等各种有机反应，得到糖类、脂类、磷脂类产物等。生物表面活性剂的结构比较复杂，但仍然具有一般表面活性剂的基本结构，由脂肪烃组成的亲油基团和以氨基酸、磷脂、糖类、或多肽类组成的亲水基团。按其来源可分为整胞生物转换产物（发酵产品）和酶促生物产物（酶促产品）；按用途可广义地分为生物表面活性剂（生物大分子，能显著改变表、界面张力）和生物乳化剂（生物大分子，虽不能足够降低表/界面张力，但对油、水表现出很好的亲和力）。根据亲水基可以将生物表面活性剂分为下列几种类型：

(1) 糖脂类，例如鼠李糖脂、甘露糖脂、槐糖脂和海藻糖脂等；
(2) 酰基缩氨酸类，例如 N—酰化氨基酸类、羰基氨基酸类、烷基化氨基酸类等；
(3) 磷脂类，例如甘油磷脂、鞘氨磷脂等；
(4) 脂肪酸类，例如胆汁酸等；
(5) 高分子生物表面活性剂。

生物表面活性剂广泛存在于动物、植物及自然界中，具有十分广泛的功能。诸如润湿、乳化、增溶、去污、发泡、消泡和渗透等。通过微生物和生物化学技术已经能够开发出各种功能的生物表面活性剂，并且在许多领域如医药、日用品等广泛应用。以玉米油和米糠油作底物经假单胞菌种发酵生产的鼠李糖脂作为表面活性剂驱油主剂或同烷基苯磺酸钠（或石油磺酸钠）复配的驱油体系具有很好的表面活性和驱油效能。研究表明，微生物驱采油的基本作用之一就是原于生物表面活性剂的作用，这种生物表面活性剂是注入油层的假单孢杆菌以油层内原油为碳源底物繁衍代谢产生的代谢物，它能够降低油水界面张力，乳化原油，降低流体黏度从而使剩余油投入运动。

3.2.1.6 孪连表面活性剂（Gemini Surfactant）

这类表面活性剂具有两个单亲油基链、两个单亲水基团和一个在亲水基团附近将二者连接起来的桥联基（Spacer）构成的分子。分子结构的形状酷似"连体的孪生婴儿"，如图 3-2-3 所示。其连接基团可以是亲水或疏水，也可以是柔性或刚性基团。由于连接基团阻抑了表面活性剂有序聚集过程中的头基分离力，极大提高了其表面活性。Gemini 表面活性剂同常规表面活性剂一样也分为：

阳离子：例如，乙二亚甲基—双（十六烷基二甲基溴化铵）阳离子表面活性剂；

阴离子：例如，N，N′—双十六烷基乙二胺乙二酸阴离子表面活性剂；

两性及非离子型。

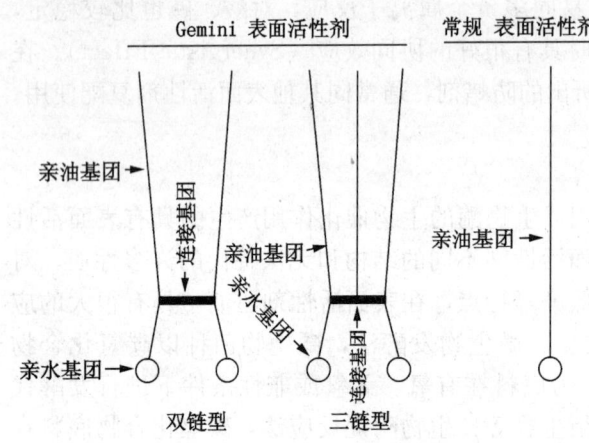

图 3-2-3 Gemini 表面活性剂分子结构示意图（Milton J. Rosen, 2004）

1971 年，Bunton 等第一次合成了一系列阳离子型 Gemini 表面活性剂，两个十六烷基二甲基溴化铵，通过连接基团分别为 2、4、6 个碳的亚甲基相连。1974 年，Deinega 等进行了阴离子双子表面活性剂的合成。到 20 世纪 80 年代后期，美国 DOW 化学公司还推出了其商业产品二烷基联苯醚二磺酸钠。1988 年后，Okahara 及其同事在合成冠醚的基础上开始合成柔性基团连接离子头基的双烷链双亲水头基表面活性剂。1991 年，Menger 等开始系统研究这类表面活性剂，他们合成并研究了以刚性基团连接离子头的双烷链表面活性剂，并起名为 Gemini。M. J. Rosen 开始与 Okahara 合作，系统合成并研究了以氧乙烯或氧丙烯柔性基团连接的阴离子。Zana 及其同事系统合成并研究了烷二亚甲基—α，ω—双（二甲基烷基溴化铵）阳离子 Gemini 表面活性剂。

由于独特的结构，导致了此类表面活性剂比其对应的单链表面活性剂具有许多优良的性质，这主要表现在：

（1）更易在气—液界面吸附，从而更有效地降低水溶液的表面张力（参见附表1）；

（2）在水中更易聚集成胶束，使其 CMC 比一般离子表面活性剂低 1～2 数量级（参见附表1）；

（3）有较好的增溶水不溶性非离子表面活性剂的能力，因而与其他表面活性剂有较好的协同作用（参见附表2）；

（4）Gemini 表面活性剂还具有较好的水溶性，其 Kraft 点很低。

从附表中的数据，我们可以看出：

①Gemini 表面活性剂比相应的传统表面活性剂有很低的 CMC，通常为 10～100 倍。

②Gemini 表面活性剂的疏水链对 CMC 的影响比传统表面活性剂大。

③亲水连接基团的极性对 CMC 影响较小。

④当连接基团很小时，Gemini 常出现前胶束现象（Premicellar Aggregation），其 CMC 表现为随疏水链增长，CMC 反而增大。

⑤Gemini 表面活性剂由于具有较大的极性基团，其同常规表面活性剂具有较强的相互作用，相互作用参数 β^a、β^M 的绝对值更大，其混合物具有更强的表面活性。

3.2.1.7　特殊表面活性剂

除了常规类型的表面活性剂之外，为了满足实用的需要，一些表面活性剂在一个分子中同时具有不同类型的特性基团，使其同时具有多种功效的性质。

（1）高分子表面活性剂，其相对分子质量在几万乃至几十万，如疏水缔合聚合物（Hydrophobically Associating Polymer），2-丙烯酰胺基-2-十二烷基乙磺酸（$SAMC_{14}S$）与 AM 和 2-丙烯酰胺基二甲基丙磺酸（AMPS）的共聚物、烷基酚聚氧乙烯丙烯酸酯与 AM 的共聚物等，这类化合物既具有溶解水中增加溶液黏度的功能又具有"逃逸"到溶液表面降低界面张力的功能；聚氧乙烯聚氧丙烯烷基醇醚 R—O—$(C_3H_7O)_n$—$(C_2H_4O)_m$—H，对采油污水具有很好的破乳能力。

（2）氟表面活性剂，烷基链上的氢原子被氟原子取代的化合物，如 $CF_3(CF_2)_6COO^-Na^+$，此类表面活性剂的表面活性远远高于同类烷烃链基的表面活性，碳氟链具有既"憎水"又"憎油"的特殊功能，极易在油表面铺展形成"轻水"。

（3）硅表面活性剂，以硅氧烷为亲油基的表面活性剂，如 $(CH_3)_3Si$—O—$Si(CH_3)_2CH_2$—S—CH_2COOH，由于非极性基的亲油性很强，不长的硅氧烷链就具有很好的表面活性。

随着合成技术的发展，从石油开发过程的不同工艺要求出发，可以设计出满足不同功能的表面活性剂，这就是表面活性剂类化合物的特殊性质。目前，由于油田已经广泛使用了表面活性剂，难以计算出在油田应用的表面活性剂的种类。用于化学驱油的表面活性剂的发展有两种趋势：一种是设计兼具多种功能的表面活性剂，但是，由于增加了合成工艺程序，因此，成本比较高；另一种是利用协同效应（Synergistic effect）将不同的表面活性剂进行复配，形成混合的表面活性剂，它们不是简单的加合，而往往是相互促进呈现出完全不同的性质。

3.2.1.8　助表面活性剂（Co-surfactants）

在进行化学驱油体系配方的筛选过程中，为了改善表面活性剂溶液的物理化学性质，通常应用与表面活性剂配伍的化学试剂作为助剂，这种助剂称为助表面活性剂（Co-surfactants）。在配制表面活性剂驱油剂时，通常需要加入一些助剂以便得到适用于具体油田条件的表面活性剂驱油体系。助剂通常为极性有机物如：醇（单元醇、多元醇和芳香醇等）、胺、酰胺、尿素等。研究和应用最多的是各种醇类。助剂的主要作用为：

（1）改变表面活性剂的溶解能力，例如：低碳醇（异丙醇、正丁醇等）和尿素能够增加石油磺酸盐钠在盐水中的溶解度、加入 3mol 的 $CH_3CONHCH_3$ 能使 $C_{16}H_{33}SO_4Na$ 的溶解度增加百倍以上，$C_{10}H_{23}OH$ 或 $C_{12}H_{25}OH$ 能使烷基酚聚氧乙烯类非离子表面活性剂的浊点温度降低，而尿素则会使其增加。

（2）改变表面活性剂的临界胶束浓度（CMC），图 3-2-4、图 3-2-5 和图 3-2-6、图 3-2-7 分别表示不同醇对 $C_{12}H_{25}NH_3Cl$ 和 $C_{12}H_{25}COOK$ 的 CMC 的影响，由图可见，在低浓度醇的情况下，醇浓度增加时 CMC 值减小，醇的碳链越长则 CMC 值减小幅度越大，这是由于醇参与了胶团的形成，醇的存在减弱了表面活性剂分子间的排斥，因而，分

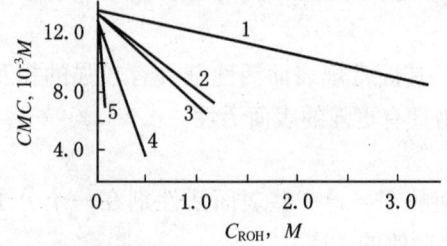

图 3-2-4 脂肪醇对 $C_{12}H_{25}NH_3Cl$
的 CMC 的影响（赵国玺等，2003）
1—C_2H_5OH；2—i-C_2H_7OH；3—C_3H_7OH；
4—C_4H_9OH；5—$(C_2H_5)_3COH_8$

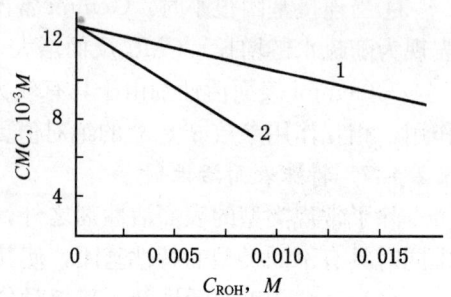

图 3-2-5 己醇和庚醇对 $C_{12}H_{25}NH_3Cl$
的 CMC 的影响（赵国玺等，2003）
1—$C_6H_{13}OH$；2—C_7H_4OH

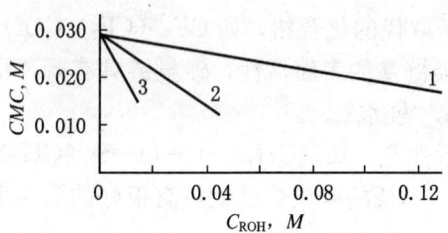

图 3-2-6 乙、丙、丁醇对十二酸钾
CMC 的影响（赵国玺等，2003）
1—C_2H_5OH；2—C_3H_7OH；3—C_4H_9OH

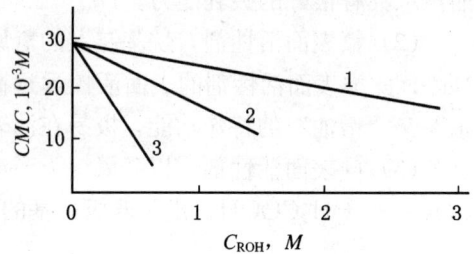

图 3-2-7 戊醇、己醇、庚醇对十二酸钾
CMC 的影响（赵国玺等，2003）
1—i-$C_5H_{11}OH$；2—$C_6H_{13}OH$；3—$C_7H_{15}OH$

子容易缔合形成胶团；但是，当醇的浓度超过一定值后，则会出现相反的结果，图 3-2-8 为六种醇对 $C_{16}H_{33}N(CH_3)_3Br$ 和 $C_{12}H_{25}SO_4Na$ 的 CMC 的影响，图 3-2-8 中显示了 CMC 随醇浓度增加降低至一定值后再继续增加醇浓度时 CMC 反而增加；而尿素、甲酰胺等水溶性强的极性有机物也能够使 CMC 增加。

（3）改变表面活性，图 3-2-9 为十二醇与十二烷基硫酸钠的摩尔比对其溶液表面张力的影响，可见在离子性表面活性剂的溶液中醇浓度的增加使表面张力明显降低，而且在醇的碳链长度低于表面活性剂碳链长度的情况下，醇的碳链长度增加使表面张力减低幅度增加。

（4）改变表面活性剂在液—气界面、液—液界面的排列，例如加入戊醇、己醇、庚醇、辛醇能够使癸基硫酸钠在饱和吸附时平均每个分子占据的面积由 45Å 分别降至 37.6Å、32.6Å、29.4Å、27.2Å。表明表面活性剂分子在界面层的吸附密度增加，使吸附层中疏水基的排列更加紧密，这样，不仅增加了表面活性，而且增加了表面膜的机械强度，表现为溶液的表面黏度增加、泡沫的稳定性增加。

（5）改变表面活性剂—油—水溶液体系的相平衡，图 3-2-10 为低碳醇（C_{1-4}）的碳链长度和其浓度对石油磺酸钠（Texas-1）溶液—正癸烷相态的影响，低碳醇的加入，增加了表面活性剂的溶解度，从而增加了其对盐的容忍度，对于同一种醇，随着加入醇浓度的增加，体系相态发生由上相微乳液→中相微乳液→下相微乳液（u→m→l）的转变，在醇

的碳链长度为 C_{5-7} 时，随着碳链长度和其浓度的增加则有相反的情况，即由下相微乳液→中相微乳液→上相微乳液（l→m→u）的转变。

此外，木质素磺酸盐、多糖等也在许多情况下用于表面活性剂驱油剂的助剂，用来增加体系的表面活性、改善溶液的增溶能力、稳定泡沫或者作为助剂的牺牲剂减少驱油主剂在岩石多孔介质流动过程中的损失等。

3.2.2 表面活性剂的溶解性能

3.2.2.1 表面活性剂的亲油亲水性

表面活性剂的亲油亲水性通常用亲水亲油平衡值（Hydrophilic and Lipophilic Balance，HLB）表示，HLB 值表示表面活性剂分子亲水和亲油两个相反基团的大小和能力的平衡关系参数。通常为了方便起见，将其亲和力的平衡结果用一个数值表示，以表达分子内部平衡后整个分子的综合倾向是亲水还是亲油及其亲和程度。HLB 值表述了表面活性剂的结构与其诸多功能之间的关系。

曾经研究了许多测量和计算 HLB 值的方法，主要有临界胶束浓度发法、浊点法、色谱法、介电

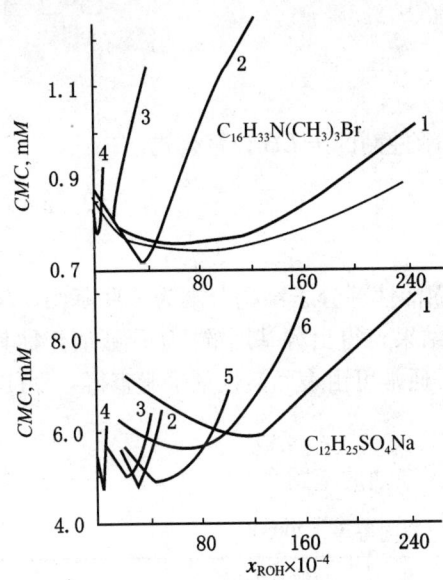

图 3-2-8 六种醇对 $C_{16}H_{33}N(CH_3)_3Br$ 和 $C_{12}H_{25}SO_4Na$ 的 CMC 的影响示意曲线
（赵国玺等，2003）
1—C_3H_7OH；2—C_4H_9OH；3—$C_5H_{11}OH$；
4—$C_6H_{13}OH$；5—⬡—OH；6—⬢—OH；

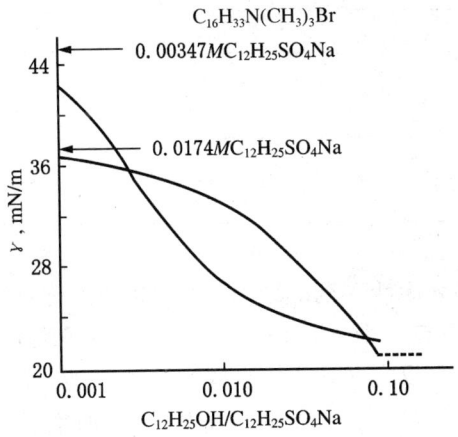

图 3-2-9 十二醇与十二烷基硫酸钠的摩尔比对其溶液表面张力的影响示意曲线图
（赵国玺等，2003）

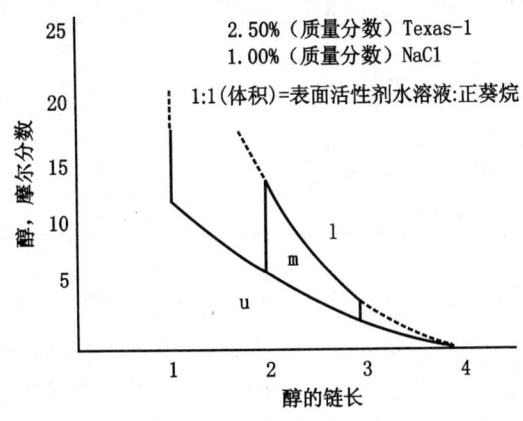

图 3-2-10 醇的碳链长度对微乳状液相态的影响图

常数法、极性指数法、表面张力法和乳化法等，但是，各种测量方法都是非常烦琐的，经常采用经验公式计算法如下。

（1）Griffin 经验式。

多元醇脂肪酸酯的 HLB 计算公式：

$$HLB = 20[1-(S/A)] \tag{3-2-1}$$

式中　S——酯的皂化值；
　　　A——脂肪酸的酸值。

亲水基只有—$(C_2H_4O)_n$—的聚氧乙烯型非离子表面活性剂的 HLB 计算公式：

$$HLB = (E/5) \tag{3-2-2}$$

式中　E——环氧乙烷占分子的质量分数。

(2) Devies 经验公式——HLB 基团数法。将表面活性剂分子结构分解为一些基团，每一个基团对 HLB 数值均有确定的贡献，由已知实验结果，得出各基团的 HLB 数值，称其为 HLB 基团数（一些 HLB 基团数列于表3-2-2，通常可由表面活性剂手册查得），可以由式（3-2-3）计算表面活性剂的 HLB 值：

$$HLB = 7 + \sum 亲水的基团数 - \sum 亲油的基团数 \tag{3-2-3}$$

表3-2-2　一些 HLB 基团数据表（赵国玺等，2003）

亲水的基团数		亲油的基团数	
—SO_4Na	38.7	—CH—	0.475
—$COOK$	21.1	—CH_2—	0.475
—$COONa$	19.1	—CH_3—	0.475
—SO_3Na	11	=CH—	0.475
—N（叔胺）	9.4	—(C_3H_6O)—	0.15
酯（失水山梨醇环）	8.8	—CF_2—	0.870
酯（自由）	2.4	—CF_3	0.870
—$COOH$	2.1		
—OH（自由）	1.9		
—O—	1.3		
—OH—（失水山梨醇环）	0.5		
—C_2H_4O—	0.33		

应用 HLB 基团数法（虽然仍是经验的），只要了解表面活性剂的结构，就可以方便地计算出其 HLB 值。在 HLB 法中，每一个表面活性剂都有一个 HLB 值，以表示其亲水程度，HLB 值从1到40，HLB 值越高表示其亲水性越强，反之，亲水性越弱亲油性越强。由亲油性到亲水性的转变值为 $HLB=10$，石蜡的 $HLB=0$，油酸的 $HLB=1$，油酸钾的 $HLB=20$。通常商业产品的表面活性剂的 HLB 值可以从表面活性剂手册查得。

一般认为，表面活性剂的 HLB 值有加和性，表面活性剂的混合物可以各自的 HLB 值及其占据的含量计算，例如 30%Span80（$HLB=4.3$）和 70%Tween80（$HLB=15.0$）混合物的 HLB 值为：$0.3×4.3+0.7×15.0=11.8$。然而，应当指出的是上述混配不是唯一的，可以用不同的表面活性剂混配得到相同的 HLB 值。

HLB 值本来是用来选择乳化剂而提出来的一个经验指标。由表面活性剂的 HLB 值可以得出表面活性剂的 HLB 值的大致范围和应用性质的关系，HLB 值在3~6范围内的表面活性剂用作 W/O（油包水）乳化剂，HLB 值在7~9范围的用作润湿剂，HLB 值在8~18

范围的用作 O/W（水包油）的乳化剂，HLB 值在 13~15 范围的用作洗涤剂，HLB 值在 15~18 范围的用作加溶剂。同样，可以根据 HLB 值选择破乳剂，HLB 值倾向亲水的表面活性剂可以使 W/O 型乳状液破乳，HLB 值倾向亲油的可以使 O/W 型乳状液破乳。然而实践证明，表面活性剂的 HLB 值计算只反应了结构本身的亲和力倾向，实际上，环境条件如温度、液体性质以及制备乳状液时的搅拌力的强度等，都会对结果产生影响。在化学驱油主剂的选择时，HLB 值可以作为选择适用的驱油主剂的参考数值之一，例如，对于密度较大的原油，应当选择 HLB 值大致倾向亲油的表面活性剂或者其混合试剂，对于地层水含盐度较高的油藏，应当选择 HLB 值大致倾向亲水的表面活性剂或者其混合物，这样的试剂比较容易配制超低界面张力的驱油体系。

3.2.2.2 离子型表面活性剂的溶解性能

离子型表面活性剂在水中的溶解度随温度的增加而增加，在达到一定温度时，溶解度急剧增加，此温度称为离子型表面活性剂的临界溶解温度，表示为 Krafft 点温度，通常记作 K_p。图 3-2-11 为石油磺酸盐溶解度与温度关系的相态图，图中的实线为表面活性剂的溶解度与温度的关系曲线，虚线为临界胶束浓度与温度关系曲线，二者交点的对应温度即为 Krafft 点温度，从表面活性剂的相态角度可以认为它相当于表面活性剂水合体的熔点，表面活性剂在 Krafft 点附近的相态可以分为不同的区域：Ⅰ区，在 K_p 点温度以下表面活性剂处于水合体状态；Ⅱ区，在 K_p 点温度和临界胶束浓度以上表面活性剂以胶束状态分散溶解于溶液中，由于胶束的尺寸小于可见光波长，因此溶液呈透明状态；Ⅲ区，在 K_p 点温度以上和临界胶束浓度以下表面活性剂以单个分子状态溶解在水溶液中，溶液也是透明

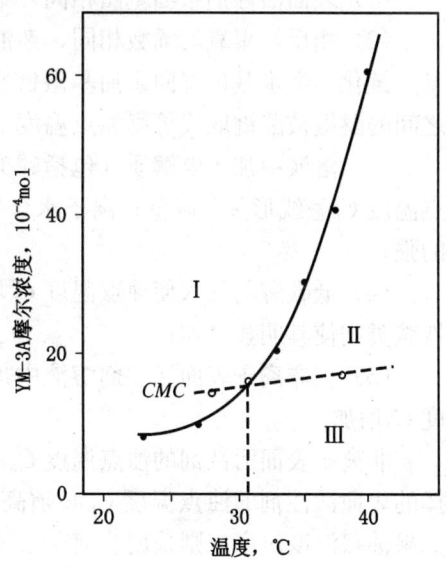

图 3-2-11　石油磺酸钠溶解度与温度关系相态图

状态。表面活性剂的 K_p 点温度越低，则其溶解性能越好。影响 K_p 点温度的主要因素有：

（1）表面活性剂亲水基相同而亲油基碳链长度增加，则 K_p 点温度增加；

（2）亲油基相同，而亲水基增强或数目增加、亲水基所在位置向亲油基碳链中部移动，则 K_p 点温度减低；

（3）亲油基碳链引入不饱和键，则 K_p 点温度降低；

（4）引入另一种表面活性剂时，则 K_p 点温度减低，而且低于它们各自的 K_p 点温度；

（5）溶液中加入无机盐，或者改变反离子（Counterion）时，K_p 点温度增加；

（6）溶液中加入适当碳链长度的醇时，K_p 点温度降低。

附表 3 列举了一些阴离子、阳离子和两性离子表面活性剂的 Krafft 点，由表可见表面活性剂的结构对其溶解能力具有十分明显的影响。

3.2.2.3 非离子表面活性剂的溶解性能

非离子表面活性剂在水中的溶解度随温度的增加而变化，在达到一定温度后，溶液开始变为混浊，成为乳白色的溶液，则溶液开始变混浊的温度称为非离子表面活性剂的浊点温度（Cloud Temperature），通常记作 C_p。在此温度以上，溶液长期置放时分成两相，一

相为水相，含有很少的非离子表面活性剂（一般约 0.2%），亦称为贫胶束相。另一相为溶有少量水的表面活性剂相，亦称为富胶束相。上述过程是可逆的，环境冷却温度降至低于浊点温度，表面活性剂呈溶解状态，溶液为清澈的均相。因此，浊点温度 C_p 可以作为非离子表面活性剂在水中溶解能力的度量。非离子表面活性剂在水中溶解时其聚氧乙烯基上的醚氧通过氢键与水分子结合，从而使其溶解于水，当加热溶液时氢键的结合减弱，温度超过浊点温度后结合消失，表面活性剂分子同水分离分相。

通常浊点温度 C_p 的测量是将表面活性剂配制成浓度为 1% 质量分数的水溶液，然后进行程序升温在线测量溶液透光率，透光率与温度关系曲线的转折点对应的温度即为浊点温度 C_p。影响浊点温度 C_p 的主要因素有：

(1) 表面活性剂亲油基团相同，聚氧乙烯数增加则浊点温度 C_p 增加；

(2) 相反，聚氧乙烯数相同，亲油基团碳链长度增加则浊点温度 C_p 减低；同样，疏水基支链化、亲水基位置向亲油基碳链中部移动、末端羟基被甲氧基取代、亲油基与亲水基之间的醚键被酯键取代等则浊点温度 C_p 也降低；

(3) 溶液中加入电解质（包括碱类），使浊点温度 C_p 减低，且随电解质的浓度增加，浊点温度 C_p 呈线形关系降低；离子水合半径小的电解质使浊点温度 C_p 降低能力比水合半径大的强；

(4) 低碳醇的加入使浊点温度 C_p 增加，高碳醇则使其降低；尿素、甲基乙酰胺等水溶性胺类则使其明显增加；

(5) 在非离子表面活性剂溶液中加入适当的阴离子型表面活性剂则会使溶液的浊点温度 C_p 增加。

非离子表面活性剂的浊点温度 C_p 的特点，对于驱油主剂的选择具有重要的意义，所选择的表面活性剂的浊点温度 C_p 必须高于油藏温度，否则，驱油剂注入油藏后将失去活性。如果油藏温度过高，则采用非离子表面活性剂与适当的阴离子表面活性剂的复配可以提高驱油体系的浊点温度 C_p。

附表 4 列举了一些非离子表面活性剂的浊点温度，极性基团的强弱对非离子表面活性剂溶解性能的温度敏感性具有重要的影响。

3.2.2.4 表面活性剂的盐析效应

在离子型表面活性剂溶液中含有盐的情况下，表面活性剂对盐的容忍度有一定的极限值，含盐度超过此极限值时，表面活性剂从溶液中析出的现象，称为表面活性剂的盐析。图 3-2-12 是 Na—4DBS 在 Na^+ 盐溶液中的溶解曲线，横坐标为 Na—DBS 的浓度，纵坐标为 Na^+ 离子的浓度，

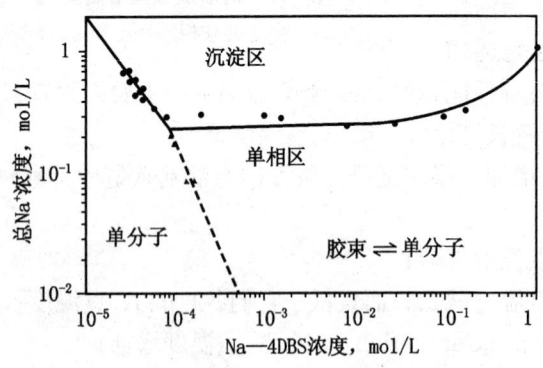

图 3-2-12 Na—4DBS 在钠盐存在情况下的溶解度与含盐度曲线图

实线为 Na—DBS 的溶解度与 Na^+ 离子的浓度关系曲线，虚线为 Na—4DBS 的临界胶束浓度与 Na^+ 离子的浓度关系曲线。在溶解度曲线以下区域，Na—4DBS 呈溶解状态；曲线以上区域，Na—4DBS 从溶液中沉淀，即出现"盐析"现象。虚线左侧区域，溶液中表面活性剂呈单个分子分散状态；右侧区域，表面活性剂分子呈单个分子与胶束的平衡状态。

离子型表面活性剂开始盐析的一价金属盐浓度同表面活性剂的浓度有如下关系式：

$$\lg [Na^+]_t = \lg [K_{so}] - \lg [R_c]_t \quad (3-2-4)$$

式中　$[Na^+]_t$——在指定温度下开始盐析时溶液中的含盐度，mol/L；

　　　$[K_{so}]$——盐析常数（溶解常数）；

　　　$[R_c]_t$——在指定温度下开始盐析时表面活性剂浓度，mol/L。

当 $[R_c] > [R_c]_t$ 时：

$$\lg [Na^+]_t = C \quad (3-2-5)$$

式中　C——常数，盐析不再与 $[R_c]$ 有关时的含盐度。

在选择化学驱油主剂的时候，必须考虑油藏地层水含盐度，使选择的驱油剂耐盐度高于地层水含盐度。但是，非离子表面活性剂溶液在浊点温度以下时，溶液中含盐度增加不会导致表面活性剂的析出，即非离子表面活性剂比离子型表面活性剂的耐盐能力强。如果地层水含盐度较高，采取非离子型和离子型表面活性剂复配的方法可以提高驱油剂的耐盐能力。

3.2.2.5　表面活性剂的溶解—沉淀—再溶解现象

离子型表面活性剂在含有多价金属离子的水中的溶解随多价离子的浓度增加而降低，在反应物浓度超过其溶度积时出现沉淀，但是，在表面活性剂浓度超过临界胶束浓度后，沉淀的表面活性剂会再溶解。图 3-2-13 是 Na—4DBS 在 Ca^{++} 盐溶液中的溶解曲线，横坐标为 Na—DBS 的浓度，纵坐标为 $CaCl_2$ 的浓度，实线为 Na—4DBS 的溶解度与 $CaCl_2$ 的浓度关系曲线，虚线为 Na—4DBS 的临界胶束浓度与 $CaCl_2$ 的浓度关系曲线。在溶解度曲线以下区域，Na—4DBS 呈溶解状态；曲线以上区域，Na—4DBS 从溶液中沉淀。虚线左侧区域，溶液中表面活性剂呈单个分子分散状态；右侧区域，表面活性剂分子呈单个分子与胶束的平衡状态。同在 Na^+ 盐水中的溶解曲线相比，沉淀区域明显扩大。由图所示，在一定 $CaCl_2$ 的浓度下，随着 Na—4DBS 浓度的增加

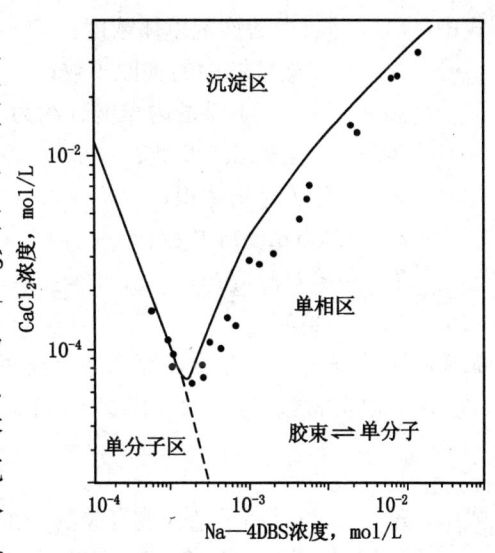

图 3-2-13　Na—4DBS 在含有 $CaCl_2$ 的盐水中的溶解曲线图

Na—4DBS 在溶液中出现溶解—沉淀—再溶解现象。沉淀现象的出现是由于 Na—4DBS 同 Ca^{++} 离子反应生成 Ca—4DBS，随着表面活性剂浓度增加 Ca—4DBS 浓度增加，由于 Ca—4DBS 的溶度积很低，在其浓度超过其溶解能力时则出现沉淀；当表面活性剂浓度超过 CMC 时，胶团具有增溶 Ca—4DBS 的能力，沉淀的 Ca—4DBS 被胶团增溶，则沉淀消失，出现了再溶解现象。

当表面活性剂水溶液浓度低于临界胶束浓度时，表面活性剂离子和多价阳离子间的沉淀平衡主要受沉淀物的溶度积 K_{sp} 控制。对于磺酸钙而言：

$$K_{sp} = C_S^0 C_{Ca^{2+}}^0 f_\pm^3 \quad (3-2-6)$$

式中 $f_\pm^3$——平均活度系数，可由 Davies 等式计算；

C_S^0、$C_{Ca^{2+}}$——表面活性剂单体浓度和钙离子浓度。

将式（3-2-6）写成对数形式：

$$\lg C_{Ca^{2+}}^0 = -2\lg C_S^0 + \lg K_{sp} - \lg f_\pm^3 \tag{3-2-7}$$

当表面活性剂浓度超过 CMC 时，溶液中开始形成胶束，假定胶束间无相互作用，此时，表面活性剂单个分子（单体）与缔合胶团之间以及沉淀与溶解之间皆存在平衡。表面活性剂分子在溶液中的化学势（μ_s）与在胶团状态中的化学势（即缔合物的化学势 μ_m）相等，即：

$$\mu_s = \mu_m \tag{3-2-8}$$

将胶团看作一个分离的相，而溶液是理想的稀溶液，根据统计热力学的推导结果，将式（3-2-8）变为：

$$kT\ln C_S^0 = kT\left(\ln\frac{1000}{N_0 V} - 1\right) - N\omega + E_{el} \tag{3-2-9}$$

式中 C_S^0——表面活性剂单体浓度；

N——在碳氢链中的碳原子数；

ω——一个 CH_2 基的内聚能（约为 $1.08kT$）；

N_0——Avogadro 常数；

V——分子自由体积；

k——Boltzmann 常数；

T——绝对温度；

E_{el}——电功。

如果胶团的表面电势为 ψ_0，那么一个表面活性离子从溶液内迁移至胶团状态所需的电功为 $e\psi_0$（e 为电荷常数 $= 4.802\times10^{-10}_{esu}$）。于是，胶团形成时每个表面活性离子的电能为：

$$E_{el} = K_0 e\psi_0 \tag{3-2-10}$$

式中 K_0——与反离子结合度有关的一个经验常数。

式（3-2-9）、式（3-2-10）给出了表面活性剂单体浓度与胶束表面电势 ψ_0 的函数关系。胶团表面电势取决于表面活性离子的性质、同号离子和反离子的浓度以及它们的电荷。

采用 Gouy-Chapman 双电层的平板近似理论，胶束表面电势分布可由 Poisson-Boltzmann 公式来描述：

$$\frac{d^2\psi}{dx^2} = -\frac{4\pi}{D}\sum z_i n_i \exp\left(\frac{-z_i e\psi}{kT}\right) \tag{3-2-11}$$

式中 ψ——电势；

x——离开胶束"表面"的距离；

D——溶液介电常数；

z_i——离子价；

n_i——每毫升溶液中的离子数。

考虑下列边界条件： $x\to\infty$，$\psi=0$，及 $\mathrm{d}\psi/\mathrm{d}x=0$ (3-2-12)

式（3-2-11）可积分变成：

$$\left(\frac{\mathrm{d}^2\psi}{\mathrm{d}x}\right)^2_{x=0} = \frac{8\pi kT}{D}\sum z_i n_i\left[\exp\left(-\frac{z_i e\psi_0}{kT}\right)-1\right] \quad (3-2-13)$$

依据电中性原则，胶束表面电荷密度 σ 可表示为电势的函数：

$$\sigma = -\int_0^\infty \rho\mathrm{d}x - \frac{D}{4\pi}\int_0^\infty \frac{\mathrm{d}^2\psi}{\mathrm{d}x^2}\mathrm{d}x = -\frac{D}{4\pi}\left(\frac{\mathrm{d}\psi}{\mathrm{d}x}\right) \quad (3-2-14)$$

式中　ρ——电荷密度。

联立式（3-2-13）、式（3-2-14），胶束的表面电势可表示为反离子和同号离子的浓度和离子价的函数，即：

$$\left(\frac{-4\pi\sigma}{D}\right)^2 = \left(\frac{\mathrm{d}\psi}{\mathrm{d}x}\right)^2_{x=0} = \frac{8\pi kT}{D}\sum z_i n_i\left[\exp\left(-\frac{z_i e\psi_0}{kT}\right)-1\right] \quad (3-2-15)$$

$$\sigma = e/A \quad (3-2-16)$$

式中　σ——胶束表面电荷密度；
　　　A——表面活性剂的每个极性基头的表面积。

对于烷基苯磺酸钠和氯化钙体系，当表面活性离子浓度超过 CMC 值之后，溶液中形成烷基苯磺酸钠和烷基苯磺酸钙的"混合胶束"。将钙离子看成是磺酸钠胶束的反离子，则由式（3-2-15）得胶束的表面电势为：

$$\frac{2000\pi\sigma^2}{DN_0 kT} = C^0_{Na} \cdot \exp\left(\frac{e\psi}{kT}\right) + C^0_{Ca^{2+}} \cdot \exp\left(\frac{z_i e\psi_0}{kT}\right) \quad (3-2-17)$$

这里 $C^0_{Na^+}$、$C^0_{Ca^{2+}}$ 分别是溶液中钠离子和钙离子的浓度。联立式（3-2-10）、式（3-2-16）和式（3-2-17）即可计算出形成胶束时的电功 E_{el}。

在胶束溶液中，胶束的解离与缔合平衡和沉淀的生成与溶解平衡共存于一个热力学体系中。多价阳离子 Ca^{2+}，一方面作为胶束的反离子，影响胶束的表面电势和浓度；另一方面与表面活性剂单个分子（单体）之间的平衡受溶度积的控制。在沉淀边界上（沉淀边界指表面活性剂对多价阳离子的最大容忍度点，即开始生成表面活性剂沉淀的点），体相中表面活性剂单体的浓度和钙离子的浓度满足式（3-2-7）。当表面活性剂总浓度（C^T_S）增加时，假定溶液中表面活性剂单体的浓度（C^0_S）不变，且体相是电中性的，则：

$$C^T_{Ca^{2+}} = \frac{\alpha}{2}[C^T_S - C^0_S] \quad (3-2-18)$$

这里 $C^T_{Ca^{2+}}$ 是表面活性剂对钙离子的最大容忍浓度；α 值在 0~1 之间，为钙离子与胶束的结合度，当每个胶束结合的钙离子的平均数目是胶束的平均聚集数的 1/2 时，α 值为 1。

当胶束溶液中有聚电解质（如硅酸盐，磷酸盐等）存在时，由于这几种聚电解质对钙离子具有不同程度的螯合能力，因而表面活性剂对钙离子的最大容忍度为：

$$C^T_{Ca^{2+}} = C^0_{Ca^{2+}} + \frac{\alpha}{2}[C^T_S - C^0_S] + \beta \cdot C^C_C \quad (3-2-19)$$

式中　β——聚电解质对钙离子的螯合比；

C_C^0——加入的聚电解质的浓度。

另外,聚电解质的加入也会影响溶液的离子强度,可以通过校正平均活度系数 $f_\pm$ 来考虑。

因此,当表面活性剂浓度小于 CMC 时,表面活性剂对钙离子的最大容忍浓度为:

$$\lg C_{Ca^{2+}}^T = \lg C_{Ca^{2+}}^0 = -2\lg C_S^T + \lg K_{SP} - \lg f_\pm^3 \quad (3-2-20)$$

这时,C_S^0 等于表面活性剂总浓度。若溶液中有聚电解质存在时,最大容忍浓度为:

$$C_{Ca^{2+}}^T = \frac{K_{SP}}{C_S^{02} f_\pm^3} + \beta \cdot C_C^0 \quad (3-2-21)$$

当表面活性剂浓度超过 CMC 时,联立等式(3-2-7)、式(3-2-9)、式(3-2-10)、式(3-2-16)、式(3-2-17)和式(3-2-18)或式(3-2-19),通过迭代运算,便可由计算机计算出表面活性剂对钙离子的最大容忍浓度。

在溶液中存在多价离子时,表面活性剂溶解度显著下降。图 3-2-12 是 Na—4DBS 在钙盐存在条件下的溶解度曲线,在浓度小于 CMC 值时,随表面活性剂浓度的增加对钙盐的容忍度线性下降,只有在浓度大于 CMC 值后,容忍度才有回升,但容忍度大大低于钠盐。将式(3-2-4)和式(3-2-5),以及式(3-2-6)和(3-2-7)联立,它们的解将分别是 Na—R$^-$ 和 Ca—R^{2-} 的 K_p 值。其结果表明,引起表面活性剂开始盐析时的[Na$^+$]大于[Ca^{2+}];当温度处于 K_p 值时,表面活性剂在 Ca^{2+} 盐溶液中的浓度高于在 Na$^+$ 盐溶液中的浓度,在[R_c]>CMC(临界胶束浓度)以后,即表面活性剂的浓度高于其临界胶束浓度时,Ca^{2+} 离子能被胶束结合,从而出现沉淀物的再溶解现象。

在选择化学驱油主剂的时候,必须考虑油藏地层水含盐度特别是地层水的硬度,使选择的驱油剂耐盐度高于地层水硬度和含盐度。研究表明,加入适当的螯合剂如乙二胺四乙酸(EDTA)及其钠盐、1,3 二胺基丙醇 N—甲基磷酸钠、聚磷酸盐、硅酸盐和其他有机磷酸盐等以及钙分散剂能够螯合钙、镁等多价离子,因此如果地层水硬度较高,采取加入螯合剂或钙分散剂的方法能够提高驱油剂耐地层水硬度的能力。

3.2.3 表面活性剂的表面活性

表面活性剂的结构特点决定了这种化合物的特有的性能,表面活性剂能够在液—液界面、液—固界面和液—气界面上定向吸附,降低界面张力,在溶液中分子间发生缔合生成"胶团","胶团"具有增溶能力。表面活性剂还具有润湿和润湿反转、乳化和破乳、发泡和消泡以及洗涤去污能力等。表面活性剂的这些性能源于其"双亲结构",其分子由非极性的、亲油碳氢链基团和极性的、亲水基团共同构成,形成不对称的结构,它既具有亲水又具有亲油的性质,因此这种分子会在水溶液体系中(包括表面和界面)相对于水介质而采取独特的定向排列,并形成一定的结构,表现出在极性和非极性界面间的定向排列、在溶液内部非极性基团相互缔合形成极性基团向外非极性基团向内的"胶团"的重要特性。在采油中就是利用表面活性剂的上述性能进行驱油提高石油采收率。

3.2.3.1 表面活性剂降低表(界)面张力的效能(Effectiveness)

表面活性剂加入溶剂(一般为水)后使溶剂表面张力(或油/水界面张力)降低所达到的最大限度(即溶液表面张力所能够达到的最低值,而不管表面活性剂的浓度如何),称为表面活性剂降低表(界)面张力的效能,它是表面活性剂表面活性的一种衡量方式。测量表明，溶液中的表面活性剂浓度增加时，表面张力不断下降，达到最低值时不再随浓度的增加而降低，如图 3-2-14 所示的那样。达到最低表面张力时的表面活性剂浓度为临界胶束浓度（Critical Micelle Concentration，CMC），此时表面活性剂在溶液中的自由分子浓度达到最大值，在溶液表面的定向吸附量达到饱和。通常即以 CMC 值时的表面张力降低值（或表面压）作为表面活性剂降低表（界）面张力"效能"的量度。根据 Gibbs 吸附方程，表面张力降低值的表达式如下：

$$-\Delta\gamma = 20 + 2.3K\Gamma_m RT\lg(C_{CMC}/C_{2,\pi=20}) \tag{3-2-22}$$

式中　$-\Delta\gamma$——表面张力降低值，即 CMC 值时的表面张力降低值（或 CMC 值时表面压力降低，π_{CMC}）mN/m；

K——热力学常数，对于非离子表面活性剂和过量含盐度溶液中的离子表面活性剂（1—1 型），$K=1$；在溶液无盐情况下的 1—1 型离子表面活性剂，则 $K=2$；

Γ_m——表面活性剂在表面上的 Gibbs 饱和吸附量，mol/cm^2，当表面压 $\pi=20mN/m$ 时，则 Γ_m 记作 Γ_{20}；

R——热力学常数；

T——绝对温度，℃；

$C_{CMC}/C_{2,\pi=20}$——CMC 值时的表面活性剂浓度与表面压 $\pi=20mN/m$ 时即表面接近饱和吸附时的表面活性剂的浓度之比。

由式（3-2-22）可见表面活性剂降低表面（界）张力的能力可以由对应的 $C_{CMC}/C_{2,\pi=20}$ 值表示。根据实验得到表面活性剂浓度与表面张力降低数据后，将其处理成 γ—$\lg C$ 关系曲线，由此曲线可以计算出 Γ_m、Γ_{20}、$C_{CMC}/C_{2,\pi=20}$ 等参数值。附表 5 列举了一些表面活性剂在水溶液中的 $C_{CMC}/C_{2,\pi=20}$、π_{CMC} 值，表中列举的测试结果表明，这些参数受表面活性剂的结构、溶液含盐量和环境条件的影响：

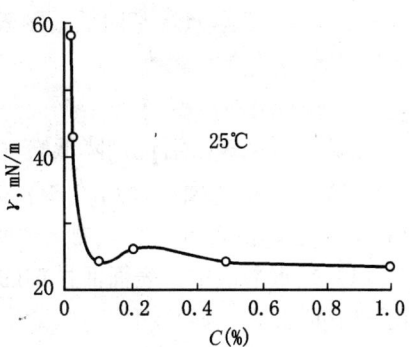

图 3-2-14　表面张力降低与表面活性剂浓度关系图（赵国玺等，2003）

（1）一般离子表面活性剂降低表面张力的能力差别不大，$C_{CMC}/C_{2,\pi=20}$ 值在 10 以下，而对于降低界面张力（庚烷/水）的能力，则此比值较大；

（2）表面活性剂亲油基引入支链，或者碳氟链取代碳氢链，则 $C_{CMC}/C_{2,\pi=20}$ 值增加；

（3）非离子表面活性剂的聚氧乙烯基增加时则 $C_{CMC}/C_{2,\pi=20}$ 值减小（在亲油基链长不变时）；

（4）表面活性剂溶液中加入盐，则 $C_{CMC}/C_{2,\pi=20}$ 值增加；

（5）温度对 $C_{CMC}/C_{2,\pi=20}$ 值影响不大。

要指出的是，表面活性剂减低表（界）面张力的效能和表面活性剂减低表（界）面张力的效率不一定是平行的，效率高的表面活性剂，其降低表（界）面张力的效能可能是强的，但是，也可能是弱的。在筛选驱油用表面活性剂时，表面活性剂减低表（界）面张力的效能和表面活性剂减低表（界）面张力的效率二者都用作参考参数。

3.2.3.2 表面活性剂降低界（表）面张力的效率（Efficiency）

表面活性剂加入溶剂（一般为水）后使溶剂表面张力（或油/水界面张力）降低至一定值时，所需表面活性剂的浓度，称为表面活性剂减低表（界）面张力的效率，它是表面活性剂表面活性的一种衡量方式。根据 Gibbs 吸附定律，表面张力降低即表示溶液表面发生了正吸附，即表面上的溶剂分子被表面活性剂分子取代，产生了"表面过剩"。在一般情况下，表面张力降低 $20\times10^{-5}\mathrm{N/cm}$ 时，表面活性剂的表面吸附达到最大值，可以将此时对应的表面活性剂在溶液中的浓度视为表（界）面张力降低的效率的度量，所需浓度越低，则效率越高。根据分子跃迁热力学定律，直链表面活性剂同系物（亲水基团相同）的表（界）面张力降低的效率可以由式（3-2-23）表示。

$$pC_{20} = n\left[-\Delta G(-CH_2-)/2.3RT\right] + K_s \qquad (3-2-23)$$

式中 pC_{20}——直链表面活性剂同系物（亲水基团相同）的表（界）面张力降低的效率，即表面张力降低 20mN/m 时所需表面活性剂在溶液中的浓度（C_{20}）倒数的对数，即 $\lg(1/C_{20})$，与溶液酸碱度 pH 值的形式相似；

$G(-CH_2-)$——表面活性剂分子自溶液中跃迁至表面时直链亲油基团的一个甲基（$-CH_2-$）跃迁自由能的变化；

n——表面活性剂分子碳链的甲基（$-CH_2-$）数；

K_s——表面活性剂分子亲水基团跃迁至表面的自由能增加，一般为负值，其值越大表示亲水基团跃迁至表面的自由能增加越高；

R——热力学常数；

T——绝对温度，℃。

由此，可见表面活性剂降低表（界）面张力的效率与亲油基团碳原子数等有关。表3-2-3列举了一些表面活性剂的 $\Delta G(-CH_2-)$ 和 K_s 的值。附表6例举了一些表面活性剂的 Γ_m，pC_{20}。由表所列实验测试表明影响表面活性剂效率的主要因素为：

（1）在水溶液中，表面活性剂的效率随其亲油性增加而增加。图3-2-15中描述了表面活性剂降低表（界）面张力的效率 pC_{20} 与表面活性剂分子的直链亲油基团中碳原子数的关系曲线。实验表明亲油基中一个苯环（$-C_6H_4-$）对表面活性剂效率的贡献大约相当于3.5个甲基（$-CH_2-$）；在存在支链或双键时，其效率降低，大约相当于同碳原子数直链的三分之二；在亲水基团不在亲油基团端点位置时，相当与亲油基团支链存在。

表3-2-3 一些表面活性剂系列的 $\Delta G(-CH_2-)$ 和 K_s 值列表（赵国玺等，2003）

表面活性剂系列	温度，℃	$\Delta G(-CH_2-)$	K_s
RSO_4Na 或 RSO_3K	25	$-0.70RT$	-1.12
RSO_4Na 或 RSO_3K	60	$-0.67RT$	-1.26
$RC_6H_4SO_3Na$	70	$-0.65RT$	-1.27
RC_5H_5NBr	30	$-0.68RT$	-1.27
RSO_4Na（庚烷/水界面）	50	$-0.66RT$	-0.74
$RN(CH_3)_3Cl$（在 0.1MNaCl 中）	25	$-0.76RT$	-0.295
$R(OC_2H_4)_6OH$	25	$-0.99RT$	-0.08

(2) 季铵盐及叔胺氧化物类表面活性剂分子中联结在 N 原子上的短链烷基（碳原子数小于 4 者，包括吡啶基）的碳原子数似乎影响不大，表面活性剂的效率完全取决于长链碳原子数。

(3) 具有相同亲油基团聚氧乙烯化的非离子表面活性剂降低表（界）面张力的效率只与氧乙烯的数目有关，随着氧乙烯数目增加，效率降低。

(4) 在水溶液中加入"水结构促进剂"如果糖、木糖等，则非离子表面活性剂的效率增加，这是由于这些极性物质促进了表面活性剂碳链周围的"冰山"结构，促使了表面活性剂分子在表面吸附和形成胶团的趋势。加入"水结构破坏剂"如 N—甲基乙酰胺、尿素等，则非离子表面活性剂的效率降低，这是由于这些极性物质促进了表面活性剂碳链周围的"冰山"结构破坏，减弱了表面活性剂分子在表面吸附和形成胶团的趋势。

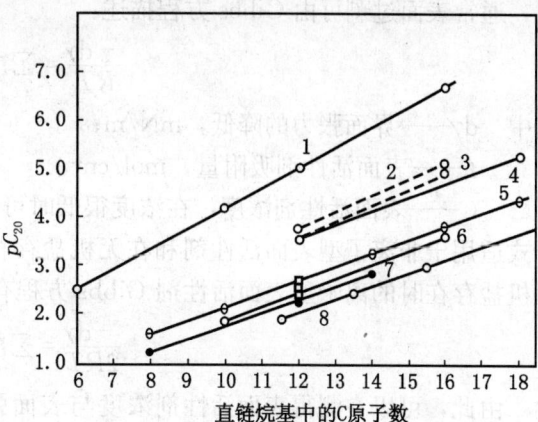

图 3-2-15 表面活性剂亲油基团碳链数对降低表（界）面张力效率的影响图（赵国玺等，2003）
在表面上：1—R(OC$_2$H$_4$)$_6$OH(25℃)；4—RN(CH$_3$)$_2$O(25°)
6—RSO$_4$Na 及 RSO$_3$K(25℃)；7—RC$_5$H$_5$NBr(30℃)；
8—P—R'C$_6$H$_4$SO$_3$Na(70℃，R = R' + 3.5)
在 0.1MNaCl 水中：2—RSO$_4$Na(25℃)；3—RN(CH$_3$)$_3$Cl(25℃)
在水/庚烷界面上：5—RSO$_4$Na(25℃)

要指出的是，表面活性剂减低表（界）面张力的效率和效能不一定是平行的，效率高的表面活性剂，其降低表（界）面张力的效能可能是强的，但是，也可能是弱的。在筛选驱油用表面活性剂时，表面活性剂减低表（界）面张力的效率和表面活性剂减低表（界）面张力的效能二者可都用作参考参数。

3.2.4 表面活性剂溶液热力学

3.2.4.1 疏水效应

表面活性剂分子的非极性集团（如碳氢链）在水溶液中相互靠拢、缔合的作用称为疏水效应（Hydrophobic Effect）或者疏水作用（Hydrophobic Interaction）。作为表面活性剂溶剂的水分子，通过氢键形成一定的结构（但又不像冰结晶那样完整），当水中溶解表面活性剂以后，水中的氢键结构会重新排列，表面活性剂亲油基周围将会有不同于水中结构的新结构形成，此称为"冰山结构"（Iceberg Structure）。在这样的体系中，若表面活性剂的碳氢链相互靠拢、缔合的现象发生，则"冰山结构"破坏，此种过程为熵增加的过程，水结构减少，体系自比较有序变为比较无序，而过程的焓变化不大。因此，Gibbs 自由能变化为负值，过程易于发生（为一自然自发进行的过程）。此种过程发生的本质主要在于熵的增加，因此经常称之为"熵驱动"过程。疏水效应导致表面活性剂分子逃逸到液体表面并在液体表面产生定向吸附，同时水中的表面活性剂分子的非极性基之间将互相靠拢、缔合形成胶束（胶团）。

3.2.4.2 表面活性剂在界面上的吸附

由于表面活性剂分子的疏水效应，溶液中的自由表面活性剂分子会自发的在溶液表面（或液—液界面）定向排列吸附，形成表面活性剂吸附层，这种现象称为溶质分子的表面过剩，通常表面过剩可由 Gibbs 方程描述：

$$\frac{-\mathrm{d}\gamma}{RT} = \sum \Gamma_i \mathrm{dln}C_i \tag{3-2-24}$$

式中　$\mathrm{d}\gamma$——界面张力的降低，mN/m；
　　　Γ——表面活性剂吸附量，mol/cm²；
　　　C——表面活性剂浓度，在浓度很低时可以用活度系数 a，mol/L（mg/L）。

上式适用于非离子型表面活性剂和在无机盐存在情况下的离子型表面活性剂，对于在没有无机盐存在时的离子型表面活性剂 Gibbs 方程有如下形式：

$$\frac{-\mathrm{d}\gamma}{2RT} = \sum \Gamma_i \mathrm{dln}C_i \tag{3-2-25}$$

由此，可以在测得表面活性剂浓度与表面张力曲线（γ—lg$C$）的基础上，由 Gibbs 方程计算出表面吸附量 Γ，从而能够得到表面活性剂的吸附等温线。实验表明表面活性剂的吸附等温线符合 Langmuir 型吸附规律，因此有如下方程：

$$\Gamma = \frac{\Gamma_m k C}{1 + kC} \tag{3-2-26}$$

式中　Γ_m——饱和吸附量；
　　　C——溶液表面活性剂平衡浓度；
　　　k——吸附平衡常数。

为了检验公式对实验结果的正确性，可以将上式处理成直线的形成：

$$\frac{C}{\Gamma} = \frac{1}{k\Gamma_m} + \frac{C}{\Gamma_m} \tag{3-2-27}$$

根据上式，将实验结果按照 C/Γ 对 C 处理作图，应当得到一条直线，直线的斜率的倒数即为饱和吸附量，斜率和截距之比为吸附平衡常数 k。这样，可以计算出在任意吸附量 Γ 时平均每个吸附分子占据的横截面积：

$$A = \frac{1}{\Gamma N_A} \tag{3-2-28}$$

或者

$$A_m = \frac{1}{\Gamma} \tag{3-2-29}$$

式中 N_A 为阿伏伽德罗常数，A_m 为 1 摩尔吸附分子所占有的吸附面积。根据 Γ_m 则可以计算出极限吸附时平均每个吸附分子战局的吸附面积（极限分子面积）或每摩尔所占面积。由此可以推论表面活性剂表面吸附层的结构。在任意吸附量下计算出平均每个吸附分子占据的吸附面积并且同分子的结构尺寸进行对比，能够确定吸附分子在界面的状态：平躺、直立或紧密排列。近代的研究表明，饱和吸附的表面活性剂分子在界面的吸附层结构为亲水基深入水成为极性基层，疏水基伸向气体成为非极性基层，对于离子型表面活性剂由于分子极性基解离荷电，带电的表面活性剂分子在界面定向吸附排列，形成荷电的吸附层。反离子的一部分与吸附层结合，另一部分以扩散层的形式分布成为双电层结构。

影响表面活性剂在界面上吸附的主要因素有：

（1）表面活性剂的亲水基。亲水基小者，横截面积则小，饱和吸附量大。由于离子型表面活性剂分子之间的静电排斥作用，吸附层疏松，因此离子型表面活性剂的饱和吸附量低于非离子型表面活性剂的饱和吸附量。

（2）表面活性剂的亲油基。与亲水基大小的影响相似，亲油基小者，横截面积小，饱和吸附量小。一般带支链的亲油基表面活性剂的饱和吸附量小于同类型的直链表面活性剂饱和吸附量。

(3) 同系物。同系表面活性剂的饱和吸附量差别不大，一般的规律是随着烷基链长度的增加饱和吸附量增加，但是烷基链过长往往会出现相反的结果。

(4) 环境温度。随着温度的增加饱和吸附量减小，但是，对非离子型表面活性剂，在低浓度时随着温度的增加饱和吸附量增加。

(5) 无机电解质。对于离子型表面活性剂，溶液中加入无机电解质会导致饱和吸附量的明显增加。这是由于电解质浓度的增加使得更多的反离子进入吸附层，减弱吸附分子的静电排斥，使得排列更加紧密，同时由于电解质浓度的增加也会使表面活性剂的疏水性增加，加剧了向界面逃逸的趋势。但是，非离子表面活性剂不受无机电解质加入的影响。

3.2.4.3 胶束形成热力学

(1) 临界胶束浓度。

当表面活性剂浓度足够低时，表面活性剂以单个分子状态分散在溶液中，由于其双亲性质引起的疏水效应，部分分子定向吸附在液体表面降低表面自由能，随着浓度的增加，分散的单个分子浓度增加，表面吸附逐渐趋于饱和，表面自由能降至最低值，溶液中分散的分子开始克服分子的热运动（布朗作用）。由于亲油基的疏水作用产生相互聚结（自聚），形成亲油基向内、亲水基向外（与水接触）的聚结体（Aggregate），即所谓胶团（Micelle）也称为胶束。形成胶束（胶团）时的浓度，称为表面活性剂的临界胶束浓度（Critical Micelle Concentration，CMC），通常以 CMC 表示。则溶液中形成了体相浓度为常数的单个表面活性剂分子与胶束的热力学平衡状态，单个分子与胶束内的分子之间大约以 10^{-4} s 的速度进行交换。胶束形成后溶液中的单个分子的浓度达到最高。这种胶束溶液，在热力学上是稳定体系。表面活性剂分子在溶液中自聚（Self-assemble）形成各种不同结构、形状和大小的分子有序组合体的现象，称为表面活性剂的缔合。表面活性剂在溶液内的自聚（或胶团化）过程如图 3-2-16 所示。

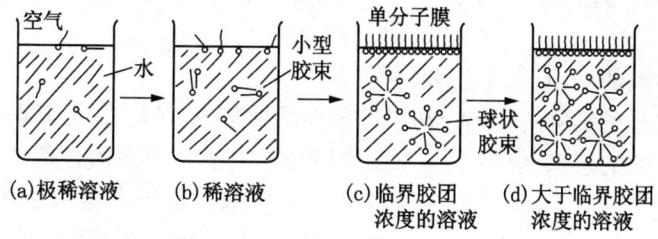

图 3-2-16 表面活性剂在溶液内的胶束化过程示意模型图
(D. O. Shah, 1981)

溶解在溶液内的表面活性剂分子在浓度很低时，呈单个自由分子分散在溶液中，部分分子由于其非极性基的疏水效应而在液面上定向吸附排列［见图 3-2-16 (a)］；浓度增加时，溶液内自由分子开始缔合形成小胶束［见图 3-2-16 (b)］；浓度进一步增加时，液面上吸附的分子达到饱和，溶液内的分子由于非极性基间的亲和力和"熵驱动"作用产生自聚，形成胶团［见图 3-2-16 (c)、图 3-2-16 (d)］。常规的表面活性剂的 CMC 值可以从表面活性剂手册中查得。

表面活性剂的溶液性质在临界胶束浓度下发生了明显的变化，图3-2-17为十二烷基硫酸钠溶液浓度与其物理化学性质关系曲线图，由图可见溶液的电导率、渗透压、表面张力、界面张力等曲线在CMC处都出现了转折，我们可以利用其物理化学性质的这种变化测量表面活性剂的CMC值。主要测量方法有：

①表面张力法。表面活性剂溶液的表面张力—浓度曲线具有转折点，此转折点对应的浓度即为临界胶束浓度。此法不受溶液中含盐度的影响，既可以适用于离子型表面活性剂，又可以适用于非离子型表面活性剂。但是，当试剂中有少量杂质存在时往往会出项最低点或两个转折点，不易准确确定CMC值。

②电导法。表面活性剂溶液的电导率—浓度关系曲线出现不同斜率段，斜率变化点对应的表面活性剂浓度即是临界胶束浓度。此法不适用与非离子型表面活性剂。

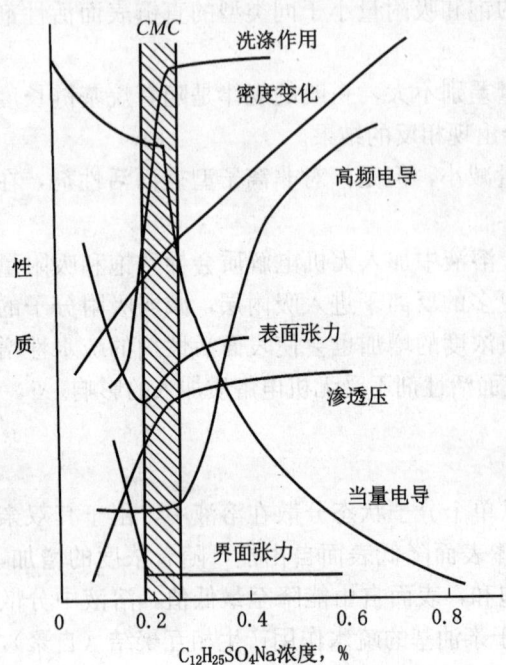

图3-2-17 表面活性剂溶液性质在胶束形成前后的变化曲线图（赵国玺等，2003）

③燃料法。利用胶束对某些燃料增溶的原理，一些燃料在水中的现色与在胶束中的现色完全不同，采用滴定的方法（使溶液稀释，或者溶液浓度增加），根据溶液现色的变化，确定临界胶束浓度。碱性蕊香红G、频哪氰醇氯化物可用于离子型表面活性剂的测定；四碘荧光素、碘及苯并红紫、频哪氰醇氯化物可用于非离子型表面活性剂的测定。

此外，还有加溶法、光散射法、光吸收法、小角度激光散射、紫外光谱法（在增溶联苯条件下）等。所有方法均有优缺点，通常采用两种或两种以上的方法进行对比测定，以增加测量准确性。

影响表面活性剂的CMC值的主要因素如下：

①表面活性剂分子结构的影响。离子型表面活性剂的CMC值大于非离子型，聚氧乙烯型非离子表面活性剂的亲水基增加，CMC值增加。离子型表面活性剂的极性基对CMC影响不明显，亲水性增强时，CMC值有所减低。极性基的位置向碳氢链中部移动时，CMC值增加。同系物的非极性基碳链长度增加时，CMC值降低，同系物的碳链长度与CMC值有如下关系：

$$\ln CMC = A - Bm \qquad (3-2-30)$$

其中

$$A = K_g \left[\ln \frac{2000\pi\sigma^2}{DN_0 kT} - \ln C' \right] + \ln\left(\frac{1000}{N_0 V}\right) - 1$$

$$B = \omega/kT$$

上式描述了同系表面活性剂在极性基一定时其烷基链碳原子数的变化对CMC值的影响，碳原子数m增加，表面活性剂分子由范德华力引起的内聚力增加，则CMC值下降。碳氢链分支及极性基位置也对CMC值有影响。对于相同烷烃碳的表面活性剂（阴离子），带支链

的表面活性剂的 CMC 值比直链的大得多，如 $C_{10}H_{21}SO_3Na$ 的 CMC 值为 0.045mol/L，而二烷基琥珀酸酯磺酸钠的 CMC 值则为 0.2mol/L；$C_{13}H_{27}CH(CH_2)CH_2SO_4Na$ 的 CMC 值为 $8.0×10^{-4}$mol/L 而 $C_7H_{15}CH(C_7H_{13})CH_2SO_4Na$ 的 CMC 值则为 $3×10^{-3}$mol/L。同时，非极性基中引入苯环或不饱和键（在相同碳原子数下）时，CMC 值便升高。在非极性基中引入—O—，—OH 时，CMC 值升高。极性基在非极性基的位置不同时，CMC 值也不同；在相同情况下，极性基向碳氢链中间移动时，CMC 值增加，如：$C_{14}H_{29}SO_4Na$，—SO_4 在第一碳位上时，CMC 值为 0.0024mol/L，而在七碳位时为 0.0097mol/L。

离子性表面活性剂的 CMC 值比非离子的大。极性基团对 CMC 的影响不明显，极性基团亲水性增强时，CMC 值有所降低。

②溶液中引入无机电解质的影响。溶液中引入电介质，无论对于单一组分还是多元组分表面活性剂的 CMC 值都有明显的影响，由式（3-2-30）得：

$$\ln CMC = a\ln C' + b \quad (3-2-31)$$

其中
$$a = Kg$$

$$b = K_o - m\ln 3 = K_g\ln\frac{2000\pi\sigma^2}{DN_okT} + \ln\frac{1000}{N_ov} - 1 - m\ln 3$$

在这里，对于给定的离子，在一定温度下，a、b 是常数，CMC 值将随电介质的加入而降低。对十二烷基酸和环烷基酸的钠盐，阴离子对 CMC 值的降低效能的次序是：

$$PO_4^{-3} > B_4O_7^{-2} > OH^- > CO_3^{-2} > HCO_3^- > SO_4^{-2} > NO_3^- > Cl^-$$

同时，由于 CMC 值也反映了反离子在胶束表面上的结合程度，当反离子的结合程度增加时，表面活性剂的 CMC 值降低，随着反离子的极化程度和离子价数增加、水化半径减小，其结合程度增加，如十二烷基磺酸盐，在不同反离子时其 CMC 值大小的顺序是：

$$Li^+ > Na^+ > K^+ > Cs^+ > N(CH_3)_4^- > N(C_2H_4)^+ > Ca^{2+}(Mg^{2+})$$

③溶液中引入极性有机物质的影响。脂肪醇的加入能够影响表面活性剂的 CMC，在低浓度醇的情况下，醇浓度增加时 CMC 值减小，醇的碳链越长则 CMC 值减小幅度越大，这是由于醇参与了胶团的形成，醇的存在减弱了表面活性剂分子间的排斥，因而，分子容易缔合形成胶团。但是，当醇的浓度超过一定值后，则会出现相反的结果，这是由于醇浓度达到一定值后，能够破坏表面活性剂碳氢链周围的"冰山结构"，使介电常数增加，表面活性剂的溶解能力增加，不利于胶束的形成，故 CMC 值反而增加。而尿素、甲酰胺等水溶性强的极性有机物也能够使 CMC 值增加。

④水溶性聚合物的影响。聚丙烯酰胺（PAM）、聚乙二醇（PEG）和部分水解聚丙烯酰胺（HPAM）等水溶性聚合物与离子型表面活性剂之间主要是碳氢链间的疏水作用，其疏水性越强越可能产生表面活性剂分子在其碳氢链上的"吸附"，从而形成"复合物"（Complexe）。而电离的聚合物同阴离子表面活性剂之间主要是电性相互作用，不会形成"复合物"。但是，二者都对表面活性剂的 CMC 值产生强烈的影响。而对于溶水后解离成荷负电的部分水解聚丙烯酰胺离子的情况则不同，由图 3-2-18 可见，不论是在纯水中还是盐水中，荷负电的部分水解聚丙烯酰胺离子的加入都使表面活性剂的 CMC 值降低，且随加入量的增加进一步降低；水解度大的 HPAM 使 CMC 值下降更显著，这可能是静电外力作

用的结果。

(2) 胶束形状。

在水溶液中表面活性剂分子自聚形成亲油基向内、亲水基同水接触的单分子层闭合体——胶团（Micelle）或囊泡（Vesicle），在油相内形成亲水基向内、亲油基同油接触的反胶团，在油—水混合体系形成亲油基向油、亲水基向水的微乳状液。依据单分子层的弯曲度，形成球形胶团、椭球形胶团、扁球形胶团、棒状胶团、线状胶团（如图3-2-19），囊泡有单室、多室和管状等（如图3-2-20）。表面活性剂自聚形成的胶团或囊泡形状随着表面活性剂浓度的增加而变化，其变化过程如图3-2-21所示，随着表面活性剂浓度的变化其单分子层的弯曲度变小从而可以形成不同形状的胶团、囊泡和液晶体，在表面活性剂浓度很高时能够形成六边形胶束、层状胶束和不同结构的液晶体。在浓度稍低于CMC值的范围内，形成一些小型胶束（二聚体、三聚体）；在浓度超过

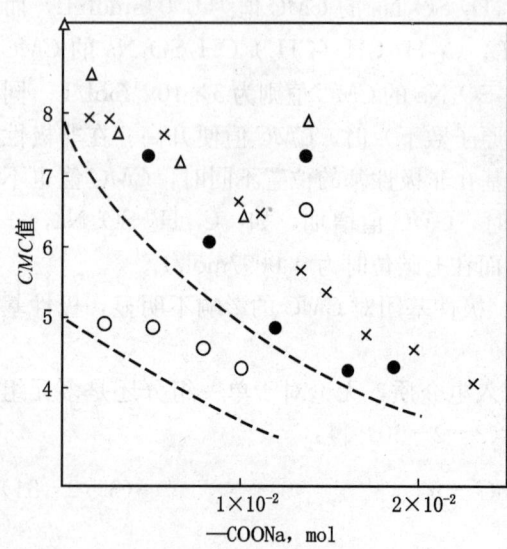

图3-2-18　聚合物对表面活性剂CMC值的影响
（Sabadin et Francois）
×—HPAM HC（HC为商品代号）在纯水中；
△—HPAM AD60在纯水中；●—HPAM CC在0.1mol盐水中；○—HPAM HC在0.1mol盐水中

CMC不多时，形成对称的、缔合度不变的球形胶束（团）；如十二烷基硫酸钠（$C_{12}H_{25}SO_4Na$），在CMC（839×10^{-3}mol/L）时具有聚集数为73的球形胶束。在浓度约大于10倍CMC值时，Debye根据光散射测得的结果为圆筒状（或棒状、腊肠状）胶束并向六角形胶束变化。当浓度更大时，形成巨大的层状胶束（团）或液晶结构，具有双折射特性。具有环氧乙烷的非离子表面活性剂，在常温下，由于亲水基较大，形成以烷烃链为核心周围被浓厚的聚环氧乙烷基所掩蔽的球形胶束，一般难以形成棒状或层状胶束。胶束（团）的大小由胶束的聚集数，即由缔合成胶束的表面活性剂分子数度量（图3-2-22）真溶液溶质分子大小为10Å，胶束溶液的分散相大小为20～100Å，取决于表面活性剂分子链长和聚结数；微乳状液的分散相可达100～1000Å，乳状液则为1～10μm。

  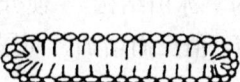 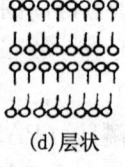 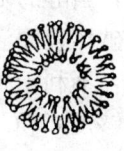 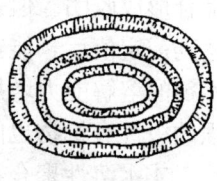

(a) 球形　　(b) 扁球　　(c) 棒状　　(d) 层状　　　　　(a) 单室　　　(b) 多室

图3-2-19　常见胶团形状示意模型图（肖进新等，2003）　　图3-2-20　囊泡形状示意模型图
（肖进新等，2003）

(3) 胶束结构。

胶束由内核、外层组成，内核是在水溶液中表面活性剂的疏水基相互结合而成，形成水溶液内的似烃非极性微区；内核与水之间由表面活性剂的极性基组成外层；内核和外层

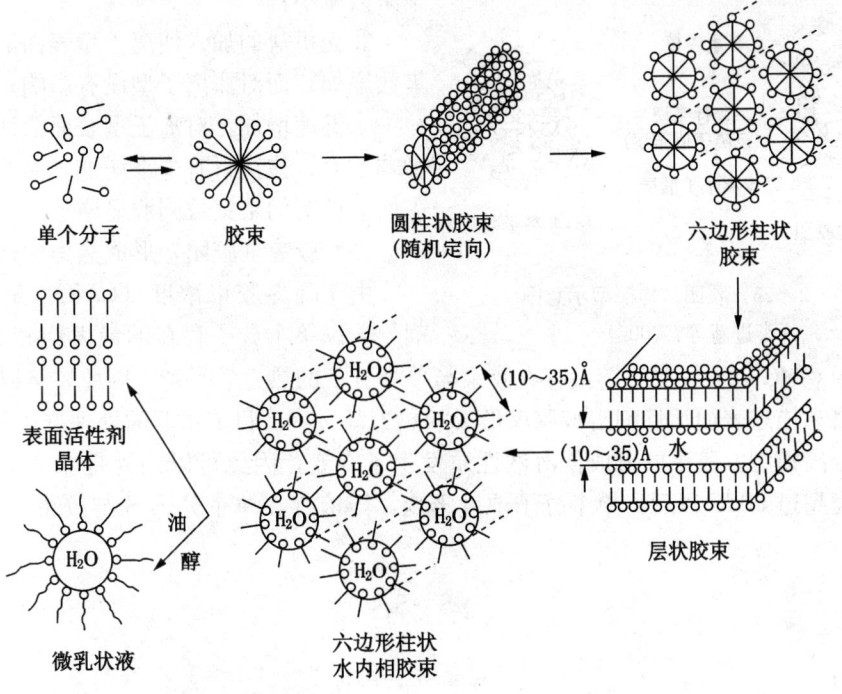

图 3-2-21 表面活性剂各种胶团的形成过程模型示意图 (D.O.Shah, 1981)

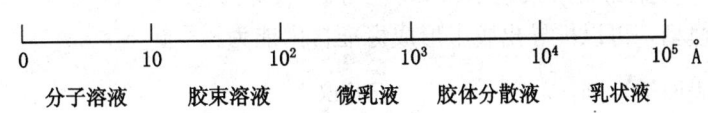

图 3-2-22 不同体系中分散相的尺寸 (D.O.Shah, 1981)

之间为水化了的由 CH_2—基团构成的栅栏层。对于离子型表面活性剂,如图 3-2-23(a) 所示那样,其内核为疏水基组成的类似于液态烃状态的核,直径约为 1~1.8nm。外层有两部分组成:外壳由极性基和与其固定的反离子及离子化的水组成,也称为双电层的内层,即 stern 层,厚度约 0.2~0.3nm。在 stern 层外面是为保持胶团表面电中性的由反离子和水结合的反离子扩散双电层。对于非离子型表面活性剂,如图 3-2-23(b) 所示那样,内核与离子型表面活性剂相同,而外层则由柔顺的聚氧乙烯链和与醚键相结合的水组成,表面不带电,无双电层。

(4) 胶束聚集数。

胶团大小的度量是胶团的聚集数 n,即聚集成一个胶团的表面活性剂分子(或离子)的平均数。通常用散射光谱法测量胶团的"相对分子质量"—胶团量,然后除以表面活性剂的相对分子质量,即可以得到胶团聚集数。常规的表面活性剂的胶团聚集数可以由表面活性剂手册查询(参见附表 7)。此外,超离心法、扩散法和黏度法也能够测量表面活性剂的聚集数。实验表明,影响聚集数的主要因素有:

①表面活性剂同系物的疏水基碳原子数增加,聚集数增加;

②非离子表面活性剂的疏水基具有相同碳链长度的情况下,极性基的聚氧乙烯数增加,

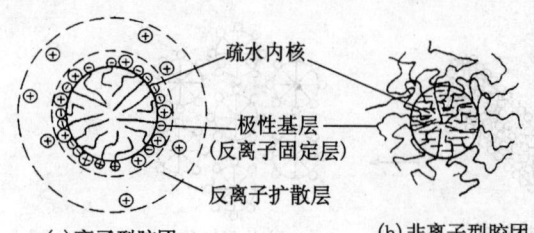

图 3-2-23 胶团结构模型示意图
（肖进新等，2003）

聚集数减小；

③无机盐的加入使离子型表面活性剂的聚集数增加，而对非离子型没有影响；

④温度增加，对离子型表面活性剂聚集数影响不大，往往只有少许增加，而非离子型的表面活性剂的聚集数则明显增加。

(5) 胶束（胶团）形成热力学模型。

由于临界胶束浓度（CMC）是表面活性剂分子以单个分子存在的最大饱和极限浓度，在浓度大于 CMC 以后，胶束溶液存在胶束与单个分子的热力学平衡，因此，可以用标准溶液热力学概念描述表面活性剂溶液胶束形成的热力学过程。目前主要的处理方法是：

①相分离模型。胶束的形成使溶液性质发生了突变，因此可以认为是一个新相分离出来，在浓度超过 CMC 以后，单个分子浓度不变，溶液存在单个分子 S 与胶束聚集体 S_n 的动态平衡：

$$nS \leftrightarrow S_n \tag{3-2-32}$$

平衡常数为：

$$K = \frac{C_m \cdot n}{C_s} \tag{3-2-33}$$

式中 n——胶束聚集数；

C_m、C_s——分别为胶束聚集体和单个分子的浓度。

由拟相分离模型，可以推导出胶束形成标准自由能为：

对于非离子表面活性剂： $\Delta G_m = RT\ln CMC \tag{3-2-34}$

对于离子型表面活性剂： $\Delta G_m = 2RT\ln CMC \tag{3-2-35}$

②质量作用模型。可以把体系处理成表面活性剂分子在胶束中的化学势（μ_m）与其在体相溶液中的化学势的平衡：

$$\mu_s = \mu_m \tag{3-2-36}$$

如果将胶束视作拟烃相液体，溶液为理想的标准稀溶液，则由统计热力学结果可写出：

$$\mu_s = \mu_s^o + kT\ln Z_s \cdot Z_{sr} \frac{2\pi mkTV}{h^3} - kT\ln \frac{CN_0 kT}{1000} \tag{3-2-37}$$

$$\mu_M = \mu_M^o + kTZ'_s \cdot Z'_{sr} \frac{2\pi mkT}{h^3} + E_{el} \tag{3-2-38}$$

式中 k——Boltzmann 常数；

T——绝对温度；

h——Planck 常数；

Z_s——溶液中表面活性剂分子内部振动的结构函数；

Z'_s——胶束中表面活性剂分子内部振动的结构函数；

Z_{sr}——溶液中表面活性剂分子内部振动与外部振动的结构函数；

Z'_{sr}——胶束中表面活性剂分子内部振动与外部振动的结构函数；

μ_s°——表面活性剂分子在溶液中的标准化学势；
μ_M°——表面活性剂分子在胶束中的标准化学势；
C——表面活性剂溶液体积摩尔浓度；
N_o——Avogadro 常数；
E_{el}——表面活性剂胶束表面电化学势；
V——分子的自由体积。

将式（3-2-37）和式（3-2-38）代入式（3-2-36），简化后则有：

$$\ln C = \frac{\mu_M^\circ - \mu_s^\circ}{kT} + \ln \frac{1000}{N_o V} + E_{el}/kT - 1 \qquad (3-2-39)$$

$\frac{\mu_M^\circ - \mu_s^\circ}{kT}$ 项为表面活性剂分子在胶束中和在溶液体相中的内聚能之差，可表示为：

$$\frac{\mu_M^\circ - \mu_s^\circ}{kT} = m_i \omega / kT \qquad (3-2-40)$$

式中　m_i——表面活性剂分子的烷烃链中的碳原子数目；
　　　ω——表面活性剂分子烷烃链的一个—CH_2基的内能。

E_{el}是（阴离子表面活性剂的）胶束表面的电化学势，那么，如果将胶束的表面视作"平面"，则根据 Gouy-Chapman 模型，经过处理，可将上式简化成：

$$\ln C = -\frac{m_i \omega}{kT} + \ln\left(\ln \frac{2000\pi\sigma^2}{DN_o kT} - \ln C'\right) + \ln \frac{1000}{N_o V} - 1 \qquad (3-2-41)$$

对于同系表面活性剂，上式可进一步简化，且表面活性剂分子自溶液中向烃类环境跃迁（Transfer）的自由能变化为 $\omega = kT\ln 3$/每一个甲基；同时，饱和表面活性剂溶液浓度即为临界胶束浓度（CMC），则有：

$$\ln CMC = -m\ln 3 - K_g \ln C' + K_o \qquad (3-2-42)$$

此式即为表面活性剂胶束形成浓度（CMC）与其他参数关系的基本公式，其中 K_o 为：

$$K_o = K_g \ln \frac{2000\pi\sigma^2}{DN_o kT} + \ln \frac{1000}{N_o V} - 1$$

当溶液中无盐加入时，则 $C = C'$，式（3-2-42）变为：

$$\ln CMC = \frac{m}{1+K_g}\ln 3 + K_1 \qquad (3-2-43)$$

式中

$$K_1 = \frac{1}{1+\mu_g}\left(K_g \ln \frac{2000\pi\sigma^2}{DN_o kT} + \ln \frac{1000}{N_o V} - 1\right)$$

对于两种或两种以上阴离子表面活性剂的混合物，其临界胶束浓度记作 CMC_M，若混合物各组分烷基链的碳原子数分别为 $m_1, m_2, \cdots, m_n$，而其摩尔分数分别为 $x_1, x_2, \cdots$，$1-\sum x_{n-1}$，则混合物各组分在形成胶束时的浓度为：

$$\ln C_{m_1} x_1 = (1+K_g)\ln C_{m_1} - K_g \ln C_M + \ln x_1 \qquad (3-2-44)$$

式中　C_{m_1}——组分 1（m_1）的 CMC；

C_M——混合物的 CMC。

$$\ln C_m x_2 = (1 + K_g)\ln C_{m_2} - K_g \ln C_M + \ln x_2 \qquad (3-2-45)$$

$$\ln C_{m_n} x_n = (1 + K_g)\ln C_{m_n} - K_g \ln C_M + \ln\left(1 - \sum_{i=1}^{n} x_i\right) \qquad (3-2-46)$$

混合物的临界胶束浓度为：

$$C_M = \sum_{i=1}^{n} x_i \cdot C_{m_i}$$

将上述各式代入，则有：

$$C_M^{1+K_g} = \sum_{i=1}^{n} x_i \cdot C_{m_i}^{1+K_g} = \sum C_{\min}^{1+K_g} \frac{x_1 \exp(m_i \omega/kT)}{x_i \exp(m_i \omega/kT)} \qquad (3-2-47)$$

可见，具有低的 CMC 值的阴离子活性剂同具有高的 CMC 值的阴离子活性剂的混合将使混合物的 CMC 值具有加成的性质。这是由于长烷基链分子的引入使短烷基链分子之间的引力增加，从而增加了分子间聚集的可能性，且使其形成胶束时的浓度降低。同样，根据拟相分离模型，非离子活性剂的 CMC 值与表面活性剂的氧乙烯数（EO）之间有如下关系：

$$\ln C_M = \frac{m\omega}{kT} + \ln\left(\frac{100}{N_0 V}\right) + \frac{n\omega'_{\text{mic}}}{kT} - 1 \qquad (3-2-48)$$

式中　m——烷烃链的碳原子数；

　　　n——氧乙烯数（EO）；

　　　ω'_{mic}——胶束—单个分子之间每一个氧乙烯基的表面活性剂化学势之差。

由于单个分子向胶束的跃迁过程是分子由高能量状态向低能量状态的变化过程，故其反应是放热反应，所以 ω、ω'_{mic} 是负值。由于氧乙烯数的增加将使 ω'_{mic} 更负，则 CMC 值降低，反之将升高。若溶液是由几种不同氧乙烯数的非离子活性剂混合物形成，则混合溶液的 CMC 值同样可由下式计算：

$$\sum C_{m_i} \cdot x_i = C_M \qquad (3-2-49)$$

同样，有：

$$\sum C_{m_2} \cdot \frac{x \exp(m_i \omega/kT)}{\sum x \exp(m_i \omega/kT)} \qquad (3-2-50)$$

由此可见，同阴离子表面活性剂一样，几种不同非离子活性剂的混合，其 CMC 同样具有加成性。但是，非离子表面活性剂不同于阴离子活性剂，它溶于水时不电离、不荷电，仅仅由于亲水基的水化作用而使其分子间排斥。然而，这种排斥力同阴离子活性剂极性基同荷负电及反离子的极化而造成的排斥力相比则是比较弱的。因此，同样链长的非离子活性剂一般要比相应的阴离子活性剂具有更低的 CMC 值。

非离子活性剂同阴离子活性剂的混合物的临界胶束浓度大大低于理想的二元组分体系的 CMC 值。关于非离子—阴离子表面活性剂混合物胶束形成的机理尚没有成熟的模型，D. M. Rubingh（1979）等人试图将常规的溶液理论用于混合胶束，但同试验结果相差很远。然而，都认为混合体系胶束的形成浓度比单一的阴离子活性剂的形成浓度明显降低，且氧乙烯数（EO）的增加，将加剧这种作用，且对具有较长烷基链的阴离子活性剂影响更强烈。一个比较理想的解释是"荷电分离效应"。在混合胶束中的非离子表面活性剂是处于离子型表面活性剂荷电极团之间，这样，它便降低了它们之间的斥力，即它对离子的荷电基团起遮挡作用，而且聚氧乙烯数（EO）越大，遮挡作用越强，分子间的聚结也愈易产生，胶束便可在更低的浓度下形成。

对于非离子表面活性剂，则有：

$$\ln CMC = A' + B' \cdot n \tag{3-2-51}$$

式中　A'——与极性基聚氧乙烯（EO）数 n 有关的热力学常数；
　　　B'——与分子结构有关的热力学常数；
　　　n——表面活性剂极性基氧乙烯数量。

非离子表面活性剂的亲水基（EO 数 n）增加时，CMC 值增加，但是影响不明显。

3.2.5　胶束增溶作用

3.2.5.1　增溶

某些难溶或者不溶于水的有机物能够在表面活性剂胶束形成时大大提高其溶解度，这种现象成为胶束的增溶（或加溶）作用（Micelle Solubilization）。增溶作用是发生在表面活性剂胶束中的现象，只有在表面活性剂浓度大于 CMC 值时，增溶作用才存在。胶束内核的非极性微环境，为有机物提供了适宜的溶解环境。由于有机物由在极性环境下不溶解状态进入胶束中的非极性微环境下是化学势降低过程，因此增溶作用是自发进行的。"增溶"与"溶解"不同，"溶解"是溶质以分子或离子的形式分散中溶剂中，对溶剂有很大的依赖性，而"增溶"则是被增溶物以"整团"的形式溶入胶束内，不增加体系的界面面积，是一个均相体系，因而增溶作用形成的体系是热力学稳定的，除非胶束破坏，被增溶物不会自发析出。

被增溶物在胶束中增溶的位置有如下几种（见图 3-2-24）。

（1）胶束内核增溶［见图 3-2-24（a）］非极性的有机物溶于胶束的内核，如石油（或烃类）分子被增溶在胶束的内核，成为不存在界面的稳定体系；

（2）胶束"栅栏"增溶［见图 3-2-24（b）］增溶的分子（如醇、具有表面活性的物质等）穿插在胶束的表面活性剂分子层中形成"栅栏"结构；

（3）胶束外壳增溶［见图 3-2-24（c）］小的极性分子（如燃料、苯二甲醇二甲酯）吸附于胶束的外壳之上；

（4）胶束表面（胶束—溶剂）交界处增溶［见图 3-2-24（d）］在非离子型表面活性剂胶束中胶束外壳占据了大部分的体积，一些短链酯能够增溶在这样的交界处。

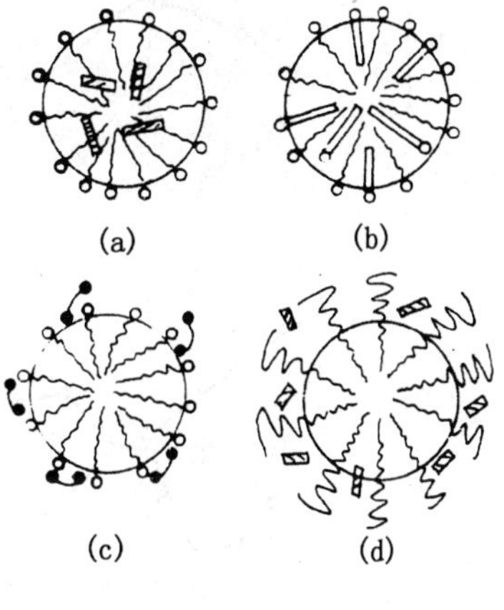

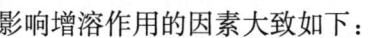

图 3-2-24　胶束增溶形式示意图

影响增溶作用的因素大致如下：

（1）表面活性剂的结构。凡是能够促使 CMC 值减小、聚集数增大的表面活性剂结构，也相应的促使其增溶能力增加；对于碳链长度相同的不同表面活性剂增溶烷烃和有机物能力的顺序为：非离子表面活性剂＞阳离子表面活性剂＞阴离子表面活性剂；两种表面活性剂的复配，由于"协同效应"的结果，会使增溶能力增加；

（2）非电解质的加入。一些醇类、胺类和酚类等极性有机物加入到离子型表面活性剂的溶液时能够插入胶束"栅栏"中，增加胶束内核的容量，从而增加增溶能力；

（3）电解质的加入。适量的无机盐加入到离子型表面活性剂溶液中能够降低 CMC 值，增加聚集数，胶束容积增大，增溶量增加。但是，反离子会使"栅栏"中分子间排斥力减弱，分子排列加密，从而影响在此区域极性有机物的增溶量；

（4）环境温度的影响。温度增加能够增加离子型表面活性剂溶液的增溶量，但是，对于非离子表面活性剂，只有在温度不超过其浊点温度时，增加温度时才会使其增溶量增加；

（5）增溶物质的结构。增溶物质的分子大小、形状、极性和分支状况对增溶有明显地影响，对于脂肪烃和烷基芳烃，碳链增加增溶减小，不饱和程度增加增溶增加；对于多环芳烃，随相对分子质量增加增溶减小；如果氢基为极性基取代，则增溶增加。

增溶作用在化学驱油中具有重要的意义，在表面活性剂驱油体系研制时，尽可能地使体系具有高的增溶石油能力是优化驱油体系的一个重要指标，具有高的增溶作用的驱油体系能够获得高的石油采收率。此外，增溶作用在洗涤、乳液聚合、胶团催化、药物制备和生命科学研究中都具有非常重要的意义。

3.2.5.2 增溶参数

度量表面活性剂增溶能力的参数，称为增溶参数（无量纲参数）（Solubilization Parameter）。表面活性剂水溶液增溶烷烃或有机物，记作 σ_o；表面活性剂油溶液增溶水或极性物，记作 σ_w。表面活性剂溶液的增溶能力增溶参数 σ_o（或 σ_w）表示如下：

$$\sigma_o = \Delta V_o / V_s \quad (3-2-52)$$

或

$$\sigma_w = \Delta V_w / V_s \quad (3-2-53)$$

式中 ΔV_o——表面活性剂水溶液增溶油的体积；
ΔV_w——表面活性剂的油溶液增溶水的体积；
V_s——表面活性剂体积。

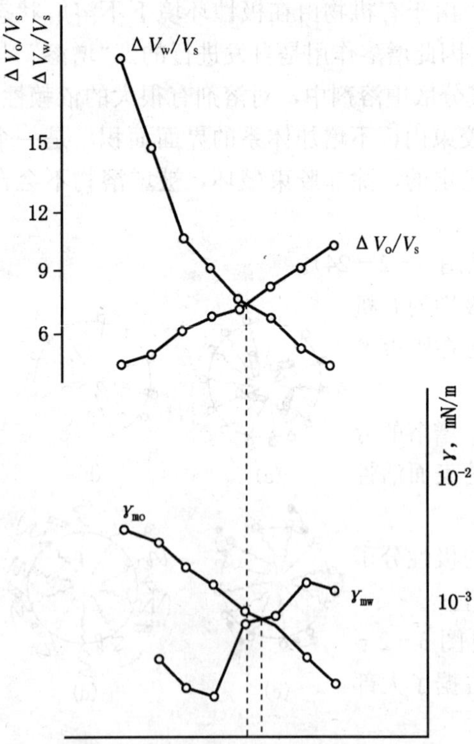

在化学驱油体系的研究中，通常研究对象是油—水—表面活性剂体系，对于具体的油田原油和油藏物性条件，在优选最佳驱油体系时，往往采用以含盐度为变量进行油—水—表面活性剂体系相态扫描，增溶参数与含盐度通常具有如图 3-2-25 所示的关系，这个图表述了为原油—盐水—石油磺酸盐体系的界面张力、增溶参数与盐水含盐度关系曲线，最上面的一组曲线为增溶参数与含盐度关系曲线。由曲线可见，在某一含盐度下体系对原油和水的增溶参数（$\Delta V_o / V_s$、$\Delta V_w / V_s$）同时最大，此时的增溶参数，称为这个体系的最佳增溶参数，相对应的含盐度，称为

图 3-2-25 原油—盐水—石油磺酸盐体系增溶参数、界面张力含盐度关系曲线图

最佳含盐度。在这种情况下，体系相态属于 Winsor III 型，体系存在中间相微乳状液与过剩油相、过剩水相的平衡状态，有关内容将在微乳状液一节中进行讨论。

3.2.6 表面活性剂的协同效应

3.2.6.1 表面活性剂混合物的协同效应

两种不同的表面活性剂以一定比例复配形成的混合物由于分子间的相互作用使得混合物的效能和效率增加的效应，称为表面活性剂混合物的协同效应（Synergism in mixture of two surfactants）。例如烷基苯磺酸钠中加入壬基酚聚氧乙烯醚形成的洗涤剂具有更强的洗涤效果、十二烷基硫酸钠加入十二醇的混合物具有较好的起泡力等。

3.2.6.1.1 协同参数

D. N. Rubingh 根据规则溶液规律对两种表面活性剂混合协同效应提出了定量描述的参数 β。β 表示吸附在液—气表面、液—液界面的两种表面活性剂分子间的相互作用的性质和强度。根据理想溶液理论对体系热动力学的分析，可以得出两种不同的表面活性剂在液—气表面形成的混合吸附层中分子间相互作用性质和强度参数为：

$$\frac{X_1^2 \ln(\alpha C_{12}/X_1 C_0^1)}{(1-X_1)^2 \ln[(1-\alpha)C_{12}/(1-X_1)C_2^0]} = 1 \qquad (3-2-54)$$

$$\beta^\alpha = \frac{\ln(\alpha C_{12}/X_1 C_1^0)}{(1-X_1)^2} \qquad (3-2-55)$$

式中　β^α——两种不同的表面活性剂在液—气表面形成的混合吸附层中分子间相互作用性质和强度参数；

C_1^0、C_2^0、C_{12}——分别为产生指定的表面张力所需要的表面活性剂 1、表面活性剂 2 和混合表面活性剂 12 在溶液相中的摩尔浓度；

α——表面活性剂 1 在溶液相中的摩尔分数，$1-\alpha$ 为表面活性剂 2 在溶液相中的摩尔分数；

X_1——表面活性剂 1 在混合吸附层中的摩尔分数；$1-X_1$ 为表面活性剂 2 在混合吸附层中的摩尔分数。

两种不同的表面活性剂在溶液中的混合胶束中分子间相互作用性质和强度参数为：

$$\frac{(X_1^M)^2 \ln(\alpha C_{12}^M/X_1^M C_1^M)}{(1-X_1^M)\ln[(1-\alpha)C_{12}^M/(1-X_1^M)C_2^M]} = 1 \qquad (3-2-56)$$

$$\beta^M = \frac{\ln(\alpha C_{12}^M/X_1^M C_1^M)}{(1-X_1^M)^2} \qquad (3-2-57)$$

式中　β^M——两种不同的表面活性剂在溶液的混合胶束中分子间相互作用性质和强度参数；

C_1^M、C_1^M、C_{12}^M——分别为在指定的 α 下表面活性剂 1 和混合表面活性剂 12 的临界胶束浓度 CMC；

α——表面活性剂 1 在溶液相中的摩尔分数，$1-\alpha$ 为表面活性剂 2 在溶液相中的摩尔分数；

X_1^M——表面活性剂 1 在混合胶束中的摩尔分数；$1-X_1$ 为表面活性剂 2 在混合胶束中的摩尔分数。

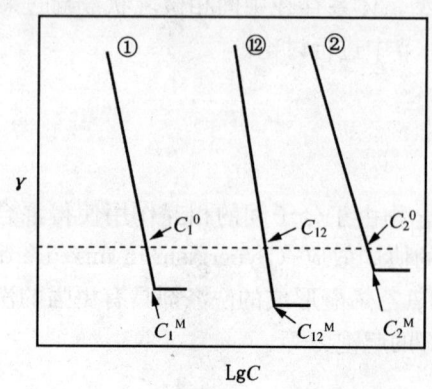

图 3-2-26 计算混合表面活性剂的参数 β^α、β^M 所需实测表面张力与表面活性剂浓度的关系曲线（M. J. Rosen, 2004）
①—表面活性剂 1, ②—表面活性剂 2,
⑫—混合表面活性剂 12

分别测量两种表面活性剂和其混合表面活性剂溶液的表面张力与浓度的关系曲线（如图 3-2-26 所示），由这些曲线查出计算 β^α、β^M 所需的参数 C_1^0，C_2^0 和 C_{12}^0（β^α），以及 CMC_s，C_1^M、C_2^M 和 C_{12}^M（β^M）。根据上述公式可以求得混合表面活性剂的 β^α、β^M。一些表面活性剂的协同参数参见附表 8。上述方程只使用于非离子表面活性剂或存在过量盐的离子型表面活性剂，对于一般离子型表面活性剂应当考虑反离子浓度和反离子结合度。

3.2.6.1.2 参数判别

可以由 β^α、β^M 的数值判断混合表面活性剂相对于单个表面活性剂而言是产生了相互协同效应还是相互对抗效应：

(1) 降低表面（或界面）张力效率的协同效应：

$\beta^\alpha = 0$ 时，混合表面活性剂溶液为理想溶液，既没有产生协同效应，也没有产生对抗效应；

$\beta^\alpha > 0$，$|\beta^\alpha| > |\ln(C_1^0/C_2^0)|$，相对于单个表面活性剂而言混合表面活性剂产生了对抗效应；

$\beta^\alpha < 0$，$|\beta^\alpha| > |\ln(C_1^0/C_2^0)|$，相对于单个表面活性剂而言混合表面活性剂产生了协同效应，负值越大，协同效应越强，降低表面（界面）张力的效率越强。

最大的增效成分（摩尔分数）α^* 是：$\alpha^* = \dfrac{\ln(C_1^0/C_2^0) + \beta^\alpha}{2\beta^\alpha}$，最小的混合浓度（在一定表面张力下）$C_{12}^*$ 是：$C_{12}^* = C_1^0 \exp\left\{\beta^\alpha \left[\dfrac{\beta^\alpha - \ln(C_1^0/C_1^0)}{2\beta^\alpha}\right]^2\right\}$。

(2) 降低表面（界面）张力效能的协同效应：

$\beta^\alpha - \beta^M > 0$，$|\beta^\alpha - \beta^M| > \left|\ln \dfrac{C_1^{0,CNMC} C_2^M}{C_2^{0,CNMC} C_1^M}\right|$，相对于单个表面活性剂而言混合表面活性剂产生了对抗效应；

$\beta^\alpha - \beta^M < 0$，$|\beta^\alpha - \beta^M| > \left|\ln \dfrac{C_1^{0,CNMC} C_2^M}{C_2^{0,CNMC} C_1^M}\right|$，相对于单个表面活性剂而言混合表面活性剂产生了协同效应，负值越大，协同效应越强，降低表面（界面）张力的能力越强。

最大的增效作用的表面活性剂组成（摩尔分数）α^* 是：$\alpha^* = \dfrac{C_1^M}{C_1^M + C_2^M}$，最小达到的表面（界面）张力值 γ^* 是：$\gamma^* = \gamma_{1,2}^{CMC} - \dfrac{k_{1,2}(\beta^\alpha - \beta^M)}{4}$，其中 $k_{1,2}$ 为两种表面活性剂中 γ^* 较高者的 $\gamma - \lg C$ 曲线的斜。

(3) 形成胶团能力的协同效应：

$|\beta^M| > 0$，$|\beta^M| > |\ln(C_1^M/C_2^M)|$，相对于单个表面活性剂而言混合表面活性剂产生了对抗效应；

$\beta^M < 0$，$|\beta^M| > |\ln(C_1^M/C_2^M)|$，相对于单个表面活性剂而言混合表面活性剂产生了协同效应，负值越大，协同效应越强，降低表面（界面）张力的效率越强。最大的增效

成分（摩尔分数）α^* 是：$\alpha^* = \dfrac{\ln(C_1^M/C_2^M) + \beta^M}{2\beta^\alpha}$，最小的混合浓度（在一定表面张力下）$C_{12\min}^M$ 是：$C_{12\min}^M = C_1^M \exp\left\{\beta^M \left[\dfrac{\beta^M - \ln(C_1^M/C_1^M)}{2\beta^M}\right]^2\right\}$。

3.2.6.1.3 混配原则

两种表面活性剂进行混合复配的原则如下：

（1）为了获得 CMC 值降低最大的混合物，那么，表面活性剂组合的 β^M 应当有最大的负值；不应当选择 CMC 值接近的两种表面活性剂进行组合，应当选择 CMC 值差别较大的两种表面活性剂进行组合；

（2）为了获得表面（或界面）张力减低效率最大的混合物，那么，表面活性剂组合的 β^α 应当有最大的负值；如果一种表面活性剂为主剂的话，那么另一种表面活性剂应当选择比主剂具有更大的 pC_{20} 值；

（3）为了获得表（界）面张力降低最大的混合物，那么，表面活性剂组合的 $\beta^\alpha - \beta^M$ 应当具有最大的负值；应当选择两种表面活性剂在 CMC 值下具有大致相等的表面张力值。

3.2.6.1.4 协同效应与表面活性剂结构的关系

产生表面活性剂分子间相互协同的作用力主要是静电作用力，两种不同类型表面活性剂分子间的静电作用力强度顺序为：

阴离子—阳离子＞阴离子—能够接受一个质子的两性离子＞阳离子—能够失去一个质子的两性离子＞阴离子—POE 非离子＞阳离子—POE 非离子

不同类型表面活性剂的混合后产生的分子间相互作用参数 β^α、β^M 分别列于附表 8。由表可以看出两种不同类型表面活性剂的混配产生的协同效应的总趋势是：作用力越强，β^α、β^M 负值越大，则协同效应越强：

（1）阴离子—阴离子复配的混合物的 β^α、β^M 为正值，例如脂肪酸皂（$C \geqslant 14$）—商业十二烷（或十六烷）基苯磺酸钠的混合物、同电荷的烷基链与全氟链的混合物；

（2）两种带相反电荷的离子表面活性剂混合物的 β^α、β^M 负值较大；

（3）疏水基碳链增加，表面活性剂混合物的 β^α、β^M 负值越大，两种表面活性剂的碳链长度越接近时 β^α 负值越大；

（4）疏水基上的支链越接近亲水基或者碳数增加，$\beta^\alpha - \beta^M$ 负值减小，对 β^M 的影响比对 β^α 的影响大；

（5）POE 的氧乙烯数增加，则阴离子—POE 混合物的 β^α 负值越大。

3.2.6.1.5 协同效应与环境条件的关系

两种表面活性剂混合的协同效应还与环境条件有关：

（1）溶液的 pH 值增加，阴离子—两性离子混合物的相互协同效应减小；

（2）溶液的电解质浓度增加，离子—非离子混合物、阳离子—阴离子混合物的 β^α 负值减小，协同效应减小；

（3）温度在 10～40℃ 范围内，协同效应减小。

3.2.6.2 表面活性剂的复配

为了得到需要的表面活性剂溶液性质，基于上述表面活性剂的协同效应原则，可以选择将两种不同表面活性剂进行混合，得到一种新的表面活性剂混合物（Surfactants Combination）。实践中发现，将一种表面活性剂加入到另一种表面活性剂中时，其溶液的物理化学性质有了明显地变化,而这种性质往往是原组分所不具备的。例如,十二烷基硫酸钠中混入少量的十二醇后其降低表面张力的能力、起泡和乳化的性能均有明显的改善;烷基苯磺酸钠加入少量的椰子油酸酰醇胺(或氧化十二烷基二甲基胺)使得起泡性和洗涤能力明显提高;在一般洗涤剂配方中,表面活性剂成分仅占20%左右,其余则为无机化合物和有机化合物,而且表面活性剂也为同系物的混合物或者为达到一定目的复配的不同品种的表面活性剂。混合物溶液物理化学性质的改善,在理论上主要是由于分子间相互作用即在表(界)面上的吸附和胶团形成性质上的变化。界面吸附层为混合吸附层,胶团为混合物胶团。在绝大多数情况下,复配的表面活性剂具有比单一表面活性剂更好的应用效果。因此,为了寻求实际用途的高效配方体系,不必只在追求合成结构复杂的新型表面活性剂,而进行不同品种表面活性剂的复配同样可以达到同样的目的。

(1) 同系表面活性剂的复配。亲水基相同而疏水基碳链长度不同的离子型表面活性剂或者疏水基相同而环氧乙烷聚合度不同的聚氧乙烯醚型的非离子表面活性剂之间的复配。这种混合物的物理化学性质一般介于单一表面活性剂之间,其临界胶束浓度(CMC)和与其对应的最小表面张力γ_{CMC}值更接近于较小的组分,其表面吸附和胶团形成的性质都可以利用理想溶液理论描述。

(2) 离子型与非离子型表面活性剂的复配。离子型与非离子型表面活性剂的复配主要产生了分子的极性头之间的离子—偶极子相互作用。非离子表面活性剂中加入阴离子表面活性剂后其浊点温度升高,浊点不清楚、界限不分明,即有一个较宽的温度范围。混合物的表面活性有相当大的提高,表现在混合物的CMC值比两种单一的表面活性剂的CMC值都低,表面活性剂分子的相互作用参数β_m和β_s都有较大的负值,说明在吸附层和胶团中分子间有较强的相互吸引作用。实验表明离子型与阴离子表面活性剂分子的相互作用大于离子型与阳离子型表面活性剂的相互作用,表现在前者的β_m和β_s负值大于后者,而且随着非离子型表面活性剂的环氧乙烷聚集数增加,β_m和β_s负值进一步增大。分子间相互作用越强,β_m和β_s负值就越大,则混合物的表面活性也越强。离子型与非离子型表面活性剂复配的混合体系绝非理想的混合体系,其表面吸附和胶团形成的性质都不能利用理想溶液理论描述。

(3) 阳离子与阴离子型表面活性剂的复配。传统的概念认为阳、阴离子表面活性剂的混合会形成不溶解的盐而使其失去活性。但是最近的研究表明:在疏水基碳链足够长的情况下,阳、阴离子表面活性剂的混合物,由于其分子极性基之间强烈的静电吸引,导致混合物的表面活性大大提高,甚至于超过非离子—阴离子表面活性剂混合物所能够达到的高表面活性。测量证明表征阳、阴离子表面活性剂的混合物表面活性的CMC值和σ_{CMC}值都明显地降低。图3-2-27、图3-3-28分别为$C_8NMe_3^+Br^-$和$C_8H_{17}SO_4^-Na^+$的等摩尔混合溶液和单一表面活性剂溶液的表面张力和界面张力曲线,由图可见,混合的CMC值和γ_{CMC}值均有明显降低,而且界面张力减低更甚。由于混合物表面活性的增高,同时也引起其他性质的变化,主要表现在:溶液具有良好的润湿性能,铺展能力提高;油—水界面膜强度增加,油滴或者气泡的寿命明显延长。阳、阴离子表面活性剂的混合物由于极性基的强烈相互吸引作用使得极性基占据的截面积减小,因此易于形成长棒状混合胶束,这种胶束溶液加溶烷烃的能力高于加溶醇的能力,研究发现混合胶束具有类似磷脂或双烃链结构的表面活性剂才能够形成的"囊泡"结构,这种结构的溶液具有特殊的流变性,有时会表现出黏弹性。应当指出的是:对于烷烃链较长,浓度较高时,溶液会发生浑浊、分相,甚至产生沉淀,降低表面活性。因此,在混配时应当尽量避免上述现象的产生。

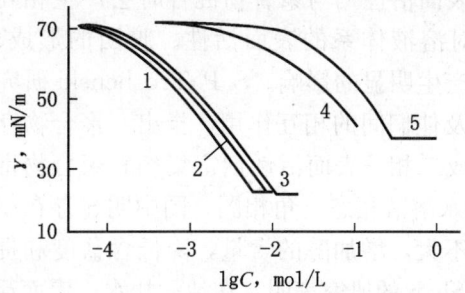

图 3-2-27 混合溶液的表面张力
(赵国玺等, 2003)

$C_8NMe_3^+ Br^-$ 和 $C_8H_{17}SO_4^- Na^+$ (1:1):
1—无 NaBr; 2—加 NaBr, I 为 0.1mol/kg;
3—加 NaBr, I 为 0.2mol/kg; 4—$C_8H_{17}SO_4^- Na^+$
(加 NaCl 为 0.1mol/kg); 5—$C_8NMe_3^+ Br^-$

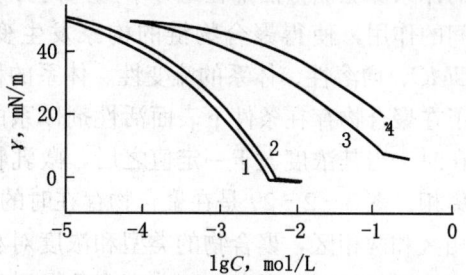

图 3-2-28 混合溶液/庚烷界面张力
(赵国玺等, 2003)

$C_8NMe_3^+ Br^-$ 和 $C_8H_{17}SO_4^- Na^+$ (1:1):
1—无 NaBr; 2—加 NaBr, I 为 0.1mol/kg;
3—$C_8H_{17}SO_4^- Na^+$ (加 NaBr 为 0.1mol/kg);
4—$C_8NMe_3^+ Br^-$ (加 NaBr 为 0.1mol/kg)

(4) 长链极性物与离子型表面活性剂复配。具有较长烷基链（大于或等于6）的长链醇、胺、羧酸类化合物加入离子型表面活性剂中时，会使溶液的 CMC 值降低，最小表面张力 σ_{CMC} 值降低很低。例如十二烷基硫酸钠中加入少量的十二醇，烷基苯磺酸钠中加入月桂酸胺（单乙醇及二乙醇酰胺）以及其他长链有机物能够提高表面活性，起到增泡、助洗和增稠等作用。

(5) 表面活性剂与水溶性聚合物的复配。表面活性剂与水溶性聚合物混合物的分子间相互作用一般有：静电相互作用、疏水作用和色散力作用，在水溶液中，水分子之间与水分子和碳氢链之间的色散力作用差别不大，而碳氢链之间的疏水作用较强，疏水作用是主要的。但是，对于离子型表面活性剂和聚电解质（或具有水解能力的聚合物，例如水解聚丙烯酰胺），则静电相互作用强烈，成为主要作用。研究表明：表面活性剂与水溶性聚合物混合物溶液的表（界）面张力—浓度曲线存在两个转折点，说明表面活性剂在聚合物链上"吸附"，形成了复合物。同时体系的黏度在一定浓度范围内也由于表面活性剂的加入而增加，也证明了它们之间相互作用的存在。一般的规律是：阴离子表面活性剂与聚合物的作用较强，而阳离子表面活性剂与聚合物的作用较弱；聚合物疏水性越强、表面活性剂碳链越长、聚合物与表面活性剂的电性差异越大则相互作用越强；非离子表面活性剂与聚合物作用较弱。近来的研究还发现，部分水解聚丙烯酰胺与三甲基[2-（10-十一烯酰氧乙基）]碘化胺阳离子表面活性剂：10—十一稀酸钠阴离子表面活性剂混合物的分子间相互作用相当强烈，表明阳离子—阴离子表面活性剂混合物的相互作用进一步促进了它与聚合物的复合物的形成。

复合表面活性剂比单一表面活性剂具有更好的性能和应用效果，已经在许多应用领域发挥了很好的作用。在油田应用研究中已经证明，复合型的表面活性剂是制备高效、廉价的油田化学剂和化学驱油剂的基本方向。

在化学驱油体系中通常同时使用表面活性剂和水溶性高分子聚合物（部分水解聚丙烯PHPAM，或生物聚合物 Xanthan）。在用表面活性剂驱油过程中，通常要在表面活性剂溶液段塞前后注入聚合物溶液缓冲带或在表面活性剂水溶液中加入聚合物以控制流度比，以保护表面活性剂段塞不至过早地破坏。最近开发的碱—表面活性剂—聚合物三元复合物驱的体系等驱油方法都在配方中加入高分子聚合物。表面活性剂与聚合物混合时会产生相互间的作用，使得聚合物链的构象发生变化，同时对溶液体系的表面活性、胶团的形成、CMC、增溶性、体系的流变性、体系的稳定性等也产生明显的影响。S. P. Trushenski 研究了在聚合物存在条件下表面活性剂体系的相态变化及他们间的相互作用，指出：聚合物存在时，当其浓度大于一定值之后，微乳状液相分离成二相——表面活性剂富集相和聚合物富集相。图 3-2-29 是在聚合物存在时的表面活性剂水溶液相态三角相图，图中明显存在单相区和两相区，聚合物的类型和浓度对相分离影响不大，增加醇的含量，降低含盐度和提高体系的温度，可以使相分离现象得到改善。D. O. Shah 的研究表明：在油—盐水—表面活性剂（和醇）的体系中加入聚合物，使得形成中相时的含盐度范围加宽。然而对于相态的转变、最优含盐度的变化都没有观察到明显的影响。Huh 对聚合物加入到微乳状液中的体系进行了溶液体系的 Gibbs 自由能变化的计算，指出微乳状液聚合物混合物体系分离成"富微状液相"和"富聚合物相"是由于微乳状液滴和聚合物分子间的静电斥力引起的，当聚合物分子接近微乳状液滴时，便限制了聚合物分子的构形自由。D. O. Shah 在解释这一现象时指出，在每个微乳状液滴的周围，都存在一个溶剂区，该溶剂区排斥分子的靠近。然而，当微乳状液滴相互靠近时，它们的溶剂区便发生重叠，这样就减小了微乳状液的排斥溶剂区，使得聚合物分子能够吸取更多的溶剂而有利于其构形。从而微乳状液滴周围的溶剂被聚合物分子榨取，使其聚并而分相。

一般，聚合物和表面活性剂混合物体系可能产生的变化如下：

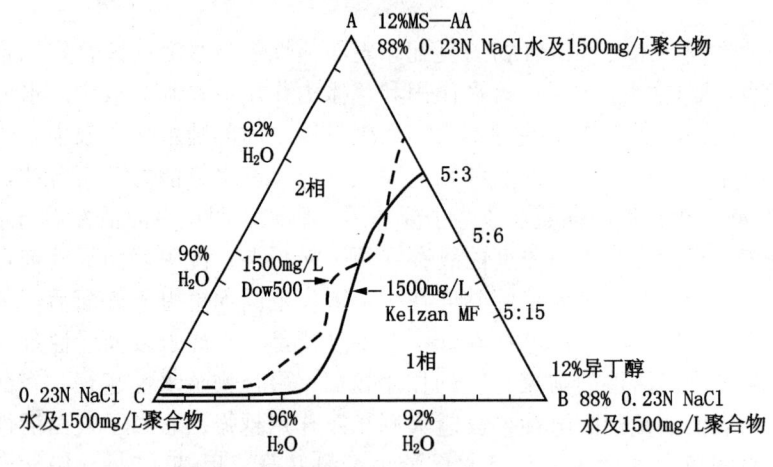

图 3-2-29　在聚合物存在情况下表面活性剂溶液的相态变化示意图
(D. O. Shah，1981)

①表面张力的变化。离子型表面活性剂不论与非离子或是离子型聚合物混合都会使表面张力—表面活性剂浓度曲线的转折点（CMC）出现在较低的表面活性剂浓度，即聚合物的存在使表面活性剂在较低的浓度下形成胶束，表面活性剂分子的疏水基结合到聚合物链上形成表面活性剂—聚合物复合物。在表面活性剂浓度大于转折点后溶液开始分相并产生沉淀。

②流变性的变化。由于表面活性剂—聚合物复合物的形成，使得溶液的黏度随着表面活性剂浓度的增加无论在低剪切速率或者高剪切速率都出现了特异的流变性质，即在较低

的表面活性剂浓度下随着其浓度的增加，溶液黏度增加不明显；浓度继续增加，溶液黏度明显增加，这是复合物形成的表现；浓度再继续增加，溶液黏度达到平衡，这是表面活性剂分子在聚合物链上饱和吸附的标志。对于离子型表面活性剂在大分子上的吸附，使得聚合物具有了聚电解质溶液黏度的特性。

③增溶性的变化。表面活性剂—聚合物混合溶液表现出比单纯表面活性剂溶液具有较高的增溶能力，即增溶作用在表面活性剂浓度小于 CMC 情况下就会发生，当加入中性电解质或者增加体系的环境温度时，增容能力会随之增加。

④溶解性的变化。离子型表面活性剂与聚合物的复合物的形成会使聚合物的溶解水能力增加。但是，离子型表面活性剂与离子型聚合物体系，有可能产生沉淀，然而，随着表面活性剂浓度的增加又有可能使沉淀重新溶解。其溶解性的变化还与电解质的浓度有关，图 3-2-30 为不同水解度的部分水解聚丙烯酰胺（PHPAM）与石油磺酸钠（TRS10-80）的水溶液同含盐度的相态曲线图，由图可见，混合物的相态随聚合物的水解度和浓度、表面活性剂的浓度、电解质的浓度而变化，在不同的浓度下有一个相应的相态转换临界含盐度。

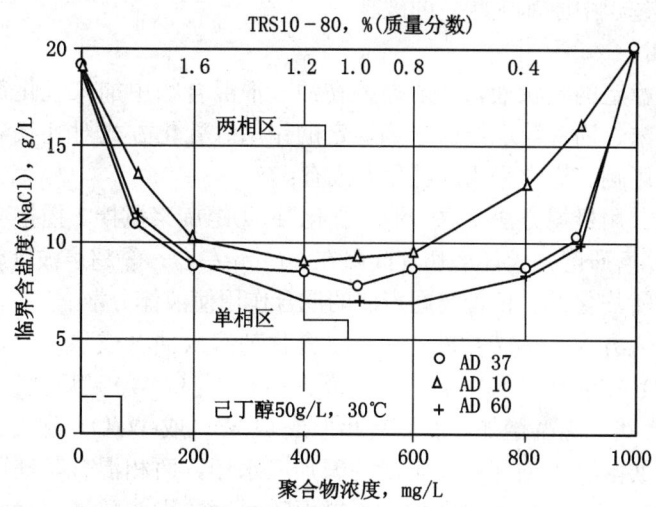

图 3-2-30　表面活性剂/部分水解聚丙烯酰胺/氯化钠溶液相态关系图
（AD37—PHPAM 水解度 27%；AD10—PHPAM 水解度 2%；
AD60——PHPAM 水解度 44%）

3.2.7　乳状液

在加入表面活性剂和外力的作用下使不相混的两种液体形成有一定稳定性的液—液分散体系，在这种体系中一种液体（分散相）以小液珠的形式分散在连续的另一种液体（分散介质或连续相）中，这种体系称为乳状液（Emulsion）。形成乳状液的两种液体通常一相为水，另一相为"油"。分散相为油，分散介质为水的乳状液称为水包油乳状液，常以 O/W 表示；反之，称为油包水乳状液，常以 W/O 表示。乳状液是热力学不稳定体系，最终平衡应该是液滴聚并、油水分离、分相、分层，乳状液破坏，这种作用称为破乳。

首先，乳化作用过程中由于分散相分散在分散介质中，它们之间形成了弯曲的巨大界面，而且液滴界面凹向内部，其内部的压力大于外部的压力，从而在液滴内外形成了压力差，为了形成巨大的界面和克服液滴内外的压力差必须做额外的功（$W = \Delta A \cdot \gamma$，其中 ΔA 为界面增加值，γ 为油—水界面张力）；液滴越小，则界面越大、界面的弯曲程度越大，那么所需要做的功也越大。其次，由于乳状液存在巨大的界面能，故体系是热力学不稳定体系，乳化作用不是自发过程，乳状液的液滴具有自发的聚结、分层、分相和沉淀的趋势，这些过程使得界面减小。为了提高乳状液的稳定性，使用适宜的表面活性剂降低油—水界面张力是最有效的方法。表面活性剂在油—水界面吸附是乳化作用得以进行的最重要因素，其主要作用机理是：（1）降低油—水界面张力，减小了制备乳状液所需要做的机械功（$W = \Delta A \cdot \gamma$，$\gamma$ 的降低使得 W 也降低）和由于界面增加引起的热力学不稳定性；（2）表面活性剂在油—水界面吸附形成了亲水基朝向水、疏水基朝向油的界面膜，该界面膜对油滴的聚结具有机械的、电性的和空间的屏障作用，减小了分散油滴的聚结速度，增加了乳液的稳定性。

破乳在理论上是一个自发过程，但是在许多实际场合这个过程进展很慢，需要加速进行，例如油田采油过程中原油乳状液的破乳。

3.2.7.1 乳化作用

为了得到相对稳定的乳状液，一般需要在油—水混合物中加入乳化剂，主要是表面活性剂，有时固体粉末、沥青等也能够起到稳定的作用。乳化方式对乳状液类型和乳状液的稳定性具有重要的影响。通常采用的乳化方式有：

（1）混合方式。用机械方法使水、油"乳化"：①螺旋桨搅拌，搅拌速度一般在4000～8000r/min；②胶体磨研磨，胶体磨切片间隙在 10 μm 左右；③超声波乳化器，在超声波作用下使液体分散；④均化器，机械与超声波的混合作用使液体分散。

（2）乳化剂加入方式。①转相乳化法：将乳化剂溶入油（或水）中，在搅拌过程中逐渐加入的水（或油）在油（或水）中分散形成 W/O（或 O/W）型乳状液，随着加入的水（或油）的增加，乳状液黏度增加，最后转相形成 O/W（或 W/O）型乳状液；②瞬间成皂法：将一定量的脂肪酸加入油相，一定量的碱加入水相，两相混合，即可在瞬间自发（或少加搅拌）形成乳状液，这是由于在油—水界面瞬间生成脂肪酸钠表面活性物的原因；③自然乳化法：将乳化剂加入油相制成乳油，在适用时将乳油加入水中并少加搅拌即可形成 O/W 型乳状液；④界面复合物生成法：在油相中溶入油溶性乳化剂，在水相中溶入水溶性乳化剂，将两种液体混合并激烈搅拌，即在界面形成复合物，它能够生成较为稳定的乳状液；⑤油、水交替加入法：将油、水多次少量交替加入乳化剂中，可以形成 W/O 或 O/W 型乳状液。

在化学驱油过程中能够检测到注入的试剂溶液同地层中的原油会形成乳状液。这主要是由于：①驱油剂的乳化作用；②驱油剂中的碱同原油中的活性物质反应，就地形成的表面活性物质—石油酸皂的乳化作用；③地层原油和地层水在变形孔道的流动过程中受到收缩和拉伸的机械搅拌作用等原因使地层原油乳化。

在乳化时分散方式、分散时间、搅拌速度、乳化剂浓度等对乳状液的颗粒大小，乃至乳状液的类型都有明显的影响。实际上乳化是受许多因素影响的复杂过程。

3.2.7.2 乳化剂

能够促进乳化作用的试剂，称为乳化剂，通常为表面活性剂。它能够在油—水界面上吸附，减低油—水界面张力、形成界面膜。有助于乳状液的形成和稳定的试剂，主要是表面活性剂，还有固体粉末、沥青等。高分子聚合物则有助于乳状液的稳定。

3.2.7.2.1 乳化剂类型

乳化剂可以是离子型、非离子型、两性离子型、聚合型和聚电解质型的表面活性剂，表3-2-4给出了乳化剂的简单分类并用实例说明。在许多情况下，制备一种乳状液需要两种或两种以上的乳化剂，乳化剂不仅可以控制乳化过程和乳状液的物理性质，即液滴大

表3-2-4 常见乳化剂的类型和示例表（梁文平，2001）

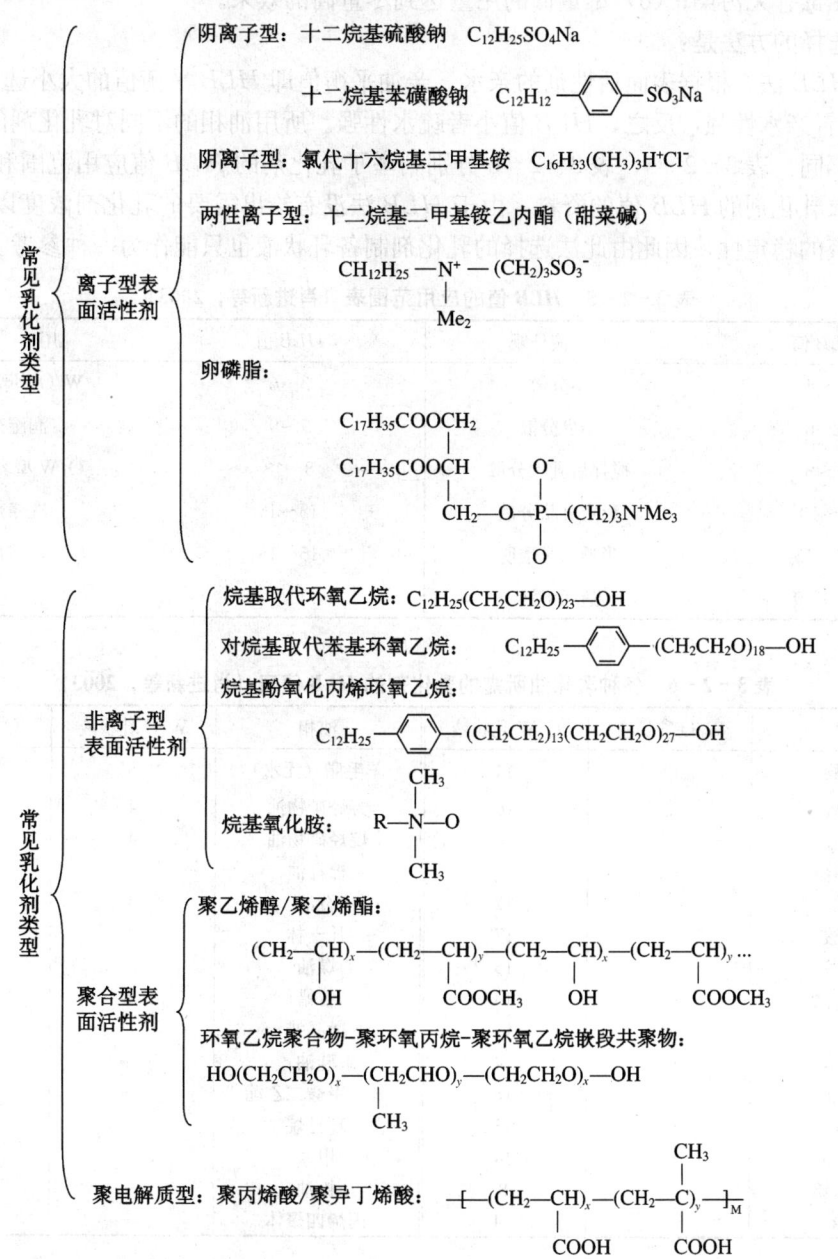

小、分布，而且还可以控制乳状液的长期稳定性，在适当的情况下，正确选择被乳化的液体和乳化剂，无须机械力即可形成乳状液，即自发性乳化。在一些情况下聚集在界面上的微小固体颗粒也可以用来制备和稳定乳状液。

3.2.7.2.2 乳化剂选择

选择乳化剂的通则如下：（1）具有良好的活性和降低界面张力的能力；（2）乳化剂与其他添加物一起在界面上形成紧密排列的凝聚膜；（3）乳化剂的乳化性能与其同油和水的亲和能力有关，油溶性乳化剂易形成 W/O 型乳状液，水溶性乳化剂易形成 O/W 型乳状液，油溶性和水溶性较大的两种乳化剂混合使用有时有更好的乳化效果，油相极性越大要求乳化剂的亲水性越大，油相极性越小要求乳化剂的疏水性越强；（4）适当的分散介质黏度；（5）无毒、无污染；（6）尽量低的用量达到尽量高的效果。

通常选择的方法是：

（1）HLB 法。根据表面活性剂的亲水、亲油平衡值即 HLB 平衡值的大小选择乳化剂；HLB 值大者亲水性强，反之，HLB 值小者疏水性强。所用油相的不同对乳化剂的 HLB 值的要求也不同。表 3-2-5、表 3-2-6 分别列举了乳化剂的 HLB 值应用范围和不同的被乳化油要求乳化剂的 HLB 值的资料。由于 HLB 法没有给出需要的乳化剂浓度以及可能得到的乳状液的稳定性，因此由此法选择的乳化剂制备乳状液也只能作为一种参考。

表 3-2-5　HLB 值的应用范围表（肖进新等，2003）

HLB 值	水溶液外观	HLB 值	用　　途
1～4	不分散	3～6	W/O 型乳化剂
3～6	不良分散	7～9	润湿剂
6～8	搅拌后乳状分散	8～18	O/W 型乳化剂
8～10	稳定乳状分散	13～15	洗涤剂
10～13	半透明至透明	15～18	增溶剂
13～20	透明溶液		

表 3-2-6　各种乳化油所需的乳化剂的 HLB 值表（肖进新等，2003）

油相	W/O 乳状液	O/W 乳状液	油相	W/O 乳状液	O/W 乳状液
苯甲酮	—	14	羊毛脂（无水）	8	12
月桂酸	—	16	芳烃矿物油	4	12
亚油酸	—	16	烷烃矿物油	4	10
蓖麻醇液	—	16	棉籽油	—	5～6
油酸	—	17	石油	4	7～8
硬硼酸	—	17	凡士林	4	10.5
十六醇	—	15	煤油	5	9
C_{14}～C_{11} 醇	—	14	石蜡	4	10
苯	—	15	微晶蜡	—	10
二甲苯	—	14	硅油	—	10.5
四氧化碳	—	16	苯二甲酸二乙酯	—	15
邻二氧苯	—	13	环己烷	—	15
蓖麻油	—	14	甲苯	—	15
氯化石蜡	—	8	松油	—	16
煤油	—	14	丙烯四聚体	—	14

(2) PIT 法。对于使用非离子表面活性剂作乳化剂时，其形成乳状液的类型与温度有关，在低温下形成 O/W 型乳状液，升高温度时则转变为 W/O 型乳状液；反之，亦然。因此，对于一定的油—水体系每种非离子表面活性剂都存在一个相转变温度（Phase Inversion Temperature，PIT），在此温度下表面活性剂的亲水、亲油性质刚好平衡。这样根据 PIT 可以选择乳化剂：高于 PIT 形成 W/O 型乳状液，低于 PIT 形成 O/W 型乳状液。此法，只能适用于非离子表面活性剂。

HLB 法和 PIT 法有一定的对应关系，较低温度时增加 HLB 值，有利于 O/W 型乳化剂的形成；较高温度时减小 HLB 值有利于 W/O 型乳化剂的形成。

3.2.7.3 乳状液的性质

两种不相混的液体形成的乳状液的性质与它们在乳化前的性质有许多根本性的区别，人们能够根据其性质的特点将其应用于许多不同的领域。

3.2.7.3.1 乳状液的类型—Bancrof 规则

1913 年，Bancrof 提出了乳化剂溶解度对乳状液类型影响的经验规则：在构成乳状液体系的油、水两相中，对乳化剂溶解度大的一相为乳状液的连续相（外相），相成相应类型的乳状液。这是由于：表面活性剂分子（离子）在液—液界面吸附并定向排列形成界面层，在界面层的两侧界面张力不同，即表面活性剂分子的亲水基与水相的界面张力（或界面压）和疏水基与油相的界面张力（界面压）不同。形成乳状液时油—水界面层发生弯曲，界面张力大的一侧将缩小面积，体系界面自由能降低。若表面活性剂的疏水基与油相的界面张力大于亲水基与水相的界面张力，那么疏水基—油相一侧的面积缩小，形成凹向油相的界面，油相成为分散的油滴，水相成为连续相，即形成 O/W 型的乳状液。反之，则形成 W/O 型的乳状液。显然，水溶性好的乳化剂在亲水基—水界面上有较低的界面张力，易形成 O/W 型乳状液。油溶性乳化剂易形成 W/O 型乳状液。对于带支链的乳化剂，Bancrof 规则时常出现例外，因为，这类乳化剂大多情况下只能形成 W/O 型乳状液。

3.2.7.3.2 乳状液的鉴别

可以采用一些简便的方法鉴别乳状液的类型：

（1）稀释法。乳状液能够与连续相液体混溶，能够与"水"混溶的乳状液为 O/W 型乳状液，能够与"油"混溶的为 W/O 型乳状液；

（2）电导法。电导性好的为 O/W 型乳状液，电导性差的为 W/O 型乳状液；但是内相（水相）占比例很大时，或者油相中离子型表面活性剂含量很高时，W/O 型的乳状液也可能有较高的电导性；

（3）滤纸润湿法。将乳状液滴在滤纸上，如果液体快速铺展，在中心留下一小滴（油），则为 O/W 型乳状液，如不铺展，则为 W/O 型乳状液；但是如果内（油）相为甲苯、苯、环己烷等，则此法不能适用；

（4）染色法。将少量油溶型染料加入乳状液，如果乳状液整体带色则为 W/O 型，如果只是小液滴带色则为 O/W 型；如果使用水溶性染料，乳状液整体带色则为 O/W 型，如果只是小液滴带色则为 W/O 型。

3.2.7.3.3 影响乳状液类型的因素

由于乳状液是一个很复杂的体系，Brancrof 规则不能够完全判定乳状液的类型，实际上影响乳状液的类型还有许多因素如：

（1）相体积。液滴大小均匀的乳状液，最密集堆积的液滴体积应为总体积的 74.02%，分散介质体积为25.98%。若分散相体积大于74.02%，乳状液就会破坏或转相；若水相体积小于26%，则只能形成W/O型，若水相体积大于74%，则只能形成O/W型；但是由于液滴的大小通常是不均匀的，上述体积范围对乳状液类型的影响就受到了限制。

（2）乳化剂。油、水、乳化剂共同混合搅拌时，乳化剂吸附在油水界面，乳化剂的亲水基具有拟制油滴聚结的趋势，亲油基具有拟制水滴聚结的趋势，与乳化剂亲水基或亲油基占优势一侧亲合的液相则成为外相，如亲油基占优势则形成W/O型乳状液。

（3）制备器壁。实验表明润湿制备容器器壁的液体容易在其上吸附形成一层液膜，在搅拌制备乳状液时，它不能形成内相滴。亲水的器壁容易得到O/W型乳状液，亲油的器壁容易得到W/O型的乳状液。搅拌方式也会有影响，螺旋式搅拌容易达到W/O型乳状液，混合法搅拌容易得到O/W型乳状液。

3.2.7.3.4 乳状液稳定性

由于乳状液的制备过程是使分散相以液滴的形式分散在分散介质中，这是自由能增加的过程，因此乳状液具有热力学不稳定性。乳状液的不稳定方式如图3-2-31所示的那样有多种形式：分层和沉降，由于分散相和分散介质的密度差而引起的液滴上浮（对于O/W型）或下降（对于W/O型），发生分层时产生液滴浓度的增加而没有发生破乳。絮凝，分散相液滴因van Der Waals力的吸引作用而聚集到一起，但液滴并没有合并。奥氏熟化（或聚结），由于小液滴比大液滴有较大的表面曲率，因此具有较高的化学势，因此具有较高的溶解度，随着时间的增加，小滴在大滴上沉积并同其合并形成更大的液滴。变相（或反相），在分散相体积分数增加的情况下，分散相和分散介质互相转化，例如W/O型转化成O/W型乳状液。聚结，小液滴之间互相合并形成大液滴。破乳，乳状液破坏，重新形成油、水分离的两相。上述破乳过程往往是同时发生的。影响乳状液不稳定性的主要因素如下：

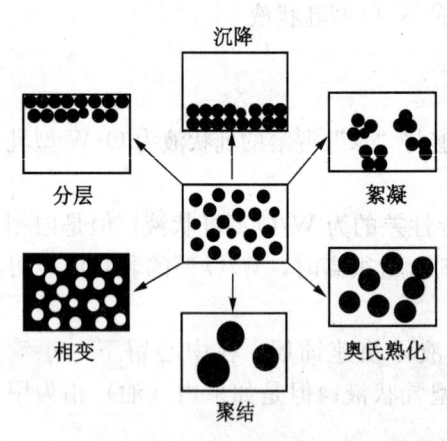

图3-2-31 乳状液的不稳定方式示意图（梁文平，2001）

（1）界面膜的物理性质。表面活性剂分子在油—水界面上的吸附定向排列形成了界面膜，界面膜是液滴聚结的障碍，界面膜中表面活性剂的亲水基区域对油滴聚结起障碍作用，亲油基区域对水滴聚结起障碍作用。表面活性剂分子越是紧密排列，则界面膜的机械强度、界面黏度就越高，液滴就难以聚结。两种或者两种以上表面活性剂的混合、表面活性剂和脂肪醇（或脂肪酸、脂肪胺）等极性有机物的复合物在界面的吸附往往可以得到更强的界面膜，例如油溶性强的表面活性剂失水山梨糖醇单油酸酯（Span-80）和水溶性强的失水山梨糖醇单棕榈酸酯聚氧乙烯醚（Tween-40）混合时，由于Tween-40的聚氧乙烯基与水有强的相互作用，致使两表面活性剂的疏水基排列更紧密，提高了界面膜的机械强度，使得液滴聚结困难，乳状液稳定性增加。高度分散的固体粉末在界面的吸附也能够稳定乳状液，固体粉末对油水两相的润湿性基本接近时，则对乳状液的稳定性最好。

（2）界面电性。由于离子型表面活性剂的电离，某些离子的吸附，液滴与介质的摩擦等会使界面带电，对于O/W型乳状液，界面带电会阻碍液滴的聚结，导致乳状液的稳定。

(3) 界面空间尺寸。水溶性高分子聚合物（或者高分子表面活性剂）作乳化剂能够加厚界面膜的厚度，致使界面有较高的界面黏度和良好的黏弹性，从而阻碍了液滴的聚结。

(4) 液滴大小分布。相同体积的分散相，液滴颗粒大小分布均匀的乳状液比分布不均匀的乳状液的稳定性好，而且液滴颗粒分布均匀的乳状液的黏度比分布不均匀乳状液的黏度高，这也有助于乳状液的稳定性。

(5) 分散介质黏度。在分散介质中加入高分子聚合物提高分散介质的黏度，则会使分散相的热运动速度减慢，增加了液滴聚结的障碍，从而有助于乳状液的稳定性。

(6) 环境温度。温度增加会使表面活性剂分子的热运动、溶解度、蒸汽压、界面膜的性质和黏度、界面张力等发生变化，这些变化增强了液滴的聚结能力，降低了乳状液的稳定性；加热通常是破乳的常用方法之一。

3.2.7.3.5 乳状液的物理性质

乳状液的主要物理性质如下：

(1) 液滴大小和外观。制备方法不同乳状液的液滴大小、分散程度都不尽相同。根据经验乳状液分散相的液滴尺寸与乳状液外观的关系列于表 3-2-7。由于液滴大小对入射光的吸收、反射不同，乳状液表现了不同的外观，一般的乳状液是乳白色不透明的流体。

表 3-2-7 乳状液的液滴尺寸与外观的关系表

液滴尺寸，μm	外 观
大滴	可分辨出两相
>1	乳白色
0.1~1	蓝白色
0.05~0.1	灰色半透明
<0.05	透明

(2) 光学性质。乳状液的分散相和分散介质的折光系数不同，根据液滴的大小液滴对入射光可能发生反射、折射或散射。液滴直径大于入射光的波长，发生反射，体系呈乳白色；稍小于入射光的波长，发生散射，体系呈半透明；远小于入射光波长，光线完全透过，体系呈透明。一般乳状液的液滴尺寸为 $0.1\sim10\mu m$，可见光波长为 $0.4\sim0.8\mu m$，因此，乳状液对光的散射显著，则体系不透明呈乳白色。一般乳状液的液滴尺寸是完全不均匀的，有一定的大小分布，且分布随时间而变化，由小质点多的分布向大质点多的分布转变，且分布更加分散。采用特殊的乳化技术可以制备均匀、单分散的乳状液。

(3) 体系黏度。内相黏度、外相黏度、液滴大小、内相的体积浓度等都影响乳状液的黏度；在内相体积浓度不大时，外相黏度是影响乳状液黏度的主要因素。对于 O/W 型乳状液的黏度可以用如下公式描述：

$$\mu = \frac{\mu_0}{1-(h\phi)^{1/3}} \quad (3-2-58)$$

式中　μ——乳状液黏度；

μ_0——分散介质黏度；

ϕ——为分散相的体积分数；

h——为内相校正系数，体积因子，一般为 1.3，随内相含量增加而减小。

乳状液的黏度还受乳化剂的影响，主要是由于乳化剂的加入在油水间形成了界面膜和乳化剂在分散介质中的溶解而引起的，界面膜具有不同的界面黏度，乳化剂在分散介质中溶解增加了外相的黏度，从而乳状液的黏度也增加。

(4) 电导。乳状液的电导性质决定于外相的连续性，O/W型乳状液的电导比W/O型乳状液大，由此可以鉴别乳状液的类型。同时，分散相质点在电场中电泳淌度的测量可以研究与乳状液稳定性有关的液滴带电性质。

3.2.7.4 破乳和破乳剂

乳状液是热力学不稳定体系，最终平衡应该是液滴聚并、油水分离、分相、分层，乳状液破坏，这种作用称为破乳。破乳在理论上是一个自发过程，但是在许多实际场合这个过程进展很慢，需要加速进行，例如油田采油过程中原油乳状液的破乳，一般的做法是：(1) 物理机械法，加热、过滤、超声和电沉降等；(2) 物理化学法，加入电解质（如多价金属盐类）、表面活性剂等，其中加入适当的表面活性剂（也称破乳剂）是最常用的有效方法。其作用机理是：①加入的表面活性剂在油—水界面上吸附，形成新的机械强度弱的界面层顶替原来牢固的界面层；②使起稳定作用的固体粒子为一相（油或水）完全润湿而脱离界面进入一相的体相中，从而破坏了液滴的保护层；③使起稳定作用的沥青等胶态颗粒分散，将其从界面除去。实际使用的破乳剂因乳状液的性质不同有许多类型，应当因地而异。

能够使相对稳定的乳状液破坏的外加试剂称为破乳剂，通常破乳剂是指特殊结构的表面活性剂和聚合物。破乳剂的主要作用是消除乳化剂的有效作用，选择破乳剂的通则如下：(1) 具有良好的表面活性，能够将乳化剂从界面上顶替下来；(2) 表面活性剂在界面上形成的界面膜具有很弱的机械强度，易于破坏，使液滴易于发生聚结；(3) 与乳化剂电性符号相反的离子型表面活性剂能够使电性中和而破乳；(4) 易于溶解在连续相的非离子或高分子破乳剂，可以产生桥联作用使液滴聚结；(5) 润湿性好的固体粉末能够完全被其中一相润湿进入该相中，从而破坏由固体粉末作乳化剂的乳状液。一般，用作破乳剂的表面活性剂类型是根据乳状液的类型选择的。

适用于W/O型乳状液的破乳剂：例如在油田采油过程中使乳化原油脱水使用的乳剂，主要有：①SP型，聚氧丙烯（PO）聚氧乙烯（EO）烷基醚；②PE型，聚氧丙烯聚氧乙烯烷基二醇醚；③AE型，聚氧丙烯聚氧乙烯多乙烯多胺嵌段共聚物；④AF型，聚氧乙烯聚氧丙烯烷基酚醚聚合物；⑤AP型，聚氧乙烯聚氧丙烯多乙烯多胺嵌段共聚物；⑥PFA型，聚氧乙烯聚氧丙烯酚醛多乙烯多胺嵌段共聚物。

适用于O/W型乳状液的破乳剂：这类破乳剂在油田采油过程中使用于常规采油时油田污水处理、化学驱油时采出液的污水处理以及在其他工业和民用中的各种含油废水的处理。通常，由于这类乳状液其表面荷电对油滴间的静电排斥作用是乳状液稳定的原因之一。因此，如下类型的破乳剂具有较好的破乳能力：①短链醇，如水溶性的甲醇、乙醇、丙醇、丁醇以及油溶性的己醇、庚醇等；②多价金属离子化合物，如$AlCl_3$、$Al(NO_3)_3$、$MgCl_2$、$CaCl_2$等和无机酸（盐酸、硝酸等）；③季铵盐阳离子表面活性剂和胺类非离子表面活性剂；④阳离子和非离子高分子的聚醚、聚铵类聚合物，等等。

3.2.8 微乳状液（Microemulsion）

人们早已知道油和水不能完全混溶，但是由上节论述的可知油、水能够形成一种以小颗粒的形式存在于另一种液体之中的通常呈乳白色、不透明状的乳状液体。由于它是具有聚结、分层倾向的分散体系，乃是热力学不稳定的体系。1928年美国化学工程师Rodawald在研制皮革上光剂时意外地得到了"透明乳状液"，它虽也含有大量不相混溶的液体，但性质明显地不同于乳状液。它的发现对于表面活性剂理论的发展和表面活性剂的应用具有十分重要的意义。

3.2.8.1 微乳状液的特点

（1）制备时不必采用各种乳化设备向体系供给能量，而只要配方合适，各组分混合后会自动形成微乳状液，这说明微乳化过程是体系自由能降低的自发过程，此过程的终点应为热力学稳定的体系。

（2）在组成上的特点是：①表面活性剂含量显著高于普通乳状液；②通常分为三元系和四元系两种。最先发现的是应用离子型表面活性剂形成的四元系微乳状液体系，它至少有四种成分，即油、水、表面活性剂和助表面活性剂（常用的是中等碳链长度的醇类）。当时认为醇类是构成微乳必不可少的成分。后来发现应用非离子型表面活性剂在一定温度范围内也可得到微乳状液，不必须加入醇类，这就是三元系的微乳状液（油、水、非离子表面活性剂）。

（3）外观上微乳状液不同于一般乳状液，呈透明或略带乳光的半透明状。

（4）具有很好的稳定性，长期放置亦能保持均匀透明的液体状态。

（5）微乳状液虽与一般乳状液相似有油外相（W/O型）和水外相（O/W型）之分，但有两个独特之处：①一般乳状液随类型的不同只能与油匀混或者只能与水均混，然而，微乳在一定范围内既能与油匀混又能与水均混；②已有证据表明，在一定组成条件下，各向同性的微乳状液体系中可存在双连续相，即油相和水相都是连续的。

（6）一般乳状液在两相体积分数都比较大时黏度明显增大，常呈黏稠状，而微乳状液在相似的油水比例时仍然具有与水相近的黏度。

这些特性使得它具有很大实用价值，尽管早期对它的结构、原理尚一无所知，只是称作"透明乳状液"或"可溶油"，在实用时却取得到很大成功。例如用于皮革上光剂，地板蜡、切削油等。直到1943年Hoar和Schulman才证明它是一种特殊的分散体系。Schulman等用小角x射线衍射、光散射、超离心、电子显微镜和黏度测试等方法测定其中分散相的颗粒大小和形状，指出它是大小范围为80~800Å的球形或圆柱形颗粒组成的分散体系。1958年Schulman给它定名为微乳状液（Microemulsion），意思是微小颗粒的乳状液。虽然对于此类分散体系的本质是不是乳状液还有严重分歧，而微乳状液这个名词倒是得到普遍承认，并无异议。可见采用微乳状液这个名称并不意味着认为它实质就是乳状液。

3.2.8.2 微乳状液的本质及形成机制

关于微乳状液的本质有两派意见：一派以Schulman和Prinice为代表，持"微小粒子的乳状液"观点；另一派以Winsor，Shinoda，Friberg为代表，持"肿胀胶团"说的观点。Schulman和Prinice等从分散相颗粒小（小于$0.1\mu m$）出发很容易解释微乳状液的透明或半透明、黏度小、稳定性高等性质。这一派意见遇到的困难是如何解释微乳状液自动形成和热力学稳定性质。为此，Schulman等提出混合膜具有负界面张力的说法，叫做混合膜理论。他们曾加己醇于油—水—皂组成的乳状液中，醇达到一定浓度时乳状液变透明，形成微乳状液。他们测定了此过程中界面张力的变化；发现界面张力随加醇而逐步降低到零。由此推断，再加入更多的醇，界面张力应变为负值，具有负界面张力的体系在扩大界面面积时将放出能量,这使得乳状液颗粒变小成为自发过程,即自动形成微乳状液。Prince 进一步解释加醇导致负界面张力的原理为:①醇与表面活性剂缔合而进入界面层,于是增加表面压,当表面压超过 50mN/m 以上,界面张力就变为负值了;②醇可使油—水界面张力降低 15mN/m 以上,而皂类很容易产生 35mN/m 的表面压,两者同时作用,界面张力便成为负值了。混合界面膜的负界面张力说虽曾引起广泛注意,但终究只是一种推断,缺少实验证据。Prince 的论证亦非无懈可击,例如,大量实验结果表明,混合表面活性剂溶液的表面压不等于两单独表面活性剂溶液表面压之和。

另一派认为微乳状液是油相或水相加溶于胶团或反胶团之中,使之胀大到一定颗粒大小范围内而形成的。由于加溶作用是自动进行的过程,自动微乳化的现象便是自然的了。这一观点首先来自 Winsor 等的实验结果,他们研究了表面活性剂、助表面活性剂、水本系的缔合问题,得到两种各向同性的液相区:一为油溶液(L_2),一为水溶液(L_1)。他们证实,在皂或醇中加入其他成分可得 L_2,其中含有皂和水构成的反胶团。L_2 可溶解相当量的苯,不发生任何相变而得到 Schulman 等所制备的微乳状液。这说明微乳状液就是加溶了另一液相的胶团溶液,或称之为"肿胀的胶团"。Shinoda 等关于非离子表面活性剂微乳液的研究进一步说明混合膜并非生成微乳状液的必要条件,应用非离子型表面活性剂,不必加入醇,只要选择适当结构的表面活性剂和温度,使胶团具有合适的大小,足以加溶足够量的不混溶液相,即可生成微乳状液,这进一步支持了肿胀的胶团说。

3.2.8.3 微乳状液成因的理论解释

形成微乳状液的主要理论解释如下:

(1) 混合膜理论。1955 年 J. H. Schulman 和 Bowcott 提出了界面吸附单层是第三相,或中间相的概念,由此发展了混合膜理论,或双重膜理论。两性物质在油水之间形成的膜视为与油、水平衡的二维三相液体,即这种两性膜在接近油和水的两个面具有不同的性质,具有不同的界面张力,如果二者的界面张力相等,界面膜为平面,油水分离;如果油面的界面张力大于水面的,则膜的油面延伸,膜弯曲凸向油,则形成油外相微乳状液;反之,如果水面的界面张力大于油面的,则膜的水面延伸,膜弯曲凸向水,则形成水外相微乳状液。两性物质的疏水基体积比亲水基大,则形成油外相微乳状液;两性物质的疏水基体积比亲水基小,则形成水外相微乳状液。

由此可见微乳状液的形成必须具备两个条件:一是在油—水界面吸附大量的表面活性物质和助表面活性物质,要求这些两性物质要与油和水同时匹配;二是界面膜具有高度的柔性,对于离子型表面活性剂可以通过加入醇来实现,而对于非离子型表面活性剂可以通过调节体系的环境温度来实现。

(2) 几何排列理论。M. L. Robbins,D. J. Mitchell 和 B. M. Ninham 等从双亲物质聚集体分子的几何排列考虑提出界面膜的分子排列几何填充模型,模型认为界面膜是一个双重膜,活性物的极性头和烷基非极性头分别与水和油分子结合形成均匀的界面膜,在水相一侧极性头水化形成水化层,在油相一侧,油分子穿透在双亲物质的烷基链中。界面膜的几何填充模型由填充系数说明:$\dfrac{V}{a_0 l_e}$。其中 V 表示表面活性剂分子的烷基链体积;a_0 为平面上表面活性剂分子极性头的最佳截面积;l_e 为烷基链充分伸展的长度(为烷基链的 80%~90%)。于是,界面的弯曲受填充系数的制约(见图 3-2-32)。

当 $\dfrac{V}{a_0 l_e}=1$ 时,界面层是平的,形成平的界面液晶结构相,界面张力达到最低,界面膜平衡了油、水相的极性差。

当 $\dfrac{V}{a_0 l_e} > 1$ 时，烷基链的横截面积大于极性基头的横截面积，界面发生凸向油相的优先弯曲，则易于形成 W/O 型反向微乳状液，界面膜与油相间的极性差减小，油/水界面张力趋向增加；

当 $\dfrac{V}{a_0 l_e} < 1$ 时，极性头的横截面积大于烷极链，水溶性增加，界面发生凸向水相的优先弯曲，则易于形成 O/W 型的微乳状液，界面膜与水相间的极性差减小，水/油界面张力也趋向增加。

D. J. Mitchell 和 B. M. Ninham 提出 $1/3 < \dfrac{V}{a_0 l_e} < 1$ 是 O/W 型微乳状液存在的必要条件；$\dfrac{V}{a_0 l_e} < 1/3$ 时形成 O/W 型的正常微乳状液，在 $V/a_0 l_e$ 增加时液滴增加，直至 $V/a_0 l_e = 1$ 时液滴直径变成无限大，界面成为平面的双连续相的液晶结构，体系的油相、水相体积相等，增溶量达到最大，油、水极性差达到最小，油/水界面张力最低，是微乳状液由 O/W 型向 W/O 型转变的边界。对于烷基链较大的表面活性剂（如 AOT），即填充系数大于 1，体系无须加入助表面活性剂即可形成 W/O 型反响微乳状液。对于极性基头大的表面活性剂

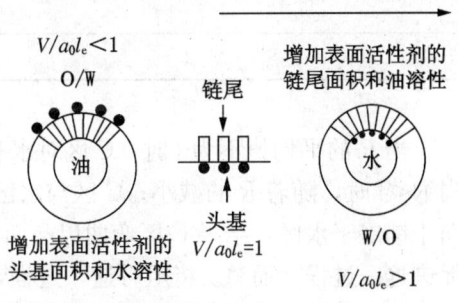

图3-2-32 弯曲界面及微乳状液的类型与表面活性剂在界面上的填充系数 $\dfrac{V}{a_0 l_e}$ 的关系

（崔正刚等，1999）

（如单链离子型表面活性剂）加入助剂醇使 V 增加，而 $a_0 l_e$ 不受影响，则填充系数增加至大于 1/3 时，微乳状液开始转向出现反向微乳状液（W/O 型），进一步增加助剂的含量，在填充系数大于 1 时即出现反向微乳状液 W/O 型。同时水相中电解质浓度的增加，压缩双电层，减小了水分子的渗透，使 a_0 减小，则填充系数增加，有利于 W/O 型反向微乳状液的形成。对于非离子型表面活性剂，温度增加时使极性基头的水化程度减小，填充系数增加，同样有利于 W/O 型微乳状液的形成。在浊点温度以下，体系形成 O/W 型微乳状液，温度达到浊点温度体系发生相态转变形成 W/O 型反向微乳状液，发生相转变的温度即是 PIT。在 PIT 下填充系数等于 1，界面成为平面结构。

同时，我们可以根据几何填充系数值 $\dfrac{V}{a_0 l_e}$ 判断表面活性剂溶液体系中胶束的结构形状，表3-2-8列出了相关的判据原则。

(3) Winsor 的 R 比值平衡值理论。正像我们在第三章第一节所论述的那样，根据 R 比理论，油、水、表面活性剂达到最大互溶度的条件是 $R=1$，并对应于平的界面。$R=1$ 时，理论上界面层 C 区既不向水侧，也不向油侧优先弯曲，即形成无限伸展的胶束。但是，实际上，由于受温度导致的浓度波动的影响，界面 C 层中各点的 R 值可能不尽相同，于是可出现两种情况：一种是热波动的影响较小不足以影响 C 区的长范围的有序排列，这就得到稳定的层状液晶结构，C 区中各点的 R 值皆为 1，另一种情况是热波动的影响较大，C 区各点的 R 值有较大的波动，尽管 C 区 R 的总平均值为 1，但从局部看，界面是弯曲的，并且既可弯向水侧，也可弯向油侧，这就是双连续结构，即 Winsor Ⅲ 型结构。正是这后一种结

构使得油—水—表面活性剂体系具有最大互溶度，并使得 O/W 型和 W/O 型微乳液之间实现了连续转相。实际体系中当 $R=1$ 时，是出现层状液晶相还是出现双连续相将取决于许多因素，其中内聚能和温度将是关键因素。

表 3-2-8 应用几何填充系数判断胶束形状的资料表

$\dfrac{V}{a_0 l_e}$	胶束形状
0～1/3	球形
1/3～1/2	圆柱形
1/2～1	层状
>1	反向胶束

当 R 的平均值不为 l 时，C 区对水和油的亲和性不再相等，于是 C 区将发生优先弯曲。当 $R<1$ 时，随着 R 的减小；C 区与水区的混溶性增大，而与油区的混溶性减小。C 区将趋向于铺展于水区，结果 C 区弯曲以凸面朝向水区。从 R 比看，A_{ow} 和 A_{hh}（当其为负值）将促进这一过程，而 A_{ww} 将阻碍这一过程，根据各相的相对大小，若 R 很小，即 $R \ll 1$，则 C 区将最大程度地扩张其与水区的接触面积，这就形成正常胶束 S_1 结构。随着 R 比的增大，C 区的曲率半径增大，导致胶束膨胀而形成 O/W 型微乳液。微乳液液滴将随着 R 的增大而增大，因此微乳液对油的增溶相应地增大，直至置 $R=1$ 时，或者形成双连续相达到最大增溶，或者形成液晶相，取决于 C 区的流动性大小。

当 $R>1$ 时，变化正好相反，C 区趋向于在油区铺展。A_{oo} 促进这一过程，而 A_{oo} 和 A_{ll} 阻碍这一过程。当 $R \gg 1$ 时，为反胶束 S_2 相，随着 R 的减小，反胶束膨胀成为 W/O 型微乳液，并且液滴直径逐步增大，即对水的增溶量逐步增大，直至 $R=1$。以上表明，R 比定义了油—水界面趋向于某种具体形状的趋势。这种趋势可以用本征曲率来表示，它表示当不存在其他限制或约束时界面的固有曲率，即界面将取的固有形状。

有关 R 平衡值理论的详细论述已经在 3.1.2 超低界面张力一节中进行了详尽的讲解，这里不再重述。

3.2.8.4 微乳状液的类型

表面活性剂和醇、油和盐水混合体系产生的微乳状液相态十分复杂，根据 P. A. Winsor 的分类方法，可以将微乳状液体系分为三类：图 3-2-33 表示了三种组分体系的简单相图和 P. A. Winsor 的分类：图中 a 为 Winsor Ⅰ型体系，在图中体系显示具有两相状态区域：微乳状液相同含有分散的表面活性剂的过剩油相平衡，表面活性剂富集于下相微乳状液中，R. L. Reed 和 R. N. Healy 称该微乳状液相为下相微乳状液（Lower Phase Microemulsion），记作"l"；也有人将其称为Ⅱ（-）型相态，微乳状液为水外相微乳状液相态，或"下部

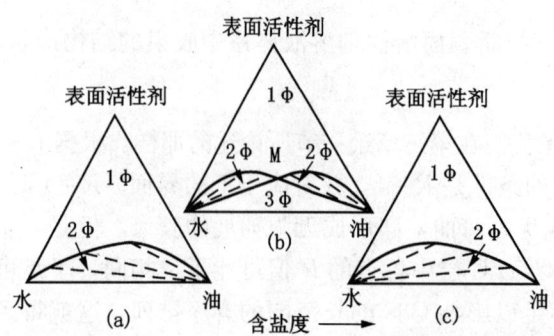

图 3-2-33 表面活性剂/醇、盐水、油体系的简单相图和 Winsor 分类（D. O. Shah, 1981）

最优"（Underoptimum）。图 3-2-33（c）为 Winsor II 型体系，在图中该体系也显示两相状态区域：微乳状液同含有分散的表面活性剂的过剩水相状态平衡，表面活性剂富集在上相微乳状液相中，R. L. Reed 和 R. N. Healy 称该微乳状液相为上相微乳状液（Upper Phase Microemulsion），记作"u"；也有人将该相态称为 II（+）型相态，微乳状液为油外相微乳状液相态，或"上部最优"（Overoptimum）。Winsor-I 型多相区向右歪斜，而 Winsor-II 型则向左歪斜。图 3-2-33（b）显示出多相区分为三部分：Winsor-I 型位于右上方，Winsor-II 型位于左上方，在其下部三角部位为 Winsor-III 型体系。在该三角部位的任意一点，体系都是三相状态平衡：一个相应于 M 点组成的中相微乳状液相、一个过剩盐水相和一个过剩油相；表面活性剂集中于微乳状液相。R. L. Reed 和 R. N. Healy 称该微乳状液相为中相微乳状液，并记作"m"，也有人称其为表面活性剂相。尽管不是所有的微乳状液液体系都定性地符合图中所示的简单相状态，但是它对于用于提高石油采收率的大多数微乳状液体系是十分近似的。如果改变水相的含盐度、表面活性剂的分子结构、助剂醇的类型、水相的 pH 值、油的组成、温度和压力等，则将会使相图的类型发生变化。

3.2.8.5 微乳状液的结构

根据 P. A. Winaor 的定义，在表面活性剂—醇—盐水—油的相平衡体系中存在着三种结构类型的微乳状液：以油为内核的球形水外相胶束，记作 S_1；以水为内核的球形油外相胶束，记作 S_2；双层的或多层的胶束或液晶结构，记作 G。在层状胶束中不能识别内外相状态。上述所有三种类型的胶束形态处于动态平衡过程。后来，P. A. Winsor 进一步将层状胶束修正并扩展为立体排列的球形胶束和六方排列的圆柱形胶束同球形胶束的平衡，如图 3-2-34 所示。下相微乳状液（Winsor-I 型）是水连续相，而上相微乳状液（Winsor-II 型）则是油连续相，用超离心法和小角度激光散射法进行测试证实了这种现象。当改变体系的组成时，如水相的含盐度，微乳状液将从 Winsori-I 型向 Winsor-II 型转变，在它们之间存在一个临界过渡带，即中相微乳状液同过剩的油相和过剩水相的平衡。但是，对中相微乳状液的结构至今没有定论，Miller 等人认为在宏观上是双连续的（Bicontinuous），或者说是一种尽可能多的油和水以溶解状态出现的"分子分散体系"（Molecular Dipersion）。V. K. Bansal 和 D. O. Shah 等人则认为中相是单个分散的油滴悬浮在连续的水相中的水外相微乳状液。M. J. Rosen 等人通过对其电导率和密度的连续观察发现，在水—油体积比为 1:1 时，自过剩油与中相微乳状液界面开始向中相微乳状液方向，电导率连续增加、

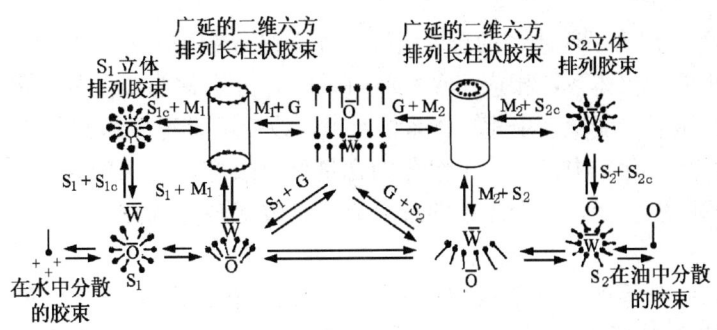

图 3-2-34 P. A. Winsor 分类的不同微乳状液结构相态平衡示意图
(D. O. Shah, 1981)

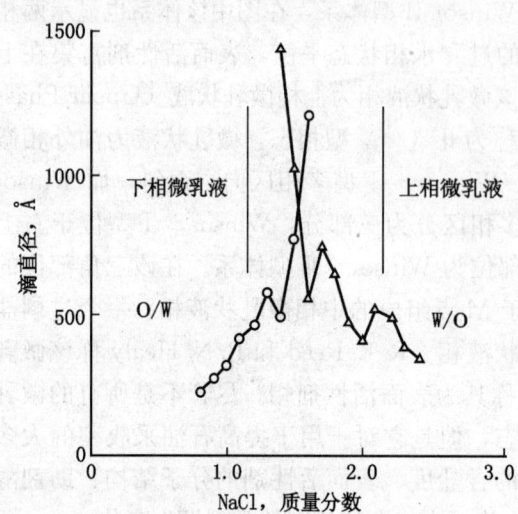

图 3-2-35 微乳状液的颗粒尺寸与体系相态关系曲线图（D.O.Shah，1981）
体系组成：5％tra10-80+0.3％醇；
水：正十二烷=1：1；22℃

密度连续增大，从而认为从 u/m 界面到 m/l 界面转变，体系由油外相逐步变为水相。Shinoda 和 Huh，则认为中相是由油、水层互相交替组成的层状结构，表面活性剂分子按其极性在每一层上定向排列。中相实际上就是表面活性剂的凝结相。

微乳状液的分散相颗粒尺寸大小与微乳状液的相态类型密切有关。图 3-2-35 表示微乳状液的尺寸大小与相态的关系。图中表示石油磺酸盐（TRS10-80）的微乳状液体系在溶液含盐度变化时（引起相态变化）引起分散相的颗粒尺寸变化的情况。对于下相微乳状液，当含盐度增加时分散相颗粒尺寸增加，这是由于胶束增溶能力增加的原因；在中相微乳状液颗粒尺寸达到最大值（接近 1000Å）。含盐度进一步增加，由中相微乳状液过渡到上相微乳状液后，颗粒尺寸则减小。

3.2.8.6 微乳状液的相行为

在水—油—表面活性剂体系中可以很容易地得到各向同性的胶团溶液 S_1 相、S_2 相和处于 S_1 和 S_2 之间的体系——微乳状液。微乳状体系是多组分体系，至少有三个组分——水、油和表面活性剂，通常为四五个组分，即再加上助表面活性剂和盐。它们的混合出现多相共存的平衡状态，这种在微乳体系中同时存在、相互处于平衡状态的相称为共轭相，共轭相现象是微乳体系的重要特征，因此研究平衡共存的相数及其组成和相区边界是十分重要的。在这方面，最方便、最有效的工具是相图。微乳状液体系可分为两大类，即由油、水、表面活性剂和助表面活性剂组成的四元系，和采用非离子表面活性剂而不用助表面活性剂的三元系，它们的相图亦各有特点。

（1）三元系相图。

根据 Gibbs 相律：

$$f = N - P + 2 \qquad (3-2-59)$$

式中 f、N 和 P 分别为平衡体系的自由度数、独立组分数和相数，等温等压下三元体系可以是单相、两相或三相体系，相应于 $f=2$、1 和 0，分别称为二变量、单变量和无变量体系。于是等温等压下二变量（单相）体系中，可以改变两个组分的摩尔分数而仍保持单相；单变量体系（两相共存）中只有一个组分的含量可以改变；而三相共存的无变量体系中的任一相的组成都不能改变。改变体系的总组成只是改变各相的相对量，而不能改变各相的组成。

图 3-2-36 表示含有一个两相区的三元相图。正三角形的三个顶点分别代表纯的（100％）水、油和表面活性剂，三条边分别代表示水—油、油—表面活性剂、表面活性剂—水二元体系，即二元体系的组成落在三条边线上，如点 A。两组分的相对含量由该点至边线端点的距离来确定，如 A 点所示的组成为：油 60％、表面活性剂 40％。三角形内

任意一点表示三元体系，其总组成由从该点出发的与三角形的三边分别平行的直线与边线的交点确定，如图中 B 点的组成为：油 20%、水 20%、表面活性剂 60%。边线上的任意一点与顶点的连线表示底边上两组分的配比保持不变的体系，如图中的 D 点，油—水比为 3∶7，沿 DE 线从 D 到 E，体系的油—水比始终为 3∶7。三角形的三个高分别表示其中两组分比例相等的体系。

图 3-2-36 中分为单相区和两相区，两相区中的连线称为连接线（Tie Line）。单相区中各组分的含量即如上所述。但在两相区内，相对于某个总组成，如 C 点，体系分为共存的两相，其组成分别由连接线的端点所示，图中为 N 和 F 两点。于是共存的两相中，一相含大量油、少量水和表面活性剂（组成点 F），另一相含大量水、较多的表面活性剂以及少量油。在单相区内，任意改变两个组分的比例，仍可保持单相，即有两个自由度，但在两相区，只能独立改变一个组分的比例。例如，通过改变表面活性剂的比例，可使一个相的组成从 N 变到 M，但两相中的另一相的组成随之确定。类似地，任一相中的油或水的比例一旦确定，即决定了共存的两相中其他组分的比例。图中 P 点称为褶点或临界点（Plait Point），两相组成越靠近 P 点，连接线越短，表明两相的组成越接近。在 P 点附近，两个共轭相的组成接近相等。

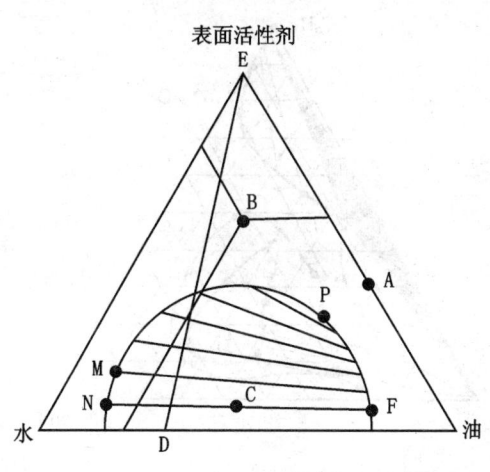

图 3-2-36　包含一个两相区的三元相图
（崔正刚，1999）

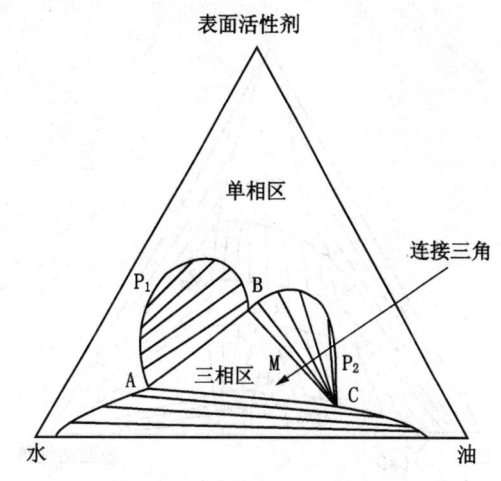

图 3-2-37　含有三相区的三元相图
（崔正刚，1999）

图 3-2-36 中水—表面活性剂和油—表面活性剂二元体系为单相体系，因此，表示这两个二元体系的两边称为互溶边，而油—水二元体系的互溶度有一定限制，中间出现不互溶区间。

图 3-2-37 表示出现三相共存区的三元体系。三角形的两条边为互溶边，即水—表面活性剂和油—表面活性剂为互溶的二组分体系。另一条边表示水—油二组分体系，有不互溶区间。图中三角形 ABC 表示三相区，该三角形称为连接三角（Tie triangle）。若总组成落在三相区内，例如 M 点，则体系分成共存的三相，等温等压下三相的组成由连接三角的三个顶点 A、B、C 所示，不能改变。在三相区内改变体系的总组成，只能改变三相的相对量大小，而不能改变组成。由于三相区必须以两相区为边界，因此三相区的外围是三个两相区。如果二元体系是互溶的，则两相区将在三角形内结束，即两相区有褶点。图中油—

水边为互溶间断边没有褶点,因此只存在两个褶点 P_1 和 P_2。在褶点附近,两相的组成接近相等。如果三条边都为互溶间断边,则所有的二相褶点消失。

图 3-2-36 和图 3-2-37 是高度理想化的三元相图,它们在实际体系中极少出现。实际体系的相图要复杂得多。例如,图 3-2-38 为一个水—醇—表面活性剂三元体系的一般相图,其中醇既作为助表面活性剂,又作为油相。如果体系中含盐,就不是真正意义上的三元体系,但仍可用三元相图来表示。在图 3-2-38 这样一张相图中,有两个各向同性的单相区,即 O/W 微乳区和 W/O 微乳区,两个各向异性的单相区,即液晶区,四个三相区和八个两相区。W/O 微乳区从水在醇中的真溶液延伸出来。在其左边界,该相与含少量表面活性剂以及醇的稀水溶液相平衡;在其右边界,与固体表面活性剂相平衡;在下端边界与具有双折线的液晶相共存。O/W 微乳区从水角处开始。当表面活性剂浓度低于 CMC 时,该单相区只是一个含极少量的表面活性剂水溶液。随着表面活性剂浓度的增加,醇的增溶量增加,该区域逐渐扩大,成为 O/W 微乳区。该微乳区域的右侧与一个液晶区相平衡,此液晶区为六角束棒状胶团结构,即 M_1 相;而在 O/W 微乳区的上面与层状液晶相平衡。在这些单相区之间是两相区和三相区。两相区中平衡的两相由连接线相连。在等温等压下,三相区(3φ)中的自由度为零,其组成固定,即为各连接三角的顶点。

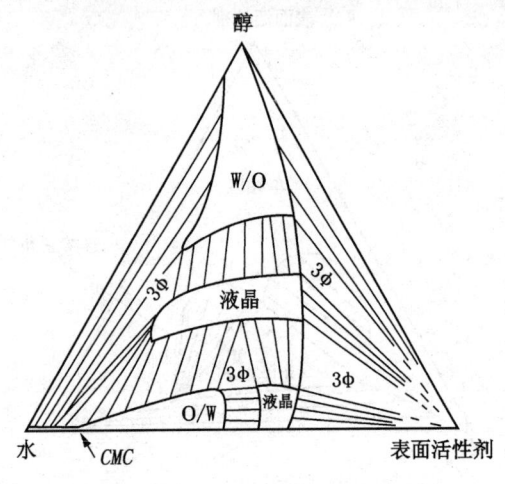

图 3-2-38 水—表面活性剂—助表面活性剂
三元体系的一般相图(崔正刚,1999)

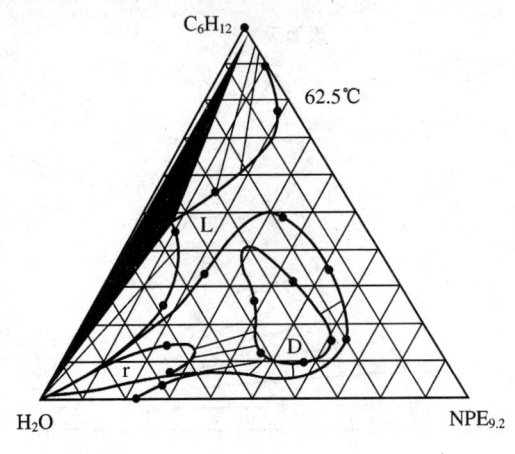

图 3-2-39 水—环己烷—
$NPE_{9.2}$ [$C_9H_{19}C_6H_4(OCH_2CH_2)_{9.2}OH$]
三元体系相图(崔正刚,1999)

图 3-2-39 为非离子表面活性剂—水—环己烷三元体系的相图。由于表面活性剂为工业烷基酚聚氧乙烯醚,即是同系混合物,而非单一化合物,这样的体系也不是真正的三元体系,因此用三元相图也只是近似的。该相图的下半部分颇类似理想化三元相图 3-2-37 即有一个连接三角(黑三角)和三个两相区,并且由于水—表面活性剂和油—表面活性剂为互溶边,有两个褶点,而水—环己烷有较大的互溶度间隙。在油—水体系中加入非离子表面活性剂 $NPE_{9.2}$,则很快进入三相区,体系分成三相:一相为含极少量表面活性剂和环己烷的水相,一相为含一些表面活性剂(较水相中为多)和水的油相;另一相为胶团溶液或微乳液,其组成为连接三角的顶点,可见含大量的水、油和表面活性剂。这三相平衡共存。由于三相的密度差异,若放在一个试管中,水相因密度大将处于下层,油相因密度小而处于上层,分别被称为下相和上相,而微乳相的密度处于两者之间,因而出现于中间层,

常称为中相微乳液。在这种中相微乳液体系中，微乳液未能包进所有的下相和上相，因此下相和上相又分别称为过量水相和过量油相。当表面活性剂浓度继续增加时，体系将进入两相区或单相区，视体系的油—水比而定。两相区分别为微乳状液与过量水相或微乳状液与过量油相共存。单相微乳区（L）为各向同性的胶团溶液，由于含大量的水和油，显然它们既不是 S_1 结构，也不是 S_2 结构，而是处于 S_1 和 S_2 之间的某种结构。而中相微乳液即具有这一特性。与理想化相图不同的是，当表面活性剂浓度较高时，体系中出现了液晶相，图中区域 D 为层状液晶区（G 相），而区域 r 为六角束结构（M_1 相）。

图 3-2-40 代表了一类微乳体系的相图：两相区的褶点明显偏向相图中的油相一侧。当体系的总组成落在此两相区时，体系为下相微乳液和过量油相共存。过量的油相中表面活性剂含量相对于胶团相要小得多，而微乳相为典型的 S_1 结构。这种 S_1 微乳与过量油相共存的微乳体系被称为 Winsor Ⅰ型体系，简称Ⅰ型体系。

图 3-2-41 所代表的微乳状液体系与上述体系不同，其中两相区的褶明显偏向于相图中的水相一侧。当体系总组成落在两相区时，体系为上相微乳液与过量水相共存。微乳状液具有典型的 S_2 结构。这样的体系被称为 WirlsorⅡ型体系，简称Ⅱ型体系。

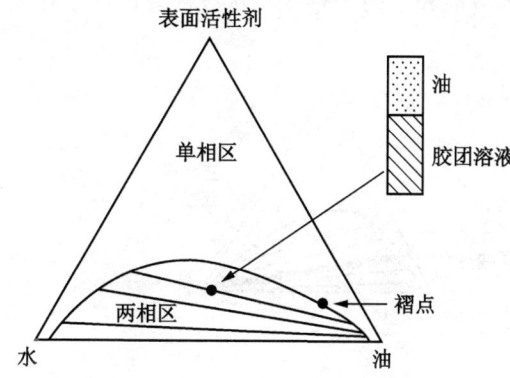

图 3-2-40 典型的 Winsor Ⅰ型（S_1）体系相图（崔正刚，1999）

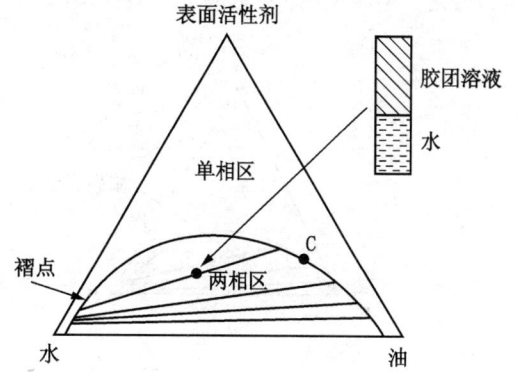

图 3-2-41 典型的 Winsor Ⅱ型（S_2）体系相图（崔正刚，1999）

图 3-2-42 中出现了三相区。当体系的组成落在连接三角内（如 A 点）时，体系为中相微乳液与过量水相及过量油相成平衡。这样的体系被称为 WinsorⅢ型体系，简称Ⅲ型体系。以上体系的分类系由 Winsor 提出，因而又称为 Winsor Ⅰ～Ⅲ型。

Ⅰ型体系中，两相区褶点偏向油侧表明表面活性剂与水的亲和力明显大于其与油的亲和力。因此在两相区，表面活性剂大部分存在于水相。而在Ⅱ型体系中则相反，表面活性剂与油的亲和力相对较大，因而在两相区，大部分表面活性剂存在于油相。正是这种不均匀分布决定了体系的类型。如果要改变体系的类型，即改变

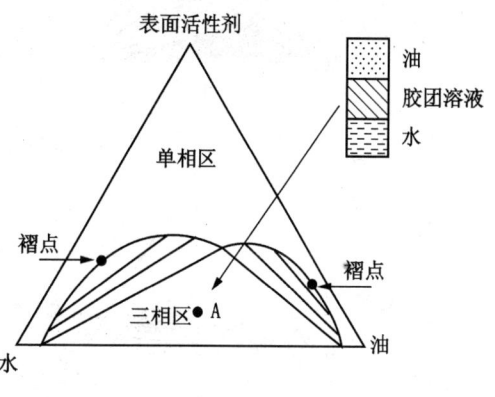

图 3-2-42 WinsorⅢ型体系相图（崔正刚，1999）

相图的形式，例如使图 3-2-40 的相行为变为图 3-2-41 的相行为，就要改变表面活性剂亲水性和亲油性的大小。这种改变有多种途径，如改变温度或含盐量，改变表面活性剂亲水基或亲油基结构，以及改变同系物油的结构等。

从Ⅰ型体系到Ⅱ型体系的演变可以通过Ⅲ型体系顺序发生，这就是所谓的Ⅰ→Ⅲ→Ⅱ转变，其核心是涉及三相区的出现。对Ⅰ型体系，当条件稍稍改变时，某个连接线可扩展为连接三角，其中一条边很短，表示两个相的组成很接近，如图 3-2-43（a）、图 3-2-43（b）所示。扩展为连接三角的连接线称为临界连接线，扩展为一条短边的端点即为临界端点，于是新分出的一相其组成即与临界端点的组成几乎相同。这样在一条临界连接线发生了Ⅰ型到Ⅲ型的转变。伴随着这种转变所发生的一些现象称为临界现象，如临界乳光现象、超低界面张力，大范围浓度波动等。类似地，Ⅲ型体系在一个连接线终结而出现Ⅱ型体系，如图 3-2-43（a）、图 3-2-43（b）所示。图 3-2-43 示意了这种Ⅰ→Ⅲ→Ⅱ连续转变。

三相区的出现具有极重要的意义，因为它发生了中相微乳状液液。通常，我们把含有等体积油和水的特殊微乳状液体系称为最佳体系。显然，在低表面活性剂浓度下中相微乳状液组成较之Ⅰ型和Ⅱ型体系更接近于最佳体系。含有等量油和水的中相微乳状液称为最佳中相或

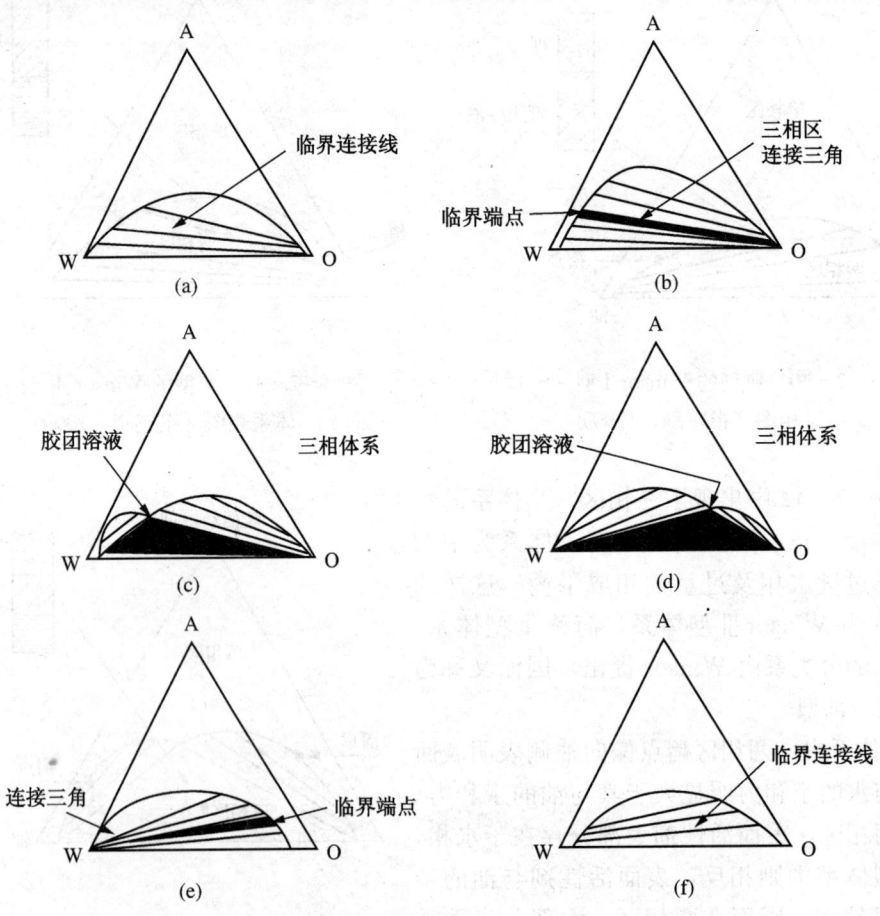

图 3-2-43 微乳状液体系的Ⅰ→Ⅲ→Ⅱ连续转型示意图（崔成刚，1999）
(a)Ⅰ型；(b)Ⅲ型；(c)Ⅲ型；(d)Ⅲ型；(e)Ⅲ型；(f)Ⅱ型

最佳表面活性剂相，它们在微乳研究中占据了重要地位。导致Ⅰ→Ⅲ→Ⅱ连续转型的一个常用方法是对低浓度阴离子表面活性剂体系改变盐度，对非离子表面活性剂体系改变体系环境温度。对一个含有等体积油和水的水—油—阴离子表面活性剂三元体系，随着含盐量的增加体系可从Ⅰ型经过Ⅲ型变到Ⅱ型，图3-2-44示意了这一过程的相应相图变化。

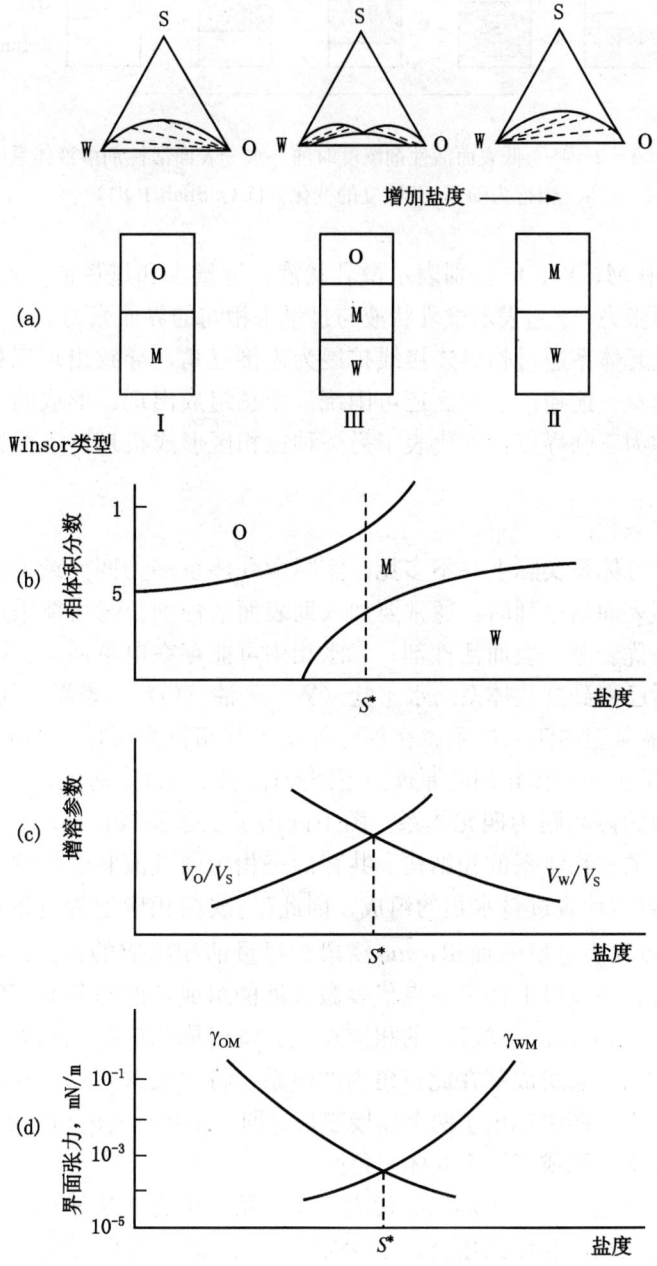

图3-2-44　含盐度变化导致的Ⅰ→Ⅲ→Ⅱ相态转变和相应的微乳状液体系性质的变化（D. O. Shah，1981）

图3-2-45为一个多组分体系相行为随盐度变化的实际体系示图，从左到右显示了典型的Ⅰ→Ⅲ→Ⅱ转变。左边试管（A）的微乳液为下相，相应于Ⅰ型体系；随着盐度的增加

导致中相微乳液的出现（B），即Ⅲ型体系，进而过渡到最佳中相（C），相应的盐度称为最佳盐度。然后盐度的进一步增加将导致油相消失，体系变为上相微乳液（E、F）。这一转变过程相应的相图变化如图3-2-44所示。

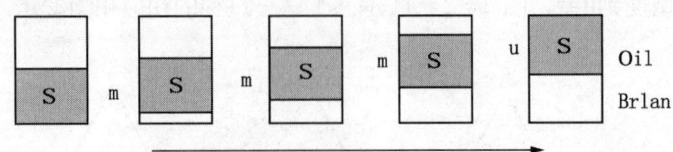

图3-2-45　低表面活性剂浓度时油—水—表面活性剂溶液体系的
相行为随NaCl浓度的变化（D. O. Shah 1981）

图3-2-44中M、W、O分别表示微乳状液、过量水和过量油；γ_{OM}表示微乳状液与过量油相间的界面张力；γ_{WM}表示微乳状液与过量水相间的界面张力。

以上讨论了三元体系通过临界连接线扩展为连接三角，导致出现三相区的途径。但这不是形成三相区的唯一途径。三相区还可围绕一个总组成出现，形成的三相几乎具有相同的组成，这一点称为三临界点，它代表了另一种三相区形成机理。下面讨论四元组分体系相图。

(2) 四组分体系相图。

真正的三元微乳体系实际上并不多见。实际微乳体系多为四元或四元以上体系。原因包括：①用离子型表面活性剂时，通常要加入助表面活性剂；②可能采用表面活性剂混合物，因其性能可能优于单一表面活性剂；③水相中可能存在电解质。实际上在讨论上述三组分体系的相图时已遇到这些体系。水+盐（W）—油（O）—表面活性剂（S）—助表面活性剂（CO）是最典型的四元体系。在等温等压下其相行为可用立体的正四面体来描述。图3-2-46表明了正四面体相图的原理。正四面体的四个面分别代表四个三元体系，而总组成落在四面体内的体系则为四元体系。图中画出了三条实线：即$\overline{l_1 l_2}$、$\overline{u u_2}$和$\overline{m m_2}$，通过它们可以表明共存的三相体系的相结构。共存的三相为微乳液和过量的水相以及过量的油相。$\overline{l_1 l_2}$线段上任意点代表过量水相的组成，因此$\overline{l_1 l_2}$线段相应地为过量水相的轨迹。类似地，$\overline{u u_2}$上任意一点代表过量的油相，$\overline{u u_2}$线段为过量油相组成的轨迹。$\overline{m m_2}$线段则为微乳状液相组成的轨迹，该线段上任意一点代表微乳液的组成，而与其共存的过量水相和过量油相的组成分别落在$\overline{l_1 l_2}$和$\overline{u u_2}$线段中的相应点上。将组成相应的三点相连，即构成连接三角，它处于四面体内，总组成落在此三角内的体系，将分成共存的三相，三相的组成由连接三角的顶点所代表。图中标出了两个连接三角，即三角形$m_1 l_1 u_1$和三角形$m_2 l_2 u_2$。所有的连接三角（互不相交）构成了一个立体三角区。

如果四面体的任意一个三角形面（代表三元体系）中有连接三角，即此三元体系能够形成三相体系，则三相区与该面相交并在该面终结。这就意味着$\overline{m_1 m_2}$、$\overline{u u_2}$和$\overline{l_1 l_2}$四面体的表面相交，如果四面体的两个面含有连接三角，则三相区中连接三角的三个顶点的轨迹将从一个面跨越到另一个面，三相区将起源于一个面而终结于另一个面。这是三相区起源和终结的一个途径。

如曲线$\overline{m m_2}$与$\overline{u u_2}$或$\overline{l_1 l_2}$相交，则连接三角瓦解为一条线，即临界连接线。如果三元体系中都不出现三相区，则四元体系中的三相区可能起源于某个连接线而终结于另一个连接线,这是三相区起源和终结的第二个途径。在极端情况下,$\overline{mm_2}$、$\overline{uu_2}$ 和 $\overline{l_1l_2}$ 汇聚于一点,称为三临界点,从三临界点产生三角区,这是三相区起源和终结的第三种途径。

对四组分体系,作出完整的正四面体相图是烦琐的,它需要大量的实验测定工作。除非描述很重要的体系的详细相行为,一般是不必要的。从实用的观点看,通常是为了研究或比较不同表面活性剂在特定体系中的应用性能,于是从整个相图中截取某一面,获得局部相图即可满足要求。这样一种局部相图中,有两个独立变量通过某种联系(如固定配比)而成为实际上的一个独立变量。这种局部相图即为拟三元相图,它比整体相图要简单得多。例如,固定表面活性剂—助表面活性剂比例,得到如图3-2-47中阴影区所示的局部相图。在此三角相图中不同点所代表的组成中,油、水、表面活性剂—助表面活性剂的比例可以不同,但表面活性剂与助表面活性剂的配比始终相同。若此平面与三相区相交,就可得到一个连接三角。

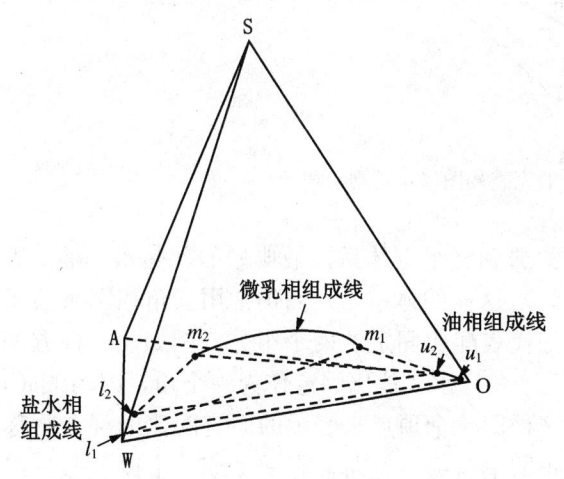

图3-2-46 用正四面体表示四组分
体系的相图(崔正刚,1999)
实线:三相组成;虚线:两个连接三角

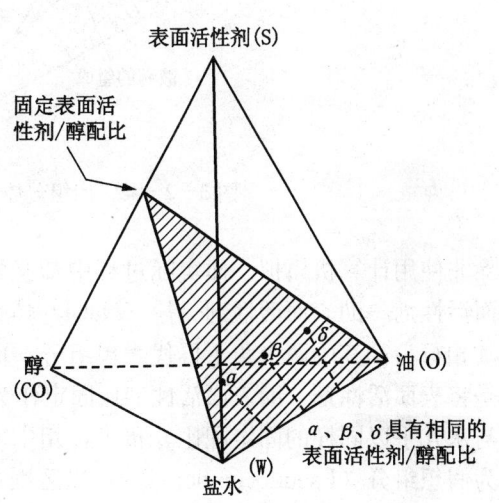

图3-2-47 从四面体中截取一个具有
相同表面活性剂—助表面活性剂
配比的平面(崔正刚,1999)

截取局部相图的缺点是一些共轭相区如液晶相可能不易被发现,因为它可能正好不与所截平面相交。这时需要改变表面活性剂—助表面活性剂配比,也就是使平面的顶点沿S—CO线移动,方可找到这些共轭相区。制作完整的正四面体相图可以通过作一系列拟三元相图来进行,例如采用上述截取方法使顶点沿S—CO边移动。另一种常用方法是固定其中一个变量的数值,作出一系列拟三元相图,然后将这些拟三元相图合并即得到一幅完整四面体相图。例如,图3-2-48即是由固定油含量得到的一系列拟三元相图组成的一幅完整四面体相图。当油含量为零时(底面),四元体系还原为水—醇—表面活性剂三元体系,有明显的W/O和O/W微乳区以及液晶区。随着体系中油含量的增加W/O区扩大并改变形状,但在高油含量区又缩小直至消失。O/W单相区在中等油含量时从W—O—S三角面上消失而移到四面体内,并可与中相和W/O型微乳液形成一个连续的微乳区。

(3) 多组分体系的拟三元相图。

对一个五组分体系,要想在三维空间内用一个多面体相图来表示各相区是相当困难的,

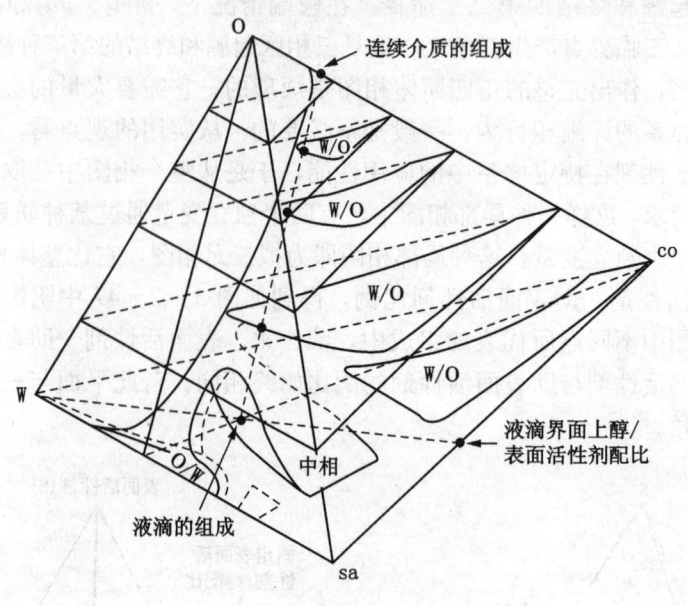

图 3-2-48　四组分体系的完整相图（崔正刚，1999）

除非使用计算机模拟。而实际过程中却又常常遇到五组分体系，最典型的就是水—油—表面活性剂—助表面活性剂—盐（NaCl）体系。对这样的体系，人们仍常用三角相图来表示其相行为，其中两个角不再代表单组分，而是代表配比固定的两个组分。例如，一种方法是将表面活性剂—助表面活性剂比固定作为一个角，水—盐比固定作为一个角，因为 NaCl 与水几乎以同样的固定配比分布于各相中。这种用一个顶点来表示的固定配比的混合物称为假想组分（Pseudocomponellt），以区别真正的单一组分。而含有一个或一个以上假想组分的三元相图称为拟三元相图。

图 3-2-49 即为一个含两个假想组分的拟三元相图。拟三元相图与真三元相图的一个重要区别是：真三元相图中三相区是一个连接三角，而在拟三元相图中却不是。如图 3-2-49 中的Ⅲ区，它只是某个表面活性剂—助表面活性剂固定平面与三相区相交所截得的平面，其相交线即为边界。总组成落在边界线上和边界线内的体系将分成共存的三相，因此三相区可能包括了多个连接三角，致使它自身的形状不再是三角形，而可能呈双凸透镜状。图中Ⅲ为三相区，其周围的Ⅱ和Ⅰ为两相区，L 为单相区。两相区中连接共轭相的连接线一般将不在所研究的区域，因而没有也不可能表示出来。图 3-2-49 中单相区、两相区与三相区的交汇点为某个连接三角的顶点，因而它代表了与过量水相和油相共存的胶束（微乳液）相的组成，尽管后两者的组成不能在拟三元相图中表示。

需要说明图 3-2-49 中的Ⅰ、Ⅱ、Ⅲ区所代表的体系与 Winsor 类型的关系，针对真三元体系所定义的 Winsor Ⅰ、Ⅱ、Ⅲ型体系在此不再适用了，因为按照那样的定义，只有出现两相共存而不出现三相共存的体系才叫做 Winsor Ⅰ型或 Winsor Ⅱ型。但在拟三元体系中，这样的情况就不易出现。于是，关于 Winsor 类型的定义需要推广。推广的定义仅根据某个总组成时实际的共轭相平衡状况来定义体系的类型：Ⅲ型体系指显示三相的体系，不论其有多少个组分；相应地，Ⅰ、Ⅱ型体系指显示两相共存的体系。Ⅰ型过量相为水相，Ⅱ型过量相为油相；单相体系则被定义为 Winsor Ⅳ型。需要注意，这样的分类将使得一个胶束溶液的类型取决于体系的总组成，并可能随表面活性剂浓度的变化而变化。如图3-2-50所示，从A点开始增加表面活性剂的浓度，相应于A、B、C、D点，体系依次为Ⅲ型、Ⅲ型（微乳相量增大）、Ⅱ型和Ⅳ型。若总组成落在E点，则体系为Ⅰ型。于是根据广义的定义，拟三元相图3-2-49中的Ⅰ、Ⅱ、Ⅲ区分别相应于WinsorⅠ、Ⅱ、Ⅲ体系，而L为WinsorⅣ型体系。

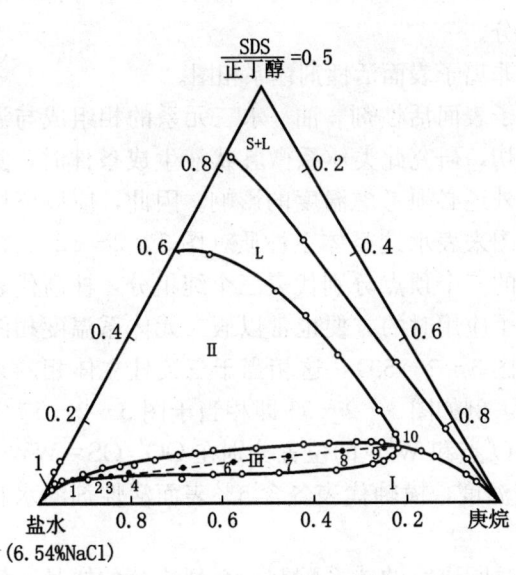

图3-2-49 SDS—正丁醇—正庚烷—水—NaCl体系的拟三元相图（崔正刚，1999）

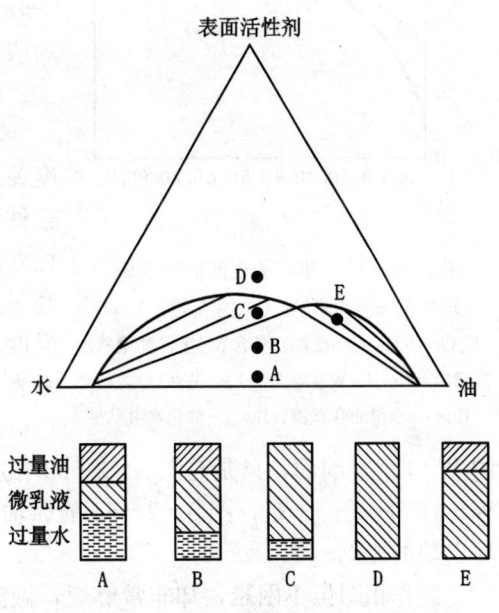

图3-2-50 微乳状液体系的广义Winsor类型与体系总组成的关系（D.O.Shah，1981）
A，B—过量油/微乳液/过量水；C—微乳液/过量水；
D—单相微乳液；E—过量油/微乳液

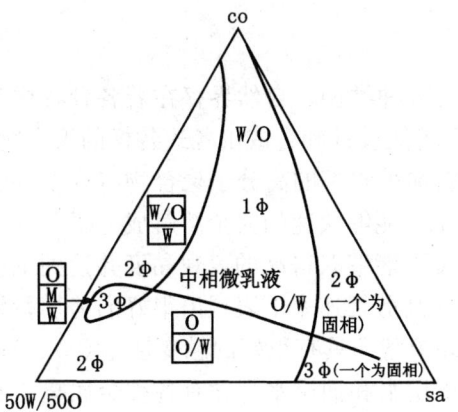

图3-2-51 油、水合为一个假想组分的拟三元相图（D.O.Shah，1981）
1φ、2φ、3φ分别表示单相区、二相区、三相区

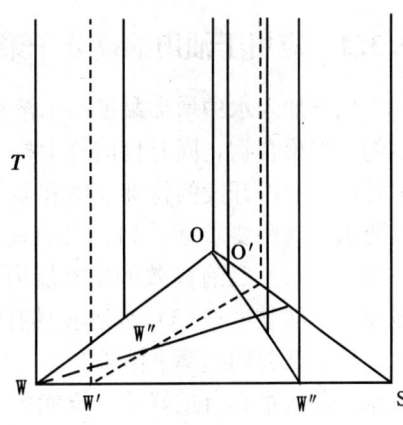

图3-2-52 非离子表面活性剂—油—水体系三元相态—温度相图
（顾惕人等，1994）

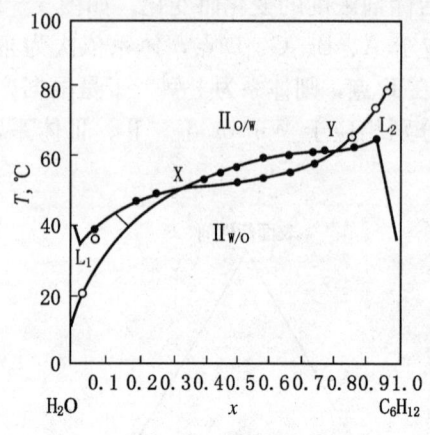

图3-2-53 非离子表面活性剂假二元相态—温度相图（顾惕人等，1994）

H_2O—C_6H_{12}（环己烷）各含5％壬己酚聚乙烯醚；L_1—O/W微乳区；L_2—W/O微乳区；$II_{O/W}$—水包油乳状液；$II_{W/O}$—油包水乳状液

除了图3-2-49所示的拟三元相图外，还可以将油—水比固定作为一个假想组分。图3-2-51即表示这样一个拟三元相图。其中两相区的连接线因不落在该平面所以无法标出。图中1φ、2φ、3φ分别表示单相区、二相区、三相区。除了上述表示法外，还可将水—表面活性剂合并为假想组分，甚至三个组分都可以为假想组分。

(4) 非离子表面活性剂体系相图。

非离子表面活性剂—油—水三元系的相组成与温度关系密切，研究此类体系微乳状液生成条件时，除三种组分外还必须考虑温度的影响。因此，应以三棱柱立体相图来表示这类体系性质（图3-2-52）。柱底三角形的三个顶点分别代表三个纯组分，柱高代表温度。为了应用时的方便也常以假二元体系温度相图来表示（图3-2-53），这相当于三棱柱立体相的某一纵剖面，例如图3-2-53即相当于图3-2-52中的W'O'垂直剖面，只是与图3-2-53相应的O'点和W'点的位置分别在OO'/OS=WW'/WS=0.05处。于是，图3-2-53的纵轴代表温度，横轴代表各含5％表面活性剂的水和环己烷的比例。

制作相图虽不困难，却非常麻烦，做法是对所研究的体系配制一系列成分的样品，使成分点适当分布于欲制作的相图上，待体系达到平衡后，应用各种物理化学方法确定其相组成及各相化学成分，绘成相图。

3.3 水溶性高分子聚合物的物理化学性质

3.3.1 应用于油田的高分子聚合物

用于加入水中增加黏度的水溶性高分子化合物有各种类型。自然界存在着各种各样类型的天然聚合物，同时目前科学技术的发展，人们有可能设计和合成出各式各样的聚合物。但是由于油田开发的特殊环境和条件，对用于提高石油采收率的高分子聚合物有许多特殊的要求。这些要求是：(1) 具有良好的水溶性，在水中能够快速的完全溶解成分子分散体系溶液；(2) 具有高效的增黏能力，即在较小的浓度下能够获得高的表观黏度并达到工程需要的溶液黏度；(3) 水溶液具有很好的流动性，在高剪切速率下表现出很好的剪切稀释性，而在低剪切速率下溶液黏度又能够逐渐恢复，即溶液还具有很好的触变性；(4) 与地层水和注入水具有很好的配伍能力，由于大多数油田用水和油层水都含有各种金属离子和相应的阴离子及基团，因此聚合物分子对这些离子应当有很好的容忍能力，在使用的条件下不会产生堵塞油层岩石孔隙的沉淀物；(5) 具有很好的温度和生物稳定性，由于一般油层深埋地下数千米，油层温度远远高于地面，同时地层水和注入水中一般都含有不同数量的溶解氧以及各种不同菌属的微生物，加入的聚合物分子一般在地层中存在数月乃至数年，因此其应当在地层温度下在长时间内不至于产生热氧降解和生物降解；(6) 对油层和地面环境不会产生污染，对操作人员没有任何毒害；(7) 来源广、便于运输和价格便宜等。应用于油田的聚合物都应当满足所有这些条件。目前针对上述条件筛选和制备的能够应用于油田的水溶性聚合物有如下几种类型：(1) 合成聚合物，例如聚丙烯酰胺（PAM）、部分水解聚丙烯酰胺（PHPAM）、聚乙二醇等；(2) 天然聚合物，如田青和褐藻酸钠；(3) 改性天然聚合物，例如羧甲基纤维素（CMC）、羟乙基纤维素（HEC）等；(4) 生物聚合物，例如黄胞胶（Xanthan Gum）、硬葡聚糖（Scleroglucan）等。然而由于种种原因，直到目前为止能够使用于驱油提高石油采收率的聚合物种类只有：(1) 以部分水解聚丙烯酰胺为代表的合成聚合物；(2) 以黄胞胶为代表的生物聚合物。随着科学技术的发展，合成聚合物类具有比其他种类的聚合物有着更为发展的前景，人们正在探索设计和合成具有更高增黏能力且具有更好温度、化学和生物稳定性的合成聚合物。

3.3.1.1 合成高分子聚合物

通过化学合成的高分子聚合物产物，这里指水溶性高分子聚合物。可以通过分子设计人为地制备符合应用需要的各种形式的高分子聚合物。由于一方面可以对参与合成的单体分子型式、结构、质量和纯度等进行有效的控制；另一方面可以严格设计和控制合成路线及工艺过程，因此合成高分子聚合物一般都具有稳定的结构和物理—化学性质。根据基本单元的化学结构，即分子内原子或原子团的种类及其结合方式，高分子化合物可以有不同的结构形式，大体上可以分为：(1) 线型结构，基本结构单元为一条线型的长链大分子；(2) 支链结构，长链分子的两侧连接相当数量的侧链；(3) 体型结构，高分子化合物链与链之间有交联链进行连接形成三维体型结构。目前油田应用较广的合成聚合物主要是三种单体的均聚物或共聚物。分别是阴离子型单体丙烯酸、甲基丙烯酸、2-丙烯酰胺-2-甲基丙烷磺酸、马来酸酐；阳离子型单体二甲基二烯丙基氯化铵、丙烯酸三甲基氯化铵乙酯、甲基丙烯酰胺三甲基氯化铵；非离子单体丁二烯、丙烯酰胺、丙烯腈、苯乙烯、十二烷基甲基丙烯酸酯、N-十二烷基丙烯酰胺。合成聚合物中以丙烯酰胺均聚与共聚物品种最多，有非离子型聚丙烯酰胺、阴离子型聚丙烯酰胺、阳离子型聚丙烯酰胺、复合离子型聚丙烯酰胺和疏水缔合型聚丙烯酰胺。化学结构式如下。

非离子型聚丙烯酰胺：

$$-(CH_2-CH)_x-$$
$$\qquad\qquad |$$
$$\qquad\quad C=O$$
$$\qquad\qquad |$$
$$\qquad\quad NH_2$$

阴离子型聚丙烯酰胺：

$$-(CH_2-CH)_x-(CH_2-CH)_y-$$
$$\qquad\qquad |\qquad\qquad\qquad |$$
$$\qquad\quad C=O\qquad\qquad C=O$$
$$\qquad\qquad |\qquad\qquad\qquad |$$
$$\qquad\quad NH_2\qquad\qquad ONa$$

阳离子型聚丙烯酰胺：

$$-(CH_2-CH)_x-(CH_2-CH)_y-$$
$$\quad\quad\quad\quad |\quad\quad\quad\quad\quad |$$
$$\quad\quad\quad\quad C=O\quad\quad\quad C=O$$
$$\quad\quad\quad\quad |\quad\quad\quad\quad\quad |\quad\quad\quad\quad\quad\quad\quad CH_3$$
$$\quad\quad\quad\quad NH_2\quad\quad HN-CH_2-CH_2-CH_2-N^+-CH_3Cl^-$$
$$\quad\quad\quad\quad\quad\quad\quad\quad\quad\quad\quad\quad\quad\quad\quad\quad\quad\quad\quad\quad|$$
$$\quad\quad\quad\quad\quad\quad\quad\quad\quad\quad\quad\quad\quad\quad\quad\quad\quad\quad\quad\quad CH_3$$

复合离子型聚丙烯酰胺：

$$-(CH_2-CH)_x-(CH_2-CH)_y-(CH_2-CH-CH_2)_z-$$
结构式中各基团：$C=O$，NH_2；$C=O$，ONa；含 N^+Cl^- 的环状结构，CH_3，CH_3。

疏水缔合型聚丙烯酰胺：

$$-(CH_2-CH-CH_2-CH-CH_2-CH)_z-$$
$$\quad\quad\quad |\quad\quad\quad\quad\quad |\quad\quad\quad\quad\quad |$$
$$\quad\quad\quad C=O\quad\quad C=O\quad\quad C=O$$
$$\quad\quad\quad |\quad\quad\quad\quad\quad |\quad\quad\quad\quad\quad |$$
$$\quad\quad\quad NH_2\quad\quad OH\quad\quad NH-(CH_2)_{11}-CH_3$$

其他类型合成聚合物有丙烯酸和丙烯酸阳离子共聚物或疏水缔合型丙烯酸酯的共聚合物，结构式如下。

丙烯酸阳离子共聚物：

$$-(CH_2-CH)_x-(CH_2-CH)_y-$$
$$\quad\quad\quad |\quad\quad\quad\quad\quad |$$
$$\quad\quad\quad C=O\quad\quad C=O$$
$$\quad\quad\quad |\quad\quad\quad\quad\quad |\quad\quad\quad\quad\quad\quad CH_3$$
$$\quad\quad\quad OH\quad\quad O-CH_2-CH_2-N^+-CH_3Cl^-$$
$$\quad\quad\quad\quad\quad\quad\quad\quad\quad\quad\quad\quad\quad\quad\quad\quad|$$
$$\quad\quad\quad\quad\quad\quad\quad\quad\quad\quad\quad\quad\quad\quad\quad\quad CH_3$$

疏水缔合型丙烯酸酯共聚物：

$$-(CH_2-CH)_x-(CH_2-CH)_y-$$
$$\quad\quad\quad |\quad\quad\quad\quad\quad |$$
$$\quad\quad\quad C=O\quad\quad C=O$$
$$\quad\quad\quad |\quad\quad\quad\quad\quad |$$
$$\quad\quad\quad OH\quad\quad O-(CH_2)_{11}-CH_3$$

油田驱油和油、水井封堵技术最常用的合成高分子聚合物是聚丙烯酰胺（polyacrylamde，PAM），聚丙烯酰胺是一种石油化工产品，它是以丙烯为基料合成丙烯腈单体，然后在含铜催化剂作用下水解制得丙烯酰胺（AM）单体，丙烯酰胺单体通过自由基引发均聚或者与其他单体共聚制得的高分子聚合物。

3.3.1.1.1 聚丙烯酰胺分子结构

聚丙烯酰胺的分子结构式如下：

$$[-CH_2-CH-CH_2-]_n$$
$$\underset{NH_2}{\overset{|}{\underset{\|}{C=O}}}$$

聚丙烯酰胺是以氢键键合形式的单一线形结构。控制聚合度可以得到相对分子质量在几百万至千万以上的聚合物，其水溶后的分子线团尺寸与相对分子质量有关并且受环境因素影响，一般在 $0.1\sim0.3\mu m$ 不等。

3.3.1.1.2 聚丙烯酰胺聚合度

聚丙烯酰胺（PAM）分子中的丙烯酰胺单体单元数 n 是组成 PAM 的丙烯酰胺链节的重复单元数，则 n 值称为聚丙烯酰胺的聚合度（degree of polyacrylamide，DP）。聚合度 n 的大小决定了聚合物的相对分子质量，聚丙烯酰胺的相对分子质量（M_w）与聚合度的关系可以由下式表示：

$$M_w = (DP) \cdot M_{wo} \tag{3-3-1}$$

式中 M_{wo}——丙烯酰胺的相对分子质量。

在合成过程中可以控制 PAM 的聚合度（DP），其高低取决于合成过程中采取的聚合工艺技术。

3.3.1.1.3 聚丙烯酰胺生产方法

PAM 的工业生产是由石油裂解气分离出丙烯，再由丙烯氨氧化制得丙烯腈，再经催化水合，或硫酸水合，或生物工程制得丙烯酰胺，丙烯酰胺聚合成为聚丙烯酰胺，其工艺流程如图 3-3-1 所示。聚合方法有：水溶液聚合、有机溶剂聚合、乳液聚合、悬浮聚合和本体辐射聚合等。

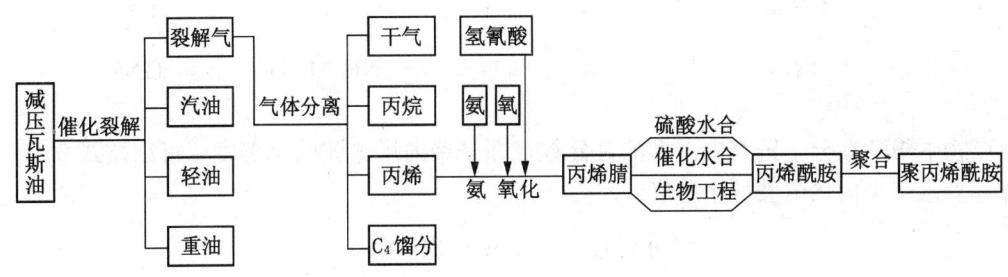

图 3-3-1 石油裂解气制备聚丙烯酰胺工艺流程图

3.3.1.1.4 聚丙烯酰胺产品产状

商业产品有凝胶、乳液和固粉三种形态。凝胶成半固态，有效浓度为 5%～10%（质量分数）。乳液是 PAM 成分散状态的油包水乳状液，有效浓度为 30%～50%（质量分数）。固粉为粉状固体颗粒，颗粒越小越易于水溶，有效成分在 85%（质量分数）以上，为了易于水溶且避免在溶水时形成"鱼眼"和固粉飞尘引起污染环境，通常在造粉时应用造粒技术，在颗粒表面涂上一层非离子表面活性剂，制成涂层颗粒产品。

3.3.1.1.5 聚丙烯酰胺物化性质

PAM 为非离子型的高分子，固粉密度为 $1.302g/cm^3$（25℃），玻璃化和分解温度在 200℃，脱水温度 210℃，炭化温度 500℃。可以以任何比例溶于水，也可以溶于醋酸、丙烯酸、乙二醇、丙三醇和胺等强极性溶剂，不溶于甲醇、乙醇、丙酮等溶剂。PAM 是无毒的，但是残存的丙烯酰胺单体则是有毒的，工业产品的丙烯酰胺单体含量不应超过 0.2%（质量分数）。

3.3.1.1.6 聚丙烯酰胺水解和水解度

石油工业使用的是丙烯酰胺通过离子取代基共聚改性或者将沿主链分布的酰胺基侧链进行部分水解改性形成溶水后带有负电荷的羧基（COO—）的聚合物，其分子结构式为：

$$[-CH_2-CH-]_x-[-CH_2-CH-]_y$$
$$\quad\quad\quad | \quad\quad\quad\quad\quad\quad |$$
$$\quad\quad\quad C=O \quad\quad\quad\quad C=O$$
$$\quad\quad\quad | \quad\quad\quad\quad\quad\quad |$$
$$\quad\quad\quad NH_2 \quad\quad\quad\quad O^-Na^+$$

这种聚合物称为部分水解聚丙烯酰胺（PHPAM）。提高石油采收率、采油和油田其他工艺使用的聚丙烯酰胺的水解度一般控制在 7%～35%，水解度越高，其水溶性越好。如果水解度太小，则水溶能力差；如果水解度太大，则它的各种性质对溶剂的含盐度、硬度等太敏感。

聚丙烯酰胺在苛性碱水溶液中，其链节上一部分的酰胺基—$CONH_2$ 基团与碱反应生成羧基（—COOH）集团，称为水解。水解产物相当于丙烯酰胺与羧基的嵌段共聚物，水解反应式如下：

$$[-CH_2-CH-CH_2-]_n + NaOH \longrightarrow [-CH_2-CH-]_x - [-CH_2-CH-]_y$$
$$\quad | \quad\quad\quad\quad\quad\quad\quad\quad\quad\quad\quad\quad | \quad\quad\quad\quad\quad |$$
$$\quad C=O \quad\quad\quad\quad\quad\quad\quad\quad\quad\quad C=O \quad\quad\quad C=O$$
$$\quad | \quad\quad\quad\quad\quad\quad\quad\quad\quad\quad\quad\quad | \quad\quad\quad\quad\quad |$$
$$\quad NH_2 \quad\quad\quad\quad\quad\quad\quad\quad\quad NH\ O^-Na \quad\quad ONa$$

反应产物中羧基在分子链节中占据的百分数，即是聚丙烯酰胺的水解度，可以按式 3-3-2 计算部分水解聚丙烯酰胺的水解度：

$$水解度 = (y/n) \times 100\% \quad\quad\quad (3-3-2)$$

式中 y——PHPAM 中的羧钠基摩尔数，也可理解为在等当量反应的情况下，水解时消耗的 NaOH 的摩尔数；

n——进行水解的聚丙烯酰胺基本链节数。

水解初期水解速度迅速，在水解度达 50% 左右，水解速度明显降低；水解速度随着碱量和温度的增加而增加，但是随着水解时间的延长，水解速度降低，水解度增加。过高的碱量和温度，会引起副反应，如产生降解和亚胺化反应。水解产物在水溶液中分子是舒展的并且具有高的电荷密度。PHPAM 的水解度测量方法通常采用：（1）沉淀滴定法；用聚乙烯磺酸钾溶液（KPVS）在碱性环境下以甲苯胺蓝作指示剂进行滴定，以 KPVS 的消耗量计算水解度；（2）盐酸中和滴定：在 pH 值等于 9 的条件下，用盐酸滴定，以盐酸消耗量计算水解度；（3）电导滴定法：原理同（2），不同的是根据电导率的变化确定盐酸消耗量。PHPAM 的水解度是衡量其溶解能力及增黏能力的重要参数。

3.3.1.1.7 聚丙烯酰胺分子构象

PAM 和 PHPAM 溶水后，解离成荷负电的大分子，分子之间的静电排斥以及同一分子不同链节之间的排斥导致分子在溶剂中伸展，并能使分子之间相互缠绕，这就是 PAM 和 PHPAM 能够使其水溶液黏度明增加的原因。PAM 和 HPPAM 相对分子质量增加则其水溶液黏度增加。显然如果增加水中一价、多价金属离子含量，将会促使碳—碳链间自由旋转引起分子卷曲，聚合物高分子的反离子（金属离子）的屏蔽作用会引起高分子的静电排斥作用大大减弱，水溶液黏度降低，甚至形成絮凝而沉淀。HPPAM 分子能够同高价金属离子如 Cr^{3+}（Cr^{6+}）、Fe^{3+}、Al^{3+} 以及锆和硼等进行络合交联反应生成三维网状结构凝胶。无论 PHPAM 还是 PAM 溶液的稳定性都存在问题，随着时间老化、热氧环境和生物作用都能引起其分子降解，黏度下降。

3.3.1.1.8 聚丙烯酰胺质量检测

用于提高石油采收率的 PAM 和 PHPAM 产品质量应当进行如下参数的测定并满足相应的要求：水溶解能力、粉状物的粒度尺寸、增黏能力、相对分子质量及相对分子质量分布、水解度、过滤性能（过滤因子）、残余单体含量、水不溶物含量、固含量（干量）等，油田根据具体情况制定质量标准。

3.3.1.1.9 聚丙烯酰胺产品应用

在石油工业应用于聚合物驱油提高采收率，表面活性剂驱油和碱水驱油作为流度控制剂，泡沫驱油作为泡沫稳定剂，制备成胶联凝胶进行水井调整吸水剖面和油井堵水，制备成微凝胶进行油层深部改善流体运动方向，污水处理作为絮凝剂，钻井液控制失水处理剂等。煤矿工业用作矿井漏水和冒顶防治剂。造纸纸浆添加剂。民用和工业用作水处理絮凝剂等。为了使 PAM 更广泛地使用于油田，进行了其性能的改进，包括：丙烯酰胺与乙烯吡咯烷酮的共聚物（VP）、丙烯酰胺与 2－丙烯酰胺基－2－甲基丙磺酸钠的共聚物（AMPS 钠盐）以及美国 Phillips 公司的三元共聚物 HE 等，这些产品在耐温耐盐等方面优于 PAM，有些已经形成了工业产品。

其他合成聚合物有：聚乙烯醇、聚乙二醇等是多羟基聚合物，聚乙烯醇是由聚乙烯醋酸酯经醇介、水介或皂化得到，大分子中—OH 取代度大于 85%，水溶液能与 B^{3+}、Cr^{3+}、Ti^{4+} 交联生成凝胶体。缩合树脂类包括脲醛树脂、酚醛树脂和三聚氰胺树脂。由于树脂预聚体中含有多羟基，其水溶液在酸、碱、催化剂作用下或同可缩合反应物接触时，树脂能够交联形成凝胶。

3.3.1.2 天然或改性高分子聚合物

自然界已经存在的高分子化合物或者通过萃取、改性获得的高分子化合物，这里指水溶性聚合物。自然界存在大量的水溶性高分子化合物，这些物质或单独存在或与其他成分的物质共同存在。这些物质由于环境的不同一般与其他物质共存，其分子结构比较复杂，成分不够单一，因而一般其物理—化学的稳定性欠佳。为了得到高纯度的天然化合物，一般需要经过不同的萃取工艺，或者进行适当的改性以使其具有稳定的物理—化学性质。目前油田应用较广的天然聚合物有植物胶、纤维素两种。

3.3.1.2.1 植物胶

瓜尔胶、羟丙基瓜尔胶、羧甲基瓜尔胶、田菁胶和皂角胶等均是植物胶。较多使用的羟丙基瓜尔胶是一种非离子衍生物，由环氧丙烷为醚化剂、乙醇或异丙醇为分散剂在碱性条件下的萃取反应产物，分子式为 $C_6H_7O_2(OH)_2 \cdot O \cdot CH_2CH_2CH_2OH$，主要用于油田增产增注措施，如：酸化、压裂和堵水、调剖。水溶液易与某些两性金属（或非两性金属）组成的含氧酸阴离子盐如硼酸盐、锑酸盐、钛酸盐交联成凝胶。另一种植物胶是田菁胶、羟丙基田菁胶、羧甲基田菁胶、羟丙基羧甲基田菁胶。较多应用的羟丙基田菁胶也是一种非离子型衍生物。制备方法、应用范围同羟丙基瓜尔胶。植物中萃取的胶还有褐藻酸钠（Sodium alginate），亦称藻朊酸钠，它由氢氧化钠与褐藻酸反应制得，褐藻酸大量地存在于褐藻中如海带，海带经过加工萃取可以制备褐藻酸。其化学结构类似钠羧甲基纤维素，极易溶于水，具有很强的增黏能力，与钙、镁离子能发生交联和降解反应，易于产生生物降解，大量用作增黏剂、钻井液降阻剂、水处理絮凝剂和调剖剂等。一般它们的水溶液都具有很高的增黏能力且摩阻很小，广泛应用于压裂作携砂液。此外还有香豆子胶、皂仁胶、槐豆胶、魔芋胶等植物胶均可用两性或高价金属离子的盐交联，这些物质通常具有很高的增黏能力且摩阻很小，广泛应用于压裂作携砂液以及其他油田作业中。

3.3.1.2.2 纤维素

经常使用的为纤维素和木质素两种。在油田上应用的多是纤维素衍生物，主要有羧甲基纤维素（CMC）、钠羧甲基纤维素（Na—CMC）和羟乙基纤维素（HEC）。羧甲基纤维素是纤维素的一种阴离子型衍生物，由卤代脂肪酸、一氯乙酸与棉浆或漂白木浆制成，分子式为 $C_6H_9O_4 \cdot O \cdot CH_2 \cdot COONa$，改性后的纤维素分子结构中引入亲水基团羧甲基。不同取代度的纤维素在水中溶解度不同，高水解度纤维素易溶于水，通常用作增黏剂、钻井液处理剂等，羧甲基纤维素水溶液能与某些高价金属离子，如硫酸铬钾交联生成凝胶，可用于堵水、调剖和酸化、压裂。

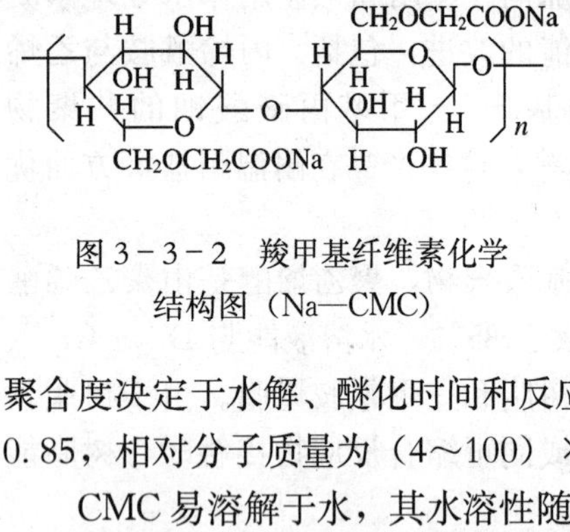

（1）羧甲基纤维素（Carboxy Methyl Cellulose，CMC）羧甲基纤维素 CMC 是一种经过改性的天然高分子化合物。它是由纤维素（棉花、芦苇等）经过羧甲基化制得的水溶性高分子化合物。常用的 CMC 是由短棉纤维和木质纸浆纤维用 20%NaOH 水解后再用一氯乙酸钠醚化制备得羧甲基纤维素钠盐。反应物经过中和、提纯、干燥、研磨和过筛等工序得到产品；反应产物的聚合度决定于水解、醚化时间和反应温度，常用的产品聚合度为 200～700，取代度为 0.7～0.85，相对分子质量为 $(4～100)\times 10^4$，其化学结构式如图 3-3-2 所示。

图 3-3-2 羧甲基纤维素化学结构图（Na—CMC）

CMC 易溶解于水，其水溶性随取代度增加而增加。其增黏能力取决于其聚合度和取代度。根据水溶后的黏度将 CMC 分为三级：高黏（25℃下，1%浓度的溶液黏度为 400～500mPa·s），中黏（25℃下，2%浓度的溶液黏度为 50～270mPa·s）和低黏（25℃下，2%浓度的溶液黏度低于 50mPa·s）的 CMC。CMC 水溶液黏度受 pH 值和含盐度影响，在酸性条件下，黏度降低，pH 值为 6～11 时黏度最高，在强碱条件下则又降低；在两价金属离子浓度高时，会使 CMC 聚沉。CMC 水溶液是假塑性流体，具有剪切降黏的性质。CMC 产品易于热氧降解和生物降解，加入适量的柠檬酸、乳酸或醋酸可以缓解和拟制降解。CMC 商品为无臭无味无毒的白色粉剂，变色温度 227℃，炭化温度 252℃，易于吸水受潮，商品中含水约 8%。在石油工业上用于钻井液处理剂、泡沫稳定剂、污水絮凝剂等；最早应用于增黏水提高石油采收率，但是其溶液机械降解和化学降解严重，需要对其进行防止降解的处理，因此受到了限制。日用工业用于纺织和造纸造浆以及水质处理等。

(2) 羟乙基纤维素（Hydroxy Ethyl Cellulose，HEC）羟乙基纤维素 HEC 是一种改性的天然高分子化合物。它是由碱纤维素与环氧乙烷或 2－氯乙醇反应制得的水溶性（或碱溶性）高分子化合物。羟乙基纤维素是由短棉纤维或精纸浆用 15％～20％NaOH 溶液碱化处理后粉碎再与环氧乙烯醚化，产物用醋酸中和、醇洗、离心分离、真空烘干、粉碎制得工业品。其化学结构式如图 3－3－3 所示。

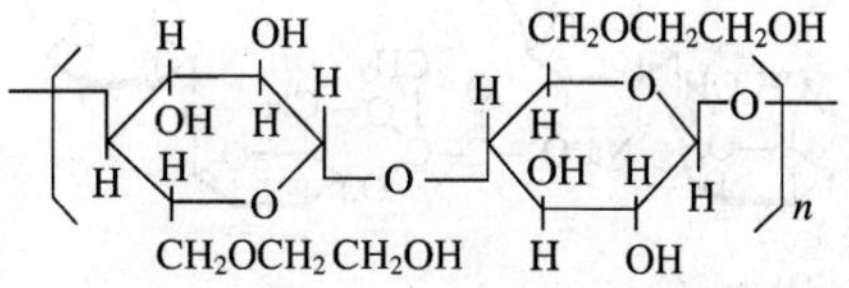

羟乙基纤维素是一种非离子型纤维素醚，葡萄糖单元上的三个羟基都可以发生反应，其反应活性与羧甲基化反应相同，6 号碳原子上的羟基最活泼，2 号碳原子上的羟基次之。因此，所得反应产物自然是一种混合物，其结构相当复杂。HEC 在水中的溶解度取决于取代度，其取代度定义为每个失水葡萄单元上平均醚化的羟基数，此外，摩尔取代度表示每个失水葡萄

图 3－3－3　羟乙基纤维素化学结构（HEC）

单元上的环氧乙烯平均摩尔数，由取代度和摩尔取代度可以估算聚氧化乙烯侧链的平均链长，最常用的水溶性 HEC 的取代度为 0.85～1.35，摩尔取代度为 1.5～3.0。相对分子质量在（6～80）×10^4 范围。低取代度（0.3～0.5）的 HEC 仅能溶于稀碱溶液，其水溶性还随其相对分子质量增加而降低。对大多数有机溶剂难以溶解。完全溶水的 HEC 溶液为无色透明，加热至 120℃变黄。由于 HEC 为非离子，其水溶后不会电离，因此，其水溶液黏度对盐和酸碱度不敏感，稳定性很好。高黏度和中黏度产品水溶液具有剪切流变性，而低黏度产品则表现出接近牛顿流型。但在微生物作用下则会降解。商业品为无味无毒白色或淡黄色粉末，软化温度为 135～140℃，分解温度为 205～210℃。产品分为碱溶性和水溶性两类，还根据黏度高低分成高黏度、中黏度和低黏度不同等级产品。通常，石油工业使用的大多是水溶性产品，主要应用于钻井液处理剂、泡沫稳定剂、污水絮凝剂等；最早应用于增黏水提高石油采收率，但是其溶液机械降解和化学降解严重，需要对其进行防止降解的处理，因此，受到了限制。日用工业用于纺织和造纸造浆以及水质处理等。

木质素是自然界中仅次于纤维素的植物纤维。常用的是木质素磺酸盐和碱木素。木质素磺酸盐（钠、钙）主要来源于亚硫酸造纸废液，碱木质素来源碱法制浆废液。木质素衍生物是一种无规聚合物，具有无限定相对分子质量的大分子，相对分子质量区间为 $5.3 \times 10^3 \sim 1.3 \times 10^6$，由于分子上含有甲氧基、羟基、磺酸基，因此可以与某些交联剂发生取代、缩合和离子反应，实现木质素聚合物交联。在化学驱油时通常用作辅助剂（或称牺牲剂），以降低主剂的吸附滞留损失。

3.3.1.3　生物高分子聚合物

通过生物发酵产生的水溶性高分子聚合物。实验表明能够用于石油开发的生物聚合物的品种主要有：黄胞胶，由假单孢菌属 Xanthomonas Campestris（故黄胞胶常又以 XC 表示）以淀粉为底料发酵而成的单孢多糖，具有很好的水溶性；硬葡聚糖（亦称小核菌胶）(Scleroglucan)，由真菌属以蘑菇为底料发酵生成的葡聚多糖，具有很好的耐温和溶于盐水的性能；Welan，一种胞外微生物杂多糖，具有五糖重复单元构成的主链，其外形长度是随分子而变化的回旋状的粗细均匀的生物聚合物，其增黏能力优于黄胞胶，溶液呈假塑性，溶液黏度不易受温度和含盐度影响。

3.3.1.3.1　黄胞胶

黄胞胶原称黄原胶（Xanthan Gum，XC），它是由黄单孢杆菌属 Xanthomonas Campestris（故黄胞胶常又称XC）以淀粉为底料发酵代谢而成的单孢多糖，是一种生物发酵代谢产物，具有很好的水溶性。

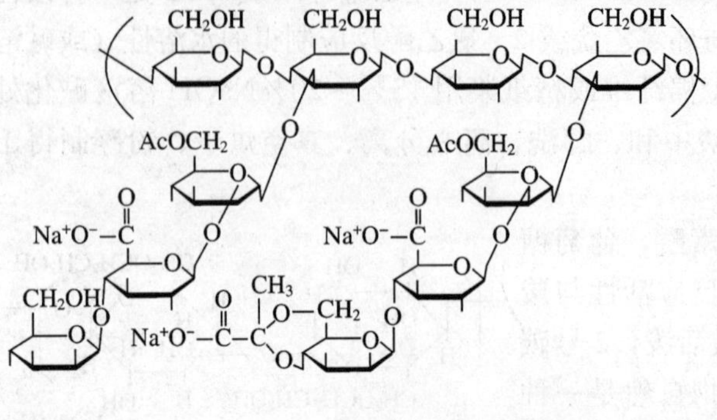

(1) 黄胞胶分子结构。

黄胞胶的分子结构（见图3-3-4）D-葡萄糖、D-甘露糖、D-葡萄糖醛酸、乙酸和丙酮酸组成的"五糖重复单元"的杂多糖，其主链类似纤维素，由具有β(1-4)糖苷的葡萄糖单元组成，每两个葡萄糖单元中的一个连接

图3-3-4 黄胞胶分子结构图

一个侧链，侧链由两个甘露糖和一个葡萄糖醛酸组成，连接主链的甘露糖6C位置有一个乙酰基，在末端甘露糖的4C和6C位置连有一个丙酮酸，因黄胞胶在水溶液中表现阴离子聚电解质，具有很好的水溶性。黄胞胶的独特性能来源于侧链，特别是与其侧链在溶液中的构象及其高级结构有关，其高级结构是主链和侧链通过氢键维系形成双螺旋或多重螺旋。由于其具有很好的水溶性，因此其相对分子质量和相对分子质量分布的测量比较困难，综合研究表明石油工业使用的黄胞胶的相对分子质量在$(2\sim5)\times10^6$之间，相对分子质量分布指数在1.4~2.8之间。

(2) 黄胞胶分子构象。

黄胞胶分子在水溶液的构象为有序和无序两种形式，带电荷的三糖侧链围绕主链骨架反向缠绕，形成类似棒状的刚性结构。增加水溶液含盐浓度有利于减小链间的静电排斥，有利于维持这种刚性结构的稳定。刚性分子间的联合，可以构成一种有序排列的螺旋网状联合体结构（见图3-3-5）。黄胞胶分子在水中的这种结构现象是可逆的，这样就构成了黄胞胶的许多特异的物理—化学性

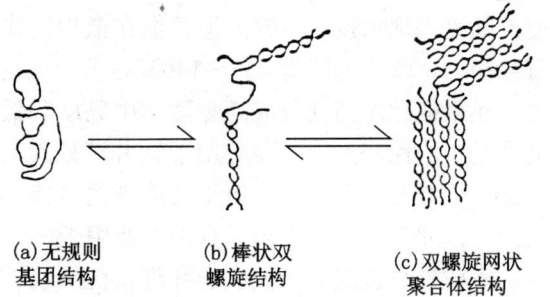

(a) 无规则基团结构　　(b) 棒状双螺旋结构　　(c) 双螺旋网状聚合体结构

图3-3-5 黄胞胶分子在水溶液中的构象图

质，在温度升高、电解质离子浓度增加和高剪切速率下，分子构象由有序的棒状向无规则的线团状转变，溶液黏度降低；反之，则分子结构又恢复到网状联合体状态，溶液黏度恢复到原始状态。目前对于黄胞胶分子在溶液中呈螺旋型棒状结构的认识尽管比较一致，但是，其形成的原因则有不同见解：一种观点是黄胞胶分子通过二次结构形成单螺旋结构形式；另一种观点是两个黄胞胶分子通过某种形式蜷曲形成双螺旋结构；还有学者发现单股螺旋结构与双股螺旋结构都可能存在，但是明显受溶液含盐度的影响。

(3) 黄胞胶物化性质。

用小角度激光光散射法测得的黄胞胶—水体系的第二维利系数为$A_2=5.65\times10^{-4}$mol/$(g^2\cdot cm^2)$。可见黄胞胶易溶于水（溶解能力的次序为：热水优于冷水，淡水优于盐水，pH值为12的碱水优于pH值为2的酸性水），同时黄胞胶也溶解于甘醇、乙二醇以及浓度低于40%的甲醇、乙醇和异丙醇，但在醇的浓度超过40%时会使黄胞胶再沉淀，往往利用这一性质浓缩黄胞胶。黄胞胶分子中丙酮酸含量增加会使其水溶性和增黏能力增强。黄胞胶水溶液的表观黏度—剪切速率符合幂率定律模型，由于其分子结构中含有乙酸和丙酮酸

基团,其水溶液具有明显的剪切稀释和触变形,在极低的剪切速率下,流变曲线出现牛顿区平台;由于其侧链的相互作用形成的特殊分子结构在高剪切速率下这种结构由有序转变为无序结构状态,溶液只会产生剪切稀释现象但不会出现剪切降解(分子断裂);剪切稀释现象在速率降低时仍然能够恢复。含盐度对黄胞胶水溶液的黏度的影响受黄胞胶分子结构中丙酮酸含量的影响,对于高和中等含量丙酮酸的黄胞胶水溶液黏度在含盐度超过20%时都会增加,并能长期保持黏度稳定。对于多价金属离子,如Ca^{-2}、Mg^{+2}等在pH值为11～13时黄胞胶分子能够形成凝胶。对于Al^{+3}、Fe^{-3}等在低的pH值下就能形成凝胶。黄胞胶溶液的耐热温度理论上可达115℃,温度超过150℃时产生降解,一般产品的实际耐温在85℃左右。黄胞胶的性质与聚丙烯酰胺有许多相似之处,但又有许多与之不同的特点,表3-3-1列述了它们之间的物理化学参数的对比,由表可见二者各有千秋。由于黄胞胶分子的特殊结构,其水溶液比PAM或PHPAM具有较好的抗剪切降解以及较好的耐盐能力,许多细菌难以使其降解,但是由芽孢杆菌的一些菌株产生的黄胞胶酶(Xanthanase)使黄胞胶分子主链降解,降解的结果是葡萄糖或还原性糖释放到溶液中,引起黏度降低,溶液发酵。目前粉剂的价格比PAM或PAPAM高,因此,在聚合物驱油提高采收率的工艺技术中尚没有得到推广。

表3-3-1 黄胞胶与聚丙烯酰胺物化性质对照表

性　能	聚丙烯酰胺或部分水解聚丙烯酰胺（PAM或PHPAM）	黄胞胶（XC）
水溶性	良好	好
水溶液悬浮性	差	优良
增黏性	良好	良好
剪切稀释	良好	良好
剪切稳定性	不可逆剪切降解	不易降解,可逆剪切稀释
分子构象	蜷曲线团,柔性结构	双螺旋,刚性结构
溶液黏弹性	强	弱
抗盐性	十分有限,特别对高价阳离子很差	对低价和高价阳离子均有良好抗盐能力
热稳定性	耐温最高120℃	一般85℃
水解稳定性	酸、碱催化水解	酸、碱催化水解,高温下易水解
氧化稳定性	易氧化降解	易氧化降解,尤其在高温下
生物稳定性	不易降解	在生物酶作用下降解
价格	低	高（发酵液相对较低）

(4)黄胞胶质量控制与检测。

商业产品黄胞胶分为固粉和水基发酵液两种,以淀粉(常用糊浆)作底料经黄单孢杆菌发酵直接得到水基发酵液,其有效成分一般为3%～5%(质量分数),固粉由水基发酵液经乙醇沉淀萃取制得,一般固粉在制备过程中有微凝胶生成,作为油田提高石油采收率使用时,其水溶液会对地层产生堵塞,因此在注入前需要预先进行过滤处理。发酵过程中通过控制转换率和丙酮酸含量控制黄胞胶产品的质量。固粉产品由于经过乙醇沉淀萃取处理成本大为增加,但是运输方便;水基发酵液成本便宜,但运输成本较高。用于提高石油采收率的黄胞胶产品质量应当进行如下参数的测定并满足相应的要求：水溶解能力、增黏能力、相对分子质量及相对分子质量分布、过滤性能（过滤因子）、水不溶物含量、丙酮酸含量、有效物含量等，油田根据具体情况制定质量标准。

(5) 黄胞胶产品应用。

在石油工业应用于聚合物驱油提高采收率（特别是高含盐度地层水油藏），表面活性剂驱油和碱水驱油作为流度控制剂（特别是高含盐度地层水油藏），泡沫驱油作为泡沫稳定剂，制备成胶联凝胶进行水井调整吸水剖面和油井堵水，制备成微凝胶进行油层深部改善流体运动方向。污水处理作为絮凝剂。钻井液控制失水处理剂（特别是钻遇高含盐地层钻井液处理剂）等。煤矿工业用作矿井漏水和冒顶防治剂。造纸纸浆添加剂。民用和工业用作水处理絮凝剂。食品工业用作食品和饮料添加剂。日用品工业乳状液添加剂等。

3.3.1.3.2 硬葡聚糖

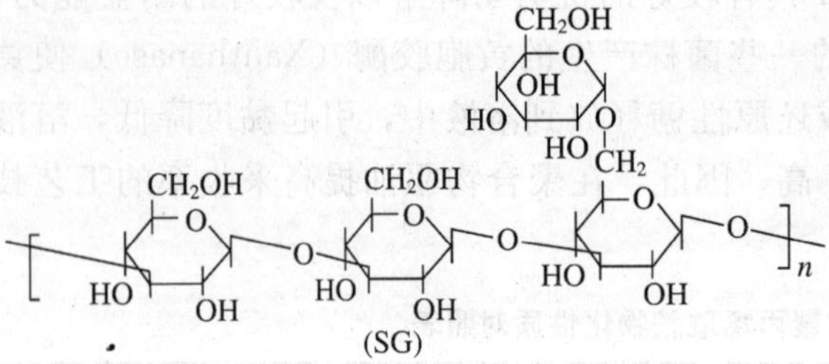

硬葡聚糖亦称小核菌胶（Scleroglucan），它是以蘑菇为底料发酵生成的水溶性葡聚多糖生物聚合物，亦称小核菌胶。发现于1963年，其产生菌种为 Scleroglucan Glucanicum。其分子结构为：主链是 $\beta-1,3-D-$ 吡喃葡萄糖构成，每隔三个葡萄糖单元连接一个 $\beta-1,3-D-$ 吡喃葡萄糖单元侧基，如 3-3-6 图所示。

图 3-3-6 硬葡聚糖的化学结构图

在环境温度和中性水溶液中三个硬葡聚糖分子通过氢键缔合成三螺旋结构，使链表现出刚性棒状；在水中溶解时测得相对分子质量为 5.4×10^6；当溶液温度升高或加入有机溶剂（如二甲基亚砜）时，分子构象发生转变，分子链由三螺旋结构转变成单链无视线团构象。构象转变温度为 135℃，这种转变是不可逆的。硬葡聚糖具有很好的耐温性，研究表明，在 105℃、pH 值为 4.5～7.5 条件下，硬葡聚糖水溶液老化静置 100d 黏度保持不变，460d 黏度仍然保持 80%～90%。同时，硬葡聚糖有很强的增黏能力，据测，在硬葡聚糖水溶液的特性黏数 $[\eta] = 70dL/g$ 时，在 25℃下硬葡聚糖的临界浓度（产生分子重叠时浓度）只有 210mg/L。硬葡聚糖溶液在低剪切速率下表现为牛顿流体的流型；在中等剪切速率下表现出明显的剪切稀释性；在剪切速率下硬葡聚糖分子发生取向，水动力学体积变小，溶液黏度降低，但不会发生剪切降解，当剪切速率降低时黏度可以恢复到初始值。由于硬葡聚糖分子不含有极性基团，因此其水溶液黏度不易受含盐度影响，即便与 Ca^{+2}、Mg^{+2} 等多价离子也有很强的配伍能力，在 10～100gNaCl/L 含盐度下，溶液黏度几乎不产生变化。对溶液的 pH 值也有很好的适应性，在 pH 值为 1～12 的范围内溶液黏度几乎保持不变，在 pH 值大于 12 时硬葡聚糖间的氢键连接破坏，分子构象由棒状转为无序线状，因此黏度降低。美国 Pittsburg 公司最早生产，后来法国 Sanofi Industrie 公司购买了生产该产品的专利，成为世界上目前生产量最大的厂家。产品有干粉和发酵液两种。20世纪80年代初石油工业界开始关注该产品的应用研究，进行了用作高温高含盐度油藏驱油剂、调剖堵水剂以及水基泥浆控制失水添加剂等的研究，具有很好的技术效果，同其他水溶性高分子化合物相比有许多不可替代的优点，特别是其独特的耐温耐盐性能，但是，当前由于生产成本较高，限制了其在油田的使用，需要改进发酵技术降低成本。

3.3.1.4 聚电解质

聚电解质是一类在分子链上带有许多可解离基团的高聚物，其特点是有高的相对分子质量和高的电荷密度。其物理化学性质有别于简单的电解质和不带解离基团的高聚物。根据其分子链带电荷的属性可分为：阳离子、阴离子和两性聚电解质。按分子结构的刚性可分为：刚性分子和柔性分子。聚电解质的类型可以分为：（1）天然聚电解质：①多糖类（如简单多糖－果胶酸、褐藻酸等，复杂多糖－阿拉伯胶、脂等；氨基糖－抗血凝素等）；②蛋白质类（如明胶、各种蛋白质）；③核酸。（2）天然物质人工改性衍生物：①纤维素衍生物：羧甲基纤维素、黏胶等；②橡胶衍生物；③改性淀粉：氨基乙基化淀粉、丙烯酰胺接枝淀粉。（3）人工合成物质：①共聚型高聚物：聚丙烯酸、聚丙烯酰胺等；②缩聚型高聚物：聚磷酸类等。聚电解质能够溶于极性溶剂特别是水中。在给定温度下聚电解质的溶解度取决于分子链上的亲水基团和憎水基团相互抵消后剩余基团的性质。此外，高分子链的构象、相对分子质量和电荷的分布等，对其溶解度也有一定的影响。聚电解质溶水后产生解离，在解离状态下，聚电解质分子链伸展，水溶液黏度急剧增加。解离后的聚电解质离子带有大量电荷，其周围被反电荷的小离子束缚住，一旦在溶液中加入大量的中性盐，体系中带电点增加，电场效果相互抵消，则聚电解质的行为将会接近非电解质的高聚物，同时溶液黏度降低。

3.3.1.5 特殊高分子聚合物

（1）复合离子聚合物（Polyampholyte，Ampholyte Polymer，Zwitterionic Polymer）。聚合物链上同时带有正、负离子两种电荷的合成水溶性高分子聚合物，亦称为正负离子聚合物。其分子结构形式包括：在聚合物分子链上同时具有正负两种电荷的单体；或者在同一种单体上同时具有正负两种电荷的聚合物。前者称为 Polyampholyte 或 Ampholyte Polymer，后者称为 Polyzwitterionic 或者 Zwitteroinic Polymer。其合成原理是按照正负离子单体 1:1 比例投料进行聚合反应。复合离子高分子聚合物的水溶液具有很好的耐盐性，这是由于聚合物分子的正负离子相互吸引而使聚合物分子链收缩，其在盐水环境中由于盐离子的排斥作用而使聚合物分子链逐渐伸展，这种聚合物即使在盐水环境下溶液也保持了足够高的黏度。因此，这种聚合物应用于高含盐地层水的油层提高采收率具有明显的优势，但是由于聚合反应过程中存在单体反应竞聚率的差异难以控制正负离子相等的反应产物，其在提高石油采收率的应用受到了限制。但是正是由于复合离子聚合物分子具有正负两种电荷基团（不管正负离子基团数目是否相等），能够同固相（例如黏土）表面形成氢键和静电吸附的双重作用，因而能够对黏土形成较为牢固的吸附，从而可以抑制黏土膨胀。罗平亚、于连成和田洪昆等人较早地将其应用于钻井液处理剂（它能够起到改善钻井液性能、提高钻速和保护油层的良好作用）和胶联凝胶调剖剂（它能够注入井调整吸水剖面）的研究。

（2）疏水缔合聚合物（Hydrophobically Associating Polymer，HAP；Hydrophobically Associating Water－Soluble Polymer，HAWSP）。由亲水单体与极少量疏水单体共聚而产生的能够溶于水的高分子聚合物，称为疏水缔合聚合物，亦称为疏水缔合水溶性聚合物。这类聚合物是由亲水基团和疏水基团结合而成的高分子聚合物（见图3－3－7）。根据拓扑结构（Topology）疏水缔合水溶性聚合物可以分为"接枝型聚合物"（Grafted Polymer）和"远螯型聚合物"（Telechelic Polymer）两大类。"接枝型聚合物"包括：疏水基在链上均匀分布、疏水基在链上连续分布和疏水基位于亲水间隔基（Spacer）的末端三种类型的聚合物；"远螯型聚合物"包括：在亲水主链的一端或两端接疏水基和在亲水基上星型接枝疏水基（星型接枝）两种类型聚合物（见图3－3－8）。目前报道的接枝型聚合物主要是疏水改性的天然高分子化合物，例如：疏水改性羟乙基纤维素（HMHEC）、疏水改性藻蛋白

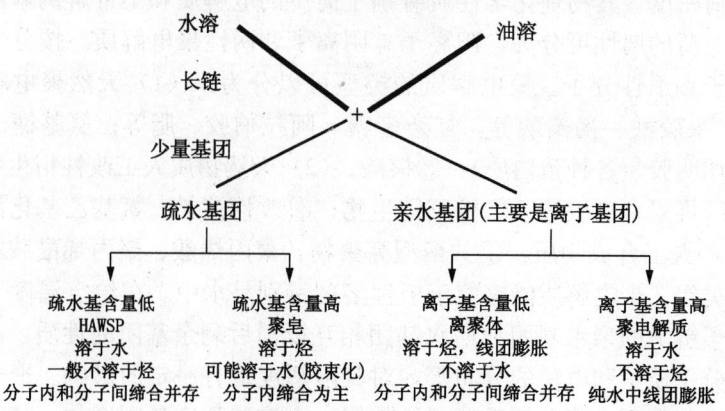

图3-3-7 亲水基团和疏水基团组合模型图

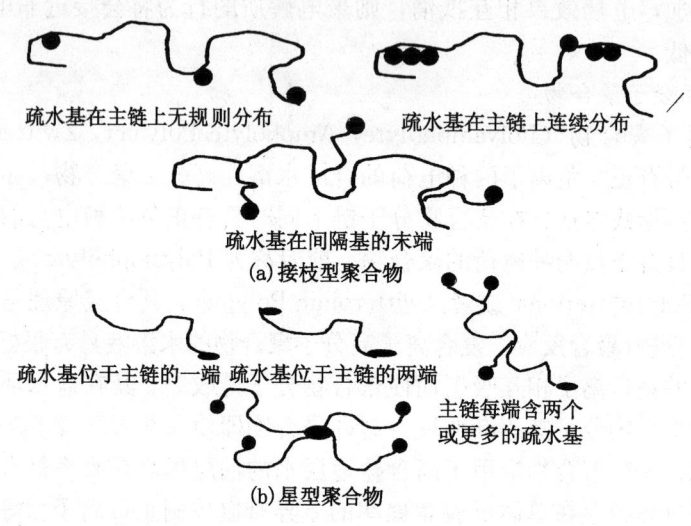

图3-3-8 水溶性缔合聚合物分类图

酸钠等,疏水基单体在主链上以连续形式无规则嵌段分布的有丙烯酰胺类疏水缔合水溶性聚合物;远螯型聚合物主要是疏水改性脲烷(HEURO)、疏水改性聚氧乙烯、疏水单体围绕亲水单体呈星型分布的典型星型接枝疏水缔合聚合物,如两亲型聚氧乙烯星型聚合物和疏水改性乙氧基脲烷。疏水缔合水溶性聚合物分子在水溶液中由于其疏水基之间的疏水作用而发生聚集,使聚合物分子链产生缔合。当聚合物浓度在临界缔合浓度(Critical Association Concentration,CAC)以下,聚合物分子链主要是分子内缔合,其结果使线团收缩,流体力学体积减小,溶液黏度随聚合物浓度的增加逐渐增加;当聚合物浓度在临界缔合浓度CAC以上,由于水分子对其分子的疏水基的排斥作用,聚合物分子之间产生缔合形成超分子结构,随着聚合物浓度的增加溶液黏度急剧增加,同时溶液呈现出较高的耐盐、耐温和抗剪切的能力。一些研究发现,溶液随着含盐度的增加其黏度有增加的现象。比较成熟的疏水缔合水溶性聚合物的合成路线主要是:天然高分子改性,如利用1,2—环氧乙烷或长链卤代烷在羟乙基纤维素(HEC)上引入长链烷基;自由基胶束共聚合成,如利用表面活性剂大单体烷基酚聚氧乙烯醚丙烯酸酯单体与丙烯酰胺(AM)在水溶液中直接进行自由基共聚、2-甲基丙烯酰胺氧乙基-二甲基十二烷基溴化铵（MEDMDA）单体与丙烯酰胺（AM）共聚、2-丙烯酰胺基-2-十二烷基乙磺酸（SAMC$_{14}$S）与 AM 和 2-丙烯酰胺基二甲基丙磺酸（AMPS）共聚以及长链烷基 N-取代丙烯酰胺（C$_n$AM）与丙烯酰胺（AM）共聚等。疏水缔合聚合物溶液的物理—化学特性与其溶液形态和溶液结构有十分密切的关系，目前有两种观点描述其溶液形态和结构：一种观点是，对于双亲聚合物溶液内部存在着局部的疏水微区（Hydrophobic Domain）或者在较高溶液浓度时存在聚集体（Aggregates）；另一种观点是，对增黏的疏水缔合聚合物溶液存在"溶液结构（Solution Structure）"。这些认识都是通过光散射等方法推论的并没有直接观察的结果，因此疏水缔合聚合物溶液是否存在三维网状结构尚且没有统一的认识。由于疏水缔合水溶性聚合物溶液具有特殊的流变性，极其适合用作增黏剂和黏度改进剂，同时研究发现这类聚合物能够模仿生命科学中的一些现象。因此，这类聚合物的研究进展很快。近年来研究发现在涂料、染料和药物等行业具有很好的应用潜力，但是形成工业产品尚有许多工作要做。由于疏水缔合水溶性聚合物具有许多聚丙烯酰胺没有的物理—化学特性，例如很好的耐盐性、强的增黏能力等，因此，20 世纪末期，人们开始将其引入石油工业进行应用研究。中国石油工业界王中华等人较早地开始将其应用于钻井液的抗盐添加剂，罗平亚、黄荣华、牛亚斌等人进行了分子设计合成并开展了应用于提高石油采收率的研究。但是，产品合成、溶液性能和应用方面的研究尚处于初步探索阶段。

3.3.2 水溶性高分子聚合物的物理化学性质

3.3.2.1 聚合物的水溶性

颗粒状或粉状的聚丙烯酰胺（PAM）、部分水解聚丙烯酰胺（PHPAM）或黄胞胶（XC）在搅拌下能够迅速溶解在冷水中，形成透明的黏性溶液。合格的产品应当在 30min 内溶液黏度达到溶液最终黏度的 80%。PAM、PHPAM 或 XC 在水中的溶解速度取决于相对分子质量、颗粒尺寸、分散方法、水温、粉剂制备方法（尤其是干燥方法）。配制溶液时，为了获得良好的分散效果，颗粒状或粉状的聚合物应当缓慢的在搅拌过程中加入水中，避免形成"鱼眼"而影响分散溶解速度；溶水后的聚合物分子呈无规蜷曲线团状，每一个水溶高分子都是为水分子包围的线团（球），该线团称为流体力学线团球；根据"极性相近相溶"原则，由于 PAM 和 PHPAM 含有—CONH$_2$ 和—COOH 极性基，因此水和盐水是其良溶剂，有机溶剂则是其不良溶剂。

3.3.2.1.1 溶液混配

为了使聚合物充分地溶解对于不同的聚合物应当采用不同的溶解方法：

（1）颗粒状或粉状的聚丙烯酰胺或部分水解聚丙烯酰（PAM 或 PHPAM）在搅拌下能够迅速溶解在冷水中，形成透明的黏性溶液。一般不提倡加温或提高搅拌速度加速溶解，因为这样易于引起降解，用非离子表面活性剂、乙醇或丙酮进行颗粒表面涂层，则有利于加快溶解。最终注入浓度的配制要经过两个过程，首先配制比最终浓度高 5~10 倍的母液，并经过 12 个小时以上的静置熟化，然后再用配制水稀释到最终注入浓度。

（2）凝胶形式的 PAM 或 PHPAM，在配制前应当将其切割成尽量小的块后再用配制水稀释，并放置比粉状产品更长的熟化时间，以便使其更好地溶胀。

（3）乳液形状的产品，由于其为 W/O 形式的乳状液，因此在配制前应当破乳，即将 W/O 型转换为 O/W 型，为此需要在配制水中加入适当的破乳剂，有些产品在出厂时已经加入了破乳剂。

(4) 黄胞胶（XC），有粉剂和发酵液两种形态的产品，粉剂的配制方式同颗粒状或粉状的 PAM 或 PHPAM 相同，不过高速搅拌不会影响其最终的溶液黏度。发酵液产品的浓度一般在 5%～12%，配制时可以直接冲稀到最终浓度，不过与 PAM 或 PHPAM 不同的是，不论粉剂或是发酵液都无须使用淡水做配制水，直接使用净化处理的油田盐水进行配制，不会影响最终的溶液黏度。

3.3.2.1.2 溶解过程

聚丙烯酰胺或部分水解聚丙烯酰胺（PAM 或 PHPAM）在水中的溶解经历"溶胀"和"扩散"的过程。这是因为，高分子聚合物在溶剂（水）中的溶解不同于低分子，高分子聚合物分子（溶质）的自身引力远比低分子（溶质）大，将其加入到溶剂（水）中时由于自身引力的原因不能迅速扩散，相反，溶剂（水）分子则渗入到高分子聚合物溶质分子的孔穴中，但

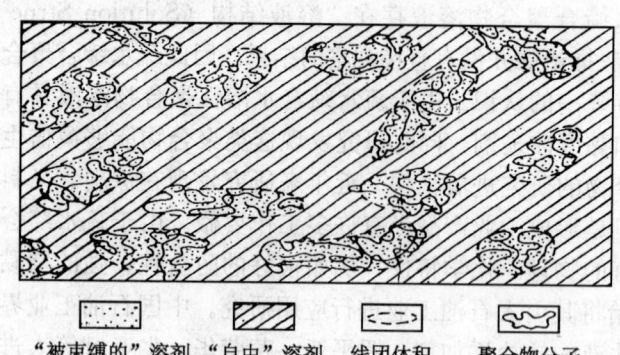

图 3-3-9 聚合物分子在水溶液中的构象图

由于聚合物分子链的缠绕，溶剂分子不能立即渗入，经过一段时间后溶剂分子渗入并吸附在高分子聚合物溶质分子链节上，则高分子聚合物溶质分子体积胀大，此称为"溶胀"。在随后的"溶胀"过程中，一方面溶剂分子向溶质分子扩散，同时，另一方面高分子聚合物溶质分子向溶剂中"扩散"（分散），逐步完全溶解形成透明黏稠溶液。部分水解聚丙烯酰胺分子（PHPAM）在水溶液中解离成荷负电的大离子并伸展，其伸展程度与其解离程度和渗入到大分子中的水分子有关。其分布状态见图 3-3-9，由图所示，每一个水溶高分子都是为水分子包围的线团（球），该线团称为流体力学线团球，可以依此计算聚合物分子的水动力学半径尺寸。在聚合物分子线团中水分子的正电荷一端吸附到大分子表面形成双电层，称为屏蔽层（溶剂化层），这种带有溶剂化层的高分子（线团）伸展程度与水中电解质的含量有关，并符合双电层理论，反离子浓度增加将会压缩双电层厚度，使线团尺寸减小。同时，PAM 和 PHPAM 溶解也遵循"极性相近相溶"原则，由于 PAM 和 PHPAM 含有—$CONH_2$ 和—COOH 极性基，因此水和盐水是其良溶剂，有机溶剂则是其不良溶剂。

3.3.2.1.3 聚合物溶液熟化

配制成的聚合物溶液应当进行静置、老化使聚合物分子充分伸展、溶胀、溶解、熟化（aging）。由于聚合物分子在溶剂（水）分子中的溶解过程需要经过"溶胀"和"扩散"两个阶段，因此聚合物的溶解是一个缓慢的过程，一般要经过几小时、几天甚至几周的时间。聚合物溶液在熟化过程中水分子充分地渗入到聚合物分子内部，使聚合物分子充分地溶胀，然后溶胀地聚合物分子充分地扩散到水分子中，达到聚合物分子的充分溶解，形成均匀的单相溶液。因此，无论在室内实验或者现场施工过程为了使聚合物充分的溶解并形成均相溶液，配制成的聚合物溶液必须经过一定时间的静置熟化过程，熟化时间取决于聚合物的相对分子质量、浓度，一般相对分子质量大、浓度高的聚合物溶液的熟化时间要长。

3.3.2.2 聚合物分子构象

聚合物分子构象（polymer molecular conformation）指水溶性聚合物在溶解状态下的

分子空间形态。聚合物分子主链的 C—C 单链键由于内旋转形成了聚合物分子的空间排布形成了无规线团构象，进行模型化处理时将其视为球型线团。构象之间的转换是通过单键的内旋转、分子热运动实现的，因此各种构象间的转换速度是很快的，聚合物分子的构象是不稳定的，受温度、溶液含盐度、剪切力等因素的影响。聚合物分子是长链状结构，长链分子的主链单键的内旋转赋予了聚合物分子的柔性，因此聚合物分子长链能够不同程度地蜷曲，形成无规则的线团，使得聚合物分子具有特有的属性。高分子聚合物长链的蜷曲程度，可以用高分子链两端点之间的距离——末端距 h 来度量，如图 3-3-10 所示。聚合物分子蜷曲程度越大，末端距越短。高分子末端距是一个统计平均值，通常采用它的平方的平均值，称为均方末端距 $\overline{h^2}$。

图 3-3-10 柔性高分子聚合物分子链末端距的球形模型图

$$\overline{h^2} = \frac{\int h^2 W(h)\,dh}{\int W(h)\,dh} \tag{3-3-3}$$

式中　$W(h)$——末端距为 h 的出现几率；

　　　$\int W(h)\,dh$——在数值上等于 1（归一化）。

因此，求解均方根末端距，实际上就是寻求末端距的几率分布函数 $W(h)$，聚合物分子的均方根末端距反映了聚合物分子的构象及其空间体积和尺寸，它还与聚合物相对分子质量和特性黏数有关。因此，可以用均方根末端距定量的表示聚合物分子链的形状和大小，以及聚合物分子的柔顺性。聚合物分子的均方根末端距是在聚合物驱采油时用作评价和选择适用的聚合物的重要参数之一。

3.3.2.3　聚丙烯酰胺相对分子质量和测量方法

　　相对分子质量　聚丙烯酰胺同其他高分子化合物一样，具有很高的相对分子质量和相对分子质量的非均匀性、分散性，即其分子不是均一的，是不同相对分子质量的混合物。因此 PAM 的相对分子质量只有统计的意义，实验测试的相对分子质量只是某种统计的平均值，因此准确地描述 PAM 的相对分子质量，除了给出相对分子质量的统计平均值外，还要给出其相对分子质量分布。两个 PAM 产品的相对分子质量相同，如果相对分子质量分布不同，则它们的性能是有差异的。

　　各种不同的 PAM 相对分子质量的表示方法主要有：

（1）平均相对分子质量 $\overline{M_w}$：按丙烯酰胺单体聚合度的统计平均计算：

$$\overline{M_w} = DP \cdot M_{wo} \tag{3-3-4}$$

式中　DP——平均聚合度。

（2）数均相对分子质量：按聚合物分子数量的统计平均计算：

$$\overline{M_w} = \sum_{1}^{i} n_i M_i \tag{3-3-5}$$

式中　n_i，M_i——i 聚体的摩尔数和相对分子质量。

（3）质均相对分子质量：按聚合物分子质量的统计计算：

$$\overline{M_w} = \sum_1^i W_i M_i \qquad (3-3-6)$$

式中 W_i, M_i——i 聚体的质量和相对分子质量。

(4) Z 均相对分子质量：按聚合物分子 Z 值的统计计算，Z 值的定义为：

$$Z_i = W_i M_i \qquad (3-3-7)$$

则 Z 均相对分子质量为：

$$\overline{M_z} = \frac{\sum_1^i W_i M_i^2}{\sum_1^i W_i M_i} = \frac{\sum_1^i n_i M_i^3}{\sum_1^i n_i M_i^2} \qquad (3-3-8)$$

式中 $W_i M_i$, $n_i M_i$——i 聚体的质量相对分子质量和摩尔相对分子质量。

(5) 黏均相对分子质量：用溶液黏度测量法得到的平均相对分子质量，根据马克-霍温克（Mark-Houwink）经验公式计算：

$$\overline{M_\mu^\alpha} = [\mu]/K \qquad (3-3-9)$$

式中 α, K——与聚合物结构、溶剂性质和温度有关的常数，可以从手册中（J. Brendrap and E. H. Immergut,"Polymer Handbook", 1975）查到；

$[\mu]$——聚合物溶液的特性黏数（或极性黏度），由实验测得。

(6) 聚合物相对分子质量分布表征：单有聚合物平均相对分子质量不足以描述其多分散的分子的特征，还需要知道其相对分子质量分布，最理想的是具有聚合物相对分子质量分布曲线，而简化的表述可以采用相对分子质量分布宽度，即：

$$\sigma_n^2 = \overline{M_n^2}[(\overline{M_w}/\overline{M_n}) - 1] \qquad (3-3-10)$$

式中 σ_n——聚合物相对分子质量分布宽度。

由上式，如果 $\sigma_n^2 \geqslant 0$，则 $\overline{M_w} \geqslant \overline{M_n}$，也即质均相对分子质量大于或等于数均相对分子质量，如果 $\sigma_n^2 = 0$，即 $\overline{M_w} = \overline{M_n}$ 也即相对分子质量分布均一；同样，如果 $\sigma_w^2 = 0$，j 即 $\overline{M_w} = \overline{M_n}$ 也即聚合物相对分子质量均一。那么，σ_n 和 σ_w 称为聚合物相对分子质量分布指数。如果将聚合物分子按质量分数分布的函数 $W(M)$ 对相对分子质量 $\overline{M_w}$ 作图，即可以得到聚合物分子微分分布曲线（如图 3-3-11）。

由图可见，各种统计平均相对分子质量之间有如下关系：

$$\overline{M_z} \geqslant \overline{M_w} \geqslant \overline{M_\mu} \geqslant \overline{M_n} \qquad (3-3-11)$$

由此可见，不同的统计平均相对分子质量之间有所差别。在石油工业中常用的简便的表示方法是黏均平均相对分子质量，而且，石油工程师操作比较方便。

相对分子质量测定　测定聚丙烯酰胺相对分子质量有许多方法，主要有：端基分析、沸点上升、冰点降低、气相渗透压、渗透压、光散射、超速离心沉降平衡、黏度法和凝胶色谱法等，这些方法各有优缺点，并且各有其适用的范围，而且各种方法得到的相对分子质量的统计平均也不同。各种方法及其适用范围列于表 3-3-2。

表 3-3-2 聚合物相对分子质量测定方法及其适用范围表

测定方法	适用相对分子质量范围	平均相对分子质量
端基分析、沸点上升	3×10^4 以下	数均相对分子质量
冰点降低、气相渗透压	3×10^4 以下	数均相对分子质量
膜渗透压	$2\times10^4 \sim 5\times10^6$	数均相对分子质量
光散射	$1\times10^4 \sim 1\times10^7$	质均相对分子质量
超离心沉降速度	$1\times10^4 \sim 1\times10^7$	各种平均相对分子质量
超离心沉降平衡	$1\times10^4 \sim 1\times10^6$	质均、Z 均相对分子质量
黏度	$1\times10^4 \sim 1\times10^7$	黏均相对分子质量
凝胶渗透色谱	$1\times10^4 \sim 6\times10^6$	各种平均相对分子质量

（1）数均相对分子质量 $\overline{M}_n$ 的测定：沸点上升、冰点降低和膜渗透压法等能够测定聚合物的数均相对分子质量，这些方法是根据聚合物溶液溶的依数性进行测定。溶液的性质只依赖于溶质分子的浓度而不依赖于溶液性质的特性称为溶液的依数性。依数性是溶剂在溶液中的化学位的度量，依据描述溶质相对分子质量对溶剂化学势（依数性）影响的理想溶液和实际溶液的热力学方程，上述方法是非常灵敏的依数性测定数均相对分子质量 $\overline{M}_n$ 的方法，其测定范围为 3×10^4 以下，误差约 2%。端基分析和气相渗透压法，严格地讲不是基于溶液的依数性，只能限于低相对分子质量聚合物的测量。

（2）光散射法测定质均相对分子质量：当光束通过高分子溶液时，由于溶质具有大的分子量，它对光的散射产生内干扰，散射光的强度与溶质分子

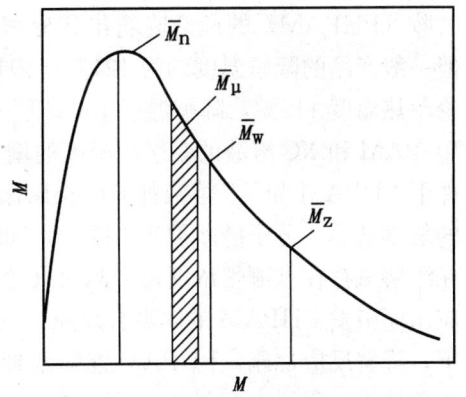

图 3-3-11 聚合物相对分子质量分布曲线和各种统计平均相对分子质量曲线图
（何勤功，1990）

的形状和大小有关，因此根据入射光和入射光的强度可以计算聚合物的质均相对分子质量 $\overline{M}_w$。

（3）超离心沉降法测定质均相对分子质量和 Z 均相对分子质量：聚合物溶液体系中由于布朗运动，聚合物分子总是力图自高浓度区域向低浓度区域移动，即"扩散"，相对分子质量越大扩散越慢，"扩散"是浓度差减小的过程。同时，由于聚合物分子的密度大于溶剂的密度，在力场作用下，聚合物分子产生"沉降"，相对分子质量越大沉降越快，"沉降"是浓度差增大的过程。当扩散速度等于沉淀速度时，沉降平衡，那么在距离离心轴不远处，浓度不再变化，则体系形成恒定的浓度梯度，浓度梯度的分布与聚合物分子的大小和质量有关，因此，根据离心速度和浓度分布即可测量质均相对分子质量或 Z 均相对分子质量。

（4）稀溶液黏度测量黏均相对分子质量：由于聚合物高的相对分子质量，聚合物溶液的黏度远大于其溶剂的黏度，根据聚合物溶液的黏度和其相对分子质量的关系计算黏均相对分子质量，计算公式为式（3-3-9）。由于设备简单，测试简捷，该方法是聚合物平均

相对分子质量测量最常用的方法。

3.3.2.4 聚合物溶液的稳定性

在经受时空、物理、化学和微生物等的作用下聚合物分子性质及其在溶液中分子形态将会发生变化。对于石油用聚合物，主要指聚合物分子的降解及其溶液性质的稳定性如黏度的稳定性等，一般要确定的是聚合物分子和其溶液在如下情况下性质的稳定性：随着时间的老化过程；加温受热过程；化学作用（如强酸、强碱、多价离子和氧化水解等）；离子作用下的物理化学作用（即盐敏感性）；力学作用（即剪切应力的作用）和生物作用下的稳定性等。由于聚合物溶液自制备直至自油井中产出要经受长时间的上述各种作用，因此，聚合物的稳定对于其在油田的应用具有十分重要的意义，也是化学驱及各种化学增产增注措施要解决的关键问题之一。

(1) 热稳定性。聚合物的热稳定性指其耐热性或热安定性，即聚合物的最高使用温度，在低于这个温度下，聚合物的性质将会发生变化。聚丙烯酰胺（PAM）和部分水解聚丙烯酰胺（PHPAM）的理论玻璃化和分解温度在200℃，脱水温度210℃，炭化温度500℃。但一般产品的降解温度约为121℃（394K）（也有些资料为70～80℃）。黄胞胶（XC）的理论耐热温度115℃，降解温度150℃但一般产品的实际耐热温度为94℃（367K）。在常温下PHPAM和XC溶液的黏度随温度的增加而降低；但是在温度低于50℃并在氮气隔氧的条件下PHPAM和XC溶液都能够长期保持稳定。在高于降解温度下，由于热运动使分子间的氢键破坏，分子链断裂产生降解，同时，PHPAM分子进一步水解，使溶液行为复杂化。在溶解氧存在（哪怕浓度每升只有几个毫克）的条件下，氧能够产生氧化和自由基取代反应从而引发PHPAM的解聚合反应，在盐特别是两价金属阳离子和三价铁离子存在的条件下，降解反应加剧，PHPAM能够絮凝产生相分离。根据河南双河油田的资料表明：在有氧条件下，用淡水配制的六个不同品种的PHPAM溶液热老化60d后黏度的保留率为11%～50%，用油层产出含盐污水配制的其中有四个样品黏度保留率为零。改善聚合物热氧稳定性的方法有：①加入除氧剂或抗氧化剂，常用的试剂一般为强还原剂，如硫酸氢钠、联二亚硫酸钠、联氨、二氧化硫、三氮钠、硫脲等，一些低碳醇如异丙醇等也可作为自由基阻止剂；②在油田现场实施时采用全封闭不锈钢地面配制、储存和输送流程，在河南双河油田进行的聚合物驱现场施工中，采取了这种流程，并进行抽空除氧，使水中溶解氧含量低于0.08～0.3mg/L，取得了很好的效果。

(2) 机械稳定性。聚合物溶液在流动或变形时承受的剪切应力使其分子变形或分子链断裂的能力，即聚合物溶液的力学忍耐性。若在剪切应力作用下聚合物分子构象发生转换，则表现为其溶液黏度的减低，称为剪切降黏。在严重的情况下，若聚合物分子主链断裂则称为剪切降解。在配制聚合物溶液进行高速搅拌、使用往复泵进行输送、流经管线的阀门以及各种节流装置、通过井底炮眼和多孔介质中连接孔腔间的喉道等狭窄孔隙时由于高的剪切速率使PAM或PHPAM线团分子伸展而引起内摩擦阻力降低，黏度减小，甚至使分子主链断裂而降解。影响机械降解的主要因素是：①剪切力的大小和时间长短，在高速下剪切时间越长越容易降解；②聚合物的相对分子质量，相对分子质量越大越容易发生剪切降解；③分子链为柔性的长链线性聚合物较分子链为刚性的聚合物容易降解。降解后相对分子质量分布发生明显变化，低相对分子质量所占比例增加。黄胞胶（XC）由于其不同与长链线性结构的聚丙烯酰胺，而是由侧链相互作用形成的双螺旋刚性结构，在剪切应力作用下其结构由有序状态转变为无序状态，所以不易发生剪切降解，而且其剪切降黏行为也是可逆的，当剪切速率降低后溶液黏度又恢复。

(3) 化学稳定性。聚合物的化学稳定性指聚合物分子对酸、碱和盐的忍耐性。常温下，部分水解聚丙烯酰胺（PHPAM）溶液在 pH 值为 7~9.8 范围内是稳定的。pH 值低于 7 时，则随着酸性的增强，可使 PHPAM 分子的—COO⁻基非离子化，分子水动力学体积减小，溶液黏度降低。pH 值大于 9.8 时，随着碱性的增强，PHPAM 进一步水解，最高水解度可以达到 70%，在高温情况下，水解加剧，水解度增加，PHPAM 溶液的黏度增加，但是其对盐特别是两价盐的忍耐性显著降低。黄胞胶（XC）溶液在 pH 值为 7~8 时黏度最高，在低于或高于该值时，随 pH 值的变化溶液黏度降低，其降低幅度与 XC 的丙酮酸含量有关，说明酸和碱能够使 XC 分别发生酸催化和碱催化降解。PHPAM 对盐特别是两价金属盐非常敏感，而 XC 对盐不敏感。但是不论 PHPAM 还是 XC 都能够同多价金属离子如 Cr^{+3}、AL^{+3}、Fe^{+3} 及硼等进行胶联反应生成具有三维网状结构的胶联化合物，这种化合物具有很高的结构黏度。

对于 PHPAM 溶液的稳定性与老化时间的依赖关系，即 PHPAM 溶液随着时间的推移黏度的变化原因，尽管已经进行了很多研究，但是其发生机理众说纷纭。"氢键重排说"认同者较多，即 PHPAM 溶液黏度随着时间的推移而降低不是由于分子的裂解而是由于分子内和分子间缔合的氢键重排造成的，在氢键的作用下 PHPAM 分子呈较伸展状态，随着时间的推移高能量的氢键断裂，低能量氢键形成，分子收缩，水动力学体积减小，溶液黏度减低。加入异丙醇、三氮钠等可以缓解黏度随时间的降低。

(4) 生物稳定性。即聚合物在微生物作用下性质的变化。实验发现，在含氧条件下部分水解聚丙烯酰胺溶液经过约 90d 的恒温静置老化实验后，没有加入杀菌剂的溶液黏度降低约为加入了杀菌剂溶液黏度减低的五倍以上。至今为止，起作用的微生物类型以及微生物是否切断了聚合物的主链尚无定论。有人认为细菌分解的胞内酶和胞外酶的水解可能是聚合物溶液黏度降低的主要原因。PHPAM 或 PAM 可能为硫酸还原菌的繁殖提供了 N_2 源，也有人提出芽孢杆菌的一些菌株产生的黄胞胶酶（Xanthanase）很容易使黄胞胶降解。目前改善聚合物生物稳定性的方法是在溶液中加入适量的杀菌剂如：甲醛、丙烯醛、二氯苯钠和五氯苯钠等，但是杀菌剂的选择需要考虑其同聚合物、地层水和配制水的配伍性，以防止引起其他伤害。

(5) 聚丙烯酰胺的盐敏效应。聚丙烯酰胺（PAM）的盐敏性指溶液中的盐对 PAM 分子构象及其溶液性质的影响。

实际上 PAM 由于解离度很小，其盐敏效应较弱，而其水解产物，提高石油采收率常用的部分水解聚丙烯酰胺 PHPAM 的水溶液的性质则对盐十分敏感，其影响机理主要是：①压缩双电层，PAM 或 PHPAM 在水溶液中解离成荷负电的聚离子，在其周围通过库仑力吸引大量的反离子，它们共同形成双电层，由于双电层厚度反比于离子强度，若离子强度低，则双电层厚度大，聚离子线团的水动力学体积大，则内摩擦阻力大，溶液黏度高；若溶液中加入盐即增加离子强度，则双电层厚度减小，聚合物线团的水动力学体积减小，则溶液表现出内摩擦阻力减小，溶液黏度减小，过高的盐离子强度会使双电层中溶剂挤出，从而使聚合物离子线团重叠而产生聚沉；由于两价离子盐如 $CaCl_2$ 的离子强度大于一价离子盐如 NaCl，因此，其对双电层的压缩更强，因而两价金属离子的降黏作用大于相同浓度下的一价金属离子。②络合作用（Complexation）或桥联作用（Bridge Join），两价金属离子如 Ca^{2+} 同 PHPAM 链上的 COO⁻（分子之间的或者不同分子之间的）形成络合或桥联，成为

PHPAM/Ca^{2+}络合体系（或聚集体系），在Ca^{2+}离子浓度足够高时，溶液将发生沉淀而使聚合物析出。

许多人试图通过盐对聚合物溶液黏度影响的实验建立聚合物溶液黏度与含盐度关系的经验关系式，下面是这些经验关系式中的一个：

$$\mu = \mu_1 \{1 + [A/(C+B)^d]\} \quad (3-3-12)$$

式中 μ,μ_1——加入盐前后聚合物溶液的黏度，mPa·s；

C——阳离子浓度，mmol/L；

A,B,d——与阳离子有关的经验系数，由实验确定。

①选择合适的水源作为聚合物驱油的聚合物溶液配制溶剂；根据大庆油田的经验在配制相同聚合物溶液黏度时使用地面淡水作为配制溶剂加入的聚合物固粉量只为使用油田处理污水配制时用量的三分之一左右；②在无法取得地面淡水的情况下，尽量选择硬度低的水源，或者加入螯合剂对两价金属离子进行预处理；③尽量选择地层水矿化度低的油田进行聚合物驱油，或者在聚合物驱油段塞的前沿油层进行淡水预冲洗，以造成一个淡水环境。在高含盐度地层水油田选用黄胞胶（XC）作为驱油剂可以避免盐敏效应带来的溶液黏度损失，实验表明，在配制水的含盐度为2000mg NaCl/L情况下制备黏度为10mPa·s的溶液时使用XC作增稠剂的量只为使用PHPAM量的二分之一；同时实验还表明，在更高的配制水含盐度下，配制相同黏度的溶液，使用XC的量，还能够进一步降低。

3.3.3 水溶性高分子的黏滞效应

3.3.3.1 黏滞效应

流体在运动状况下，流体内部质点之间或流层之间因相对运动而产生的内摩擦阻力以抵抗剪切变形的性质，称为流体的黏滞效应。内摩擦阻力称为黏滞力。

3.3.3.1.1 牛顿内摩擦定律

牛顿于1686年提出了描述流体黏滞效应的流体内摩擦定律：处于相对运动的两层相邻流体之间的内摩擦阻力（或切力）T大小与流体的物理性质有关，并与垂直于流动方向上的流速梯度du/dy（见图3-3-12）和流层的接触面积A成正比，与接触面上的压力无关。其数学表达式如下：

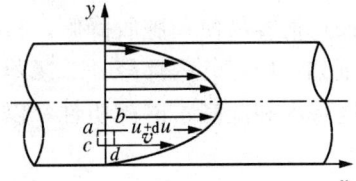

图3-3-12 沿垂直于流动方向上的速度分布（李玉柱，1998）

$$T = A\mu du/dy \quad (3-3-13)$$

式中 μ——比例系数，在A和du/dy相同的情况下，流体内摩擦阻力越大，则μ也越大，因此可以用μ来度量流体的黏滞性，μ称为流体的动力黏度，亦简称为黏度 Pa·s，或 mPa·s（1Pa·s = 1000mPa·s）。

若以τ表示单位面积上的内摩擦阻力即切应力，那么有：

$$\tau = T/A = \mu du/dy \quad (3-3-14)$$

式中 τ——切应力，Pa。

实际上速度梯度du/dy就是在切应力下发生的变形速度，故又称为剪切变形速度，通常记作$\dot{\gamma}$。可见，牛顿内摩擦定律也可以理解为切应力与剪切变形速度成正比。

有时，在分析黏性流体运动规律时，还通常引入 μ 与 ρ 的比值，在流体力学中通常把它们组成一个量，用 ν 来表示，即：

$$\nu = \mu/\rho \tag{3-3-15}$$

式中 ν——运动黏度，m^2/s；

         ρ——流体的密度，g/cm^3。

牛顿内摩擦定律只适用于一般流体，凡是满足于牛顿内摩擦定律的流体称为牛顿流体，例如水、酒精、汽油、煤油、甲醇、乙醇、甲苯、空气等，而不符合牛顿内摩擦定律的称为非牛顿流体，例如钻井液、水溶性高分子溶液、原油等，这类流体的内摩擦应力 τ 与速度梯度 du/dy 不成直线关系。

3.3.3.1.2 流体的黏性系数

（1）动力黏性系数。牛顿内摩擦定律中的 μ 称为流体的动力黏性系数，亦简称为黏度。在国际单位制中，其单位为 $Pa·s$（或 $mPa·s$，$1Pa·s = 1000mPa·s$）。

（2）运动黏度系数。在黏性力和惯性力同时存在时，在公式中通常引入 μ 与 ρ 的比值，用 ν 来表示。在国际单位制中，其单位为 m^2/s。

（3）恩式黏性系数。$200cm^3$ 的液体流过恩格勒黏度计所需要的时间 t 与标准情况下同体积的蒸馏水流出同一容器所需的时间 t_0 之比，称为恩式黏性系数 E_n。恩式黏度系数 E_n 与运动黏性系数 ν 之间有如下经验关系：

$$\nu = 0.0732 E_n - 0.0631/E_n \tag{3-3-16}$$

由于流体的黏滞性是由于分子间的引力和分子的热运动产生动量交换引起的，因此温度升高，分子引力降低，分子热运动增强，动量增加；反之，温度降低，则出现相反的情况，动量减小。对于液体，分子间的引力是决定因素，所以，随温度升高，液体黏度降低。对于气体，分子的热运动是决定因素，所以，随温度升高，气体动力黏度增加，但是气体运动黏度系数随温度的增加而升高（这是由于气体的密度随温度增加而降低的原因），随压力的增加而降低（这是由于气体的密度随压力增加而增加的原因）；在不同温度下和不同压力下的不同气体的动力黏度和运动黏度可以由相应的手册中的诺摸图查得。

3.3.3.2 高分子聚合物水溶液黏度

聚合物分子溶水后其分子在溶液中呈无规线团，由于分子链上的极性基和氢键的作用，使分子舒展，分子溶胀变大，在溶液流动时表现为内摩擦阻力增加，溶液黏度升高，由于其相对分子质量比溶剂的相对分子质量大很多，因此聚合物溶液比溶剂的黏度增加很多。聚合物溶液的黏度为剪切应力与剪切应变之比，单位为 $mPa·s$。聚合物溶液的黏度与其浓度、相对分子质量、含盐度和温度等有关。

3.3.3.2.1 Huggins 方程

高分子聚合物溶液的黏度与其浓度有关，几种部分水解聚丙烯酰胺（PHPAM）溶液在剪切速率为 $60r/min$ 和指定温度下的溶液黏度与其浓度的关系如图 3-3-13 所示，由图可见 PHPAM 溶液的黏度与浓度呈非线性关系，随浓度的增加溶液黏度增加，在浓度达到临界浓度后由于分子链的缠绕作用和分子线团的重叠（如图 3-3-14 所示），溶液黏度随浓度的增加而急剧增加，成幂律关系。在低浓度下没有分子线团的重叠现象，在此范围内黏度随浓度的增加只是 PHPAM 分子链同溶剂分子之间的摩擦阻力作用增加，可视为黏度与浓度呈线性关系。根据 Flory - Huggins 高分子溶液理论（P.J.Flory，1953），聚合物高分子溶液黏度与浓度的这种关系可以用数学描述如下：

$$\mu = \mu_1 [1 + K_1 C_1 + K_2 C_1^2 + K_3 C_1^3 + \cdots] \quad (3-3-17)$$

式中　　μ——聚合物溶液黏度，mPa·s；

　　　　μ_1——溶剂的黏度，mPa·s；

　　　　C_1——水溶液中聚合物浓度，mg/L；

　　　　K_1，K_2，K_3——Haggins 常数，与聚合物分子的性质有关。

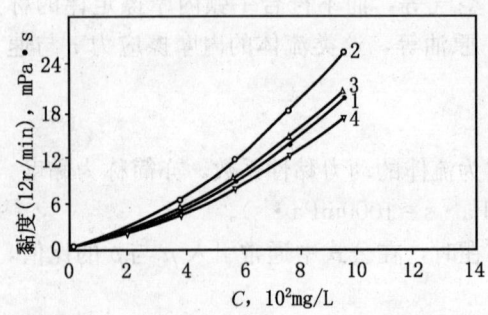

图 3-3-13　几种部分水解聚丙烯酰胺
PHPAM 溶液黏度与其浓度的关系图

（在剪切速率为 60r/min 时，**PHPAM：
1—US3430；2—US3530；3—AC530；4—AC430）

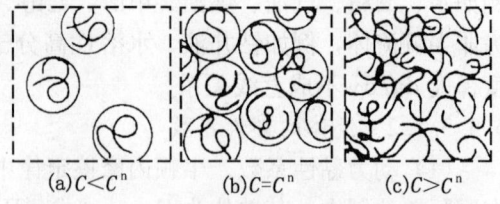

图 3-3-14　聚合物分子在溶液中随
浓度增加而相互交叠
(a) 稀溶液；(b) 线团接触；
(c) 亚浓溶液，线团交叠

上述方程就是描述聚合物溶液黏度与浓度关系的数学表达式，通常称为 Huggins 方程。这个方程是描述聚合物溶液性质的重要方程之一。是用于研究和计算聚合物的特性黏数、相对分子质量等重要参数的理论依据。

3.3.3.2.2　特性黏数

特性黏数是衡量聚合物特有的增黏能力的一种度量，表征聚合物相对分子质量和形状尺寸的固有特性参数，通常表示为 $[\mu]$，单位为 dl/g，表示单位聚合物相对分子质量在溶液中占据的流体力学体积的相对大小，对浓度无依赖关系。根据 Flory-Huggins 方程式 (3-3-17)，在稀浓度下，溶液黏度同聚合物浓度呈线性关系，当聚合物浓度 $C_1 \rightarrow 0$ 时，上式可以忽略高次项，假设：

$$\mu_{sp} = (\mu - \mu_1)/\mu_1 \quad (3-3-18)$$

则有

$$\mu_{sp} = (\mu - \mu_1)/\mu_1 = K_1 C_1 \quad (3-3-19)$$

那么

$$[\mu] = \lim_{C_1 \to 0} [\mu_{sp}/C_1] \quad (3-3-20)$$

$$\mu_{sp} = (\mu/\mu_1) - 1 = \mu_r - 1 \quad (3-3-20')$$

式中　　μ_1——溶剂黏度，mPa·s；

　　　　$[\mu]$——特性黏数，dl/g；

　　　　μ_{sp}——增比黏度，表示溶液的黏度比溶剂黏度增加的倍数，即高分子溶质对溶液黏度的贡献，无量纲；

　　　　μ_r——相对黏度，表示溶液黏度为溶剂黏度的倍数，无量纲，当浓度很稀时，则有 $\mu_r \rightarrow 1$，增比黏度和相对黏度二者均依赖于溶液的浓度；

μ_{sp}/C_1——比浓黏度，表示在一定浓度时，单位浓度聚合物对黏度的贡献，单位为浓度的倒数，dl/g。

根据在稀浓度时的黏度—浓度曲线，可以将比浓黏度（μ_{sp}/C_1）处理成比浓黏度（μ_{sp}/C_1）—浓度（C_1）曲线，该曲线为一直线，将该直线外推至$C_1 \to 0$，那么在坐标横轴上的截距就是特性黏数$[\mu]$，直线的斜率就是Huggins常数K_1，该常数表示聚合物分子在溶液中的溶解情况，一般$K_1=0.5\sim1.5$。在黏度—浓度曲线的斜率（K_1）开始增加时对应的浓度（C_1^*）为高分子线团间开始重叠（缠绕）浓度，大于此浓度，聚合物分子间开始缠绕，溶液黏度急剧增加。因此，聚合物驱油适用的聚合物浓度应当大于聚合物分子线团重叠浓度（C_1^*）。根据聚合物的特性黏数可以计算聚合物分子的一些特征参数。

（1）计算聚合物黏均相对分子质量：根据Flory-Huggins关于聚合物相对分子质量与特性黏数的关系式（3-3-9），可以测量聚合物的黏均相对分子质量。常用的方法是使用乌式稀释毛细管黏度计如图3-3-15所示，乌式黏度计在一定温度下分别测量相同体积的聚合物溶液和溶剂流过黏度计毛细管的时间t和t_0，由下式：

$$\mu_r = t/t_0 \qquad (3-3-21)$$

$$\mu_{sp} = (t/t_0) - 1 = \mu_r - 1 \qquad (3-3-22)$$

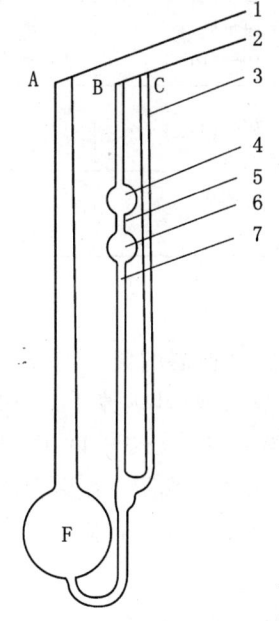

图3-3-15 稀释型乌
式毛细管黏度计示意图
（王志武，高树棠等，1995）
1—注液管；2—毛细管；
3—气管；4—缓冲球；
5—上测线；6—定量球；
7—下测线

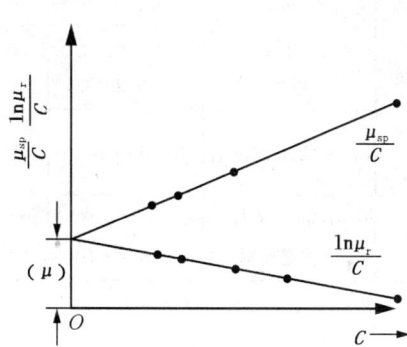

图3-3-16 聚合物水溶液的比浓
黏度与浓度的关系曲线
（王志武，高树棠等，1995）

可以计算相对黏度μ_r和增比黏度μ_{sp}，测量不同聚合物浓度下的相对黏度μ_r和增比黏度μ_{sp}，由此可以将其处理成比浓黏度（μ_{sp}/C_1）—浓度（C_1）曲线，如图3-3-16所示。从而能够得到特性黏数$[\mu]$。而Flory-Huggins方程中的系数α和K值可以从手册（J. Brendrap and E. H. Immergut, "Polymer Handbook", 1975）中查到。几种油田常见的聚合物的α和K值列于下表3-3-3，这样可以根据Flory-Huggins方程式（3-3-9）计算聚合的黏均相对分子质量。

（2）计算聚合物分子尺寸：根据聚合物溶液理论，聚合物溶液的黏度与聚合物相对分子质量和其分子线团的蜷曲形态有关。因此，Flory根据聚合物分子在溶液中呈线团状的假设，给出了描述聚合物分子相对分子质量、线团尺寸和特性黏数之间关系的经验表达式：

$$[\mu] = 10^{-14} \Phi r_p \overline{M}^{1/2} \quad (3-3-23)$$

式中 $\overline{M}$——聚合物的相对分子质量，10^6；

r_p——聚合物分子线团的均方根末端距，$r_p = [\overline{h}]^{1/2}$（参见聚合物分子构象一节），表示在溶液中聚合物分子线团的尺寸，μm；

Φ——通用常数，一般取 4.22×10^{24}。

表 3-3-3 油田常用的几种水溶性聚合物特性黏数 $[\mu] = K \cdot \overline{M_\mu^a}$ 关系式中的 α 和 K 值表

聚合物	溶剂	K, 10^4	α	温度,℃	相对分子质量范围,10^4	是否分级
聚丙烯酰胺	水	0.631	0.80	25	200~500	分
	0.5M NaCl	0.719	0.77	25	200~500	
	1N NaNO₃	3.73	0.66	30	200~500	
	乙二醇	13.6	0.54	25	200~500	
羧甲基纤维素	2% NaCl	2.33	1.28	25		分
	6% NaOH	7.33	0.93	25		分
直链淀粉	水	1.32	0.68	20	36~217	
羟乙基纤维素	苯	2.92	0.81	25	4~14	分
	甲醇	5.23	0.65	25	10~410	分
黄胞胶	5g NaCl/L 水溶液	$K = 63 \cdot 10^{-6}$	0.93	30	50~100	
硬葡聚糖	0.01mol NaOH/L	$K = 45.6 \cdot 10^{-6}$	1.21	25	>50	
	二甲基亚砜	$K = 19.4 \cdot 10^{-3}$	0.5	25		

注：$[\mu] = K \cdot \overline{M_\mu^a}$，聚合物浓度单位为 g/dl。

聚合物分子的均方根末端距与聚合物分子在溶液中的构象有关，完全伸展的聚合物分子链均方根末端距最长，蜷曲的聚合物分子链均方根末端距最短。可以根据特性黏数 $[\mu]$ 和平均相对分子质量由上式计算一定温度下的聚合物分子均方根末端距，表（3-3-4）中列举了部分水解聚丙烯酰胺（PHPAM）的不同平均相对分子质量的均方根末端距。在聚合物驱油时聚合物分子的均方根末端距，即分子尺寸大小，可以用来估量聚合物分子能否通过岩石空隙喉道的参考值。

表 3-3-4 部分水解聚丙烯酰胺不同平均相对分子质量及其均方根末端距数据表

部分水解聚丙烯酰胺平均相对分子质量，10^4	聚合物浓度，mg/L	均方根末端距 r_p, μm
650	650	0.148
820	600	0.162
1130	550	0.202
1750	500	0.245
2800	400	0.312

注：部分水解聚丙烯酰胺的水解度为 25%；配制水含有中 Na^+ 1100mg/L，Ca^{2+} 20mg/L。

3.3.3.2.3 影响聚合物黏度的因素

（1）聚合物的相对分子质量是影响其溶液黏度的决定因素，随相对分子质量的增加溶液黏度增加，因此，通常可以利用黏度法测定聚合物的平均相对分子质量。

（2）聚合物的黏度在很宽的浓度范围内呈非线性关系，由于聚合物分子间的缠绕作用，聚合物溶液黏度随其浓度的增加而增加，在聚合物浓度达到分子线团重叠浓度时聚合物溶液黏度随浓度增加急剧增加，此时对应的聚合物浓度称为聚合物临界浓度；在稀浓度体系，由于分子线团不再产生重叠，分子之间缠绕作用不再产生，分子间相互作用小，溶液的黏度只是溶质和溶剂间的摩擦阻力，则溶液黏度可视为与浓度呈线形关系。

（3）溶液的含盐度对聚合物溶液黏度有十分显著的影响，由于聚合物分子链上羧基荷负电，聚合物分子在溶液中形成表面呈负电荷的双电层，根据双电层理论含盐度的增加将会压缩双电层厚度，分子链间的静电斥力也会减小，分子舒展程度减小，分子恢复蜷曲，分子链及分子间的摩擦阻力减小，溶液黏度降低。含盐度越大，黏度降低越大。多价金属离子的影响尤其明显。油层产出污水用作聚合物溶液配制溶剂时，必须进行严格处理，否则将会严重影响聚合物溶液黏度。

（4）聚合物溶液黏度随溶液温度增加而降低，低浓度溶液的黏度对温度的敏感性高于高黏度溶液。

（5）对于部分水解聚丙烯酰胺，其溶液黏度还与其水解度有关，水解度增加，溶液黏度增加，这是由于高水解度的 PHPAM 分子在溶液中电荷密度高，溶剂化层厚，则其分子的舒展能力增加，因此，黏度增加。

（6）配制聚合物溶液时搅拌强度直接影响溶液黏度，尽量避免高速搅拌，以避免机械降解。

（7）此外，生物降解、化学降解和溶液存放时间推移（老化）等也会影响聚合物溶液（特别是聚丙烯酰胺、黄胞胶等）的黏度。

3.3.3.2.4 聚合物黏度的测量技术

聚合物溶液黏度的测量使用的设备主要有：

（1）毛细管黏度计，用以测量剪切黏度的仪器，该仪器的基本构件是一组不同直径的玻璃（金属）毛细管（如图 3-3-15 所示）和相应的恒温、计量部件；测量时分别计量一定体积的标准液体（如甘油）和待测溶液通过毛细管所需的时间 t_0、t，根据 Hagen-Poiseuille 方程计算出溶液黏度；使用不同直径和不同长度（主要指金属毛细管）的毛细管可以测量溶液的流变曲线。玻璃毛细管主要用于测量较低黏度的流体。金属毛细管能够有不同的长度，可以测量较高黏度的流体，但是，测量范围较窄，而且末端效应会对测量带来误差。

（2）转动黏度计，这类仪器是运动边界带动流体流动测量溶液黏度的仪器，它们的主要构件是有一对作相对运动的板或同轴圆筒，在板的间隙或圆筒的环行空间置放待测溶液，当其中一块板或圆筒运动时便带动溶液运动。测量运动板或圆筒的运动速度和另一块板或圆筒的扭矩，即可以计算出溶液的黏度。主要的转动构件型式有：①平行板式；②同轴圆筒式；③锥板式；④环板式。这类仪器的主要特点是可以精确测量牛顿流体的黏度以及非牛顿流体的流变曲线。商家开发出了各种类型的仪器，主要有：Brookfield™ 旋转黏度计、Hake™ 板式黏度计、Low-shear 锥板式黏度计以及 contraves 黏度计等。这种类型的黏度计测量时试样用量少、测量精确、测量范围很宽，但是操作难度高，价格昂贵。

(3) 落球黏度计，又称 Hoeppler 黏度计，该仪器基本结构和原理是一个球体在充满被测溶液的倾斜管子中流动，测量球体在管子的一段固定距离内移动所需要的时间 t，根据时间 t 计算溶液的黏度；该仪器可以在压力下进行测量，但是由于球体的下落速度可调范围很小，不能够测量溶液的流变曲线。

(4) 其他类型的黏度计，例如动态流变仪，利用机械或电磁振荡装置使试样产生剪切或拉伸变形，测量流体的黏弹性等。聚合物水溶液的流变性（黏滞效应和非牛顿特性）及其稳定性是聚合物驱提高石油采收率工艺最为重要的参数。

3.3.4 聚合物水溶液流变性

根据流体力学理论，流体在剪切应力作用下产生剪切流动，剪切应力撤销时流体变形保持不变，不会再恢复原状，这种流体称为黏性流体。剪切应力与剪切速率成线性关系的流体为牛顿流体；剪切应力与剪切速率成幂律关系的流体为非牛顿流体。剪切应力大于某一数值时流体才开始流动，一旦流动后剪切应力与剪切速率成线性关系的流体称为塑性流体；在低剪切速率下流变曲线斜率为常数，大于某一数值后流变曲线斜率随剪切速率而下降（亦称为剪切稀释）的流体称为假塑性流体；流变曲线斜率随剪切速率而增加（亦称为剪切增稠）的流体称为胀流性流体。在拉伸应力作用下（例如在流经收缩—扩张通道时），流体产生法向变形，作用功变为弹性能量储藏起来，应力撤销时能量释放而流体恢复原状，这种流体称为黏弹性流体，小分子溶液和刚性分子溶液不存在拉伸流动，即不存在黏弹性。

3.3.4.1 非牛顿流型

聚合物水溶液的黏度随剪切速率的变化曲线如图 3-3-17 和图 3-3-18 所示，它们分别为部分水解聚丙烯酰胺 PHPAM 和黄胞胶 XC 溶液的黏度与剪切速率间关系曲线。由图可见，当剪切速率 $\dot{\gamma}$ 低于临界剪切速率 $\dot{\gamma}_c$ 时，溶液黏度 μ 不受剪切速率 $\dot{\gamma}$ 的影响，溶液呈似牛顿流型，对应的黏度称为零剪切黏度。在高剪切速率下，溶液黏度降至最低值，即出现第二牛顿流型区，相应的黏度称为极限黏度。在剪切速率 $\dot{\gamma}$ 大于（零剪切黏度下的）临界剪切速率 $\dot{\gamma}_c$ 和出现极限黏度时对应的剪切速率之间时，黏度 μ 随剪切速率 $\dot{\gamma}$ 的增加而减小，即呈非牛顿流型，这种性质的溶液也称剪切稀释溶液，即假塑型流体，对应的黏度称为表观黏度，这种情况下的黏度必须指出某一剪切速率下的黏度才有意义。上述特性可以用幂率定律表示：

$$\mu = K_p (\dot{\gamma})^{n_p - 1} \qquad (3-3-24)$$

式中 n_p——幂率指数，与聚合物性质有关；
　　　K_p——幂率系数，与聚合物性质有关。

式中 n_p 和 K_p 与聚合物的相对分子质量（及 PHPAM 的水解度）、水溶液含盐度和环境温度等有关，n_p 等于 1 时，溶液属牛顿流型，n_p 大于 1 时溶液属胀流性，n_p 小于 1 时溶液属假塑性。在剪切速率 $\dot{\gamma}$ 接近零的情况下，聚合物呈无规线团分布，在剪切应力不至于影响聚合物分子在水中的构象时，剪切应力与剪切速率呈线性关系，这种情况相似于聚合物溶液在管道中或在油层深部低速渗流的情况。在剪切速率 $\dot{\gamma}$ 增加的情况下，聚合物分子蜷曲线团构象在剪切应力作用下向分子柔变伸展定向取向，分子内摩擦阻力减小，剪切应力与剪切速率呈非线性关系，黏度降低，或称剪切稀释。流速进一步增加时可能出现第二牛顿区流型，但是对于聚合物溶液由于弹性流动的出现，则发生不稳定流现象而使层流破坏。在流

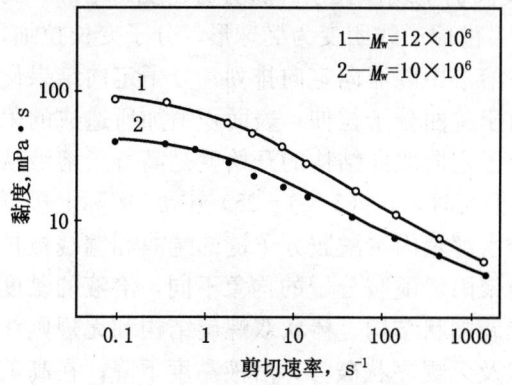

图 3-3-17 部分水解聚丙烯酰胺溶液
黏度于剪切速率关系曲线图
（聚合物浓度为 1500mg/L，注入水配制）

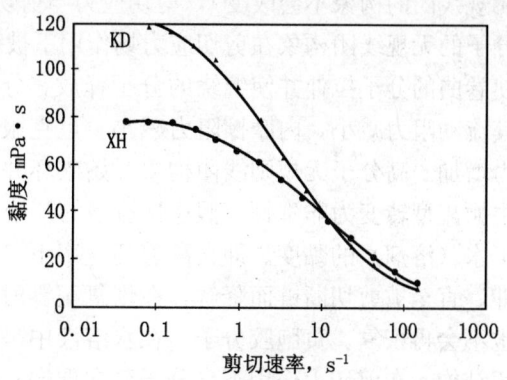

图 3-3-18 黄胞胶溶液黏度与剪切
速率关系曲线图

速足够大（以至于超过聚合物分子弹性范围）时，聚合物分子链节有可能拉断而降解，在剪切速率恢复至零时，溶液黏度难以恢复，或称剪切降解。此外，当流动速率大于某一高剪切速率（黏弹性临界流动速率，Deborah 数大于 0.5）时，聚合物溶液表现出黏弹性，即黏度随流动速率增加而增加。然而，黄胞胶 XC 分子构象属刚性结构在剪切速率增加时由有序的棒状向无规则的线团状转变，溶液黏度降低，在剪切力作用下分子链则不会被切断而降解；反之，在剪切速率降低时，则分子结构又恢复到网状联合体状态，溶液黏度重新恢复到原始状态。这是黄胞胶与部分水解聚丙烯酰胺溶液流变物性的根本区别。

然而，式（3-3-24）分段描述流变曲线的幂律方程在流动计算时很不方便，Meter 模型则克服了这一缺点，提出了如下描述方程：

$$\mu = \mu_\infty + \frac{\mu_0 - \mu^\infty}{1 + \left(\dfrac{\dot\gamma}{\dot\gamma_{1/2}}\right)^{n_M - 1}} \quad (3-3-25)$$

式中 μ_0——零剪切黏度（$\gamma = 0$）；

μ^∞——在临界高剪切速率下的黏度；

n_M——经验系数；

$\dot\gamma_{1/2}$——μ_0 和 μ^∞ 的平均值时的剪切速率。

μ_0、μ^∞ 和 n_M 强烈地依据于聚合物的相对分子质量、水解度、浓度、含盐度、硬度和温度。当 $\dot\gamma$ 很低时，相当于聚合物溶液在油层深部渗流时的情况，由实验得到如下经验参数：

$$\mu^\infty = 0.789$$

$$n_M = 1.23\mu_0^{0.0246}$$

$$\dot\gamma = 204.3(\mu_0)^{-1.09} - 0.327$$

这样，就可以由式（3-3-25）推算不同剪切速度情况下的聚合物溶液黏度。当高分子聚合物溶液在静态条件下时，即 $\dot\gamma = 0$，聚合物分子是以无规线团状分散在水中。在对溶液施加剪切张力时，但在不足以影响高分子在水中构象（无规线团状）的情况下（高分子无规线团的构象不会改变），剪切应力与剪切速度间仍呈线性关系。随剪切速度的增加，高分子的无规线团构象在剪切应力场作用下被破坏，由球形线团变为椭球形，分子变长拉细，使卷曲的分子拉伸并使缠绕的分子释放。分子在溶液中顺流向定向排列，分子定向结果使其流动阻力减小，内摩擦阻力减小，也克服了由于蜷曲分子拉伸、表面积增加所造成的阻力增加。高分子无规则线团构象开始破坏并且分子定向取向结构的开始就是高分子溶液从牛顿流型转变为非牛顿—假逆性流型的开始。当很大时，式（3-3-25）中 μ^∞ 实际上接近了水（溶剂）的黏度。即在高剪切速率下，部分水解聚丙烯酰胺分子链的蜷曲和缠绕被拉伸，直至被剪切断链而降解，在恢复至零时，与聚丙烯酰胺分子的构象不同，溶液的黏度也不会再恢复。黄胞胶分子，在水溶液中呈双螺旋网状结构、棒状双螺旋结构和无规则线团结构，在剪切力作用下，分子延向取向、网状及无规序状破坏，溶液黏度下降；在高剪切作用力下，由于分子的双螺旋结构被拉伸，不至于使分子链剪切断链而降解，在恢复至零时，溶液中的分子构象又恢复至原始状态，致使溶液黏度又恢复至原始的高值。

3.3.4.2 流变性测量

聚合物溶液流变性的测量有两种形式：(1) 在固定流动和应变条件下测量溶液的应力；(2) 在固定应力的条件下测量溶液的流动和应变；然后，由此进行函数计算。对于黏性流体只测量剪切流动和剪切应力；对黏弹性流体还要测量拉伸流动和法向应力（法向应力差）。由此发展起来的测定仪器各种各样，主要有：(1) 剪切黏度测量法，例如：毛细管黏度计，使用不同直径和不同长度（主要指金属毛细管）的毛细管进行测量，根据 Hagen - Poiseuille 方程计算出溶液黏度；转动黏度计，这类仪器是运动边界带动流体流动测量溶液流变性的仪器，主要的流变仪已经在前面论述；(2) 剪切流动的法向应力差测量，例如流变性测定仪，既测量剪切产生的扭矩又测量法向应力产生的推力；动态流变仪，利用机械或电磁振荡装置使试样产生剪切或拉伸变形，测量流体的黏弹性等。

3.3.4.3 机械降解作用

亦称剪切降解，在流速高于产生黏弹性范围时，聚合物分子发生断裂而降解。在使用时，这种情况发生在聚合物溶液在高速搅拌下配制、柱塞泵输送、通过管线节流装置（如阀门、孔板流量计等）和油层炮眼等处，此时聚合物溶液黏度明显降低，即机械降解。避免聚合物溶液机械降解的主要方法是：(1) 尽量防止高速搅拌配制溶液，采用静态混合器；(2) 采用离心泵或变频三柱塞泵输送；(3) 减少地面管线管汇和节流装置；(4) 高密度、大孔眼射孔增加井底渗流面积等。

3.3.5 聚合物溶液的黏弹性

高分子水溶聚合物溶液同时具有黏性和弹性的性质。对于黏性流体，流动和形变是能量消耗过程，剪切应力对流体作的机械功完全转换成热能而消耗掉，当应力消除后，流体不会恢复至原来的状态。而对于弹性流体，拉伸应力对流体做的功则变为弹性能量储藏起来，当拉伸应力解除后，能量释放，流体恢复至原来状态。黏弹性流体由于同时具有黏性和弹性，因此这种流体同时服从牛顿内摩擦定律和胡克定律。聚合物溶液的黏弹性源于蜷曲的聚合物分子在拉伸应力作用下伸展，分子链节的这种构象的转变调整是缓慢的，分子的形变滞后于拉伸应力而表现出黏弹性；黏弹性与分子的柔性有直接关系，分子链的柔性越强，则黏弹性越明显。PAM 和 PHPAM 的分子构象就是具有柔性的高分子，分子在拉伸力作用下伸展，当拉伸力撤销时，分子链又恢复其原来的蜷曲状态，即在拉伸力的作用下无规的蜷曲的柔性聚合物分子线团转换成了有规的拉伸状态,溶液表现为在流动速度高于某一临界速度时溶液黏度明显增加,该临界速度与聚合物分子受拉伸力作用变形的响应快慢(即松弛时间 τ)有关,τ 则因聚合物的相对分子质量、浓度以及溶剂的性质而变化。因此,松弛时间 τ 能够用来描述"弹性"聚合物溶液的性质,R. B. Bird 等人(1977)曾使用无量纲 Deborah(De)数描述聚合物溶液的弹性,Deborad 数等于线性应变速率和松弛时间之积:

$$De = \tau\varepsilon \qquad (3-3-26)$$

式中 τ——流体松弛时间,表示聚合物分子在一定流场中对拉伸力的响应快慢;

ε——拉伸速率,表示聚合物分子在流动速度梯度方向上的形变率。

在 $De \geqslant 0.5$ 时,聚合物溶液开始表现出黏弹性现象。

4 聚合物驱提高石油采收率

4.1 概述

由第二章第二节已经知道，驱油剂的波及效率是决定石油采收率的重要因素之一，油层均质程度和驱油剂流度是影响波及效率的两个基本因素。提高波及效率一方面要合理地划分开采层系、合理地布置（调整）井网和控制注采关系等；另一方面要增加驱油剂的黏度，降低其流度，使驱替剂（水、气或汽等）和被驱替剂（原油、天然气）的流度比达到合理值。前者属于精心设计油田开发方案，后者属于改善注入水的性质。合理地选择水溶性增黏剂，增加注入水黏度，从而能够调节水的流度，使油水流度比达到一个合理的比值，以最大限度地增加水的波及体积。多年来，人们研究发现，水溶性高分子化合物是一种十分有效的增加水的黏度的系列化合物。这些化合物包括：（1）合成聚合物例如部分水解聚丙烯酰胺（PHPAM）等；（2）天然聚合物如田青和褐藻酸钠；（3）改性天然聚合物例如羧甲基纤维素（CMC）、羟乙基纤维素（HEC）等；（4）生物聚合物例如黄胞胶（Xanthan Gum）、硬葡聚糖（Scleroglucan）等，而以部分水解聚丙烯酰胺为代表的合成聚合物和以黄胞胶为代表的生物聚合物是目前较为广泛使用的注入水增黏剂。

聚合物驱油在美国大约始于20世纪50年代，D. J. Pye，W. B. Gogarty等人最早将聚丙烯酰胺（Polyacrylamide，PAM）及其水解物——部分水解聚丙烯酰胺（Part Hydrolyze Polyacrylamide. PHPAM）用作注入水增稠剂，后来也有使用黄胞胶（生物聚合物，Xanthan Gum，Biopolymer，Polysaccharide）作增黏剂的报道。1964年进行了首个PHPAM驱油的现场试验，使用的PHPAM浓度为500～1000mg/L，注入体积也比较小。由于美国联邦政府对提高采收率项目采取减免征税的激励政策，到20世纪90年代美国进行了近200多项聚合物驱油的现场试验，取得经济效益的占56%，但是由于使用量较低一般提高采收率只在5%（OOIP）左右。

中国的聚合物驱油发展步伐较快，目前已经进入商业应用阶段，在一些油田已经将聚合物驱作为一种重要的生产手段，尤其是大庆油田在20世纪90年代建立了年产5×10^4t的聚丙烯酰胺工厂，由聚合物驱油生产的年采油量已经达到了1000×10^4t以上，由于采取了较大的聚合物驱油段塞及适量的聚合物浓度以及油层非均质比较严重的地质特点，因此采收率提高幅度一般在10%～15%（OOIP），而且经济效益较高，一般每吨聚合物增加油量在100～200t之间，目前位于世界的前列；聚合物凝胶以及微凝胶作为调整吸水剖面和油层深部改变水流方向以控制油井含水上升稳定产量已经在许多油田大量推广应用。与此同时，黄胞胶（Xanthan Gum）的研究也取得了较大进展，在菌种培育、发酵以及产品性能研究的基础上，进行了工业产品的生产，有数家生产能力在千吨的工厂，产品有发酵液和固粉两种形式，在孤岛油田进行了现场试验。用黄胞胶交联进行调剖也在许多油田成为一种生产措施。对高相对分子质量PHPAM（相对分子质量在2000×10^4t以上）和使用于高温高含盐度地层水油田的耐温耐盐等新型高分子聚合物（如疏水缔合聚合物等）正在进行积极的探索，取得了一定的进展。

聚合物驱油的技术关键在于解决：

（1）获得具有稳定物理化学性质的高分子聚合物水溶液，包括：水溶液的稳定性、流变性与油层环境（温度、地层水、注入水、孔隙介质等）的配伍能力等；

（2）确定和掌握聚合物水溶液在岩石多孔介质中的流动特性；

（3）设计合理的注入方案并正确确定聚合物溶液对油层的注入能力；

（4）建立适应于聚合物溶液的地面注入设备、完善的井底完井结构和严格规范的工程实施；

（5）及时进行油藏驱替动态观察、测试、评价并根据现场实施情况和问题进行相应的调整；

（6）建立适宜的采出液分离和污水处理系统，防止对环境的任何污染等。

与其他化学驱油技术相比，由于聚合物驱油机理较为清楚、技术较为成熟、成本较为低廉等原因，目前已经在世界上许多油田应用，中国大庆油田、胜利油田等已经发展成为商业生产措施。但是，由于目前油田广泛使用的部分水解聚丙烯酰胺（PHPAM）水溶液黏度受水中离子强度影响很大，对注入水水质的要求较高以及热氧降解等原因，需要改善PHPAM 的性能，研制耐温、耐盐以及增黏能力更强的新型高分子化合物。

本节主要针对多层砂岩油田，论述高分子聚合物驱提高石油采收率的理论基础和油田应用程序。

4.2 聚合物驱油的基本原理

（1）增加驱油剂的黏度，降低油水流度比，增加面积波及效率：由 $M=\lambda_w/\lambda_o=(K_{rw}/K_{ro})\cdot(\mu_o/\mu_w)$ 可见，油水黏度比（μ_o/μ_w）降低，则油水流度比（M）降低，缓解了驱油剂"指进"、"窜流"的现象。由此，A. B. Dyes 等人的实验获得了波及面积随油水流度比（M）减低而增加的结果，同时，W. Tunn 的实验则获得了石油采收率随油水黏度比（μ_o/μ_w）降低而增加的结果，图 4-2-1 是原北京石油学院开发实验室于 1962 年使用放射性同位素在平面物理模型上（模拟五点面积井网的四分之一）测得的水［见图 4-2-1（a）］和稠化水［见图 4-2-1（b）］驱油时的波及效果图，由图可见增加了黏度的稠化水驱油的波及面积明显高于水驱。

(a) $\mu_{油}/\mu_{水}=0.307$ (b) $\mu_{油}/\mu_{水}=0.0945$

图 4-2-1 水和聚合物溶液驱油物理模拟实验照片

(2) 调整纵向吸水剖面的波及效率，可以从如下两个方面解释：

①由于聚合物溶液的黏度大于注入水的黏度，在注入井开注聚合物溶液后，在相同注入量的情况下，启动注入压力将增加，从而将会使原来不能吸水的低渗透率油层开始吸水，这样便改善了油层的吸水剖面，增加了油层的吸水厚度；

②根据聚合物溶液流变性的特点，即黏度随剪切速率降低的性质，其在多孔介质流动过程中，剪切速率是流速和孔隙几何形态的函数，由于在窄小孔隙中的剪切速率大于在较大孔隙中的剪切速率，因此，在大孔隙中聚合物溶液显示了较高的视黏度。根据油藏工程的概念，在聚合物注入过程中，在相同的达西速度下，首先进入已经被水占据的高渗透率带（大孔隙带）的聚合物溶液表现了高的黏度，起到了"堵塞"大孔道的作用，迫使聚合物溶液进入较低的渗透率带（较小的孔道），从而，降低了聚合物溶液沿高渗透率地层的窜流，增加了低渗透率地层的吸水能力，这样就会使原来未被波及的低渗透率地带中的油投入流动。调整了吸水剖面。

据此，许多人认为驱油剂黏度并不影响残余油饱和度（即不影响微观驱油效果），实际上在使用高黏度驱油剂时只是比注水时注入较少的驱油剂并在较低产水率的情况下较早的采出油量。

然而，近来也有人根据聚合物驱油后取岩心分析发现水洗程度增加认为聚合物驱同时增加了微观驱油效率，这是由于：

（1）根据 H. J. Welge 的实验结果表明聚合物驱在突破时水饱和度均高于水驱，因为油水流度（M）既是黏度的函数也是相渗透率的函数，根据相对渗透率—饱和度曲线，在驱替过程中 M 不是常数而随含水饱和度变化；

（2）根据聚合物黏弹性的特点，当聚合物溶液在变形孔道中流动时，由于孔隙喉道的收缩和发散，聚合物溶液在高流速下表现出胀流性流型，即剪切增稠现象，这样在剪切和拉伸力的综合作用下孔隙中会有更多的与聚合物溶液接触的剩余油投入流动。

上述认识，仍然在继续研究之中。

4.3 聚合物溶液在多孔介质中的性质

4.3.1 聚合物溶液在多孔介质中的流变性

聚合物溶液在多孔介质中的流变性既聚合物溶液在岩石孔隙介质中流动时经受剪切应力和拉伸应力同时作用引起的流动阻力的变化。聚合物溶液在岩石多孔介质中流动呈现的流变性与在等径毛细管中流动呈现的流变性不完全相同，在等径毛细管中流动的溶液只受剪切应力的作用，黏度与剪切速率的关系符合幂律定律。但是在复杂的多孔介质中存在收缩——发散流通通道（如孔腔间的喉道），在这样的通道中流动的流体经受拉伸引力的作用，柔性聚合物分子在拉伸力的作用下表现出黏弹性，有效黏度增加。这样聚合物溶液在低速下通过多孔介质时，流动的流体主要受剪切应力作用，表现为假塑性流型；当流速增加至某一临界速度后，收缩—发散通道处剪切速率和拉伸速率都明显增加，流体受剪切应力和拉伸应力同时作用，流体显现出黏弹性，表现为剪切增稠，呈现膨胀型流型。目前，难以描述流体在多孔介质中同时经受的剪切应力和拉伸应力与剪切速率的关系。同时，尽管达西定律很好地描述了牛顿流体在多孔介质中流动的特征，但是，它不适应于非牛顿流体(聚合物溶液),一方面是由于非牛顿流体的黏度是剪切速率的函数,另一方面难以准确确定在多孔介质中速度剖面和水动力学应力。为此,R.R.Jennins 等人将多孔介质的几何形状简化为由毛细管束组成的模型,即将多孔介质中的聚合物溶液流动简化为在等效毛细管束中的流动,那么,聚合物溶液在多孔介质中的视黏度及等效剪切速率即可以由下式描述:

$$\mu_{sp} = H_p v^{n_p - 1} \tag{4-3-1}$$

$$\dot{\gamma}_{eq} = [(1 + 3n_p)/n_p] \times [v/(8K\phi)^{1/2}] \tag{4-3-2}$$

式中 μ_{sp}——聚合物溶液在多孔介质中流动时的视黏度,mPa·s;

H_p——与多孔介质孔隙结构有关的系数;

v——聚合物溶液在多孔介质中流动的达西速度,m/s;

n_p——幂律指数;

$\dot{\gamma}_{eq}$——多孔介质中流体流动的等效剪切速率,s^{-1};

K——多孔介质渗透率,μm^2;

φ——多孔介质孔隙度,%。

这样,式(4-3-1)由于引入了与孔隙结构有关的常数 H_p 和同时既与孔隙结构又与幂律指数有关的等效剪切速率函数 $\dot{\gamma}_{eq}$,较好地描述了聚合物溶液在多孔介质中的流变性,因此能够使用达西定律描述聚合物溶液在多孔介质中的流动特征。在通常情况下,在近井低附近等效剪切速率 $\dot{\gamma}_{eq}$ 约为 $10^{-4} s^{-1}$,在远离井低处等效剪切速率 $\dot{\gamma}_{eq}$ 约为 $10^{-1} s^{-1}$。然而,尽管进行了上述的修正,但是仍然没有考虑到在多孔介质中聚合物溶液流动时拉伸应力引起的聚合物溶液的黏弹性,因此,难以解释聚合物溶液在多孔介质中流动时出现的附加阻力损失。筛网系数 SF(参见4.3.3一节中的筛网系数)、阻力系数 RF 或渗透率减低系数 R_k(参见4.3.3节中的阻力系数)的引入较好地弥补了上述缺陷。

4.3.2 聚合物溶液在多孔介质中的黏弹性

式(4-3-2)给出了多孔质中的幂律流体的等效剪切速度与达西流动速度的关系,它与牛顿流型流体的剪切速率不同之处就是 $\dot{\gamma}_{eq}$ 还与幂指数有关。该模型只考虑了聚合物溶液在多孔介质流动过程中的剪切应力而没有考虑其拉伸应力,部分水解聚丙烯酰胺在多孔介质中流动时受剪切和拉伸两个应力的作用,它与流床—孔隙介质(孔隙)的几何形状有关,很难描述每一种流动下各自的影响。目前人们通常使用的 Brookfield 黏度计是一种非常简便的测量在剪切速率下剪切应力变化的仪器,但是很难在低的剪切速率下进行测量,同时也不能得到拉伸应力的变化。实际上,在聚合物渗流的流动速度超过某一临界速度时,视黏度急剧增加,这是拉伸流动情况下聚合物分子的线团状转换成伸展状态而引起的。在拉伸状况下,无规律的线团柔性分子转换成了有序的伸展状态,聚合物分子的这种现象称为黏弹性(如3.3.5节)所述。开始产生黏度增加时的临界流动速度通常用 Deborah 数(De)表征,De 数与拉伸率 ε 和聚合物分子的松弛时间有关。在 $De = 0.5$ 时,通常聚合物溶液就开始表现出黏弹性现象。聚合物溶液在多孔介质中流动时,通过孔隙与孔隙之间的连接处(即孔喉)以及井底射孔孔眼处时往往表现黏弹性行为。为了方便地检测聚合物分子的黏弹性行为,Jennings 等研制了一种筛网黏度计,模拟聚合物溶液在变径处的流动行为,用筛网系数(SF)表征:

$$SF = \frac{t_p}{t_w} \qquad (4-3-3)$$

式中 t_p——固定体积的聚合物溶液通过筛网所需的时间，s；

t_w——等体积的溶剂（水）通过筛网所需的时间，s。

筛网系数（SF）与聚合物黏弹性之间有很好的对应关系。在研究聚合物驱提高石油采收率时，通常将筛网系数（SF）作为控制聚合物质量的一个重要参数，低的筛网系数通常表现为聚合物溶液具有高的注入性。因此，通常总是要求聚合物具有高的增黏能力和低的筛网系数。黄胞胶分子的松弛时间很短，即拉伸性能很弱，因此，即使在与部分水解聚丙烯酰胺溶液黏度相同的情况下，它的筛网系数却要小很多。实际上，筛网黏度计正是模拟聚合物分子在孔隙内的收缩和扩展以及井底射孔孔眼处在高速流动情况下所受的拉伸应力，也就是说筛网系数实际上是聚合物分子在拉伸应力下所表现的应变，表征了由拉伸引起的黏度变化。

4.3.3 聚合物溶液在多孔介质中的流动阻力

聚合物溶液作为驱油剂在油层岩石流动过程中由于其黏滞性表现出的流动阻力通常用阻力系数（Rresistance Coefficient）和剩余阻力系数（Residual Resistance Coefficient）表示。它们反映了聚合物流动过程中的压力（固定流量时）或流量（固定压力时）变化。

4.3.3.1 阻力系数

聚合物溶液在岩石多孔介质流动时，注入水的流度（λ_w）与聚合物溶液流度（λ_p）的比值，称为阻力系数（RF），即聚合物溶液的流度比驱替水流度降低的分数。聚合物溶液在岩石多孔介质流动过程中，流体速度与压力降的关系要比达西定律复杂得多，需要同时使用多孔介质模型和聚合物溶液流变模型（即剪切稀释和在高剪切速率下的剪切增稠—溶液的黏弹性）描述聚合物溶液的流动状态。D. J. Pye（1964）首先提出了描述聚合物溶液在多孔介质中流动时的参数——阻力系数（RF），定义为注入水（盐水）的流度（λ_w）与聚合物溶液流度（λ_p）之比，即：

$$RF = \frac{\lambda_w}{\lambda_p} = \frac{K_w}{K_p} \times \frac{\mu_{sp}}{\mu_w} \qquad (4-3-4)$$

或者

$$RF = \frac{\Delta p_p}{\Delta p_w} \times \frac{v_w}{v_p} \qquad (4-3-5)$$

式中 λ_w、λ_p——分别为注入水和聚合物溶液的流度，$\mu m^2/Pa \cdot s$；

K_w、K_p——分别为注入水和聚合物溶液在岩石多孔介质中的有效渗透率，μm^2；

μ_w、μ_{sp}——分别为注入水的黏度和聚合物溶液的视黏度，μm^2；

Δp_p、Δp_w——分别为聚合物溶液和注入水在多孔介质流动时的压力降，MPa；

v_w、v_p——分别为注入水和聚合物溶液的流速，m/s。

聚合物溶液的阻力系数反映了聚合物溶液在岩石孔隙介质流动过程中流度的变化，RF值越高，表明聚合物溶液改善油/水流度比的能力越强；资料表明 RF 值与聚合物相对分子质量和相对分子质量分布有直接关系，高相对分子质量的聚合物以及相对分子质量分布宽的聚合物，其 RF 值较高，对于相同相对分子质量的聚合物，尽管其溶液的黏度大致相同，但是，相对分子质量分布宽者，则 RF 值高。

阻力系数的测量可以通过室内物理模拟实验进行，常规法制备岩石物理模型，在注入聚合物溶液前注入油田注入水（或模拟盐水），等稳定后，计量岩心前后压力差和流量；然后注入聚合物溶液，计量稳定后的岩心前后压力差和流量；由上式进行计算 RF。

如果将上式作如下改写可以得到如下渗透率降低系数的计算公式：

$$R_k = \frac{K_w}{K_p} = (\mu_w/\mu_p) RF \quad (4-3-6)$$

那么，R_k 则为岩石渗透率降低系数。实际上，阻力系数 R_F 反映了聚合物溶液在多孔介质中流动时的阻力比注入水阻力增加的倍数，即流度减低的参数，而 R_k 反映了多孔介质渗透减低的参数。通过室内物理岩石模拟实验测量不同流速下的压力降落，可以得到聚合物溶液的阻力系数和渗透率减低系数。R_k 反映了聚合物溶液在岩石孔隙介质中流动过程中对岩石孔隙介质物理化学性质的影响，聚合物分子在孔隙壁上的吸附，使得孔隙通道水动力学半径减小，增加了流体流动阻力。

4.3.3.2 残余阻力系数

聚合物溶液通过岩石前后注入水（或盐水）渗流时的流度比，称为剩余阻力系数，记作 RRF。聚合物溶液在岩石中渗流时，由于聚合物分子或者微凝胶在岩石小孔隙中的捕集滞留和在岩石孔隙壁表面上的吸附，引起了孔隙水动力学半径的减小，从而造成岩石渗流能力的永久损失。剩余阻力系数则反映了这种渗透率的永久损失，可以由如下公式计算：

$$RRF = \frac{\lambda_{w1}}{\lambda_{w2}} = (\Delta p_{w2}/\Delta p_{w1}) \times (v_{w1}/v_{w2}) \quad (4-3-7)$$

式中　λ_{w1}、λ_{w2}——聚合物溶液通过岩石前后注入水流动时的流度，$\mu m^2/Pa \cdot s$；

　　　Δp_{w1}、Δp_{w2}——聚合物溶液通过岩石前后注入水流动时的压力降，MPa；

　　　v_{w1}、v_{w2}——聚合物溶液通过岩石前后注入水流动时的流速，m/s。

聚合物溶液的剩余阻力系数反映了聚合物溶液在岩石孔隙介质流动过程中对岩石渗透率造成的永久损失，同时，也反映了聚合物溶液的调整吸水剖面的能力，RRF 值越高，表明聚合物溶液改善油层非均质性、堵塞高渗透层的能力越强；资料表明 RRF 值与聚合物相对分子质量和相对分子质量分布有直接关系，高相对分子质量的以及相对分子质量分布宽的聚合物，其 RRF 值较高，对于相同相对分子质量的聚合物，尽管其溶液的黏度大致相同，但是，相对分子质量分布宽者，则 RRF 值高。

剩余阻力系数的测量可以通过室内物理模拟实验进行，常规法制备岩石物理模型，在注入聚合物溶液前注入油田注入水（或模拟盐水），计量岩心前后压力差和流量，等稳定后，注入一定体积的聚合物溶液；然后，再注入油田注入水（或模拟盐水），计量稳定后的岩心前后压力差和流量；由上式进行计算 RRF。也可以由岩石原始水相渗透率与聚合物溶液流过后水相渗透率之比进行计算，RRF 是大于 1 的无量纲数。RRF 既反映了聚合物溶液对岩石渗透率造成的永久损失，同时，也是聚合物溶液驱油时油层吸水剖面（高渗透率层渗透能力降低）的一个度量。

4.3.4　聚合物相对分子质量与岩石孔隙大小的匹配

描述聚合物溶液渗流特性的阻力系数（RF）、渗流率降低系数（R_k），剩余阻力系数（RRF）和筛网系数（SF）在很大程度上与聚合物的相对分子质量及其分布密切相关。过低的相对分子质量不会对 RF、RRF 等起重要的作用，达不到调节流度和吸水剖面的目的；过高的相对分子质量会使注入压力明显增加甚至难以通过孔隙而形成堵塞，同时拉伸效应也易于使其分子链断裂而降解。

4.3.4.1 聚合物相对分子质量与岩石渗透率的匹配

前面讨论了部分水解聚丙烯酰胺相对分子质量与其均方根末端距即分子尺寸大小，在聚合物驱过程中聚合物的分子尺寸必须与多孔介质的孔隙尺寸匹配，对于一定相对分子质量的聚合物溶液不至于产生明显堵塞时的岩石最低渗透率称为极限渗透率，不同的岩石由于孔隙结构不同，极限渗透率值也不同。表4-3-1和表4-3-2分别列举了大港油田和大庆油田测得的岩心渗透率与聚合物相对分子质量匹配资料的数据。由表4-3-2的资料可以看出，聚合物通过多孔介质时不引起多孔介质孔隙堵塞的孔隙半径中值与分子半径之比不应低于5。

表4-3-1　大港油田岩心渗透率与部分水解聚丙烯酰胺相对分子质量的匹配

参　数	数　据				
渗透率, μm^2	<0.05	0.05~0.125	0.12~0.5	0.5~0.75	>0.75
聚丙烯酰胺相对分子质量, 10^6	2~3	4~5	6~7	8~9	>10

表4-3-2　大庆油田岩心渗透率与部分水解聚丙烯酰胺相对分子质量的匹配

聚合物			极限渗透率数值	孔隙半径		比值
相对分子质量10^4	浓度, mg/L	r_p, μm	K_w, μm^2	R, μm	R_{50}, μm	R_{50}/r_p
650	650	0.148	0.09	5.0	0.46	3.1
820	600	0.162	0.110	3.9	0.83	5.1
1130	550	0.202	0.160	6.1	1.30	6.3
1750	500	0.245	0.260	6.1	1.30	5.3
2800	400	0.312	0.316	6.7	1.59	5.1

4.3.4.2 聚合物相对分子质量与RRF系数的关系

表4-3-3、表4-3-4和图4-3-1给出了水解度为20%的部分水解聚丙烯酰胺在其相对分子质量与相对分子质量分布不同情况下剩余阻力系数RRF。资料表明，相对分子质量增加时，RF、RRF值均增加，相对分子质量分布增宽时RF、RRF也随之增加，在相对分子质量相同，但相对分子质量分布加宽时，尽管聚合物溶液的黏度没有变化，但是RF、RRF系数均增加，实际结果还证明，高相对分子质量的聚合物易于在高剪切速率下降解。表4-3-5列出的资料指出相对分子质量为$20.68×10^6$的聚合物在流过多孔介质之后的剩余黏度几乎与相对分子质量为$11.6×10^6$的相近。大庆油田现场先导试验中取样分析表明，注入相对分子质量为$10×10^6$聚合物，采出液中的聚合物相对分子质量只有$3×10^6$。图4-3-2、图4-3-3分别表示不同相对分子质量聚合物剪切能力，高相对分子质量聚合物在低剪切速度（达西速度）时有较高的RF值，但是在剪切速度（达西速度）增加到100m/d（达西速度）时，阻力系数（RF）开始下降，而且高相对分子质量聚合物同低相对

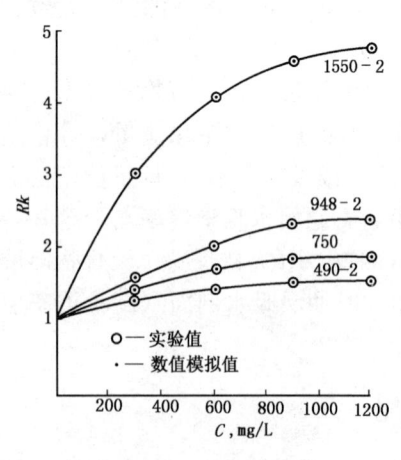

图4-3-1　不同相对分子质量聚合物抗剪切能力

分子质量聚合物相比下降幅度增加，同时，由剪切老化时间曲线看，高相对分子质量聚合物的黏度保持率最低。

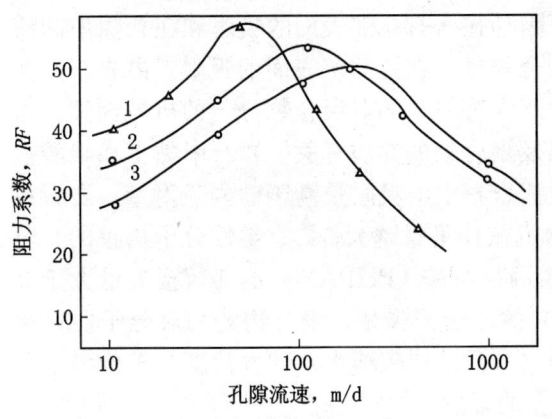

图4-3-2 不同相对分子质量聚合物的剪切降解
1—$M_w = 15 \times 10^6$，$K_w = 0.34 \mu m^2$；2—$M_w = 12 \times 10^6$，浓度为500mg/L；3—$M_w = 10 \times 10^6$，注入水配制

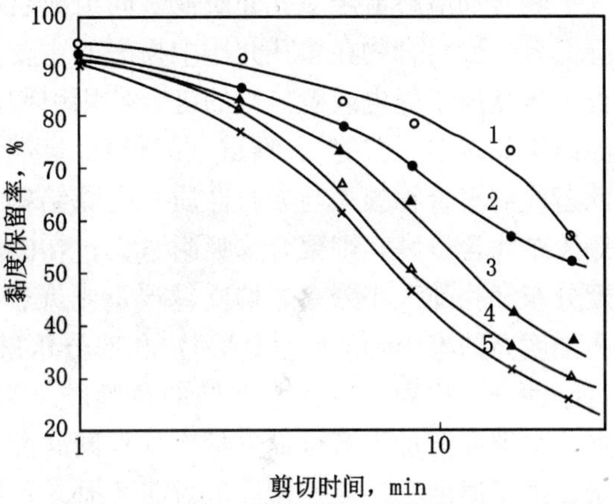

图4-3-3 不同相对分子质量聚合物的抗剪切能力
1—$M_w = 6 \times 10^6$；2—$M_w = 8 \times 10^6$；3—$M_w = 12 \times 10^6$；
4—$M_w = 15 \times 10^6$；5—$M_w = 20 \times 10^6$；
聚合物浓度为1000mg/L，注入水配制

表4-3-3 在模拟岩心中得到的聚合物相对分子质量及分布与 *RF*、*RRF* 的关系

岩心渗透率，$10^{-3} \mu m^2$		聚合物				*RF*	*RRF*
K_g	K_w	相对分子质量 10^6	分布指数	浓度，mg/L	黏度，mPa·s		
1451	1125	9.48	2.02	600	10.2	7.8	1.82
1496	1106	9.48	3.0	600	10.9	9.0	2.50

* 水矿化度1500mg/L（NaCl），温度45℃。

表4-3-4 在天然岩心中得到的聚合物相对分子质量及分布与 *RRF* 的关系

岩心渗透率，$10^{-3} \mu m^2$		聚合物				*RRF*
K_g	K_w	相对分子质量 10^6	分布指数	浓度，mg/L	黏度，mPa·s	
1510	1117	9.48	2.02	600	10.2	2.2
1510	1117	9.48	3.0	600	9.9	2.7

表4-3-5 聚合物流过多孔介质时的降解

岩心渗透率 μm^2	聚合物		剪切速度 s^{-1}	流出物			
	相对分子质量，10^6	黏度 mPa·s		黏度 mPa·s	损失 %	相对分子质量，10^6	损失 %
0.825	11.6	29.3	2010	23.2	20.5	871	24.9
0.953	20.68	46	1800	29.4	36.1	1215	41.2

4.3.5 聚合物在岩石孔隙介质中的吸附与滞留

聚合物溶液流经多孔介质或者同组成岩石的矿物接触时会产生聚合物在溶液中浓度的降低,一般聚合物在多孔介质中损失的主要原因是在岩石孔隙表面的吸附和在孔隙中的滞留。这是由于静电或者氢键的键合作用引起聚合物分子在孔隙壁表面的吸附。由岩石的孔隙结构如裂缝(狭缝)、喉道(缩径)、盲端和洞穴等引起的对聚合物分子的机械捕集。由此造成的聚合物损失与岩石性质和孔隙结构以及聚合物的性质有关。岩石中黏土和碳酸盐等胶结物含量高,则聚合物吸附量大;在碳酸盐岩石中的吸附量高于砂岩吸附量;岩石粒度分布和孔隙大小分布非均质越严重则聚合物机械捕集量越大;具有柔性分子构象的、电离强度高的聚丙烯酰胺(PAM)和部分水解聚丙烯酰胺(PHPAM)的滞留损失量大于具有刚性分子构象、电离强度低的黄胞胶(XC)的滞留损失量;聚合物的相对分子质量增加、水解度增加则滞留损失量增加;同时配制水(及油层束缚水)的含盐度及多价离子含量、油层温度和渗流速度等也对滞留损失有明显的影响。

4.3.5.1 聚合物在多孔介质中的吸附

4.3.5.1.1 吸附机理

聚合物在组成岩石矿物上的吸附主要是物理吸附,即静电引力和氢键的弱键合作用而引起的。(1)静电引力:聚丙烯酰胺(AM)和部分水解聚丙烯酰胺(PHPAM)在溶液中解离成荷负电的离子,岩石胶结物黏土的棱面上由于结晶缺陷和正电,同时,胶结物碳酸盐表面也荷正电;(2)氢键的弱键合作用:氢键弱键合作用发生在 PAM 和 PHPAM 上的官能团(—COOH,—COO—,—CONH$_2$)和岩石矿物晶体表面上的 OH—,O— 之间,聚合物分子通过氢键呈点状被键合在岩石矿物表面的吸附点上。饱和吸附量随组成岩石矿物的比表面积的增加而增加,许多实验证实了上述吸附机理。

4.3.5.1.2 Langmuir 吸附

图 4-3-4 是几种不同的部分水解聚丙烯酰胺 PHPAM 在油层砂岩上的吸附曲线,由图 4-3-4 可见 PHPAM 在岩石矿物上的吸附量随平衡浓度的增加而增加,达到平衡吸附后吸附量不再随 PHPAM 浓度的增加而增加,吸附达到饱和吸附。

因此,PHPAM 在砂岩颗粒上的吸附等温线可以由经典 Langmuir 模型描述:

$$\Gamma = \frac{abC}{1+bC} \quad (4-3-8)$$

式中 Γ——单位重量(或体积)岩石吸附量,$\mu g/g$ 或 $\mu g/cm^3$;

C—— PHPAM 吸附平衡浓度,mg/L;

b——与 PHPAM 分子性质有关的吸附常数,$b = K_1/K_2$;

K_1、K_2——分别为 PHPAM 分子的吸附与脱附速率常数;

a——PHPAM 分子在岩石矿物表面上的饱和覆盖度,%。

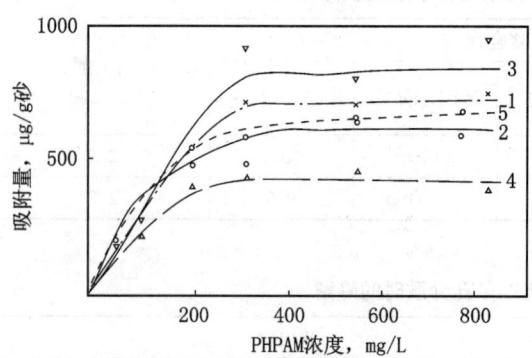

图 4-3-4 部分水解聚丙烯酰胺在油层砂岩上的吸附等温线图

聚合物商品品种:1—同德1号;2—US3530;3—AD37;4—US3430;5—AC430

PHPAM 的吸附等温线的形状与其相对分子质量、水解度无关，但随其相对分子质量和水解度的增加饱和吸附量增加；PHPAM 和 PAM 的吸附量一般要比黄胞胶（XC）大一个数量级；在蒙脱土上的吸附量大于在伊利土、高岭土和石英上的吸附。

4.3.5.1.3　吸附测量

通常室内测量聚合物吸附的方法有：静态吸附测量，将已知浓度的聚合物溶液与岩石矿物颗粒以一定比例进行均匀混合，在指定温度下静置后测量动态吸附曲线，确定平衡吸附时间，然后重复上述程序，在固定平衡吸附时间内测量吸附等温线；动态吸附测量，按照聚合物驱油的室内实验原则程序，在岩石孔隙介质物理模型中进行聚合物流动下的吸附实验，在系列浓度下进行在多孔介质中的流动实验测量动态吸附等温线。实验表明静态吸附量高于动态吸附量，可能的原因是静态实验时岩石颗粒表面积完全裸露，吸附面积大，因此吸附量大。

试验表明，在实际油层中的吸附量小通常于室内实验测得的吸附量，可能的原因是被水化的黏土表面才对聚合物吸附有贡献，而仍然为油所占据的矿物表面不会吸附聚合物分子；大港油田港西区实验区进行单井吞吐注聚合物现场实验得到的聚合物损失量为 $46.7\mu g/g$，而与此相对应的静态吸附量则为 $91\sim243\mu g/g$。然而，也有一些资料报道所得到的结果与此相反，也许由于实验条件的不同，各自得到的结果难以有可比性。

4.3.5.1.4　抑制吸附

目前抑制 PAM 或 PHPAM 驱油过程中的吸附损失的主要途径是：在驱油段塞前沿的油层用碱水预冲洗以造成一个碱型环境，因为在碱型环境中引起吸附的黏土矿物的负电荷强度增加，增加了 PHPAM 聚离子与其的静电斥力；还可以使用 PHPAM 加碱的复合体系驱油剂，也能够达到同样的目的；碱的加入能够使 PHPAM 进一步水解使其溶液黏度增加，但是碱也能够起到盐的作用增加离子强度使 PHPAM 溶液黏度减低，同时碱还往往同组成岩石矿物起反应造成油层损伤，因此，必须慎重选择碱型和碱的浓度，通常建议采用弱碱。在 PHPAM 驱油体系中加入牺牲剂如木质素磺酸盐等，或者使用牺牲剂溶液进行预冲洗，以使油层被牺牲剂预先占据岩石孔隙表面吸附位而降低聚合物分子的吸附。

4.3.5.2　聚合物在多孔介质中的滞留

聚合物溶液流经多孔介质时被捕集引起的聚合物浓度的降低，称为聚合物的滞留。引起聚合物在多孔介质中滞留的主要原因是：（1）机械捕集，溶液中聚合物分子的线团尺寸大于多孔介质孔隙尺寸的情况下，聚合物不能进入相对小的孔隙而被捕集形成堵塞或者减小孔隙的水动力学半径。引起捕集的位置可能是：孔道缩径口、连接孔隙的喉道口、微裂隙、盲道口、孔道港湾和洞穴。机械捕集能够引起在捕集位置聚合物的富集使得局部聚合物浓度高于体相浓度。同时，尺寸相对小的孔隙捕集聚合物后聚合物溶液渗流截面积减小，渗透能力降低。（2）分子相互作用，在聚合物溶液流经尺寸相对大的孔隙时一旦一个聚合物分子被捕集于裂隙或孔隙港湾则会使得几个聚合物分子线团失去流动能力，这是由于聚合物浓度超过某一临界浓度时，聚合物分子线团之间发生缠绕，即聚合物分子线团的重叠，也就是说分子线团之间的相互连带作用使得一旦其中一个分子被滞留与其相连带的分子也会被滞留。（3）水动力学滞留，实验发现聚合物溶液在多孔介质流动过程中随着流动速度的每一次提高都会引起聚合物的进一步滞留；水动力学滞留的机理尚不清楚，一种解释认为可能是由聚合物分子线团的可扩张性引起的，在增加流速时捕集在缩径口处的分子伸张进入孔腔中造成该处的聚合物浓度富集，每一次的增速都会使捕集的分子进一步增加，直至饱和。

能够使用核辐射 Teflon 微孔滤膜模拟多孔介质测量纯粹由滞留引起的聚合物损失，因为这种微孔滤膜不会吸附聚合物分子。但是在岩石多孔介质中，难以将聚合物滞留与吸附进行区分。

4.3.5.3 聚合物吸附层结构

4.3.5.3.1 体积排斥效应

在溶液中解离后荷负电的部分水解聚丙烯酰胺（PHPAM）分子与荷负电的岩石孔隙壁表面之间的静电排斥作用所引起的在孔隙壁处出现的聚合物零浓度空间，称为体积排斥效应。PHPAM 分子的羧基在溶液中解离后和负电，一般组成砂岩孔隙骨架的矿物如石英、高岭土等表面也荷负电，那么，在岩石孔隙中 PHPAM 分子与孔隙壁之间将产生静电排斥效应，从而聚合物分子被排斥出孔隙壁液层使其挤聚于孔隙中心部位，以至于在孔隙壁形成一层聚合物溶液浓度低于中心部位的空间，从而造成在孔隙壁附近聚合物溶液流动时的视滑脱层。聚合物浓度在径向上呈梯度分布，在孔隙中心浓度最高，在孔隙壁处浓度最低。PHPAM 的水解度越高，体积排斥效应越显著。J. L. Duda，G. Chauveteau 等人通过实验最早发现了这种现象并称其为聚合物溶液体积排斥效应（Exclucille Volume，EV）。

4.3.5.3.2 聚合物贫瘠层

G. Chauveteau 等人在研究中发现聚合物溶液在岩石多孔介质中流动时，在孔隙水动力学通道横截面上聚合物浓度的分沿径向呈抛物线型，即在孔隙中心部位浓度最高，接近孔隙壁处近于零，聚合物浓度在孔隙壁处近于零浓度层称为聚合物贫瘠层（polymer leanness layer）。由于部分水解聚丙烯酰胺（PHPAM）分子在溶液中解离后荷负电，如果岩石孔隙壁表面也荷负电（一般组成砂岩岩石的矿物如石英、高岭土等表面荷负电）的话，那么 PHPAM 分子与孔隙壁之间将产生静电排斥效应，从而聚合物分子被排斥出孔隙壁液层，在孔隙壁形成聚合物溶液流动时的视滑脱层，聚合物浓度在径向上呈梯度分布，在孔隙中心浓度最高，在孔隙壁处浓度最低。从而接近孔隙壁处聚合物液流的黏度低于孔隙中心处流体的黏度，进而产生流体的滑脱流动。

4.3.5.3.3 不可及孔隙体积

聚合物溶液驱油时油层岩石孔隙水动力学半径小于聚合物分子线团均方根末端距的孔隙体积，即聚合物分子进不去的孔隙体积，称为不可及孔隙体积（Inaccessible Pore Volume，IPV）。不可及孔隙体积取决于：聚合物分子尺寸大小（分子线团的均方根末端距）；岩石粒度分选状况，分选越差，IPV 越大；岩石孔隙大小分布，小于聚合物分子尺寸的小孔隙占据量越大，IPV 越大；岩石孔隙结构，微观非均质越严重，IPV 越大；聚合物分子在岩石孔隙中的吸附和捕集滞留会使 IPV 增加。IPV 的测量方法是：首先测量聚合物分子的均方根末端距；然后用常规毛细管压力曲线方法测量岩石孔隙大小分布，绘制孔隙大小与孔隙累积体积关系曲线；最后根据聚合物分子的均方根末端距和岩石孔隙大小分布判断出 IPV 值。如果考虑聚合物分子吸附和滞留占据的空间是其他聚合物不可及体积，则聚合物吸附引起的不可及孔隙体积为：

$$IPV = \frac{d^2 - (d - 2\Delta r)^2}{d^2} \qquad (4-3-9)$$

式中　d——聚合物分子进入的原始孔隙直径，μm；

Δr——聚合物吸附层厚度，μm。

由于存在聚合物分子不可及孔隙体积，因此对聚合物溶液在油层岩石中的推进速度会产生严重的影响，考虑到不可及孔隙体积，则聚合物溶液在油层岩石中的过水面积小于注入水的过水面积，即在注入压力相同的情况下，聚合物溶液的推进速度大于水的推进速度。因此，"不可及孔隙体积（IPV）"可以同"聚合物贫瘠层"，或者"体积排斥效应（EV）"一起从不同的角度用来解释聚合物分子比同时注入的溶剂分子较早的到达产出端的原因。

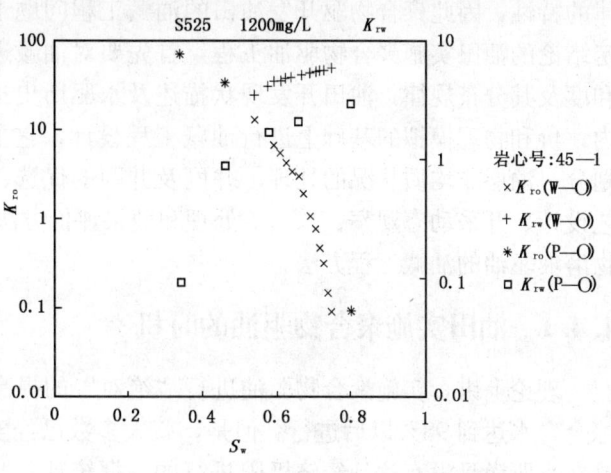

图 4-3-5　聚合物溶液—油相对渗透率曲线

可以通过实验，在室内测得 IVP 值及 EV 值和其影响因素。依据聚合物分子的性质、岩石孔隙大小分布、水的性质及环境条件不同，一般 IPV 值在 25％~30％不等。

4.3.6　聚合物溶液的相对渗透率曲线

在油—聚合物溶液两相渗流时，由于聚合物溶液既能使润湿相黏度增加，又能降低多孔介质的渗透率。因此，聚合物水溶液—油相对渗透率曲线与水—油相对渗透率曲线不同。图 4-3-5、图 4-3-6 是在河南油区双河油田岩心上得到的聚合物溶液—油相对渗透率曲线及吸附聚合物后的岩心的油—水相对渗透率曲线。聚合物溶液驱替时的达西速度与等效剪切速度的转换和视黏度的计算按式（4-3-1）和式（4-3-2）计算。由图可见润湿相（水）相对渗透率在聚合物溶液驱或聚合物吸附之后再进行水驱的两种情况下均下降，油相相对渗透率没有明显的变化，相对应于等渗透率（油、水相渗透率曲线交点）的润湿相饱和度 S_w

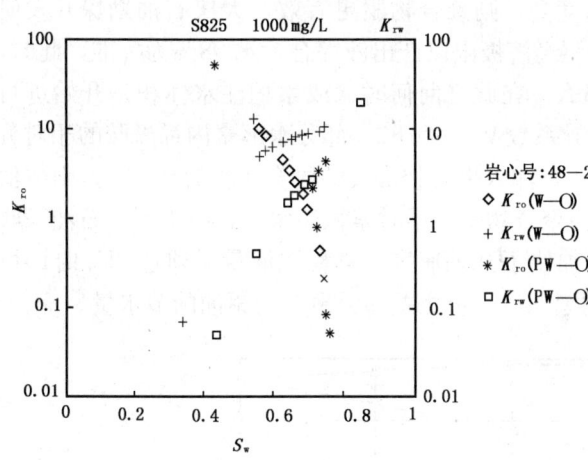

图 4-3-6　吸附聚合物后岩心的油—水相对渗透率曲线

则增加。聚合物吸附后的水不可流动饱和度 S_w 增加。残余油饱和度和润湿相相渗透率端点有所降低，这是由于润湿相占据了更多的孔隙体积，增加了微观波及效率的原因。

4.4　聚合物溶液驱油

与水驱开发油田不同，聚合物溶液驱开发油田通常是在水驱开发基础上进行的，聚合物驱油有时也称为改善水驱（Improved Water Flooding）。由于聚合物溶液性质及其渗流规律的特性，因此聚合物驱开发油田的油藏工程问题十分复杂。一个通过可行性研究得出肯定结论的油田实施聚合物驱油工程，首先要对油藏进行精细油藏描述，准确确定剩余油饱和度及其分布规律，油田开发现状描述及水驱历史拟合，水驱效果预测和最终评价。在室内评价和物理模拟的基础上进行油藏工程设计，它主要包括注入时机选择、注入油层层系划分、油层非均质状况的处理、井网及井距的优选、注入能力及注采系设计、地面注入工艺设计、开采动态观察、采出液处理和效果评价方法等10多个方面，本节将着重论述聚合物溶液驱油的油藏工程方法。

4.4.1 油田实施聚合物驱油的时机

理论上讲，实施聚合物驱油进行"绝对"的提高石油采收率要在水驱达到经济极限或综合含水达到98%以后进行。但是，就大多数已经实施的油田聚合物驱项目而言，基本上是在水驱尚且没有达到经济极限进行的。据统计，开始实施聚合物驱时的油层剩余油饱和度值与聚合物驱油效率成线性关系，较高的剩余油饱和度值能够得到较高的聚合物驱油效率。资料表明，聚合物驱开始时的剩余油饱和度值大于53%时，聚合物驱提高采收率可以大于11%；剩余油饱和度值小于53%时，采收率提高值则低于9%。大港油田的经验表明，聚合物驱油效率还与施工开始时生产井底附近的含油饱和度有关，在港西试验区，施工开始时含水低于90%的油井，聚合物驱累积增油70~80t；含水90%~95%的3口油井，累积增油4445t；含水大于95%的油井，累积增油1878t。也有资料指出，油田综合水油比大于10时开始聚合物驱油的效益明显下降，有利的聚合物驱开始时机应是综合水油比小于10。因此，聚合物驱开始时油层含油饱和度高，则聚合物驱更有效。大庆石油勘探开发研究院也曾进行了如下的预测计算：假设水驱经济极限以产出液综合含水98%为标准，此时，连续注水的累积总量为2倍孔隙体积；那么，在此之前何时（或累积注水体积）开始进行聚合物驱最合适？若油层模型的渗透率变异系数$V_{DP}=0.82$，部分水解聚丙烯酰胺的相对分子质量为$8.22×10^6$，注入浓度为800mg/L，注入聚合物溶液的段塞体积为$0.3V_p$，则数值模拟计算的结果示于图4-4-1。横坐标为聚合物驱开始时累积注水量，纵坐标为石油采收率增值及节省水量。在聚合物驱时，由于加快了开采速度，累积注液量无须达$2V_p$时即可达到含水98%的经济极限，两种情况下的累积注入量之差即为聚合物驱油的节水量。

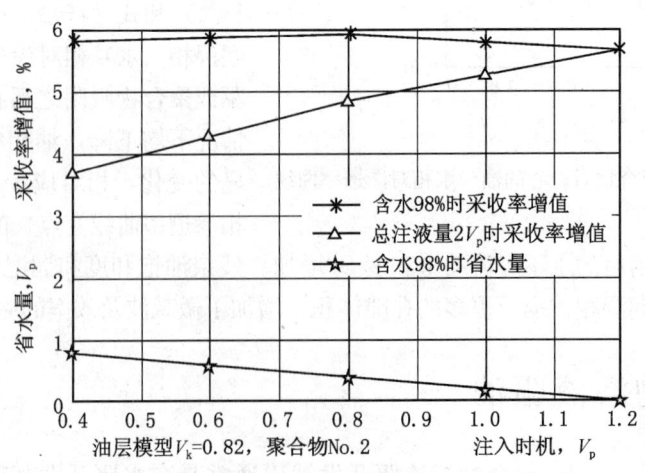

图4-4-1 注入时机与采收率增值、省水量曲线

计算结果表明，无论何时开始聚合物驱，聚合物驱过程只需累积注入量达到 $0.8V_p$ 即可达到水驱时累积注入量 $2.0V_p$ 时的石油采收率水平；若油田以聚合物驱方式投产，则比水驱方式开发少注 $1.2V_p$ 的水即可达到相同的采油水平；若在注水 $0.4V_p$ 时开始聚合物驱，则少注 $0.8V_p$ 的水。即较早地开始聚合物驱可以节省较多的注水量、缩短开发年限，但是同水驱相比，石油采收率没有明显的增加。也就是说，在油田综合含水 98% 之前开始聚合物驱油，仅能够缩短油田开发年限，降低注水成本，不会提高最终采收率。对这些不同的观点，还可以通过实验，在室内测得 IVP 值及 EV 值和其影响因素。依据聚合物分子的性质、岩石孔隙大小分布、水的性质及环境条件不同，一般 IPV 值在 25%～30% 不等。

上述不同的观点还有待在实践中进一步验证其正确性。

4.4.2 聚合物驱油时的油藏层系划分

改善油层垂向非均质、调整油层吸水剖面、扩大水淹体积是聚合物驱提高石油采收率的主要机理之一。这主要有以下几方面的原因：(1) 聚合物水溶液具有降低油层水相渗透率的作用，表 4-4-1 列举了港西四区在注入聚合物水溶液后阻力系数明显增加的数据；(2) 增加了注入井的启动压力，使那些在注水时不能投入开采的油层投入开采，表 4-4-2 为大港油田港西四区在注入聚合物后注入井启动压力变化的资料，由表可见启动压力有较大幅度的增加；(3) 由于水的黏度增加改善了水—油流度比，使得不同渗透率油层层段间水线推进不均匀程度缩小，扩大了水的波及体积，由产出水中 Cl^- 离子含量的增加、示踪剂波及体积的增大和水驱前缘推进速度的降低（见表 4-4-3）等资料都可以证明聚合物驱时水线推进非均质情况得到调整的结果。数值模拟计算（见表 4-4-4）也证明了在油水黏度比由 15 降至 1 时，两个不同渗透率油层间的吸水量之比发生了明显的变化，Q_1/Q_2 由 21.6 降至 3.42，这说明在聚合物驱时由于水的黏度增加，高低渗透率层间吸水量差异大大缩小。对于单一层内非均质的状况（正韵律、复合韵律）由于聚合物溶液黏度高于水的黏度，水淹厚度也得到改变。大庆油田中区西部先导试验区，在聚合物驱替的层段打井取心观察分析（见表 4-4-5）表明油层水淹厚度明显增加，PI_{1-4} 层注聚合物前水淹厚度只占 34.1%，而注聚合物后则达到 82.1%。由上所述，油层的层间非均质（不同渗透率的多油层组合）或者是油层内部的非均质（各种沉积循环模式）在聚合物驱油的情况下都会得到改善，较高的油层渗透率变异系数 V_{DP} 对水驱开发十分不利，对聚合物驱则是有利的。图 4-4-2 描述了聚合物驱提高石油采收率幅度与正韵律油层渗透率变异系数的关系曲线，根据该图所提出的数据表明，在其他条件都相同的情况下，在渗透率变异系数 V_{DP} 小于 0.72 的情况下，聚合物驱提高石油采收率增值随 V_{DP} 增加而增加，在 V_{DP} 等于 0.72 时达到最大值，但 V_{DP} 大于 0.72 后采收率增加值减小，这主要是由于渗透率差异过大，聚合物溶液已难以调节沿高渗透率层带突进的现象。对于渗透率差异很大的多油层的情况也是如此。

表 4-4-1　大港油田港西四区注聚合物后油层阻力系数的变化

井　号	阻力系数	
	注　前	注　后
119	1.00	3.55
13-12	1.00	1.32
13-13	1.00	3.10

续表

井 号	阻力系数	
	注前	注后
15－13	1.00	2.00
17－11	1.00	1.42

表4－4－2　大港油田港西四区注聚合物后启动压力变化

井号	注前，MPa	注后，MPa
119	4.94	10
13—12	5.21	7.15
15—13	2.4	7.03
17—11	4.53	9.60

表4－4－3　聚合物驱时水波及面积变化

试验区	Cl^-，mg/L		示踪剂注入量*，V_p		水驱推进速度，m/d	
	前	后	前	后	前	后
双河油田先导试验	337	1200	0.18	0.24	4.47～6.2	1.09～2.57
大庆萨尔图中区单层先导试验	20	400	0.02	0.06	5.24～7.0	2.0

*示踪剂突破时注入水量。

表4－4－4　油水黏度比的变化引起高低渗透率层吸水量的变化

高K层含水饱和度S_w，%	$\mu_o/\mu_w = 15$	$\mu_o/\mu_w = 1$
	Q_1/Q_2	Q_1/Q_2
20	5.00	5.00
30	5.22	3.57
35	7.29	3.29
40	10.13	3.25
45	14.33	3.29
52	21.58	3.42

注：Q_1/Q_2是高低渗透率层吸水量之比。

表4－4－5　聚合物驱增加了油层水洗厚度（大庆油田中区西部）

取心时间	层号	有效厚度，m	水洗厚度	
			m	%
注聚合物前	SⅡ1-3	4.1	0	0
注聚合物后	SⅡ1-3	6.8	3.41	50.1
注聚合物前	PⅠ1-4	13.8	4.7	34.1
注聚合物后	PⅠ1-4	18.0	14.77	82.1

综上所述，在多油层砂岩油藏进行聚合物驱油的过程中，层间矛盾和层内矛盾不像水

驱过程那样突出，相反，这些矛盾大都得到了缓解。但是，为了对比不同层系组合对聚合物驱开发效果的影响，在大庆油田萨尔图油藏中区西部开发区块选择了两个油藏地质条件基本相同的相邻单元，进行了开发目的油层分别为单层和双层的对比试验（表4-4-6）。双层试验区两个目层的绝对渗透率分别为$0.3\sim0.8\mu m^2$和$1.1\mu m^2$。单层试验区注入聚合物溶液量为$756mg/L\times0.67V_p$（聚合物浓度×注入体积-孔隙体积倍数），双层试验区为$852mg/L\times0.58V_p$。试验结果，单层试验区石油采收率提高值14%（OOIP），聚合物利用率为177t

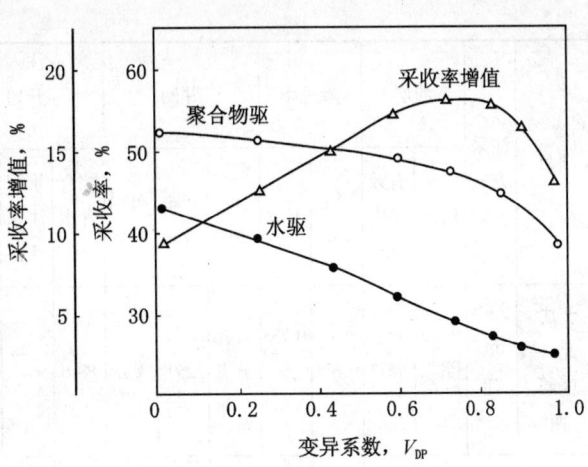

图4-4-2 聚合物驱采收率增值与油层渗透率变异系数V_{DP}的关系曲线

（原油）/t（聚合物），而双层试验区则分别为10%（OOIP）和150t（原油）/t（聚合物），双层试验区的效果比单层试验区差一些。在大港油田港西也进行了类似试验，在港西区进行的先导试验的目的层为NmⅡ单一层，聚合物驱石油采收率提高值为8.8%（OOIP），聚合物利用率为445t（原油）/t（聚合物）。在港西三区进行的工业推广试验目的层为NmⅥ、NmⅡ和QⅠ三个渗透率差异的油层，1991年10月开始注聚合物到1995年6月的统计资料表明聚合物利用率为48t（原油）/t（聚合物），其效果明显低于先导试验的单一目的层的效果。可见，尽管聚合物驱能够缓解开采过程中层间、层内的矛盾，但是在渗透率差别很大时，特别是存在特高渗透率条带的情况下，非均质性所引起的水线推进差异仍然是严重的。为了缓解油层严重非均质性造成的影响，根据中国已进行的聚合物驱油项目的经验，采取过如下措施，都得到了不同程度的成效：

表4-4-6 中国聚合物驱现场实施项目资料（据张景存、马世煜、宋振宇，1995）

项目	注采方式	油层层位	渗透率		井网			注入开始时			注聚合物量		注入井数		注入速度 m³/d	见效时间		石油采收率增加值 %
			有效厚度 m	K_g μm^2	V_{DP}	布井	井距 m	面积 km²	综合含水 %	累积注水 V_p	中心井采出程度,%	浓度 mg/L	段塞 V_p	注入井	采油井		开始	峰值	
大庆中区西部单层	单注	PⅠ	11.6	0.3~0.8	0.6~0.8	反五	106	0.09	95	0.29	28.4	356	0.67	4	9	400	0.055 V_p	0.161 V_p	14
大庆中区西部双层	双层合注	PⅡ SⅡ	156.1	0.3~0.8 0.8~1.1	0.6~0.8 0.5~0.7	反五	106	0.09	95	0.29	20.9	852	0.58	4	9	800	0.103 V_p	0.234 V_p	11.6

续表

项目	注采方式	油层层位	油层有效厚度 m	渗透率 K_g μm^2	渗透率 V_{DP}	井网布井	井网井距 m	井网面积 km^2	注入开始时综合含水 %	注入开始时累积注水 V_p	中心井采出程度 %	注聚合物量浓度 mg/L	注聚合物量段塞 V_p	注入井数 注入井	注入井数 采油井	注入速度 m^3/d	见效时间 开始	见效时间 峰值	石油采收率增加值 %
大庆北一区断西	单注	PI$_{1-4}$	13.2	0.871	0.753~0.812	五点	250	3.13	88.8			830	0.378	25	36		6个月	32个月	12
大庆萨北厚层	单注	SII$_{10-16}$	8.9	0.342		反正	200	0.328	94.4			306 [mg/(L·V_p)]		4	9		0.13 V_p	0.36 V_p	正观察中
大港港西四区	单注	NmIII$_2$	8.3	0.719	0.59~0.81(正)	反四	200~360	0.79	90.5	250×10^{4}m^3	23.8	1500 2200 300 820	0.15	3	11	150	150 d		8.8
大港港西四区扩大试验区	单注	Nm$_2$	6.2	0.991	0.87(正)	反四	100~400	1.12	90.7	165×10^{4}m^3	29.78	200 [mg/(L·V_p)]		6	11				3.6(阶段) 6.55(预测)
大港港西三区工业扩大试验区	三层合注	NmIV NmII QI	11.3	1.26	0.83 0.78 0.81	面积	250	3.11	87.0	948×10^{4}m^3	24.7	1200 920 460 918	0.2	7	17	30~90 单井			正观察中
南阳双河油藏	单层	IIs	11.5	0.919	0.73(多)	反四	130~270		90.4		38.2	1040 896	0.216 [198.6 mg/(L·V_p)]	3	7	45~130 单井	0.045 V_p	0.16 V_p	3.8(阶段) 9.8(预测)

(1) 注入井调整吸水剖面处理。在实施聚合物驱油之前，在注入井针对聚合物驱油目的层的高渗透率条带采取深度胶联凝胶封堵调整吸水剖面。河南油田双河油藏Ⅱ5层聚合物驱油试验区，目的油层为多韵律多层段渗透率级差大的厚油层，渗透率变异系数 V_{DP} 为 0.7～0.9，存在明显的高渗透率层段。在进行聚合物驱油之前，在所有聚合物注入井中进行了聚丙烯酰胺+改性木质素磺酸钠的胶联凝胶的调剖处理，施工后进行的测试结果表明，高渗透率层段相对吸水量降低50%以上。

(2) 油井防止窜层处理。在注入部分水解聚丙烯酰胺（阴离子高分子聚合物）之前，在注采井间存在高渗透率条带的油井中注入一定量的防窜剂（阳离子高分子聚合物），使其在高渗透率层带岩石上吸附滞留，然后从注入井注入部分水解聚丙烯酰胺溶液进行聚合物驱替。当沿高渗透率层段窜流的部分水解聚丙烯酰胺自水井向油井推进时，则发生注入的阴离子聚合物同预先吸附的阳离子聚合物的反应，产生不溶性凝胶沉积在岩石孔隙中，降低油层渗透能力，迫使聚合物溶液驱油剂流向较低渗透率层带，扩大了波及体积，防止了高渗透率条带的窜流。大港油田港西区的扩大试验曾对此措施进行了对比试验，数值模拟结果表明：进行防窜处理后的聚合物驱比未进行防窜处理的聚合物驱中心井区提高采收率 0.36%～0.91%（OOIP），防窜有效期5年以上，试验区内总的石油采收率比未进行防窜处理增加2%～4.5%（OOIP）。在防窜油井中检测到产出液的聚合物浓度为2～5mg/L，而在相同时刻未防窜油井中产出液的聚合物浓度则为100～219.6mg/L。示踪剂监测表明：在进行防窜处理后，聚合物段塞推进速度由0.9～1.16m/d降至0.56～0.9m/d。

(3) 分层分配注入量。对于油层渗透率级差大，油层严重非均质的目的油层，如果采取井筒分层配注技术，仍然可以利用一套井网进行开采。为此，需要开发一套井筒分层注入和分层测试技术，要求分注管柱工具不能对聚合物产生剪切降解，在保证聚合物溶液黏度没有明显降低的情况下，在井内对高、低渗透率油层进行分别配注，防止高渗透率层吸水量过多。大庆油田研制了一套由同心双管与两种不同内径的可钻式封隔器组成的分层配注井下工具，通过不同的密封形式组合形成两条互相独立可控制的注入通道。该管柱无水嘴，防止了聚合物的剪切降解，能够单井分层配注、分层测压和计量。在大庆油田的现场聚合物驱项目的两口注入井内进行了试验，初步达到分层配注、分层测量并且防止对聚合物溶液剪切降解的目的，为多层砂岩油藏聚合物驱提供了一种有前景的工具。大港油田采用油、套管分注，用封隔器分开上、下油层，油管注下层，环空注上层，由二台注入泵完成这些工艺，也是一种简便的工艺方法。

中国油田多油层非均质性的特点，使油藏具有鲜明的复杂特征，各个油藏都具有不同特点。因此，在应用聚合物驱油开采技术时采取单注单采、合注单采、合注合采或单注合采的开发模式以及采取何种工艺技术缓解层内、层间非均质性所带来的矛盾，应当根据聚合物驱与水驱不同的特点，结合具体油田的实际进行决策。一般情况而言，由于聚合物驱本身的特点，采用聚合物驱开发油田时，可以采取比水驱略粗一些的层系划分，充分发挥聚合物溶液的调整吸水剖面的作用。中国已进行的和正在进行的聚合物驱油项目为油田进行聚合物驱、设计注采方式及相应的处理油层非均质的技术提供了必要的经验，但是毕竟实施项目还较少，尚未取得成熟的经验，因此在进行具体油藏设计时应当提出几种方案进行模拟预测，并进行先导试验，最后研究合理的注采方式。

4.4.3 聚合物驱油的合理井距

同水驱相比，聚合物驱对井网、井距的要求有很多不同的特点：一是考虑到聚合物在地下多孔介质的稳定性，聚合物驱油开发时间应当比水驱短；二是考虑到聚合物溶液的黏度比水高得多，注入压力既要满足一定的采油速度，又不能超过油层破裂压力；三是聚合物驱是在水驱井网基础上进行的，既要充分考虑原有水驱时的开发井距井网，节省投资，又要充分发挥聚合物驱油的优势以满足聚合物驱油的要求。

在先导试验阶段，由于试验目的主要是检验驱油方法的技术可行性，因此，一般应当采取较小井距的面积井网，以求尽可能在比较短的时间内在中心井见到驱替结果。对于工业化试验区以及商业性应用，对井距井网应当进行优化以筛选出合理的井距井网，根据大庆油田在萨尔图油田萨中油藏以北地区进行商业性聚合物驱油推广应用设计时的经验，合理的井网井距应作如下考虑。

(1) 聚合物驱合理的井网分析。

在相同的注入速度下，反九点井网的单井注入量是反五点井网的 3 倍（因聚合物浓度不同而异），加上聚合物溶液的黏度一般约为水的黏度的 10～30 倍，因此，注入压力显著升高。应当在注入压力低于油层破裂压力下设计井网。在大庆油田情况下，聚合物驱效果由好到差的井网序列为：斜对行列＞五点法面积井网＞正对行列＞四点法面积井网＞九点法面积井网＞反九点法面积井网。注采井数比的序列为：斜对行列和五点法面积井网（1：1）＞四点法面积井网（1：2）＞反九点法面积井网（1：3）。综合考虑斜对行列和五点法面积井网对大庆油田聚合物驱较为有利。

(2) 聚合物驱油合理的井距分析。

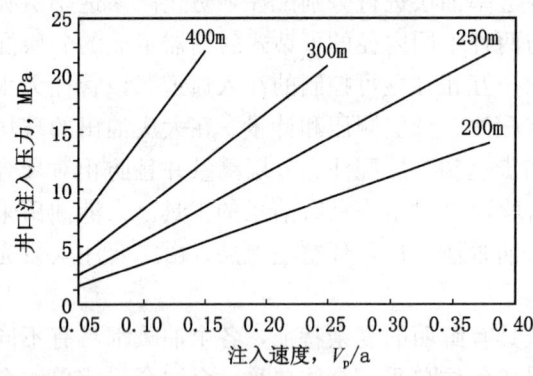

图 4-4-3　大庆油田聚合物驱井距与注入压力、注入速度的计算曲线（张景存，1995）

由于聚合物溶液的增黏作用、降低渗透率作用及黏弹性效应，聚合物驱油的井网密度应当比水驱大，一般随着注采井距的缩小，井网密度按平方倍数增加（对于五点井网），这样钻井数目就要增加投资也会随之增加，效益就会降低。但在小的井网密度（较大的井距）下，如果要保持一定的采油速度，必须增加单井注入量和注水强度，从而注入压力增加，表 4-4-7 列举了已实施的几个聚合物驱项目井距与注入强度及注入压力上升的数据，当然，注入压力的增加还与注入速度、聚合物溶液黏度、地层系数等有关。首先，应当根据油层地层条件限制最高注入压力极限（低于油层破裂压力），在给定的聚合物浓度下确定注入速度与井距的关系。其次，应当根据限定的注入速度即聚合物驱油的开采年限，确定最高的注入压力与井距的关系。图 4-4-3 为大庆油田条件下计算井距、注入速度、最高注入压力的关系曲线。再次，采油井的井底流压、油井产液能力也由于聚合物的传导能力降低而下降（图 4-4-4 为大庆油田中区西部单层和双层先导试验区的产液能力变化曲线），应当根据极限产液能力降低值确定油井流压降低与井距的关系。图 4-4-5 为大庆油田条件下计算的井距、井底流

表 4-4-7 中国几个油田聚合物驱注、采动态变化资料（张景存、马世煜、宋振宇，1995）

试验区	注采井距 m	注入强度 m³/(d·m)	注入压力 注聚合物 MPa	注入压力 上升 %	吸水指数 m³/(d·m·MPa) 注聚合物	吸水指数 下降 %	产液指数 t/(d·m·MPa) 注聚合物	产液指数 下降 %
大庆小井距	75	28.3	5.8	8.8	3.22	34	7.5	78.4
大庆厚层试验区	200	16.7	9.1	11.9	1.40	23	3.48	69.6
大庆中区西部单层区	106	8.6	4.8	7.4	1.16	35.2	0.83	85.5
大庆中区西部双层区	106	9.5	4.78	6.85	1.45	27.1	2.05	70.1
大庆北一区断西	250	17.3	5.5	12.3	1.51	52.0	22.71	43.0
双河油田Ⅱ5先导试验区	130～210	13.2	4.9	13.0	5.0		11.6	—
大港港西四区先计试验区	200～360	9.9	7.37	37	1.10	32	—	—
大港港西四区扩大试验区	100～400	10	8.9	100	0.001	23		10～80
大港港西三区工业化	250	10	8.6～9.3	46	—	—	—	—

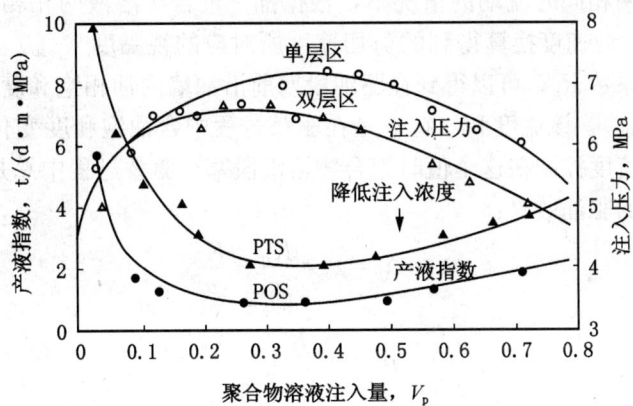

图 4-4-4 大庆油田中区西部聚合物驱单层和双层试验区产液能力变化曲线（张景存，1995）

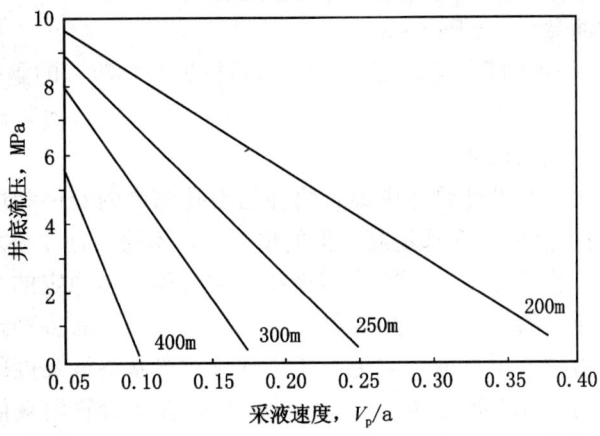

图 4-4-5 大庆油田聚合物驱井距与油井流压、产液能力的计算曲线（张景存，1995）

压和产液能力的关系曲线。当然，油层的地层系数（油层渗透率、油层厚度）对井距的选择也十分敏感，在其他条件相同的情况下，高的地层系数应当采用较大的井距。根据大庆油田地质条件，模拟计算结果表明：在萨尔图油田采用斜对行列井网或五点法面积井网，注采井距250m；喇嘛甸油田采用五点法面积井网，注采井距212m，可满足每年$0.15V_p \sim 0.19V_p$的注入速度、开采时间8年的要求，进行聚合物驱油能够得到较好地开发效果。

4.4.4 聚合物驱油合理的注入量

聚合物驱油合理的注入量包括注入溶液的浓度和注入段塞的体积尺寸。注入液的浓度取决于地下原油黏度，第二章第二节已经讨论过，聚合物驱的面积波及效益随油水流动比的增大而减小，显然，当水的黏度大于油的黏度时将会有高的驱油效果。为了保持在整个驱替过程中聚合物溶液的设计黏度，注入段塞必须有足够的尺寸，以防止聚合物溶液的前沿和后沿不会因分子扩散作用而冲淡聚合物溶液。

(1) 聚合物溶液段塞的浓度。

在适宜的聚合物溶液流度与原油流度比值M下，驱替前沿是稳定的，此时将会得到最好驱替的效果。在两相同时流动的情况下，根据油—聚合物溶液两相相对渗透率曲线（第四章4.3.1）和由达西速度换算得到的剪切速度所对应的视黏度（μ_{sp}）及由式（4-3-6）计算的渗透率降低系数R_k，可以得到在驱油段塞前沿油墙内油相饱和度下的聚合物溶液和原油的流度之和（λ_m），该流度和（λ_m）是在驱替过程中含油饱和度变化范围内的最低值，因此将聚合物溶液流度控制在这个值时聚合物溶液段塞在驱替过程中总是处在最稳定状态，从而可以得到最好的驱油效果：

$$\lambda_m = \lambda_p = \lambda_o = \frac{K_{rp}}{\mu_{sp}} + \frac{K_{ro}}{\mu_o} \tag{4-4-1}$$

$$\therefore \quad \mu_{sp} = \frac{K_{rp}}{\lambda_m - \frac{K_{ro}}{\mu_o}} \tag{4-4-2}$$

式中 K_{rp}、K_{ro}——分别为在油墙饱和度下聚合物溶液相和油相相对渗透率，%；

λ_m——聚合物溶液和油相同时流动时的总流度；

μ_o——地下原油黏度，mPa·s。

由式（4-4-2）得到的聚合物溶液黏度可以根据聚合物溶液的黏度—浓度曲线查到溶液的浓度。

(2) 聚合物溶液的段塞尺寸。

聚合物溶液段塞尺寸的设计要考虑聚合物在岩石孔隙中的滞留和段塞前后缘的黏度指进现象（即驱替的不稳定性），在选定黏度值的情况下，不稳定性主要取决于驱替速度，驱替速度等于或小于某一临界速度时，段塞前缘在驱替过程中是稳定的。在确定了聚合物溶液的浓度和临界驱替速度的情况下，聚合物溶液的段塞大小可有多种选择：一种选择是聚合物在油井突破之后再注入顶替液，避免了指进现象对段塞溶液黏度的破坏，但是这是一种非常保守的选择；另一种选择是调节段塞大小，使得在聚合物溶液前缘混合带在油井突破之后顶替水也随后到达，这就大大减小了聚合物段塞的尺寸；再一种选择是梯级注入段塞，即在聚合物溶液的段塞和顶替水间逐级降低聚合物溶液的浓度，同样调节到聚合物溶液混合带在油井突破之后顶替水到达,这种情况下聚合物的用量可以进一步减小,但注入时间增加,并将会增加施工费用。

(3) 聚合物用量(聚合物浓度和段塞尺寸之积)优选。

实际上,不但要在保证最好的驱油效果前提下计算聚合物浓度和段塞体积尺寸,而且要在保证最好的经济效益下优选聚合物用量(聚合物浓度和段塞体积尺寸之积)。在衡量最好的经济效益时有两个选择指标:一个是消耗每吨聚合物的增产油量,即聚合物的利用率;另一个是贴现现金流,即考虑到总投入的综合效益。模拟计算表明,聚合物的用量(聚合物浓度和段塞尺寸之积)增加时提高石油采收率的幅度也将增大(图4-4-6),呈单调上升的趋势,但聚合物的利用率即每吨聚合物的增油量在达到最大值之后迅速降低,合理的聚合物用量应当是在追求采收率增加幅度高的情况下聚合物利用率最高。

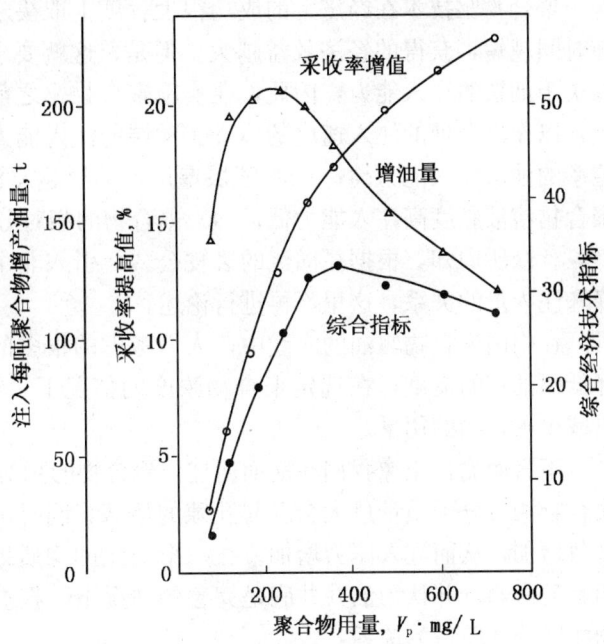

图4-4-6 聚合物注入量与采收率增加值、聚合物利用率示意图(王志武等,1995)

实际上在聚合物驱时,化学剂的消耗仅是总投入中的一部分,还要包括地面建设投资、井网加密钻井费及其他费用等,因此,必须考虑综合经济效益。贴现现金流与聚合物用量的规律见图4-4-7。在聚合物用量小时曲线下降(见图4-4-7),随着聚合物用量增加曲线上升,达最大值后又一直下降。贴现现金流开始时减少,这是由于聚合物驱刚刚开始时增产的油量很少,但聚合物驱油的各项费用已经支付,因此,贴现现金流为负值。随着增产油量的增加,贴现现金流增加直到最高值。合理的用量必须考虑综合效益。贴现现金流曲线具有很重要的指导意义,因为一方面在初期经济不利的情况下,可以预计聚合物注入量不断增加时可达到的经济效益;另一方面可以预计在最好的经济效益下的总投入。根据大庆油田的计算,对于大庆油田,在同时考虑到石油采收率的增加幅度和聚合物的利用率时的最佳聚合物用量为380 $V_P \cdot mg/L$(注入溶液的孔隙体积倍数×聚合物溶液浓度);在考虑综合经济指标时的最佳聚合

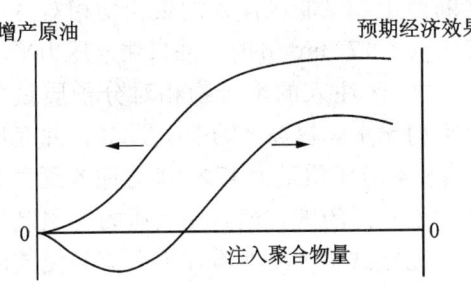

图4-4-7 聚合物注入量与采收率增加值、贴现现金流的示意曲线

物用量为600$V_P \cdot mg/L$。据统计,聚合物用量小于360$V_P \cdot mg/L$时,聚合物驱在技术上和经济上都是不可行的;用量在490$V_P \cdot mg/L$以上,采收率增加值可达11%(OOIP)以上。

4.4.5　聚合物驱油的油层注入能力

聚合物驱技术在经济上的成功很大程度上取决于整个项目的实施时间或注入速度，实施时间越短，获得的经济效益越大。但是，这就要求较高的注入速度。实际上，注入速度取决于油层的注入能力，因此，在实施聚合物驱之前必须对油层的注入能力进行测试和试验，以作出合理的注入速度的设计。油层的注入能力取决于：（1）油层的渗透能力，高渗透率的油层注入能力高；（2）油层厚度，油层越厚注入能力越高；（3）注入溶液的黏度，聚合物溶液黏度高注入能力低；（4）聚合物的相对分子质量，相对分子质量高注入能力低，等等。众所周知，根据径向流的裘皮公式，引入非牛顿流体的各项物性参数可以计算压力降和注入量的关系，这里不再进行论述。

在中国聚合物驱油的实践中，人们考虑的很多的是聚合物相对分子质量的选择，为了降低驱油剂的流度，在选定聚合物浓度的情况下，尽量选择较高的聚合物相对分子质量，以减少聚合物的用量。

不言而喻，正像我们在前面所述，聚合物的相对分子质量大小必须与油层渗透率匹配，聚合物相对分子质量过大会引起孔隙的堵塞，同时高的聚合物的相对分子质量将会使阻力系数增加，从而注入压力增加。在一个简化的均质地质模型中，如果不考虑吸附、滞留等因素的影响，并认为油井井底是完善的情况下，根据模拟计算可以得到注入压力降与聚合物相对分子质量的关系：

$$\lg \Delta p = a + b \overline{M} \qquad (4-4-3)$$

式中　Δp——注入压力降，MPa；

　　　$\overline{M}$——聚合物相对分子质量；

　　　a, b——与油层有关的经验系数。

由此，考虑到油层的破裂压力可以确定注入压力降的最大限值，并在确保较好的经济效益下确定注入速度（即开发年限），从而根据地层系数分配单井的注入量。大庆油田进行了不同相对分子质量聚合物对注入压力影响的试验：在萨尔图油田中区西部单层单注先导试验区、双层合注先导试验区和萨尔图油田北一区断西工业试验区注入的聚合物相对分子质量为 10×10^6，在注入强度分别为 $8.5 m^3/d$、$9.5 m^3/d$、$17.3 m^3/d$ 时，井口注入压力平均比水驱提高 7.4%、6.85% 和 12.3%。喇嘛甸油田试验区注入的聚合物相对分子质量为 17×10^6，在注入速度为 $13.2 m^3/d$ 时井口注入压力平均比水驱提高 84.6%，此时，井底压力虽然都还低于油层破裂压力，但是在使用的聚合物相对分子质量为 17×10^6 时注入压力有十分明显的增加。进行先导试验时，由于试验区常常是不封闭的，最高注入压力的限制还必须考虑与试验区周围的平衡，因此，还应当在保证先导试验区内外不发生溢流和侵入的情况下确定最高注入压力限值。同时，最佳聚合物相对分子质量的确定还必须考虑剪切降解的影响，因为高相对分子质量聚合物的尺寸大，易于在配置过程中、油层中通过变形孔道的渗流过程中发生剪切降解。

4.4.6　聚合物驱油过程中的动态观察

聚合物驱油过程中的油水井动态的变化、油层中流体流动状况等都是评价驱替效果的最直接参数。与水驱相比，聚合物驱油过程中许多开发动态有其明显的特殊规律：

（1）注入压力的变化规律。聚合物注入初期，注入压力上升较快，当近井地带聚合物吸附平衡以及随着压力的传导，注入压力趋于稳定，直到段塞注入完毕。当转入后续注入顶替水驱替时，注入压力又开始下降直到再稳定。由此，可以在早期判断聚合物与油层的配伍性及注入方案的合理性。

(2) 油井产液和产油的变化特点。中国已经进行的聚合物驱油矿场实施项目一般都表现在聚合物驱开始过程中油井流压降低、产液能力下降的现象。这是由于聚合物驱改善了水驱时不利的流度比，降低了驱油剂的流度，扩大了波及体积，使油井含水大幅度降低，特别是在高含水阶段，由于油井含水降低，从而大幅度地降低产液指数。在聚合物驱替过程中，地层压力、油井流压、油井含水及原油脱气对产液指数的变化也有明显的影响。在控制油井流压下采油时，在相同含水的情况下，随着地层压力不断恢复，产液指数则不断恢复；在控制地层压力下采油时，油井流压增加并不断恢复，则产液指数缓慢增加。同时，统计资料表明，高的原油脱气指数也是引起采液指数下降的原因之一。此外，油井初始含水率也影响采液指数，在聚合物驱开始时，油井初始含水率越高，产液指数下降幅度越大。在相同的初始含水率条件下，油井含水率下降幅度越大，则产液指数下降幅度也越大，为了减小油井产液指数的下降，应当保持和提高地层压力，以保持较小的脱气指数，同时油井应加大机械采油强度，进一步降低流压。随着油井含水率和产液指数下降的同时，油井产油量增加，统计表明：见效时间一般在注入量为 $0.1V_p$ 左右时，见效峰值在注入量为 $0.16V_p \sim 0.25V_p$，产油量增加幅度减小。由产油峰值的出现可以推测聚合物溶液段塞前油墙或富集油带的出现。产油峰值之后，含水率又逐渐上升。

(3) 产出液中 Cl^- 离子含量的变化。采油过程中在线分析产出液中各项离子浓度的变化，特别是 Cl^- 离子的变化，可以判断聚合物溶液波及体积的增加情况。由于一般地层水的矿化度高于注入水的矿化度，因此，产出水中矿化度的增加，特别是 Cl^- 离子含量的增加，是判断驱体液波及体积增加的重要参数。

(4) 产出液中聚合物浓度的变化。在线分析产出液中聚合物浓度的变化，能够判断驱替液前沿的推进速度，计算聚合物在岩石孔隙中的吸附滞留情况，并由此推算油层中聚合物溶液黏度的变化。

4.4.7 聚合物驱油过程中聚合物溶液的黏度损失

聚合物驱油的油田现场测试表明，聚合物溶液自配制、储存罐输送至注入泵入水口黏度损失约 10%，输送至注入井口损失约 30%，自井口流动至临近注入井底 30m 处损失约 60%，在采油井处聚合物溶液黏度的保留率约低于 30%。造成聚合物溶液黏度损失的主要原因是：

(1) 盐敏效应，由于聚合物分子在水溶液中解离成荷负电的离子，在溶液含盐度增加（例如地层水的侵入等）时，由于阳离子浓度的提高，反离子对聚合物分子的屏蔽作用减弱，则双电层厚度压缩，聚合物分子线团尺寸减小；大庆油田的经验表明：由于采出污水的含盐度为 $2500 \sim 3000$ mg/L，地面清水的含盐度约为 $400 \sim 800$ mg/L，且前者的 Ca^{2+}、Mg^{2+} 含量明显高于后者，因此，污水配制的聚合物溶液黏度明显低于清水配制的溶液黏度，图 4-4-8 为用不同水源配制的部分水解聚丙烯酰胺水溶液的黏度—浓度曲线，其中，东水、北水、西水和红旗泡水为地面清水。

(2) 热氧降解，聚合物溶液在有氧环境下经受高温老化引起聚合物分子链的断裂。

(3) 化学降解，聚合物溶液在强酸和碱的作用下引起聚合物分子链的断裂。

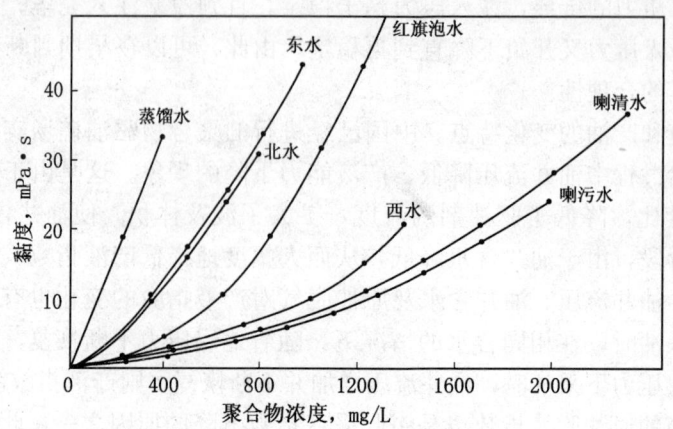

图 4-4-8 用不同水源配制的部分水解聚丙烯酰胺水溶液黏度—浓度曲线（张景存，1995）

（4）生物降解，一些微生物和酶的作用会使聚合物相对分子质量断裂。

（5）机械剪切稀释和降解，聚合物溶液遭受地面和井筒结构等各种剪切如搅拌、节流等引起的黏度损失；根据对注入泵、节流阀门、管道截流等地面设备沿程取样检测得到的黏度损失为：从配制罐到注入泵黏度损失约 10%，从注入泵到注入井口黏度损失约 30%（图 4-4-9）。井底结构的影响，流体在射孔处的流动截面积很小，足以使聚合物溶液在高剪切速率下流动，同时聚合物在炮眼处还处于高的拉伸应力作用下，剪切应力和拉伸应力二者同时使其黏度下降。根据在距注入井 30m 处打观察井取样，测试结果表明，黏度损失约 60%（图 4-4-9）。在生产井（距注入井 160m）处取样分析得到的黏度保留值约为 30%。显然，聚合物溶液在油层内部多孔介质内的流动过程中，剪切速度足以使其黏度有明显的降低。

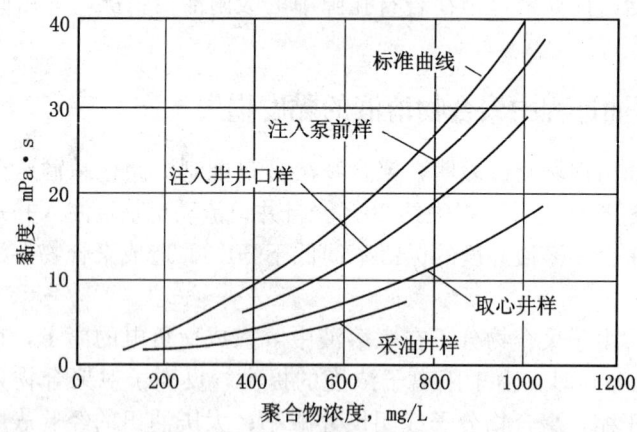

图 4-4-9 聚合物注入过程中黏度损失（张景存，1995）

（6）吸附和滞留，聚合物溶液在多孔介质内运移过程中被岩石矿物吸附和滞留使得聚合物溶液浓度降低而使黏度损失。聚丙烯酰胺水溶液的黏滞与流变效应对周围环境，特别对剪切速度等具有很强的敏感性。

以上结果表明，配制水的含盐度、地面设备、混输剪切应力和井底射孔孔眼的剪切应力是引起流动过程中聚合物溶液黏度损失的重要原因。为了提高溶液的黏度保留率，保证油层驱替前沿足够高的黏度，可采取如下措施：

（1）保证足够的淡水水源；

（2）在聚合物溶液驱油主段塞前后注入淡水缓冲带，阻止高含盐度地层水侵入聚合物溶液驱油段塞；

（3）地面管线尽量减少管汇和节流阀门，采用静态混合器和变频三柱塞泵作为注入设施；

（4）高密度，大孔眼射孔增加井底渗流面积；

（5）进行黄胞胶同部分水解聚丙烯酰胺两种不同类型聚合物作增黏剂的对比试验。在胜利孤东油田分别进行这两种聚合物驱油的现场试验资料表明，在相同条件下，分别在注入井底取样分析检测，得到的黄胞胶溶液的黏度为 20～25mPa·s，部分水解聚丙烯酰胺溶液的黏度只为 8～10mPa·s。

4.4.8 聚合物驱油的注入工艺及完井

聚合物驱油的地面注入工艺及注入井的完井条件是正确、顺利实施聚合物驱油方案的保证。因此，地面注入工艺及注入井完井应最大限度地满足减少配制溶液的黏度损失，易于对不同井和不同油层进行配注并能实现方便、安全操作，具体的要求是：

（1）混配的聚合物溶液完全溶解无"鱼眼"、无微胶；保证聚合物溶液充分溶解需要聚合物粉剂或乳液充分地分散和足够的熟化，配制后的聚合物溶液需要经过检测，其溶解程度的标志是过滤系数（filtration coefficient，FF），它是衡量聚合物溶液中不溶物对岩石多孔介质堵塞程度的参数，称为聚合物溶液的过滤系数，亦称过滤因子。聚合物产品中含有的杂质以及在溶解过程中可能形成的微凝胶将会对岩石多孔介质产生堵塞，它将会对聚合物溶液的注入能力产生负面影响，并会污染油层。因此，注入油层的聚合物溶液应当具有很好的滤过性能。过滤系数的测量仪器如图 4-4-10 所示，其中，安装 3.0（或 1.0）μm 的微孔滤膜，实验测量一定浓度（1000mg/L）和一定体积（500mL）的聚合物溶液在固定压力下通过微孔滤膜的时间，按照式（4-4-4）计算过滤系数：

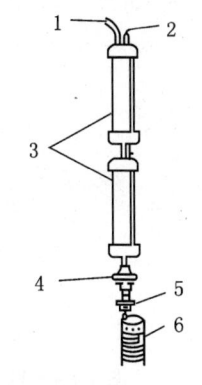

图 4-4-10 过滤系数测量装置示意图（王志武，高树棠等，1995）
1—气源；2—放气孔；3—过滤装置；4—滤膜夹持器；5—开关；6—量筒

$$FF = t_2/t_1 \qquad (4-4-4)$$

式中 t_2——过滤 200mL 到 300mL 滤液所流经的时间；

t_1——过滤 100mL 到 200mL 滤液所流经的时间。

不同的聚合物产品和不同的配制工艺的过滤系数不同，一般黄胞胶（XC）由于产品中存在菌体残骸和在乙醇提取时形成的微凝胶，其过滤系数高于聚丙烯酰胺或部分水解聚丙烯酰胺，在聚合物驱油时要求聚合物溶液的过滤因子尽可能的低（极限值为1）。

（2）聚合物溶液的黏度和筛网系数保留率在 90% 以上。

（3）溶液中的含氧量小于使聚合物降解的最大控制值。

（4）溶液中的 Fe^{3+} 含量不应大于使聚合物降解的最大控制值。

（5）地面流程易于配制和注入：易于添加杀菌剂，示踪剂，螯合剂，解堵剂等各种添加剂。

(6) 地面系统应有严格的水质处理系统和监测系统,确保水质达到聚合物溶液的配制水质标准;能够按设计浓度、注入量等参数自行安全运行。

(7) 配制和注入流程应当尽量减少节流装置和激烈地搅拌装置,以便使聚合物溶液的机械降解损失降至最低程度。

(8) 注入流程密闭运转,严格符合各项环境保护指标。

大港油田制造的注入设备(图4-4-11和图4-4-12)可以配制聚合物溶液的最大浓度为5000mg/L,配制能力为200~400m³/d。大庆油田为实施工业化试验设计了一套集中混配分别注入的流程,并采用三柱塞变频注入泵、静态混合器等使聚合物溶液在地面流程中流动剪切达到最小程度。河南油田为了防止热氧降解对聚合物黏度的影响,设计了抽空除氧系统,使水中含氧量降至低于0.5μg/L级的水平,并采用不锈钢和涂料管线使水中Fe^{3+}含量降至最小。

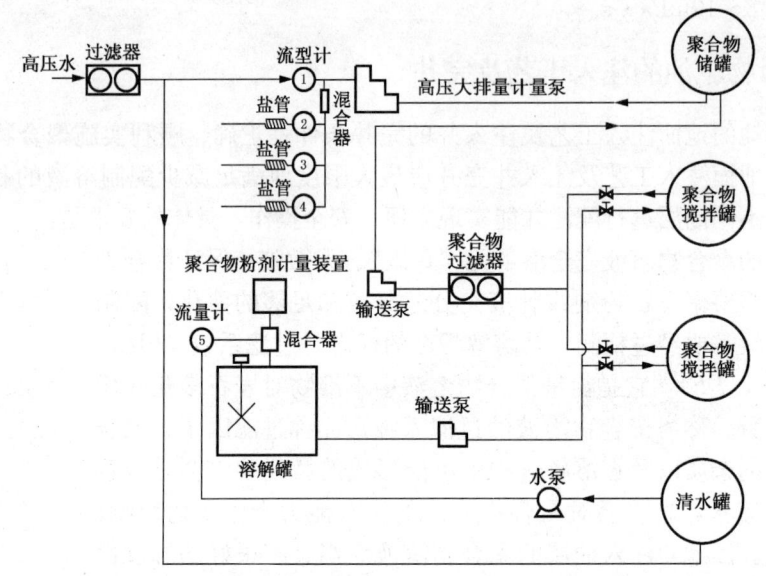

图4-4-11 大港油田港西四区先导试验区聚合物混配工艺流程示意图(马世煜,1995)

聚合物溶液注入井井底结构及加密井的完井应满足达到尽量高的完善系数,使聚合物溶液通过井底渗透面的剪切降解达到最低,具体做法如下:

(1) 对致密胶结的油层可采用裸眼完井;

(2) 对射孔完成的注入井,可采用高密度、大孔径、深穿透的射孔完井;

(3) 对已注入水,重新补孔,增加射孔密度;

所有注水井在投入注聚合物溶液前应进行洗井,彻底清洗污物并对已损坏套管或证明窜层部位进行修补。

4.4.9 聚合物驱油产出液的处理

聚合物驱油采出液中由于含有部分水解聚丙烯酰胺使固体产出物悬浮能力增加,由于聚合物对乳状液的稳定作用使得乳化原油的稳定性增加,从而使产出液的处理难度比水驱时要大得多,主要表现在:

(1) 沉降脱水时间成倍增加,脱水质量变差;

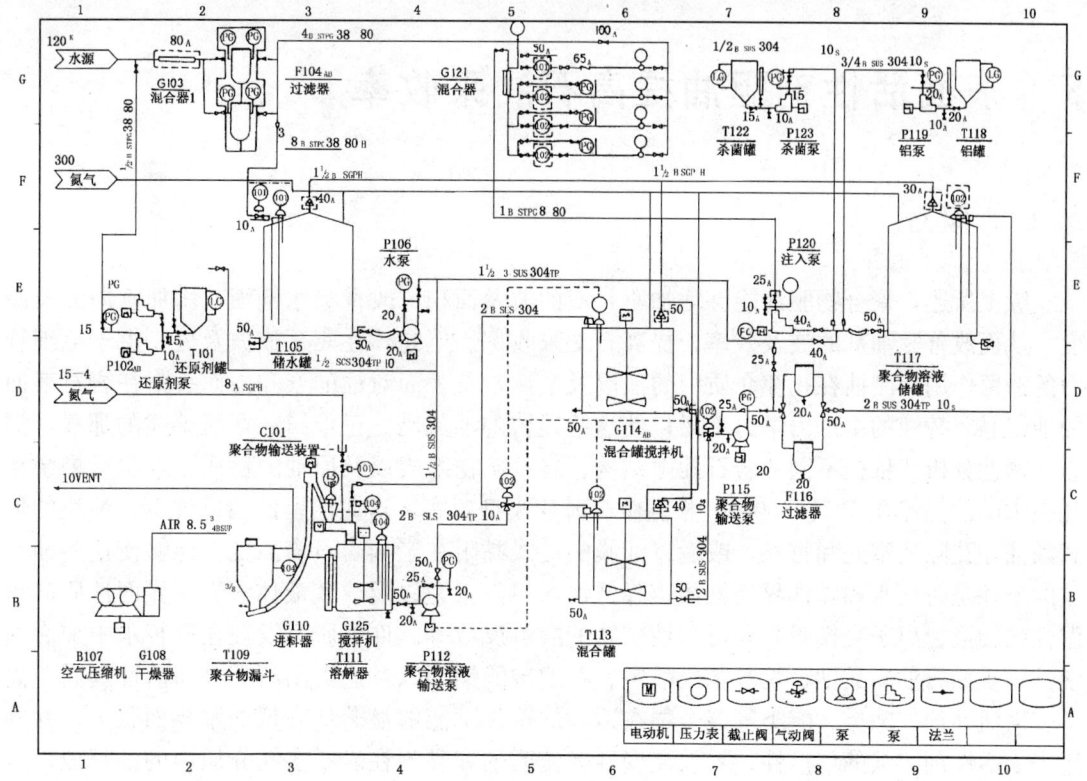

图 4-4-12 大港油田聚合物驱油试验站聚合物溶液配制和注入流程示意图（马世煜，1995）

(2) 由于含聚合物污水电导率上升，使电脱水处理电流增加，电脱水时间加长；

(3) 水中含的聚合物难以分离，絮凝剂用量大大增加。

在设计聚合物驱采出液处理时可以考虑如下方案：

(1) 优选聚合物溶液注入量和注入方式，使得在保证取得最好驱油效果的情况下聚合物溶液在采油井突破时，产出液中聚合物含量降至最低；

(2) 改善脱水技术和研制新的破乳剂；

(3) 含聚合物污水回注。根据模拟计算和物理模拟实验，脱油处理后的含聚合物污水回注油层不仅排除了地面污染，保护了环境，而且可以进一步提高石油采收率。在大庆油田地质条件下，将含聚合物浓度分别为 467mg/L、303mg/L、166mg/L 的污水回注，可以提高石油采收率 3.16%～3.52%（OOIP），聚合物的利用率为 51～57t（增油）/t（聚合物）。回注方式可以将污水作为聚合物溶液的配制液使用，实施段塞注入；也可以用作聚合物驱时聚合物主段塞的前后保护段塞。在大庆油田北一区断西聚合物驱试验区曾进行了只经过常规水处理的含聚合物污水的回注试验，累积注入两年多未发现异常现象。

5 表面活性剂驱油提高石油采收率

5.1 概述

综上所述，聚合物驱油能够增加驱替液的波及面积、改善吸水剖面、增加垂向波及厚度，从而改善驱油剂的波及效率、提高石油采收率。但是，在驱替液波及处，由于毛细管力的滞留作用而圈捕在孔隙介质中的油以及亲油岩石表面对油的亲和力而吸附在岩石表面的油仅靠驱替液的水动力学力不足以使这些残留的油流动。正像第二章所论述的那样，据岩石物性分析，依据不同的岩石孔隙结构、岩石矿物组成以及原油的性质，水驱后剩余在孔隙中的油仍然在 50%～60%。根据微观薄片模型观察，这些滞留的油以油滴、油块的形式圈捕在孔隙狭窄处和盲孔，或者以油膜的形式黏附在亲油岩石表面处。能够使这些油释放的条件是改变水和原油界面性质、降低油水界面张力以及改变液体—岩石界面性质向润湿性的转换、离子交换吸附和可溶性矿物的溶解反应等。许多研究发现在驱替水中加表面活性物质如石油磺酸钠、烷基苯磺酸钠、石油羧酸钠等以及这类阴离子表面活性剂同非离子表面活性剂如酯类、醚类等混合物在适当的条件下能够显著地降低油水界面张力，并利用表面活性剂溶液的增溶性、界面流变性等使圈捕和黏附在岩石多孔介质中的油释放，从而提高驱油剂的驱油效率。

在 20 世纪 20 年代末，M. De. Groot 申请了最早的表面活性剂水溶液采油的专利，并且提出使用混合表面活性剂可以使其浓度为 250～1000mg/L 的稀体系进行有效的采油。前苏联巴库石油研究所以 Г. А. БАБАЛИН 为首的科学家最早使用 ОП 型非离子表面活性剂制备活性水驱油剂，长期坚持，取得了可观的效果。在以后的研究中人们发现，各种不同的盐类同表面活性剂联合使用可以使油—水界面张力降至很低的值，同时溶液中加入适当的助添加剂可以减少表面活性剂的吸附损失。随着洗涤剂和其溶液理论的发展，人们注意到适当的表面活性剂大幅度降低油—水界面张力和胶束对有机物的增溶原理，将其应用于石油开采具有广阔的潜力。1954 年 P. A. Winsor 发表了"两性物质的溶剂性质"，对油—水—表面活性剂体系的相态类型提出了著名的 Winsor 分类原则，对推动表面活性剂在石油开采中的运用起了重要的作用。美国 Marason, Co.（马拉松石油公司）的 W. B. Gogarty 较早将被 Jr. C. M. Blair 称为透明溶液（或称微乳状液、膨胀胶束、胶束分散溶液）体系应用于提高石油采收率，开发了胶束—聚合物驱油体系（Micellara—Polymer，MP）并进行了所谓 Maraflood™ 驱油研究和先导试验。依此为契机，D. O. Shah 和休斯敦大学的 R. S. Schechter，R. N. Realy，R. L. Need 等人将微乳状液体系应用于驱油的研究带入了深入发展的阶段。在 20 世纪七八十年代是表面活性剂驱油蓬勃发展的时期，期间实施了几十个规模不同的现场试验。但是，由于驱油体系中高的驱油剂浓度（仅表面活性剂浓度就在 5%以上）使得采油成本大大增加，尽管理论和实践都证明这种方法能够大幅度提高采收率（约在 20%OOIP 以上），油田经营者仍然是望而却步。因此，在学术界出现了所谓"浓驱油体系"与"稀驱油体系"之争，"浓驱油体系"派主张注入小体积驱油主段塞［3%～20%Pore‐Volume (PV)］的浓表面活性剂驱油体系（浓度大于 5%）路线，"稀驱油体系"

派主张注入大体积驱油主段塞（15%～60%PV以上）的稀表面活性剂体系（浓度小于1%）路线，以降低驱油机剂的费用。此间，由Dome等几家石油公司开发的碱—表面活性剂—聚合物复合驱油体系（alkaline - surfactant - polymer，ASP）一提出就受到了人们的广泛注意，加入适当类型和浓度的碱到稀浓度的表面活性剂溶液中［浓度低于0.5%（质量）］，并配以适当浓度的聚合物以保持体系足够的黏度，该体系能够得到几乎与MP驱相同的提高采收率幅度，但是表面活性剂的用量却降低到十分之一或几十分之一；Terra能源公司最先在怀阿明州的Kiehl油田进行了ASP驱现场先导试验，采收率提高15%OOIP以上，而成本则大大降低。

中国自20世纪60年代中期开始胶束体系和胶束—聚合物驱油的研究，并在大庆油田和胜利油田分别进行了小井距试验和单井吞吐试验。80年代开始微乳状液的研究，在表面活性剂的合成与研制、油—水—表面活性剂相平衡、吸附滞留等方面的研究取得了较大的进展，开发了石油磺酸盐、石油羧酸盐、烷基苯磺酸盐、木质素磺酸盐和生物表面活性剂以及纸浆废液（亦称黑液）等表面活性剂产品；在溶液性质和吸附机理研究取得进步的基础上开发了无预冲洗化学驱油技术。在玉门老君庙油田进行了碱预冲洗—微乳状液驱油现场先导试验，在孤岛油田进行了稀体系表面活性剂驱油的小井距三次采油试验（试验区试验前水驱含水已达98%以上）。在降低驱油剂吸附的研究中发现，适当类型和浓度的碱不仅大幅度降低吸附滞留损失，而且碱可以调节"最佳含盐度"使得油—水界面张力降至最低，由此发展了碱—表面活性剂—聚合物（ASP）（对于高酸值原油）和表面活性剂—碱—聚合物（SAP）（对于蜡基原油）三元复合驱，先后在大庆、克拉玛依、胜利油田进行了现场先导和扩大试验，采收率提高幅度约20%OOIP。近年来正在积极探索开发新型的表面活性剂如具有高润湿能力的联孪表面活性剂（gemini surfactant）以及不同表面活性剂复配的协同和增效性能的研究，以图开拓获得高效率低价格驱油剂的途径。

表面活性剂驱油的主要技术特点在于以下几点。

5.1.1 系统选择驱油剂

研究表明，表面活性剂同不同助剂的协同效应能够得到更高的活性，因此表面活性剂驱油剂通常是以表面活性剂为主剂和其他几种助剂的适当配伍，这些试剂的选择原则是：（1）具有较高的效率和效能，具有足够大的降低界面张力能力和在用量尽量低的条件下使溶液达到需要的性质；（2）具有好的水溶解能力，在水中能够快速的完全溶解成分散体系溶液；（3）很好的流动性和注入能力；（4）它们之间以及同其他化学剂之间不会发生化学反应，对温度、微生物等长时间老化应当有很好的稳定性；（5）来源广，便于运输，能够及时连续定量的提供产品，尽量使现场具有就地生产的能力；（6）价格低廉，以保证不会大幅度的增加原油生产成本；（7）无毒无害，不会对地层、地面环境和生物等造成危害，对操作人员没有任何毒害等。通常油田使用的表面活性剂和相应的助剂主要有：（1）表面活性剂：阴离子表面活性剂，阳离子表面活性剂，两性离子表面活性剂，非离子表面活性剂，高分子表面活性剂和生物表面活性剂等。（2）助表面活性剂：用以改善表面活性剂的表面活性、溶解能力和溶液流动能力的短链醇、长链醇、木质素磺酸盐等；用以降低表面活性剂在岩石多孔介质中吸附损失的各种碱类如$NaOH$、Na_2CO_3、$NaHCO_3$、不同模数的硅酸钠、聚电解质（如多聚磷酸盐）；用以改善表面活性剂溶液的活性的尿素；用以改善表面活性剂耐多价金属离子能力的各种螯合剂如钙分散剂、EDTA、有机氮化合物和有机磷化合物，等等。(3) 流度改善剂：用以调节表面活性剂溶液在岩石多孔介质中的流动性质的聚合物如部分水解聚丙烯酰胺、黄胞胶等。(4) 其他辅助剂如杀菌剂（如甲醛、次氯酸钠等）、除氧剂（三氮钠等）等。

5.1.2 确定驱油体系

表面活性剂驱油的关键技术是体系的配伍及其与油层环境（原油、地层水、注入水、油层岩石和油层温度等）的完全的匹配等，使体系具有最低的界面张力、最大的增容能力和最佳的含盐度。因此，需要对驱油剂进行严格选择和匹配并研究其相态特征。(1) 与油层流体（原油、地层水）的配伍：①原油—水—表面活性剂体系相平衡的相态、最佳含盐度、最佳增溶参数和最低界面张力与原油平均相对分子质量（或等效碳原子数 EACN）的关系；②驱油体系的最佳含盐度与地层水含盐度（包括地层水硬度）匹配，防止地层水含盐度破坏驱油体系最佳含盐度；③驱油体系的黏度（或流度）与油层原油黏度（或流度）匹配，使驱油剂在油层中的波及体积（宏观和微观）尽可能大。(2) 与油层岩石的配伍：驱油剂在通过岩石多孔介质时将会在组成岩石矿物表面吸附、在狭小孔喉滞留，因此需要拟制或降低吸附滞留和结垢。(3) 与油层环境（油层温度、滞留时间）配伍：油层温度一般高于地面，驱油剂注入到高温的油层中并要历经很长的时间，因此必须防止老化和热氧降解。(4) 驱油剂之间的配伍：①不同的表面活性剂复配具有增效作用和协同作用；②醇类能够改善主剂的溶解能力、增加表面活性、改善溶液体系的流动能力等；③盐类（和碱剂）能够调节表面活性剂的活性、多价离子能够同主剂反应形成水不溶物而沉淀；④聚合物与表面活性剂之间有十分复杂的相互作用，只有在各自的临界浓度范围内才能够互溶；⑤某些助剂如木质素磺酸盐能起到牺牲剂的作用减少主剂吸附滞留损失同时又具有增效作用，恰当选择不同驱油剂进行配伍，应当扬长避短。(5) 与注入水的配伍：注入水中含有各种盐类以及其他杂质，特别是油田污水中各种有机物质和无机物质十分复杂，对优选配方体系影响非常严重，应当保持驱油体系研制用水与现场施工配制用水完全一致，否则就将功亏一篑。特别重要的是，由于不同油田原油、地层水、注入水和油层地质条件的千差万别，一种驱油体系只适用一个具体的油田，别的油田不能套用。

5.1.3 遴选驱替方式

根据驱油剂的性质和注入方式，表面活性剂驱替的方式可分为：(1) 表面活性剂水驱，亦称活性水驱，注入较低的表面活性剂溶液以增加驱油效率；(2) 胶束驱，注入的表面活性剂浓度在临界胶束浓度以上以利用大幅度的降低界面张力和胶束的增溶作用增加驱油效率，在注入时通常在表面活性剂主段塞的前、后沿注入聚合物溶液段塞以保护主驱油段塞，因此，通常亦称为胶束—聚合物驱（micellar - polymer，MP）；(3) 微乳状液驱，在较高的表面活性剂浓度下形成中相微乳液以利用在油—水界面的混相作用增加驱油效率；(4) 复合驱，将碱、表面活性剂、聚合物进行不同的复配，形成碱—表面活性剂（AS）、碱—表面活性剂—聚合物（ASP）等多元化学复合驱；(5) 泡沫驱，以表面活性剂溶液为发泡剂同气体（氮气、二氧化碳、天然气或者空气）混合形成泡沫驱油剂（可以地下发泡也可以地面发泡），主要作用在于增加驱油剂的波及体积以提高石油采收率。

本章将着重论述各种表面活性剂驱油方式、机理以及它们的技术特点。

5.2　表面活性剂驱油机理

根据在第二章论述的石油采收率的基本概念，驱油剂的驱油效率是影响采收率的关键因素之一，而表面活性剂驱油剂的主要原理在于增加驱油剂的驱油效率。因此，表面活性剂驱油的基本原理可以归纳为：

（1）降低滞留油的毛细管力使滞留的油流动，适当匹配的表面活性剂溶液体系具有很高的表面活性，其与原油间具有非常低的界面张力（大大低于油—水界面张力），能够使岩石多孔介质中作用于油—水界面的毛细管力降低至足以使滞留油流动。

（2）改变岩石孔隙壁表面的润湿性由亲油为亲水，或者使润湿接触角（θ）小于 90°，从而使黏附的油膜剥落；这是由于驱油过程中表面活性剂溶液内的表面活性剂能够定向吸附在岩石孔隙表面，使润湿性转换，从而使油膜剥落投入流动，图 5-2-1 为表面活性剂使岩石孔隙表面润湿反转的示意图。

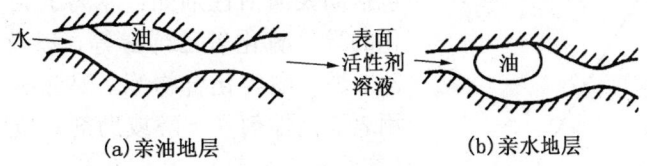

图 5-2-1　表面活性剂使岩石孔隙表面润湿反转的示意图（D. O. Shah，1981）

（3）增溶孔隙内的剩余原油使其形成乳状液（或微乳液）从而投入流动，表面活性剂水溶液中的表面活性剂浓度大于临界胶束浓度（CMC）的情况下，表面活性剂的聚集体—胶束具有增溶油相的能力，使剩余油同表面活性剂溶液形成油—水互溶的中相微乳液，从而使剩余油投入流动。

（4）表面活性剂在剩余油滴的油—水界面上定向吸附（极性基向水，非极性基向油）增加了界面的电荷，增强了油滴与原本荷负电的岩石孔隙表面间的静电荷斥力，使油滴容易在孔隙中流动（见图 5-2-2）。

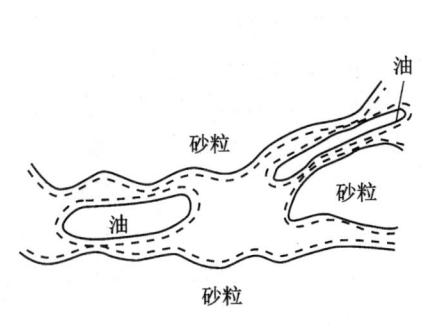

图 5-2-2　静电斥力对剩余油流动的作用（D. O. Shah，1981）

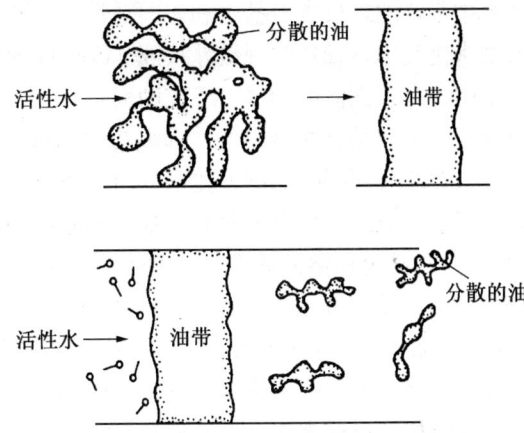

图 5-2-3　油滴聚并和富集油带的扩大过程示意图（D. O. Shah，1981）

(5) 在表面活性剂溶液的作用下，剩余油的分散油滴由于驱油剂具有降低界面黏度的作用在驱油剂段塞前产生聚并富集形成油墙（或富集油带），成为连续的流动相，油相渗透率增加，从而增加了油相的流度，致使富集油带不断扩大从而采收率增加，图5-2-3示意描述了油滴聚并和富集油带的扩大过程。

5.3 表面活性剂驱油体系的相态平衡

5.3.1 表面活性剂驱油体系相态

用于驱替油层中的残余油并提高其采收率的表面活性剂溶液体系，在油层中是由水、油和表面活性剂（＋醇）三种主要组分组成的混合体系。"水"是含有多种种无机离子的盐（或碱、盐）水；"油"是油层中的原油；"表面活性剂"通常是同系物的混合物、不同类型表面活性剂的混合物或者是混合的石油磺酸盐，并包括助表面活性剂如：非离子表面活性剂、氧乙烯化的醇、硫化氧乙烯醇等，以及助溶剂如短链醇、乙二醇、醚类化合物等。混合体系的相态行为通常用表面活性剂（＋醇或助剂）拟三角相图进行描述（参见3.2.8节），在三角相图中，每一个点都表示在不同的组分组成情况下的相态行为。注入油层的表面活性剂溶液体系段塞前沿是中相微乳状液（m）与过剩油相（o）的平衡，段塞后沿是中相微乳状液（m）与过剩水相（w）的平衡。为了精细描述和研究的方便还常用油相、水（盐或碱盐）相、表面活性剂相和助剂（如醇类）相的四相三维相图表示相态行为的变化（如图5-3-1所示）。

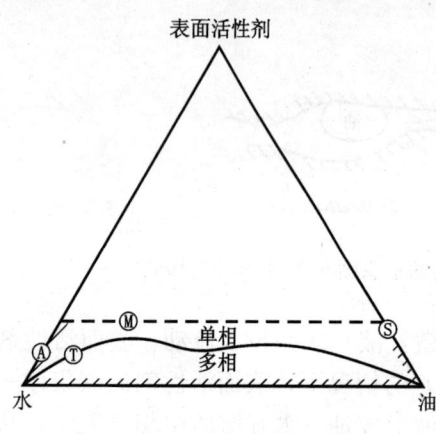

图5-3-1 油、水、表面活性剂体系拟三角相图（D. O. Shah，1981）

目前根据具体油田研究的表面活性剂驱油的注入体配方组成，以及其在混合体系的拟三角相图中的相态行为特性通常可以分为四类：(1) 表面活性剂水溶液（Aqueous Surfactant）：体系中不含油，仅含有盐水和表面活性剂，在三角相图中以字母A表示，驱动过程中相行为沿油水比变化。(2) 常规微乳状液（Conventional Microemulsion）也称为胶束溶液（Micellar）：体系中含有表面活性剂（＋醇或助剂）、盐水和油相，在三角相图中以字母M表示；其体系相行为均处于双结点曲线以上并远离边界斜线区的任何组成；混相溶液（Miscible type）、美国马拉松石油公司提出的配方体系（Maraflood）和高浓度表面活性剂溶液（High concentration）等均属于此类。(3) 可溶性油体系（Soluble oil）：体系为高浓度的表面活性剂增溶油溶液，其相态为O/W型的溶液体系，这种体系是对油具有"溶解"能力的水溶液，在三角相图中以字母S表示；美国联合油公司提出的配方（Uni-flooding）即属此类。(4) 不混相微乳状液（Immiscible microemulsion）：有时也称为低浓度表面活性剂溶液（Low concentration），在三角相图中以字母I表示，其体系相行为处于双结点线上或其周围区域的组成，体系为二相（上相微乳状液相和过剩水相，或下相微乳状液和过剩油相）。

最优的驱油体系的相行为通常应当是尽量高的中相微乳状液（m）体积和其尽量宽的变化范围、尽量低的最佳界面张力、尽量大的最佳增溶参数和尽量宽的最佳含盐度范围。

但是，对于实际的表面活性剂（+醇）—盐水—油混合体系的相行为随组分组成的变化是非常复杂的，严格上讲对于每一个具体的体系应当绘制其相应的拟三角相图，以表征其组分组成与其相态行为变化的关系。

5.3.2 三参数及其相互关系

5.3.2.1 最佳含盐度

表面活性剂—醇—盐水—油相态体系的过剩油相—中间相、过剩水相—中间相的界面张力均达到最低时，以及对油相、水相的增溶参数均处于最佳值时所对应的溶液含盐度，称为最佳含盐度。在混合溶液相态，中相微乳液体系（m）有两个界面，即：过剩油相和中间微香乳状液（o/m）及中间微乳状液相和过剩水相（m/w）；而对于上相微乳状液（u）—过剩水相和下相微乳状液体系（l）—过剩油相则各有一个界面，即u/w及o/l。在各体系中各自界面上的界面张力（ITF）γ_{mo}、γ_{mw}将随体系相态的变化而变化。图5-3-2是一个典型的界面张力值、增溶参数值随含盐度的变化曲线，在低含盐度时，即体系相态属于Winsor I 型时，体系的界面张力γ_{mo}值随含盐度的增加而减小，相应的对油的增溶参数也随着增加；含盐度进一步增加，体系相态转为Winsor III型，γ_{mo}值进一步降低并达最低值，对油的增溶参数也随之达最大值；同时，体系的界面张力γ_{mw}值则随含盐度的增加而由最低值不断增加，对水的增溶参数也随着减小；体系相态由于含盐度的继续增加而转变为Winsor II 时，γ_{mw}值进一步增加，对水的增溶参数也随之达最小值。两条曲线在使体系为Winsor III 型时对应的含盐度范围内相交，交点处对应的含盐度记作C_γ，称作体系的最佳含盐度（Optimal Salinity）。正如图所示的增溶参数随含盐度变化的那样，二组曲线相交处对应的含盐度值为$C_{\gamma\phi}$，即在最佳含盐度下，体系的增溶参数和界面张力同时处于最优状态。

5.3.2.2 最佳增溶参数

表面活性剂—醇—盐水—油体系的表面活性剂浓度大于临界胶束浓度以后，水外相胶束将增溶油相，油外相胶束将增溶水相，随着含盐度的增加，出现过剩油相—下相微乳状液→过剩油相—中间相—过剩水相→过剩水相—下相微乳状液的相态转换，相应的水外相胶束增溶油量、油外相胶束增溶水量将会发生相反的变化，在最佳含盐度（C_γ）下二者同时达到最大值（如图5-3-2所示），此时的对油、水的增溶参数，称为最佳增溶参（optimal solubilization parameter），曲线交点对应的含盐度为最佳增溶参数下的最佳含

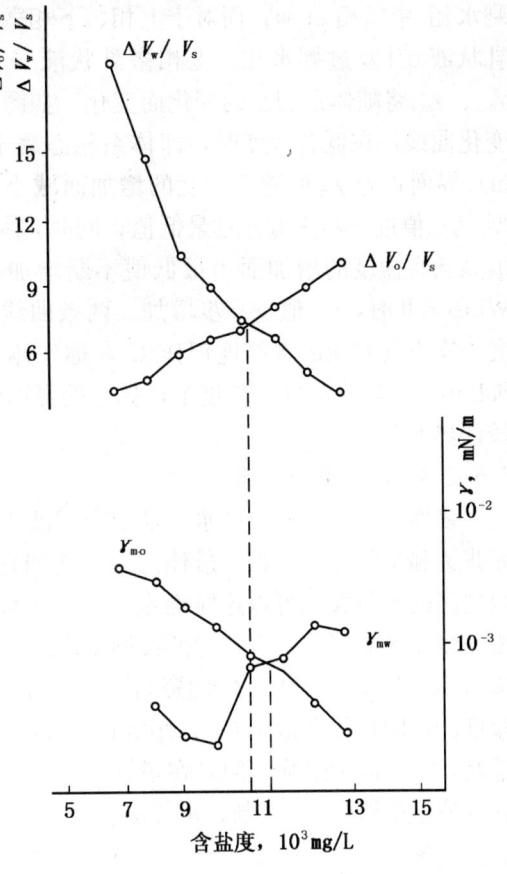

图5-3-2 石油磺酸钠—醇—盐水—油溶液体系界面张力、增溶参数和含盐度关系曲线图

盐度记作 C_ϕ，若增溶在水外相微乳状液中的油体积为 ΔV_o，增溶在油外相微乳状液的水体积为 ΔV_w，体系中总的表面活性剂体积为 V_s，则其对油相和水相的增溶能力可用增溶参数（%）表示，分别记作 $\Delta V_o/V_s$、$\Delta V_w/V_s$；增溶参数随含盐度的变化像界面张力随含盐度的变化一样，但是方向却相反。在对油（水）增溶参数—含盐度两曲线的交点处，对油（水）的增溶参数同时有最大值，该交点对应的含盐度为 C_ϕ，即为最佳增溶参数对应的最佳含盐度。如图 5-3-2 所示的界面张力随含盐度变化的那样，两组曲线相交处对应的含盐度值 C_γ，尽管 C_γ 同 C_ϕ 是不重合的，但是很接近，我们统称其为最佳增溶参数和最佳界面张力对应的最佳含盐度（Optimal Salinity），即在最佳含盐度范围内，体系的增溶参数和界面张力同时处于最优状态。

5.3.2.3 最佳界面张力

表面活性剂—醇—盐水—油体系的过剩油相/中间相（或下相微乳状液）、过剩水相/中间相（或上相微乳状液）的界面张力，随溶液含盐度的变化而变化，当二者均处于最低值时，称为最佳界面张力（optimal interface tension），其所对应的含盐度称为最佳含盐度，记作 C_γ。在混合溶液相态，中相微乳液体系有两个界面，即：过剩油相/中间相 o/m 和过剩水相/中间相 m/w；而对于上相、下相微乳状液体系则各有一个界面，即剩油相—下相微乳状液 o/l 及过剩水相—上相微乳状液 w/u。在各体系中各自界面上的界面张力（ITF）γ_{mo}、γ_{mw} 将随体系相态的变化而变化。如图 5-3-2 中的图幅所示的界面张力值随含盐度的变化曲线，在低含盐度时，即体系相态属于 Winsor Ⅰ 型时，体系的过剩油相/中间相（o/m）界面张力 γ_{mo} 值随含盐度的增加而减小；含盐度进一步增加，体系相态转为 Winsor Ⅲ 型，γ_{mo} 值进一步降低并达最低值；同时，体系的过剩水相/中间相（m/w）的界面张力 γ_{mw} 值则随含盐度的增加而由最低值不断增加；在体系相态由于含盐度的继续增加而转变为 Winsor Ⅱ 时，γ_{mw} 值进一步增加。两条曲线在使体系为 winsor Ⅲ 型对应的含盐度范围内相交，交点处对应的含盐度记作 C_γ，称作体系的最佳界面张力对应的最佳含盐度（Optimal Salinity），即在最佳含盐度下，体系的界面张力处于最优状态，此时的界面张力称为体系的最佳界面张力。

5.3.2.4 三参数的关系

表面活性剂—醇—盐水—油混合溶液体系在其相态平衡时，存在最佳含盐度、最佳界面张力和最佳增溶参数。最佳三参数之间存在定量关系。对于最优的混相体系，最佳三参数之间的定量关系可以这样确定：在油—水体积比为 1 时，表征混合体系相态变化的三角相图多相区的高度受含盐度的控制，使多相区的高度达最佳值时的含盐度可记作 C_m。根据 R. L. Reed 和 R. N. Healy 的资料，三参数对应的最佳含盐度 C_γ、C_ϕ、C_m。基本上为同一含盐度值，即最佳含盐度 C_γ（Optimal Salinity）。在该含盐度下体系界面张力最低，增溶参数最高，混溶能力最强，同时在最佳含盐度下可以达到最好的驱油效率。在多孔介质中，微乳状液驱替油受 γ_{mo} 控制，水相驱替微乳状液受 γ_{mw} 控制；最佳含盐度下的界面张力（IFT）值将达超低值（小于 10^{-2} mN/m），足以使捕集的油流动，从而达到高的驱油效率，因而最佳含盐度的概念可以作为表面活性剂配方——驱油体系筛选的指导参数。

为了建立最佳含盐度（C_γ）、增溶参数（$\Delta V_o/V_s$、$\Delta V_w/V_s$）、及界面张力（γ_{mo}、γ_{mw}）间的定量关系，不少研究者做了不少工作，综合起来基本上有两种模型，即经验公式和理论模型：

（1）格兰斯曼（Glinsmann）经验公式。

图 5-3-3 描述了石油磺酸钠/正丁醇体系的界面张力（γ_{mw}、γ_{mo}）与增溶参数（$\Delta V_o/V_s$、$\Delta V_w/V_s$）的关系，可见最低的界面张力对应于高的增溶参数。格兰斯曼根据许多试验资料的统计规律，写出如下的描述公式：

$$\lg\gamma_{mo,mw} \frac{4.80}{1+0.100\ (\Delta V_{o,w}/V_s)} - 5.40 \tag{5-3-1}$$

对于给定的 $\Delta V_{o,w}/V_s$ 值，计算结果表明：计算的值 γ_{mo} 与 R. L. Reed 的试验值相近，而计算的 γ_{mw} 偏低。若取表面活性剂和醇的密度分别为 1.2g/mL，0.8g/mL，V'_s 表示微乳状液相中表面活性剂与醇的体积和，则下式可能是更适用的：

$$\lg\gamma_{mo,mw} \frac{4.80}{1+0.210\ (\Delta V_{o,w}/V_s)} - 5.40 \tag{5-3-2}$$

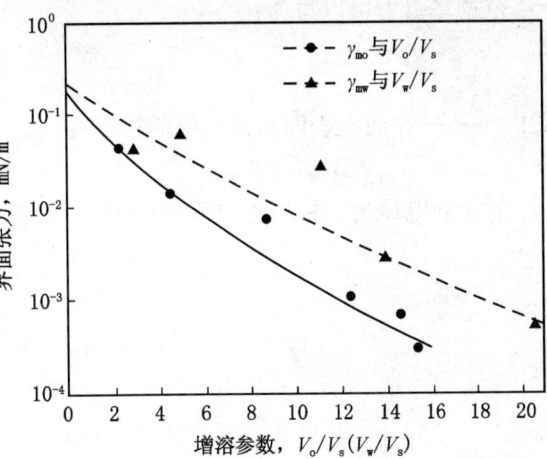

图 5-3-3 驱油体系的界面张力与增溶参数的关系曲线图（D. O. Shah，1981）
3%表面活性剂（MEAC120/TBA=63/37），48.5%油（I/H=90/10）48.5%盐水（X% NaCl）

在接近最佳含盐度时，$\Delta V_o = \Delta V_w$，$\gamma_{mo} = \gamma_{mw}$ 并用 σ_s 表示表面活性剂与醇在中相微乳状液中的体积百分数，那么上式可变成：

$$\lg\gamma \frac{5.36\sigma_s}{\sigma_s+11.7} - 5.40 \tag{5-3-3}$$

这些方程是经验性的，只能用于评价注入体系的界面张力。

(2) 胡氏理论模型。

假定中相微乳状液是由平行于 u/m、m/l 界面的油、水交互层组成，表面活性剂按其极性在层间界面上定向排列，在过剩油、水相中的表面活性剂浓度可以忽略不计，则在中相中的油、水体积分数为：

$$\phi_o = \frac{\Delta V_o/V_s}{\Delta V_o/V_s + \Delta V_w/V_s} = \frac{\sigma_o}{\sigma_o+\sigma_w} \tag{5-3-4}$$

$$\phi_w = \frac{\Delta V_w/V_s}{\Delta V_o/V_s + \Delta V_w/V_s} = \frac{\sigma_w}{\sigma_o+\sigma_w} \tag{5-3-5}$$

表面活性剂的体积分数 ϕ_s 同 ϕ_o、ϕ_w 相比很小，那么：

$$\phi_w + \phi_o = 1 \tag{5-3-6}$$

$$\phi_s = \frac{1}{\sigma_o+\sigma_w} \tag{5-3-7}$$

这样，我们来考虑在中相微乳状液处于平衡状态时界面自由能的变化：

$$\Delta G = V_A + V_R + V_s \tag{5-3-8}$$

式中 V_A——由长程范德华引力引起的界面张力的变化；

V_R——在水层内由于胶束表面双电层的作用而引起的静电斥力；

V_s——由于表面活性剂在界面的定向吸附而引起的熵的变化。

范德华引力可以写为：

$$V_A = \frac{\pi A}{48\tau^2(\sigma_o + \sigma_w)^2}(\csc^2\pi\phi_o - 1/3) \tag{5-3-9}$$

式中 τ——界面上表面活性剂层的视厚度。

$$A = A_{oo} + A_{ww} - 2A_{ow}$$

对于静电斥力，可以把对双电层的 Stern 层的电势处理成：

$$V_R = \frac{32CN_0kT}{K}r^2(1-\tanh K\phi_w d) \tag{5-3-10}$$

$$K = (8\pi e^2 CN_0/DkT)^{1/2}$$

$$r = \tanh\left[\frac{1}{2}\sinh^{-1}\left(\frac{\pi e^2}{2CN_0 DkTA_0^2}\right)^{1/2}\right]$$

式中 C——体相电介质摩尔浓度；

A_0——单位电荷界面面积；

π——圆周率；

e——电子电荷。

其他符号同前。

吸附在界面上的表面活性剂分子被压缩而产生的熵变，可根据 Dolan 和 Edwards 提出的理论，用一个简单表达式表示：

$$V_s = -\frac{4kT}{A_*}e^{-6d_i^2/lD_i} \tag{5-3-11}$$

式中 A_*——对熵变做出贡献的每一个吸附的表面活性剂分子的界面面积；

D_i——表面活性剂分子亲油部分（$i=1$）或亲水部分（$i=2$）的长度；

l——分段长度；

d_i——油层（$i=1$）或水层（$i=2$）的一半厚度。

将式（5-3-9）、式（5-3-10）、式（5-3-11）代入式（5-3-8），并且考虑到微乳状液相的结构平衡，有式（5-3-12）：

$$\left(\frac{\partial \Delta G}{\partial d}\right)_{\phi_o} = 0 \tag{5-3-12}$$

即

$$\frac{\pi A(\csc^2\pi\phi_o - 1/3)}{48\tau^2 d^3} - 16CN_0kTr^2\phi_w\text{sech}^2(K\phi_w d) - \frac{24kTd}{A_*l}\left(\frac{\phi_o^2}{D_o}e^{-6d_o^2/lD_o} + \frac{\phi_w^2}{D_w}e^{-6d_w^2/lD_w}\right) = 0 \tag{5-3-13}$$

由于微乳状液相必须同组成不变的过剩液相接触，则还必须有：

$$\left(\frac{\partial \Delta G}{\partial \phi_o}\right)_d = 0 \tag{5-3-14}$$

即

$$\frac{\pi^2 A}{48d^3}\frac{\cos\pi\phi_o}{\sin^3\pi\phi_o} + 16CN_0kTr^2\text{sech}^2(Kd\phi_w) - \frac{24kTd}{A_*l}\left(\frac{\phi_o^2}{D_o}e^{-6d_o^2/lD_o} + \frac{\phi_w^2}{D_w}e^{-6d_w^2/lD_w}\right) = 0 \tag{5-3-15}$$

当给定量的油、盐水和表面活性剂在一起混合时，由式（5-3-13）和式（5-3-15）

联立可以确定中间相的平衡组成和数量，即：

$$\frac{24T\tau\sigma_o\phi_w}{A_*lD_o}\text{e}^{-6}\tau^2\sigma_o^2/lD_o = \frac{\pi A}{48\tau^3(\sigma_o+\sigma_w)^3}\left[\csc^2\pi\phi_o - 1/3 + \pi\frac{\cos\pi\phi_D}{\sin^3\pi\phi_o}\right] \quad (5-3-16)$$

若所有表面活性剂的平均密度均为 ρ，则：

$$\tau = \left(\frac{M_1}{\alpha_1\sigma}\right)/N_oA_o = \frac{4r}{(1-r^2)}\left(\frac{M_1}{\alpha_1\rho}\right)\frac{1}{N_o}\left(\frac{CDkT}{2\pi\text{e}^2}\right)^{1/2} \quad (5-3-17)$$

式中　M_1——荷电表面活性剂的相对分子质量；

　　　α_1——荷电表面活性剂的摩尔系数。

若界面电势函数 $r \leqslant 1$，则 $1 - r^2 \approx 1$，故联立式（5-3-13）、式（5-3-16）和式（5-3-17），则有：

$$\left[\frac{96N_o^2\text{e}^2\tau^3}{AD(M_1/\alpha_1\rho)^2}\right] \times \left[\frac{(S_o+S_w)^2\phi_w}{(\csc^2\pi\phi_o - 1/3)\{1-g(\phi_o)\}}\right] \approx 1/4\text{e}^{2kTS_w} \quad (5-3-18)$$

在最佳含盐度（混相条件）下（C_m），$\phi_o = \phi_w = 0.5$，$\sigma_o = \sigma_w = \sigma_m$，那么式（5-3-16）和式（5-3-18）分别变成：

$$\sigma_m^2 = \frac{D_o l}{6\tau^2}\left\{\ln\left[\frac{384kTN_ol\tau D_o}{\pi\beta(M_1/\alpha_1\rho)A}\right]\right\} + 2\ln\left[\frac{384kTN_ol\tau D_o}{\pi\beta(M_1/\alpha_1\rho)A}\right] \quad (5-3-19)$$

$$\beta = \frac{A_*}{A_o}$$

$$C_m^{1/2} = \frac{(DkT/32\pi\text{e}^2N_0)^{1/2}}{\varpi_m} \times \ln\left[\frac{4608N_o^2\text{e}^2\tau^5\sigma_m^3}{AD(M_1/\alpha_1\rho)^2}\right] \quad (5-3-20)$$

对于常规的计算，即 $T = 273 + 20 = 290\text{K}$，$A_{ww} = 7.5 \times 10^{-13}$，$\beta = \frac{A_*}{A_o} = 1$，$D = 78.56$，则上二式可简化成：

$$(\overline{\varpi}_m)^2 = \frac{\overline{l}\,\overline{D}_o}{6}\ln\frac{142.8\text{e}\sigma_m\overline{\tau}}{(M_1/\alpha_1\rho\overline{\tau})a\overline{l}\,\overline{D}_o} \quad (5-3-21)$$

$$(C_m)^{1/2} = \frac{3.645}{\sigma_m\overline{\tau}}\ln\left[\frac{653.8(\sigma_m\overline{\tau})^3}{a(M_1/\alpha_1\rho\overline{\tau})^2}\right] \quad (5-3-22)$$

式中　$a = \dfrac{A}{A_{ww}} = 1 + \dfrac{A_{oo}}{A_{ww}} - 2\dfrac{A_{ow}}{A_{ww}}$

　　　$\overline{\tau}$, $\overline{l}$, $\overline{D}_o$——τ、l、D 以埃（Å）作单位的表示符号；

　　　C_m——质量分数，%。

那么，可以利用式（5-3-21）和式（5-3-22）求形成中相微乳状液平衡时即 Winsor Ⅲ 型体系的增渗参数 σ_m 和此时的最佳含盐度 C_m，由式可见，它们分别是范德华力特征参数（a）、静电斥力特征参数（$M_1/\alpha_1\rho\overline{\tau} = \overline{A_o}$）及熵的排斥能 $\overline{l}\,\overline{D}_o$ 的函数。

若将在中相微乳状液处于平衡状态时界面自由能的变化用界面过剩自由能 γ_{11} 表示，则式（5-3-8）成为：

对微乳状液相—过剩水相的界面张力：

$$\gamma_{mw} = 1/2(V_A + V_R + V_s) \quad (5-3-23)$$

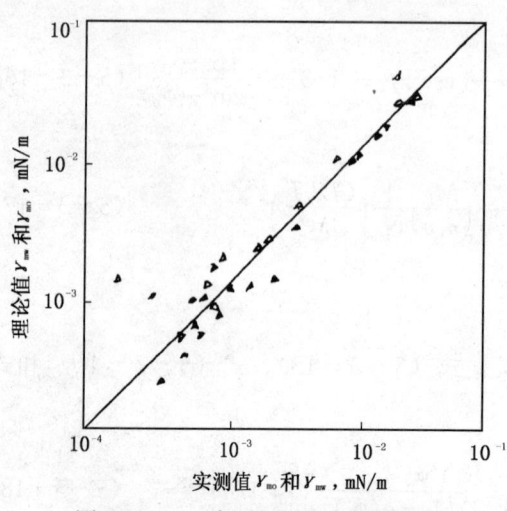

图 5-3-4 实测界面张力值与理论
计算值对照（D.O.Shah，1981）

对于微乳状液相—过剩油相的界面张力：
$$\gamma_{mo} = 1/2(V'_A + V'_S) \quad (5-3-24)$$
将范德华力、静电斥力和吸附表面活性剂分子自由形态变化引起的熵变表达式代入，并考虑到 $\sigma_o = \sigma_w$ 时，$\gamma_{mo} \approx \gamma_{mw}$，则有：

$$\gamma_{mw} \approx 24.87 \frac{a\cos\left(\frac{\pi\phi_w}{2}\right)}{\sigma_w^2 \tau^{-2}} \quad (5-3-25)$$

$$\gamma_{mo} \approx 24.87 \frac{a\cos\left(\frac{\pi\phi_o}{2}\right)}{\sigma_o^2 \tau^{-2}} \quad (5-3-26)$$

图 5-3-4 是根据式（5-3-25）和式（5-3-26）计算的 γ_{mw} 和 γ_{mo} 与实际测试的值的比较，除个别体系理论计算值比实测值偏高外，基本上符合很好。

5.3.3 表面活性剂驱油体系相态控制因素

表面活性剂（+醇）—盐水—油混合体系的相状态不仅与各组分的组成比例有关，还与各组分本身的组成、结构和相应的环境因素有重要的关系。对于表面活性剂驱油体系的相态特征要求：（1）具有过剩油相—中间微乳状液相—过剩水相的三相平衡状态；（2）中间微乳状液相具有尽可能宽的相体积范围；（3）最佳界面张力尽可能低、最佳增溶参数尽可能高和最佳含盐度尽可能宽。为此，应当控制的主要因素如下。

5.3.3.1 溶液含盐度

当体系内含盐度增加时，体系相态将相朝着 Winsor Ⅰ→Winsor Ⅲ→Winsor Ⅱ（或 l→m→u）方向变化。这种现象可解释为含盐度增加引起表面活性剂极性基水化程度减弱，极性减弱，促使其相互聚结或者向烃环境内跃迁化学势增加，从而其向油中分配的潜能增加。随含盐度的增加，表面活性剂胶束数和尺寸增加，从而增溶油量增加（$\Delta V_o/V_s$）；超过最佳含盐度后，在含盐度进一步增加时则引起表面活性剂向油中分配增加。当油中表面活性剂浓度大于 CMC 值后，便形成可以增溶水的油外相胶束，增溶水后成为 Winsor Ⅱ 体系，即上相微乳状液。我们知道，油田水或注入水中，除含有一价离子之外（如 Na^+、K^+），还含有多价离子（如 Ca^{2+}、Mg^{2+}）。R.A.Reed 和 R.N.Healy 发现，在表面活性剂中加入少量的 Ca^{2+}，将使体系的最佳含盐度值发生明显的变化，当 Ca^{2+} 以 NaCl：$CaCl_2$ = 0.91：0.09 的比例加入 NaCl 盐水中时，最佳含盐度由 1.25% NaCl 降至 1.1%（1.0% NaCl + 0.1% $CaCl_2$），但对微乳状液结构影响不大。这可能是由于表面活性剂离子（如 $-RSO_3^-$）同多价阳离子（Ca^{2+}）形成络合物的原因，Glover 发现，最佳含盐度随同二价阳离子相结合的磺酸根离子（$-RSO_3^-$）摩尔数的增加成线性关系降低。有时体系中加入聚电解质，也会对体系的相态产生相应的影响，图 5-3-5 为在体系中加入聚磷酸盐和聚硅酸盐时对磺酸盐/油/盐水体系相态的影响，图中虚线为聚电解质存在情况下的相态分布范围，实线为没有加入聚电解质的相态分布，由图可见聚电解质的加入使开始出现 Winsor Ⅲ 型相态的体系中表面活性剂的浓度增加。

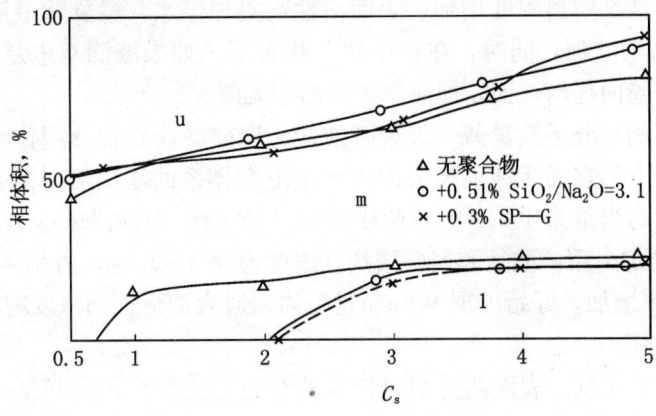

图 5-3-5　聚电解质对混合物体系相态的影响图
（石油磺酸盐：醇＝5：3；油：水＝1：1）

5.3.3.2 溶液碱度

碱可以看作另一种形式的电解质，能够用于调节体系的 pH 值，以控制体系的相平衡，对于羧酸盐或者羧酸盐与磺酸盐混合物作为驱油体系主表面活性剂的相态变化尤为重要。D. T. Wassan 等人在研究碱水驱时发现：在一个合适的含盐度和 pH 值下，体系可以出现超低界面张力，从而有高的驱油效果，这是由于碱同原油中的有机酸作用就地形成低浓度的羧酸基表面活性剂的结果。图 5-3-6 表示 NaOH 的浓度和含盐度二者对体系相态变化的影响，在 pH 值为定值时（即 NaOH 浓度为常数时），随含盐度的增加，相态的变化相似于磺酸盐体系，即 l→m→u；在固定含盐度时，相态变化出现 u→m→l（在低含盐度时）或 u→m→u（在较高含盐度时）。在低含盐度时，随 NaOH 的加入，表面活性剂的解离程度增加，即表面活性剂变得更加亲水，这同随含盐度的增加表面活性剂更亲油正好相反，显然在高的含盐度下，需要较高浓度的 NaOH，以增加表面活性剂的解离度，保证中相微乳状液的形成。像最佳含盐度一样，也可以由类似的办法求得体系的最佳 pH 值（或者 NaOH 浓度）。同最佳含盐度一样，可以

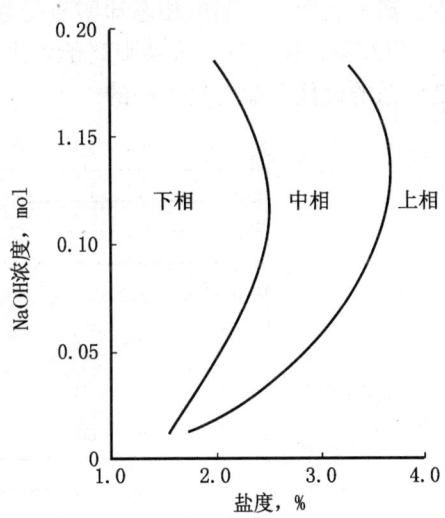

图 5-3-6　碱和盐对羧酸盐体系相行为的影响图（D. O. Shah, 1981）

采用增溶参数（$\Delta V_o/V_s$、$\Delta V_w/V_s$）和界面张力曲线（IFT）的交点求出对应的 NaOH 浓度（或 pH 值），此即最佳 pH 值或最佳 NaOH 浓度。对于由羧基表面活性剂（如羧酸盐）或羧酸盐与磺酸盐的混合表面活性剂，这样一些受 pH 值影响的表面活性剂相态体系，在碱性条件下使羧酸型表面活性剂进一步解离，表面活性剂更趋于亲水化（同电解质使表面活性剂更趋于亲油化相反），因此，可以通过调整 pH 值避免在相对高含盐度下相体系由 m→u 的变化，以保持中相微乳液状态。米勒尔对于 pH 值和含盐度对微乳状液界面自由能的综合影响提出了一个简单的模型：在最佳含盐度条件下微乳状液滴的表面活性剂—助剂的界面膜不弯向任何一面，保持"中间"状态；含盐度向增加方向变化时，表面活性剂更加

亲油，微乳状液滴的表面活性剂膜弯向水面，即表面压降低，相反，pH值向增加方向变化时，羧酸盐表面活性剂解离程度增加，表面活性剂更加亲水，微乳状液滴的表面活性剂膜弯向油面，即表面压增加；同时，在"中间"状态下，如果液滴双电层的自由能为常数，则液滴界面膜将不趋向任何一面，即曲率半径趋于无限大。

聚电介质或高相对分子质量碱（如聚磷酸盐、聚硅酸盐）常常用作稳定微乳状液体系和降低在驱替过程中的表面活性剂损失而存在于配方体系的添加剂，根据作者及其同事们的研究表明：在平均当量为404.7的石油磺酸盐、异丁醇/石油磺酸盐为3:5、油/水比为1:1的体系中分别加入聚磷酸盐和聚硅酸盐（浓度为0.3%）后，由相体积图可知（见图5-3-6），中相体积增加，开始出现WinsorⅢ型体系时表面活性剂浓度增加。

5.3.3.3 表面活性剂

作为驱油体系的主剂，表面活性剂对体系的相态起主导作用。必须控制如下与表面活性剂有关的因素以获得最优的相态体系：

（1）表面活性剂的类型：在条件相同的情况下非离子表面活性剂体系的相态对温度敏感，并存在一个转相温度，当温度增加时，相态沿 l → m → u 转化。最佳的相转变温度（PIT），即形成表面活性剂相分离（或中相微乳状液）时的温度则是筛选表面活性剂的重要参数之一。调整非离子表面活性剂亲油基与亲水基的平衡，可以影响PIT，增加亲水基（即增加氧乙烯数）便增加了它同水的相互作用，即使得PIT增加，反之，则使得PIT减少。离子表面活性剂的相态却明显受含盐度控制，图5-3-7是R—SO_3Na、R—SO_4Na、R—PO_3Na、R—CO_2Na及阳离子表面活性剂的最佳含盐度，由图可见不同类型的表面活性剂体系的最佳含盐度是不同的。

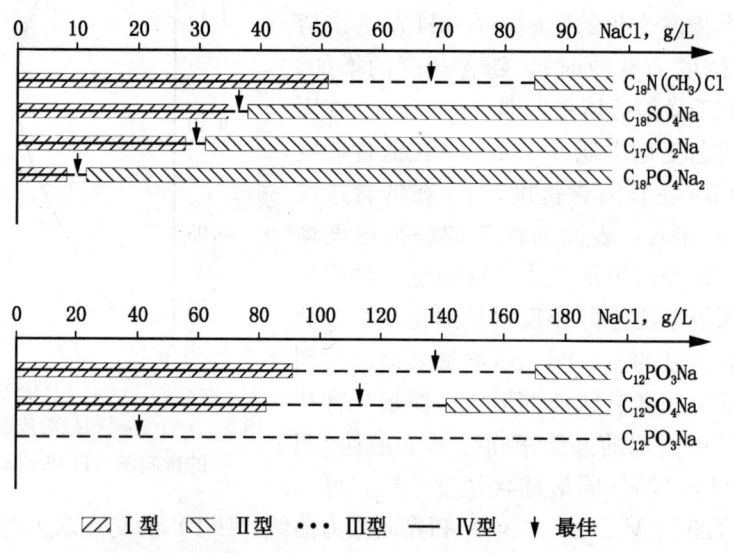

图5-3-7 不同表面活性剂的最佳含盐度（Bourrel，1988）

近年来，为了在高含盐度条件下得到最佳的体系，研究了耐盐度高的表面活性剂，如α—烯基磺酸盐（如C_{18}AOS），这种表面活性剂在高含盐度下能获得超低的界面张力和高的增溶参数体系。即便在多价盐存在的条件下，也能得到好的效果。氧乙烯化的烷基硫酸盐也适于高含盐度，而且随着氧乙烯含量的变化也能加宽最佳含盐度区域，它既适应于高含盐度，也适应于高温条件。

(2) 表面活性剂结构：图 5-3-8 是具有不同烷基链长度的烷基苯磺酸盐体系的界面张力同含盐度关系图。由图可见，最佳含盐度（C_γ）和在最佳含盐度下的界面张力都随表面活性剂的碳链长度增加而增加，且中相微乳状液存在（即超低界面张力）的含盐度区（临近 C_γ）变狭窄。R. L. Reed 还证实，在烷基链长度（N）大于某一碳原子之后，液晶结构出现，并且占优势，特别是在无醇和低温情况下。胡氏的理论模型也预示在最佳含盐度值比较低时，对应于超低界面张力的含盐度范围很小。根据 R. S. Schechter 等人的结果，表面活性剂亲油基（不含苯环的烷基磺酸盐）的支链也将影响增溶参数和最佳含盐度，一般越接近线性结构的亲油基，该表面

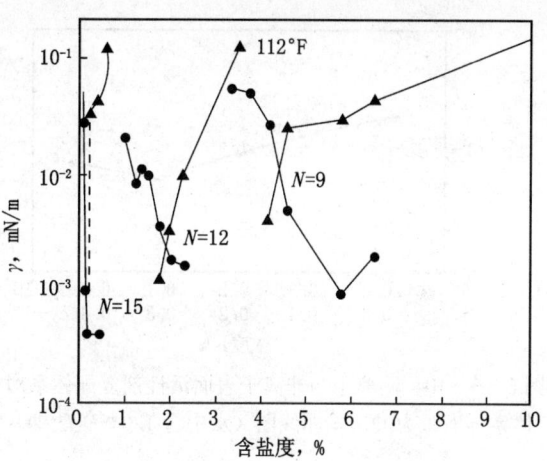

图 5-3-8 不同链长的烷基芳基磺酸钠体系的最佳含盐度（N—链烃长度）(D. O. Shah. 1981)

活性剂能更有效地获得超低界面张力体系，并能防止液晶或凝胶的形成。磺酸基的位置也影响体系的最佳含盐度，一般磺酸基位于碳链中央（$R_1 = R_2$），最佳含盐度小于 1 g/L；磺酸基向端面移动（$R_1 < R_2$），最佳含盐度增加；磺酸基位于第一碳（$R_1 = 1$）时，最佳含盐度可升至 5~20 g/L。烷基磺酸盐结构一般可写为：R_1, R_2—SO_3Na（R_1 为主碳氢链，R_2 为支碳氢链）然而，随 R_1 的减少，形成中相微乳状液体系时需要的醇量增加；当 $R_1 = 5~7$ 时，无须加入醇即可形成中相微乳状液。

对于烷基苯磺酸盐，苯环的位置对体系增溶参数产生明显的影响，若与苯环连接的短烷基链为 R_1，长烷基链为 R_2，则增长短链（R_1）的长度，增溶参数（$\Delta V_o / V_s$、$\Delta V_w / V_s$）减小，图 5-3-9 是烷基苯系列的短链对体系增溶参数的关系曲线。根据宾夕法尼亚大学的研究，单磺酸与多磺酸的混合物比单一单磺酸形成的相体系具有更高的增溶参数、更低的界面能力。对于非离子表面活性剂如聚氧乙烯壬基酚醚体系的相平衡，日本科学家 K. Shinoda 做了大量的研究工作，他的研究表明：非离子表面活性剂体系对含盐度不敏感，但对温度十分敏感，因此，最佳的相转变温度（PIT），即形成表面活性剂相分离（或中相微乳状液）时的温度则是筛选表面活性剂的重要参数之一。调整非离子表面活性剂亲油基与亲水基的平衡，可以影响 PIT，增加亲水基（即增加氧乙烯数），增加了它同水的相互作用，饱和吸附表面活性剂的液滴界面凹向油面，只有增加温度才能使界面趋向"中

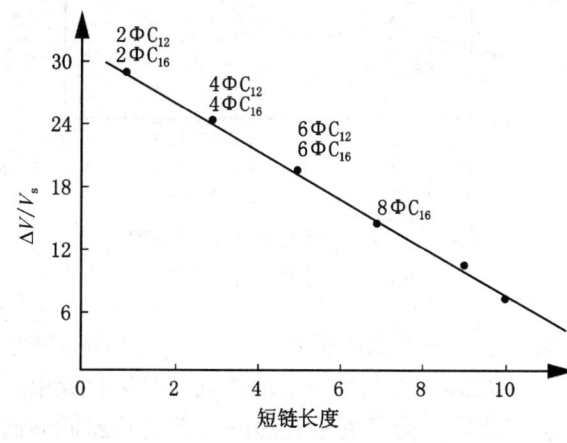

图 5-3-9 烷基芳基磺酸盐的苯环在烷烃链上的位置对体系增溶参数的影响 (D. O. Shah, 1981)

间"状态，即 PIT 增加，反之 PIT 减少。

(3) 表面活性剂的复配和协同效应：为了获得最优的相态体系，即高的增溶参数、超

低的界面张力和宽的中相区域范围，同时体系能够容忍高的含盐度和较高的温度，近几年来利用表面活性剂的协同效应，使用不同类型的表面活性剂进行复配开展了许多研究工作。根据在第三章讨论的表面活性剂协同效应理论，D. O. Shah 领导下的研究组采用石油磺酸盐和氧乙烯化的磺酸盐、S. Schechter 等人采用石油磺酸盐和聚氧乙烯壬基酚、Miller 等人采用合成的磺酸盐和羧酸盐复配的混合物形成的相态体系都比单一表面活性剂形成的相态体系

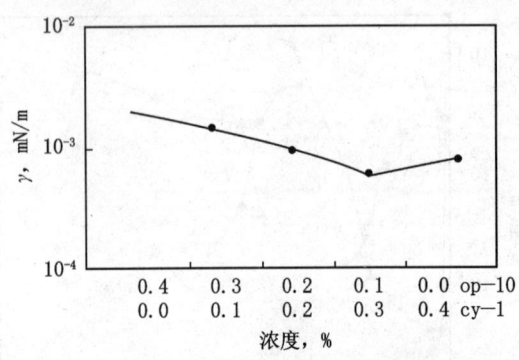

图 5-3-10　阴离子与非离子表面活性剂复配体系对体系界面张力的影响曲线图（水中含 1.0%碳酸钠）

好。阴离子表面活性剂同非离子表面活性剂的匹配增加了体系对盐的容忍能力，提高了最佳含盐度，同时也增加了耐温能力，对于加宽 Winsor 体系的含盐度范围、降低界面张力也是有利的。图 5-3-10 是石油磺酸盐同壬基酚聚氧乙烯醚的复配体系同胜利孤东油田原油的界面张力变化，表面活性剂在合适的比例下有最低的界面张力。图 5-3-11 是加入石油磺酸盐（TRS10-80）和烷基单磷酸酯（Klearfac AA-270）混合物的油—盐水体系的界面张力随含盐度的变化。当磷酸酯的比例增加时，界面张力值降低，并且界面张力最低值增加，对应的含盐度有相当大的展宽，而且最低界面张力值向含盐度增加方向转移。不同阴离子表面活性剂的复配尽管互相"补偿"并改善了它们的溶解能力，但表面活性并没有得到改善反而使界面张力比单一磺酸盐体系有所增加，图 5-3-11 是石油磺酸钠同石油羧酸钠复配体系和大庆油田原油的界面张力变化。

直链烷基苯磺酸钠同支链烷基苯磺酸钠的复配和非离子表面活性剂或 α—烯基磺酸钠等耐盐表面活性剂与它们的复配，都能促使三参数达最优组合。

图 5-3-12 表示，加入石油磺酸盐（TRS10-80）和烷基单磷酸酯（Klearfac AA-270）混合物的油—盐水体系的界面张力。当磷酸酯的比例增加时，界面张力值降低，并且界面张力最低值增加，有相当大的展宽，而且最低界面张力值向含盐度增加方向转移。可以把这一点解释为是由于每一个极性基上阴离子原子数不同的原因，在石油

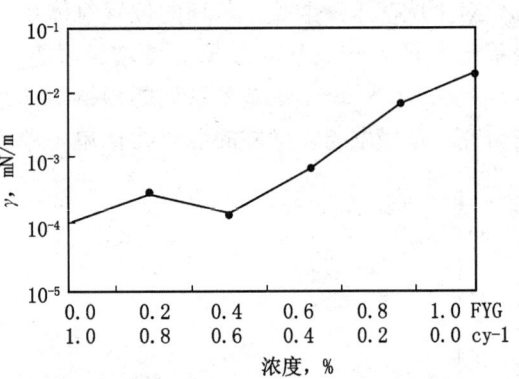

图 5-3-11　石油羧酸钠与石油磺酸钠的复配体系对界面张力的影响

磺酸盐中，每一个磷酸基团有一个荷负电的氧原子，而在磺酸酯中每一个极性基团有两个荷负电的氧原子。因此，图 5-3-13 表示石油磺酸盐和烷基单磷酸酯的混合胶束在胶束表面及油—盐水界面将产生较大的表面电荷。这一结果支持了关于表面电荷密度是超低界面张力的一个重要因素的结论。

直链烷基苯磺酸钠同支链烷基苯磺酸钠的复配和非离子表面活性剂或 α—烯基磺酸钠等耐盐表面活性剂与它们的复配，都能促使三参数达最优组合。表 5-3-1 为几种表面活性剂复配体系与大庆原油界面张力数据。

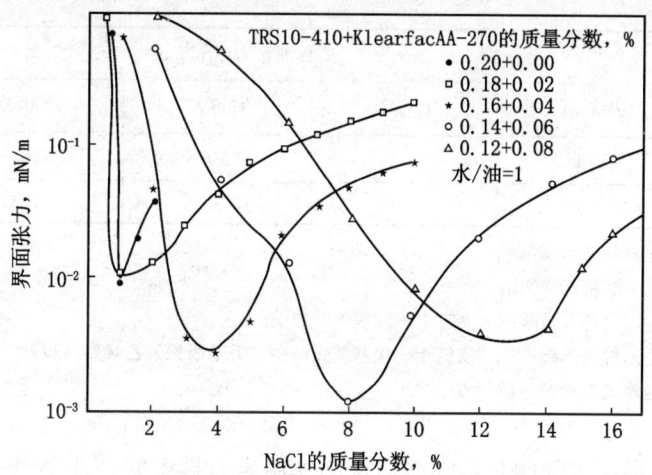

图 5-3-12　KlearfacAA-270 与 TRS10-80/异丙醇复配对体系
（油相为同正辛烷）的界面张力影响曲线图（D.O.Shah，1981）

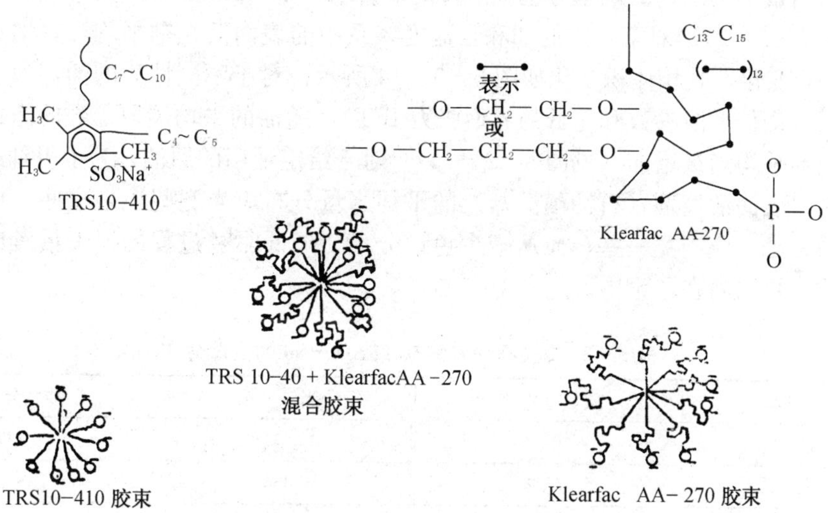

图 5-3-13　由于 Klearfac AA-270 和石油磺酸盐 TRS10-80 的混合引起胶束表面和油—
盐水界面表面电荷密度增加的示意图（D.O.Shah，1981）

表 5-3-1　几种表面活性剂复配体系的界面张力于单一表面活性剂体系界面张力对比
（表面活性剂浓度，质量分数 0.1%）

碱浓度 NaOH（质量分数），%	界面张力，mN/m				
	样品 A	样品 B	样品 C	样品 D	样品 E
0.6	>1	>1	<10^{-2}	<10^{-3}	>1
0.8	>1	>1	<10^{-2}	<10^{-3}	>1
1.0	>1	>1	<10^{-2}	<10^{-3}	>1

续表

碱浓度 NaOH (质量分数),%	界面张力,mN/m				
	样品 A	样品 B	样品 C	样品 D	样品 E
1.2	>1	>1	<10^{-2}	<10^{-3}	>1
1.4	>1	>1	<10^{-2}	<10^{-3}	>1

注：样品 A—直链十六烷基苯磺酸钠；
样品 B—支链十一烷基苯磺酸钠；
样品 C—直链十六烷基苯磺酸钠＋支链十一烷基苯磺酸钠；
样品 D—直链十六烷基苯磺酸钠＋支链十一烷基苯磺酸钠＋壬基酚聚氧乙烯醚（$EO=6$）；
样品 E—壬基酚聚氧乙烯醚（$EO=6$）。

这种混合体系潜在的问题是：①当体系同油层岩石接触时产生磺酸盐同非离子表面活性剂的色谱分离；②具有在油和盐水相中不同分配状态的非离子表面活性剂的分离；二者都能引起最优相状态的破坏。

（4）表面活性剂平均当量：目前大量用于提高石油采收率的是石油磺酸盐，实际上它是各种不同当量不同结构的烷基芳基磺酸盐的混合物，如 TRS10－80 的当量分布就是相当宽的（见表 5-3-2）。对于一定的油和含盐度体系中的表面活性剂平均当量增加，相体系按 l → m → u 变化，其相体积变化如图 5-3-14 所示；对于不同性质的油，为了保持最优的相态体系（最佳增溶参数和超低的界面张力 IFT），随油的平均碳原子数的增加，则所需的表面活性剂平均当量增加（见图 5-3-15）。对于给定油田的原油，为了得到高驱油效率的驱油体系，表面活性剂（石油磺酸盐）的平均当量分布应当宽些还是窄些？从形成最优的相态体系考虑，应当宽一些；而从减少色谱分离、降低驱替过程的损失量考虑，则应窄一些。对此，目前尚在争论中。

表 5－3－2　石油磺酸盐 TRS10－80 的当量分布

当　量	质量分数,%	当　量	质量分数,%
464	10.76	437	7.93
436	7.07	434	8.23
433	7.96	432	8.94
430	7.90	429	7.43
428	8.95	420	8.28
400	7.48	319	8.89
250	0.19	—	—

（5）表面活性剂的浓度：D. O. Shah 的试验证明在石油磺酸钠/异丁醇/十二烷/盐水体系中，在两个浓度（表面活性剂）范围内出现最低界面张力：一个在低表面活性剂浓度区域（质量分数 0.1%～0.2%），另一个在高表面活性剂浓度区域内（质量分数 4%～10%），如图 5-3-16 所示。在低浓度区域体系为 Winsor Ⅰ型体系，即下相微乳液与过剩油相的平衡；在高浓度区域为 Winsor Ⅲ型体系，即中相微乳液与过剩油相、过剩水相的平衡。D. O. Shah 等人认为在低浓度下存在中相微乳状液的必要条件之一应当是表面活性剂相的

浓度大于临界胶束浓度。在低表面活性剂浓度下,开始出现最低界面张力时体系中相应开始形成胶束,并且相应于表面活性剂在油相和在水相中的分布系数（Ks）等于1,即:

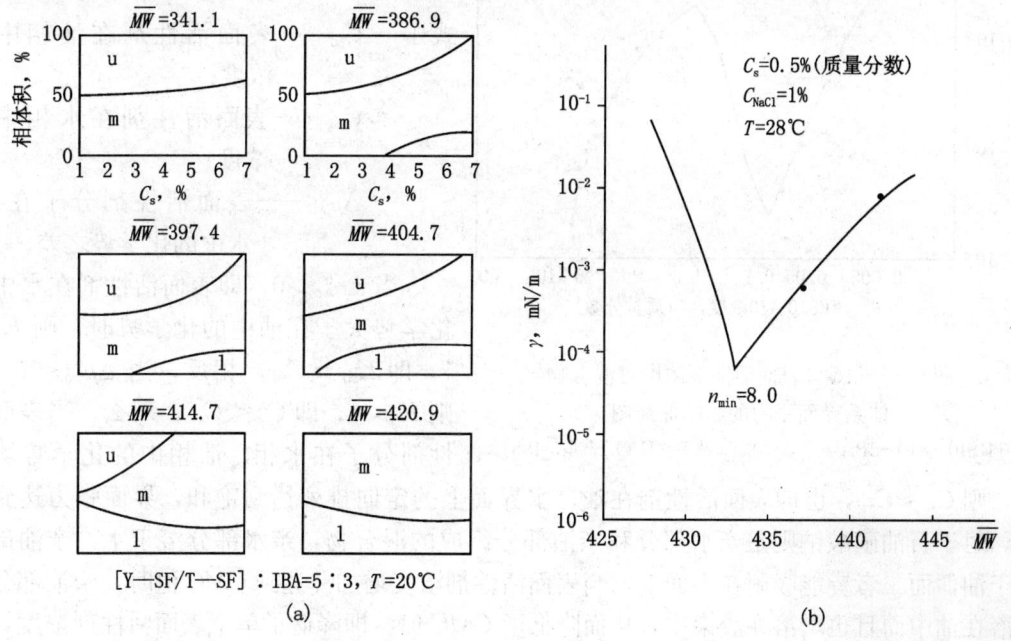

图 5-3-14　表面活性剂当量对最佳参数及相态的影响
(a) 在不同表面活性剂平均当量时相体积随表面活性剂浓度的变化;
(b) 玉门炼厂灯用煤油与表面活性剂溶液的界面张力—表面活性剂平均相对分子质量关系曲线（纵坐标符号应为 σ）

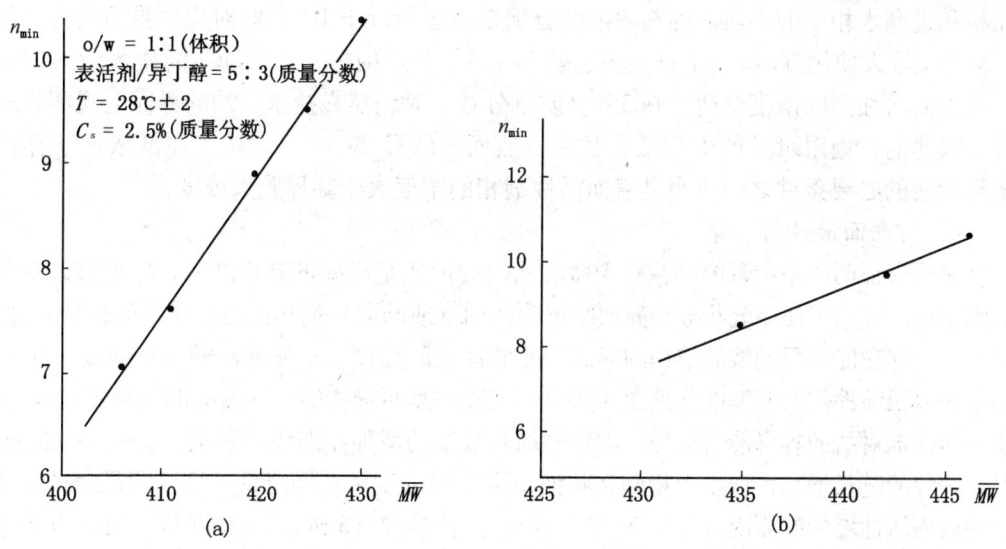

图 5-3-15　最佳增溶参数和 IFT 对应的烷烃的烷基碳原子数（n_{min}）与表面活性剂平均当量关系
(a) 由增溶参数得到的表面活性剂当量与对应烷烃链长的关系;
(b) 由最低界面张力得到的表面活性剂当量与 n_{opti} 的关系

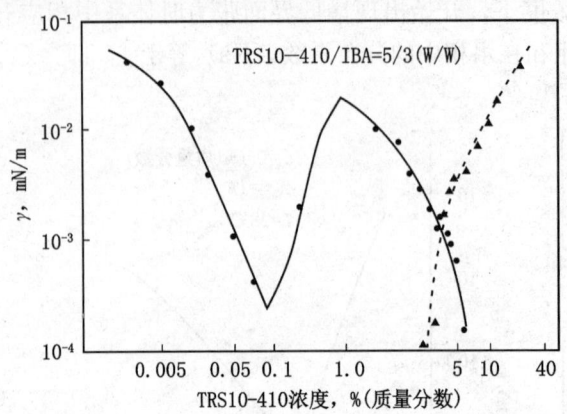

$$K_s = \frac{C_{so}}{C_{sw}} = \exp\frac{\Delta\mu_{wo}^o}{RT}$$

(5-3-27)

图 5-3-16 表面活性剂浓度对混合物体系界面张力的影响曲线图

TRS10-410+IBA+2.5%NaCl 体系 (D. O. Shah, 1981)

式中 C_{so}——表面活性剂在油相中的浓度；

C_{sw}——表面活性剂在水相中的浓度；

$\Delta\mu_{wo}^o$——表面活性剂分子在油、水中的化学势之差。

当 $\Delta\mu_{wo}^o>0$，即表面活性剂在水中的化学势大于在油中的化学势时，则 $K_s>1$，即 $C_{so}>C_{sw}$；相反，当 $\Delta\mu_{wo}^o<0$ 时，则 $K_s<1$，即 $C_{so}<C_{sw}$；那么，当表面活性剂分子在水相、油相中的化学势均等时，则 $C_{so}\approx C_{sw}$，也即表面活性剂在油、水界面上的定向排列达到饱和，界面张力达到最低。对于石油磺酸钠则是亲水部分和亲油部分组成的混合物，亲水部分溶于水，亲油部分溶于油，而二者皆能吸附在界面上，当表面活性剂浓度增加并达到 CMC 值时，亲油部分不仅溶在油中而且也增溶在胶束中，从而降低了 CMC 值，即降低了单个表面活性剂浓度，也就是减小了在界面的吸附；进一步增加表面活性剂浓度，则增加了胶束的聚集数（在水相和油相中），更多的亲油部分进入油相，在水、油二相中的表面活性剂分子相等时，界面张力达到最低值。

在高表面活性剂浓度下，表面活性剂集中于中相微乳液，当在最佳含盐浓度下，在过剩油相和过剩水相中的表面活性剂浓度的分配系数也接近于 1。此时对应的界面张力最低。

Miller 等人使用 Texas-1 石油磺酸盐和 7.5% 的正丙醇、1% NaCl 的盐水做的试验表明，在表面活性剂的浓度低达 0.005%（质量分数）时仍然在盐水—油的界面上观察到透镜状的、极薄的、肉眼可见的中相微乳状液。然而，D. O. Shah 等人认为在低浓度下存在中相微乳状液的必要条件之一应当是表面活性剂相的浓度大于临界胶束浓度。

5.3.3.4 助表面活性剂—醇

许多研究证明体系中醇的存在对于微乳状液的形成是必要的条件之一，醇能够改变界面膜的膜结构，有助于使微乳状液滴界面膜弯曲凹向（或凸向）油相而改变体系的最佳含盐度；同时，醇的存在能够限制液晶结构的形成并减低体系的黏度。一般低碳醇（1～4 碳）的加入能够增加表面活性剂的溶解度（见图 5-3-18，图中所示异构醇—异丙醇的效果较差），从而使表面活性剂对盐的容忍能力增加，随着醇加入浓度的增加相态体系发生：u→m→l 的变化。同时，随醇的链长增加，产生中相微乳状液所需的醇浓度和范围降低，这可能是随链长的增加醇的表面活性增加的原因（见图 5-3-17）。而长链醇（5 碳、6 碳、7 碳）更具有亲油能力，并具有较高的表面活性，因此，随加入浓度的增加，体系相态按 l→m→u 方向变化。在一定含盐度条件下，对于任意表面活性剂浓度，为形成中相微乳液体系，都需要一个特定的醇及其特定的浓度；一般情况下增加醇/表面活性剂的比例，体系相态按 u→m→l 方向变化。

5.3.3.5 油相的影响及 EACN 值

表面活性剂溶液—油相间的界面性质及相态行为对油相的性质十分敏感，这是由于油相（原油）的化学组成、烃类的族组成以及非烃类物质的类型及含量是十分复杂的，它们对相态行为起着重要的作用。对于（原油中的烷烃）直链烷烃，当其碳链长度增加时，体系相态沿 u→m→l 方向转变，同时最佳含盐度增加；若油中（存在）芳香烃含量增加，体系相态沿 l→m→u 方向转变，同时最低含盐度减小；同石蜡基原油相比，前者（含芳烃原油）产生最低界面张力时的含盐度较低，所需表面活性剂浓度较高。D. O. Shah 在解释油的链长对相态体系影响的分子机理时指出：（油中）的烷烃链长影响表面活性剂在油—盐水中的分配系数，油中烷烃的链长增加时，表面活性剂在油中分配减少，

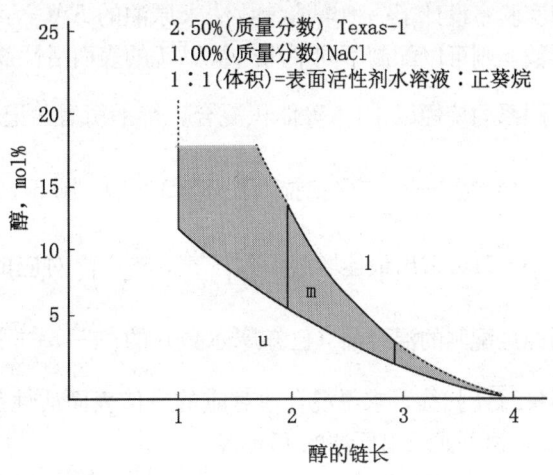

图 5-3-17 醇的链长对微乳状液相态的影响（D. O. Shah, 1981）

在盐水中增加（见图5-3-19）；在某一链长时在油—水中的分配相等；当油的链长小于该临界链长时，在油相中形成胶束，出现上相微乳状液（Winsor I 型）；相反，则在水相中形成胶束，出现下相微乳状液（Winsor II 型）。对于不同的原油，为形成最佳的相态体系，必须筛选适当的表面活性剂，由于原油具有深的颜色，故难以鉴别中相微乳状液的形成。R. S. Schechter 和 W. H. Wade 提出了等效碳原子数（EACN）的概念，以在研究相态体系特征时，用纯烃或混合烃代替实际条件下的原油。他们发现，在其他条件相同的情况下，烷基苯、烷烃（与烷基苯的烷基链碳原子数相同）同表面活性剂水溶液之间具有相同的超低界面张力，这样在研究由不同烃类组成的混合物与一种表面活性剂水溶液之间的相界面特性时，可以用一种在降低界面张力能力上等效的纯烃代替混合物（原油），该纯烃的碳原子数就是此混合物（或原油）的等效烷基原子数 EACN（Equivalent Alkane Carbon Numbrs）。J. L. Cayias 等人推荐的求原油的 EACN 方法是：由于任一种表面活性剂水溶液同同系列烷烃之间的界面张力在以烷烃碳原子数扫描时都出现一最低点，其所对应的碳原子数可记为 n_{min}，n_{min} 与同系列表面活性剂平均当量成正相关，然后用该系列表面活性剂平均当量（$\overline{MM_o}$）对其与原油的界面张力扫描（绘制 $\overline{MM_o}$—γ_{ow} 关系曲线），求得原油的 $\overline{MM_o}$，则可由 n_{min} 与 $\overline{MM_o}$ 相关曲线查得 EACN 值。与此相对应的，我们

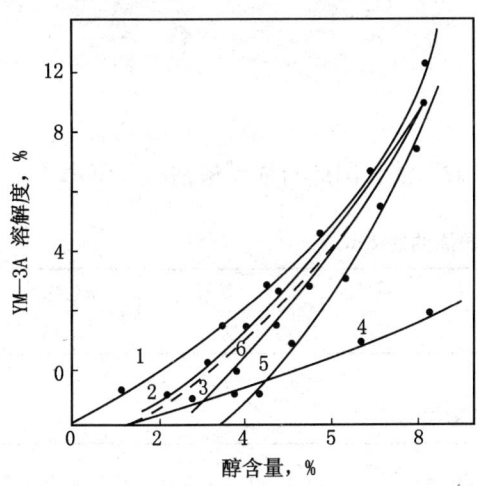

图 5-3-18 醇对表面活性剂（石油磺酸盐 YM-3A）溶解度的影响（D. O. Shah, 1981）
1—正丁醇；2—正丁醇+0.15SP-6+7000mg/L（盐）水；3—正丁醇+0.5ATMP（螯合剂）+70000mg/L（盐）水；4—异丙醇+0.15％NaCl；5—正丁醇+7000mg/L（盐）水；6—正丁醇+0.1％BPA（螯合剂）+7000mg/L（盐）水

的实验室设计了一种增溶参数法求原油的 $EACN$：由于体系的最低界面张力对应最大的增溶参数，则可以配制不同平均当量 $\overline{MM}_o$ 的表面活性剂高浓度水溶液（表面活性剂/醇：5/3），将其同系列烷烃以 1∶1 等体积混合，待平衡后，记录增溶参数 $\frac{\Delta v_o}{v_s}$，$\frac{\Delta v_w}{v_s}$ 然后以烷烃碳原子数对增溶参数 $\frac{\Delta v_o}{v_s}$，$\frac{\Delta v_w}{v_s}$ 扫描（图 5-3-19、图 5-3-20a、图 5-3-20b、图 5-3-21a 和图 5-3-21b）求出最佳增溶参数 $\left(\frac{\Delta v_o}{v_s}, \frac{\Delta v_w}{v_s}\right)^*$ 对应的烷烃碳原子数线性曲线，再求得原油与不同纯烃配制的混合油（已知摩尔数）的 $\left(\frac{\Delta v_o}{v_s}, \frac{\Delta v_w}{v_s}\right)^*$，并由 $\left(\frac{\Delta v_o}{v_s}, \frac{\Delta v_w}{v_s}\right)^*$ 对表面活性剂平均当量 $\overline{MM}_o$ 扫描，求得混合油对应的最佳表面活性剂平均当量，故可由 $\overline{MM}_o$ 与 n_{opti} 求出相应的 n_{opti}，由下式求出原油的 $EACN$：

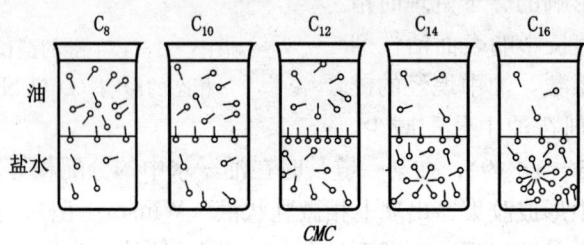

图 5-3-19　油相中烷烃的链长对表面活性剂分子在油水相中分配的影响（D. O. Shah，1981）

$$C_{平均} = C_1 x_1 + C_2 x_2 + \cdots + C_i x_i \tag{5-3-28}$$

式中　$C_{平均}$——混合油的 $EACN$；

C_i——每种混合组分的 $EACN$；

x_i——每种混合组分的摩尔分数。

表 5-3-3 和表 5-3-4 分别是中国几个油田的原油和国产石油磺酸钠的 $EACN$ 值。

表 5-3-3　中国几个油田原油的 $EACN$

油田	大庆	玉门	羊三木	孔店	辽河	脱色煤油
$EACN$	13	9.5	8.7	7.51	9.55	8.16

表 5-3-4　几种石油磺酸钠的 $EACN$

表面活性剂（商品代号）	F-FS	K-SF	UBS-1	TRS10-80	Y-SF	Q-SF	S-SF
平均当量 $\overline{MM}_o$	341.1	387	400	423	446	449.1	481.9
$EACN$ 值	<5	<6	6.2	9.2	12	13	15

近年来，许多人发现 $EACN$ 值受多种因素的影响，因此同一种原油常常在不同条件下得到了不同的 $EACN$ 值。M. C. Puerto 和 R. L. Reed 等提出了用"三参数表达"法求某原油的"等效油"（$Eqo's$）以代替对原油进行相态体系及驱油效率的研究。所谓"三参数表达"法，就是在最佳条件下增溶参数定值时将表面活性剂—醇—盐水—油体系的最佳含盐

度对油的摩尔体积做图版，则对于模拟油的任何体系，可以对给定的表面活性剂—醇配方，在温度为常数下，选择三参数中任意两个确定第三个参数；若两种油具有相等的摩尔体积、最佳含盐度和增溶参数，则可以称这二种油是等效的油，记作 Eqo's。具有相同黏度和相同的中相体积的等效油可以用以进行"等效油驱替"试验，所得驱替结果具有很好的再现性。这样可以用等效油"Eqo's"代替"活油"。为了描述上述各参数间的相互关系，J. L. Salager 和 R. S. Schechter（1979）等人曾提出了一个经验方程，含有醇、两性物质、单价电介质的最优体系有下述经验方程：

$$\ln C_m = K(ACN) + f(A) - \left(\frac{\Delta v_o}{v_s}, \frac{\Delta v_w}{v_s}\right)^* \qquad (5-3-29)$$

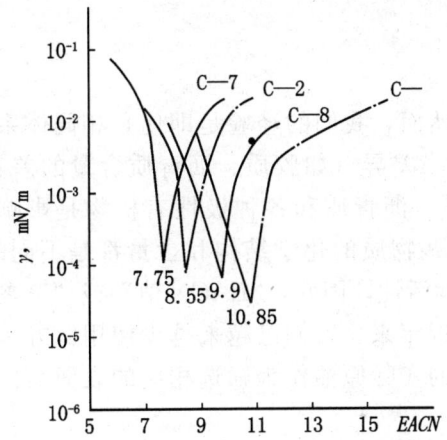

图 5-3-20a Y-SF 与 T-SF 混合表面活性剂体系的界面张力与烷烃碳原子数关系曲线

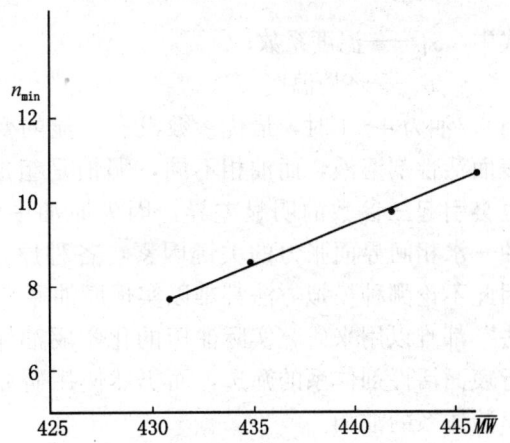

图 5-3-20b 最低界面张力对应的烷烃碳原子数 n_{min} 与表面活性剂平均当量关系曲线

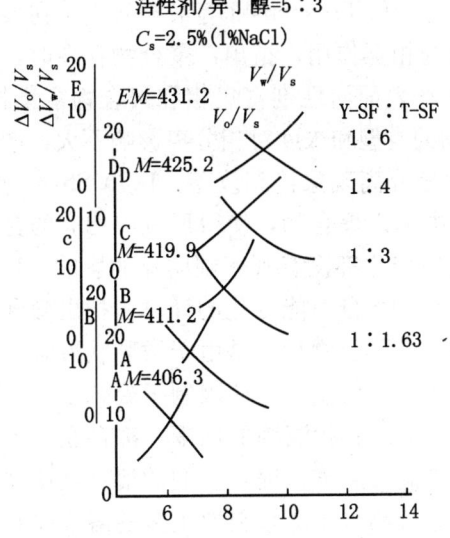

图 5-3-21a 增溶参数—烷烃碳原子数关系曲线

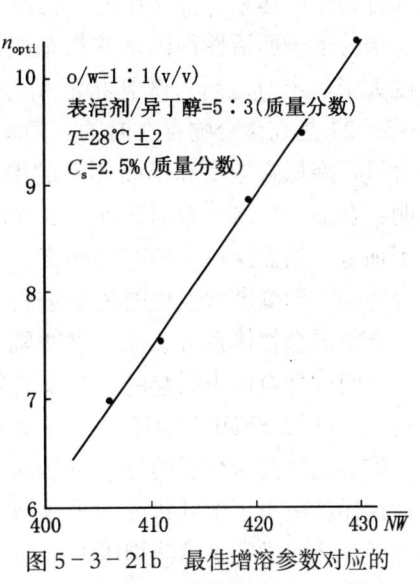

图 5-3-21b 最佳增溶参数对应的烷基碳原子数（n_{opti}）—表面活性剂平均当量关系曲线

式中　C_m——最佳含盐度；

　　　$\left(\dfrac{\Delta v_o}{v_s},\dfrac{\Delta v_w}{v_s}\right)^*$——最佳增溶参数；

　　　ACN——油相的碳原子数；

　　　K——常数；

　　　$f(A)$——与醇浓度有关的函数。

该方程考虑了醇只分配到油相和界面层的情况。而当考虑到油水比的变化和环境温度的影响时，上式可修改为：

$$\ln C_m = K(ACN) + f(A) - \left(\dfrac{\Delta v_o}{v_s},\dfrac{\Delta v_w}{v_s}\right)^* + \alpha_T(T-25) \quad (5-3-30)$$

式中　α_T——温度系数；

　　　T——环境温度，℃。

当水/油为 4～1 时，最优参数没有明显的变化。然而，我们的经验是即使是相同体系的表面活性剂溶液，而油相不同，哪怕是组成的微小差异（如胶质、沥青质含量的差异）也会引起三参数的明显差异，因为原油中的胶质、沥青质和各种极性有机物是影响原油—水相间界面张力的关键因素，各种原油中这些物质的化学结构和含量都是不同的，因此不论哪种模拟方法都难以实现原油原来的表面活性，因此，"EACN 值"或"三参数法"都难以用来研究实际油田的化学驱油体系，近年来，人们已越来越少使用此方法进行表面活性剂体系的筛选，而仍然使用研究对象的实际原油作为筛选相应的表面活性剂驱油体系的油相。

5.3.3.6　聚合物的影响

在用表面活性剂驱油时，在表面活性剂溶液段塞之后常跟随聚合物（部分水解聚丙烯 PHPAM，或生物聚合物 Xanthan）溶液缓冲带或在表面活性剂水溶液中加入聚合物以控制流度比，保护表面活性剂段塞不至过早地破坏。以及最近开发的碱—表面活性剂—聚合物三元复合物驱的体系等都存在聚合物高分子化合物。S. P. Trushenski 等最早研究了在聚合物存在条件下表面活性剂体系的相态变化及他们间的相互作用，指出：聚合物存在时，当其浓度大于一定值之后，微乳状液相分离成二相——表面活性剂富集相和聚合物富集相，图 5-3-22 是在聚合物存在时的三角相图，聚合物的类型和浓度对相分离影响不大，增加醇的含量，降低含盐度和提高体系的温度，可以使相分离现象得到改善。D. O. Shah 的研究表明：在油—盐水—表面活性剂（和醇）的体系中加入聚合物，使得形成中相时的含盐度范围加宽。然而这对于相态的转变、最优含盐度的变化都没有观察到明显的影响。Huh 对聚合物加入到微乳状液中的体系进行了溶液体系 Gibbs 自由能变化的计算，指出微乳状液—聚合物混合物体系分离成"富微乳状液相"和"富聚合物相"是由于微乳状液滴和聚合物分子间的静电斥力引起的，当聚合物分子接近微乳状液滴时，便限制了聚合物分子的构形自由。D. O. Shah 在解释这一现象时指出，在每个微乳状液滴的周围，都存在一个溶剂区，该溶剂区排斥分子的靠近；然而，当微乳状液滴相互靠近时，它们的溶剂区便发生重叠，这样就减小了微乳状液的排斥溶剂区，使得聚合物分子能够吸取更多的溶剂而有利于其构形。从而微乳状液滴周围的溶剂被聚合物分子榨取，使其聚并而分相。

对于表面活性剂稀溶液，许多人研究了表面活性剂分子同聚合物分子间的相互作用，正像已经论述的那样，非离子型聚合物的存在使表面活性剂的 CMC 增加，而离子型聚合物则类似于简单的盐（如 NaCl）那样，使表面活性剂的 CMC 减小。当聚合物存在时，相体系将发生变化。图 5-3-23 是相体系受表面活性剂、聚合物浓度控制的曲线图，在曲线的下面区域内体系为单相，上面区域体系为两相，即表面活性剂富集相和聚合物富集相，在该体系中最高临界含盐度为 8% 左右。出现相变化时的临界含盐度与聚合物、表面活性剂的关系示于图 5-3-24。微乳状液—聚合物混合物体系分离成"富微乳状液相"和"富聚合物相"是由微乳状液滴和聚合物分子间的静电斥力引起的，当聚合物分子接近微乳状液滴时，便限制了聚合物分子的构形自由。当部分水解聚丙烯酰胺的水解度增加时，聚合物相分离时的含盐度减小见图 5-3-23。

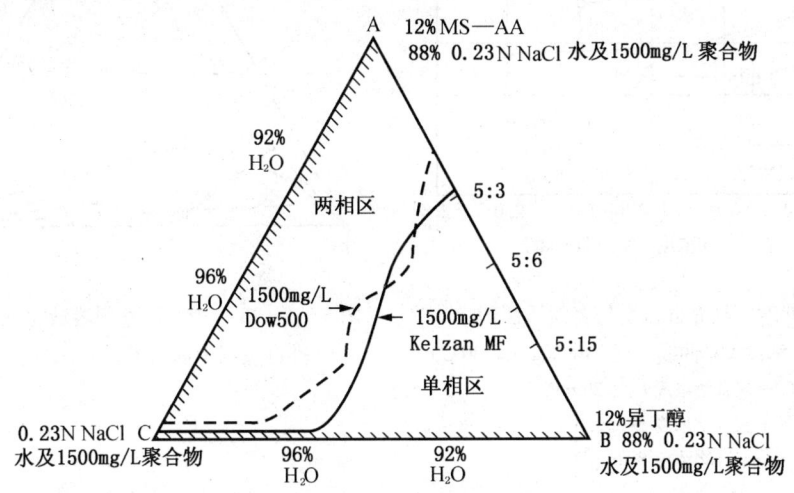

图 5-3-22　聚合物存在下表面活性剂水溶液相态

5.3.3.7　体系的水油比

在驱油过程中，微乳状液相平衡体系的前沿将随油墙的逐渐形成引起水油比的减小，后沿则因驱替液的浸入而使水油比增加。图 5-3-25 是组分为 X 的表面活性剂溶液在驱替过程中，前后沿随水油比的变化而引起的相态变化路线。在表面活性剂—醇总量为常数时，增加水油比使相态体系沿 l→m→u 方向变化，这是由于油的相对量减少，则油中表面活性剂相对浓度增加，胶束数和聚结数增加，从而易于形成上相微乳状液；反之相态沿 u→m→l 方向变化，这是溶在水中的表面活性剂相对浓度增加的原因。

5.3.3.8　环境条件（油层压力、温度）的变化

在油层条件下，表面活性剂—盐水—原油的相态行为往往产生相应的变化。温度升高

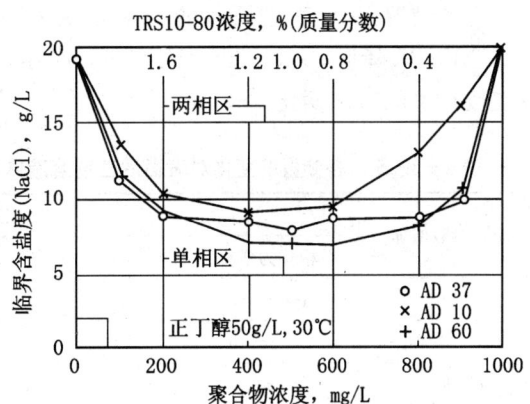

图 5-3-23　表面活性剂（TRS10-80）/聚合物（HPAM）相态图（正丁醇 50g/L，30℃）
○—聚合物 AD37（HD27%）；
×—聚合物 AD10（HD2%）；
+—聚合物 AD60（HD44%）

时，对于阴离子表面活性剂体系，由于表面活性剂分子更加亲水，使得体系相态沿 u→m→l 方向变化，增溶参数增加；因此在高温条件下，为保持最佳的相态条件，必须增加体系中水

相的含盐度。对于非离子表面活性剂则相反，由于其对温度更加敏感。在高压条件下，原油中溶解有气体；使得油的摩尔体积增加，从而改变了表面活性剂在油和水中的分配状态和界面膜的组成，发生类似油的烷基碳链长度减小的变化。

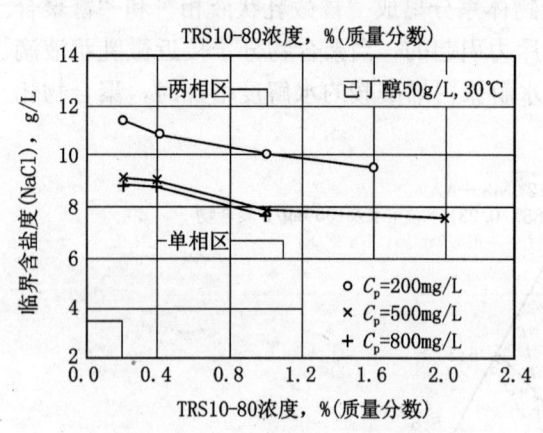

图 5-3-24 临界含盐度与表面活性剂（TRS10-80）浓度关系曲线（正丁醇 50g/L，30℃）
○—聚合物浓度 C_p = 200mg/L；
×—聚合物浓度 500mg/L；
+—聚合物浓度 800mg/L

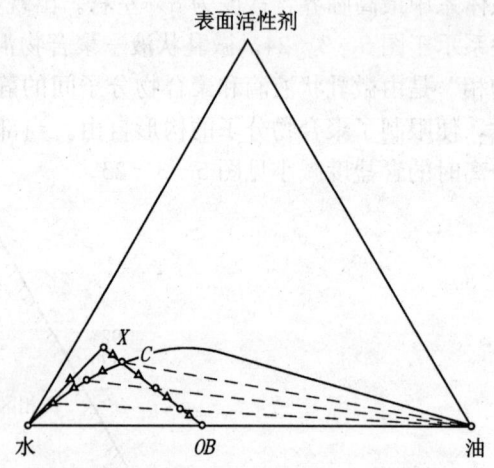

图 5-3-25 表面活性剂溶液驱油段塞在油层推进过程中前后沿的相态变化示意图

综上所述，体系的相态行为受多种因素的影响，表 5-3-5 中原则上归纳了上述诸因素的变化对阴离子表面活性剂—醇—盐水—油体系相行为态变化的影响（在组成和其他参数不变的情况下），表中所示的结果表明，当相态沿 l→m→u 方向变化时，与此对应的 γ_{mo}、$\Delta V_w/V_s$ 降低，γ_{mw}、$\Delta V_o/V_s$ 增加；当相态按相反方向变化（u→m→l）时，则上述参数也按相反的方向变化。

表 5-3-5 各参量的变化对表面活性剂溶液体系相行为、界面张力、增溶参数影响的综合列表

控制参数增加	相态及相关参数变化趋向				
	相行为变化	γ_{mo}	$\Delta V_o/V_s$	γ_{mw}	$\Delta V_w/V_s$
含盐度	l→m→u	−	+	+	−
$Ca^{2+}/NaCl$	l→m→u	−	+	+	−
pH 值*	u→m→l	+	−	−	+
表面活性剂当量	l→m→u	−	+	+	−
表面活性剂的支链	u→m→l	+	−	−	+
表面活性剂浓度	l→m→u	−	+	+	−
醇的链长度（C_4、C_5、C_6）	l→m→u	−	+	+	−
醇的浓度	u→m→l	+	−	−	+
油的碳链长度	u→m→l	+	−	−	+

续表

控制参数增加	相态及相关参数变化趋向				
	相行为变化	γ_{mo}	$\Delta V_o/V_s$	γ_{mw}	$\Delta V_w/V_s$
油中芳烃基	l→m→u	−	+	+	−
盐水/油	l→m→u	−	+	+	−
表面活性剂溶液/油	l→m→u	−	+	+	−
温度	u→m→l	+	−	−	+

注："*"对于羧酸盐表面活性剂而言，"−"降低方向，"+"增加方向。

5.4 化学驱油过程中表面活性剂损失及抑制途径

表面活性剂水溶液（超低界面张力体系）、胶束或微乳状液体系在多孔介质中驱替试验证明，表面活性剂损失是相当可观的。Yick-Mone Shum 指出，烷基苯磺酸盐在贝雷（Berea）砂岩上的室内试验吸附量为 2.5mg/g（岩石），在得克萨斯州 Manvel 油田单井注入最大吸附量为 0.56mg/g（岩石），滞留损失则分别为 1.38 mg/g、8.5mg/g（岩石）。H.J. Hill 的资料证明，石油磺酸盐 M−470（$\overline{WM}=350$）在 Bentun 油田砂岩上的损失为 0.02mmol/100g（岩石），在油田试验观察为 0.03mmol/100g（岩石）。对于纯体系，P. Somasundaran 和 H.S. Hanna 在十二烷基苯磺酸钠—钠高岭土体系上得到的饱和吸附量为 0.23mmol/100g（±）。由于试验条件各异，试验结果可以说是五花八门，但损失巨大这一点则是共同的结论。我们已经在第三章第一节 3.1.8 中论述了固体自表面活性剂溶液中吸附的基本理论，但是实验表明在解释实际发生在油层岩石中的表面活性剂因吸附引起的表面活性剂的损失时，实际结果与理论有许多差别，因为无论吸附质—表面活性剂或者吸附剂—组合岩石的矿物都不是纯物质。许多研究者为此做了许多研究工作。本节将着重综合叙述在实际驱油过程中发生的主驱油剂—表面活性剂的损失及其抑制方法。

5.4.1 驱油过程中驱油剂损失机理

引起表面活性剂驱油过程中驱油剂的损失十分复杂，概括起来主要有：在岩石矿物表面上的吸附、在空隙中的滞留、在油相中的分散和同多价金属离子反应生成沉淀等。其中在岩石矿物上的吸附起重要作用。引起吸附的因素很复杂，R.S. Schechtre 曾将胶束和微乳状液驱油过程中参与吸附的各参量排列成如表 5−4−1 所列的阵列，由表可见，各参量的组合构成了复杂的研究内容。但归纳起来是三项：表面活性剂的溶液性质、岩石物性和周围环境。根据表 5−4−1 中列举的参与吸附、滞留等引起化学剂损失的各物理—化学参量，分析损失的机理。

组成油层岩石的基本矿物（石英、方解石或白云石）及胶结物（高岭土、蒙脱土、伊利土）是产生表面活性剂吸附损失的主要吸附剂，我们在第一章已经讨论了有关油层岩石的性质，通常这些矿物表面是电荷的，荷电原因：一是岩石与溶液接触时固体表面 OH^- 解离使其表面荷电；二是可溶解矿物由于表面离子溶解、晶体离子破坏并溶入体相溶液、离子吸附、晶格离子替代和晶格缺陷等使其表面荷电。静电引力是岩石矿物自表面活性剂溶液吸附的重要原因。

表 5-4-1　参与表面活性剂在岩石中吸附的各参量（D. O. Shah，R. S. Schechtre，1977）

	低表面活性剂浓度体系	高表面活性剂浓度体系
静态平衡	(1) 油连续相或水连续相； (2) 组成变量：表面活性剂、盐分、醇、pH值、油相、水相、温度； (3) 吸附剂：岩石及组成岩石矿物等； (4) 混合的表面活性剂体系； (5) 分选（选择性吸附）、色谱效应	(1) 油连续相、中间相、水连续相（Ⅰ型、Ⅱ型、Ⅲ型 Winsor体系）； (2) 胶束化作用等； (3) 组成各变量； (4) 分选（选择性吸附）、色谱效应； (5) 吸附剂：岩石及组成岩石矿物等

纯烷基苯磺酸盐稀溶液在高岭土上的吸附等温线示于图 5-4-1。曲线可分为四个区段。Ⅰ区符合 Henry 定律，吸附量正比于表面活性剂浓度，吸附主要由静电引力引起，且烷烃链与矿物表面有强的作用，吸附以单层吸附状态存在，即在非电自由能被忽视时，吸附方程变为：

$$\Gamma_\delta = 2 \times 10^{-3} r C \exp\left(\frac{-Ze\psi}{RT}\right) \tag{5-4-1}$$

图 5-4-2、图 5-4-3 分别为十二烷基苯磺酸盐在铝矾土和方解石上的吸附；在 pH 值大于 PZC 时，吸附量因表面荷正电而增加。研究表明，人为地增加高岭土表面负电势（ψ）时，阴离子表面活性剂的吸附量减少；负电势 ψ 增加越多，则吸附量减少越多。图 5-4-4、图 5-4-5 表示吸附量减少与表面电势增大的对应关系。不同矿物由于其表面荷电性质不同，对阴离子表面活性剂吸附的状态也不同。石英表面在中性条件下呈负电性（P. Mukerjee 和我们的研究都证明吸附可以忽略），蒙脱土及高岭土上的吸附量则很高（见图 5-4-6），尽管它们在中性条件下都荷负电，但其荷电状态是不均衡的。如果岩石组成中黏土含量增加，则吸附量线性增加，如图 5-4-7 所示。总的认识是荷正电的阳离子表面活性剂吸附在蒙脱土、伊利土、高岭土的荷负电的晶片层面上，荷负电的阴离子表面活性剂吸附在荷正电的边缘和棱角上，并为静电力所保持；非离子表面活性剂靠氢键作用吸附在铝—氧八面体层面上。这种吸附随黏土颗粒比表面积的

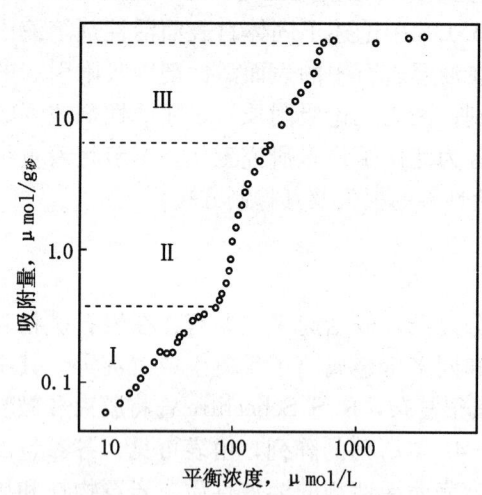

图 5-4-1　纯十二烷基苯磺酸盐在高岭土上的吸附等温线（D. O. Shah，R. S. Schechtre，1977）
表面活性剂：3—ΦC12ABS；0.171N NaCl；
高岭土：30℃；液：固＝10ml/g

增加而增加，在相同条件下不同土的单位质量吸附量的大小次序为：蒙脱土＞高岭土＞伊利土。

溶液中存在一价无机盐时，阴离子表面活性剂的电化学势增加，从而使跃迁势增加，

因此吸附量增加，且吸附量随离子强度的增加而增加。同时，由于相应的负离子与阴离子表面活性剂竞争吸附位置而使表面活性剂的吸附能力降低，一般竞争能力的次序是：$Cl^- <SO_4^- <PO_4^{3-}$（在溶液中呈 HPO_4^{2-}）$<SiO_3^{2-}$。

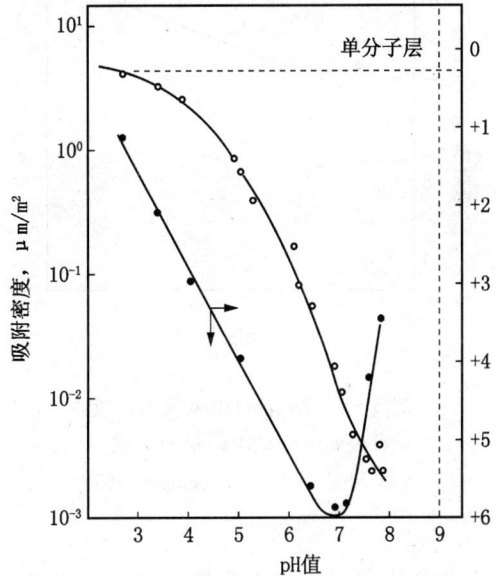

图 5-4-2 SDDBS 在铝矾土上的吸附量与 pH 值的关系（D. O. Shah, R. S. Schechtre, 1977）
（表面活性剂浓度：$3×10^{-5}$mol SDDBS）

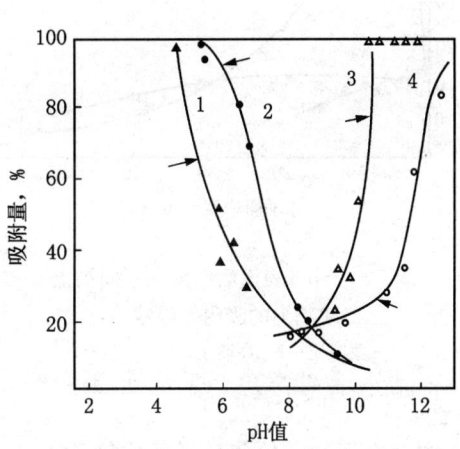

图 5-4-3 SDDBS 和 SDDAA 在方解石上的吸附量与 pH 值的关系（D. O. Shah, R. S. Schechtre, 1977）
1—$1.5×10^{-5}$mol SDDSO$_4$；2—$3.2×10^{-2}$mol SDDSO$_4$；
3—$3.5×10^{-5}$mol SDDAA；4—$1.5×10^{-5}$mol SDDAA

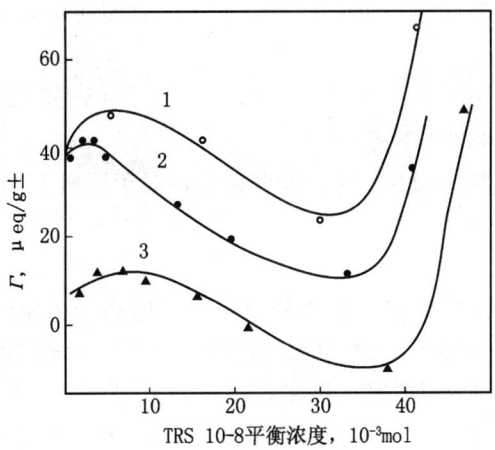

图 5-4-4 石油磺酸盐吸附等温线
（D. O. Shah, R. S. Schechtre, 1977）
1—TRS10-80/高岭土体系；2—TRS10-80 + 310mg/L, KH$_2$PO$_4$/高岭土；3—TRS10-80 + 310mg/L, (NaPO$_3$)$_6$/高岭土

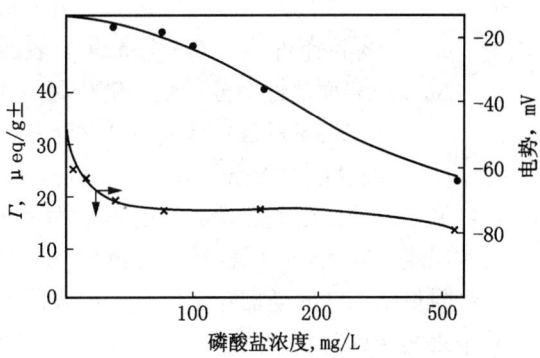

图 5-4-5 石油磺酸盐吸附量与表面电势的关系
（D. O. Shah, R. S. Schechtre, 1977）
pH = 6.2，表面活性剂浓度：
0.00698mol TRS10-80, T = 30℃

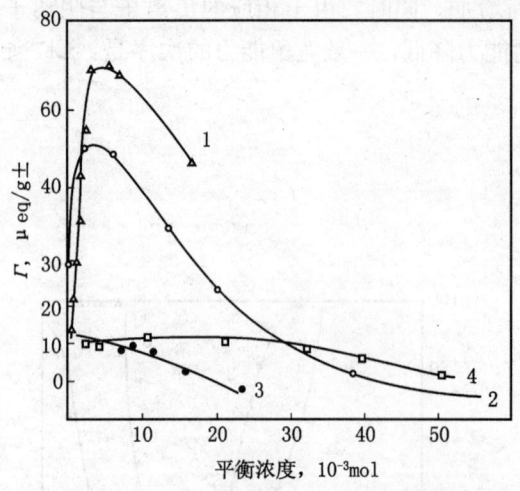

图 5-4-6 表面活性剂在不同黏土
矿物上的吸附等温线

1—蒙脱土；2—高岭土；3—伊利土；
4—石英；液：固 = 9:1 (g/L)，$T = 30 \pm 1$℃

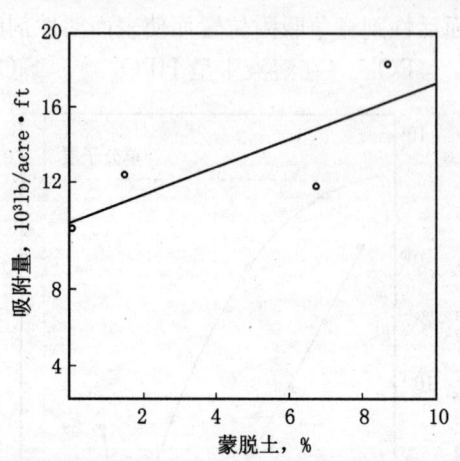

图 5-4-7 岩石中蒙脱土含量
对表面活性剂吸附量的影响

(D. O. Shah, R. S. Schechtre, 1977)

含一个不同二价负离子的电解质对十二烷基苯磺酸钠在高岭土上吸附的影响试验证实了这一认识。然而，Bott 认为无机电解质的引入压缩了双电层，使黏土胶粒扩展表面减少，从而使吸附量减少，并得到了实验证实。

在图 5-4-1 的 II 区中，吸附量随浓度的增加而增加。这是由于吸附分子侧间力的作用引起的。在液—固界面上吸附的表面活性剂分子聚结成二维半胶束吸附状态（D. W. Fuer Stenau 把开始出现半胶束时的溶液浓度定义为半胶束浓度，记作 HMC），半胶束与胶束一样具有拟烃的性质，烃链间的范德华力引起的内聚作用功可进一步吸附自由表面活性剂分子。这种内聚总能量可归结为：

$$\mu = n\Delta\mu - \mu_s^0 \tag{5-4-2}$$

式中　μ_s^0——标准条件下（$C = 1\mu\text{mol}$）表面活性剂化学势；

$\Delta\mu$——表面活性剂分子烷烃链中每一个甲基—CH_2—的二维聚结能，对于铝矾土/十二烷基磺酸盐体系为 $1.15kT$；

n——烷烃链中碳原子数。

可见，内聚作用随烷烃链长的增加而增加。这种内聚（像半胶束）作用能高于体相胶束的作用能。因此表面活性剂分子的结构将决定这种作用的强弱。在图 5-4-1 曲线的 III 区，吸附量随浓度的增加变缓，第二层吸附的出现变得明显，且在 CMC 值处达到峰值。由于单个表面活性剂分子浓度达最大值，则浓度大于 CMC 值之后吸附不再随浓度增加而增加，而出现平稳值。由于液—固界面上表面分子的定向排列，所以固体表面向亲油性转变，我们的研究证明了这一认识。这样，亲油键将对吸附起作用。亲油键的结合属范德华键结合，结合强弱取决于键的强弱及矿物表面的非极性程度。许多研究者发现亲油矿物（包括亲油岩石）表面对表面活性剂分子有强烈的吸附。显然，不仅表面活性剂极性基的静电引力对吸附有贡献，烷烃链的范德华力也起着明显的作用。一般烷烃链上的一个—CH_2—向周围环境的跃迁自由潜能如图 5-4-8 所示。在烷烃链中引入一个苯环相当于引入 3.5 个次甲基。

油田驱油中使用的混合石油磺酸盐在各种黏土矿物上的吸附等温线不是 Langmuir 型曲线，而是如图 5－4－6 所示的那样，在 CMC 值附近出现吸附最大值，有时后面还紧跟最小值，首先发现这一现象的是 R. G. Aiken（1944），后来，其他人也用不同吸附剂（活性炭、石墨、聚苯乙烯等）观察到类似的现象。J. b. Lawson，S. P. Trushenski，H. S. Hanna 等在贝雷砂岩、Bentoo 油层砂岩及高岭土上也都得到了同样的结果。这一结果不仅具有理论意义而且具有实际意义，即在浓度大于 CMC 值之后（实际油田注入体系表面活性剂浓度都必须高于 CMC 值）并不出现平稳的峰值，这对于驱油体系当然是有利的。出现吸附最大值（或有时紧跟着出现吸附最小值）情况下的吸附态显然不同于 Langmuir 型情况下的吸附态。F. J. Trogus 提出了描述几种同质异构体组成的混合表面活性剂在高岭土颗粒表面的吸附模型，并给出了不同比例的两种同质异构体混合物的吸附等温线，证实在形成

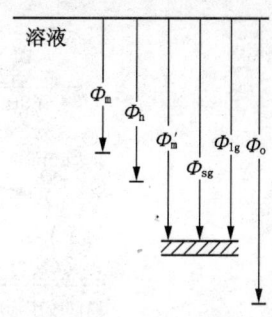

图 5－4－8　表面活性剂分子自溶液中向周围环境的跃迁自由潜能（按一个—CH_2—计算）示意图
(D. O. Shah，R. S. Schechtre，1977)

Φ_m—到胶束中；Φ_h—到半胶束中；Φ'_m—到胶束中（非离子）；Φ_{lg}—到气—固半胶束中；Φ_{sg}—到气—液界面上；Φ_o—到烃环境中

胶束能力强的组分中掺入一定量的形成胶束能力弱的组分后吸附量下降，可求出出现最小吸附值的两种组分混合比。而 J. Novosad 则从双组分体系的竞争吸附出发，导出了描述最大吸附值等温线的方程。假定表面活性剂（溶质）和水（溶剂）为对固定表面产生竞争吸附的两种组分，当溶质摩尔数为 0 和 1 时，其过剩吸附量均为零，过剩吸附对溶质摩尔分数作图，曲线将出现最大值。作者还引入了选择吸附系数的概念，将表面活性剂性质、结构与吸附剂的性质联系起来，判断出现了过剩吸附的正、负条件。

5.4.2　表面活性剂在岩石矿物上的吸附模型

5.4.2.1　吸附层结构

阴离子表面活性剂稀溶液—氧化物类矿物体系的理想吸附等温线（图 5－4－1、图 5－4－9）可由图 5－4－10 所示的模型解释。符合亨利（Henry）吸附法则的 I 区，表面活性剂分子形成"平躺"的专性吸附（Stern 层吸附）。在吸附等温线的 II 区：固体表面的吸附分子自单层排列向双层排列过渡，呈现双层吸附与 Stern 层专性吸附共存的状态。在吸附等温线的 III 区：固体表面的最佳吸附位已被完全占据，形成双层吸附，电势次高的分子束插入。由于第二吸附层表面负电荷的存在，开始出现表面的排斥作用。在 IV 区：体系接近临界胶束浓度（CMC），表面活性剂分子开始缔合成胶束。体系中存在单个表面活性剂分子开始缔合成胶束。体系中存在单个表面活性剂分子—胶束—吸附层分子间的动态平衡，同时出现胶束同吸附层对单个活性剂分子的争夺和胶束同吸附层之间的静电排斥作用。

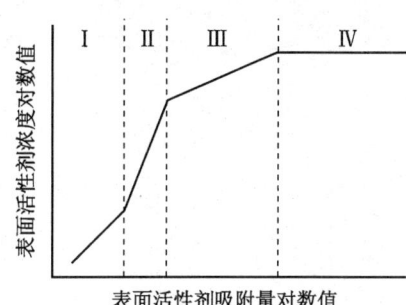

图 5－4－9　阴离子表面活性剂稀溶液吸附等温线示意图
(D. O. Shah，R. S. Schechtre，1977)

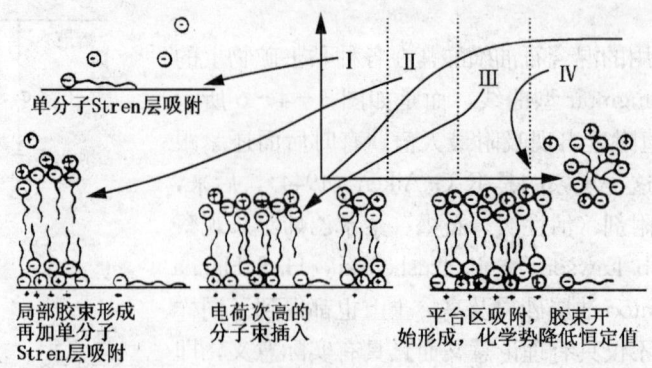

图 5-4-10　表面活性剂吸附的准胶束假说示意图（D. O. Shah, R. S. Schechtre, 1977）

在许多实验研究中得到的表面活性剂—氧化物类矿物的实际吸附等温线在 CMC 附近出现最大值，有时还跟随一个最小值（图 5-4-4，图 5-4-6），对此现象的解释众说纷纭，一般认为有以下两种作用机理：

（1）胶束排斥作用　根据质量作用定律，只有单个分子才能在固—液界面被吸附，而单个分子的浓度在 CMC 附近可以认为有最大值，浓度大于 CMC 后，胶束同吸附表面层之间出现排斥作用，单个分子向固—液界面的跃迁势降低，吸附量下降，胶束同黏土颗粒之间的接近程度取决于"结构离子"（Structuring ionic）和"逆结构离子"（Destructuring ionic），这两种结构的不同是由黏土的可交换阳离子性质造成的。

（2）增溶作用　表面活性剂分子同黏土中的可交换多价阳离子反应，在黏土表面形成沉淀，当浓度大于 CMC 后，沉淀物在胶束中再溶解。同时，在浓度为 CMC 时，胶束表面上发生反离子（Ca^{2+}）的吸附和随后沉淀物的再溶解。此外，表面活性剂在固体孔隙中的毛细凝结、表面活性剂中的不纯物等都可以解释吸附最大值的出现。

5.4.2.2　吸附模型

众所周知，若固体表面是均匀的，每个吸附位上的吸附热相同，则有 Langmuir 吸附模型：

$$\Gamma = C/(b + mC) \tag{5-4-3}$$

或

$$C/\Gamma = mC + b \tag{5-4-4}$$

式中　Γ——吸附量；

C——表面活性剂浓度；

$m = N_o\sigma_0/A_{sp}$，其中 N_0 为阿弗加德罗常数；

σ_0——吸附分子截面积；

A_{sp}——吸附剂比表面；

$b = m/K'C_2$，其中 K' 为热力学常数；

C_2——体相中溶剂浓度。

若固体表面是非均质的，则有 Freundlich 模型：

$$\lg\theta = \lg a + n^{-1}\lg C \tag{5-4-5}$$

式中　θ——覆盖度；

C——表面活性剂体相浓度；

a, n——常数（$n>1$）。

然而，这两种模型都不能描述表面活性剂在氧化物类矿物上的吸附。下面介绍针对此类体系提出的代表性理论模型。若将吸附剂的非均质表面看作无限多个表面单元，每个表面单元可能认为是均质的，吸附态由吸附分子之间的侧向作用决定，则溶液吸附达平衡后，表面活性剂分子的自由能变化为：

$$\Delta G = G_a = N_a - n_a\mu_s \tag{5-4-6}$$

式中 G_a——吸附分子自由能；

n_a——吸附分子总数；

μ_s——溶液中表面活性剂分子的化学势。

由于表面活性剂分子烃链既具有向空间膨胀的形态结构又具有彼此紧密平衡联结的趋向，故吸附相的自由能为：

$$G_a = \mu_a - kT\{n_a\lg Z_a + \lg[n_a!/n_a!(n_0-n_a)!]\} \tag{5-4-7}$$

式中 n_0——溶液中表面活性剂分子总数；

n_a——吸附分子数；

μ_a——吸附分子的平均势能；

Z_a——吸附分子的状态结构函数；

k——Boltzmann 常数；

T——绝对温度。

溶液中表面活性剂分子的化学势为：

$$\mu_s = -kT\lg[2\pi MkTZ'_s Z_{s,rot}/h^3 - kT\lg(v/n_s)] \tag{5-4-8}$$

式中 h——Plank 常数；

Z'_s——表面活性剂分子内部振动结构函数；

$Z_{s,rot}$——表面活性剂分子内部和外部振动结构函数；

M——表面活性剂相对分子质量；

v——表面活性剂分子振动频率；

n_s——溶液中表面活性剂分子数。

v/n_s 与表面活性剂摩尔浓度 C 的关系为：

$$-\lg(v/n_s) = \lg C + \lg n_a$$

将式（5-4-7）、式（5-4-8）代入式（5-4-6），在 ΔG 为最小值下对 n_a 求导，则有：

$$kT\lg[\theta/(1-\theta)] = \phi_a + kT\lg W_a + kT\lg C \tag{5-4-9}$$

式中 θ——表面活性剂分子在固体表面的覆盖度；

ϕ_a——表面活性剂分子同固体表面的结合功；

W_a——吸附表面活性剂分子间的侧向结合功。

式（5-4-9）即为均质表面单层吸附时的吸附方程。若 $W_a = 0$，式（5-4-9）变为 Langmuir 和 Henry 定律模型：

$$RT\ln[(\theta_1-\theta_2)/(1-\theta_1)] = \Delta\mu_1^0 + W_1\theta_1 - \alpha_1 \tag{5-4-10}$$

$$RT\ln[(\theta_2)/(\theta_1-\theta_2)] = \Delta\mu_2^0 + W_1\theta_2 - \alpha_2 \tag{5-4-11}$$

式中下标1、2分别代表第一和第二吸附层；$\Delta\mu_1^0$ 为表面活性剂分子自溶液向固体表面跃迁的化学势（9～12碳烷基苯磺酸盐自水溶液向高岭土表面跃迁时，$d\Delta\mu_1^0/dCH_2 =$

-4.13kJ/mol,$d\Delta\mu_2^0/dCH_2 = 3.96 \text{kJ/mol}$);$\alpha_1$、$\alpha_2$ 为与标准状态的选择有关的常数。

上述表达式的最大缺点是忽略了表面活性剂极性基在水溶液中解离引起的电动势对吸附的贡献和固体表面电荷的作用,D. W. Fuerstenau 假定固体表面是均质的平面,表面活性剂的吸附是 Stern 层专性吸附,根据 Stern-Graham 理论,吸附密度 Γ 可表示为:

$$\Gamma = 2rC\exp\left[-(Ze\psi_s + m\phi)/kT\right] \quad (5-4-12)$$

式中 r——被吸附的表面活性剂离子的有效半径;
C——表面活性剂体相浓度;
ψ_s——表面活性剂极性基团的表面电势;
e——离子电荷;
Z——反离子价数;
ϕ——表面活性剂分子烃链的每一个—CH_2—的摩尔黏附功;
m——表面活性剂分子烃链的碳原子数。

R. S. Schechter 及其学生综合了 Cases, Scamehorn 和 Fuerstenau 的模型,假定吸附层为与体相胶束相似的准胶束,根据胶束的双电层理论,由 Poisson-Boltzmann 方程可写出胶束表面电势分布:

$$e\psi_m = kT\cosh^{-1}(1 + \sigma^2/4C_0 kT\varepsilon_0) \quad (5-4-13)$$

式中 σ——表面电荷密度;
C_0——体相电解质浓度;
ε_0——双电层内介电常数;
ψ_m——胶束表面电势。

由于固体表面是由若干电荷密度为 σ_s 的单位组成,且在 CAC 值开始出现双层吸附,在一定的表面活性剂和反离子浓度下,总的表面活性剂吸附量(Gibbs 吸附)为:

$$\Gamma = \Gamma_b \int_{\sigma_s^*}^{\sigma_s^{max}} f(\sigma_s^-) d\sigma_s^- + \int_{\sigma_s^{min}}^{\sigma_s^*} \Gamma_i(C_{s^-}, C_{Na^+}, \sigma_{s^-}) f(\sigma_s^-) d\sigma_s^- \quad (5-4-14)$$

式中 C_{s^-}——双电层内表面活性剂离子浓度;
C_{Na^+}——双电层内反离子(Na^+)浓度;
Γ_b——双层吸附量;
σ_s^*——浓度低于 CAC 时的表面电荷密度,所带上标 max 和 min 分别表示在溶液表面活性剂浓度和反离子浓度下的最大值和最小值;
$f(\sigma_s^-)$——表面电荷分布函数;
$\Gamma_i(C_{s^-}, C_{Na^+}, \sigma_{s^-})$——低覆盖度时 Henry 吸附常数。

若 Henry 定律在 I 区适用,则可用一个累积表面电荷分布函数 $F(\sigma_s^-)$ 代替 $f(\sigma_s^-)d\sigma_s^-$,式(5-4-14)即变为:

$$\Gamma = \Gamma_b F(\sigma_s^*) + HC_{s^-}[1 - F(\sigma_s^*)] \quad (5-4-15)$$

H 为 Henry 常数,不同固体表面的 H 值不同,这里是平均值。要在给定的表面活性剂浓度及含盐度下解方程(5-4-14),需要知道:(1)表面电势分布函数的表达式;(2)在该表面活性剂浓度和含盐度下形成准胶束时的表面电荷密度函数的表达式。体相表面活性剂同准胶束中表面活性剂达平衡时的化学势为:

$$\mu_s = \mu_s^0 = kT\ln(4\pi^2\Gamma_a/\Lambda C_0) \quad (5-4-16)$$

式中 Γ_a——吸附在最有利位置上的表面活性剂密度；

C_0——体相表面活性剂浓度；

μ_s^0——标准化学势；

$\Lambda = (h/2\pi MkT)$，为迁移分布函数。

式（5-4-16）同 K. Shinoda 提出的关于胶束形成浓度的表达式十分相似。根据 K. Shinoda 的观点，$\mu_s - \mu_s^0$ 可表示成：

$$\mu - \mu_s^0 = E_{el} - mW_A \tag{5-4-17}$$

式中 E_{el}——电功；

m——表面活性剂分子烷基链碳原子数；

W_A——表面活性剂分子烷基链的一个—CH_2—基自水溶液中迁移到吸附层内时自由能的变化。

反离子吸附只是对电功的贡献。表面活性剂在固体表面的双层吸附如图 5-4-11 所示，顶、底层表面活性剂分子的电势为：

$$\phi_{s^-,T} = \phi_T = ea\sigma_T/20kT\alpha\varepsilon_T + \phi_{s^-,N,T} \tag{5-4-18}$$

$$\phi_{s^-,B} = \phi_B = ea\sigma_B/20kT\alpha\varepsilon_B + \phi_{s^-,N,B} \tag{5-4-19}$$

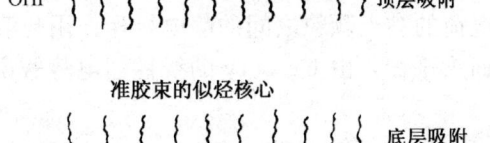

图 5-4-11 表面活性剂双层吸附示意图（D. O. Shah, R. S. Schechtre, 1977）

式中 ϕ_T, ϕ_B——顶、底层的宏观电势；

$\phi_{s^-,N,B}$、$\phi_{s^-,N,B}$——顶、底层内相邻分子相互作用引起的电势叠加；

ε_T、ε_B——顶、底层的介电常数；

a——表面活性剂分子排斥体积半径；

β——层内介电常数修正系数；

$\alpha = \beta/a$。

若将底层或顶层的平均表面电势记作 ϕ_{s^-}，则有：

$$E_{el} = \phi_{s^-} = \phi_{s^-,T} = \phi_{s^-,B} \tag{5-4-20}$$

综合式（5-4-17）、式（5-4-18）、式（5-4-19）和式（5-4-20），可将式（5-4-16）改写为：

$$\phi_s = mW_A/kT - \ln(2\pi^2\Gamma_b/C_0\Lambda) \tag{5-4-21}$$

式（5-4-21）即为双层吸附量 Γ_b 同表面活性剂浓度 C_0、表面活性剂结构 mW_A 及表面电势 ϕ_{s^-} 之间的函数关系。若吸附仅发生在 Helmholtz 内层（IHP），即发生 Stern 层吸附，则由式（4-1-138）可得前述 I 区的 Henry 吸附方程：

$$\phi_1 = mW_1/kT - \ln(4\pi^2\Gamma_b/C_0 \wedge) \tag{5-4-22}$$

由式（5-4-21）、式（5-4-22）可见，对于一定的表面活性剂，在给定的表面活性剂浓度及离子浓度下，吸附量（Γ_b 或 Γ_{ms^-}）是表面电势的函数。若能测定表面活性剂吸附层的表面电势，就建立了吸附量（Γ_b 或 Γ_{ms^-}）同表面电势（ϕ_{s^-}）的实验关系。若图5-4-11 中的 Helmholtz 外层（OHP）就是双电层的滑动面（剪切面），则可用 ζ 电势代表表面电势（ϕ_{s^-} 或 ϕ_i）。

式（5-4-21）、式（5-4-22）表达了表面活性剂吸附的一种拟相分离模型。在Ⅰ区，考虑到表面活性剂离子与同电性共存离子对吸附位的竞争吸附，表面电荷密度是 pH 值的函数，mW_I 反映表面活性剂分子结构对吸附的影响。在Ⅱ区、Ⅲ区表面活性剂浓度大于 CAC，开始出现第二层吸附，表面活性剂结构的影响由双层内介电常数修正系数 β、分子排斥体积（半径 a）、顶层和底层介电常数 ε 及 mW_A 等决定，ζ 电势由准胶束覆盖的和未覆盖的表面对电势的贡献决定。随着吸附量的增加，ζ 电势往往在Ⅰ、Ⅱ区改变符号，但若在电中性前达到饱和吸附，则在任何区域均不会出现电势符号的改变。

然而，式（5-4-9）、式（5-4-10）、式（5-4-11）、式（5-4-12）和式（5-4-21）所表示的均是表面活性剂稀溶液的吸附模型。许多研究结果表明，当浓度大于 CMC 时，会出现表面活性剂吸附量随浓度增加而减小的趋向。对此，K. Ananthapadmanbhan 和 P. Somasundaran 提出了浓度大于 CMC 时的胶束排斥模型：假定荷电胶束颗粒与荷相同电荷的黏土颗粒之间的静电排斥作用与溶液体相中荷电胶束之间的相互作用相似，胶束表面为平面，由 Gregory 的线性超电势假说（LSA）可得胶束同黏土颗粒间的叠加电势：

$$V_{RX} = 128Na_m\pi nkT \tanh(ze\psi_m/4kT) + \tan(ze\psi_{ss}/4kT)\exp(-kx)/K^2 \tag{5-4-23}$$

式中 a_m——胶束半径（对 NaDDBS 取 2.5nm）；

    n——阳离子（阴离子）总数，mol/L；

    ψ_m——胶束表面电势；

    Z——反离子价数；

    ψ_{ss}——黏土颗粒表面电势；

    K——双电层厚度的倒数；

    x——表征胶束与黏土颗粒间的距离。

将此式展开可得其简化式。胶束表面电势可由式（5-4-13）得到，也可由下式近似计算：

$$\psi_m = me(1-a_m)/[\varepsilon\varepsilon_0 a(1+Ka)] \tag{5-4-24}$$

式中 m——胶束聚结数（对 NaDDBS 取 24）；

    a_m——胶束表面电荷被反离子中和的程度（胶束表面的结合度，对 NaDDBS 取 0.85）；

    $\varepsilon, \varepsilon_0$——介质与双电层的介电常数；

    a——常数。

固体表面电势 ψ_{ss} 可取相同条件下的 ε 电位，由于石英、铝矾土沉淀很快，ζ 电位难以实测，可用 Nernst 方程计算。已知 V_{RX} 时，可由 Boltzmann 方程得到胶束沿离开固—液界面距离 x 的分布：

$$C_x = C\exp(V_{RX}/RT) \tag{5-4-25}$$

式中 C_x——距固—液界面 x 处表面活性剂的浓度；

C——体相中表面活性剂浓度。

这样，表面活性剂在岩石矿物上的吸附量就可以由下式计算：

$$\Gamma = C\int_0^\infty (C_x - C)\mathrm{d}x = C\int_0^\infty [\exp(-V_{RX}/RT) - 1]\mathrm{d}x \tag{5-4-26}$$

将 $[\exp(-V_{RX}/RT) - 1]$ 对 x 作图，即可得 Γ、Γ 随 C_x 的变化关系和 Γ_m。

5.4.3 抑制表面活性剂吸附损失的方法

目前，抑制化学驱油过程中表面活性剂损失的主要途径有：改进表面活性剂的分子结构；进行多种表面活性剂的复配；选择适宜的顶替表面活性剂损失的牺牲剂。

5.4.3.1 调整表面活性剂的分子结构

由上所述，表面活性剂在岩石矿物上的吸附与其化学势有重要关，而化学势又与表面活性剂的分子结构有关。单一表面活性剂分子（如烷基苯磺酸钠）的每一个甲基引起的表面活性剂分子的化学势变化，是由其自水溶液向高岭土表面的跃迁造成的，d$(\Delta\mu)$/d(CH_2) = -0.99kcal/mol；向半胶束的跃迁势为 d(ω)/d(CH_2) = -0.92～-0.95kcal/mol。随着烷基碳原子数增加，则吸附倾向增加。从对化学势的贡献来看，引入一个苯环相当于增加 3.5 个—CH_3，由于苯环在烷烃链上的取代位置能明显改变空间结构（如 1—ϕ—C12ABS 有最大的憎水倾向），吸附量增大。当苯环处于中间位置时，侧向作用减弱（如 3—ϕ—C_{12}ABS 和 4—ϕ—C_{12}ABS 的侧向化势分别为 -3.72kcal/mol 和 -3.70kcal/mol），吸附倾向变小。5—ϕ—C_{12}ABS 与 6—ϕ—C_{12}ABS 比较，后者吸附值可低 20% 左右，也就是说，适当的分子空间结构，可以使吸附值控制在最小值。

对于非离子表面活性剂，亲水基氧乙烯数 EO 增加时，不仅使分子跃迁化学势降低，而且使其 CMC 值降低，从而使吸附量减少。据 J.F.Scamehorn 报道，当 EO = 100 时，吸附量出现负值。

多组分同分异构体的混合物与单一组分不同，不同异构体分子间的作用力将发生变化。吸附不仅取决于同一组分间的侧向化学势 (ω_i)，在多组分的分子结构中也取决于不同组分间的侧向化学势。如单一组分的 3—ϕ—C_{12}ABS、4—ϕ—C_{12}ABS 的侧向化学势分别为 -3.72kcal/mol 和 -3.70kcal/mol，而这二组分间侧向化学势为 -3.31kcal/mol，即混合物有较低的化学势，因而其吸附量减少。对于由二种相对分子质量不等的表面活性剂所组成的混合物，低分子的引入将使高分子的吸附倾向减少。W.W.Gale 等人的试验证明，如混合物相对分子质量分布合适，则吸附量能控制至低值，相对分子质量分布过宽或过窄都达不到理想结果。他建议相对分子质量分布范围在 375～435 为宜。

表面活性剂的复配可以使分子间化学势显著降低。如前所述，由同分异构体构成的阴离子表面活性剂混合物的吸附分子间侧向引力引起的化学势的变化低于纯分子间化学势的变化。与纯单一组分的表面活性剂相比，半胶束的烷基环境不利于表面活性剂分子的聚结。同样，非离子、阴离子表面活性剂混合物体系也不利于这种聚结。

表 5-4-2　烷基苯磺酸盐异构体、非离子表面活性剂复配混合物的分子间侧向作用化学势 (kcal/mol)

表面活性剂	1	2	3	4	5
1. $C_{10.3}H_{21.6}(EO)_{7.5}OH$				-1.52	-1.56
2. $C_9H_{19}-\phi-(EO)_9OH$				-1.69	
3. $C_9H_{19}-\phi-(EO)_{30}OH$				-2.11	-2.31
4. $3-\phi-C_{10}ABS$	-1.52	-1.69	-2.11	-3.72	-2.31
5. $4-\phi-C_{10}ABS$	-1.56		-2.31	-3.31	-3.70

表 5-4-2 列举了几种烷基苯磺酸盐同系物与几种聚氧乙烯烷基酚的不同复配体系的分子间侧向作用化学势的变化。由表中数据可见，复配后的化学势使在固体表面上聚结形成二维结构的倾向明显降低，从而有利于总吸附量的降低。实验表明，非离子—阴离子表面活性剂复配体系在高岭土上的吸附量不仅使非离子—阴离子单一组分的吸附量降低（图 5-4-12 为北京大学顾惕人等用十二烷基磺酸钠—SDDS 与平均氧乙烯数为 10 的聚氧乙烯辛基酚 TritonX-100 的不同复配体系得到的 TritonX-100 在硅胶上的吸附等温线），而且使总吸附量降低。

图 5-4-13 为 J. F. Scamehorn 研究不同 EO 的氧乙烯壬基酚与 $3-\phi-C_{10}ABS$ 的复配

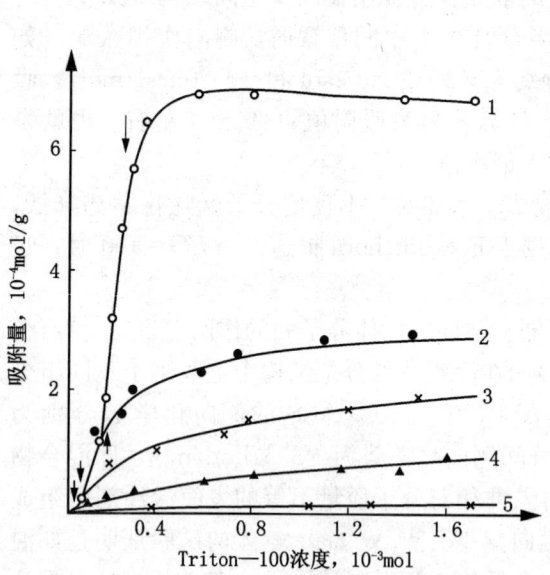

图 5-4-12　在 SDDS 存在条件下 TritonX—100 的吸附量（顾惕人等，1994）
1—SDDS = 0；2—SDDS = 9.2×10^{-4} mol；
3—SDDS = 1.6×10^{-3} mol；
4—SDDS = 3.0×10^{-3} mol；
5—SDDS = 5.8×10^{-3} mol

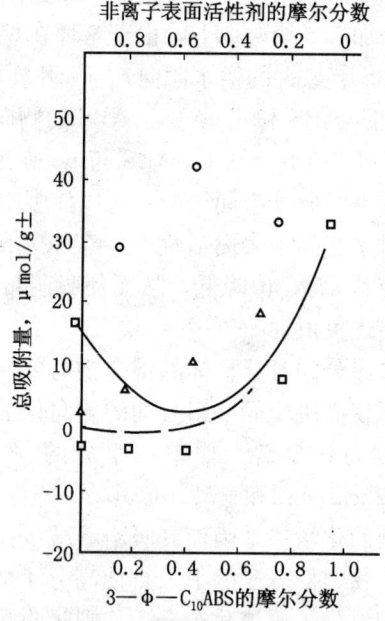

图 5-4-13　不同 EO 数的非离子表面活性剂与阴离子表面活性剂混合对其在高岭土上吸附的影响
(J. F. Scamehorn, 1977)
○—EO = 9；△—EO = 30；□—EO = 100
液：固 = 0.01 (L/g)；pH = 4.3；T = 30℃；
活性剂浓度 4000μmol；含盐度 0.171N NaCl

物在高岭土上吸附时得到的吸附总量与复配比的关系曲线。这一结果表明,在体系中加入一定比例的吸附能力低、EO 值高的非离子表面活性剂可降低阴离子表面活性剂的吸附量。总吸附量随非离子表面活性剂引入量的增加而降低;同时,引入的非离子表面活性剂的 EO 数增加,则吸附量降低更甚,在 $EO=100$ 时,总吸附量降至零直至负值。此外,非离子—阴离子表面活性剂混合物对盐,特别是高价盐的容忍度很高,对盐反应迟钝。然而,由于 EO 值高的非离子表面活性剂的相对分子质量比阴离子表面活性剂大得多(由图5-4-12可知),为了有效地降低总吸附量,需加入较大百分数的非离子表面活性剂。同时,非离子—阴离子表面活性剂的混合胶束和半胶束的形成机理、协同效应、混合吸附模型尚待揭晓。

最近有人提出,溶液胶束颗粒体系最大的界面电荷对应于体系的最低界面张力和最低的吸附损失。由此可以引申,对于水溶性表面活性剂,如果使极性基具有强的负电荷或引入第二磺酸基(对于石油磺酸盐或烷基苯磺酸),理论上可以使体系更加稳定,分子跃迁化学势降低,从而使吸附量明显地减低。

5.4.3.2 使用有机牺牲剂抑制表面活性剂损失

黏土矿物具有选择吸附性,因此,可以通过加入低廉的、吸附能力强的有机物,使其与阴离子表面活性剂竞争吸附位置,使其首先被吸附于岩石矿物上而成为"牺牲品"优先占据吸附位,从而减少主剂-表面活性剂的吸附量,这种产生竞争吸附的有机物通常称为有机牺牲剂。目前油田化学剂驱油使用的有机牺牲剂主要有:

(1)木质素磺酸盐。美国 Oak Ridge 国家试验所研究了由牛皮纸浆废液中抽取的木质素磺酸盐做表面活性剂的牺牲剂的可能性。制备方法是用碱法蒸煮得到萃取碱液,再将其氧乙烯化制得氧乙烯化妥尔油。目前采用的木质素磺酸盐有各种不同的品种(表5-4-3),实际上,制浆不同阶段的产出物都含有木质素磺酸盐。

表 5-4-3 不同品种的木质素磺酸盐

品 名	来 源
酸性漂白液	生产牛皮纸的木浆漂白液
碱性抽取物	生产牛皮纸的木浆的碱中和产物
Sacharinate 钠	糖类化的氧化物与羟基化合物的混合物,含游离木质素
黑液	生产牛皮纸的木浆蒸煮物的提取物
Kraft 木质素磺酸	黑液的提纯产物
木质素磺酸盐商品	Westvaca 公司商业产品

表5-4-4列举了上述几种不同产品与 TRS10-80 石油磺酸盐在钠蒙脱土、贝雷(Berea)砂岩上的竞争吸附效果。由表可见,碱性抽取物、稀黑液以及木质素磺酸盐商业产品具有较强的竞争能力。

表 5-4-4 木质素磺酸盐与 TRS10-80 的竞争能力

试验竞争剂	竞争剂		表面活性剂 TRS10-80		
	浓度 TOC,eq/kg(溶液)	吸附量 TOC eq/kg ±	浓度(溶液) eq/kg	吸附量 eq/kg ±	分布系数
	起始值	平衡值			
无竞争剂				0.01	0.24	239

续表

试验竞争剂	竞争剂 浓度 TOC，eq/kg（溶液） 起始值	平衡值	吸附量 TOC eq/kg ±	表面活性剂 TRS10-80 浓度（溶液） eq/kg	吸附量 eq/kg ±	分布系数
碱性漂白液	0.15	0.14	0.12	0.0019	0.20	105
Ⅰ# 碱性抽取物	0.24	0.19	1.38	0.0051	0.076	15
Ⅱ# 碱性抽取物	0.36	0.33	0.96	0.0052	0.067	13
Sacharinate 钠	0.37	0.19	4.7	0.0033	0.13	39
黑液	0.31	0.19	2.9	0.0046	0.077	17
Kraft 木质素	0.15	0.02	3.3	0.0025	0.16	63
木质素磺酸盐	0.23	0.11	3.1	0.0039	0.11	28

注：吸附剂为钠蒙脱土、贝雷砂岩；液固比为 25～32：1；TOC：木质素磺酸盐的有机碳数，其值代表溶液浓度。

美国德士古石油公司的 Kalfoglou 利用磺化碱木质素和亚硫酸木质素改性产物作牺牲剂，他们将木质素引入 HSO_3CH_2—、或进行甲基化、氧化、乙氧基化，与甲醛缩合，酚基化或羧基化，而后磺化，磺化度一般在 2.0 左右，再将其制成 Na^+、K^+、NH_4^+、Ca^{2+} 或 Mg^{2+} 盐。木质素磺酸铬的络合物具有抗盐、相对分子质量大等特点，显示了更强的竞争能力。

（2）多元酸。Doster 等人通过大量的试验证实：琥珀酸、丙二酸、顺丁烯二酸、羟基丁二酸、乙二酸（草酸）、2，3—二羟基丁二酸（酒石酸）、柠檬酸及其盐类，具有很好的降低表面活性剂吸附量的能力。加入量一般为表面活性剂重量的 0.01%～10%；在油层中的注入量一般为 0.01～1.0V_p 的牺牲剂溶液或牺牲剂—表面活性剂混合溶液。

（3）醇类。驱油体系（水—表面活性剂—烃）中，通常总要引入不同类型和数量的醇，醇的引入一方面能降低表面活性剂的 CMC 值，改善体系的增溶能力，使体系具有更好的混相效果，另一方面降低了表面活性剂的跃迁自由能，从而改善其吸附损失。从热力学理论可知，醇—表面活性剂混合临界胶束浓度的改变是醇的碳链长度的线性函数，因此，醇引起的表面活性剂吸附量应是其碳链长度的函数。然而一些实验表明，在稀溶液中，低碳醇的加入可以降低表面活性剂的损失，而高碳醇（如戊醇等）则起相反的作用。可能的解释是：低碳醇可以促使表面活性剂分子亲油基定向聚结，取向排列（或称为"冰山效应"），使溶剂的熵增加而溶质（表面活性剂）的熵减小，表面活性剂体系的 CMC 值降低，结果单个分子状态的表面活性剂浓度减小，吸附量减少。在一定范围内，醇分子的羟基与烃基的比值增加，由于与水分子之间的极性力排斥作用，可能促进固—液界面的半胶束化作用，从而增大吸附损失。一般来说，若醇的加入使形成胶束状态的熵变 ΔS_1 低于形成半胶束状态的熵变 ΔS_2 表面活性剂易呈胶束状态存在，则吸附损失少。反之，表面活性剂分子更易于呈半胶束状态存在，则吸附量大。

（4）螯合剂。在地层水及岩石矿物中的 Ca^{2+} 等二价离子含量较高时，可以引用不同类型的螯合剂。它的作用是螯合多价金属离子，使其避免同表面活性剂分子反应形成沉淀；另一种作用是由于螯合剂在水中能够电离，分离成荷负电的大离子，它在岩石矿物表面上的吸附可以增加其表面的负电势，从而减少表面活性剂分子在岩石矿物上的吸附损失。作者和蒋宝元研制的有机磷酸盐是一种很好的驱油体系添加剂，其分子结构为：1，3 二胺基丙醇 N—甲基磷酸钠，对 Ca^{2+} 螯合能力为 104.33mg/g，在相同环境条件下，对玉门油田油层岩石进行的吸附实验表明：可以使石油磺酸钠的损失量由 30mg/g 砂降至小于 1mg/g 砂。

5.4.3.3 使用无机牺牲剂抑制表面活性剂损失

在此以前所述的是以控制溶液的化学性质来降低表面活性剂损失的方法。本部分要讨论的方法是控制吸附剂的界面性质及与多价离子的反应以降低表面活性剂的损失。当然各种无机盐的引入也将改变相平衡，使 CMC 值发生变化，但对此不再作更详细的讨论。

（1）pH 控制剂。大量试验表明，对表面活性剂的吸附损失起主要作用的是只占岩石矿物很少部分的黏土（蒙脱土、高岭土和伊利土等）、碳酸盐等胶结物。黏土矿物表面电荷性受溶液中定势离子 H^+，OH^- 制约。当溶液 $pH<pH_{pzc}$ 时，黏土矿物表面荷正电，胶体表面 Zeta 电势为正值。反之，溶液 $pH>pH_{pzc}$ 时，黏土矿物表面荷负电，胶体表面 Zeta 电势为负值。不言而喻，在酸性条件下烷基苯磺酸盐在黏土上的吸附量将大于碱性条件下的吸附量。

4—ϕ—C_{12}ABS—高岭土体系（R. S. Schechtre）、RSO_3Na—铝矾土体系（D. W. Fuerstenau）、十二烷基苯磺酸盐（或 TRS10-80）—原生高岭土（或钠高岭土）体系的实验证明：磺酸盐在固相上的吸附量随溶液 pH 值的增加而迅速降低（图 5-4-14）。在 $pH>pH_{pz}$ 之后，随 pH 的继续增加，吸附量也将继续降低，但降低幅度变小。

用于调节溶液 pH 值的碱剂通常为 NaOH、Na_2CO_3 以及不同模数的硅酸钠 $Na_2O \cdot nSiO_2$ 等。但是，并不是碱性强的试剂都可以产生最满意的降吸附的效果，如图 5-4-14 所示，曲线 E、曲线 F 是采用 NaOH 控制 pH 值得到的吸附曲线，显然，它使吸附量降低的幅度低于模数 $n=1$ 和 $n=3$ 的硅酸钠。

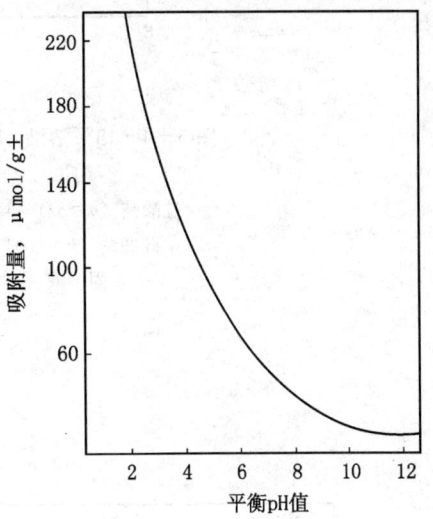

图 5-4-14　溶液 pH 值对表面
活性剂吸附量的影响
（1%NaCl；高岭土；30℃）

（2）聚无机电解质抑制剂。如图 5-4-15 所示，尽管 NaOH 和 $Na_2O \cdot nSiO_2$ 都能通过调节溶液的 pH 值来抑制阴离子表面活性剂在黏土上的吸附损失，然而，NaOH 降低吸附的能力却显著地低于 $Na_2O \cdot nSiO_2$，高模数（高聚合度 $n=3$）的硅酸钠降低吸附的能力又高于低模数（低聚合度 $n=1.03$）的硅酸钠。加入表面活性剂溶液中的硅酸钠起二种作用。一是优先吸附在活性位上（黏土荷正电的棱边上）顶替表面活性剂被吸附。由于这种荷高价负电离子的专性吸附，黏土胶粒表面 Zeta 电势明显增加，从而使静电斥力（黏土胶粒与表面活性剂单个分子之间）增强，使表面活性剂的吸附倾向降低；二是硅酸钠对多价金属阳离子（Mg^{2+}，Ca^{2+} 等）的螯合作用。硅酸钠一方面能将 Mg^{2+}，Ca^{2+} 等吸附到硅酸钠水溶液胶粒的表面，同时还能与解离出的 Mg^{2+}，Ca^{2+} 等离子配位络合，形成水溶的螯合物，从而避免了 Mg^{2+}，Ca^{2+} 等与阴离子 RSO_3^- 的反应。这种作用的能力随硅酸钠的聚合度及加入量而增加，图 5-4-16 和图 5-4-17 是 Jr. J. S. Falcone 所做的溶液中 Mg^{2+}，Ca^{2+} 离子活度与溶液中加入的硅酸钠类型及浓度的关系曲线。

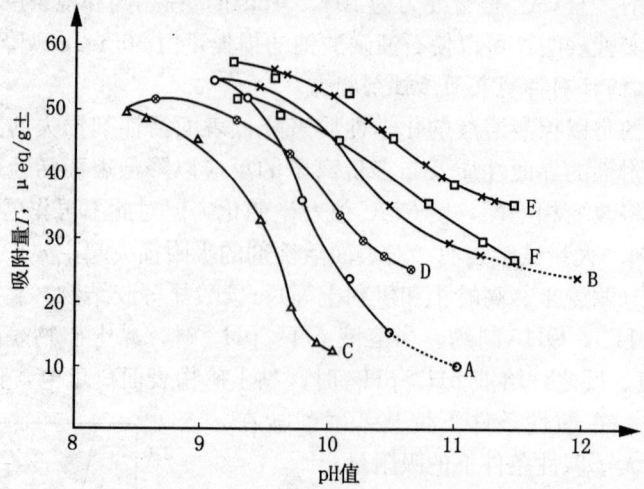

图 5-4-15 溶液 pH（由不同碱调节）对 SDDBS 吸附的影响

Na_2CO_3：E—无聚合物，F—+40mg/L 聚合物；

硅酸钠（$n=3.1\sim3.4$）：A—无聚合物，C—+40mg/L 聚合物；

硅酸钠（$n=1.03$）：B—无聚合物，D—+40mg/L 聚合物；

固：液=1:9（g/ml）；28℃；平衡时间 6~7h

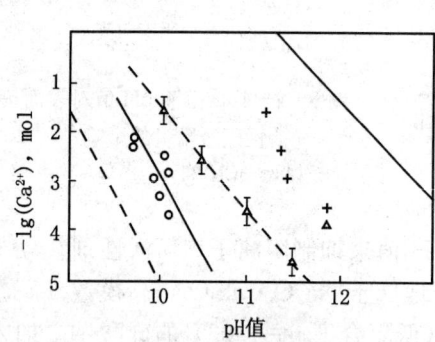

图 5-4-16 钙离子活度与用不
同模数的硅酸钠调
节的溶液 pH 值的关系
(Jr. J. S. Falcone，1977)
+ —$n=0.5$；△—$n=2.0$；○—$n=3.8$

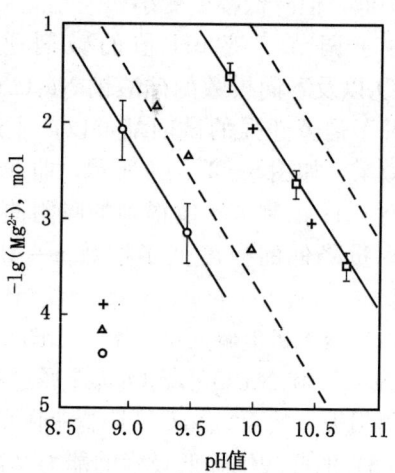

图 5-4-17 镁离子活度与用不同
模数的硅酸钠调节的
溶液 pH 值的关系
(Jr. J. S. Falcone，1977)
+ —$n=0.5$；△—$n=2.0$；○—$n=3.8$

磷酸盐是理想的多价金属离子螯合剂。H. J. Hill，Harry Surkalo，P. Somasundaran 等先后发表了与此有关的研究结果。作者也系统地研究了各种磷酸盐对金属离子的作用和降低表面活性剂吸附的能力。经过磷酸二氢钾和六偏磷酸钠预处理的高岭土对 SDDBS 的吸附量明显下降（见图 5-4-18），吸附等温线均显示有最大的吸附值，形状无明显的变化，其

最大吸附值分别为 $20\mu eq/g$ 和 $10\mu eq/g$ 土,其中用六偏磷酸钠处理后的高岭土的吸附量仅为未处理土的 1/4。吸附值随磷酸盐浓度增加而减少。显然,一方面磷酸盐在高岭土上的吸附使其 Zeta 电势明显增加(如表 5-4-5 所示),另一方面,磷酸盐又螯合了溶液中的 Mg^{2+},Ca^{2+} 离子。考虑到地层水中高浓度的高价金属离子及可溶性矿物对表面活性剂分子的有害作用,不少人提出在注表面活性剂段塞前注入预冲洗剂,以降低多价金属离子的浓度。预冲洗剂有 NaCl,NaOH,Na_2CO_3,$Na_2O \cdot nSiO_2$ 和 $Na_5P_3O_{10}$ 等。从岩心试验

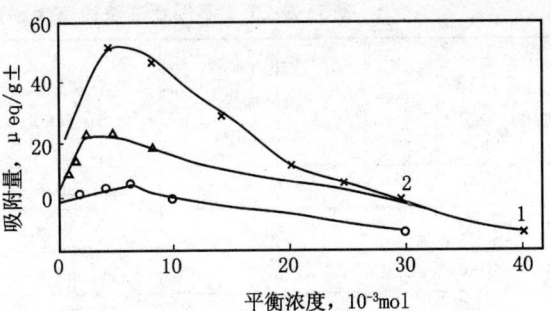

图 5-4-18 SDDBS 在经不同磷酸盐处理后的高岭土上的吸附量变化

1—无 SP—6;2—310mg/LSP-1;3—310mg/LSP-6;

固:液=1:9 (g/ml);$t=28℃$;平衡时间 6～7h

得到的采用几种预冲洗剂处理的表面活性剂驱油的效果见表 5-4-6。由表可见,各种预冲洗剂均有不同程度的效益。预冲洗剂的用量也影响试验结果,表 5-5-7 为不同预冲洗液段塞大小对磺酸盐回收率及提高石油采收率效果的影响,预冲洗液段塞体积增加,驱油效率增大。预冲洗液可能起两种作用:一是顶替和冲淡含有高浓度多价金属离子的地层水,二是与岩石矿物中的可交换多价阳离子进行离子交换。但只有当预冲洗液中一价阳离子总量与二价阳离子总量之比很大时,才有可能进行离子交换。

表 5-4-5 磷酸盐对高岭土 Zeta 电势的影响

溶液	Zeta 电势,mV
蒸馏水	-20
磷酸二氢钾	-45.4
焦磷酸钠	-69.4
三聚磷酸钠	-72.6
六偏磷酸钠	-77.79

注:磷酸盐浓度折合磷含量为 310mg/L,pH=6,测试温度 14.5℃,用莱赛 ZeeTM500 型电泳仪测试。

表 5-4-6 几种预冲洗剂对表面活性将驱油效果的影响

预冲洗剂	浓度,mg/L	预冲洗段塞,V_p	石油采收率增加值,%(OOIP)
无	—	—	37.6
NaCl	6000	0.5	78.2
NaOH/NaCl	1000/6000	0.5	46.2
Na_4SiO_4/NaCl	2350/6000	0.5	45.9
Na_4SiO_4/NaCl	2350/6000	0.25	72.1
NaCl	6000	0.25	72.1
NaCl	6000	0.2	54.2
Na_4SiO_4/NaCl	2350/6000	0.2	63.9
Na_4SiO_4/NaCl	2350/6000	0.2	75.4

表5-5-7　不同预冲洗段塞大小对表面活性剂驱油效果的影响

段塞 %PV	二次驱（水驱） 剩余油量 %（OOIP）	三次采收率 %（OOIP）	总采收率 %（OOIP）	磺酸盐回收率 %
0	69.9	26.3	37.7	10.9
20	66.6	35.8	54.2	27.8
50	67.1	53.3	79.5	27.6
100	64.0	54.4	84.9	57.6

注：束缚水矿化度：Na^+ 6000mg/L，Ca^{2+} 1860mg/L，Mg^{2+} 1130mg/L；预冲洗液：一价阳离子/二价阳离子＝6000mg/L / 3000mg/L。

5.5　表面活性剂驱油

5.5.1　表面活性剂驱油方式

早在20世纪20年代末，就有了表面活性剂水溶液采油的专利。苏联巴库石油研究所以 Г. А. БАБАЛИН 为首的科学家最早使用 ОП 型非离子表面活性剂制备活性水驱油剂。在以后的研究中发现，各种不同的助剂和盐类同表面活性剂联合使用可以使油—水界面张力降至很低的值。随着洗涤剂和其溶液理论的发展，人们注意到适当的表面活性剂大幅度降低油/水界面张力和胶束对有机物的增溶原理，将其应用于石油开采具有广阔的潜力。1954年 P. A. Winsor 对油/水/表面活性剂体系的相态类型提出了著名的 Winsor 分类原则，对推动表面活性剂在石油开采中的运用起了重要的作用。随后便将被 Jr. C. M. Blair 称为透明溶液（或称微乳状液、膨胀胶束、胶束分散溶液）的体系应用于提高石油采收率，开发了胶束/聚合物驱油体系（MP）、微乳状液驱油体系等。同时，在学术界还出现了所谓"浓驱油体系"与"稀驱油体系"之争。后来由 Dome 等几家石油公司提出的并由中国科学家发展的碱/表面活性剂/聚合物复合驱油体系（alkaline-surfactant-polymer，ASP），由于综合了碱驱、聚合物驱和表面活性剂驱的各自优点，因此，一提出就受到了人们的广泛注意，加入适当类型和浓度的碱到稀浓度的表面活性剂溶液中［浓度低于0.5％（质量分数）］，并配以适当浓度的聚合物以保持体系足够的黏度，该体系能够得到几乎与 MP 驱相同的提高石油采收率幅度，但是表面活性剂的用量却降低到十分之一或几十分之一。

表面活性剂驱油配方体系是根据油层温度、原油性质、地层水含盐度（包括二价离子）、岩石矿物组成及黏土含量（包括可交换附离子容量即 CEC 值）等进行优选的。配方的主要组成为：表面活性剂、助表面活性剂、助溶剂（醇）、添加剂、盐水和油。依据油田实际条件，配方体系可以配制成 M 体系——胶束溶液、A 体系——水溶液表面活性剂溶液、S 体系——可溶性油溶液、I 体系——不混相微乳状液体系、或者 ASP（或 SAP）体系—碱—表面活性剂—聚合物体系溶液；可以是低浓度表面活性剂溶液体系，也可以是高浓度表面活性剂溶液体系。目前驱油配方常用的表面活性剂为：（1）阴离子表面活性剂，常用的阴离子表面活性剂为以石油馏分油为原料合成的石油磺酸钠、烷基苯磺酸钠、石油羧酸盐、α—烯基磺酸盐（具有较高的耐盐能力）等；（2）非离子表面活性剂，如壬基酚聚氧乙烯醚（较多的与阴离子表面活性剂混合使用）；(3) 氧乙烯化的磺酸盐，即在烷基链中引入环氧乙烷，由于氧乙烯基具有强的极性，对金属离子不敏感，故体系能容忍高的含盐度；(4) 混合表面活性剂，两种不同类型的表面活性剂的混合物，不论在最优参数值或在容忍盐的能力诸方面，都具有好的结果，这是利用了表面活性剂的"协同效应"原理；(5) 含环醚的羧基表面活性剂（采用一步氧化法合成的羧酸盐表面活性剂），可以适用于石蜡基的原油，并且在无须加入醇的条件下，即可得到参数最优的表面活性剂体系；(6) 微生物发酵的代谢物产生的表面活性剂，如鼠李糖脂、槐糖脂、海藻糖脂以及氨基酯、脂肽、脂多糖等，这些糖脂类化合物多是以玉米油、米糠油或葡萄糖甘油、正构烷烃作碳源原料由 Pseucdomonas 菌属或 Torulopsis sp. Condada sp. 菌属发酵制得，它们本身或同其他表面活性剂复配都能在一定条件下得到很好的驱油体系。

表面活性剂驱油的类型可分为：(1) 表面活性剂水驱，亦称活性水驱，注入较低的表面活性剂溶液以增加驱油效率；(2) 胶束驱，注入的表面活性剂的浓度在临界胶束浓度以上以利用大幅度的降低界面张力和胶束的增溶作用增加驱油效率；(3) 微乳状液驱，在较高的表面活性剂浓度下形成中相微乳液以在油/水界面的混相作用增加驱油效率；(4) 表面活性剂——聚合物驱（SP 驱）或胶束—聚合物驱（MP 驱），以高分子聚合物为增黏剂作为驱替过程中主驱油段塞的保护段塞，提高主驱油段塞的波及体积；(5) 表面活性剂—碱—聚合物三元复合驱或称 SAP 驱，将表面活性剂、碱和聚合物以一定的比例进行复配形成的驱油体系，或者在表面活性剂/聚合物主驱油段塞前先注入一个碱预冲洗段塞；(6) 泡沫驱；(7) 泡沫复合驱或称低界面张力—泡沫驱，以表面活性剂/碱/聚合物三元复合体系为发泡液加入不同的气体如天然气、二氧化碳气等形成复合驱油体系等。

(1) 活性水驱油法。

在注入水中加入表面活性剂形成表面活性剂水溶液作为驱油体系的驱油方法，称为活性水水驱油法。活性水驱油法的特点是在加入很少量的表面活性剂，一般浓度在 $10^{-4} \sim 10^{-3}$ 的数量级范围，主要作用机理是改变油层岩石表面润湿性使其倾向水湿，在增加驱油效率的同时，促使毛细管渗吸作用改善微观波及效率。在 20 世纪 20 年代末，M. De. Groot 申请了最早的表面活性剂水溶液采油的专利，并且提出使用混合表面活性剂可以使其浓度为 250～1000mg/L 的稀体系进行有效的采油。苏联巴库石油研究所以 Г. А. БАБАЛИН 为首的科学家最早使用 ОП 型非离子表面活性剂制备活性水驱油剂，油田大量使用的是由烷基酚、脂肪酸和脂肪醇、环氧乙烷等为原料制备的具有 10 个氧乙烯的壬基酚聚氧乙烯醚，即商业代号 ОП—10。表面活性剂浓度一般为 0.02%～0.05%（质量分数）。注入量依不同油田地质条件而异，通常在 5%～60% 孔隙体积。分别在巴什基里亚、鞑靼、阿塞拜疆、西西伯利亚和乌克兰油田等进行了不同规模的先导和工业扩大试验，并且进行了油田开发先期、中期和晚期注表面活性剂水溶液的对比试验和不同井网密度的对比试验，基本上都取得了肯定的试验结果。

但是，活性水驱油的主要问题在于驱替剂溶液与地层原油之间的流度比较高，因此，波及效率减低。在苏联采用了溶液中加入聚合物增加溶液黏度、活性水驱同周期性注水（利用毛细管渗吸原理）联合驱动的两种方式改善波及效率。

(2) 胶束驱油。

在注入水中加入高浓度的表面活性剂形成表面活性剂溶液作为驱油体系的驱油方法，由于加入的表面活性剂浓度通常高于其临界胶束浓度（CMC），因此，称为胶束驱油法。一般，胶束溶液驱油体系都有不同碳链长度的醇或其他添加剂存在，以增加胶束的增溶能力。为了在驱油过程中保持主段塞的完整性，尽可能地提高波及范围，通常在胶束溶液主段塞的前、后沿注入聚合物溶液作保护段塞，因此，又称为胶束—聚合物驱油法，记作 MP 驱油法。与活性水驱油法、碱—表面活性剂—聚合物复合驱油法相比由于这种方法使用的表面活性剂浓度较高，因此，在许多文献中也称为浓表面活性剂溶液体系驱油法。胶束驱油法的主要作用机理是：大幅度地降低油—水界面张力，通常可以使其降至 $10^{-5}\sim10^{-3}$ mN/m 以下，从而大幅度的减小毛细管滞留剩余油饱和度；同时由于表面活性剂浓度大于临界胶束浓度，溶液中不同聚结数的胶团对与其接触的地层中水驱剩余油具有增溶作用，形成中相微乳状液，能够与油相近乎形成混相的相态，从而增加了剩余油的流动能力，使其具有很好的驱油作用。其体系相行为均处于表面活性剂—油—水三角相图中的双结点曲线以上并远离边界斜线区的任何组成；所谓混相溶液（Miscible type）、美国 Marason, Co.（马拉松石油公司）的 W. B. Gogarty 提出的配方体系即所谓 Maraflood™ 驱油法和高浓度表面活性剂溶液（High concentration）等均属于此类。马拉松石油公司的所谓 Maraflood™ 驱油法先后在美国进行了 M-1、M-2、M-3 油田先导试验，取得了肯定的结论。中国 20 世纪 90 年代先后在大庆油田、玉门油田和胜利油田进行了小规模的油田先导试验。

但是，胶束驱油法的主要问题是由于溶液体系中表面活性剂浓度较高，一般在 5％（质量分数）以上，因此，驱油成本较高，经济效益较低，经营者难以承受。

(3) 微乳状液驱油。

能够在增溶油后形成水包油型微乳状液的表面活性剂溶液作为驱油体系的驱油方法，称为微乳状液驱油法。由于加入水的表面活性剂浓度高于其临界胶束浓度（CMC），因此，溶液体系具有增溶油形成 O/W 型微乳状液的能力。与胶束驱油法不同之处在于其表面活性剂浓度较低（尽管仍然高于临界胶束浓度），其体系相态处于表面活性剂/水/油三角相态图的双结点线上或其周围区域的组成，体系为二相（上相微乳状液相和过剩水相，或下相微乳状液和过剩油相）。在驱油过程中与被驱替的油相形成不混相微乳状液（Immiscible microemulsion）；在驱油主段塞前沿形成下相微乳状液（O/W 型）和过剩油相的相态。微乳状液驱油法的主要作用机理与胶束驱油法基本相同，只是不能够达到近似混相的程度，但是仍然具有较高的驱油效率。与胶束驱油法不同的是溶液表面活性剂的浓度略有降低。

这种方法尽管降低了表面活性剂的用量，但是在经济上仍然效益较低，经营者还是难以接受。然而，这种方法通过加入其他廉价试剂如：碱、盐等降低表面活性剂的用量而体系仍然保持超低油—水界面张力的思路，却启发了以后发展起来的化学复合驱油方法，促进了化学驱油技术的发展。

5.5.2 表面活性剂驱油技术

5.5.2.1 配方体系

表面活性剂驱油的表面活性剂段塞配方体系，根据油层温度、原油性质、地层水含盐度（包括二价离子）、岩石矿物组成及黏土含量（包括可交换阳离子容量）等进行优选。配方的主要组成为：表面活性剂、助表面活性剂、助溶剂（醇）、添加剂、盐水和油。依据油田实际条件，配方体系可以配制成像前述图 5-3-1 所示那样的 M 体系—胶束溶液、A 体系—水溶液表面活性剂溶液、S 体系—可溶性油溶液或、Ⅰ体系—不混相微乳状液体系，可以是低浓度表面活性剂溶液体系，也可以是高浓度表面活性剂溶液体系（已在前节叙述)。

目前驱油配方常用的表面活性剂为:(1)阴离子表面活性剂,常用的阴离子表面活性剂类型示于表 5-5-1 和表 5-5-2 中;以石油馏分油和重烷基苯为原料合成的石油磺酸钠进行适当的复配是目前应用较多也较为经济的表面活性剂。(2) 为了在高含盐度条件下,仍能保持最优的参数值和体系的稳定性,最近发展了用氧乙烯化的磺酸盐(见表 5-5-3),即在烷基链中引入氧乙烯基—CH_2—CH_2O—,由于氧乙烯基具有强的极性,并对金属离子不敏感,故体系能容忍高的含盐度。根据奥斯汀大学 R. S. Schechter 和 W. H. Wade 领导的研究小组的研究和法国石油研究院 Baviere 等人的工作,α—烯基磺酸盐作为主表面活性剂具有高的容忍盐的能力(表 5-5-1)。目前的发展是以石油磺酸盐作主剂,非离子的聚氧乙烯烷基醇(或酚、醚)为辅剂的复合表面活性剂。(3) 混合表面活性剂(见表 5-5-4)配制成的体系,不论在最优参数值或在容忍盐的能力诸方面,都具有好的结果,这是利用表面活性剂的"协同效应"原理,同时体系可以在不加入醇的条件下工作。(4) 含环醚的羧基表面活性剂(采用一步氧化法合成的则为羧酸盐表面活性剂),可以适用于石蜡基的原油,并且在无须加入醇的条件下,即可得到参数最优的表面活性剂体系。根据宾夕法尼亚州立大学杜德领导的研究工作组,采用二步法(先氧化、后磺化;最后又发展成一步法,先氧化后用碱中和),以 C_{26} 以上石蜡基烷烃为原料得到的。(5) 微生物发酵的代谢物产生的表面活性剂也被许多研究者所注意,如鼠李糖脂、槐糖脂、海藻糖脂以及氨基酯、脂肽、脂多糖等,这些糖脂类化合物多是以玉米油、米糠油或葡萄糖甘油、正构烷烃作碳源原料由 Pseudomonas 菌属或 Torulopsis sp. Condada sp 菌属发酵制得,它们本身或同其他表面活性剂复配都能在一定条件下得到很好的驱油体系。

表 5-5-1 驱油用阴离子表面活性剂类型

表面活性剂	原料	化学结构
烷基芳基磺酸盐 石油磺酸盐 合成磺酸盐 (含支链芳基磺酸钠)	原油 馏分油 烷烃 烷基苯 烷基甲苯 烷基二甲苯	$R-\phi-SO_3Na$ $\overline{MM} = 350 \sim 550$ $R-\phi-SO_3Na$ 含有少量的双磺酸 $\overline{MM} = 300 \sim 500$
烷基磺酸盐 α—磺酸盐	α—烯烃 聚丁烯	$R-CH=CH(CH_2)_n SO_3Na$ $+ R-CH_2CHOH(CH_2)_n SO_3Na$ $+ R-CH_2-CH(SO_3Na)(CH_2)_n - SO_3Na$ $n = 2 \sim 4$ $\overline{MM} = 288 \sim 428$
烷基磺酸盐 石蜡基磺酸盐	α—烯烃 石蜡	$R-SO_3Na$ $R-SO_3Na$

续表

表面活性剂	原料	化学结构
改善的 α—胺基—羧酸盐	α—烯烃	$R-CH\begin{matrix}COONa\\N(R')COR''\end{matrix}$ R—烷基 R'—羟基，甲基 R''—甲基，乙基

表 5-5-2 提高采收率用商业阴离子表面活性剂

产品名	当量	组成	公司
Sulfonate151	420	活性物 47%～52%，未磺化 8%～18%，盐 15%，水 23%～29%，聚丁烯磺酸盐的钠盐	阿莫古化学公司
Sulfonate152	420	活性物 48%～52%，油 7%～12%，盐 15%，水 27%～23%，磺化石油馏分的铵盐	阿莫古化学公司
Klearfac AA-420		阴离子的单取代原磷酸酯	BASF
Dowfax 2A-0		活性物 40%，联苯磺酸盐；在 176℃下仍能稳定	道化学公司
Dowfax 2A-1		活性物 45%；2A-0 的钠盐	道化学公司
TRX501	371	活性物 43%，油 29%，盐 6%；水 21%	Witco 化学公司
TRS-203	461	活性物 46%，油 25%，盐 6.5%，水 23%	Witco 化学公司
TRS-401	424	活性物 40%，油 25%，盐 5.7%，水 23%	Witco 化学公司
TRS10-80	405	活性物 80%，"典型"的石油磺酸盐，窄当量分布	Witco 化学公司
TRS10-40	405	活性物 65%，同 TRS10-80	Witco 化学公司
TRS10	420	活性物 62%，窄当量分布	Witco 化学公司
TRS16	450	活性物 62%，窄当量分布	Witco 化学公司
ORS-41		复配物	Witco 化学公司
TRS18	495	活性物 52%，窄当量分布	Witco 化学公司
TRS40	325	活性物 40%，典型"不溶油石油磺酸钠"	Witco 化学公司
TRS128	410	活性物 62%，TRS10，TRS18，TRS40 的混合物	Witco 化学公司
TRS108	395	活性物 62%，TRS10，TRS18，TRS40 的混合物	Witco 化学公司
Ultrasxs		活性物 40%～91%，二甲苯磺酸钠	Witco 化学公司
Sulframin40		活性物 40%，直链烷基苯磺酸钠	Witco 化学公司
Sulframin85		活性物 80%，直链烷基苯磺酸钠	Witco 化学公司
Sulframin1240		活性物 41%，直链烷基苯磺酸钠（浆料）	Witco 化学公司
Martinez-Reguler	450～480	活性物 65%，石油磺酸盐	壳牌化学公司

续表

产品名	当量	组成	公司
Martinez–Hi M.W	520~560	活性物68%，石油磺酸盐	壳牌化学公司
Petrosep420	420	活性物60%，油20%，盐1.5%，水18.5%，单磺酸90%，双磺酸及多磺酸10%	斯特邦化学公司
Petrostep450	450	60%、15%、2.0%、23%、90%、10%	斯特邦化学公司
Petrostep465	465	60%、15%、3.5%、21.2%、95%、5%	斯特邦化学公司
Petrostep500	500	60%、95%（单）、5%（双）	斯特邦化学公司
Stepan 107		资料缺	斯特邦化学公司
B–100		资料缺	斯特邦化学公司
P8–122–0	400	活性物55%，硫酸盐0.54%，单磺酸80%	法国石油研究院炼厂
P25–122	430	活性物62%，硫酸盐2.27%，单磺酸70%	法国石油研究院炼厂
P4–122B	456	活性物57%，硫酸盐1.7%，单磺酸67%	法国石油研究院炼厂
P25–122B		硫酸盐0.36%	法国石油研究院炼厂

表5-5-3　商业改性表面活性剂和非离子表面活性剂

商业名称	平均当量	描述	公司
EOR–100	529	氧乙烯磺酸盐23%	乙烯公司
EOR–200	522	氧乙烯磺酸盐29%	乙烯公司
Span		山梨糖醇单月桂酸	ICI美国公司
Tween		聚氧乙烯山梨糖醇单月桂酸	ICI美国公司
Montior		氟表面活性剂	ICI美国公司
IL–1010		氟表面活性剂的混合物	
IL–1011			
Tritonx–207		烷基芳基聚乙烯醇100%	罗姆和哈斯公司

表5-5-4　非离子、改性非离子和两性表面活性剂的结构

表面活性剂	化学结构
非离子的氧乙烯脂肪醇	$RO(CH_2CH_2O)_nH$
非离子的氧乙烯烷基苯酚	$R-\phi_o(CH_2CH_2O)_nH$
硫化氧乙烯烷基醚	$R-O-(CH_2CH_2O)_{n-1}CH_2CH_2OSO_3^- M^+$
硫化氧乙烯烷基芳基醚	$R-\phi-O-(CH_2CH_2O)_{n-1}CH_2CH_2OSO_3^- M^+$
磺化氧乙烯烷基醚	$R-O-(CH_2CH_2O)_{n-1}-CH_2CH_2O-[CH_2]'_n SO_3^- M^+$
磺化氧乙烯烷基芳基醚	$R-\phi-O-(CH_2CH_2O)_{n-1}-CH_2CH_2O-[CH_2]'_n SO_3^- M^+$
氧乙烯烷基羧酸盐	$R-O-(CH_2CH_2O)_{n-1}-CH_2COO^- M^+$
氧乙烯烷基芳基羧酸盐	$R-\phi-O-(CH_2CH_2O)_{n-1}-CH_2COO^- M^+$
两性表面活性剂（甜菜碱）	$R-N^+(CH_3)_2-CH_2COO-$
	$R-N^+(CH_3)_2-(CH_2)_3-SO_3^-$

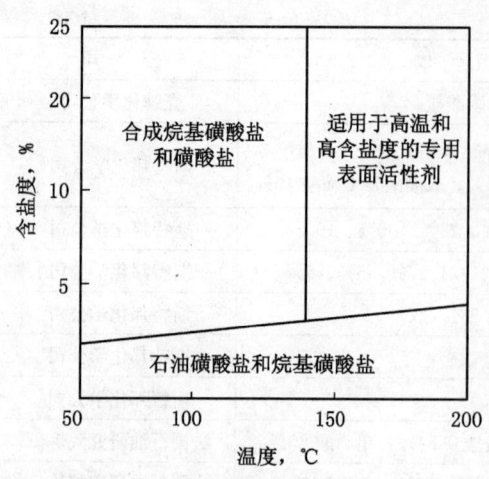

图 5-5-1 提高采收率用表面活性剂的应用范围

不同类型的表面活性剂适应不同范围的地层水含盐度和地层温度；图 5-5-1 概括地描述了提高采收率用的各种表面活性剂的应用范围。对于实际驱油体系，配方体系中通常还含有适当的醇。醇的补偿作用已在前面论述，在此不再赘述。针对具体原油的驱油体系配方，应当使体系处于最优状态，保证最佳含盐度在一个较宽的范围内是至关重要的因素。

5.5.2.2 段塞体系的流度控制

由于表面活性剂溶液段塞与前面的油墙、与后面的顶替液之间的流度差别，往往会造成表面活性剂段塞的破坏。为了保持表面活性段塞的均匀推进，应当使它的流度大体上保持同其前沿原油和后沿顶替液的流度大体上相同。注入液的流度设计，有两种方法。

（1）相对渗透率曲线计算法。利用现有的油层相对渗透率曲线，段塞前沿油墙内的油—水混合带向前推进过程，油—水流动应符合非混相体系的分流定理，前沿油墙内的油—水饱和度与残余油滴、油块的聚并速度及油—水相对渗透率有关。吸入排驱法得到的油—水相对渗透率曲线和地层温度下原油和地层水的黏度资料，可以用来计算油墙的最小相对流度，根据二相流公式，油墙的总流速可以表示如下：

$$Q = \left(\frac{K_{ro}}{\mu_o} + \frac{K_{rw}}{\mu_w}\right) \cdot KF \frac{dp}{dt} \tag{5-5-1}$$

式中　Q——油墙内的总流速；
　　　K——绝对渗透率；
　　　F——驱替液过流面积；
　　　dp/dt——压力梯度；
　　　K_{ro}、K_{rw}——油、水相对渗透率；
　　　μ_o、μ_w——油、水黏度（地下条件）。

上式也可写成：

$$Q = \lambda_m KF \frac{dp}{dt} \tag{5-5-2}$$

其中

$$\lambda_m = \frac{K_{ro}}{\mu_o} + \frac{K_{rw}}{\mu_w} \tag{5-5-3}$$

式中　λ_m——油墙的总流度。

图 5-5-2 中上图为原油—水的相对渗透率—饱和度曲线，下图为它们之间的流度比曲线，则水平切线的切点对应的流度为最小总流度，油墙推进过程中，其实际相对流动度随油墙内油—水饱和度而变化，但总是等于或大于最小总相对流度（λ_m），因此可将 λ_m 视为设计表面活性剂溶液段塞的参考流度，即：

$$\lambda_{ms} \leqslant \lambda_m \tag{5-5-4}$$

也就是段塞的流度应当调节到等于或低于油带的流度。一般控制段塞的流度有两种方法：采用高浓度的表面活性剂溶液，使段塞形成 Winsor 型的单相混相型体系驱替，由于体系为微乳状液，则其黏度大于表面活性剂水溶液；对于非混相的超低表面活性剂水溶液体系，常常在体系中加入适当的聚合物（部分水解聚合物、生物聚合物），以增加其黏度；同时，体系相状态对其组成是敏感的，体系中液晶结构的出现，对体系的相状态和流变特性有十分明显的影响。

表面活性剂段塞本身往往有可能被其后沿的流度很高的顶替水所破坏，因此，为了保护表面活性剂段塞，一般在其注入之后，跟随注入一个用聚合物调整的低流度缓冲段塞，但是该段塞的含盐度必须精心设计，以防止其在接触时引起不应有的相分离，而导致相平衡的破坏。常常设计成一个含盐度梯度，在接近表面活性剂段塞后沿的含盐度设计成与表面活性剂溶液段塞相同，而后逐渐降低，直至到注入水的含盐度，这样可以保持在驱油过程中主段塞不仅保持适当的流量，而且也保持其最佳体系状态。相应的聚合物的用量也逐次降低，以形成一个逐渐降低的黏度梯度。

（2）室内实验法。采用常规方法，就可以在进行表面活性剂溶液段塞驱替实验时同时得到相对渗透率曲线资料。若在恒定注入速度下试验，测试压力降落，由于该压力降与油墙内的油水流动状态有关，则可用下式计算总流度：

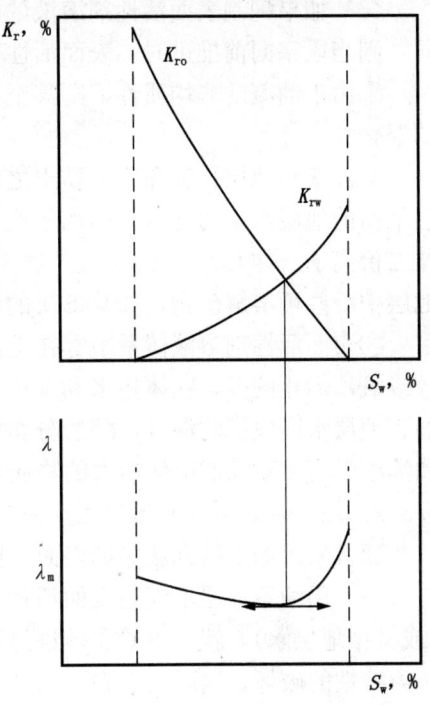

图 5-5-2 油水相对渗透率与流度比曲线

$$\lambda_m = (\lambda_{rw} + \lambda_{ro}) = \frac{Q}{KF\left(\frac{dp}{dt}\right)} \quad (5-5-5)$$

那么，根据试验得到的总流度，就可以根据式（5-5-5）设计流度缓冲带和段塞的流度。

5.5.2.3 表面活性剂段塞的保护

表面活性剂溶液段塞在油层中的推进过程中，为了使残余油滴、油块（由于毛细管力的作用圈捕的）和油膜（由于液—固表面能而吸附的）移动并形成油墙，必须在驱替的全过程中保持液—液界面的超低界面张力。为此，必须在驱替的全过程中保持段塞的组成不变化。然而，由于组成油层岩石矿物的复杂性、油—水微观分布的不均质性、地层水中的矿化度由于注水所引起的变化而且这种变化在微观上是不均质的，因此表面活性剂溶液段塞中的组成将不可避免地发生变化。

5.5.2.3.1 主驱油段塞破坏机理

（1）由于浓度差和分子的热运动，引起表面活性剂分子通过界面向残余油和地层水中的扩散、弥散和传质等。

（2）通常商业用表面活性剂是当量成正态分布的混合表面活性剂，油层类似一个吸附床，因此，在表面活性剂溶液推进过程中，将产生色谱分离作用（或称层析作用），按表面活性剂分子的当量和极性分布而逐次被岩石矿物吸附。

(3) 如果配制表面活性剂溶液的盐水含盐度和二价离子的含量与油藏地层水的含量不同，则当段塞向前推进时，表面活性剂溶液将遭受如下的变化：

①由于油藏的非均质性，则甚至在进行预冲洗的情况下也会产生段塞与油藏中地层水的混合。

②段塞与地层孔隙介质中黏土之间的阳离子交换。如果段塞中二价离子含量低于与地层平衡的地层水中的含量则阳离子交换作用使得二价离子进入段塞中。那么，石油磺酸盐与二价离子（如 Ca^{2+}）的反应产物——石油磺酸钙的溶解度很低，极易产生沉淀。同时，地层中一些可溶解矿物，如 $CaSO_4$ 的溶解，也会产生上述现象。

③表面活性剂溶液体系中醇在地层原油中和地层水中的溶解：由于配方中使用的短链醇或氧乙烯化的醇，在体相水和油中具有很高的溶解度；因此，在段塞推进过程中，由于油、地层水同段塞的混合，醇的分布将发生变化，从而改变了最优含盐度；其他能够在水和油中具有相对高的溶解能力的物质如双磺酸盐，也会产生类似的效应。

5.5.2.3.2 主驱油段塞保护法规法

通常采用如下的办法保护表面活性剂段塞，以保持其超低界面能力的特性。

(1) 用油藏地层水配制表面活性剂段塞。在配制表面活性剂溶液时，直接采用地层水（或模拟地层水），就避免了在推进过程中由于同油藏中地层水的混合而引起段塞超低界面张力特性的破坏。这就要求表面活性剂具有容忍高含盐度和高两价离子含量的能力，一般含有氧乙烯链的阴离子和非离子表面活性剂（其相对分子质量分布比较窄）具有这种能力，但其价格比石油磺酸盐高，如果采用石油磺酸盐同其复配，可以改善其经济效益，然而混合的表面活性剂则对色谱分离敏感。

(2) 使体系在宽的含盐度范围内保持超低界面能力。在"表面活性剂驱油体系的相态平衡"中曾经指出，宽的三相区分布，将使体系在宽的含盐度范围内具有超低的界面张力。就是说超低界面张力的出现与中相微乳状液体系的形成紧密联系，中相微乳状液的形成机理至今正在研究中，但是，有一点是明确的：液—液界面的表面活性剂膜的柔度和刚度之间的平衡，或者说表面活性剂的非极性基同油之间和表面活性剂极性基同盐水之间相互作用强度间的平衡，将决定微乳状液滴的形成，较低的表面活性剂吸附膜柔度易于产生具有低曲率度界面的微乳状液滴，有益于产生较大的增溶能力；但是太低的柔度导致液滴的合并，太高的刚度则致使具有异常黏层状液结构的形成，这些都是不利的。表面活性剂吸附膜的调节可以采用如下方法：

①随着含盐度的增加，在表面活性剂膜中相对亲水组分的浓度增加，同时相对亲油组分浓度减少，则这种体系具有能在较宽的范围内形成超低界面张力的能力：(a) 由于短链醇是不荷电的化合物，它的吸附和分配对含盐度不敏感，因此它能加入到表面活性剂膜中，起到调节表面活性剂膜柔度和刚度的作用。(b) 由于宽当量分布的石油磺酸盐中既具有在油中易于溶解的组分，又具有在水中易于溶解的组分，它的吸附和分配受含盐度的影响。因此，随着含盐度的变化，因其在油、水中的分配不同，这种表面活性剂膜的柔度和刚度将得到调节。

②若随着含盐度的增加，通过调节溶液的 pH 值，使用对 pH 值敏感的表面活性剂配制体系时，表面活性剂膜的柔度和刚度将得到自动的调节。例如使用羧酸盐，在含盐度增加时，由于羧酸盐分子的化学势增加，而增加了其向油中跃迁的趋向，但是，在含盐度增加的同时，调节溶液的 pH 值，使其偏向碱性，增加了羧酸盐分子的解离系数，从而又使其

更偏向于水溶,则体系可以在宽的含盐度范围内保持超低界面张力。

③使用强极性基的表面活性剂作助表面活性剂。当体系中的含盐度低于地层水的含盐度时,随着段塞的推进,地层水同段塞混合,从而使只荷一价电荷的石油磺酸盐向油中分配的倾向增加,如果加入强极性基的表面活性剂作辅剂,如单磷酸酯(解离后荷负二价),可以减缓上述倾向,增加了体系中表面活性剂的溶水倾向,从而表面活性剂膜的柔度和刚度得到了自动调节。

(3) 在段塞驱替的方向上形成一个含盐度梯度。正如前面已经指出的,为了在整个驱替过程中保持超低界面张力,可以人为地自表面活性剂溶液段塞的前沿到后沿形成一个含盐度梯度,即在注入前进行预冲洗,使前沿的含盐度略高于表面活性剂段塞的含盐度,后沿的含盐度略高于缓冲带—聚合物溶液的含盐度,以保证在驱替过程中保持最优含盐度。产生这种现象是由于:

①当表面活性剂段塞的前沿进入高含盐度区域时(高于最优含盐度),表面活性剂分子向油相分配,并形成上相微乳液,即WensorⅡ(+)型相态体系;由于体系失去了最优状态,界面张力增加,微乳状液被捕集,表面活性剂被滞留;在推进过程中,含盐度又继续降低直至重新达到最优含盐度值;在后沿推进过程中,表面活性剂进入含盐度低于最优含盐度的区域,形成了下相微乳液,即WensorⅡ(-)型相态,由于它捕集少量的油,则其具有相对高的流度;在推进过程中,含盐度继续升至最优含盐度,从而保持了整个过程中的最优状态。

②适当选择的含盐度梯度,在段塞开始同油接触时出现含盐度接近地层水的含盐度(其组成也接近),则开始时同岩石的阳离子交换处于动态平衡状态;随着推进过程,含盐度降低,出现了同岩石的阳离子交换,增加了溶液中二价阳离子的含量,从而补充了水中的含盐度,使含盐度重新(推进过程的一般状况是含盐度降低至低于最优含盐度)回升到最优含盐度值。

③驱替过程中,对石油磺酸盐来说,其总浓度的降低往往伴随着易水溶的那部分表面活性剂的百分含量也降低(吸附在表面活性剂膜中),从而最优含盐度降低。那么,驱替段塞设计成含盐度梯度变化的形式,就使得注入液含盐度逐渐降低的过程遵循了实际驱油过程最优含盐度的降低线路。

(4) 在表面活性剂主段塞前后注入一定浓度的聚合物溶液作为主段塞得保护段塞,以防止由于主段塞与前后沿流体的流度差形成的指进和窜流而造成的主段塞的破坏。通常保护段塞的流度等于或接近主段塞的流度。为了减少聚合物用量,保护段塞设计成浓度梯度,自与主段塞接触处开始聚合物浓度逐级降低,一般设计成三个或更多极的梯度。

5.6 化学复合剂驱油

前面论述的聚合物驱油和表面活性剂驱油二种提高石油采收率方法不仅在理论研究和室内试验方面,而且在油田矿场实际应用方面都已经证实是有效地提高石油采收率技术。但是,聚合驱由于受其驱油机理制约,依据油田地质条件,一般只能提高石油采收率约7%~15%(OOIP),表面活性剂—聚合物驱虽然能够较大幅度地提高石油采收率,但是,由于使用的化学驱油剂量较大,因此,经济效益较低,难以大规模进行工业推广应用。同时,尽管早在1917年,F. Squired就认识到在注入水中加入廉价的碱剂(碳酸钠、氢氧化钠等)能够使孔隙中水驱后剩余油进一步投入运动,从而提高石油采收率。在此基础上,对于酸性高的原油发展了碱水驱提高石油采收率的方法。但是，已经进行过的碱水驱现场试验表明，采收率增加值不会超过6%~8%（OOIP），一般在2%左右（OOIP），主要是由于大量的碱耗以及流度比不适宜，而引起的低的波及效率和驱油效率。20世纪60年代初，人们开始研究在碱水中加入聚合物以降低驱油剂的流度，提高波及系数，被称为聚合物增效碱驱（AP驱）或者碱增效聚合物驱，即在聚合物溶液中加入碱剂，以综合二者的优势于一体。Tiorco公司曾在Isenhour油田进行过先导试验，石油采收率增加值达到26.4%（OOIP）。这主要是聚合物使驱油剂体系的流度降低而碱剂不但同原油中有机物作用就地生成表面活性剂降低油—水界面，而且可以显著地降低聚合物在驱替过程中的损失。为了保证碱驱过程中能始终保持"最佳含盐度"和"最佳碱度"的条件，必须在注入设计时调节含盐量和碱量，但过程的调节是十分困难的。R. C. Nelson、S. M. Saleem和D. A. Peru等人的研究提出，在碱水中加入合成的表面活性剂以补偿在驱油过程中由于"最佳含盐度"和"最佳碱度"破坏而造成的界面张力升高的问题，有人将加入的表面活性剂称作"助表面活性剂"故称为"助表面活性剂增效碱驱"（AS驱）。助表面活性剂同就地形成的石油酸皂之间的协同效应拓宽了最低界面张力的碱度范围，碱剂避免了二价离子同表面活性剂的反应，则二者起到了互补作用。

实际上，早在20世纪20年代M. De Groot申请应用表面活性剂水溶液采油的专利中所使用的表面活性剂就是一种混合物，使得可以在表面活性剂浓度250~1000mg/L范围内对采油有效。在以后的研究中发现各种不同的盐类，同表面活性剂联合使用可以降低油—水界面张力到最低值；同时，在溶液中加入各种添加剂可以减少化学剂的吸附，这些不同组分试剂的混合使用导致了低油—水界面张力的表面活性剂驱过程的产生。早期Jr. C. M. Blair等人提出的透明溶液（或称微乳状液、膨胀胶束、胶束分散体等）体系以及后来W. B. Gogarty等人提出并发展的Maraflood TM驱，即表面活性剂浓度在5%（质量分数）以上的驱油体系中，都加入了适当的助表面活性剂（如各种低碳醇等）并使其处在一个适当的含盐度（各种电解质）下，这种体系也就是一种复合体系。表面活性剂驱油技术发展过程中曾出现了两种观点：一种观点是使用稀的表面活性剂浓度[<1%（质量分数）]体系，注入大孔隙体积（15%~60%PV）或更大的孔隙体积倍数驱替残余油；另一种观点是使用浓的表面活性剂浓度[>5%（质量分数）]体系，注入小孔隙体积（3%~20%PV）驱替残余油。但是不管哪一种体系，都是由表面活性剂（或复合表面活性剂）、助表面活性剂、电解质等多种组分构成。在注入方式上，为了减少化学剂在驱替过程中的损失，在胶束—聚合物驱（MP驱）的基础上，有人提出在注入主驱油段塞之前注入一个碱水预冲流段塞；为了防止后续注入水对主驱油段塞的冲稀作用，往往在主段塞之后注入一个聚合物溶液缓冲段塞以保护主段塞在整个驱替过程保持最佳条件，这样，在主段塞的前沿便存在碱对表面活性剂体系的影响，在后沿存在表面活性剂与聚合物的相互作用问题，在这种情况下也是某种意义上的复合驱油体系，即先注入一个碱水预冲洗段塞而后注胶束—聚合物段塞，有人称为碱—表面活性剂—聚合物驱（ASP驱），P. J. Schuler等人提出的先注入一个胶束分散体系段塞而后注入一个碱—聚合物的后续段塞称为胶束—碱—聚合物驱（MAP驱）。但是，这些技术都是依次注入碱、表面活性剂、聚合物溶液，这些方法的不断发展在技术上趋近完善，或者说有很大的突破，一些室内实验表明可以将水驱后的剩余饱和度几乎全部采出。但是，制约化学复合驱发展的难题是过高的经济投入，使采油成本大幅度增加，因而在石油价格日趋下降的情况下，该方法难以在油田大幅度推广。为此，表面活性剂稀体系受到人们的普遍重视，该方法可以大幅度降低表面活性剂的用量，但是，一些研究者为了对付表面活性剂稀体系对二价离子的敏感以及在高矿化度下的不良反应而采用比石油磺酸盐贵得多的表面活性剂（如采用非离子表面活性的复配等），使得油田经营者望而却步。最早由 Dome 等几个石油公司开发的碱—表面活性剂—聚合物复合驱油体系（ASP 驱）一出现就受到了普遍的重视，该方法是加入适当类型和浓度的碱到稀浓度的表面活性剂溶液中［浓度低于 0.5%（质量分数）］，并配以适当浓度的聚合物以保持体系足够的黏度，采用该体系几乎能得到与 MP 驱（或 AP 驱）相同的提高石油采收率幅度，但是，化学驱油剂的用量却几乎降至十分之一至几十分之一。Terra 能源公司最先在美国怀俄明州的 Kiehl 油田进行了 ASP 驱先导试验，可以使石油采收率提高 15%（OOIP）以上，且每采出一吨油的成本大幅度下降。中国在 20 世纪 80 年代后期在以往研究的基础上明确提出了 ASP 驱（或 SAP 驱）的概念，并进行了大量的、全面的研究工作，针对高酸值原油开发了碱—表面活性剂—聚合物复合驱（ASP 驱）技术，针对石蜡基原油发展了表面活性剂—碱—聚合物复合驱（SAP 驱）技术，并先后在胜利、克拉玛依、大庆油田等进行了适当规模的试验。

5.6.1 碱—聚合物复合驱油

将碱剂与聚合物（部分水解聚丙烯酰胺、生物聚合物等）以适当的比例混合作为驱油剂的技术称为聚合物增效碱驱（Alkaline-polymer，AP 驱）或碱增效聚合物驱。该技术综合了碱驱具有高的驱油效率、成本低和聚合物驱具有高的波及效率的优点。同时克服了前者驱油体系黏度低，在驱油过程中易发生指进和过多的碱耗，后者聚合物吸附损失大的缺点。该驱油技术对于酸值高的稠油油田是一种很有效的提高石油采收率的方法。碱—聚合物复合驱油剂的注入方案可以有多种选择：在注入碱—聚合物混合液段塞之后直接注入清水顶替液，一个驱油段塞同时起到流度控制和使剩余油启动的双重作用。但是，由于碱耗量往往高于聚合物滞留量，因此聚合物的传播速度往往高于碱，因此，碱滞后出现。另一种注入方式是在碱—聚合物混合液主段塞之前预先注入一个碱的预冲洗段塞，以弥补碱比聚合物后推进的问题。但是，往往会出现"预冲洗"的碱液绕过富集油饱和度带而窜流。还有一种可供选择的方案是在碱—聚合物混合液之前注入聚合物溶液段塞，这就使得碱在油井突破之前，就形成了一个富集油饱和度带同时也会防止油井结垢的问题，特别是在地层水硬度高、黏土中可交换的二价阳离子高的油藏中这一优点尤为突出。该技术发展的初期也曾进行过在碱—聚合物混合溶液主段塞之后注入一个低浓度的聚合物缓冲段塞以防止后续的顶替水冲稀了主段塞，但要恰当地选择缓冲段塞的聚合物浓度和尺寸，以防止过多的化学剂的投入。主要的技术观点已在第三章和第四章中论述，这里只就 AP 驱油的特殊问题作简要概述。

5.6.1.1 碱—聚合物溶液与原油的界面张力

对于酸值含量低的原油，油—水界面张力不会因碱在水溶液中的存在而明显地变化，而高酸值原油中的胶质、沥青质对油—水界面张力的降低起重要作用图 5-6-1 为兴隆台原油及含有不同有机物的油与 Na_2CO_3 水溶液的界面张力。芳烃、饱和烃等与水溶液的界面张力不会因碱的引入而显著地降低，只有在胶质存在的状况下，油—水界面张力的变化才与酸性油的界面张力变化接近。碱溶液的 pH 值和离子强度对界面张力的影响机理主要是皂化反应速度和强度以及反应物在油、水及油—水界面的分配，具有两性的皂化产物只有在界面上饱和有序排列才能使油—水界面张力达到最低值，而这种分配过程受水中离子强度的强烈影响，只有在适当的离子强度范围内和 pH 范围内（从离子浓度积的意义上讲 pH 也含有离子强度的意义）才会使两性物质在界面上有序排列达到期望的状态。

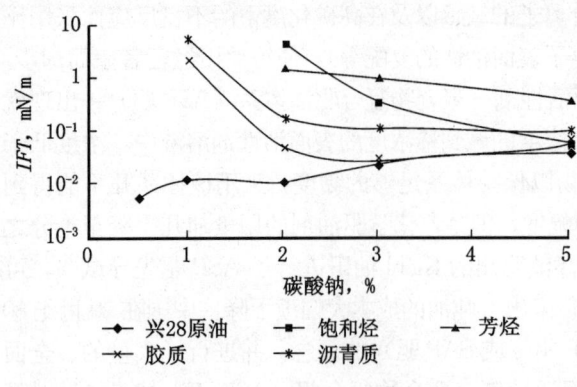

图 5-6-1 原油组分对界面张力影响

从增加 pH 值意义上讲，可供选择的碱包括 NaOH、Na_2CO_3、$NaHCO_3$、Na_3PO_4、Na_4SiO_4、Na_2SiO_4 等，尽管人们对碱型、聚合物对油—水界面张力的影响已经做了许多工作，但是尚没有统一的认识。黄亚铎（1995）报告了聚合物对碱—聚合物体系油—水界面张力的影响图 5-6-2 和图 5-6-3 分别为部分水解聚丙烯酰胺（PHPAM）、生物聚合物（XC）对辽河原油 1.0% Na_2CO_3 体系界面张力影响的曲线。但是尚没有见到对此现象有说服力的论证，一般认为，聚合物的存在对界面张力不产生影响，只是在聚合物存在时由于溶液的黏度增加以及聚合物在乳状液滴界面上的吸附增加了界面流变性使油水乳状液更趋于稳定。也有人认为生物聚合物对 AP 体系—原油界面张力的影响是由于生物聚合物中含有一些微生物的代谢物，这些代谢物具有表面活性的原因。

5.6.1.2 碱—聚合物溶液的黏度

碱作为一种电解质对部分水解聚丙烯酰胺溶液的黏度有明显的影响，且随着碱浓度的增加体系的黏度有较大幅度的降低，在高的聚合物溶液浓度下这种影响更加敏感。但是，部分水解聚丙烯酰胺在碱作用下又会使聚合物进一步水解使其黏度增加，这种水解作用在一定的碱浓度范围内将随碱浓度增加而加剧，图 5-6-4 给出了这两种反应的综合结果。二种效应的综合结果使得作为电介质的碱对聚合物溶液黏度的影响比盐要弱一些，应当选择水解度较低的聚丙烯酰胺，使得开始注入时黏度较低而易于注入，注入油层后随温度增加在碱作用下进一步水解而增加黏度，但就碱对溶液黏度的影响而言，黄胞胶比部分水解聚丙烯酰胺有更大的优越性。

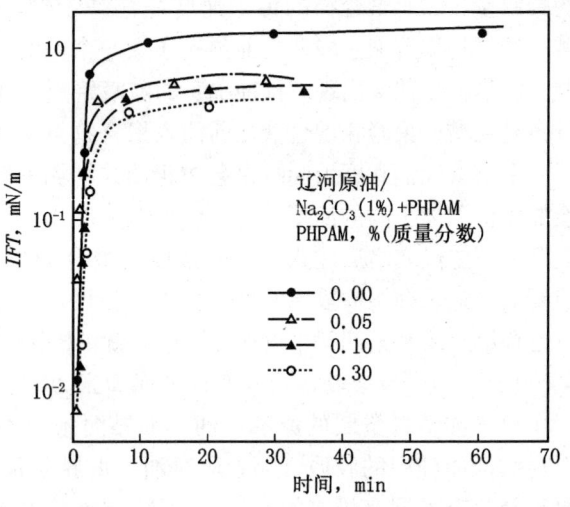

图 5-6-2 部分水解聚丙烯酰胺对碱—辽河原油界面张力的影响

5.6.1.3 碱、聚合物的损耗

由于聚合物在岩石上的吸附使阳离子交换和矿物可溶性反应减弱，从而减少了碱耗。碱使部分水解聚丙烯酰胺进一步水解，增加了其水溶性；同时，碱剂增强了岩石表面负电性，也使聚合物吸附损耗减小。从碱同岩石的反应速度上讲，在选择碱型时，弱碱（如 Na_2CO_3）应当是优先候选碱剂。

5.6.1.4 碱—聚合物溶液注入量的优化

考虑到碱同岩石反应而引起的碱耗及其使部分水解聚丙烯酰胺水解而带来的损失，为了保证在段塞推进过程中始终保持油—水低界面张力的体系，在油—水界面张力—碱浓度曲线图上，应当选取油—水低界面张力区的碱浓度上限作为注入的浓度。聚合物的浓度选择基本上可以依据聚合物驱时的原则，但要考虑到碱的引入使聚合物溶液黏度降低的因素，因此在总流度计算时应当将其计入。段塞尺寸的选择必须对碱在推进过程中的滞后给予足够重视，在主段塞之前预先注一个"纯碱"段塞或"纯聚合物"段塞都是不凡的选择，具体选择前者或是后者应视油藏岩石的黏土含量和层间渗透率的非均质状况而定，如果黏土含量很高可考虑选择前者，如果渗透率变异系数较大可

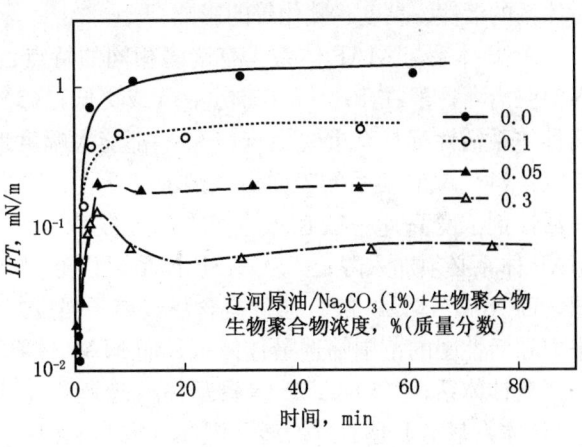

图 5-6-3 生物聚合物对碱—辽河原油界面张力的影响

考虑选择后者。主段塞的尺寸应当选择在较好经济效益条件下的最大值。

5.6.2 碱—表面活性剂—聚合物复合驱油

碱—表面活性剂—聚合物多元组分复合驱（Alkaline - surfactant - polymer combination flooding, ASP 驱）提高石油采收率是在碱驱、表面活性剂/聚合物驱和聚合物驱基础上发展起来的。多元体系中碱的作用在于：(1) 同原油中有机酸反应就地形成表面活性物质，并同加入的表面活性剂产生协同效应，增加活性，减少表面活性剂的用量；(2) 拓宽表面活性剂的活性范围；(3) 改善岩石颗粒表面电性，降低表面活性剂、聚合物的吸附量。考虑到减缓同岩石的反应以及对体系的缓冲作用，应当尽量避免使用强碱（如 NaOH、KOH 等），而使用弱碱[如 Na_2CO_3、$NaHCO_3$、Na_3PO_4、$Na_5P_3O_{10}$、$(NaPO_3)_6$、$(SiO_2)_n/Na_2O$、$Na_5P_3O_{10}$、$(NaPO_3)_6$ 等]，通常为了便于控制 pH 值和离子强度采用强碱和弱碱的适当比例的混合物。表面活性剂的作用是：(1) 作为驱油主剂降低油—水界面张力；(2) 在离子强度和二价离子浓度较高的情况下起补偿作用，拓宽体系的活性范围和自发乳化的盐浓度（或 pH 值）范围。最常用的表面活性剂是由石油及油品制备的石油磺酸盐，这种表面活性剂同体系和原油的配伍能力很好，且有较宽的活性范围；而合成的烷基苯磺酸盐很少单独使用，通常是采用含有直链和支链（或 α—烯基磺酸盐）组分的混合组合物；为了增强体系对盐的容忍能力，许多研究者采用阴离子表面活性剂和非离子表面活性剂的复合物。聚合物的作用是增加体系的黏度，通常使用部分水解聚丙烯酰胺（PHPAM）或生物聚合物（黄胞胶，XC），考虑到 PHPAM 对盐及碱的敏感性，许多研究者采用生物聚合物做增黏剂，一些研究者还发现生物聚合物对体系的活性有增效作用。碱—表面活性剂—聚合物复合体系的许多性质已在第三章、第四章中论述。多元组分体系的选择最主要的是研究各组分之间的相互作用、配伍以及它们

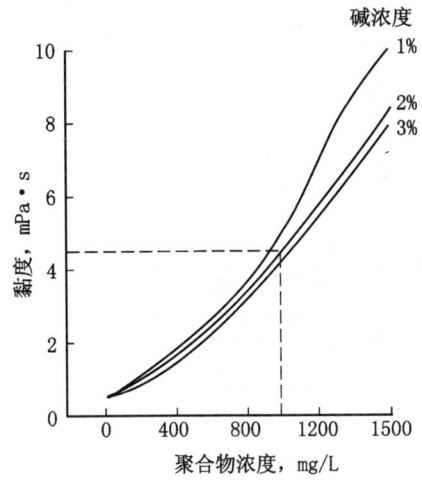

图 5-6-4 碱对碱—聚合物溶液黏度的影响

对体系的活性、黏度、乳化等的影响。

ASP 体系与 MAP 体系具有诸多相同的特点：(1) 二种体系同原油之间都具有超低的界面张力，一般在 $10^{-3} \sim 10^{-2}$ mN/m 或更低；(2) 界面吸附、界面电性以及界面流变性对两种体系活性都具有重要影响；(3) 都能大幅度地提高石油采收率。但是也有许多不同的特点：(1) ASP 体系的表面活性剂浓度低〔一般小于 0.5%（质量分数）〕，MAP 体系的表面活性剂浓度高〔一般在 5%（质量分数）以上〕；(2) ASP 体系一般不需加入醇，而 MAP 体系必须加入醇；(3) ASP 体系可以通过 pH 和离子强度二个参量调节体系的活性图，而 MAP 体系一般只通过盐含量（离子强度）调节；(4) ASP 体系通常是以超低界面张力和活性图的范围筛选最佳体系；而 MAP 体系则是通过相图、增溶参数、最佳含盐度等筛选最佳体系；(5) ASP 体系驱油机理基本上在于使油滴启动、乳化、聚并形成油墙，MAP 体系基本上是通过增溶、混相（或非混相）形成油墙；(6) ASP 体系驱油的注入段塞最优状态保护可以通过较保守的注入浓度或建立适宜的 pH 值环境，MAP 段塞最优状态保护是通过按含盐度需求图建立含盐度梯度段塞等。影响 ASP 驱的一些重要因素如图 5-6-5

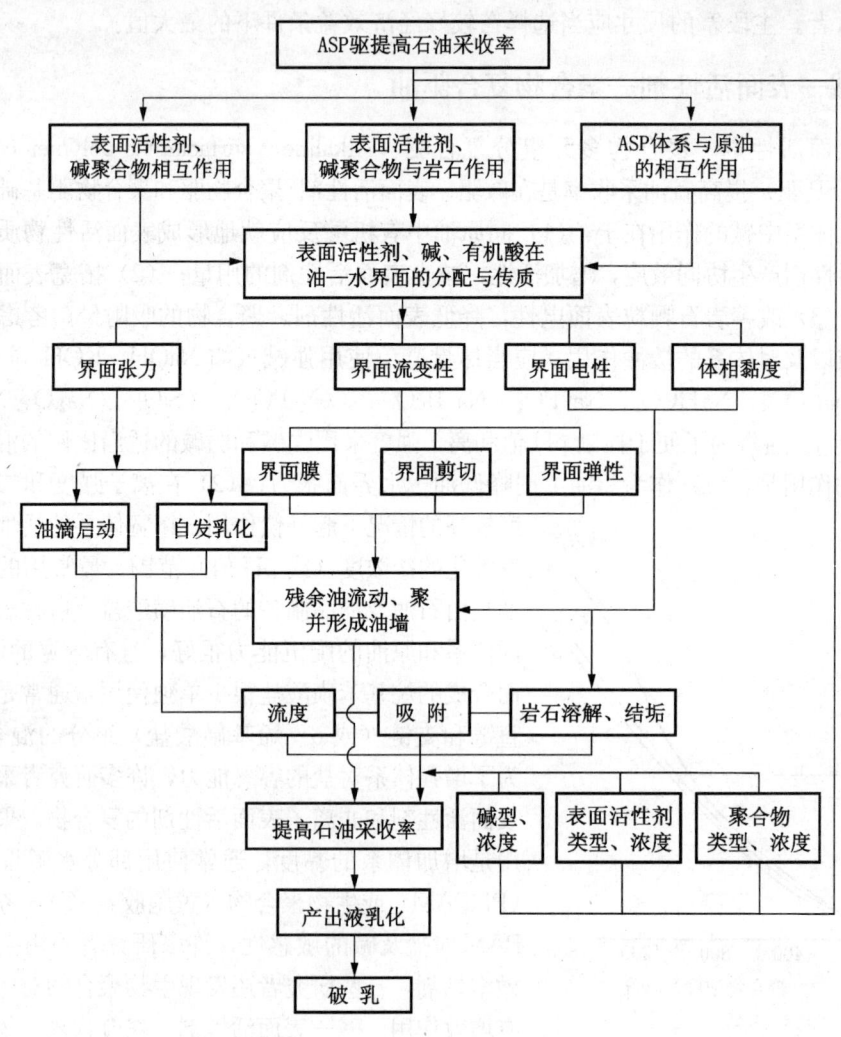

图 5-6-5　影响 ASP 体系效果的重要驱油因素

所示。除了研究体相黏度之外，还要着重考虑决定 ASP 驱的油—水—化学剂驱油体系的最重要的不是相态转变而是界面效应的理化现象，包括油—水界面性质、界面层的组成、界面层的化学性质（包括界面吸附、扩散、传质）、剪切和扩张应力即界面黏度、界面张力、界面电荷、油水乳状液的类型和稳定性等；诚然，体系中的碱对岩石的作用诸如对岩石的溶解、结垢等也是很重要的因素，这些同碱水驱油有基本类似之处。

此外，目前已有的资料表明，ASP 驱既可以适用于酸值高的原油，也可以用于酸值低（甚至酸值接近于零）的原油，但是对于酸值高的原油，对 ASP 体系起重要作用的是碱的类型和浓度，因此碱型和碱浓度的选择十分重要。然而，对于低酸值（或甚至几乎接近零）的石蜡基原油，对 ASP 体系起重要作用的是表面活性剂的类型、结构，因此，表面活性剂的选择是十分重要的，在研究工作中我们用 SAP 驱（表面活性剂—碱—聚合物驱）标记，以区别于适用于高酸值原油的 ASP 驱（碱—表面活性剂—聚合物驱）体系。ASP 驱几乎具有同 MAP 相近的提高石油采收率幅度，但是化学剂的用量大幅度减少，因此油田现场实施在经济上是可行的。然而，ASP 驱仍然有许多问题需要研究：诸如在表面活性剂浓度很稀的情况下形成超低界面张力的机理、超低界面张力与表面活性剂结构的关系、加入的表面活性剂与就地产生的表面活性剂协同增效作用机理、原油的非烃组分及其结构对界面性质的影响、乳状液的形成、稳定性及其聚并理论等。本节将着重论述各组分间的相互作用及其影响因素。

5.6.2.1 碱—表面活性剂—聚合物多组分体系的配方

ASP 驱体系配方的优化控制因素十分复杂，为简化起见通常只考察几个主要的因素：(1) 体系的界面活性图，即碱的浓度和表面活性剂浓度变化时体系与原油的界面张力变化；(2) ASP 体系的流变性；(3) ASP 体系与原油的乳化能力、乳状液类型及稳定性；(4) 化学剂同岩石的反应及其损失；(5) 驱油效率等。这些参数的变化与原油性质、碱型、表面活性剂的结构和聚合物的类型直接相关。许多实验表明，对于一定的原油，在水溶液中加入的碱的类型、溶液的 pH 值和离子强度对体系的界面张力起着重要作用。

5.6.2.1.1 碱剂的选择

ASP 体系中碱剂的类型和浓度的选择要根据原油中有机酸的含量及地层水矿化度（特别是阳离子总量）、硬度进行筛选，一般应遵循如下原则：

最大限度地满足将原油中的有机酸转化为石油酸皂；优化把原油中石油酸就地转化为石油酸皂的 pH 值；在较宽的碱浓度和适当的盐浓度范围内保持体系与原油的界面张力超低；体系与油原超低界面张力对应的含盐度范围应尽量保持在注入水和地层水矿化度之间的范围内；碱在岩石中的损耗以及对地层的损害不应当超过许可的范围；对聚合物增黏效应的负贡献应保持在最低值。

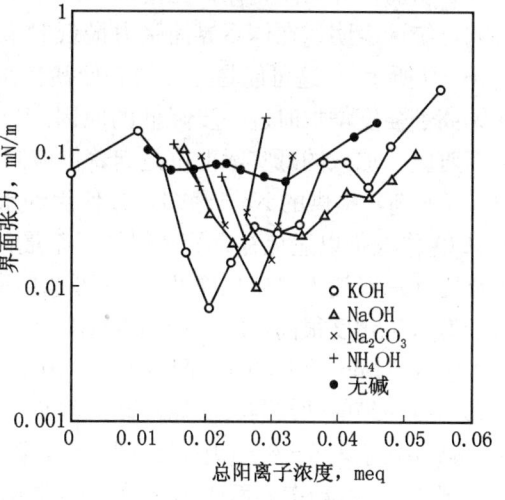

图 5-6-6 碱型与 pH 值对非酸性原油体系
界面张力的影响（D. O. Shah, 1981）

(1) 碱型与离子强度。许多实验表明，对于一定原油和地层水（和注入水）的离子组成，不同类型的碱使体系处于最佳状态所对应的含盐度不同。图 5-6-6 是美国 Ittner 油田原油（酸值＝0.05mgKOH/g）与由不同类型碱组成的表面活性剂溶液体系的界面张力变化曲线，不同类型碱的复合溶液形成最低界面张力时对应的含盐度不同。在体系中无碱时，出现最低界面张力值所对应的含盐度最高，体系中加入 KOH 时最低，依次为 NaOH、Na_2CO_3、NH_4OH。但是，F. D. Martin 等人对于低酸值原油（Ittner）在 0.5% Exxon 914—22（合成的石油磺酸盐）、[Na^+] 浓度为 0.02meq/L 的情况下，用不同浓度 NaOH 控制体系的 pH 值的实验结果表明，在 pH≈5.8～12.2 时，体系的界面张力无明显变化。可见，对于非酸性原油，碱型及离子强度对体系形成超低界面张力起重要作用，而与体系的 pH 值关系不大（见表 5-6-1）。

表 5-6-1　无机盐的离子强度

碱　型	Na_2CO_3			NaOH	NaCl
百分浓度，%	0.5	1.0	1.5	1.0	1.3
离子强度，I	0.14	0.28	0.43	0.25	0.26
pH	10.3	10.2	10.5	13.4	7.0

(2) pH 值和离子强度。对高酸值原油，复合体系的活性由 pH 值支配，图 5-6-7、图 5-6-8 分别为酸值为 1.0mg KOH/g 的 Long Beach 原油与 ASP 体系（石油磺酸钠 Petrostep B-100）的瞬态和平衡态界面张力随体系 pH 的变化（通过调节 Na_2CO_3 和 NaOH 的混合比例实现）。对于 ASP 体系，在 pH≈10.5 左右时（钠离子浓度 0.343mol/L），体系界面张力（瞬态和平衡态）达最低，在 pH＞10.5 以后，界面张力增加。这可能是由于在 pH＜10.5 时，油中的有机酸解离后吸附在界面上并向体相水中扩散与加入的 Petrostep B-100 形成混合胶束而使界面张力降低。在 pH＞10.5 后，自油中解离的游离的有机酸除吸附在界面层之外，更多的以单个分子形式溶于体相中，以及对表面压产生作用的未解离酸的减少，从而使界面张力保持在高值的水平上。同样，离子强度对复合体系的界面活性也有影响，统计表明，在体系界面张力最低时 pH 值与离子浓度的对数之间成线性关系（如图 5-6-9 所示）。这可能是外加的表面活性剂与解离的石油酸皂形成的混合胶束的 CMC 值在钠离子强度增加时进一步降低的原因。显然，所使用的碱型应当与注入水及地层水的矿化度对应，加入的碱实际上也是起着供应阳离子的作用。对于 1mol/L 浓度的碱液，由 Na_2CO_3（碱剂）提供的 Na+ 最多，在使用淡水做配制水时，如果地层水矿化度高，可以使用 Na_2CO_3 作碱剂以避免补充盐来保持体系最佳的含盐度范围。如果地层水矿化度接近注入水矿化度（一般注入水矿化度低），则可选用强碱（NaOH）；反之，若使用海水做配制水时，由于海水矿化度很高，故可选用 NH_4OH。对于与 Ittner 油田原油类似的大庆油田原油（酸值小于 0.03mg KOH/g），图 5-6-10 是碱型与离子强度对 ASP 体系（表面活性剂为 0.25%石油磺酸钠）与大庆原油动态界面张力的影响，图中所使用的碱型、浓度及相应的离子强度列于表 5-6-1 中，由图可见，随着 Na_2CO_3 浓度增加（pH 值增至 10.5，离子强度增至 0.43），动态界面张力下降，但是尽管使用 NaOH 碱剂的体系的 pH 值达到 13.4，其界面张力降低值仍较 Na_2CO_3 低（pH 值的影响将在下面讨论）；然而，使用相同离子强度的 NaCl 溶液则可使界面张力降低值几乎达到与 Na_2CO_3 相同的水平。显然，ASP 体系的离子强度对体系（低酸值原油）的活性起重要作用。

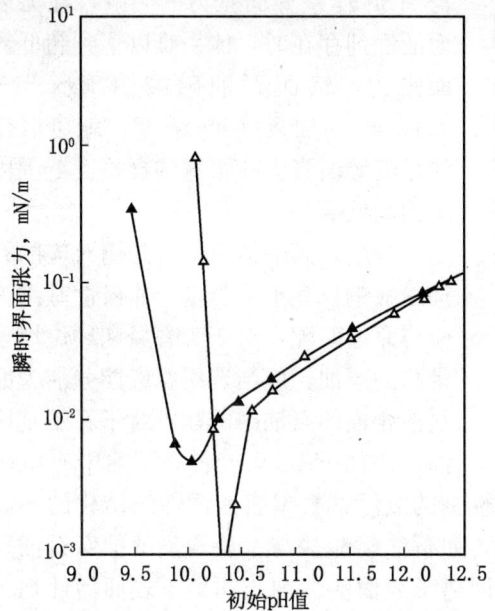
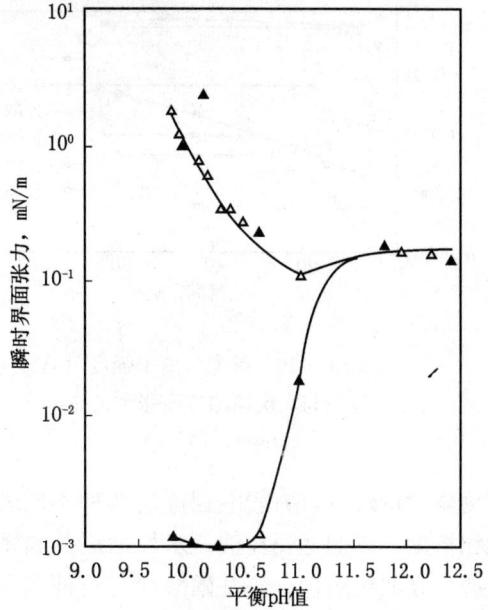

图 5-6-7　pH 值对体系瞬态界面
张力的影响（D. O. Shah，1981）
Long Beach 原油，0.1%
Petrostep B-100（石油磺酸盐）

图 5-6-8　pH 值对体系平衡态界面
张力的影响（D. O. Shah，1981）
Long Beach 原油，0.1%
Petrostep B-100（石油磺酸盐）

5.6.2.1.2　表面活性剂的选择

ASP 体系中的表面活性剂的选择大致应当遵循以下原则：

（1）应在较宽的碱浓度和离子强度范围内与原油的界面张力最低；

（2）相对分子质量分布应适当地宽或是各种同分异构体的混合物；

（3）从避免体系在油层推进过程中产生色谱分离的角度考虑，尽量避免不同类型表面活性剂的混配；

（4）有利于同就地形成的有机酸形成混合胶束；

（5）对多价离子有高的容忍能力和在岩心中低的吸附滞留。

由图 5-6-7 和图 5-6-8 可以看出，外加表面活性剂（如石油磺酸盐）对 ASP 体系的界面活性有很大的影响，固然，对于高酸值原油适当类型的碱及相应的 pH 值可以使体系界面张力降

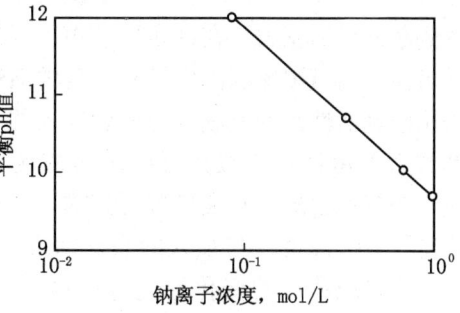

图 5-6-9　界面张力最低时平衡 pH 值与
钠离子浓度间的关系（D. O. Shah，1981）
Long Beach 油，0.1%
Petrostep B-105（石油磺酸盐）

低，但在外加表面活性剂的存在下可以促使界面张力进一步降低。一般，外加的表面活性剂应当与就地形成的石油酸皂有所区别，如石油磺酸盐或烷基苯磺酸盐等，以便产生协同效应形成混合胶束，增加界面活性。对于低酸值原油体系中表面活性剂的存在以及表面活性剂的类型对界面活性的影响则尤为重要，图 5-6-11 为表面活性剂的加入对 Ittner 原油

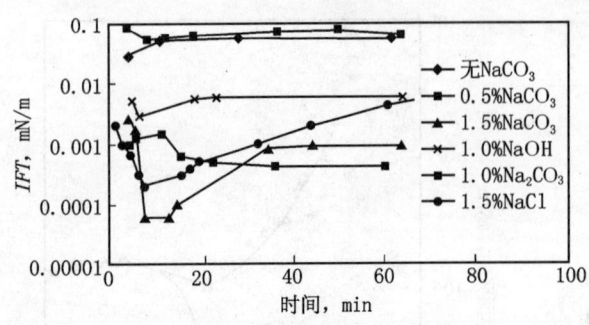

图 5-6-10 碱型与离子强度对 ASP 体系与大庆原油界面张力的影响
（石油磺酸钠 0.25%）

与 ASP 体系界面张力的影响，在无表面活性剂存在时，体系难以达到超低界面张力，然而石油磺酸钠 Exxon-914-22 的加入（1%浓度）就可以使体系的界面张力在很宽的含盐度范围内达到超低值。

一般，高酸值原油可选用对应的石油磺酸钠，其平均当量、非极性基结构应与原油匹配，对于芳香烃和环烷烃含量高的原油，应当选用相应馏分油为原料油合成的石油磺酸盐。对于石蜡基原油，往往 $EACN$ 值较高，油中有机极性物质含量较少，一般应当选用两种不同表面活性剂的复配，根据表面活性剂结构的不同互相搭配，以期达到在油—水界面层的紧密排列，如石油磺酸盐与木质素磺酸盐、石油磺酸盐与石油羧酸盐、烷基磺酸盐与石油羧酸盐、阴离子表面活性剂与非离子表面活性剂等不同表面活性剂的组合与搭配，一般的原则应当选取结构和相对分子质量分布宽的表面活性剂；适当的表面活性剂搭配可以在较宽的低浓度范围内达到体系的超低 γ_{ow} 值。但是，从避免注入过程中驱油体系化学剂色谱分离效应考虑，应尽量选择单一的同系物混合表面活性剂；通常，用就地原油制备的石油磺酸钠则是理想的选择。因此，对于石蜡基原油，ASP 体系的优化是以表面活性剂结构、复配为选择表面活性剂的主要因素，伴之以碱型、碱量和聚合物的选择。外加表面活性剂的存在，可以使 ASP 体系与原油在更宽的含盐度（或碱浓度）范围内达到超低界面张力。在许多研究中，为使体系在尽可能宽的碱浓度范围内具有较高的活性，往往采用绘制活性图的方法确定所要加入的表面活性剂类型及浓度，一般，可以用碱浓度（或盐效应）与就地生成的石油皂进行扫描，也可以用碱浓度（或盐浓度）与加入的表面活性剂的类型、平均当量或浓度的变化等进行扫描。图 5-6-12 为 1.55% $Na_2O \cdot SiO_2$ 与墨西哥湾区原油在一种 MES（脂肪醇氧乙烯基硫酸盐）存在下的活

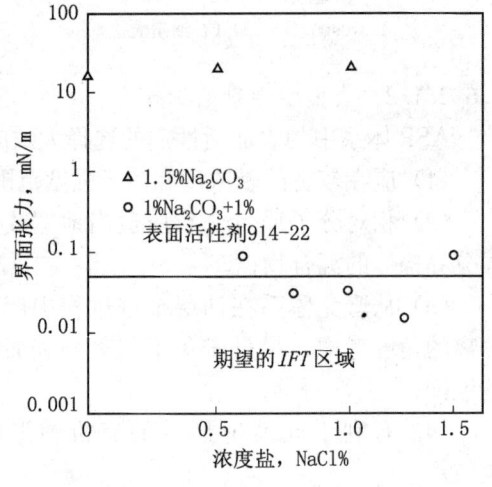

图 5-6-11 表面活性剂的加入对体系界面张力的影响（Ittner 原油）(D. O. Shah, 1981)

性图；由图可见，在无表面活性剂存在时，活性范围只在很低的总钠离子含量范围内，只要加入 0.1%、0.2%的表面活性剂（MES），活性范围明显增加；如果增大加入的表面活性剂与就地生成的石油酸皂的比值，最佳盐浓度（总钠离子量）则增加。

5.6.2.1.3 聚合物的选择与 ASP 体系的黏度的关系

聚合物在 ASP 体系中的作用是增加体系黏度、控制驱替剂的流度，选择的原则基本上应遵循聚合物驱时对聚合物的要求，但还要考虑聚合物对碱剂的敏感，如果选用 PHPAM，还应注意碱可以使其进一步水解而增加黏度。同时，当表面活性剂浓度较高时，还应考虑

聚合物的浓度应当控制在发生相分离的临界浓度以下。在 ASP 体系中，碱和表面活性剂的存在使体相黏度比单一聚合物（部分水解聚丙烯酰胺）溶液的黏度低，如图 5-6-13 所示，在体系具有相同黏度时，ASP 体系中加入的聚合物浓度比单一体系中聚合物浓度高一倍。同样，溶液中碱浓度增加时，ASP 复合体系黏度降低图 5-6-14 是两种聚合物（PHPAM）复合溶液的黏度随碱浓度增加的变化曲线。碱和表面活性剂在水溶液中都解离成 Na^+ 和相应的负离子，如前所述，PHPAM 对 Na^+ 是敏感的。因此在 ASP 体系中碱浓度增加，可能是由于 Na^+ 总浓度的增加而使体系比相应条件下单一聚合物溶液体系黏度降低。若模拟 ASP 体系在油层中的推进情况，对 ASP 体系进行系统稀释后进行流变性的测定，则结果如图 5-6-15 所示，与图 5-6-14 对比，与单一聚合物溶液流变曲线相对比，体系稀释后的流变性曲线形状没有明显的不同，只是整体下移。因此，从增加 ASP 体系黏度考虑，若使驱替溶液的流

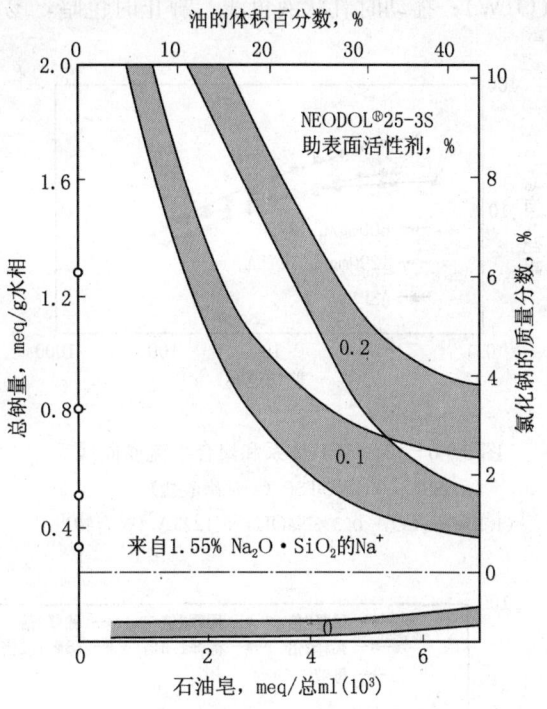

图 5-6-12 1.55%偏硅酸钠（$Na_2O \cdot SiO_2 = 1$）体系与墨西哥湾区原油活性图
（D. O. Shah，1977）（75.6℃，表面活性剂 NEODOL25-3S）

变比控制在与聚合物驱时相同的情况下，应当在 ASP 体系中加入较高浓度的聚合物（PA-PAM）。但是，由于 ASP 体系中碱的存在可以降低聚合物的吸附及滞留损失，因此，在根据流度比计算聚合物浓度时，应当考虑 ASP 驱比单一聚合物驱的聚合物吸附及滞留损失量少的因素。在类型选择上，众所周知，生物聚合物对 Na^+、Ca^{2+} 敏感性小，因此，由此造成的黏度损失很少。基于这种因素，作者和一些研究者建议选用生物聚合物作 ASP 体系的增黏剂较为合适。J. S. Falcone、黄亚铎等人的实验还发现生物聚合物的加入可以使 ASP 体系与原油的界面张力进一步降低。J. S. Falcone 解释这种现象为生物聚合物在制备发酵过程中伴随着生成的代谢产物可能同时有生物表面活性剂生成的原因。

5.6.2.2 ASP 复合驱的微观驱油过程

5.6.2.2.1 ASP 体系对原油的乳化作用

R. C. Nelson 在研究碱—表面活性剂体系与酸性原油（酸值等于 1mgKOH/g 的原油）的活性时发现，当 ASP 体系（表面活性剂浓度 0.1%～0.2%）与酸性原油以不同比例混合时，产生了乳状液。当在其他条件相同的情况下依含盐度的不同乳状液的性状有所差别：

（1）含盐度高于最佳含盐度时：乳状液为黏稠的油包水乳状液，摇动时出现油润湿试管壁，摇动时乳状液色浅，静止时色暗，有过剩水相，黏度高；

（2）在含盐度等于最佳含盐度时：乳状液为浅色稳定乳状液，摇动时显现出光泽，油、水完全乳化，未有过剩油和水；

（3）含盐度低于最佳含盐度时：当摇动时，乳状液为油滴分散于水相的水包油体系

(O/W)；摇动时乳状液色浅，静止时色暗，易形成气泡（摇动时）。

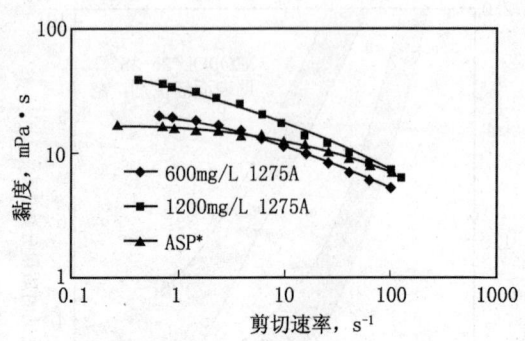

图 5-6-13 ASP 体系和聚合物流变曲线
ASP*：0.4%GTSP（石油磺酸盐）—
（1.2%Na₂CO₃—0.3%NaOH）—1275A（聚合物）

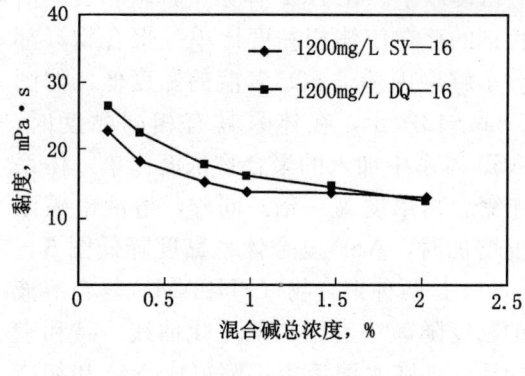

图 5-6-14 ASP 体系黏度随
碱浓度变化的关系曲线

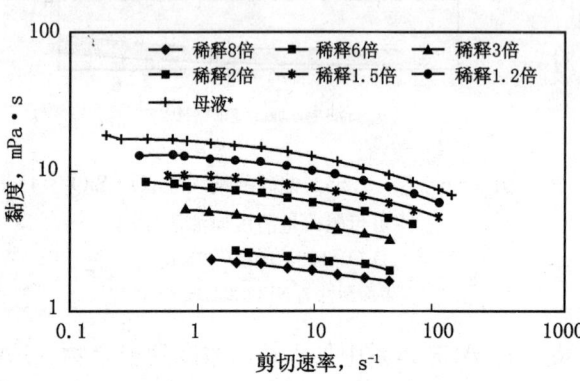

图 5-6-15 ASP 体系稀释后的流变曲线
母液：0.4%GTSP（石油磺酸盐）—
（1.2%Na₂CO₃—0.3%NaOH）—1275A（聚合物）

李之平、曾红霞等人用石油磺酸钠、非离子表面活性剂（OP-10）复配（总浓度 0.1%～0.4%）的碱水溶液同模拟原油（煤油+原油）在体积比为 1:1 时，在一定条件下混合后，油、水完全形成乳白色的混合体系，体系在 24h 内是稳定的，乳状液滴尺寸分布集中在 1μm 左右。作者用石油磺酸钠—碱—聚合物三元复合体系（表面活性剂浓 0.2%～1.2%）与胜利油区孤东油田原油（酸性油）进行混合测定了体系的黏度—温度曲线（见图 5-6-16），图中 3、4 曲线为原油与 ASP 体系混合后的乳状液黏度—温度曲线，乳状液为 O/W 型，因为它的黏度比原油明显降低。油田矿场试验产出液的状况证明了室内实验的结果。然而，大庆油田杏二区（原油为石蜡基，酸值接近 0）进行的 ASP 复合驱先导试验表明（表面活性剂为直链重烷基苯磺酸钠、支链烷基苯和聚氧乙烯烷基酚 OP-6 复合表面活性剂），注入 0.3% 表面活性剂浓度为 1.2%NaOH 和 25000mg/L 聚合物时在相当长一个时期产出液为稳定的 W/O 型（含水 50%）乳状液，黏度明显高于地下原油黏度。

一些研究者在解释乳状液的形成机理时认为是由于：（1）外加表面活性剂的存在；（2）碱同原油就地生成的表面活性剂；（3）在碱作用下从岩石表面脱附的胶质和沥青质在油—水界面上的吸附，增强界面膜的弹性和强度；（4）ASP 体系中的聚合物在油—水界面上的吸附增强了界面流变性等。由于在酸性油体系使用的外加表面活性剂平均当量低（有时还复配以 EO 数高的非离子表面活性剂），因此形成 O/W 型乳液；在非酸性油体系，使用的外加表面活性剂平均当量高（有时还复配以 EO 数低的非离子表面活性剂），则形成 W/O 的乳状液。ASP 复合体系驱油过程中乳状液的形成有利于驱替剂波及效率的提高，增加了采收率的最终效果,但是也给产出液的处理带来了许多困难。

5.6.2.2.2 ASP 微观驱油过程

我们曾经进行了微观光刻可视模型的 ASP 体系驱油物理模拟实验,观察了水驱残余油的分布状态以及它们怎样在 ASP 驱油体系作用下移动。微观模型按常规法饱和取自油田的脱气原油,老化后水驱至出口 100% 含水,再转注 ASP 体系 [0.4%GTPS 石油磺酸盐 + (0.28%NaOH + 12%Na$_2$CO$_3$) +1000mg/L 部分水解聚丙烯酰胺]。图 5-6-17 为驱替过程中的实拍照片,当 ASP 体系接触到圈捕在孔隙壁和喉道处水驱后的剩余油时,油滴便"跃入"ASP 溶液中并很快被拉成"细丝"。细丝随时间而拉长变细并鱼贯通过喉道后,拉长的"细丝"断裂成无数小"串珠"随液流而去,成为细粒乳状液,并在大孔道中堆积。然后流动阻力增加,使后续的 ASP 体系进入更小的孔隙,重复上述"跃入"→"拉

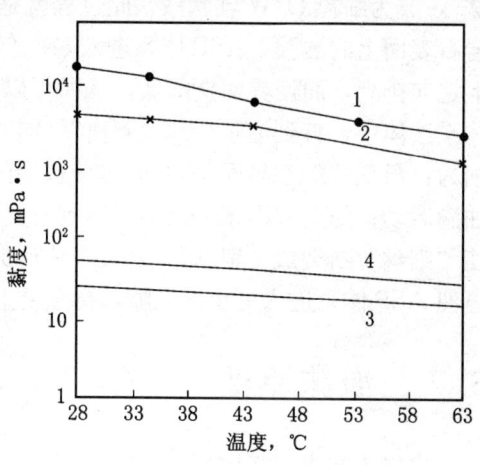

图 5-6-16 ASP 复合体系与孤东油田原油混合乳状液黏度-温度曲线
(油:水=1:1) 1—孤东油田油;
2—孤东油田油Ⅱ-5 体系;
3—孤东油田油Ⅰ-5 体系;
4—孤东油田油Ⅰ-1.5 体系

丝"→"串珠"→"乳化"步骤。ASP 体系波及过后的孔隙几乎再见不到油滴。在驱替过程中未见到油滴消失现象,即"溶解"或"增溶"现象。上述剩余油滴的"跃入"→"拉丝"→"串珠"→"乳化"现象直至完全被驱出的过程是由于当 ASP 驱油剂接触原油时,

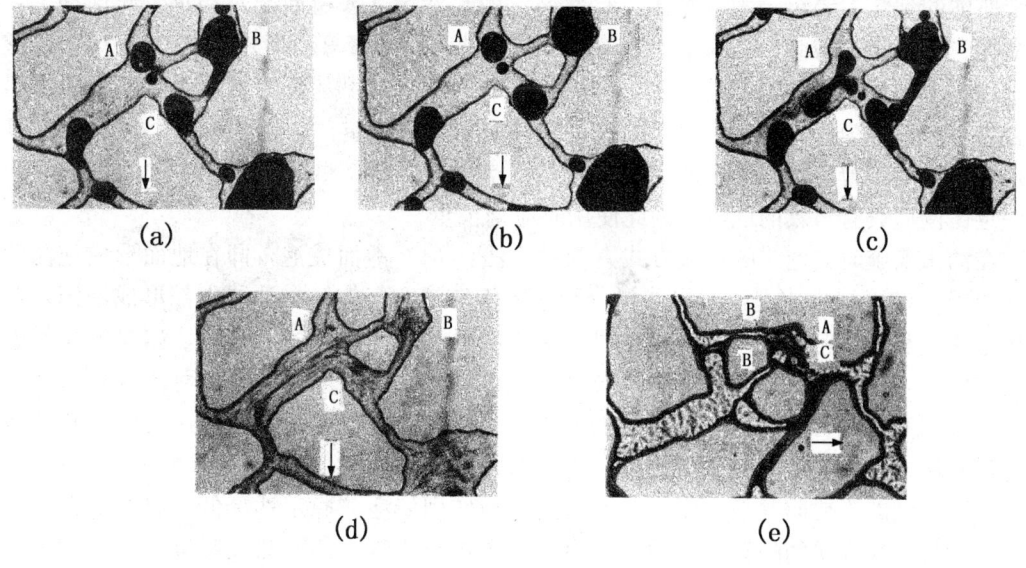

图 5-6-17 ASP 驱微观驱油照片
(↓表示 ASP 驱替方向,图中 A、B、C 表示剩余油滴的位置及其随着驱替过程 a、b、c、d、e 发生的变化)

γ_{ow} 即开始降低使油滴启动,油—水界面张力降至瞬态 γ_{ow} 最低值的过程就是使油滴变形"拉丝"的过程,然后油—水界面张力 γ_{ow} 值上升至稳态平衡 γ_{ow} 值,"细丝"断裂成"串

珠"，成为细粒 O/W 乳状液，此过程就是 ASP 复合体系与原油的自发乳化过程。对于亲油岩石表面上的油膜，ASP 体系进入多孔介质后，由于 ASP 体系中表面活性物质在油膜界面上定向排列，而使界面能降低，从而可以看到油膜不断被"侵蚀"而以"丝状"进入 ASP 体系液体中，直到油膜全部"剥离"。同时形成 W/O 的乳状液。ASP 驱油的微观机理可归纳为：最低的瞬态界面张力 γ_{ow} 迫使被圈闭的油滴"跃入"液流、"拉丝"，使圈捕、滞留的油滴启动；随后界面张力增加并达到平衡稳态，由于升高后的平衡稳态界面张力 γ_{ow} 的作用使"细丝"断裂成"串珠"，自发乳化形成 O/W 的乳状液；"串珠"在大孔隙中的暂时封堵迫使 ASP 体系进入更小的孔隙，再重复上述过程，从而改善了微观波及体积。

5.7 泡沫驱油

将气体和表面活性剂溶液以不同的方式注入油层作为驱油剂进行采油的方法，称为泡沫驱油法。气体作为分散相、表面活性剂溶液作为分散介质的混合体系—泡沫具有比气体、表面活性剂溶液高得多的视黏度，其在油层中流动时的流动阻力远远高于注入水或者气体，从而降低了驱油剂的流度，改善了驱油剂和油的流度比，增加了驱油剂的波及系数；由于气泡的形状具有可变形和膨胀能力，其尺寸大小在一定程度上与岩石孔隙的几何形状有关，模拟计算和实验证明泡沫的有效黏度与多孔介质的绝对渗透率的平方成正比，因此，泡沫具有调整驱油剂驱油剖面的功能，减缓了驱油剂沿大孔道或高渗透层带的"窜流"和"指进"；另一个重要的机理是，由于泡沫液是表面活性剂溶液，因此降低了泡沫液与油的界面张力，同时表面活性剂能够改善油层岩石的表面润湿性使其向亲水性转换，从而增加了驱油剂的驱油效率。

驱油的泡沫主要组分为：气体、起泡剂、助起泡剂（或稳泡剂）和水。起泡剂为：脂肪酸钠、烷基苯磺酸钠、烷基苯硫酸钠、月桂酸钠、烷基聚氧乙烯硫酸醚、α—烯基磺酸盐等。助起泡剂为：十二醇、月桂酰二乙醇胺、十二烷基二甲基胺的氧化物、高分子水溶性聚合物等。气体为：天然气、氮气等，有时也采用 CO_2 和空气，但是由于 CO_2 具有较好的溶水和溶油的能力，因此泡沫的稳定性较差；空气中的氧，由于同油层中的天然气混合达到一定比例后具有自爆的危险，因此使用时应当慎重。

在油田实施时，泡沫的形成方式有两种方法：（1）地面成泡，即在地面形成泡沫后再注入油层；（2）层内成泡，即向油层分别注入泡沫液和气体，在油层内部形成泡沫，通常采用泡沫液和气体轮换注入的方式。根据油层的具体情况选择注入方式，如果油层的破裂压力比较低，最好采用层内成泡法，同时层内成泡法油层内泡沫形成的可能性较大，风险较小。层内泡沫是否形成是泡沫驱油的关键，一般判断方法是观察注入压力的变化，注入压力随着注入量的增加而明显增加是泡沫形成的主要标志之一。

泡沫驱油的主要问题是：原油对泡沫的消泡作用使泡沫稳定性降低；起泡剂在油层岩石中的损耗（岩石矿物的吸附、同多价金属离子的反应等）使泡沫衰减等。在采用天然气作分散相时，天然气在管道中形成的"水合物"往往造成管道的堵塞。

中国先后在老君庙油田、克拉玛依油田、辽河油田等进行过油田现场实施。同时泡沫也利用于钻井和采油增产措施：利用泡沫进行油井洗井（减少洗井流体回压对油层的损害）；钻井时作为打开油层钻井液以降低油层污染等。最近的进展是将泡沫驱与蒸汽热采结合，以提高蒸汽驱油时的波及效率；将泡沫驱与聚合物驱结合，在气泡液中加入聚丙烯酰胺可以增加泡沫的稳定性，同时由于气泡液的表面活性也提高了聚合物驱油的驱油效率，泡沫驱油与混相驱油结合，以增加混相驱油过程中的波及面积。考虑到碱—表面活性剂—聚合物三元复合驱油体系的超低界面张力的作用，以及碱对体系黏度的负面影响，将这种体系与气体混合即形成在超低界面张力条件下的泡沫驱油，既可以发挥超低界面张力高的洗油效率的作用又可以补偿因碱的作用使体系黏度降低而增加波及面积。本节将着重论述泡沫的基本性质及其在多孔介质中的流动规律。

5.7.1 泡沫的基本性质

5.7.1.1 起泡剂

加入液体中能够产生并形成泡沫的化学剂，称为起泡剂或发泡剂。泡沫是气体分散在液体中的多相分散体系，气体为分散相（非连续相），液体为分散介质（连续相）。由于气体与液体的密度差别很大，在液体中的气泡浮到液体表面形成由少量液体隔开的气泡聚集物，称为泡沫。泡沫只有在起泡剂的存在下才能够产生并具有一定的稳定性。通常使用的起泡剂为两亲性物质（表面活性剂），主要为：脂肪酸钠、烷基苯磺酸钠、烷基苯硫酸钠、月桂酸钠、烷基聚氧乙烯硫酸醚、α—烯基磺酸盐、天然蛋白质等，实际上许多表面活性剂只要在一定的条件下（搅拌、吹气等）都具有一定的气泡能力，但是形成的气泡"寿命"不一定持久，通常加入一些稳定剂能够延长气泡的"寿命"，例如：十二醇、月桂酰二乙醇胺、十二烷基二甲基胺的氧化物，这些助剂能够促使起泡剂在液膜的紧密排列，增加液膜的机械强度。水溶性高分子聚合物由于其在界面膜的吸附增加了界面膜黏度，因此也具有稳定泡沫的作用。

5.7.1.2 泡沫的基本微观结构

泡沫是一种特殊的分散体系。气体是分散相，液体是连续相。有时把分散相看成是内相，把连续相看成是外相。图5-7-1所描述的是一般泡沫系统的二维切片。一般的泡沫

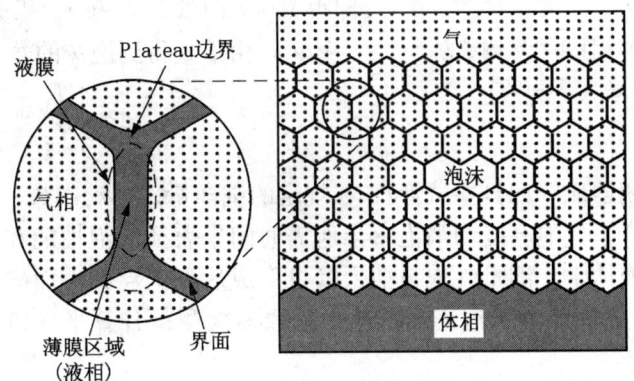

图5-7-1 泡沫体系示意图（L. L. Schramm，1994）

结构包括底部的液体和上部的第二体相（气相）。气相被一个两维的界面与薄液膜分开。沿着液膜边界的三个液膜总是以120°角度相接触，它们互相接触的边界被称为Plateau边界。在三维情况下，四个Pateau边界以109°的近似四面角度相接触。动态泡沫的观察表明，当三个以上的薄膜相遇时，就会立刻发生重新排列使得沿着液膜的边界只有三个薄膜（在这种情况下最稳定）。在Plateau交界处由于液膜界面的曲率大于远离交界处的液膜界面的曲

率（几乎为平面），根据 Laplace 公式可知，交界处的压力低于远离交界处的液膜内的压力，因此，液膜中的液体会流向交界处，使液膜变薄；同时，液体还因重力作用沿液膜界面流动，二者的排液作用能够导致液膜的破裂。

包含球状的、被很好地分开的气泡的泡沫称为湿泡沫。湿泡沫中的液膜厚度、气泡的尺寸是同样尺度的，有时被称为"气乳状液"。在持久的泡沫中，若球状气泡为泡沫的单元，并且这些单元被几乎是平的液膜分开成多面体，则这种泡沫被称为干泡沫。泡沫在孔隙介质中所发生的现象与孔隙介质的连续性和几何形状有着密切关系。孔隙介质有几种属性对泡沫流动起着重要作用，其中包括孔隙体（有时称为孔隙）的尺寸分布、孔隙和喉道尺寸比及其分布等。孔隙介质中泡沫产生和破灭的机理强烈地依赖于上述属性。

5.7.1.3 泡沫特征值

表征泡沫性能的参数，主要是：泡沫稳定性、泡沫密度、起泡剂的效能和起泡剂的效率（起泡剂的起泡力）。

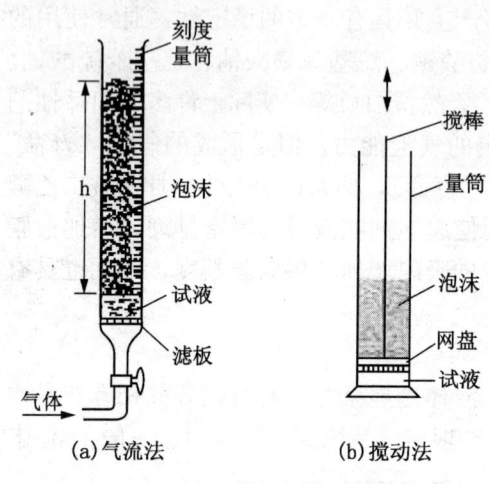

图 5-7-2 泡沫性质参数测量方法示意图（赵国玺，1991）

(1) 泡沫稳定性的表征和测量：①气流法，在一只一定体积的带刻度玻璃圆柱管中（如图 5-7-2 a 所示），注入固定体积的液体试样，自下部通入气体，气体通过玻璃管下部的多孔隔板流过试样，便产生泡沫，记录流动平衡时泡沫高度 h，则泡沫高度 h 即是泡沫稳定性和起泡性的度量。②搅动法（如图 5-7-2b 所示），在量筒中注入一定体积的液体试样，用下端固定有盘状的不锈钢丝网的搅拌器上下搅动则生成泡沫的体积 V_0（刚停止搅拌时的体积）即表示起泡性的度量，记录 V 随着时间 t 的变化，将 V 对 t 作图，即得 $V \infty t$ 曲线，自 $0 \to t$ 积分曲线下得面积得 $\int V \mathrm{d}t$，由下式得到泡沫的寿命 L_f：

$$L_f = \frac{\int V \mathrm{d}t}{V_0} \quad (5-7-1)$$

还可以使用密闭器皿（如具塞试管），在规定的试样量、摇动次数、摇动方向和快慢等情况下进行摇动，计量气泡高度和消泡一半所需时间来表征气泡性能和稳定性。③单泡寿命法将毛细管置入液体中，测量气泡自插入管口形成后到上浮到液面破裂所需的时间（如图 5-7-3 所示），此值即为单泡寿命；通常采取多次测量计算平均值，以得到更准确的数据。

(2) 起泡剂的效率（efficience）。产生最大泡沫高度 h 时所需要的起泡剂的浓度，称为起泡剂的效率，通常起泡剂浓度为临界胶束浓度（CMC）时产生的泡沫高度 h 最大，因此，起泡剂的 CMC 值越低，起泡剂的效率越高。

(3) 起泡剂的效能（effectiveness）。给定浓度的起泡剂能够产生的泡沫的最大高度 h，一般由初始泡沫高度 h_0 和给定时间后的泡沫高度 h_t 二者表示。表面活性剂的结构例如支链的长短和位置、亲油基碳链长度、离子型表面活性剂的反离子性质和浓度等都明显影响起泡剂的效能。

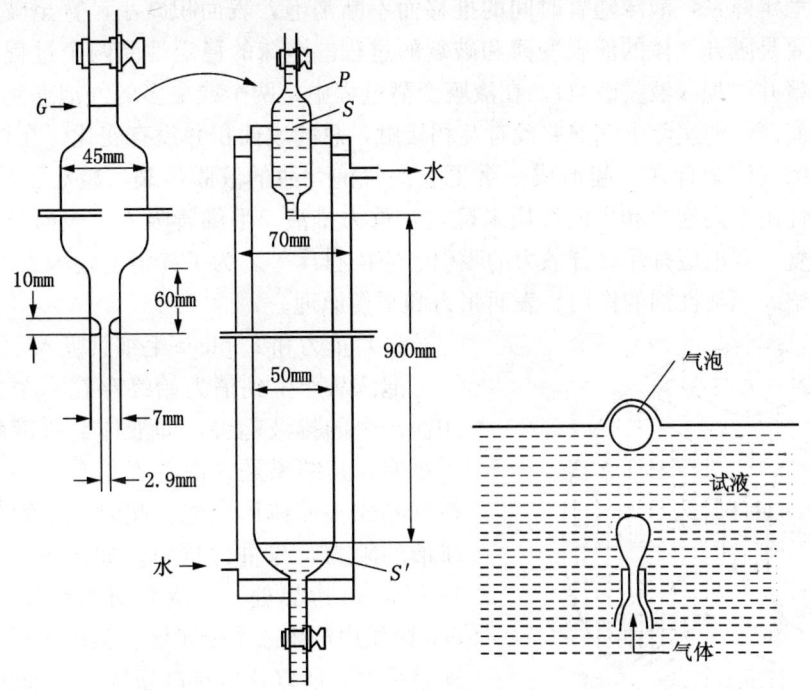

图 5-7-3　泡沫性质参数测量方法示意图（赵国玺，1991）
P—泡沫移液管；G—200ml 刻度；S—试液（200ml）；S'—试液（50ml）

（4）泡沫密度（相对密度）或质量。在计算一种泡沫的密度（ρ_F）时，通常可以忽略其中气体的质量，所以：

$$\rho_F = \frac{m_1}{V_F} \tag{5-7-2}$$

式中　m_1——泡沫中液体的质量；
　　　V_F——泡沫的总体积。

一般情况下，泡沫的密度大约在 0.02～0.5g/ml 范围内变化。但是，值得注意的是泡沫不一定是均质的，常常出现由于重力引起排液所造成的在垂向上的密度差异。

（5）泡沫干度。泡沫中气体的体积占泡沫总体积的百分数。泡沫干度受压力、温度的影响在许多情况下，泡沫干度可以达 97％。泡沫干度超过 90％时称为干泡沫。

（6）气泡尺寸。尽管稳定泡沫中的气泡是多面体，但是习惯上还是像球体一样以泡沫气泡的"直径"度量其尺寸。泡沫气泡的直径常常大于 10μm，也可能大于 1000μm。泡沫稳定性不一定必然是气泡尺寸的函数，虽然对于个别泡沫可能存在一个最佳尺寸。气泡尺寸的分布通常用尺寸柱状图表示，或者，若有充足的数据，则用分布函数表示（通过拟合实验数据）。对于具有气泡尺寸分布的泡沫，若重力加权有利于较小的泡沫，则该泡沫是最稳定的。在这种情况下，尺寸分布随时间的变化是泡沫稳定性的量度，通常以半衰期表示。气泡尺寸分布对泡沫的表观黏度也有重要影响。对于静电力和空间力相互作用下的气泡，当气泡减小时（对于给定的泡沫质量）其泡沫黏度增大，这是由于增大的界面面积和变薄的液膜使得流动阻力增大。而当气泡尺寸相对均匀时，其泡沫黏度也增大，也就是说气泡尺寸分布狭窄的比分布宽的黏度（也是对于给定的质量）高。

5.7.1.4　泡沫稳定性

泡沫稳定性即泡沫存在的"寿命"长短。由于泡沫是气—液多分散体系，因此，泡沫是热力学不稳定体系，泡沫随着时间的推移而不断消泡，表面积减小，直至破坏。泡沫破坏的过程主要是隔开气体的液膜变薄和破裂的过程。泡沫的稳定性受两个过程控制：液膜变薄过程和聚并过程（液膜破裂）。在液膜变薄过程中，两个或更多的气泡遇到一起，分隔气泡的液膜变薄，但实际上气泡并没有互相接触，总的表面积并没有变化。在聚并过程中，两个或更多的气泡融合在一起形成一个更大的气泡，薄的液膜破裂，减小了总的表面积。泡沫的稳定性由下列泡沫和界面性质来确定：重力排液、毛细管吸入、表面弹力、体相黏度和表面黏度、双电层排斥、分散力的吸引、空间排斥等。为了弄清上述因素的作用机理，下面着重介绍表面活性剂的作用、表面张力和平衡原理。

(1) 重力和 Laplace 毛细管吸入。

泡沫从产生到消失始终存在一个由于重力作用而产生的排液趋势，即液体经过液膜的内部向下排驱，其结果是气泡将不是总近似为球形，将被分隔成多面体形气泡。此时，毛细管力将变成排液的阻力，与重力抗争。如图 5-7-4 所示，在 Plateau 边界处气—液界面曲率较大，在 Plateau 区域内产生一个低压区。又由于沿着薄膜区界面是平的，所以这里是高压区（此处无流动）。这两个区域的压力差推动液体向 Plateau 边界流动，使得薄膜逐渐变薄。若不加限制，这个变薄过程导致液膜破裂，并引起泡沫崩溃。但由于 Marangoni 效应，存在一个恢复力，使得该现象得到一些缓解。

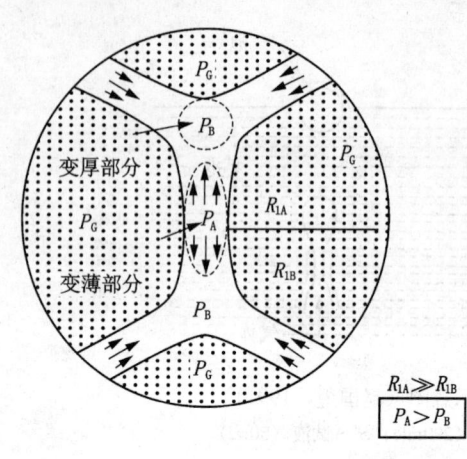

图 5-7-4　经过泡沫液膜弯曲表面的压差
(L. L. Schramm, 1994)

(2) 表面弹性和 Marangoni 效应。

泡沫的液膜必须具有一定的弹性才能够抵抗变形而不被破坏。被表面活性剂稳固的液膜突然膨胀时，膨胀的那部分液膜由于其表面积增大，一定比不膨胀的那部分具有较低的表面活性剂吸附程度（见图 5-7-5），从而引起局部表面张力的增大，这又对进一步膨胀提供了阻力。局部表面张力的上升，造成表面的瞬间收缩。同时表面的膨胀还受下面液层的作用。表面的收缩引起液膜中的液体由低张力区向高张力区流动。由于表面张力梯度所引起的液体的运移称为 Marangoni 效应，即表面张力"修复"作用。它的效应是液膜变薄的阻力，这种阻力只有在液膜中表面活性剂吸附平衡恢复以前才存在，这个过程可能持续几秒钟或几个小时。在厚液膜中，这一步可能发生得很快，但是，在薄的液膜中，在膨胀区域中可能没有足够的表面活性剂来进行补充以很快地建立平衡，需要从液膜的其他部分扩散（迁移）。恢复过程就是表面活性剂沿着界面从低表面张力区向高表面张力区移动的过程，或者表面活性剂从薄膜向低吸附程度的表面区域移动的过程。因此，Marangoni 效应产生了抵消液膜破裂的力，原则上，这个效应可以通过直接测量弹性，或者通过测量动态表面张力随着扩散速度的变化来描述。大多数表面活性剂溶液表现出动态界面张力的特性，即需要一些时间建立平衡的表面张力。如果溶液的表面积突然地增大或减小（局部的），则界面上被吸附的表面活性剂层需要一定的时间使得表面活性剂从（或向）体相扩散到界面以恢复平衡的表面浓度。其间，最初被吸附的表面活性剂层或者膨胀或者收缩；由于表面张力梯度的作用，出现了 Gibbs-Marangoni 力，在相反方向上对初始干扰进行作用。表面张力梯度在建立平衡时消耗在有限弹性的界面上，这个事实就解释了为什么一些能产生低界面张力的表面活性剂不能产生稳定的泡沫，就是因为表面膨胀或收缩以后，它们不具备所需要的达到平衡的速度或弹性。换句话说，它们不具备所需要的表面弹性。综上所述，泡沫形成的第一个条件是降低表面张力和增加表面弹性。较大的弹性趋向于产生更稳定的气泡，若由弹性所产生的恢复力不是足够大，则由于重力和毛细管力的作用，不能形成持续的泡沫，即只能是短暂的泡沫。决定稳定性的重要的性质还包括气泡尺寸、液体黏度和气体—液体之间的密度差。同时更稳定的泡沫还需要附加的稳定技术。

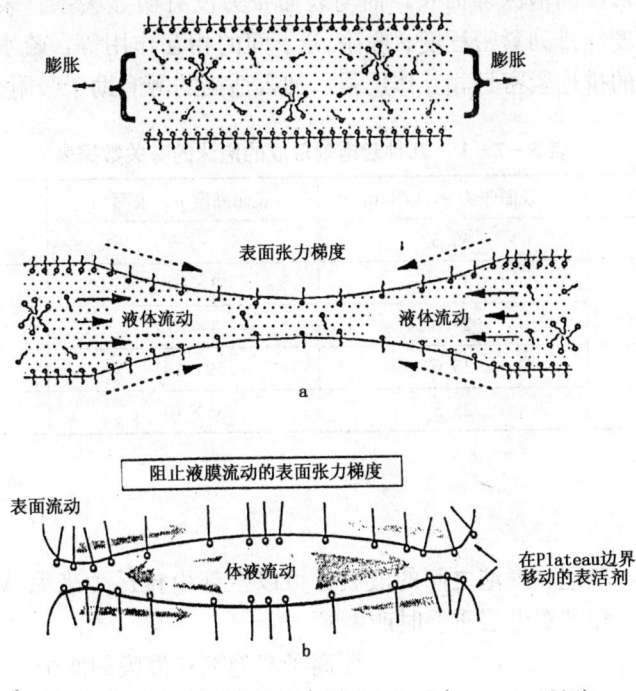

图 5-7-5 表面弹性的来源（L. L. Schramm, 1994）

(3) 泡沫液膜的表面流变性。

表面流变学涉及到表面动态特性和在表面上发生的应力的函数关系。这些关系的复杂性质常常用表面应力张量 P_s 来表达。弹性和黏性阻力二者都抵抗表面膜的膨胀和变形。表面活性剂单层可以在一个宽的范围内膨胀或被压缩。因此，依赖速度的表面膨胀过程中所承受的动态表面张力是表面扩胀黏度（胀流型流体黏度）、表面剪切黏度和弹性力的综合作用的结果。

由于泡沫中的气泡相互接触，气泡之间的液膜变薄和抵抗破裂的阻力对泡沫的最终稳定性也是很重要的。因此，高的界面黏度通过降低液膜排液速度和降低气泡的合并速度可以促进泡沫稳定。快速排液的液膜由于其低的表面黏度可以在几秒或几分钟内达到其平衡的液膜厚度，但是，低速排液液膜由于其较高的表面黏度可能需要几个小时。体相黏度和表面黏度一般来说不能对泡沫液膜的稳定性直接起作用，但是可以起到阻止液膜变薄和破裂的作用。体相黏度将对厚液膜的变薄产生极大的作用，而表面黏度在薄的液膜变薄过程中将占优势。

在表面黏度影响泡沫稳定性的范围内，稳定性将随着温度对黏度的影响效应的变化而变化。在低温度下出现严重的发泡问题，而在高温下消失（高温下黏度降低）。各种表面活性剂吸附的存在也是获得高黏表面的一个重要因素。例如，在一些情况下，在阴离子表面活性剂溶液中加入少量的非离子表面活性剂可以提高泡沫稳定性，这是由于形成了一个黏性表面层，该表面层可能是透明液体表面相，它与各向同性的体液相处于平衡状态。一般来说，一些很稳定的泡沫可以由这样的系统形成，在液膜表面存在与各向同性的内部液体处于平衡状态的透明（结晶的）液相。若只有一个透明的液相存在，不会产生稳定的泡沫。在这些接触关系中，泡沫的相图可以用来描述稳定泡沫的组成。

泡沫的稳定性决定于液膜的强度，即表面吸附膜的牢固性，表面黏度就是液膜强度的度量。表 5-7-1 列举了几种起泡剂的表面张力、表面黏度与泡沫寿命的数据。由表可见表面黏度大者，其形成的泡沫寿命长，而与表面张力没有明显关系。表面黏度取决于起泡剂在液膜的吸附密度、排列紧密程度、吸附分子间的相互作用等，疏水基为直链的起泡剂比带支链者在液膜的排列紧密且相互作用强，加入适当的醇有助于吸附分子的紧密排列。

表 5-7-1　几种起泡剂形成的泡沫的有关数据表

起泡剂*	表面张力 σ，mN/m	表面黏度 μ，表面泊	泡沫寿命 t，min
TritonX-100	30.5	—	60
Santomerse3	32.5	3×10^{-3}	440
E607 L	25.6	4×10^{-3}	1650
月桂酸钠	35.0	39×10^{-3}	2200
十二烷基硫酸钠	23.5	55×10^{-3}	6100

注：* 溶液浓度 0.1%。

（4）排斥力。

在特定情况下，气泡和气泡之间的液膜也可以全部由排斥力来保持稳定，该力是在两个带电界面相互接近和其双电层重叠时产生的。

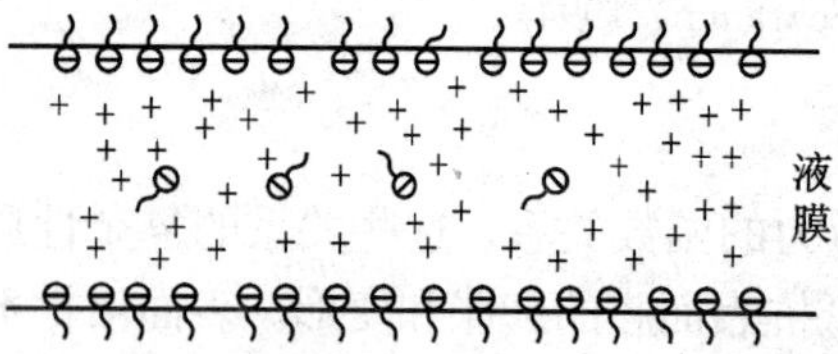

图 5-7-6　液膜的双电层结构示意图（赵国玺，1991）

阴离子起泡剂在液膜的两个表面的定向吸附排列，由于电荷的排斥作用，防止液膜变薄，像图 5-7-6 所示的那样，液体中反离子浓度减小有助于电排斥作用，增加液膜的厚度，反之，电解质浓度增加，压缩了扩散层，则有利于液膜的变薄。

（5）分散力和分离压力。

Van Der Waals 假定中性的分子相互之间施加吸引力，这引起三种偶极结构间的电交感。其吸引力起源于双极子的取向，该双极子可能是：①两个永久的双极子；②双极子；③感应双极。感应双极子也称为 London 分散力。除了完全两极性的材料，London 力是三个力中最重要的。对于分子，该力与分子间距离的六次幂成反比。

对于泡沫中的一个液膜，分散力可以通过累加所有分子对的值来近似描述。当作累加时，液膜中的分散力作为分开距离的函数，而衰退的速度比单个分子情况下的小，吸引能 V_A 可以近似表示为：

$$V_A = \frac{V_2}{t^2} \tag{5-7-3}$$

式中　t——液膜厚度；

V_2——特定体系的常数（包括了有效 Hamaker 常数）。

(6) 分离压力。

由于泡沫液膜的两个界面是带电的，交互作用的两个弥散层施加一个静水压力，保持界面是分开的，该力称为分离压力。在薄膜中，分离压力是电力、分散力和空间力综合作用的结果，分离压力表示气相（气泡）和体相之间的净压力差，垂直作用于液膜。分离压力 π 可以通过交互作用势对液膜厚度的导数来求得：

$$\pi(t) = \frac{dV_A}{dt} \quad (5-7-4)$$

V_A 的亚稳最小值对应条件为 $\pi=0$。对于来自静电力的分离压力作用区域，电解质浓度的影响很明显。对于很薄的液膜（$<1000\times10^{-1}$ nm），分离压力是很重要的。但是，对于较厚的液膜和湿泡沫，分离压力的作用更大。另外，只要气泡分布不均匀，就存在泡沫中不同尺寸气泡之间的压力梯度。在液膜上也可能形成浓度梯度，它支配气体在气泡之间的传播。这个效应将引起较大的气泡增大，而损失较小的气泡，这也是泡沫退化的一个机理。

(7) 固相的作用。

分散颗粒的存在同样也可以增大或减小泡沫的稳定性。其中稳定性提高的一个机理是提高液膜的黏度。而对于颗粒不完全是水湿的情况下，颗粒将趋向于聚集在泡沫中的界面上，从而可以增加液膜的机械稳定性，这是固相起稳定作用的另一个机理。若固体颗粒在界面上有一定的润湿性，沿着液滴周界作用的界面力通过界面张力表示，则平衡力的等式为：

$$\gamma_{mo}\cos\theta = \gamma_{so} - \gamma_{sw} \quad (5-7-5)$$

其中下标分别代表水（w）、油（o）、固体（s）。这就是 Young 方程。若 $\theta=0$ 时，则固体是完全水湿的；否则是部分水湿的。方程 (5-7-5) 常常被用于描述润湿现象，所以两个实际的点是很重要的即完全非水湿的情况，即 $\theta=180°$，但是这在实际中见不到。所以，$\theta<90°$ 时常常被表示成"水湿"，而 $\theta>90°$ 则为"非水湿"。若颗粒不是完全水湿。在这种情况下，颗粒趋向于聚集的泡沫的界面上，它可以增加液膜的机械稳定性。另一方面，十分憎水的颗粒实际上可以起到消泡的作用。因此，固体相润湿性为中间的接触角（大约在 40°～70°）是固体稳定泡沫的最佳值。

同时根据不溶解试剂"进入"和"分散"的程度，可能给出泡沫稳定性的几个定性结论。若试剂进入气—液界面，它可以跨越相邻的气泡，这种跨越将引起液膜破裂，这是由于液膜的黏度降低，并且可以不具备低界面张力的条件和 Marangoni 效应。即使试剂不能跨越相邻的气泡，但它进入界面足够长时间，同样可以分散在整个表面，从而代替液体介质而成为与气体接触的相。在这种情况下，由于新界面一般来说没有稳定液膜的能力，从而降低泡沫稳定性，或者说一些低表面张力的油滴在液膜上的迅速分散，而使得液膜破裂。多聚物（如二甲基硅氧烷）经常被用作实用的防泡剂，这是由于他们是不溶于水和一些油中，具有低的界面张力，不具有过高的挥发性。这样的物质常常被用于水基泡沫的抑制乳剂，这是由于它们能够迅速地与泡沫中的水相混合。

5.7.1.5 影响泡沫稳定性的因素

(1) 电解质对泡沫稳定性的影响。

向表面活性剂溶液中添加电解质，尤其是在离子型表面活性剂体系中，由于胶束（或颗粒）之间的排斥力是静电力，从而引起静电斥力的变化，使得液膜变薄。例如，在 C_{16} α—烯烃磺酸盐中，未添加电解质时观察到液膜变薄经历两个跃变。在 1:1 的电解质浓度高于1%（质量分数）时，液膜变薄由一个跃变完成。

（2）温度对泡沫稳定性的影响。

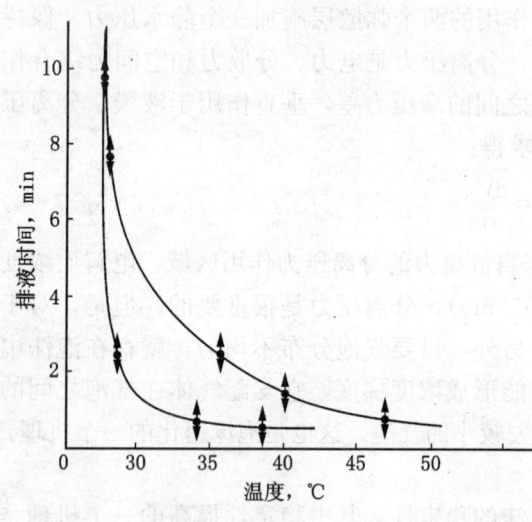

图 5-7-7 温度对水平泡沫液膜排液时间的影响（L. L. Schramm, 1994）

在非离子表面活性剂溶液中，微粒（胶束）之间的相互排斥是由于空间力作用的结果。温度降低的影响类似于液膜面积的变化，并且使得成层化停止在较大的厚度上，具有较高的液膜稳定性。例如，对于 Enordet AE1215-30 乙氧基醇，在 26℃ 下，观察到最终厚度为 49nm，而当温度为 32℃ 时，观察到最终厚度为 14nm。在较高的温度下，成层速度增大，也就是如图 5-7-7 所示的随着温度的增大排液时间缩短。乙氧基化程度越低的表面活性剂，对温度越敏感。在表面活性剂的浊点附近，液膜在没有达到稳定的最终厚度下破裂。稳定的液膜或泡沫可以通过增大胶束浓度、减小每个液膜的面积（例如减小气泡尺寸）、减小电解质浓度或降低温度来获得。

（3）原油对泡沫稳定性的影响

当表面活性剂溶液在孔隙介质中与原油相遇时，原油被乳化，图 5-7-8 所示为毛细管网中一个被乳化的油滴存在的方式。油滴已经从变薄的泡沫液膜中被排出，并被圈闭在 Gibbs Plateau 边界内。在 Gibbs Plateau 边界内毛细管压力的作用下，三相（气、水和油）得到接触，并且形成三种水基液膜（如图 5-7-9 所示），分别为气泡与气泡之间的泡沫水基液膜、油滴之间的乳化液膜和不均匀的油滴和气相（气泡）之间的油—水—气膜，即所谓的"拟乳化膜"。泡沫的稳定性和油对泡沫稳定性的影响受这些结构和稳定性控制。研究包含乳化油的水基泡沫具有重要的意义。由于油可以增加或降低水基泡沫的稳定性，所以油对泡沫稳定性的影响是很重要的。泡沫被用于 EOR 中的流度控制作用时，强烈地受到孔隙介质中泡沫—原油相互作用的影响。当有原油存在时，泡沫稳定的机理比没有原油时更复杂。溶解的原油通过加速泡沫液膜变薄过程而降低泡沫的稳定性。乳化油对泡沫的影响与原油和水相及气相的相对形态有密切关系。

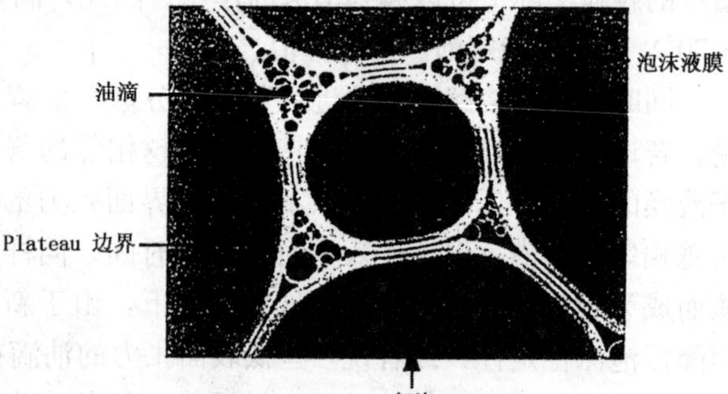

图 5-7-8 泡沫的两维微观图像（L. L. Schramm, 1994）

在大多数情况下，原油的形态为下列一种：

①在溶液表面没有相互作用的油滴，一般来说是泡沫中原油的初始形态；
②若油滴与溶液表面相互作用，油滴变形，并且由拟乳化膜与气相分形；
③若拟乳化液膜破裂，油滴进入表面，在溶液表面形成了一个透镜体；

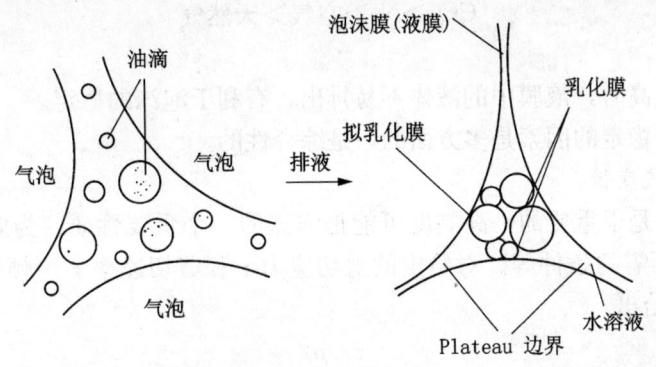

图 5-7-9 拟乳化膜示意图（L. L. Schramm，1994）

④由透镜体在溶液表面形成一个展开的油层或油膜。

研究发现，表面活性剂链的长度不同，所对应的原油形态也不同。第一种形态是厚的拟乳化液膜，第二种原油的形态是薄的拟乳化液膜，第三种形态是原油透镜体。对于破坏泡沫的原油来说，油滴不得不进入水基表面，并且散布在水基表面，原油通过在泡沫液膜的两面散布来破坏泡沫液膜，借此排挤出原始泡沫液膜的液体，并留下一个油膜，这个油膜不稳定，极易破裂。若油滴从液膜排驱到 Plateau 边界处，而没有散布或进入，则泡沫没有破裂。研究表明，原油在表面活性剂溶液表面上的典型形态是稳定的（厚的或薄的）拟乳液膜。所以，乳化油存在情况下泡沫的稳定性受拟乳化液膜稳定性控制。起消泡作用的油滴的不均匀水基液膜（即拟乳化液膜）是不稳定的，这种液膜的稳定性依赖于表面活性剂浓度。在低表面活性剂浓度下，当没有充足的表面活性剂吸附在油—水和气—水界面上时，拟乳化液膜可能是不稳定的，而在高表面活性剂浓度下，这个液膜可以变成稳定的。拟乳化液膜的稳定性是孔隙介质中三相泡沫稳定性的一个控制因素。若该膜是稳定的，则它提供了一个预防气泡聚并的障碍。若该膜是不稳定的，即障碍很小，油滴可进入和散布在气泡表面，则原油起到消泡的作用。

（4）气体通过液膜扩散。

泡沫中的气泡大小是不均匀的，根据 Laplace 公式，小气泡由于其曲率半径小，其内部的气体压力比大气泡（曲率半径大）内的高，因此，气体将会通过液膜向大气泡扩散，直至小气泡消失。表 5-7-2 列举了几种起泡剂形成的气泡中气体通过液膜的扩散能力数据。同表 5-7-1 对照，表 5-7-2 数据可见起泡剂形成的泡沫的表面黏度高者，气体通过液膜的扩散能力就弱。形成泡沫的气体性质，特别是水溶解能力，对泡沫稳定也有重要影响，水溶性强的会加速泡沫的破坏，一般不同气体的水溶性有如下次序：

表 5-7-2　几种起泡剂形成的泡沫的气体通过液膜的扩散能力数据表

起泡剂*	纯月桂酸钠	TritonX-100	脂肪酸钾	月桂酸钠与月桂醇混合物
相对扩散能力（与月桂酸钠对照）	1	1.33	0.15	0.38

注释：* 溶液浓度 0.1%。

$$CO_2 > N_2 > 空气 > 天然气$$

（5）溶液黏度。

溶液体相黏度高时，液膜中的液体不易排出，有利于泡沫的稳定。

总之，使泡沫稳定的因素是多方面的，是综合性的。

5.7.1.6 泡沫的流变性

泡沫的流变性是很重要的，高黏度可能是泡沫的一个重要性质，为此，必须研究流动阻力或形成泡沫所需的条件等。对给定的剪切应力 τ 和剪切速率 $\dot{\gamma}$ 牛顿层流的黏性系数 μ 由式（5-7-6）给出：

$$\tau = \mu \dot{\gamma} \tag{5-7-6}$$

其中 μ 的单位为 mPa·s。而高黏度的泡沫不服从牛顿方程，表现出非牛顿流体的特性。对于非牛顿流体，其黏性系数不是常数，它是剪切速率的函数，因此：

$$\tau = \mu(\dot{\gamma}) \dot{\gamma} \tag{5-7-7}$$

描述流体流动特性的简便方法就是绘制剪切应力随剪切速度变化的曲线（$\tau - \dot{\gamma}$）。而泡沫常常是拟塑性的，即随着剪切速率的增大，黏度减小，这个特性也被称为剪切变稀。持久的泡沫常常表现出屈服应力（$\tau - \dot{\gamma}$），即在剪切应力达到一个临界值以前，流动速度保持为零，达到临界值后开始拟塑性流动或牛顿流动。所以常常有这样的情况，即重力引起的应力不足以引起泡沫流动，但是，附加机械剪切以后，可以使泡沫流动（见图5-7-10）。很多测量技术可以用于泡沫流变性的测量。例如，可以对两个同心圆筒中的泡沫进行测量。其剪切应力可以通过所测量的力矩来计算，该力矩是维持给定的一个圆筒相对于另一个圆筒的转速所需要的。有效剪切速率可以根据转速来计算。相对于其他胶体体系来说，在这些系统中进行相应的测量是很困难的。在进行测量时，在样品室中会发生一系列变化，使得测量不能正常进行，不能描述初始泡沫的特性，这些因素是：

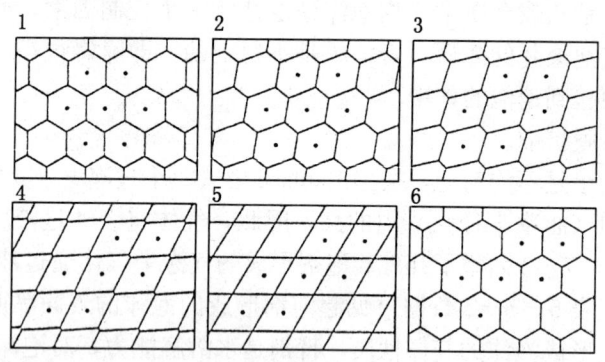

图5-7-10 引起泡沫变形的剪切力（L.L.Schramm，1994）

（1）气泡的乳化，它引起泡沫在样品室中不均匀地分布或者所有气泡都移动到上相中，从而离开正在测量的区域；

（2）气—液离心相分离，使得泡沫在径向上是不均匀的，也可能消泡；

（3）剪切聚并或气泡的大量分散，从而改变了泡沫的特性。

由于湿泡沫包括近似球形的气泡，可以用与乳状液相同的方法来评价它们的黏度。在这种情况下，泡沫的黏度根据连续相的黏度（μ_0）和分散气体的数量，通过球状稀扩散体系的

Einstein 方程的经验展开形式来描述：

$$\mu = \mu_0 \ (1 + \alpha_0 \phi + \alpha_1 \phi^2 + \alpha_2 \phi^3 + \cdots) \tag{5-7-8}$$

在干泡沫中，内相有高的体积分数（ϕ），泡沫黏度大，其贡献主要是气泡"团"的结构黏度，表现出非牛顿特性，经常表现出屈服应力。由于均匀的、不可压缩的球体所包围的内相的最大体积分散能够达到74%，但是由于气泡很容易变形和被压缩，也能产生内相体积分数达到99%或更大的稳定泡沫。正如上面所提到的，这种泡沫的结构由不规则的多面体组成，在存在剪切的情况下这种多面体可以变形。对于由小气泡组成的网状泡沫结构，没有足够的变形，使得在Plateau边界处四个液膜相遇时不会有流动出现，这种结构是不稳定的，表明在这一点达到了屈服应力。泡沫消除了应力，并达到了更有利的结构。通过恢复到稳定的三个液膜接触，从而产生流动。

5.7.2 泡沫在孔隙介质中传输的基本原理

1961年，A. N. Fried 就证明了水基表面活性剂所稳定的泡沫可以极大地减小孔隙介质中气体的流度。当时，主要是从表面上（现象透视）研究泡沫。泡沫已经被看成是孔隙介质中具有独特流变性的流体，研究的范围已经被扩展到包括局部孔隙级现象和局部微结构（微观）。由于泡沫的分散特性，泡沫极大地影响非润湿流体在孔隙介质中的流动模式。

为了描述孔隙介质中的泡沫流动，必须搞清孔隙介质中泡沫的性质，需要解释两相流情况下的润湿性和毛细管压力这样的概念。这些性质可以分四个部分进行研究：（1）泡沫流；（2）泡沫捕集；（3）泡沫的产生；（4）泡沫的破裂。

5.7.2.1 泡沫在孔隙介质中的运移

图5-7-11所示的孔隙介质中封闭泡沫的基本形态启示我们，达西定律中气体的流度可以概括地分为对气体渗透率和黏度的效应。由于孔隙介质中的泡沫严格地说是非线性流，这种划分在形式上不是很严格的。虽然如此，这种想法对于泡沫流动的模拟是十分必要的。因此，静止气体与降低气体的有效渗透率和允许气体在开放孔道中流动是等价的。相反，在相互连通的孔道中流动的气泡则提供了额外流动阻力，这里用有效气体黏度来描述最合适。被捕集的泡沫通过几乎封锁的高阻力流动路径，严重地减小通过孔隙介质运移的气体的有效渗透率。因此，被捕集的气体减小了孔隙介质中流动的空间体积。也就是说，所测得的流动阻力越高，计算的气体的渗透率越低。但被捕集的气体造成的阻力只是阻力的一部分，而不是所有的流动阻力。泡沫的捕集是一个间歇的过程。在稳定状态下，任何阶段都只是部分泡沫在流动，称为大孔通道的主要通道运送大部分流动气体，这些通道在数量上较少。大孔通道的开头是次生的或树枝状的孔道，这些通道中没有一个总是对流动开放的或总是封锁的，而是间歇地，一列或一串，泡沫气泡启动，流动又开始。一列中的单个气泡的特性不断地变化。气泡可以进入或离开这个队列，单个（或独立）的液膜可以被破坏或产生。对于后者，是由于气泡队列停止流动并由于在流动路径中的一个开关封锁了通道。允许流动路径转换的孔隙介质的重要特性是其较高的连通性。显然，在连续和不连续的泡沫中，被捕集的气体包括了孔隙介质中的大部分气体体积，在任何模拟中都必须考虑被捕集的气体。

5.7.2.2 在运移过程中泡沫的形成和衰变机理

5.7.2.2.1 泡沫的产生

在孔隙介质中运移的泡沫或液膜产生的主要机理是：截断、分割和超越。

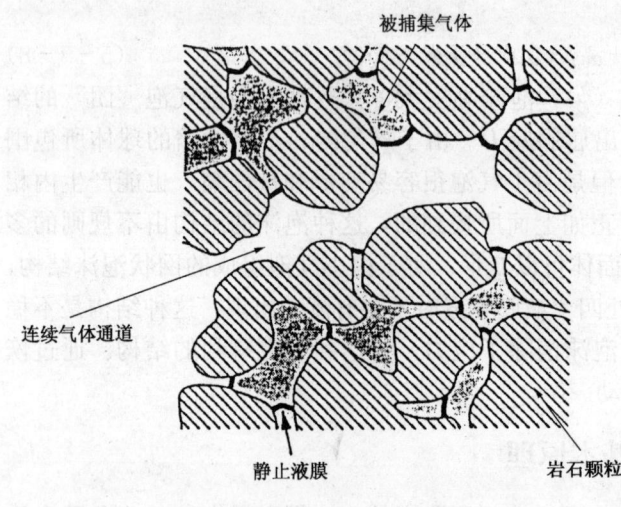

图 5-7-11 孔隙介质中泡沫形态示意图
(L. L. Schramm, 1994)

(1) 截断。截断是孔隙介质中泡沫产生的很重要的机理，不管表面活性剂存在与否，在孔隙介质中都会反复出现多相流动过程这种现象。因此，截断被公认是孔隙介质中一般的力学过程。图 5-7-12a 图解说明了一个指状气泡进入一个初始被润湿液体充满的孔隙的收缩处，孔隙是半径为 R_c 的断面（阴影部分）之间的空间。当气泡接近喉道时，界面的曲率和相应的毛细管压力上升为入口的平衡值。当气泡前缘进入下游的孔隙时，润湿的液体仍然在转角处保持流动，而气泡前缘处的曲率和相应的毛细管压力随着界面的扩展而下降。所产生的毛细管压力梯度产生了一个液体压力梯度，其方向是从孔隙体指向孔隙喉道的。液体则沿着转角被驱向孔隙喉道，在喉道处液体累积成颈口状（见图 5-7-12b），并逐渐发展（见图 5-7-12c），其下游气泡前缘的主曲率半径大约是 R_c 的两倍，其收缩不很明显。若收缩很明显，就可以形成一个稳定的颈口。因此，孔隙介质中发生截断的位置或其萌生的位置必须满足孔隙—喉道的尺寸比大于 2，并且是一个缓坡，还要求有足够的润湿液体。截断所产生的气泡的尺寸接近孔隙体的尺寸。

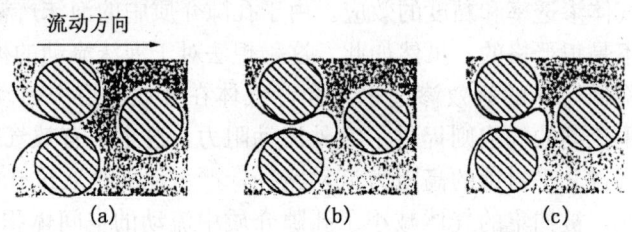

图 5-7-12 泡沫截断示图（L. L. Schramm, 1994）

泡沫截断的可能机理是：像图 5-7-12 描述了泡沫颈（Neck）或顶（Roof）的截断，它主要发生在润湿液体饱和度较高的情况下；在较低的润湿相饱和度下，当两相流动接近稳定状态时，发生直线的和颈前（Preneck）的截断，并引起气—液界面的变形；当累积足够的液体时，根据具体的孔隙几何形状，发生不同的截断现象，直线式截断则出现在长的（长度大于 $2\pi R_T$，R_T 是直管的直径）并且直的孔隙中，其形式与在直的并且带拐角的毛细管中一样。在这三种截断方式中，都是首先形成润湿液体的透镜体并且不管表面活性剂溶液的出现与否，三种方式都会出现。截断方式除了依赖于孔隙几何形状和润湿性以外，还依赖于液体饱和度或等价地依赖于介质的毛细管压力，但是，除了表面活性剂的表面张力这样的性质变化外，截断与表面活性剂的组成（结构）无关（它不改变表面活性剂的组成）。

(2) 液膜分割。液膜或气泡的分割开始于对泡沫气泡或液膜的细分。因此，必须预先存在移动的泡沫气泡。图5-7-13为液膜分割的图解说明。当泡沫气泡遇到一个两个方向的分叉点时，沿着分叉点界面伸展，并进入两个路径。初始的气泡分成两个分开的气泡，并继续向下游移动。

（3）超越。泡沫产生的第三个机理正如图5-7-14所示。当两个气泡半月形前缘侵入相邻的充满液体的孔隙体（见图5-7-14a）时，开始发生超越现象。当两个前缘在下游聚合时，一个透镜体被超越在后面。只要毛细管压力不太高，压力梯度不太大，就会形成静止的稳定的透镜体（被液膜包围的岩石颗粒）。以后，该透镜体可能排液，变成薄膜。

我们认为截断是泡沫产生的主要机理，尤其是在同时注入表面活性剂溶液和气体时。

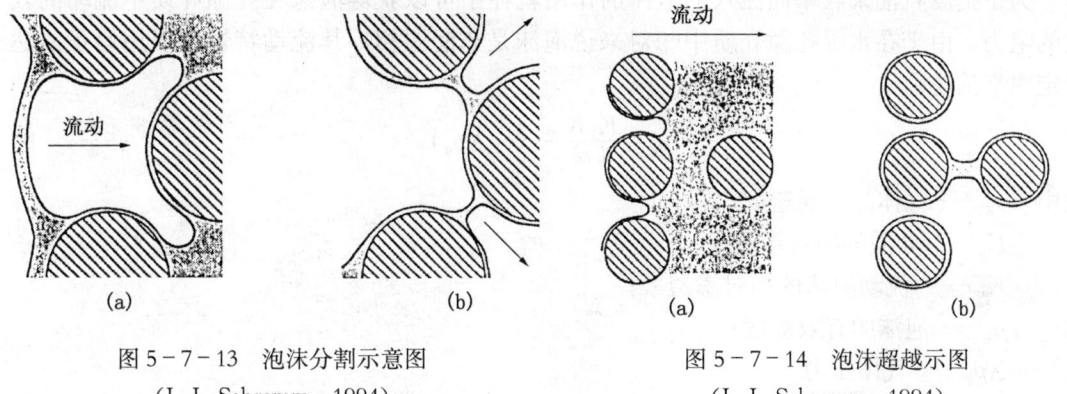

图5-7-13　泡沫分割示意图　　　　图5-7-14　泡沫超越示图
　　（L. L. Schramm，1994）　　　　　　（L. L. Schramm，1994）

5.7.2.2.2　泡沫的聚并

纯泡沫（干泡沫）是不能够无限地连续产生的，它与泡沫毁灭过程相抵消。K. T. Chambers和C. J. Radke叙述了两个泡沫聚并的基本机理：毛细管吸入和气体扩散。与截断形成明显对比的是，毛细管吸入聚并强烈地受表面活性剂组成的影响。薄（液）膜是热力学不稳定的，它们的存在是由于薄（液）膜中过剩的常规力的作用，这个力的来源是由于广泛的分子之间的相互作用力，把这个力称为薄（液）膜的分离压力Π，它是液膜厚度h的函数。正的Π表示薄（液）膜的纯排斥力，而负的Π值则表示纯吸引力。离子型表面活性剂在薄（液）膜每个气—液界面上的吸附导致过剩的排斥力。同样地，带电荷的表面产生相互排斥。在小的薄（液）膜厚度下，侵入和（或）水化力使得排斥力急剧上升。这两个起稳定作用的力对表面活性剂浓度和结构以及水溶液中离子的含量十分敏感。这里表面活性剂成分起到了有效的发泡剂的作用。此外，Van Der Waals力也起到稳定薄（液）膜的作用。由这三个力的综合作用结果得出了与分离压力有关的毛细管吸入聚并。

孔隙介质中泡沫聚并的第二个机理——气体扩散，它主要适合不流动的、被捕集的气泡。根据Young-Laplace方程，在弯曲泡沫液膜凹的一边的气体处于高压力下，因此，其化学势比凸的一边高。受这个化学势的差值的驱使，气体溶解在液膜中，并且通过扩散从液膜的凹的一边逃逸到凸的一边。逃逸速度与液膜曲率的平方成正比，因此，气泡越小，逃逸速度越快。以小气泡的损失（最后消失）为代价，随着大气泡的增大，本体泡沫变粗。然而，封闭泡沫在孔隙介质中不会以类似的形式变粗，这是由于气泡的体积与液膜曲率没有直接关系（主要取决于孔隙形状）。在孔隙介质中，液膜的曲率更依赖于孔隙的尺寸和在孔隙空间中所处的位置。气体扩散仍然开始于最凹的气泡，驱使液膜减小其曲率，向孔隙喉道移动。当没有（额外）施加压力梯度时，气体扩散可能把全部液膜推向孔隙喉道以达到一个零曲率的平衡状态。只有当两个液膜恰巧达到同一个孔隙喉道时才发生聚并。对于蒸汽泡沫，由于水可以凝结在液膜的一边，而从另一边蒸发掉，所以变粗的过程更快。不可压缩气体可以延迟变粗过程。

5.7.2.3 泡沫在孔隙介质中传输过程的阻力模型

泡沫是由液体和气体构成的，它与二者的最大区别就在于在孔隙介质中的流动阻力不同，它能够表现出大得多的流动阻力，而这个流动阻力是来自于其特殊的结构，即气泡的大小和数量或气液比。

（1）孔隙介质中泡沫的有效黏度模型。

为了提高石油采收率而注入的泡沫的作用就在于可以获得泡沫在孔隙介质中流动的较大的阻力。由于在水湿孔隙介质中相对来说泡沫是非润湿相，其流动特性可以用修正的达西定律来描述：

$$v_g = \frac{K_g K_{rgf}}{\mu_e}(-\Delta p_g) \tag{5-7-9}$$

式中　v_g——气体的表观速度；

　　　K_g——介质的绝对渗透率；

　　　K_{rgf}——流动泡沫的相对渗透率；

　　　μ_e——泡沫的有效黏度；

　　　Δp_g——气体压力。

方程（5-7-9）不是严格符合达西定律的，因为 μ_e 一般来说不是一个常数。有两个因素影响流动阻力（流动阻力决定于 $\mu_e/K_g K_{rgf}$）。首先，低的相对渗透率是捕集作用，静止的泡沫封锁一部分介质。其次，在毛细管和孔隙介质中具有大的有效黏度。方程（5-7-9）实际上定义了孔隙介质中泡沫的有效黏度。对泡沫的研究一般就是测量十到几百倍水的黏度的泡沫的表观黏度。然而，对孔隙介质中泡沫流动的模拟要求一个泡沫有效黏度的函数表达式。泡沫黏度的两个重要特性都被包含在泡沫黏度模型中。首先，毛细管中泡沫的黏度与单位长度上的液膜数是成比例的，因此，我们可以得出，孔隙介质中泡沫的黏度与气泡密度是成比例的（平均气泡体积的倒数）。另外，泡沫也遵守剪切变稀的规律。换句话说，泡沫的有效黏度随着流速的增大而减小。C. H. Marfoe、H. Kazemi 等提出了下列描述泡沫黏度的公式：

$$\mu_e = \mu_g \{1 + 0.01 C_{ws} [S_w - S_{wc} f(v_g)]\} \tag{5-7-10}$$

式中　μ_g——气体黏度；

　　　C_{ws}——表面活性剂浓度；

　　　S_w——润湿性液体的饱和度；

　　　S_{wc}——剩余的或天然的（束缚的）润湿性液体的饱和度；

　　　$v_g = \mu_g/\phi$——气体前缘推进的速度；

　　　$f(v_g)$——v_g 的一个未确定的函数。

C. H. Marfoe、H. Kazemi 等认识到，他们的模型有一定局限性，需要大量的实验数据和生产数据对方程（5-7-10）进行修正，使得它更具有实用性。方程（4-3-9）的主要缺点在于 μ_e 是直接用气的黏度来度量的，没有明确的依赖泡沫的气泡尺寸（结构）。用气体的黏度来度量 μ_e，根本的限制就在于当无泡沫时（当 $C_{ws}=0$ 时），μ_e 趋近于 μ_g。然而，强泡沫的有效黏度将比气体的大 3~5 个数量级。结果，方程（5-7-10）括弧中项的数值将是很大的。虽然气泡的密度未包括在他们的关系式中，C. H. Marfoe、H. Kazemi 等认为已经把其结构间接地包括在了表面活性剂浓度和液体饱和度中了。Z. I. Khatib、G. J. Hirasaki 和 A. H. Falls、A. I. Jimenez 和 C. J. Radke 描述了气泡聚并是如何受毛细管压力和分离压力控制的，这两个压力分别受液体饱和度和表面活性剂浓度影响。因此，气泡聚并随着表面活性剂浓度或液体饱和度的减小而增强，也因此引起气泡密度和有效黏度的减小。虽然方程（5-7-10）有一定限制，它还是表现了孔隙介质中泡沫黏度的一些特征。其突出的特点是与速度的关系。这个速度函数可以给出泡沫的剪切变稀特性。

（2）泡沫流动阻力的毛细管模型。

对孔隙介质中泡沫流动的孔隙级研究发现，气泡是以队列的形式从一个孔隙到另一个孔隙。对泡沫通过光滑或收缩毛细管流动黏滞阻力的研究可以简化孔隙介质中泡沫的流动。泡沫通过毛细管流动的有效黏度 μ_e 为：

$$\mu_e = 0.85 \frac{\mu \rho_B R_T}{r_c/R_T} (3N_c)^{-1/3} \left[\left(\frac{r_c}{R_T}\right)^2 + 1\right] +$$

$$(\mu \rho_B R_T)(3N_c)^{-1/3} \sqrt{N_s} \frac{[1-\exp(-N_i)]}{[1+\exp(-N_i)]} \quad (5-7-11)$$

式中 ρ_B——直线气泡密度；

   R_T——管径；

   r_c——Plateau 边界区域较小的曲率半径；

   N_c——毛细管数（$=\mu_w v_w/r_c$）。

$N_s = \beta_{HL}/r_c$（其中 β_{HL} 是一个经验参数），是一个无量纲组合变量，表示表面张力梯度的作用，并且：

$$N_1 = \frac{2}{P_{HL}} \left[\frac{1}{\rho_B r_c}\right] (3N_c)^{-1/3} (N_s)^{-1/2} \quad (5-7-12)$$

表示气泡的无量纲长度（P_{HL} 是一个经验参数）。为了估计经验参数 β_{HL} 和 P_{HL}，需测量表面活性剂溶液中空气泡沫通过玻璃毛细管流动的黏度，毛细管的半径范围为 0.1~2.5mm。理论和实践对比发现，通常 $\beta_{HL} = 5.0$cm，$P_{HL} = 2$。方程（5-7-11）的第一项描述由于气—液界面变形所引起的阻力，第二项是沿着界面的表面张力梯度的贡献。该项研究的一个重要结果是，直线气泡（泡沫）密度（定义为：泡沫的质量除以体积，再除以截面积）是控制泡沫有效黏度的关键因素。

（3）泡沫流动阻力的毛细管束模型。

毛细管束模型的来源是对流经一个毛细管的气泡的描述，考虑了孔隙尺寸和孔隙介质的迂曲流通路径。这个过程称为"毛细管束"，也被成功地用于预测孔隙介质的相对渗透率。把毛细管束模型用于描述孔隙介质中牛顿流体的两相流。求解关于泡沫有效黏度的方程得出：

$$\mu_e = \frac{K_g K_{rgF}(-\Delta p/L)}{Q/A} \quad (5-7-13)$$

以及

$$\mu_e = \frac{32\pi\mu^{2/3}\tau_B^{11/3} n_F S_w a (1+b\varepsilon S_w) K_g^2 K_{rgF}^2}{S_{gF}^{11/3} \phi^{5/3} \gamma_0^{2/3} U_g^{1/3}} /$$

$$\left(\int_{1-S_{gF}}^{1} p_c^3 dS_w\right)^{2/3} \left(\int_{1-S_{gF}}^{1} \left(\frac{1}{p_c}\right)^2 dS_w\right) \quad (5-7-14)$$

方程（5-7-14）是泡沫有效黏度的形式。我们发现，有效黏度依赖于孔隙介质的特性（K_g 和 ϕ）、表面活性剂溶液的性质和浓度（μ、ε 和 γ_0）、润湿相饱和度（S_w）以及流动泡沫向相对渗透率和饱和度（K_{rgF}，S_{gF} 和积分项）。τ_B 为遇曲度。与以前有关的泡沫的有效黏度表达式相类似，泡沫的有效黏度与气泡密度成正比、与气体的表面流速的 1/3 次幂成反比。

根据泡沫有效黏度模型得出如下几点认识：

①表面张力梯度的作用明显地增大孔隙介质中泡沫的黏滞阻力。弹性系数 ε 表征界面张力梯度的重要性，但是，在所提出的模型得到可靠的应用以前，必须开发（完善）一个在较高 ε、S_w 数值下气泡在管子中流动的表达式。

②当所有其他因子均为常数时，有效黏度随着多孔介质绝对渗透率的 2 次幂而变化（成正比）。由此可以得出：随着渗透率的增大，流度降低。

③泡沫黏度与气泡密度有直接的比例关系，所以，对泡沫流动的模拟必须包括对气泡尺寸的描述。

④有效黏度对气体流速的依赖关系是与 v_g 的 $-1/3$ 次幂成反比例关系，孔隙介质中泡沫是一种剪切变稀型流体（随着流速的增大，黏度变小）。

⑤由于孔隙的伸缩而引起的液膜的伸缩，对孔隙介质中泡沫的黏滞阻力的影响不大，这为用光滑毛细管模型描述泡沫的有效黏度提供了进一步的证据。

6 碱水驱油提高石油采收率

6.1 概述

在注入水中加入苛性碱（氢氧化钠、氢氧化钾）、碳酸钠、碳酸氢钠或硅酸钠等廉价的碱剂，形成碱性溶液，注入油层提高石油采收率的技术，称为碱水驱油。F. Squired 于 1917 年就认识到在注入水中加入廉价的碱剂（碳酸钠、氢氧化钠等）能够使岩石孔隙中水驱后剩余油流动而提高采收率，前苏联科学家 А. Д. Архангельским 和 М. А. Жиркевин 于 20 世纪 20 年代开始研究碱水驱油，随后不久美国人在宾夕法尼亚州 Bradford 油田、前苏联在阿塞尔拜疆的油田上实施了最早的碱水驱油。到 20 世纪 90 年代在美国现场实施的碱水驱项目在 40 项以上，前苏联可以在文献上见到的碱水驱有 10 项以上，在匈牙利、罗马尼亚等也有碱水驱现场试验的报道。在碱水驱理论的研究方面，Л. В. Лютин 对碱水驱的物理化学进行了深入的研究，对前苏联碱水驱的发展具有奠基性。宾夕法尼亚州立大学的 D. T. Wasan 和南加州大学的 T. F. Yan 对碱水同原油以及碱水同岩石之间的反应动力学作出了重要贡献，提出了"最佳含盐度"和"最佳碱度"等理论概念，推动了碱驱的发展。但是由于碱水在油藏中高的流度以及同岩石接触后大量的碱耗，现场试验证明采收率提高幅度不会超过 6%～8%（OOIP），一般在 2% OOIP 左右。20 世纪 60 年代人们开始用聚合物调节碱水的流度，称为聚合物改善（或增效）碱驱（polymer - alkaline，PA）。聚合物降低了碱水驱替过程中的流度，增加了波及体积。碱剂还可以减缓聚合物在岩石中的滞留损失。Tioroo 公司最早在 Isenhour 油田进行过现场先导试验，取得了成功。中国的碱驱研究起步较晚，对于原硅酸钠与高酸值原油反应及碱耗等进行了理论研究，并在 20 世纪 90 年代在辽河油田进行了碱-聚合物驱油的现场先导试验。

碱水驱的必要条件是要求原油含有一定量的有机酸，才能够获得驱油效果，通常实施碱水驱油的油田原油的酸值要大于 0.2mgKOH/g。在驱油过程中，碱同原油中的有机酸反应，生成有机酸皂，它能够吸附在油—水界面降低界面张力，吸附在液—固界面改变岩石润湿性，从而提高石油采收率。

碱水驱油常用的碱剂有：氢氧化钠、碳酸钠、碳酸氢钠、氢氧化铵（NH_4OH）、磷酸钠和硅酸钠（$Na_2O \cdot nSiO_2 \cdot H_2O$，$n$ 是模数）等。氢氧化钠和硅酸钠是强碱，通常采用二者的混合物，既可以减弱碱同岩石的反应，又可以起到增加波及范围的作用，考虑到苛性碱（在岩石上）的大量碱耗和结垢对油层的堵塞，采用原硅酸钠有更好的效果。氢氧化铵是良好的润湿剂，铵的有机化合物同有机酸皂具有很好的加成作用，其溶液能够防止同多价离子（如钙离子）反应物的沉淀。碳酸钠、碳酸氢钠和磷酸钠是弱碱，可以作碱水驱的预冲洗液。磷酸钠特别是三聚磷酸钠既具有润湿作用又具有对水中多价金属离子的螯合作用，因此这类碱对于改善碱水驱有很好的作用。原则上，应当根据原油和岩石的矿物组成综合考虑碱水驱的碱型选择。

碱水驱提高石油采收率的技术要点在于：(1) 碱水驱只使用于原油酸值大于 0.2mgKOH/L 的油田，否则不会见到应有的效果；因此，确定使用该技术的第一步工作是认真筛选出相应的油田。(2) 碱的类型对能否在碱水驱油时发挥出碱水驱的驱油机理有重要影响，因此，必须针对油藏环境（原油、地层水、注入水、岩石矿物组成和油层温度等）筛选出最有效的碱型，一般的认识是混合碱优于单一碱。(3) 碱水的含盐度是获得最低碱水—原油界面张力的重要参数，因此要通过室内实验得到"最佳含盐度"（最低界面张力对应的含盐度）并使得"最佳含盐度"具有尽量宽的范围。(4) 严格控制碱耗和抑制在油层中结垢，碱水在驱替过程中会同油层岩石矿物发生反应从而消耗碱并形成能够堵塞岩石孔隙的垢。通常的做法是尽量选择弱碱和添加适当的缓冲剂（或叫作牺牲剂）。(5) 在油层驱动过程中，使碱水有尽量大的波及体积以便同尽量多的原油接触，发挥碱水的驱油机理，近年来通常的做法是在碱水中加入水溶性高分子聚合物，以降低碱水的流度，通常称为"增效碱驱"。

碱是价格低廉的驱油剂，对于含有一定有机酸的原油，采用碱驱是很有前途的提高采收率的途径。但是在美国和前苏联已经进行的现场试验中发现，由于碱水的流度高，在驱替时容易产生指进窜流，从而影响波及体积；同时碱同岩石快速的反应不仅造成快速的碱耗，而且易于形成结垢堵塞岩石孔道。目前，碱水驱的发展方向是同其他化学驱复合使用主要是：(1) 同聚合物复合使用，发展为聚合物增效碱驱或碱增效聚合物驱；(2) 同表面活性剂复合使用，在碱环境中表面活性剂的吸附损失可以大大降低，前苏联科学家发现无论阴离子表面活性剂还是非离子表面活性剂与碳酸钠复合使用都具有增效作用，特别是碳酰胺（尿素）的加入可以改善润湿性；(3) 稠油热水开采与碱水复合使用，由于碱水的乳化作用提高了热水驱的波及效率；(4) 烃混相驱与碱水的复合驱替也同样能够起到增效作用。

6.2 碱水驱的基本原理

碱剂同原油、岩石矿物相互作用，改变"原油—水—岩石"间的界面性质，从而改变水驱油的条件，使剩余油流动。减低界面张力、原油的乳化作用和改变岩石表面的润湿性等对碱水驱提高采收率起决定作用。

6.2.1 减低油—水界面张力

碱同原油中的有机酸能够产生如下反应：

$$R—COOH + NaOH \longrightarrow R—COONa + H_2O \tag{6-2-1}$$

上述反应的皂化物是复杂的混合物，包括烷烃羧酸皂、环烷酸皂等组成的表面活性剂，这些表面活性剂能够在油—水界面定向排列，引起界面张力下降；实验表明界面张力减低幅度、达到最低界面张力所需的碱浓度与原油性质和碱型有关。图6-2-1是不同类型的碱同辽河油田兴隆台油藏原油反应物对油—水界面张力降低的影响曲线，由图可见，尽管界面张力降低的程度、形成最低界面张力所需的碱浓度以及产生最低界面张力所对应的碱浓度范围不同，但是，不同类型的碱都能使油—水界面张力明

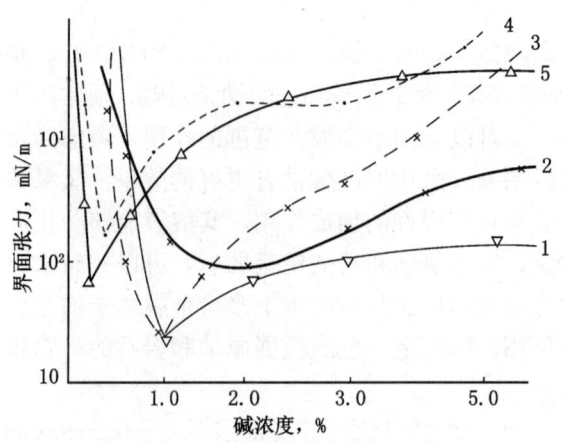

图6-2-1 兴隆台原油与不同类型碱溶液的界面张力曲线
1—Na_3PO_4；2—Na_2CO_3；3—Na_2SiO_3；4—Na_4SiO_4；5—NaOH

显降低。界面张力降低将引起毛细管力阻滞作用降低,从而使被毛细管力捕集滞留的油投入运动。

6.2.2 乳化夹带

由于原油—水界面张力的降低,孔隙中的剩余油能够乳化形成油—水乳状液,乳化的油滴被流动的碱水夹带参与流动。碱的浓度及pH值决定了乳状液的油滴尺寸大小。实验表明在最佳碱浓度(或pH值)和最佳含盐度(NaCl)范围内,原油能够自发乳化。最佳碱浓度和最佳含盐度范围越大,原油自发乳化能力越强,对乳化夹带越有利。

6.2.3 乳化捕集(圈捕)

乳化夹带的乳化油滴在随碱水运移的过程中,(半径小于喉道半径)的大油滴在通过窄小的喉道时被重新捕集并堵塞了相应的喉道,迫使夹带着较小油滴的碱液进入尚没有被驱替液波及的孔隙,使得那里的滞留油乳化并且被乳化夹带流动,这样的过程重复发生,从而扩大了微观波及体积。可以用分散油滞后系数(γ_o^w)表示乳化夹带和乳化捕集:

$$\gamma_o^w = 流动相中原油体积/流动相中水体积$$

γ_o^w的变化范围在0.0~1.0之间,$\gamma_o^w \approx 0.7~1.0$时为细乳状液,油滴被夹带;$0.0 < \gamma_o^w \leqslant 0.3$时为粗油滴,油滴被捕集。当然油滴被"夹带"或"捕集"还与多孔介质的喉道大小分布有关。

6.2.4 润湿性反转

油藏孔隙中原油与岩石矿物表面长期接触过程中,原油中的极性物质吸附在岩石矿物表面上使表面偏向亲油,皂化反应生成的有机皂会在该岩石矿物表面上吸附并将使油脱附而改变其润湿性偏向水。在润湿性的转变过程中,根据能量趋向最低的原则,原来为油占据的部位和孔隙将力图为水所代替,反之,亦然;各相力图达到各自的自然状态,使能量达到最低。这样,润湿性转变的过程,也就是油、水重新分配的过程,致使两相都投入运动从而在黏滞力(水动力)的作用下被驱出。一些实验表明原硅酸钠有较强的使润湿性反转的能力。

6.2.5 油膜破裂和油滴聚并

许多研究证明原油—水之间由于胶质和沥青的吸附浓集存在一层强度很高的特殊不溶性刚性膜,它是油滴之间聚并的壁垒。碱同原油中有机酸的皂化反应物能够使刚性膜破裂使其中的有机物溶解,从而使得分散孤立的油滴之间聚并形成连续的油相而参与流动。不溶性刚性膜的强度是溶液含盐度和pH值的函数,在最佳的含盐度范围和最佳pH范围,不溶性刚性膜的强度最低,有利于油滴较快的聚并并形成连续的流动相。

油层中的原油在碱水驱替过程中以水包油的形式形成乳状液,主要原因也是由于原油中的极性有机物(氧、硫和氮的烃和稠环化合物)具有两亲的性质,能够在原油—地层水界面定向吸附排列形成不溶性刚性界面膜,同时原油中的沥青—胶质颗粒在界面上的吸附具有增强界面膜强度的作用,它是油滴之间聚并的壁垒。不溶性刚性膜的强度是溶液含盐度和pH值的函数,在最佳的含盐度范围和最佳pH范围,不溶性刚性膜的强度最低,碱同原油中有机酸的皂化反应物能够使刚性膜破裂使其中的有机物溶解,从而使得分散孤立的

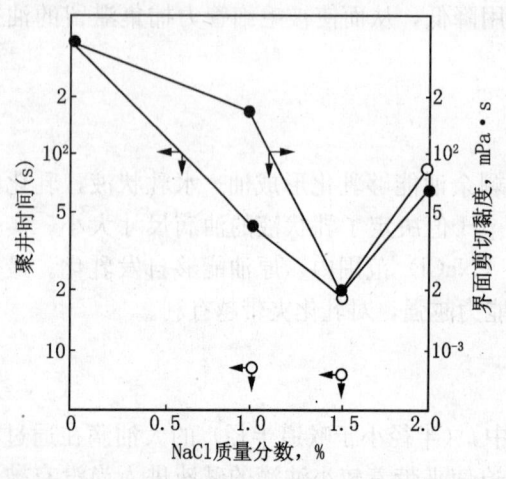

图6-2-2 在0.5%石油磺酸钠（Petrostep420）水溶液中NaCl浓度对Salem原油油滴聚并速度的影响

油滴之间聚并形成连续的油相。在油层驱油过剩中，为了使分散的剩余油聚集连片以增加剩余油的流动能力，通常在碱水驱过程中使分散的原油油滴加快聚并，采用的方法是：(1) 在碱水中加入适宜的亲油性较强的表面活性剂，它在界面的定向吸附使界面凹向水相；(2) 适当增加水的离子浓度，压缩油滴表面双电层厚度，降低界面黏度等，促使油滴靠拢，等等。图6-2-2表示添加0.5%石油磺酸钠（商品代号Petrostep420）与NaCl的水溶液同Salem原油的油滴接触后，测得的油滴聚并时间、界面黏度与NaCl含量的关系曲线，由图可见在一个适当的NaCl浓度下油滴聚并速度最快，同时对应的油滴界面黏度最低。

6.3 碱水—原油界面的化学动力学

R. E. Wilson 和 D. W. Harkino 曾论述过两个互不溶的溶液相互接触时，只要其中一相或两相同时含有表面活性物质，就可能产生动态界面张力，两相间的界面张力会随时间连续变化，直到达到平衡为止。在达到平衡的过程中，这个体系会通过一个界面张力的最低值。D. C. England 和 J. C. Berg 把动态界面张力解释为表面活性物质在界面上累积吸附的结果。在原油/苛性碱体系中也观察到了动态界面张力。这个体系的界面张力降低现象是1927年由 H. Atkinson 和 P. G. Nutting 首先报道的。J. Reisburg 和 T. M. Doschor 进行了更详细的研究，他们研究了界面老化和氢氧化钠浓度对界面张力的影响。H. Y. Jennings 考察了78个油田的164种原油，用悬滴方法测定了界面张力随氢氧化钠浓度的变化。他还定义了"碱系数"的术语，即"在对数坐标纸上界面张力为 0.01～1.0mN/m、碱浓度为 0.001%～1.0%（质量分数）之间被苛性碱浓度—界面张力曲线所包围的方块数"。研究发现，在碱系数和原油总酸值之间的相关关系并不好；然而在所实验的油中，90%的油在氢氧化钠浓度 0.1%（质量分数）下表现出最低的界面张力。F. G. Mc Caffrey 应用旋转滴方法测定了四种原油与氢氧化钠溶液的界面张力。他发现在有些情况下界面张力会随界面老化急剧增大，他把这一现象归结为在反应产物开始形成之后从界面上移开的结果。应用旋转滴方法比用悬滴法更容易记录动态界面张力过程。以后绝大多数人都用这种方法进行低的动态界面张力研究。为了解释这种现象，许多研究者提出了各种假说：E. Rubin 和 C. J. Radke 第一次给出了解释酸性原油与碱溶液相接触时发生动态界面张力大大降低的模型。他们提出在油水界面上存在一个表面活性物质的脱附位垒，从而合理地解释了这种特征。在他们的模型中假设原油中的酸性表面活性物质在界面上与氢氧化钠的反应是迅速完成的，但这些物质的脱附则比较缓慢，这将导致在某个时间点界面上的表面活性物质浓度最大，因而其界面张力最小；以后随着接近平衡，界面张力增加。没有考虑水相组成对界面张力变化的影响。M. M. Sharma 和 T. Y. Yen 描述了一个考虑界面张力随 pH 值、含盐度和温度而变化的化学模型。在以后的文章中曾试图用一个单组分和一个两组分模型模拟动态界面张力现象。在他们的模型中提出酸性物质通过表面反应产生界面活性物质,这些界面活性物质缓慢地从界面上扩散,形成一个最低的界面张力。E. M. Trujillo 给出了一个准化学模型,报告了速度常数随水相组成而变化的关系。R. P. Borwankar 和 D. T. Wasan 提出了一个酸性原油—苛性碱体系的化学扩散—动力学模型。他们指出:表征吸附—脱附位垒的速度常数的相对数值控制着动态界面张力最低的程度。他们的模型可以考虑动态界面张力特征以及水相组成改变对其动态特征的影响。原油中的有机酸同碱在界面进行反应,反应物吸附在界面并向碱水中扩散,因此在界面形成了一定厚度的待反应物(有机酸)和反应物(有机酸皂)具有梯度分布的动力学平衡界面层(见图6-3-1),界面化学反应平衡动力学过程明显决定了界面张力的变化过程。对于界面化学反动过程建立了如下描述方程:

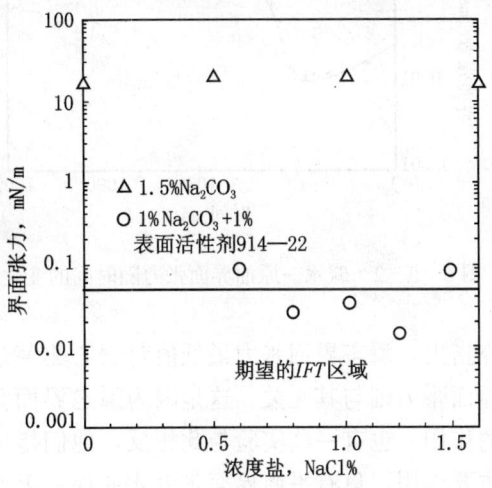

图6-3-1 碱溶液—原油界面
反应程度动力学示图

$$HA_o \xleftrightarrow{K_D} HA_w \qquad K_D = \frac{[HA_o]}{[HA_w]} \qquad (6-3-1)$$

$$HA_w \xleftrightarrow{K_a} H^+ + A_w^- \qquad K_a = \frac{[H^+][A_w^-]}{[HA_w]} \qquad (6-3-2)$$

$$HA_o \longleftrightarrow H^+ + A_o^-$$

$$H_2O \xleftrightarrow{K_w} H^+ + OH^- \qquad K_w = [H^+][OH^-] \qquad (6-3-3)$$

式中 HA_o——原油中有机酸;

HA_w——有机酸皂(水中);

K_D, K_a, K_w——分别为油中有机酸、有机酸皂和水的平衡常数;K_a,K_w 为解离常数,可以描述 pH;K_D 很小,约在 10^{-4} 数量级。

体系的界面张力值及其下降幅度取决于有机酸皂(A_w^-)在界面的浓度及解离常数。综上所述,被碱抽取出来的原油中表面活性组分或者吸附在界面上降低界面张力,或者扩散出来进入体相水中,这种物质在界面区域的扩散运移、反应导致了界面张力的最小值和最大值的出现,正如图6-3-1所示的那样,界面区域内的化学物质的性质及其分布决定了界面的动力学过程。T. F. Yen 及 D. T. Wasan 的工作证明:界面区的极性有机物质主要由长链羧酸组成,有较宽的相对分子质量范围(300~400)和不同的化学结构,此外还有脂肪酸、芳香族酸、二价酸以及卟啉和卟啉金属的络合物,这些都表明在界面上发生的界面反应、界面扩散等不只是一种化合物。自碱水同原油接触开始,就产生了界面反应及这些反应物质的吸附与扩散,相应的油—水界面张力将随着这一过程而变化。

许多实验发现,在瞬态界面张力达到最低值时,原油能够自发乳化而形成稳定的乳状液,对于不同的原油出现瞬态界面张力最低值时的碱浓度范围和盐浓度范围是不同的,同时也受碱类型的影响,在许多情况下,强碱(如 NaOH)能使瞬态界面张力最低值较早地达到,但瞬态界面张力最低值对应的碱浓度范围较窄,而弱碱(如 Na_2CO_3,Na_2SiO_4)则

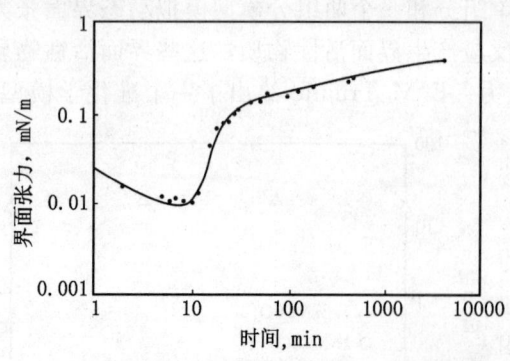

图 6-3-2 碱水—原油界面张力随时间的变化图

往往相反。为了控制瞬态界面张力最低组在较宽的范围内出现，D. T. Wasan 等人提出采取等 Na^+ 离子强度下的复合碱溶液，即在保持 $[Na^+]$ 浓度相同的条件下，采取强碱和弱碱的混合物往往比采用单一碱时瞬态界面张力最低值对应的碱浓度范围宽。这样更有利于在油田驱油过程中的应用。在许多用旋转滴法测量碱水—原油界面张力的研究中，即发现了界面张力随着时间的变化开始出现瞬态最低值（如图 6-3-2 所示），而后上升到一个较高的平衡值。K. C. Taglor 等人的研究指出，瞬态界面张力最低值对岩心驱替过程中提高石油采收率起着重要的作用，而平衡界面张力则与其无关。这是因为瞬态界面张力是使不可流动的油启动并投入运动起决定性的作用。也有一些实验与此相反，他们指出平衡界面张力对岩心驱替中提高石油采收率起重要作用，只有平衡界面张力才能保持毛细管阻力低于驱动力。仍然需要更多的实验资料证实这两种观点的正确性。

6.4 碱同岩石的相互作用

碱水驱油过程中，碱溶液同岩石矿物接触时发生的相互作用，主要指碱同岩石矿物的阳离子交换、碱溶液对岩石矿物的溶解、同两价金属离子反应生成沉淀以及反应物结构等。碱在同岩石矿物的作用过程中不仅溶解了岩石矿物而且碱剂产生损耗，因此在碱驱油过程中一方面岩石矿物会逐渐的溶解并形成能够堵塞孔隙的"垢"，而且碱剂本身不断消耗，碱液的含碱度逐渐减低。因此"碱耗"和"结垢"是设计碱驱方案必须考虑的重要参数。尽量避免过多的碱耗，使得在整个碱驱过程中保持"最佳碱浓度"并尽可能的避免"垢"堵塞油层。通常的做法是：(1) 采用适当模数的硅酸钠，例如原硅酸钠，或者尽量采用弱碱；(2) 采用牺牲剂，例如木质素黄酸盐等；(3) 在注入时注入缓冲液等。

6.4.1 Na^+/H^+ 交换

在碱水驱油时碱水中的 Na^+ 离子同岩石中的胶结物—黏土内的 Na^+、H^+、Ca^{2+}（Mg^{2+}）等处于动态交换平衡过程。Na^+/H^+ 交换阳离子交换过程如下：

碱剂在水溶液中按下式解离：

$$NaOH \Leftrightarrow Na^+ + H^+ \qquad (6-4-1)$$

碱液中的 Na^+ 与吸附在黏土负电位上的 H^+ 离子按下式进行交换：

$$M-H + Na^+ \Leftrightarrow M-Na + H^+ \qquad (6-4-2)$$

那么，Na^+/H^+ 交换的等温线的表达式为：

$$K_N = \frac{[H^+][Na^+]_s}{[H^+]_s[Na^+]} \qquad (6-4-3)$$

因此，计算被交换到黏土上的 Na^+ 离子量可以由下式进行：

$$[Na^+] = \frac{Z_v \cdot \frac{K_N}{K_w} \cdot [H^+] \cdot [Na^+]}{1 + [H^+] \cdot [Na^+] \cdot \frac{K_N}{K_w}} \quad (6-4-4)$$

式中 K_N, K_w——分别为阳离子交换平衡常数和水的解离常数;

Z_v——固相黏土上 $[Na^+]_s$ 和 $[H^+]_s$ 的离子总和。

由此可见吸附1克当量的 $[Na^+]$ 离子等于碱液中失去1克当量碱。对于相同的岩石,不同碱型的消耗略有不同,图6-4-1所示为辽河油田兴隆台油藏岩石的碱耗曲线。Na^+/H^+ 交换过程,属于一级动力学反应过程,受环境温度、碱浓度和黏土类型的影响。

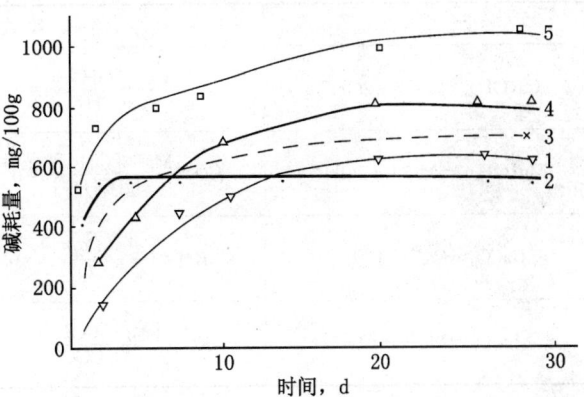

图6-4-1 辽河油田兴隆台油藏碱耗曲线图
1—Na_2CO_3, 2—Na_2SiO_3, 3—Na_4SiO_4, 4—Na_3PO_4, 5—$NaOH$

6.4.2 Ca^{2+}/Na^+ 交换

当岩石固相同碱水处于同一热力学体系时束缚于岩石负电位(Mg^{2+})离子与溶液中的 Na^+ 离子有如下的交换形式:

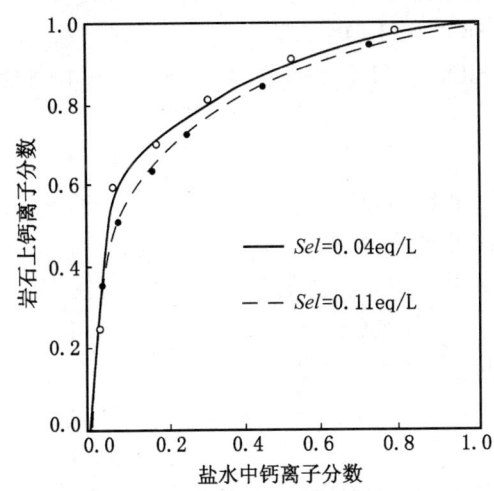

图6-4-2 老君庙油田油层岩石的 Ca^{2+}/Na^+ 交换曲线实例图

$$K_M = \frac{[Na^+]_s[Ca^{2+}]}{[Na^+][Ca^{2+}]_s} \quad (6-4-5)$$

式中 K_M——平衡常数,$K_M = \beta \cdot Q_v$;

Q_v——岩石的 Ca^{2+} 交换能力,meq/100g 黏土;

β——交换常数。

图6-4-2为老君庙油田油层岩石的 Ca^{2+}/Na^+ 交换曲线实例。黏土 Ca^{2+}/Na 交换的结果,会使黏土膨胀,能够引起岩石渗透率的降低。

6.4.3 碱同二价离子的沉淀反应

碱水驱油时在碱水同岩石接触的过程中,碱同岩石中石膏($CaSO_4$)、黏土(钙黏土)等矿物中含有的二价离子以及水中的 Ca^{2+}、Mg^{2+} 离子反应生成水不溶物质而沉淀:

$$CaSO_4(固) + 2NaOH \rightarrow Ca(OH)_2 \downarrow + Na_2SO_4 \quad (6-4-6)$$

$$Ca^{2+}(Mg^{2+}) + 2OH^- \rightarrow Ca(OH)_2 \downarrow 或 Mg(OH)_2 \downarrow \quad (6-4-7)$$

$$Ca(OH)_2 + CO_2 \rightarrow CaCO_3 \downarrow + H_2O \quad (6-4-8)$$

在碱驱油过程中可能发生的反应、几种产物的平衡常数和溶度积示于下表6-4-1中,上述反应同样消耗了碱而使碱液在推进过程中引起 pH 值降低。还应当指出的是,阳离子交换会使黏土膨胀造成渗透率的降低,同 Ca^{2+}、Mg^{2+} 反应的沉淀物会对岩石孔隙产生堵塞,这是纯碱水驱油过程中在油层中产生的最常见的现象,也是现场试验失败的原因之一。

表 6-4-1　几种化合物的平衡常数及溶度积资料表

反应式	平衡常数	溶度积
$Ca(OH)_2 \Leftrightarrow Ca^{2+} + 2OH^-$	$K^{eq} = \dfrac{Ca^{2+}[OH^-]^2}{[Ca(OH)_2]} = 0.25119 \times 10^{-12}$	0.12882×10^{22}
$Mg(OH)_2 \Leftrightarrow Mg^{2+} + 2OH^-$	$K^{eq} = \dfrac{Mg^{2+}[OH^-]^2}{[Mg(OH)_2]} = 0.38871 \times 10^{-11}$	5.6104×10^{16}
$CaCO_3 \Leftrightarrow Ca^{2+} + CO_3^{2-}$	$K^{eq} = \dfrac{Ca^{2+}[CO_3^{2-}]}{[CaCO_3]} = 0.63096 \times 10^3$	0.13804×10^{-8}
$MgCO_3 \Leftrightarrow Mg^{2+} + CO_3^{2-}$	$K^{eq} = \dfrac{[Mg^{2+} CO_3^{2-}]}{[MgCO_3]} = 0.47863 \times 10^4$	0.7×10^{-4}

6.4.4　碱对岩石的溶解反映

碱水溶液与岩石中的石英和碳酸盐、黏土等胶结物反应生成可溶性硅、铝酸盐化合物,使 pH 值降低,引起碱的损耗,岩石的溶解。同时,这些反应物同羟基反应生成水不溶物,沉淀结垢堵塞岩石孔隙,反应式如下:

$$SiO_2 + 2OH^- \Leftrightarrow H_2SiO_4^{2-} \qquad (6-4-9)$$

或

$$H_4SiO_4 + OH^- \Leftrightarrow H_3SiO_4^- + H_2O \qquad (6-4-10)$$

$$H_3SiO_4^- + OH^- \Leftrightarrow H_2SiO_4^{2-} + H_2O \qquad (6-4-11)$$

则平衡常数为:

$$K^{sp} = [H_4SiO_4] \qquad (6-4-12)$$

$$K_1 = [H_3SiO_4^-]/[OH^-][H_4SiO_4] \qquad (6-4-13)$$

$$K_2 = [H_2SiO_4^{2-}]/[OH^-][H_3SiO_4^-] \qquad (6-4-14)$$

在碱水溶液中 $[OH^-]$、$[H_3SiO_4^-]$、$[H_2SiO_4^{2-}]$ 是共存的,其总的摩尔浓度可以表示为:

$$Z_{VI} = [OH^-] + [H_3SiO_4^-] + [H_2SiO_4^{2-}] \qquad (6-4-15)$$

那么,在同岩石反应后碱液的 $[OH^-]$ 浓度或 pH 值可以由下式表示:

$$[OH^-] = \{-(1 + K^{sp} \cdot K_1) + [(1 + K^{sp} \cdot K_1)^2 + 8K^{sp} \cdot K_2 \cdot K_1]^{1/2}\}/[4K^{sp} \cdot K_1]$$

$$(6-4-16)$$

可以由此计算碱水同 SiO_2 反应生成的不可逆反应物而引起碱液的 pH 变化,这一过程是一般反应,它与 Na^+/H^+ 交换和 $[Na^+]/[Ca^{2+}]$ 交换是同时发生的,但是该过程反应缓慢而且是不可逆的。

图 6-4-3 描绘了式 (6-4-10)、式 (6-4-11) 所示的可溶性硅酸离解状态与 pH 值的关系,在电中性条件下溶液中只有 H_4SiO_4 存在,在 pH≈10～13 时以 $H_3SiO_4^-$ 为主,pH>13 时以 $H_2SiO_4^{2-}$ 占主导地位,在更高的碱度下,会出现三价和四价的硅酸。在可溶性硅接近极限溶解度的情况下,SiO_2 的溶解速度降低,在超过极限溶解度的情况下可溶的硅酸发生沉淀。S. D. Thornton 等人研究发现,可溶性硅酸在超过极限溶解度时,反应以石英结晶的形式在固相石英上生长,而不是以非结晶二氧化硅的凝胶形成沉淀而后生长为结

晶；这样，如果在溶液中加入 0.1％的原硅酸钠（H_4SiO_4）（25℃1mol/l NaCl），就可以达到平衡而减缓溶解。

对组成岩石的不同矿物如高岭土、石英及油藏岩心的浸泡实验表明（表 6－4－2、表 6－4－3），各种类型的碱对岩石矿表示了这种可溶性硅酸解离状态与 pH 的关系，在可溶性硅酸接近极限状态下，SiO_2 的溶解速度减慢，在超过极限浓度时可溶性硅酸沉淀。由资料可以看出，NaOH 对油层岩石及组成岩石的矿物的溶解作用最为强烈，但是将强碱和弱碱（NaOH 与 Na_2CO_3）以不同的比例混合使用，可以明显地减缓碱水驱油过程中碱液对 SiO_2 的溶解。碱液同石英、高岭土和岩石的浸泡实验表明，不同碱型的反应能力不同，大致有如下次序：

$$NaOH > Na_2CO_3 > Na_4SiO_4 > Na_5P_3O_{10}$$

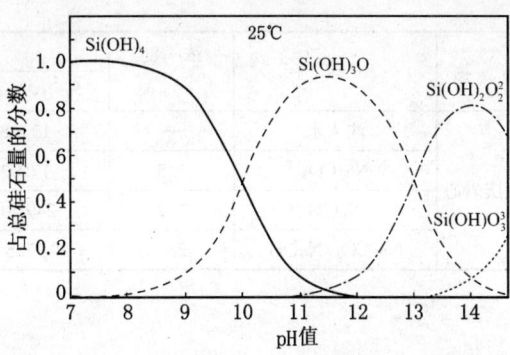

图 6－4－3 可溶性硅与 pH 值的关系曲线图

表 6－4－2 不同类型碱液与 Ittner 油田岩心的浸泡反应结果**

碱 液	碱浓度 %	初 始		最 终	
		pH	SiO_2，mg/L	pH	SiO_2，mg/L
KOH	1.0	12.6	0	12.3	1460
KOH	0.1	12.4	0	8.5	12
KOH＋1％914－22*	0.1	11.3	0	8.4	11
NaOH	1.0	12.2	0	12.2	3520
Na_2CO_3	1.0	11.3	0	10.0	29
NH_4OH	1.0	10.4	0	9.8	18
NH_4OH	0.1	9.6	0	8.6	13
$Na_2O/SiO_2 = 3.2$	1.0	10.9	4440	10.7	5500

* 为表面活性剂 Exxon914－22；

** 浸泡至 SiO_2 含量不再增加时为止。

表 6－4－3 不同类型的碱液和不同矿物、大庆油田油层油砂浸泡
接触反应后溶液的 pH 和 SiO_2 浓度变化资料列表（45℃）

矿物	碱	浓 度 %	10d 后		30d 后	
			SiO_2，mg/L	pH	SiO_2，mg/L	pH
高岭土	注入水	—	31.48	8.1	29.4	7.99
	Na_2CO_3	1.5	21.86	9.9	60.7	10.0
	NaOH	1.2	433.0	12.71	472.0	12.64
	Na_2CO_3/NaOH	1.2/0.3	46.30	12.0	54.0	12.0
石英砂	注入水	—	50.36	8.3	69.0	8.9
	Na_2CO_3	1.5	97.98	10.2	104.0	10.3
	NaOH	1.2	405.0	12.9	782.0	12.9
	Na_2CO_3/NaOH	1.2/0.3	75.52	12.0	277	12.1

续表

矿 物	碱	浓度 %	10d后		30d后	
			SiO_2, mg/L	pH	SiO_2, mg/L	pH
大庆岩心	注入水	—	13.48	8.7	11.6	8.5
	Na_2CO_3	1.5	17.02	10.2	16.7	10.2
	NaOH	1.2	249.10	12.9	389	12.9
	Na_2CO_3/NaOH	1.2/0.3	97.5	12.1	74.7	12.0

6.5 碱水驱过程中垢的沉积

在碱水驱油过程中，由于碱同岩石和地层水中多价离子的反应，在适当的压力、温度、离子构成和pH条件下，这些反应物会从溶液中沉淀而形成垢堆积在岩石空隙中。有各种形式的垢（或沉积物）：碳酸钙（镁）、氢氧化钙（镁）和硅酸钙（镁）等，有时也能见到钡盐垢或铁盐垢：

(1) 碳酸盐垢：

$$Na_2CO_3 \Leftrightarrow 2Na^+ + CO_3^{2-} \quad (6-4-17)$$

$$2HO^- + CO_3^{2-} \Leftrightarrow H_2CO_3 + 2OH^- \quad (6-4-18)$$

$$H_2CO_3 + Ca^{2+}(Mg^{2+}) \Leftrightarrow CaCO_3 \downarrow [MgCO_3] \downarrow + 2H_2 \uparrow \quad (6-4-19)$$

(2) 氢氧化物垢。

正如式（6-4-6）、式（6-4-7）所示从固相交换下来的Ca^{2+}（Mg^{2+}），在碱性条件下能够形成氢氧化物沉淀，这些化合物的溶度积和平衡常数见表6-4-1。当然其溶度积还受环境温度、压力以及pH的影响。

(3) 硅酸盐垢。

正像我们在6.4.4节中阐述的那样，各种硅酸盐垢的结构在化学上是非常复杂的，硅酸盐垢的生成受硅酸盐离子的聚合度、环境条件的影响。

7 化学驱油的数值模拟

7.1 聚合物驱油的数值模拟

聚合物驱数值模拟，就是利用数学方法，描述聚合物驱过程中涉及的各种重要的驱油机理和物化现象，建立能够描述整个驱油过程的数学模型（方程组），通过数值求解技术求解该方程组系统，以获得各种物理量在时间和空间上的分布及拟合预测注采结果，研究影响聚合物驱油过程的各种因素及其变化规律，以指导聚合物驱方法的矿场应用。

7.1.1 基本假设

（1）油藏为等温模型，不考虑能量的交换，不考虑聚合物热降解的影响。
（2）不考虑黏弹效应降低残余油的作用。
（3）扩展的达西（Darcy）定律适合于描述多相流动。
（4）流体由油、气、水三相和六个拟组分油、气、淡水、聚合物、一价阳离子、二价阳离子组成。气相中仅含有气组分，地层油由油、气两组分组成，油中溶解气量随压力变化；除油和气组分外，其余组分存在于水相中。流体相间交换仅发生在油、气相之间。
（5）聚合物在岩石表面的吸附/滞留为不可逆过程。
（6）扩展的费克（Fick）定律适合于描述多组分扩散现象。

7.1.2 主要物理化学现象

（1）聚合物溶液的黏度特性。聚合物对驱油作用的重要贡献之一是增加注入水相的黏度，它随聚合物浓度的增加而大幅度上升。聚合物溶液对温度非常敏感，它可引起溶液的热降解。目前对聚合物驱油的油藏温度限制，HPAM一般低于90℃，生物聚合物一般低于120℃。

（2）聚合物的吸附滞留。注入地下的聚合物可在岩石表面发生吸附，也可在油藏孔隙介质中产生滞留，从而引起聚合物的消耗损失。这不仅降低其增黏作用，同时延缓聚合物前缘和集油带的推进。应用中，如采用淡水预冲洗，可使损失降低。对于生物聚合物，这种损失相对较弱。聚合物的吸附滞留也有其利于驱油的一面。

（3）残余阻力和水相渗透率下降。由于聚合物的吸附滞留，在聚合物驱过程中产生了一定的附加流动阻力，并对聚合物驱后的水驱产生残余阻力。这种阻力通常作用在水相上，引起水相渗透率的下降。这对于降低水相流度，扩大其波及体积是有益的，但同时也会引起驱动压力的上升。该阻力通常随聚合物吸附滞留量的增加而增大。

（4）聚合物不可及孔隙体积。由于高相对分子质量聚合物的体积较大，使得它难以进入油藏中一些较小的孔隙。这对聚合物来说，相当于有效孔隙度的降低，从而引起聚合物的流速较水要快些，在生产井中产生较早的突破。该现象与因吸附滞留而引起的聚合物前缘推进滞后有着某种抵消的作用。

（5）聚合物的弥散。由于孔隙结构，浓度梯度等引起的弥散现象，可引起聚合物溶液浓度的分散和降低,严重时可降低其驱油效果。但由于聚合物的分子较大,这种影响通常较小。

(6) 含盐量的影响。含盐量对聚合物溶液的性质影响重大。其中起主要作用的是阳离子含量,而高价阳离子的作用可数倍于一价阳离子。在选用配制水时,要特别注意高价阳离子的含量。当地层水矿化度较高时,注入水与地层水的混合将使得溶液的含盐量升高,对聚合物溶液产生不利影响。

(7) 离子交换。由于注入水和地层水的差异,可使得岩石与地层水之间的平衡发生变化,从而引起注入水与油藏岩石之间发生离子交换。通常注入水的矿化度较低,由于这种离子交换(主要是溶液中的一价阳离子与岩石表面的二价阳离子或更高价阳离子之间的交换)可使得溶液中的高价阳离子含量增加,对溶液的性质产生不利的影响作用。

(8) 相对渗透率—残余饱和度。聚合物的加入对于水油相对渗透率影响不大。有研究认为,聚合物驱可以降低残余油饱和度,但降低幅度通常较小。

(9) 毛细管压力—润湿性。聚合物对油水毛细管压力没有明显的影响。

(10) 重力。由于流体密度差引起较重的水相向油藏下部流动,产生舌进现象,导致上部波及较差,特别是正韵律非均质油藏更为严重。通过注入聚合物溶液,使下部高含水区或高渗层的渗流阻力加大,有利于上部位的波及和驱替。

(11) 黏性指进。聚合物溶液可以起到控制流度的作用,但聚合物段塞后驱水则可能发生指进现象,严重时可导致聚合物段塞作用的丧失。因此,通常采用黏度阶梯降低的多级聚合物段塞注入,以减弱指进现象。

7.1.3 基本原理

聚合物驱油的机理相对比较简单。它是在注入水中加入聚合物,增加水相黏度,改善流度比,提高驱替液的波及效率(包括微观波及效率和宏观波及效率),进而提高采收率。近年来微观室内实验研究得出聚合物驱油的黏弹效应能够降低残余油饱和度,提高驱替效率,但是普遍的观点仍认为改善流度是聚合物驱增油的主要因素。三次采油使用的聚合物主要是聚丙烯酰胺,对于地层水矿化度比较高的油田,还可以使用生物聚合物。聚丙烯酰胺有较高的剩余阻力,除了增加水相黏度外,还可以降低水相渗透率,并且它的价格便宜,因此它的应用更为普遍。

该方法较为适用于非均质油藏、中等黏度或较高黏度原油油藏的强化开采。由于聚合物驱方法较简单易行,目前已获得了成功的应用。矿场实际应用中通常采用多聚合物段塞组合注入方式或结合调剖方式,以进一步提高其经济效益。

7.1.4 数学模型

聚合物驱数学模型相对其他化学驱数学模型比较完善,主要归于聚合物驱油机理相对简单。聚合物驱数学模型经过20余年的发展,取得了很大的进展。从早期的一维两相三组分,发展到了三维多相(三或四相)多组分(六组分以上),从简单的室内机理研究模型,发展到大规模矿场应用模拟模型。近年来,为更合理描述聚合物驱油过程,提出了热降解模型和聚合物的黏弹效应模型。

7.1.4.1 基本渗流过程的数学描述

聚合物驱数学模型为三维、三相(油、气、水)、六组分(油、气、水、聚合物、一价阳离子、二价阳离子),考虑聚合物的流动性能以及聚合物对水相黏度和渗透率下降系数的影响等因素。模型如下：

7.1.4.1.1 各组分质量守恒方程

油相：

$$\nabla \left[\frac{KK_{ro}}{\mu_o B_o} (\nabla p_o - \gamma_o \nabla D) \right] + q_o = \frac{\partial}{\partial t} \left[\frac{\phi S_o}{B_o} \right] \tag{7-1-1}$$

气：

$$\nabla \left[\frac{KK_{ro} R_s}{\mu_o B_o} (\nabla p_o - \gamma_o \nabla D) \right] + \nabla \left[\frac{KK_{rg}}{\mu_g B_g} (\nabla p_g - \gamma_g \nabla D) \right] + q_g = \frac{\partial}{\partial t} \left[\frac{\phi S_o R_s}{B_o} \right] + \frac{\partial}{\partial t} \left[\frac{\phi S_g}{B_g} \right] \tag{7-1-2}$$

水相：

$$\nabla \left[\frac{KK_{rw}}{R_k \mu_w B_w} (\nabla p_w - \gamma_w \nabla D) \right] + q_w = \frac{\partial}{\partial t} \left[\frac{\phi S_w}{B_w} \right] \tag{7-1-3}$$

聚合物：

$$\nabla \left[\frac{KK_{rw}}{R_k \mu_w B_w} (\nabla p_w - \gamma_w \nabla D) C_p \right] + q_p = \frac{\partial}{\partial t} \left[\frac{\phi_p (S_w C_p + C_{pads})}{B_w} \right] \tag{7-1-4}$$

一价阳离子（存在离子交换）：

$$\nabla \left[\frac{KK_{rw}}{R_k \mu_w B_w} (\nabla p_w - \gamma_w \nabla D) C_{cl} \right] + q_{cl} + R_{cl} = \frac{\partial}{\partial t} \left[\frac{\phi S_w C_{cl}}{B_w} \right] \tag{7-1-5}$$

二价阳离子（存在离子交换）：

$$\nabla \left[\frac{KK_{rw}}{R_k \mu_w B_w} (\nabla p_w - \gamma_w \nabla D) C_{ca} \right] + q_{ca} + R_{ca} = \frac{\partial}{\partial t} \left[\frac{\phi (S_w C_{ca} + C_{caads})}{B_w} \right] \tag{7-1-6}$$

7.1.4.1.2 饱和度方程

$$S_o + S_w + S_{gg} = 1 \tag{7-1-7}$$

7.1.4.1.3 毛细管压力方程

$$p_{cog} = p_g - p_o = p_c(S_g, \sigma_{go}) \tag{7-1-8}$$

$$p_{cow} = p_o - p_w = p_c(S_w, \sigma_{wo}) \tag{7-1-9}$$

上述方程系统中涉及各组分质量守恒方程、饱和度方程和毛细管压力方程。

该方程系统中涉及的基本变量有 $(3n+4)$ 个，n 为组分数。

基本变量：	P_j	Z_i	Y_{ij}	S_j
个数：	2	n	$2n$	2

基本方程：	（1）	（2）	（3）	（4）	（5）	（6）	（7）
个数：	n	1	1	2	$2(n-1)$	1	1

共 $(3n+4)$ 个方程。

这里，基本方程数与基本变量数相同，则该方程系统原则上可解；为了求解该系统，须补充各种辅助方程和相关物化参数的描述关系式。

7.1.4.2 驱油机理的数学描述

7.1.4.2.1 聚合物溶液黏度的数学描述

这是聚合物驱中最为重要的参数之一。在一定温度下，聚合物溶液的黏度（μ_p）主要随聚合物浓度（C_p）、含盐量（用有效含盐量或称阳离子强度 E 表示）、剪切速率（$\dot{\gamma}$）变化而变化：

$$\mu_p = \mu_p(C_p, E, \dot{\gamma}) \tag{7-1-10}$$

或：

$$\mu_p = \mu_p(\mathring{\mu}_p, \dot{\gamma}) \quad (7-1-11)$$

$$\mathring{\mu}_p = \mathring{\mu}_p(C_p, E) \quad (7-1-12)$$

$$E = C^+ + \beta C^{++} \quad (7-1-13)$$

式中 C^+——溶液中一价阳离子总浓度（meq/ml）；

C^{++}——溶液中二价阳离子总浓度（meq/ml）；

β——C^{++}所起作用的加权因子（该因子远大于1，有实验测得约为8），说明C^{++}的作用约8倍于C^+；

$\mathring{\mu}_p$——零剪切速率下的黏度（$\mathring{\mu}_p = \mu_p|_{\dot{\gamma}\to 0}$，实用中可采用某很低剪切速率下的黏度，即低于该剪切速率，μ_p 不随 $\dot{\gamma}$ 变化）。

对上面的几个方程式，可采用数据表或关系式方式给予具体描述：

(1) 数据表方式。这是较为一般的描述方式，简便易行实用，适用范围广，特别适用于那些难以给出恰当关系式的物化参数的描述。物化参数的求取主要通过数据表（基于实验资料整理给出）的参变量插值获得。计算中，可通过多种形式的插值方式求得 μ_p，这里给出较为常用的方法：

先求 $\mathring{\mu}_p$：数据表中包括在不同 E 下，给出不同 C_p 下的 $\mathring{\mu}_p$ 值（$\mathring{\mu}_p$—C_p 曲线），根据实际给定的 E、C_p 值，可插值求得对应的 $\mathring{\mu}_p$ 值。

求 μ_p：数据表可在不同 $\mathring{\mu}_p$ 下，直接给出 μ_p—$\dot{\gamma}$ 曲线，通过给定的 $\mathring{\mu}_p$、$\dot{\gamma}$ 值，插值求得对应的 μ_p；也可通过下述方式求得：先根据实验数据整理出由上面定义的黏度下降系数随剪切速率（或流速：达西速度或达西速度/孔隙度）的变化曲线 $R(\dot{\gamma})$—$\dot{\gamma}$ 或 $R(v)$—v，根据给定的 $\dot{\gamma}$（或 v），插值求得 R，然后利用下式求得 μ_p：

$$R = \frac{\mu_p - \mu_w}{\mathring{\mu}_p - \mu_w} \quad (7-1-14)$$

$$\mu_p = \mu_w + R \cdot (\mathring{\mu}_p - \mu_w) \quad (7-1-15)$$

式中 μ_w——不含聚合物时的水溶液黏度。

(2) 关系式方式。

关系式方式也称公式法或参数方程法，适用于能恰当给出解析关系式的情况。

①求 $\mathring{\mu}_p$。最为常用的是多项式参数方程：

$$\mathring{\mu}_p = \mu_w(1 + a_1 C_p + a_2 C_p^2 + a_3 C_p^3 + \cdots) \quad (7-1-16)$$

式中 a_1、a_2、a_3 为随 E 变化的系数（实验获得）。由于 C_p 一般都很小，因而常常忽略 $a_3 C_p^3$ 及其之后各项，使得上式成为常用的二项式方程：

$$\mathring{\mu}_p = \mu_w(1 + a_1 C_p + a_2 C_p^2) \quad (7-1-17)$$

②求 μ_p。文献中已建议了多种描述的关系方程，其中较为著名和常用的包括幂律方程、Ellis 方程、Meter 方程、Carreau 方程等：

幂律方程（Bird 等，1960）：

$$\mu_p = \mathring{\mu}_p \dot{\gamma}^{n-1} \quad (7-1-18)$$

式中 n——幂律指数，对于假塑性流体（驱油用的聚合物溶液一般属于该类流体），$n<1$，通常为 0.4~1.0。上式可谓是最为简单的描述形式，但在很低或很高的 $\dot{\gamma}$ 下，该式适用性较差。

Ellis 方程（Bird，Reiner 等，1960）：

$$\mu_p = \frac{\mathring{\mu}_p}{1 + \left(\dfrac{\tau}{\tau_{1/2}}\right)^{\alpha-1}} \tag{7-1-19}$$

式中 τ——剪切应力，$\tau = \mu_p \cdot \dot{\gamma}$；

$\tau_{1/2}$——$\mu_p = \mathring{\mu}_{p/2}$ 时所对应的剪切应力值；

α——无量纲常数，相当于幂律指数的倒数（$1/n$）。

该式是采用剪切应力给予描述的，由于其形式较为简单，已经获得了较多的应用。

Meter 方程（Meter 等，1964）：

$$\mu_p = \mu_\infty + \frac{\mathring{\mu}_p - \mu_\infty}{1 + \left(\dfrac{\dot{\gamma}}{\dot{\gamma}_{1/2}}\right)^{P_\alpha-1}} \tag{7-1-20}$$

式中 μ_∞——剪切速率趋于无穷大时的聚合物溶液黏度，$\mu_\infty = \mu_p|_{\dot{\gamma}\to\infty} \cong \mu_w$；

$\dot{\gamma}_{1/2}$——$\mu_p = (\mathring{\mu}_p - \mu_w)/2$ 时所对应的剪切速率值；

nr——流体非牛顿性的幂律指数，$1.0 < nr < 1.8$，Newton 流体的 $nr = 1.0$。

这是目前最为常用的描述式之一，已经获得了广泛的应用。

Carreau 方程（Carreau，1972；Chauveteau，1982）：

$$\mu_p = \mu_\infty + (\mathring{\mu}_p - \mu_\infty)(1 + \lambda^2 \cdot \dot{\gamma})^{(n-1)/2} \tag{7-1-21}$$

式中 λ——时间常数；

n——同幂律指数。

该式在很大的 $\dot{\gamma}$ 范围内，对多种聚合物，都具有良好的适用性。

对于上述 μ_p—$\dot{\gamma}$ 关系式，在油藏流动情况下，$\dot{\gamma}$ 值很难确定，流速 v 较易获得，需要先确定 $\dot{\gamma}$ 与 v 的关系，以便确定 μ_p。实用中，可直接采用上述的 $R(v)$—v 关系曲线，由上式确定 μ_p；也可找出 $\dot{\gamma}$—v 关系式换算求得。关于该方面的关系式已有多种建议，较常用的如：

$$\dot{\gamma} = \frac{a\dot{\gamma}_c|\vec{v}|}{\sqrt{K\phi}} \tag{7-1-22}$$

或考虑多相情况时

$$\dot{\gamma} = \frac{a\dot{\gamma}_c|\vec{v}_w|}{\sqrt{K_w\phi S_w}} \tag{7-1-23}$$

式中 v——达西速度；

v_w——水相达西速度；

K——绝对渗透率；

K_w——水相渗透率；

S_w——含水饱和度；

$\dot{\gamma}_c = \left[\dfrac{1+3n}{4n}\right]^{\left(\frac{n}{n-1}\right)}$，$n$ 为幂律指数（$0 \sim 1$），$\dot{\gamma}_c = 0.779 \sim 1.0$；

a——系数（与单位换算有关）。

在给定的 C_p、E 及 $\dot{\gamma}$（或 v）下，可通过上述的数据表法或关系式法求得 μ_p，也可交叉使用，如先用数据表法求出 $\mathring{\mu}_p$，再用关系式法求得 μ_p。

7.1.4.2.2 聚合物吸附滞留量（q_p）的数学描述：

在给定油藏情况下（孔隙结构、黏土含量等给定），聚合物的吸附滞留量（q_p）主要随其浓度及含盐量变化。这将导致聚合物的消耗损失，是影响聚合物驱油效果的重要因素之一。该现象可以为可逆、部分可逆或不可逆过程，但从实际物化过程角度考虑，一般认为该现象为不可逆过程。

$$q_p = q_p(C_p, E) \tag{7-1-24}$$

(1) 数据表方式：给出不同 E、C_p 下的 q_p 测定值供插值求解。

(2) 公式方式：对于符合 Langmuir 型的吸附，可采用下述方程式描述：

$$q_p = q_p^{\max} \frac{a_p C_p}{1 + b_p C_p} \tag{7-1-25}$$

式中　a_p、b_p——随 E 变化的系数；

$q_p^{\max}$——在给定 E 下的最大饱和吸附量（随 E 变化）。

7.1.4.2.3　渗透率下降系数（R_k）和残余阻力系数（RRF）的数学描述

R_k 和 RRF 是由聚合物的吸附滞留所引起，主要对水相起作用，其定义如下：

$$R_k = \frac{K_w}{K_p} \tag{7-1-26}$$

$$RRF = \frac{K_w^o}{K_w^p} \tag{7-1-27}$$

式中　K_w——不含聚合物时的水相有效渗透率；

K_p——含有聚合物时的水相（聚合物溶液相）有效渗透率；

K_w^o——注聚合物前的水相有效渗透率；

K_w^p——注聚合物后的水相有效渗透率。

在聚合物不可逆吸附情况下：

$$R_k^{\max} \cong RRF \tag{7-1-28}$$

(1) 数据表方式：可给出不同 E、C_p（或直接给出 q_p）下的 R_k 测定值，插值求解。

(2) 关系式方式：由于 R_k 主要由聚合物的吸附量引起，可采用下式近似计算：

$$R_k = 1 + (R_k^{\max} - 1)\frac{q_p}{q_p^{\max}} \tag{7-1-29}$$

式中　q_p——聚合物吸附量（随 C_p、E 变化）；

$q_p^{\max}$——聚合物最大饱和吸附量（随 E 变化）；

$R_k^{\max}$——对应于 $q_p^{\max}$ 下的 R_k 值。

7.1.4.2.4　聚合物可及体积系数（α_p）的数学描述

相对某油藏单元块体积，α_p 定义为：

$$\alpha_p = \frac{V_p}{V_t} \tag{7-1-30}$$

式中　V_p——该单元块中聚合物可及孔隙体积；

V_t——该单元块中总孔隙体积。

可在很低吸附或已达到饱和吸附的油藏岩心中，同时注入聚合物和示踪剂（不吸附或吸附量很低的），通过比较聚合物和示踪剂的流出时间（以注入孔隙体积倍数表示）的差别，获得 α_p 值。该现象可理解为，油藏岩石相对于聚合物组分的有效孔隙度低于相对于其他组分的有效孔隙度：

$$\phi_p = \alpha_p \phi \tag{7-1-31}$$

所以，在同样的注入速度下，聚合物的流动要比其他组分快些。

7.1.4.2.5 扩散和弥散系数的数学描述

对于给定的孔隙介质，各组分弥散系数主要与其分子扩散系数及流速有关：

$$\overline{\overline{D}}_{ij} = \overline{\overline{D}}_{ij} + D_{ij}(\vec{v}_j) \qquad (7-1-32)$$

式中 $\overline{\overline{D}}_{ij}$、$\overline{\overline{D}}_{ij}$——分别为分子扩散系数和弥散系数张量，表示 i 组分在 j 相中的扩散，不仅与其自身组分性质有关，也应与共存的其他组分有关。

但实用上，由于测量的有限性，往往只保留起主要作用的主对角线元素，而忽略其他组分的影响。另外，由于聚合物分子尺寸较大，其弥散作用较弱，因而油的模型甚至忽略该现象。

7.1.4.2.6 离子交换的数学描述

主要是溶液中的一价阳离子与岩石表面的二价阳离子的交换，使得溶液中的阳离子强度（$E = C^+ + \beta_c C^{++}$，权重系数 $\beta_c > 1$）增大，从而影响聚合物的性质。这种离子交换可采用下述关系式描述：

$$\frac{(\overline{C}^+)^2}{\overline{C}^+} = \beta_c Q_v \frac{(C^+)^2}{C^+} \qquad (7-1-33)$$

式中 C^+、C^+——溶液中一价、二价阳离子浓度；

$\overline{C}^+$、$\overline{C}^+$——岩石表面的一价、二价阳离子浓度；

Q_v——岩石黏土的阳离子交换能力；

β_c——阳离子交换系数。

此外，还有附加关系式：

$$\overline{C}^+ + \overline{C}^{++} = Q_v \qquad (7-1-34)$$

可看出，C^+、C^{++}、Q_v、β_c 给定后，$\overline{C}^+$、$\overline{C}^+$ 是由上述二式确定的。

应用上式进行离子交换计算时，有一个基本假设，即溶液为电中性的，由此可推出 C^+ 与 C^{++} 的关系：

$$C^+ = C^- - C^{++} \qquad (7-1-35)$$

式中 C^-——水相中的总阴离子浓度。

7.1.4.2.7 相对渗透率的数学描述

通常认为，聚合物的加入对油水相相对渗透率影响不大，仍可采用水驱的相对渗透率曲线，只考虑随含水饱和度的变化。

近来有研究认为，聚合物的加入对水相相对渗透率和残余油饱和度具有一定的影响，但研究仍待深入。在此情况下，K_{rw} 描述中，应考虑聚合物浓度的影响：

$$K_{rw} = K_{rw}(S_w, C_p) \qquad (7-1-36)$$

该关系式需要通过实验资料给予具体描述确定。

7.1.4.2.8 黏性指进描述

由于黏性指进的复杂性，加之指进通道很小，通常的油藏数值模拟网格系统难以细致描述指进现象。目前仅能通过校正平均驱替前缘的各组分推进速度来考虑指进对驱油效果的宏观影响。这里重点考虑后驱水对聚合物段塞的指进现象。

设 $m = \frac{m_p}{m_w}$，m_p、m_w 分别为聚合物溶液和后驱水的流度（或黏度），通常只要 $m > 1$，就有可能发生黏性指进（考虑水平地层）。在此情况下，由于指进的作用，可使后驱水进入，甚至穿过聚合物段塞而使其作用降低或失效。该现象的影响结果主要体现在组分（主要是水组分）的较快推进上，可用下式校正：

$$\bar{z}_i = r z_i^L + (1-r) z_i^R \tag{7-1-37}$$

式中　z_i^L、z_i^R——分别为驱替上、下游块（称左、右块）的组分浓度；

　　　$\bar{z}_i$——校正后的组分浓度（右块）；

　　　r——从左块指进至右块的流体体积与左块流体总体积之比。r 应满足（$0 \leqslant r \leqslant 1$）条件，并应随 m 发生变化，m 愈大，r 应愈大，指进愈严重。

可采用下式描述：

$$r = 1 - e^{-a(m-1)} \tag{7-1-38}$$

式中　a——系数。

7.1.4.2.9　毛细管压力

在聚合物驱和水驱过程中，油水相间毛细管压力（p_c）主要随含水饱和度变化：

$$p_c = p_o - p_w = p_c(S_w) \tag{7-1-39}$$

（1）数据表法：给出不同含水饱和度下的 p_c 值。

（2）关系式法：可通过下式给予描述：

$$p_c(S_w) = C_{pc} \cdot \sqrt{\frac{\phi}{\overline{K}}} (1 - S_n)^{N_{pc}}$$

式中　C_{pc}、N_{pc}——常数；

　　　ϕ——孔隙度；

　　　$\overline{K}$——平均渗透率（如 $\overline{K} = \sqrt{K_x \cdot K_y}$）；

　　　S_n——润湿相饱和度（由此可将岩石润湿性的影响考虑在内）。

7.2　化学复合驱油的数值模拟

7.2.1　化学复合驱数值模拟的基本概念

前面我们论述的碱—聚合物、表面活性剂—聚合物、碱—表面活性剂—聚合物等化学复合驱油方法的数值模拟比单一聚合物驱油较为复杂。这是由于其驱油机理的模拟比聚合物驱复杂，概括起来化学复合驱油机理如下：

（1）流度控制调整波及体积。

像聚合物驱一样，由于体系中加入了聚合物，使得溶液的黏度增加，从而降低了驱替相的流度，扩大了其波及体积。

（2）降低油—水界面张力。

体系中的表面活性剂及碱桶原油中的有机酸反应就地产生的石油酸皂之间的协同效应，明显地降低了油—水界面张力，有利于毛细管滞留油的启动，降低剩余油饱和度。

（3）降低化学剂的吸附损失。

体系中加入的较廉价的碱不仅可以同原油中的有机酸反应生成具有表面活性的有机酸皂，而且可使得化学剂（如表面活性剂、聚合物）在油层岩石上的吸附损失大大降低，从而使驱油剂的利用率大大提高。

（4）改变流体和油层岩石的物理化学性质。

复合化学剂还有利于原油的乳化从而有利于在驱替过程中产生乳化夹带、油滴捕集、油滴聚并等作用使圈捕的分散残余油形成连续的油流投入运动。同时，表面活性剂在岩石表面上的富集有利于岩石润湿性反转，使油膜脱落，降低剩余油饱和度，等等。

根据上述驱油机理，应用数学方法建立描述化学复合驱油过程的方程式和驱油过程中发生的物理现象的方程式、建立地质模型，进而根据初始条件和边界条件进行说学运算。与聚合物驱油数值模拟不同的是，化学复合驱油模拟不仅要考虑驱替剂的黏度变化引起的物理化学现象，还需要考虑界面张力的变化、岩石润湿性的变化以及各种驱油机之间、驱油剂与岩石、流体之间的物理化学作用。

7.2.2 基本假设

表面活性剂驱油数值模型的建立是基于如下几方面假设：
(1) 除凝胶和示踪剂采用容量模型外，均为局部热动力学平衡过程；
(2) 油藏为等温的，因化学反应而导致的温度变化很小，可以忽略不计；
(3) 因化学反应而引起的压力和体积变化同样很小，亦可忽略不计；
(4) 固相为静止稳定的；
(5) 忽略沉淀/溶解反应和阳离子交换反应对孔隙度和渗透率的影响；
(6) 满足达西定律（非牛顿流动中达西方程式中的相黏度为表观黏度）；
(7) 满足理想状态的混合规则，即混合时体积变化为零；
(8) 多孔介质中多相流动时的弥散符合 Fick 定律；
(9) 油藏及流体均为不可压缩的。

7.2.3 驱油过程物化现象描述

(1) 复合协同效应及界面张力的降低：这是表面活性物质（注入的和/或在地下新产生的）及化学剂复合协同效应、碱多次萃取等共同作用的结果，对残余油的启动起着决定性的作用。

(2) 各种化学剂的损耗：

①碱耗：碱的损耗对驱油影响重大。油藏中引起碱耗的因素较多，主要包括：流体中的 Na^+ 与岩石中的 H^+ 的交换，原油中的酸性物质，二价阳离子，流体中的 CO_3^{2-} 等引起的快速碱耗，碱与聚合物接触后使聚合物缓慢水解引起的碱耗，以及使岩石溶解和溶液下来的 Al^{3+}、Si^{4+} 等在一定条件下形成新矿引起的长期碱耗。

②聚合物、表面活性剂等化学剂由于吸附滞留等引起的损失。

(3) 相态变化：由于化学剂的加入，相态及相态特征都可发生变化（包括乳状液的形成及其性质等），但在非常低的浓度下，相态的变化是小的。

①残余饱和度的降低：由于界面张力的降低，残余油饱和度降低，这是增产原油的主要原因。

②相对渗透率的改变：由于界面张力和残余饱和度的变化，乳状液的形成以及聚合物的加入，将使得各相相对渗透率及流动特性发生变化。

(4) 各种化学剂的扩散和稀释：

①聚合物溶液特性：包括使水相黏度增加、渗透率降低及流变特性，不可及孔隙体积和由碱引起的进一步水解等现象。

②离子交换：主要是岩石与流体间的阳离子交换，使得含盐量环境发生变化。

③含盐量及其变化的影响：对界面张力、化学剂的吸附、相态、聚合物溶液的黏度等都有重要的影响。

(5) 其他还有黏性指进，重力分异，流体和岩石的压缩性，各化学剂的配伍及色谱分离，化学反应引起的沉淀结垢、黏土膨胀等。

7.2.4 基本方程系统

描述表面活性剂驱的基本数学方程是：

(1) 物质平衡方程；
(2) 能量恒定方程；
(3) 压力方程，其中液相压力可由占体积组分（水、油、表面活性剂、助表面活性剂和气体）的总体质量平衡确定；其他相的压力则可由相间毛细管压力计算求得。模型共模拟四相，即三个液相（第一相为水相，第二相为油相，第三相为微乳液相）和一个单组分气相（第四相）；第三相微乳液一般取决于相环境中各组分相对量和有效电解质浓度（含盐度）。以下将对化学驱油模型作详细描述。

7.2.4.1 质量守恒方程

根据达西定律，k 组分质量连续性可用单位孔隙体积 (k) 中 k 组分的总体积表达为：

$$\frac{\partial}{\partial t}(\phi \widetilde{C}_k \rho_k) + \nabla \left[\sum_{l=1}^{n_p} \rho_k (C_{kl} \overline{U}_l - \widetilde{D}_{kl}) \right] = R_k \tag{7-2-1}$$

式中，单位孔隙体积中 k 组分的总孔隙体积包括吸附的所有相之总和：

$$\widetilde{C}_k = \left[1 - \sum_{k=1}^{n_{cv}} \cdot \widetilde{C}_k \right] \sum_{l=1}^{n_p} S_l \cdot C_{kl} + \widetilde{C}_k, \quad k = 1, 2, \cdots, n_c \tag{7-2-2}$$

式中　n_{cv}——占体积组分总数，这些组分为水、油、表面活性剂和空气体；

n_p——相数；

$\widetilde{C}$——k 组分的吸附浓度；

ρ_k——纯 k 组分在参考压力 p_R 下的密度（参考压力通常为地面条件，即 0.1MPa）。

可假设系统为理想混合、变化量小和恒定压缩性 C_k^o 则有：

$$\rho_k = 1 + C_k^o (p_R - p_{R_o}) \tag{7-2-3}$$

弥散量假设为 Fick 定律形成：

$$\widetilde{D}_{kl,x} = \phi S_l \cdot \overline{K}_{kl} \cdot \nabla C_{kl} \tag{7-2-4}$$

包括摩尔扩散（D_{kl}）的弥散张量 K_{kl} 可计算如下：

$$\overline{K}_{klij} = \frac{D_{kl}}{\tau} \cdot \delta_{ij} + \frac{\alpha_{Tl}}{\phi S_l} |\overline{U}| \cdot \delta_{ij} + \frac{\alpha_{Ll} - \alpha_{Tl}}{\phi S_l} \cdot \frac{U_{li} \cdot U_{lj}}{|\overline{U}_e|} \tag{7-2-5}$$

式中　α_{Ll}, α_{Tl}——相 l 在垂直和水平方向的弥散量；

τ——弯曲度（一般为一个大于 1 的定值）；

U_{li} 和 U_{lj}——相 l 在 i, j 方向的达西流量；

δ_{ij}——Kronecker Delta 函数符号，每一相的矢量流量大小为：

$$|\overline{U}| = \sqrt{(\overline{U}_{xl})^2 + (\overline{U}_{yl})^2 + (\overline{U}_{zl})^2} \tag{7-2-6}$$

达西定律的相流量为：

$$\overline{U}_l = -\frac{K_{rl} \cdot \overline{K}}{\mu_l} (\nabla p_l - \gamma_l \cdot \nabla h) \tag{7-2-7}$$

式中 $\overline{K}$——渗透率张量；

h——垂直深度。

其他如相对渗透率 K_{rl}、黏度 μ_l、相对密度 γ_l 都将在以后陆续确定。

源项 R_k 是某组分所有速率项的组合，可表达为：

$$R_k = \phi \sum_{l=1}^{n_p} S_i \cdot \gamma_{kl} + (1-\phi) \cdot \gamma_{ks} + Q_k \tag{7-2-8}$$

式中 Q_k——单位体积 k 组分的注入/产出速率；

γ_{kl} 和 γ_{ks}——相 l 和固体相 s 的反应速率。

类似上述方程可在 y 和 z 方向写出，其过程与上述相似。

7.2.4.2 能量守恒方程

通过假设能量仅为温度的函数且油相或液相中能量仅以对流和热传导方式进行，则能量平衡方程可推导为：

$$\frac{\partial}{\partial t}\left[(1-\phi)\rho_s \cdot C_{vs} + \phi \sum_{l=1}^{n_p} \cdot \rho_l \cdot S_l \cdot C_{ve}\right]T + \nabla \cdot \left[\sum_{l=1}^{n_p} \rho_l \cdot C_{pl} U_l T - \lambda_T \nabla T\right] = q_H - Q_L \tag{7-2-9}$$

式中 T——油藏温度；

C_{vs} 和 C_{vl}——固体和相 l 在恒定体积下的热容；

C_{pl}——相 l 在恒定压力下的热容；

λ_T——热传导率（都假设为常数）；

q_H——单位体积焓源项；

Q_L——向上、下盖层及固体中的热损失。

7.2.4.3 压力方程

通过假设所有占体积组分的质量守恒方程并用相流量代替达西定律，引入毛细管压力，注意到：

$$\sum_{k=1}^{n_{cv}} C_{kl} = 1$$

可以推导出压力方程。

根据参考相（第一相）压力，压力方程表述为：

$$\phi C_t \cdot \frac{\partial p_l}{\partial t} + \nabla \overline{K} \cdot \lambda_{rTc} \cdot \nabla p_l = -\nabla \sum_{l=1}^{n_p} \overline{K} \cdot \lambda_{rec} \cdot \nabla h + \nabla \cdot \sum_{l=1}^{n_p} \overline{K} \cdot \lambda_{rlc} \cdot \nabla p_{cl1} + \sum_{k=1}^{n_{cv}} Q_k \tag{7-2-10}$$

式中 $\lambda_{rec} = \dfrac{K_{rl}}{\mu_l} \cdot \sum_{k=1}^{n_{cv}} \cdot \rho_k \cdot C_{kl}$

$\lambda_{rTc} = \sum_{l=1}^{n_p} \lambda_{rec}$，为总相对流度。

总压缩系数 C_t 为岩石及固体压缩系数的综合，

$$C_t = C_r + \sum_{k=1}^{n_{cv}} C_k^o \cdot \widetilde{C}_k \tag{7-2-11}$$

$$\phi = \phi_R \cdot [1 + C_r(p_R - p_{R_o})] \tag{7-2-12}$$

7.2.5 驱替过程物化参数的数学描述

7.2.5.1 界面张力随化学剂浓度的变化

为了真正体现多种化学剂的复合协同效应,采用实测的界面张力等值图进行描述,对于给定的原油和配置水矿化度,界面张力主要随碱、表面活性剂、聚合物浓度变化:

$$\gamma = \gamma(C_{OH}, C_s, C_p) \qquad (7-2-13)$$

通过各化学剂浓度的变化可获得对应的驱替剂—原油的界面张力变化等值图。

7.2.5.2 碱多次萃取引起的界面张力变化

主要考虑碱对酸性原油多次萃取引起的界面张力的进一步降低,其降低幅度与碱浓度、新原油接触萃取次数有关,通常主要发生在驱替前缘与新鲜原油接触的区带。根据实验结果,该降低幅度可达1个数量级以上(该现象是有利于驱油的因素)。模型中可根据实验资料考虑此现象引起的界面张力的降低,也可进行如下简化考虑:即在驱替前缘某一碱浓度范围内(ΔC_a),由于碱多次萃取,使得该范围内的界面张力比正常计算值(γ_0)低(其幅度由实验确定)。

$$\Delta \gamma = f(\Delta C_a, m) \qquad (7-2-14)$$

7.2.5.3 聚合物的加入引起的界面张力变化

主要考虑聚合物的加入引起的 ASP 体系与原油间的界面张力升高情况。通常聚合物浓度越高,越易发生该现象(该现象是不利于驱油的因素)。可根据实验结果进行如下改进:在聚合物浓度大于某值(C_{po})后,使正常计算出的 AS 体系界面张力(γ_0)随聚合物浓度 C_p 的增加而增加,幅度由实验资料确定:

$$\Delta \gamma = f(\Delta C_{po}, C_p) \qquad (7-2-15)$$

7.2.5.4 残余饱和度和相对渗透率

残余饱和度:

各相残余饱和度与毛细管数有关,毛细管数定义如下:

$$N_c = \frac{\left| \sum_j \mu_j \vec{v}_j \right|}{\gamma} \qquad (7-2-16)$$

$$S_{rj} = S_{rj}(N_c)$$

通过实验可测得不同 N_c 下的残余饱和度值。

相对渗透率:

各相相对渗透率可表述如下:

$$K_{rj} = K_{rj}^0 \cdot S_{nj}^{e_j}$$

$$S_{nj} = \frac{S_j - S_{rj}}{1 - \sum_j S_{rj}} \qquad (7-2-17)$$

$$K_{rj}^0 = K_{rj}^0(N_c)$$

$$e_j = e_j(N_c)$$

式中 K_{rj}^0 和 e_j 分别为相对渗透率曲线端点值和曲线指数,可在不同 N_c 下实验测得。

7.2.5.5 碱耗

碱耗是碱复合驱中一个非常重要的因素,它直接影响着驱油得成败。影响碱耗的因素较多,且较复杂,本模型将通过一些简化处理,以达到既能较好地描述主要的碱耗现象,又能具有较强的实用性的目的。模型中碱耗通过化学反应项 R_i 给予描述。表达如下：

$$R_{OH^-} = -\phi S_w \frac{\partial}{\partial t}(r_1 + r_2 + , \cdots, + r_n) \qquad (7-2-18)$$

式中 "−"号——OH^- 的消耗；

r——单位体积内的碱消耗量；

n——n 种影响因素。

主要影响因素如下：溶液中 Na^+ 与岩石表面的 H^+ 的离子交换引起的快速碱耗 r_1：根据研究结果该碱耗可近似表示为类似 Langmuir 型的吸附等温式：

$$r_1 = r_1^0 \frac{a_1 C}{1 + a_1 C} \qquad (7-2-19)$$

式中 C——OH^- 的浓度；

r_1^0——该现象引起的最大碱耗，由实验资料确定；

a_1——系数，由实验资料确定。

原油中酸性物质引起的碱耗 r_2：

$$[HA]_o \xleftrightarrow{K_{21}} [HA]_w$$
$$HA_2 + OH^- \longleftrightarrow A^- + H_2O \qquad (7-2-20)$$
$$r_2 = r_2(HA_w, C)$$

实验给出不同酸、碱浓度下的碱耗曲线。

岩石溶解引起的长期碱耗 r_3，该碱耗可用一级表观动力学方程描述：

$$r_3 = K_{31} \cdot C \cdot t \qquad (7-2-21)$$

式中 K_{31}——由实验确定。

水相中 CO_2 引起的碱耗 r_4：

$$[CO_2]_o \xleftrightarrow{K_{41}} [CO_2]_w$$
$$CO_2 + OH^- \xleftrightarrow{K_{42}} HCO^- \qquad (7-2-22)$$

可根据 CO_2 与 OH^- 反应生成无作用的 HCO_3^- 折算求出引起的碱耗。

Ca^{++}、Mg^{++} 离子引起的碱耗 r_5：

$$Ca^{++} + 2OH^- \xleftrightarrow{K_{51}} Ca(OH)_2 \downarrow$$
$$Ca^{++} + CO_3^{2-} \xleftrightarrow{K_{52}} CaCO_3 \downarrow \qquad (7-2-23)$$

可根据溶度积 K_{51}、K_{52} 折算求出损耗的 OH^- 及 CO_3^{2-} 引起的碱耗。

7.2.5.6 表面活性剂吸附

表面活性剂的吸附滞留损失，可利用下式描述：

$$\Gamma_s^1 = \Gamma_s^0 \frac{a_s C_s}{1 + a_s C_s} \qquad (7-2-24)$$

式中 Γ_s^0，a_s 与阳离子强度 E 有关，由实验资料确定。

$$E = C^+ + \beta C^{++} \qquad (7-2-25)$$

式中 C^+，C^{++}——分别为一价和二价阳离子浓度（meq/ml）；

β——加权因子。

也可直接输入 $\Gamma_s^1 - C_s$ 实测曲线。

当碱存在时，表面活性剂的吸附滞留量将随 pH 值的升高而降低：

$$\Gamma_s = \Gamma_s^1\left(1 - b_s \frac{\mathrm{pH} - 7}{\mathrm{pH}_{\max} - 7}\right) \qquad (7-2-26)$$

式中　Γ_s^1——pH = 7 时的吸附滞留量；

　　　$\mathrm{pH}_{\max}$——注入碱浓度的 pH 值；

　　　b_s——系数。

7.2.5.7　碱对溶液黏度的影响

碱的加入将引起溶液含盐量环境的变化，阳离子浓度的大大增加将引起聚合物溶液的黏度大大降低，这也是碱加入带来的最重要的不利因素之一。

$$\Delta \mu_p = f(C_a) \qquad (7-2-27)$$

7.2.5.8　碱引起的聚合物进一步水解

在一定范围内，碱加入引起的聚合物长期水解，导致聚合物溶液黏度的增加，与碱浓度（C_a），聚合物水解度（d）及时间（t）有关。可根据实验资料考虑该现象引起的黏度增加（该现象是有利于驱油的因素）。

$$\Delta \mu_p = f(C_a, d, t) \qquad (7-2-28)$$

7.2.5.9　化学剂扩散系数

化学剂扩散系数与流速有关：

$$\overline{\overline{D_{ij}}} = \overline{\overline{D_{ij}^0}} + D_{ij}\vec{v} \qquad (7-2-29)$$

7.2.5.10　毛细管压力

对于油、水两相存在的情况，毛细管压力定义为 $p_c = p_c - p_w$，复合体系毛细管压力可描述成油—水毛细管压力和界面张力的函数：

$$p_c = p_{\mathrm{cow}}(S_w) \cdot \frac{\gamma}{\gamma_{\mathrm{ow}}} \qquad (7-2-30)$$

$$p_{\mathrm{cow}}(S_w) = C_{\mathrm{PC}} \cdot \sqrt{\frac{\phi}{K_a}} \cdot (1 - S_n)^{N_{\mathrm{PC}}} \qquad (7-2-31)$$

式中　C_{PC}，N_{PC}——常数（由实验资料确定）；

　　　S_n——湿相饱和度。

也可直接给出 p_{cow}—S_w 实验曲线。

7.2.5.11　流体各相密度

各相密度 ρ_j 取决于各相压力和组成，可表达如下：

$$\rho_j = \rho_j^0 \exp[\beta_j(p_j - p_j^0)]$$

$$\rho_j^0 = \frac{1}{\sum_i Y_{ij}/\rho_i^0} \qquad (7-2-32)$$

式中　p^0，ρ^0——分别为参考压力和该压力下的密度；

　　　β_j——压缩系数。

7.2.5.12　聚合物溶液的静止黏度

聚合物溶液的静止黏度（零剪切速率下的黏度）是聚合物溶液浓度和含盐度的函数，可以表示为：

$$\mu_p^0 = \mu_w(1 + a_1 C_p + a_2 C_p^2 + a_3 C_p^3 + \cdots) \qquad (7-2-33)$$

式中　a_1，a_2，…——经验常数，与含盐度有关，实验资料确定；

μ_p^0——聚合物溶液静止黏度。也可以直接给出 μ_p^0—C_p—C_{seq} 实测曲线。

7.2.5.13 聚合物溶液在多孔介质中的运动黏度

聚合物溶液在多孔介质中剪切导致聚合物溶液的黏度降低,可以通过 Meter 方程描述:

$$\mu_p = \mu_\infty + \frac{\mu_p^0 - \mu_\infty}{1 + \left[\dfrac{\dot{\gamma}}{\dot{\gamma}^{1/2}}\right]^{nr-1}} \tag{7-2-34}$$

式中 μ_p——聚合物溶液的运动黏度;

μ_p^0——静止黏度(零剪切速率下的黏度);

μ_∞——剪切速率无限大下的黏度(水相黏度);

$\dot{\gamma}$——剪切速率;

$\dot{\gamma}^{1/2}$——$(\mu_p^0 + \mu_\infty)/2$ 黏度时的剪切速率;

nr——流体非牛顿性的幂律指数,$1.0 < nr < 1.8$;Newton 流体的 $nr = 1.0$。

7.2.5.14 聚合物吸附量

对于近似遵循 Langmuir 等温吸附理论的静态吸附,采用下式进行计算。考虑聚合物的吸附与盐度的关系为可逆的,与浓度的关系为不可逆的。

$$\Gamma_p = \Gamma_p^{max} \frac{a_1 C_p}{1 + b_1 C_p} \tag{7-2-35}$$

式中 Γ_p^{max}——不同盐度下,聚合物在岩石表面上的最大吸附量;

a_1, b_1——平衡吸附常数,其值由实验室测定。

对于不符合 Langmuir 吸附规律的情况,可采用实验室给定的不同含盐量下的聚合物吸附曲线插值计算吸附量。

7.2.5.15 聚合物的水相渗透率降低系数

由聚合物的吸附滞留所引起,可利用下式进行描述:

$$R_{kp} = 1 + \frac{(R_k^{max} - 1) \cdot q_p}{q_p^{max}} \tag{7-2-36}$$

式中 q_p, R_k——不同含盐量下,聚合物吸附滞留量和水相渗透率下降系数;

q_p^{max}, R_k^{max}——不同含盐量下,聚合物饱和吸附滞留量和最大水相渗透率下降系数。

亦可直接给定不同含盐量下的 R_{kp}—q_p(C_p) 表格插值计算。

7.2.5.16 离子交换

水相中一价阳离子与岩石表面的二价阳离子的离子交换,使得溶液中阳离子强度增加($C_{sep} = C^+ + \beta C^{++}$,权重系数 $\beta > 1$),影响了聚合物的黏度和吸附,此现象可采用交换平衡式来描述:

$$\frac{(\overline{C}^+)^2}{\overline{C}^{++}} = Q_v \beta_c \frac{(C^+)^2}{C^{++}} \tag{7-2-37}$$

$$\overline{C}^+ + \overline{C}^{++} = Q_v$$

式中 Q_v——离子交换能力;

β_c——离子交换系数。

7.2.5.17 聚合物可及孔隙体积

$$\phi_p = \frac{V_p}{V} \tag{7-2-38}$$

$$\phi_r = \frac{V_r}{V}, \quad \phi_g = \frac{V_g}{V} \tag{7-2-39}$$

式中 ϕ_p、ϕ_r、ϕ_g——聚合物、交联剂、凝胶的可及孔隙体积，可通过实验测定。

7.2.5.18 驱油体系相态的表征

表面活性剂/油/水的相态理论主要考虑 5 种体积组分（油、水、表面活性剂和两种醇）在溶液中形成三种模拟组分的问题。如果没有醇，仅模拟三种组分，这三种组分的体积浓度通常被作成三角相图。含盐度和二价离子浓度强烈地影响体系的相态。我们已经知道，在低盐度时，过剩油相基本上是纯油，微乳液相包括水和电解质、表面活性剂及一些溶剂油，这种相环境的类型被称为 Winsor Ⅰ 型或 Ⅱ（-）型。如果表面活性剂浓度低于 CMC 值，两相包含所有表面活性剂、电解质及少量溶剂油液相和纯富油相；对于高含盐度，存在一过剩水相和包含了大部分表面活性剂、原油及一些溶解水的微乳液相，这种相环境类型被称为 Winsor Ⅱ 型或 Ⅱ（+）型，Ⅱ（-）和 Ⅱ（+）之间的相称为第三相，这些相包括富集油相、过剩水相及微乳液相（其组成由三角相图的褶点表达），这种相环境称为 Winsor Ⅲ 或 Ⅲ 型（详细的相态理论已在前章作了论述）。其他变量如电解质浓度、醇类型及浓度、油或溶剂的等效烷烃碳数（Equivalent Alkane Carbon Number，简称 EACN）以及压力和温度的变化都将引起相环境从一种相态向另一种相态的转变，Baran 等人的文章表明纯氯基碳如三氯乙烯（Trichloroeth Glene，简称 TCE）或氯基碳混合物以及四氯化碳的表面活性剂相态与烃类的相态是完全一致的，因此可以将烃类的有关相态方法用于这些情况之中。当绘制双结点曲线和褶点线后，表面活性剂—油—水相态可表达为有效含盐度的函数。

（1）最佳含盐度。

若存在二价离子，最佳含盐度减小。对于阴离子表面活性剂，当温度增加时，最佳含盐度增加；对于非离子表面活性剂，当温度增加时，最佳含盐度减小。

$$C_{SE} = C_{51}(1-\beta_6 \cdot f_6^s)^{-1} \cdot [1+\beta_T(T-T_{ref})]^{-1} \quad (7-2-40)$$

式中 C_{51}——液相中阴离子浓度；

β_6——正常数；

f_6^s——进入表面活性剂胶束中二价离子的量，$f_6^s = \dfrac{C_6^s}{C_3^m}$；

β_T——温度系数。

三相平衡形成或消失的最佳盐度称为最佳盐度的上限和下限（C_{SEL} 和 S_{SEU}）。

（2）双结点曲线利用 Hand 规则，所有相环境下的双结点曲线公式都可变为相同形式，Hand 规则是根据平衡相浓度比在双对数坐标上为直线的经验而建立的。图 7-2-1 表明了具有平衡相的 Ⅱ（-）型三角图和相应的 Hand 图，双结点曲线可由下式计算：

$$\frac{C_{3l}}{C_{2l}} = A \cdot \left[\frac{C_{3l}}{C_{2l}}\right]^B \quad l=1,2,3$$

$$(7-2-41)$$

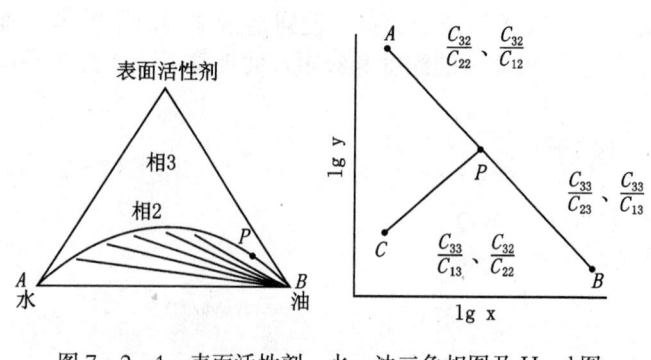

图 7-2-1 表面活性剂、水、油三角相图及 Hand 图

式中 A、B 为经验参数，对于对称双结点曲线 $B=-1$，所有相的浓度都可根据油相浓度 $C_{2l} \sum\limits_{k=1}^{3} C_{kl} = 1$ 显式计算。即：

$$C_{3l} = \frac{1}{2}\left[-A \cdot C_{2l} + \sqrt{A \cdot C_{2l} + 4AC_{2l}(1 - C_{2l})}\right] \quad l = 1,2,3 \quad (7-2-42)$$

参数 A 与双结点曲线的高度有关,为:

$$A_m = \left[\frac{2C_{3\max,m}}{1 - C_{3\max,m}}\right]^m \quad m = 0,1,2 \quad (7-2-43)$$

式中 $m = 0, 1, 2$,分别代表低含盐度、最佳含盐度和高含盐度,双结点曲线的高度可定义为温度的线性函数:

$$C_{3\max,m} = H_{\text{BNC},m} + H_{\text{BNT},m}(T - T_{\text{ref}}) \quad (m = 0,1,2) \quad (7-2-44)$$

式中 $H_{\text{BNC},m}$ 和 $H_{\text{BNCT},m}$ 均为输入参数,A_m 线性插值为:

$$A = (A_0 - A_1) \cdot \left[1 - \frac{C_{\text{SE}}}{C_{\text{SEOP}}}\right] + A_1 \quad C_{\text{SE}} \leqslant C_{\text{SEOP}}$$

$$A = (A_2 - A_1) \cdot \left[\frac{C_{\text{SE}}}{C_{\text{SEOP}}} - 1\right] + A_1 \quad C_{\text{SE}} > C_{\text{SEOP}} \quad (7-2-45)$$

式中 C_{SEOP}——最佳含盐度,为 C_{SEL} 和 C_{SEU} 的算术平均:

$$C_{\text{SEOP}} = \frac{1}{2}(C_{\text{SEL}} + C_{\text{SEU}}) \quad (7-2-46)$$

三个参数含盐度下的双结点曲线主度均为输入数据,可根据相态实验结果进行估计拟合求得。

(3) 两相褶点线。

对于Ⅱ(-)型和Ⅱ(+)型相态,在双结点曲线下仅有两种相态,褶点线上平衡相组成的连线可由下式给出:

$$\frac{C_{3l}}{C_{2l}} = E\left(\frac{C_{33}}{C_{13}}\right)^F \quad (7-2-47)$$

式中 $l = 1$,2 分别为Ⅱ(-)型和Ⅱ(+)型相态,在缺少褶点线数据时,$F = 1/B$;对于对称双结点曲线 $B = -1$,故 $F = 1$。因此,褶点既在双结点曲线上又在褶点曲线上,故有:

$$E = \frac{C_{1p}}{C_{2p}} = \frac{1 - C_{2p} - C_{3p}}{C_{2p}} \quad (7-2-48)$$

将双结点曲线方程代入褶点,并将 C_{3p} 代入上式,

$$E = \frac{1 - C_{2p} - \frac{1}{2}\left[-A \cdot C_{2p} + \sqrt{AC_{2p}^2 + 4AC_{2p}(1 - C_{2p})}\right]}{C_{2p}} \quad (7-2-49)$$

式中 C_{2p}——褶点油相浓度,对Ⅱ(-)型和Ⅱ(+)型相环境均为输入值。

(4) WinsorⅢ型相结点线。

WinsorⅢ型三相区相组成计算中可简单假定过剩油相和液相为单一线组成,微乳液相组成可由恒定不变点 M 的坐标确定,该点(M)由最佳含盐度计算如下:

$$C_{2M} = \frac{S_{\text{SE}} - C_{\text{CSEL}}}{C_{\text{SEU}} - C_{\text{CSEL}}} \quad (7-2-50)$$

将 C_{2M} 代入式(7-2-42)计算求得 C_{3M}:

$$C_{1M} = 1 - C_{2M} - C_{3M} \quad (7-2-51)$$

由 WinsorⅡ(-)和 WinsorⅡ(+)计算二相区中相组成与前述类似,褶点需从 0 变到 WinsorⅡ(+)值 C_{2PR}^* 或从 0 到 WinsorⅡ(-)值 C_{2PR}^*。因此,仅考虑 WinsorⅡ(-)时,褶点由最佳盐度插值计算为:

$$C_{2PR} = C_{2PR}^* + \frac{C_{\text{SE}} - C_{\text{SEL}}}{C_{\text{SEU}} - C_{\text{SEL}}}(1 - C_{2PR}^*) \quad (7-2-52)$$

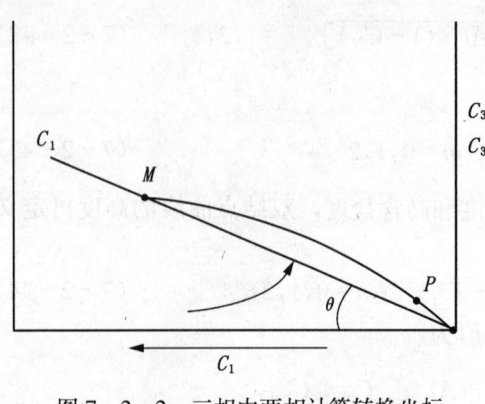

图 7-2-2 三相中两相计算转换坐标

为利用 Hand 方程，需将浓度转换成图 7-2-2 所示形式，转换浓度为：

$$C'_{1l} = C_{1l} \cdot \cos\theta$$
$$C'_{3l} = C_{3l} - C_{2l} \cdot \cos\theta C'$$
$$C'_{2l} = 1 - C'_{1l} - C'_{3l}$$

(7-2-53)

倾角 θ 为：
$$\text{tg}\theta = \frac{C_{3M}}{C_{1M}}$$

$$\sec\theta = \frac{\sqrt{C_{1M}^2 + C_{3M}^2}}{C_{1M}}$$ (7-2-54)

结点的参数 E 可根据褶点坐标转换计算为：

$$E = \frac{C'_{1P}}{C'_{2P}} = \frac{1 - (\sec\theta - \tan\theta)C_{2PR} - C_{3PR}}{C_{2PR} \cdot \sec\theta}$$ (7-2-55)

7.2.6 化学驱模型数值求解方法分析

7.2.6.1 化学驱油模型解法的选择

在前一节给出的化学驱基本数学方程中，同一个网格块内，有 $N_c + N_p + 2$ 个方程，其中 N_c 是组分数，N_p 是相数；而自变量数目为 N_c 个组分浓度加上 N_p 个相饱和度再加上压力和温度，则也有 $N_c + N_p + 2$ 个自变量，方程数与未知数数目相等，方程是封闭的。

将所有网格块的质量守恒方程联立在一起，便得到整个油藏的描述方程组。这个方程组是不定常非线性的偏微分方程组。总未知量数目为 $N \times (N_c + N_p + 2)$ 个。其初始条件是零时刻时的物理场分布，其边界条件是在边界上没有流体的流出与流入，在油藏的侧表面没有热量的流出与流入，但是允许在油藏的上、下表面考虑热传导。从数学上说，在油藏的所有表面都取第二类边界条件（Newman Boundary Condition），这种取法也是油藏模拟最基本和最简单的处理办法。

初始条件和边界给定之后，这个方程组就可以求解了。首先分析这个方程组的特点。第一，它含有 $\frac{\partial}{\partial t}(\ )$ 项，即与时间有关，是个不定常的方程组；第二，这个方程中的未知变量都不是简单的分立项，而是相互结合成一个复合项的非线性项，根本不是各变量的线性组合，因此，这个方程组是不定常非线性方程组。对这种方程组，工程界通常用有限差分法或有限元法求解；化学驱模型采用的是有限差分法，这也是所有商用油藏模拟软件使用的方法。

对于不定常问题，常用的求解方法有全隐式方法、半隐式方法和 Impes 方法。化学驱模型选用的是 Impes 方法，即用隐式方法处理压力项，用显式方法处理饱和度及其他变量。这是一种成熟的处理方法，优点是程序处理简单，所形成的系数矩阵只包括压力项的系数，占用计算机的内存量较小。缺点是稳定性较差，时间步长放不大。若采用全隐式解法，不仅技术困难，而且所形成的系数矩阵要比 Impes 方法大得多；若考虑 n_c 种组分，则经过数学处理后每个网格有 $n_c + 1$ 个未知数，对于三维问题，每个网格形成的系数矩阵的大小为 $(n_c + 1)^2 \times 7$（Impes 方法只需要 7），所需的矩阵求解时间也大得多，当然，全隐式方法会增加时间步长，提高稳定性。综合利弊和考虑其他因素，化学驱模型采用 Impes 方法作为它的处理方法。

7.2.6.2 化学驱油模型压力方程的形成及其求解

Impes 方法的基本思路是在一个时间步长内只把压力作为变量,而在方程中出现的饱和度、组分浓度等都取前一时刻的值,即只对压力变量形成系数矩阵,这时,参量降至最小,求出压力后,再利用各种物理化学关系式显式地求解其他变量。

压力方程的形成过程如下。

对于质量守恒方程:

$$\frac{\partial}{\partial t}(\phi \tilde{C}_{kl} \rho_k) + \left[\sum_{l=1}^{n_p} \rho_k (C_{kl} \vec{U}_k - \vec{D}_{kl})\right] = R_k \quad (k=1,\cdots,n_c) \quad (7-2-56)$$

它们共有 n_c 种组分,其中大多数组分是占有体积的,也有不占有体积的,如示踪剂。将所有占有体积的组分的质量守恒方程相加,并采取以下措施:

(1) 假设组分 k 在所有相中的密度都是相等的;

(2) 注意到在一个体积内,所有占体积的组分的浓度之和为 1,即:

$$\sum_{k=1}^{n_{cv}} C_{kl} = 1 \quad (7-2-57)$$

(3) 对多相流的流动项,将毛细管力的定义代入到达西定律中去,即:

$$p_{cl} = p_l - p_1 \quad p_l = 2,3$$

经过一番复杂的数学推导(详见守恒方程与压力方程的资料),可以得到以下的压力方程:

$$\phi C_t \frac{\partial p_1}{\partial t} + \vec{\nabla} \cdot \vec{K} \cdot \lambda_{rtc} \vec{\nabla} p_1 = -\vec{\nabla} \cdot \sum_{l=1}^{n_p} \vec{K} \cdot \lambda_{rlc} \vec{\nabla} h + \vec{\nabla} \cdot \sum_{l=1}^{n_p} \vec{K} \cdot \lambda_{rlc} \vec{\nabla} p_{cl1} + \sum_{k=1}^{n_{cv}} Q_k$$

$$(7-2-58)$$

对于上述方程,如果采用几何上的中心差分,可以得到对称矩阵,但是由于必须采用向前差分,则一般只能得到非对称矩阵。可采取一种特殊处理方法,用下面的式子处理差分格式:

$$\Delta T_t^n \Delta p_1^{n+1} + \sum_{l=2}^{n_p} \Delta T_l^n \Delta p_{cpl} - \sum_{l=1}^{n_p} \Delta T_l^n r_l \Delta D + Q^n = 0 \quad (7-2-59)$$

得到的系数矩阵是对称正定的。

对于压力方程,空间差分只选用一阶向前差分和二阶中心差分,这时对平面问题,它形成五对角矩阵,对三维空间问题,形成七对角矩阵,矩阵的存储量可达到最少。对除了压力以外的其他变量,为了提高驱替前沿处的精度,可以选用高精度差分方法。包括常规的三阶向前差分格式和美国德州大学发展的 TVD(Total‑Variation‑Diminishing)差分格式,这两种方法都在差分时多选取一些邻近的网格点,使得精度提高。但是带来的另一个问题是计算时间也增加了,因此,用户选取时必须权衡精度与速度的矛盾,选取合适的差分格式。不过,在查看实用化学驱算例时,几乎都还是选用老的一阶差分。

压力方程系数矩阵形成之后,就要选取一个好的方法求解这个线性方程组,对于一般黑油模型,线性方程组的求解时间占整个运行时间的 70% 以上。在化学驱模型中,化学计算占了相当大的计算量,求解线性方程组所占 CPU 时间约为 50%。由于采用特殊技术,形成的系数矩阵是正定对称矩阵。这是一种很容易求解的矩阵,有很多现成的可选用的求解方法,这些都可以从数学库甚至教科书中得到。化学驱模型选用的共轭梯度法,是一个常规的矩阵求解方法。一般在使用共轭梯度法之前需要对这个矩阵做一些预处理,目的是改善迭代矩阵的条件数,减少迭代次数,常用的预处理方法有不完全 LU 分解和超松弛法。

压力方程求解之后,注入了全场各个网格点的压力变量。接着就要求各个网格点的饱和度和各组分浓度。这些计算都是显式求解的,基本上都是套用资料的公式。

7.2.6.3 计算稳定性与时间步长的选择

在化学驱模型中,在每个网格点中有 N_c+N_p+2 个变量,它们分别是 N_c 个组分的浓度、N_p 个相的饱和度、网格点的压力和温度。这 N_c+N_p+2 个变量在多数情况下的相对变化都是同一量级的,本应同时联立求解,出于内存量和程序复杂性的考虑,化学驱模型选用 Impes 方法,即用隐式方法求解压力,用显式方法求解其他变量,也就是说,当求解第 $n+1$ 个时间步时,这个时间步的压力是作为未知量求解的,求解压力时,用到的饱和度、组分浓度的数值都取前一个时间步的值,即取第 n 个时间步的值。待解出第 $n+1$ 个时间步的压力后再用新的压力值去显式地计算 $n+1$ 时刻的饱和度和组分浓度。这种求解办法对于饱和度和组分浓度的变化相当大时的情况显然是不太合适的。而化学驱模型处理的化学驱就属于这种大变化量的情况。

从差分格式的形成过程可以看出,对每一个网格点,方程中 $\dfrac{V}{\Delta t}(\ )$ 的项被放置在矩阵的对角元素上,这个值越大,则矩阵的对角占优性越好,求解就容易,反之就困难,甚至会不收敛,或在达到预定的迭代步时得不到合理的值。也就是说,体积 V 越大,时间步长 Δt 越小,对计算就越有利。Impes 方法对这个值特别敏感。为了度量体积与时间步长的比值,化学驱模型选择了 Courant 数,它的定义如下:

$$C = \frac{Q\Delta t}{\Delta X \cdot \Delta Y \cdot \Delta Z \cdot \phi} \qquad (7-2-60)$$

式中　Q——网格块的流体流入量;

ϕ——孔隙度;

$\Delta X \cdot \Delta Y \cdot \Delta Z$——网格块体积。

Courant 数表示的是流入的流体占整个网格块的体积的比率。Courant 数越大,表示在一个时间步长内允许流入的流体的量就越大,就是说时间步长可以选得大。在化学驱模型中,有经验数值表 7-2-1,它表示在各种过程中建议使用的最大和最小 Courant 数,实际情况要比它复杂得多,Courant 数会选得更小。

化学驱模型让用户从四种方法中选择一种作为时间步长的控制方法。

(1) 时间步长取常数,即时间步长不变;

(2) 只考虑前三种组分浓度的相对变化量的自动时间步长选择;

(3) 考虑所有组分浓度的相对变化量的自动时间步长选择;

(4) 考虑所有组分的无量纲浓度变化量的自动时间步长选择。

表 7-2-1　化学驱模型 Courant 数取值表

过　程	最小 Courant 数	最大 Courant 数
水驱—注示踪剂	0.04	0.4
聚合物驱	0.02	0.2
表面活性剂—聚合物驱	0.01	0.1
凝胶调剖	0.01	0.1

在一般情况下,经常选择第 (3) 种办法。

在非水驱的实际计算中,化学驱模型的时间步长都被自动选取成 0.001d 左右,这时,数值弥散可能会超过实际的变化量，计算结果的可靠性难以让人相信。因此，这个软件的计算稳定性必须加以改进。

7.2.6.4 化学驱模型程序框图及求解过程

化学驱模型的程序框图见图 7-2-3；化学驱模型的求解过程见图 7-2-4。

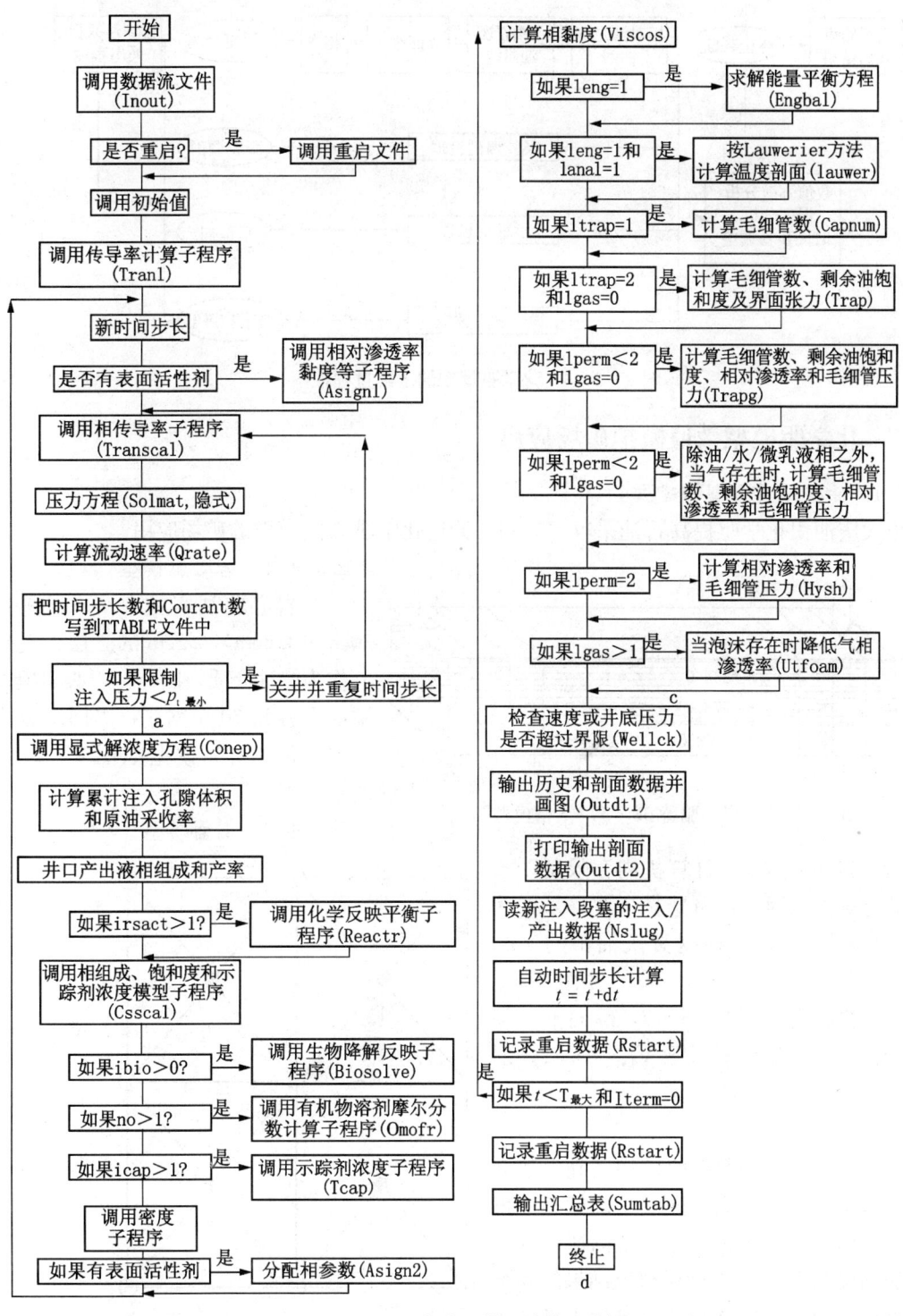

图 7-2-3 化学驱模型计算程序框图

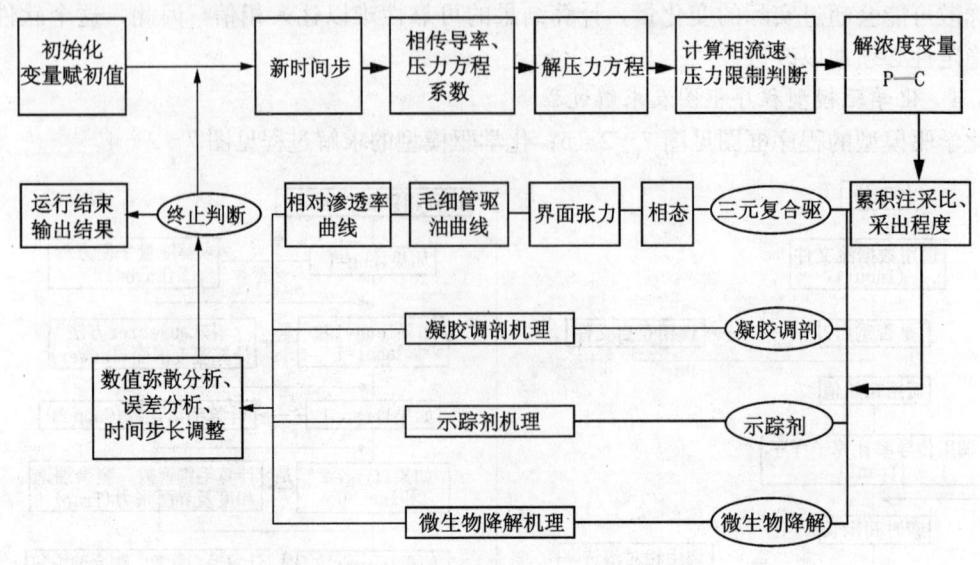

图 7-2-4 化学驱模型的求解过程框图

7.2.7 化学驱模型数值模拟矿场应用

7.2.7.1 油藏地质模型的建立

以大庆油田化学驱提高石油采收率为例,论述化学驱数值模拟的矿场应用。

7.2.7.1.1 岩心驱模型

在岩心驱油实验中,一般采用 $30cm \times 4.5cm \times 4.5cm$ 的三层人造岩心作为驱油介质,因此,岩心驱模型平面上分为 30 个网格,纵向上分为三层,正韵律,模型如图 7-2-5 所示。

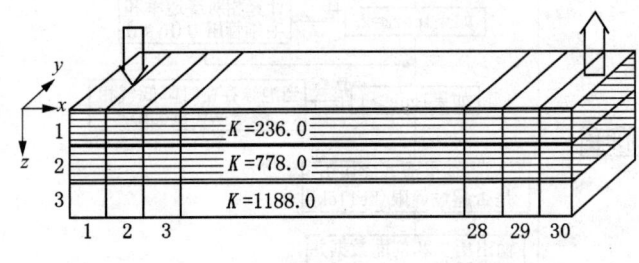

图 7-2-5 岩心驱替 30×30×3 格模型图

7.2.7.1.2 剖面模型

考虑到计算速度、计算机内存限制以及机理研究等方面因素,可选择一注一采剖面模型(1/8 井组区),根据大庆油田的实际情况,注采井距按 106m,采油井距 150m 考虑,网格共划分为 9×5×7,纵向上 7 层为正韵律,非均质变异系数 $V_{DP} = 0.72$,剖面模型如图 7-2-6 所示。

7.2.7.1.3 井组模型

在上述岩心驱油及剖面模型基础上建立了四注九采的井组模型,该模型确保有一口中心井,纵向上同样为 7 层,正韵律,其变异系数同样为 0.72,以确保研究结果的连续性。网格划分为 19×19×7,包括 4 口注入

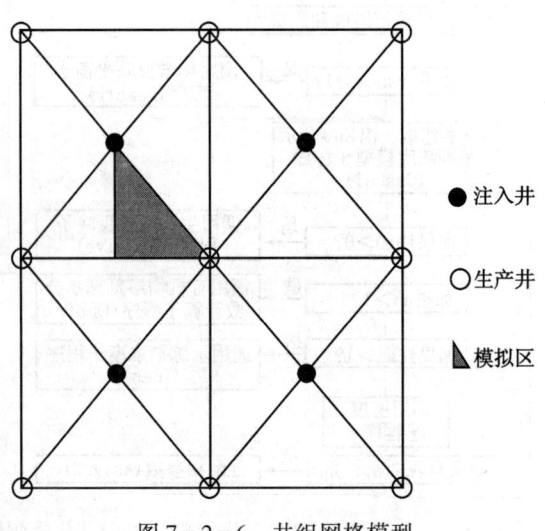

●注入井

○生产井

▲模拟区

图 7-2-6 井组网格模型

井、9口采油井,模型如图7-2-7所示。

7.2.7.1.4 区块模型

考虑到生产实际的需要,按五点井网、注采井距250m考虑,设计包括25口注入井、36口采油井的25井组区块模型,纵向上考虑6层,网格划分为41×41×6(共计10086个网格)。以上四组模型将根据各自计算目的决定取舍。

7.2.7.2 计算参数的评价及选择

7.2.7.2.1 油藏地质参数的评价及选择

表7-2-2给出了DQ油田表面活性剂—碱—聚合物(SAP)三元复合驱各区块的油藏地质参数。

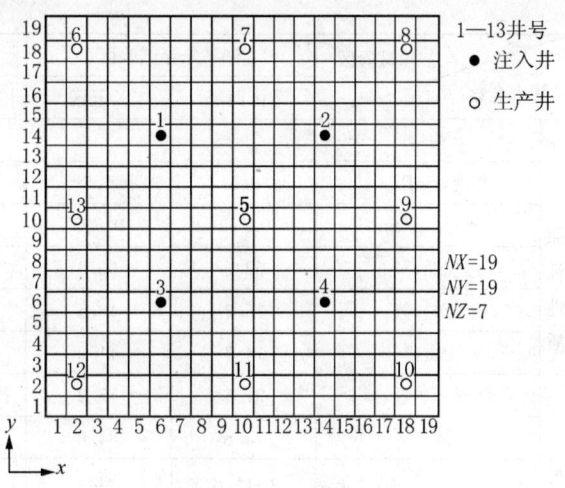

图7-2-7 井组模型19×19×7网格图

表7-2-2 DQ油田表面活性剂—碱—聚合物三元复合驱试验区油藏参数表

基本参数	试验区	SAP先导试验区		SAP油田试验区		备 注
		Z区西部	X五区	B—断西	X二区	
油藏特征参数	面积,km²	0.09	0.04	0.7519	0.3	
	储量,10⁴t	11.73	3.7	110.42	24.01	
	孔隙体积,10⁴m³	20.33	6.8	196.52	43.5	
	层 位	SII_{1-3}	PI_{22-33}	PI_{1-4}	PI_{3-3}	
	井深,m	937.5	1010	1003.4	983	
	砂岩厚度,m	10.5	8.4	12.3	7.0	
	有效厚度,m	8.6	6.8	9.95	5.8	
	孔隙度,%	26.0	23	26	26	
	渗透率,$10^{-3}\mu m^2$	1426/509	589	512/1.396	658	
	原始含油饱和度,%	74.8	65	74.8	65	
	变异系数	0.63			0.76	
	泥质含量,%	8.2	7.4	7.1	7.4	
	原始地层压力,MPa	10.93	11.65	10.93	11.18	
	饱和压力,MPa	8.69	7.56	9.14	7.56	
	地层温度	44.5	50.5	44.5	40.5	
	备 注	4注9采	1注4采	6注12采	4注9采	

续表

基本参数	试验区	SAP 先导试验区		SAP 油田试验区		备 注
		Z 区西部	X 五区	B—断西	X 二区	
原油性质	酸值					酸值取 0.1mg KOH/g 原油
	黏度, mPa·s	9.5	6.5	9.2	6.5	
	密度, g/cm³	0.792	0.793	0.798	0.793	
	烷烃,%	62.6	66.3	62.6	18.5	
	芳烃,%	16.2	18.5	16.2	66.3	
	胶质,%	14.3	11.2	14.3	11.2	
	沥青+非烃,%	21.1	15.2	21.1	15.2	
	总烃,%	78.8	84.8	78.8	84.8	沥青质约占 0.98%
地层水性质	矿化度, mg/L Cl⁻	6.11.8 1871	8449 2003	6440.16 1883	8410 2745	
	$Ca^{2+}+Mg^{2+}$, mg/L	7.77+4.17	13.83+9.83	9.04+4.03	18.64+6.8	
	pH	8.3	8.23	8.3	7.8	

表 7-2-3 为表面活性剂—碱—聚合物（SAP）三元复合驱各区块的井网部署结果，其井网、井距、井数均为实际结果。

表 7-2-3 大庆油田 SAP 三元复合驱井网部署结果表

井参数	试验区	SAP 先导试验区		SAP 扩大试验区	
		Z 区西部	X 五区	B—断西	X 二区
井网类型		5	5	5	5
注采井距, m		105	—	250	200
采油井距, m		150	—	354	280
注水井数, 口		4	1	6	4
采油井数, 口		9	4	12	9

表 7-2-4 为 Z 区西部纵向上 7 层的油层厚度、孔隙度和渗透率值，但一般情况下，取每层厚度为 1.5m，孔隙度平均 0.26，渗透率为表中所示代表值。

表 7-2-4 油藏纵向上物性参数及其取值表

序 号	砂岩厚度, m	孔 隙 度	渗透率, $10^{-3}\mu m^2$	渗透率取值, $10^{-3}\mu m^2$
1	1.5	0.25	335	102.6
2	3.6	0.294	962	163.9
3	1.2	0.26	492	233.5
4	4.75	0.26	360	404.7
5	1.7	0.287	770	711.2
6	2.9	0.30	2315	907.0
7	1.65	0.281	734	1131.0
备注	平均取 1.5m/层	取平均 0.26	—	$V_{DK}=0.72$

7.2.7.2.2 物理性质参数的评价及选择

（1）表面活性剂相态参数。

表面活性剂相态参数值以及大庆油田曾用值（推荐用值）情况（需实验测定）见表 7-2-5。

表 7-2-5 表面活性剂相参数表　　　　　　　　单位：meq/mL

序号	参数	$C_{SEL}=0.275$	$C_{SEL}=0.43$	$C_{SEL}=0.627$	备注
1	CSEL	0.15	0.05	0.50	0.177
2	CSEU	0.43	0.33	0.65	0.344
3	HBNC70	0.1	0.13	—	0.100
4	HBNC71	0.025	0.03	—	0.026
5	HBNC72	0.12	0.12	—	0.028

（2）界面张力模型参数。

界面张力模型有 Healy 和 Chnu-Hah 两种，图 7-2-8 给出了前一种模型的输入图形及基本参数取值，三个参数的基本取值为 $G_{21}=13.2$、$G_{22}=-14.5$、$G_{33}=0.01$。如果采用后一种公式计算，则仅需使 $C_{huh}=0.35$（图 7-2-9），$a_{huh}=10.0$ 即可满足要求。

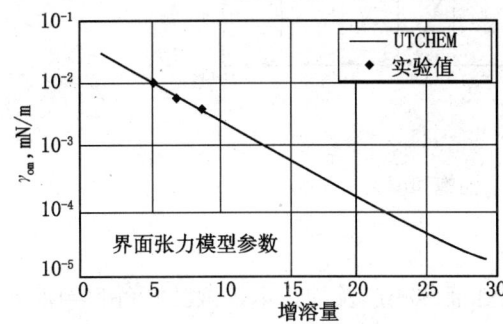 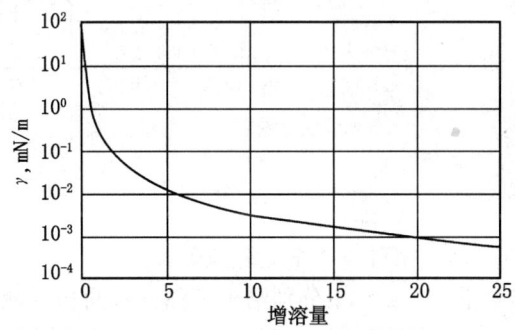

图 7-2-8 界面张力与增溶参数的关系　　　图 7-2-9 驱替试验历史拟合
使用的油—微乳液界面张力

（3）残余饱和度毛细管数关系参数。

毛细管数中的三个常数 T_{11}、T_{22}、T_{33} 可以确定油、水、微乳液残余值与毛细管数关系曲线，如图 7-2-10 所示，表 7-2-6 给出了常数的取值及推荐值（需实验测定）。

表 7-2-6 残余饱和度与毛细管数关系常数表

序号	实验1结果	实验2结果	推荐值
T_{11}	1865	865	1865
T_{22}	28665.46	8000	59074
T_{33}	364.2	364.2	364.2

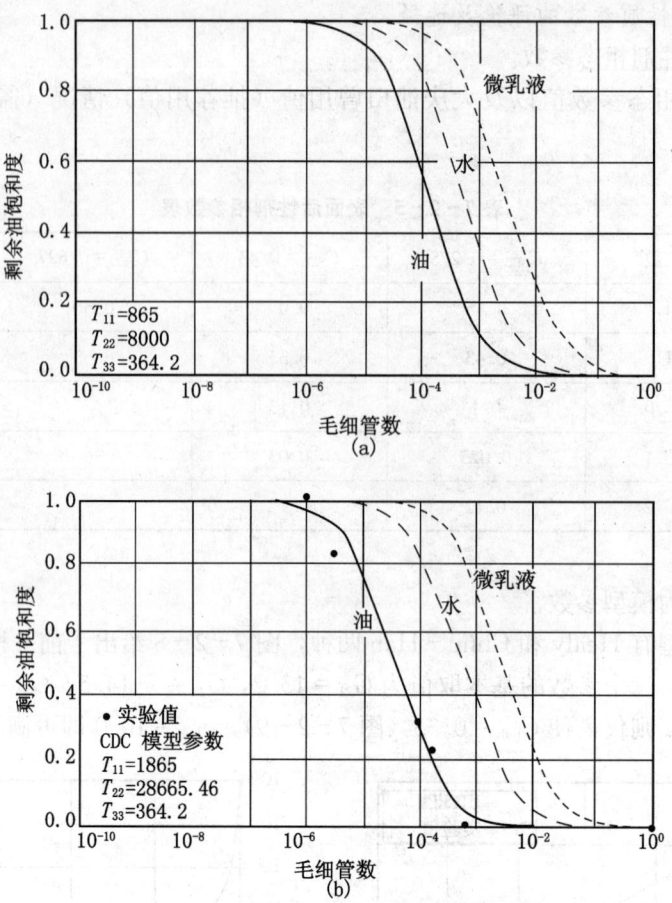

图 7-2-10 毛细管数与剩余油饱和度关系曲线

(4) 相对渗透率曲线数据。

图 7-2-11 分别给出了油—水两相、油—微乳液两相以及油、水、微乳液各自与液相饱和度的关系曲线。图 7-2-12 为 DQ 油田油水相对渗透率曲线，由此可得相渗曲线的取值如表 7-2-7 所示。

表 7-2-7 相对渗透率曲线数据表

相渗参数	低毛细管数	高毛细管数
S1RWC	0.161	0.0
S2RWC	0.31	0.0
S3RWC	0.15	0.0
P1RW	0.24	0.5
P2RW	0.95	1.0
P3RW	0.20	1.0
E1W	3.0	1.10
E2W	2.0	1.1
E2W	2.0	0.35

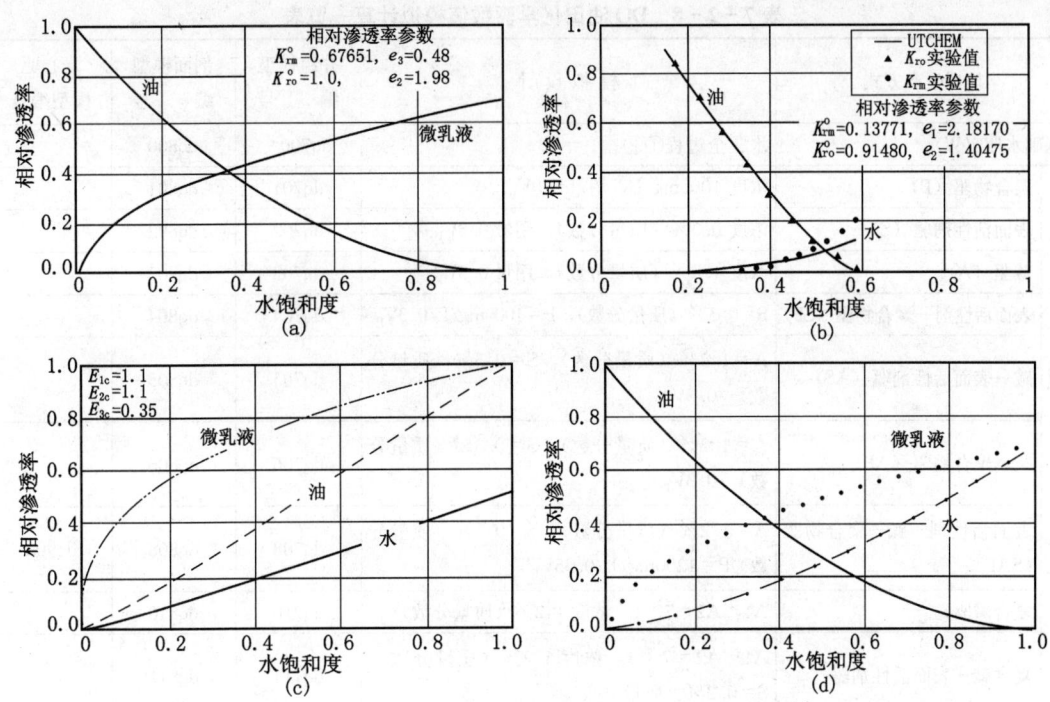

图 7-2-11 油、水、微乳状液相对渗透率曲线

（5）聚合物黏度数据。

由聚合物黏度与剪切速率关系的拟合结果，所选参数分别为含盐度 0.08547meq/ml，$A_{p1} = 10.21$，$A_{p2} = 17.77$，$A_{p3} = 626.14$，$GAMMAF = 56.0$，$SP = -0.60$，$Po_wN = 1.643$，$\beta_p = 1.643$，拟合 $\beta_p = 20$。

（6）微乳液相黏度数据。

由微乳液相黏度的拟合曲线可得各参数 ALPHA1～5 分别为 2.5、2.5、60、10、1.7。

（7）吸附关系曲线数据。

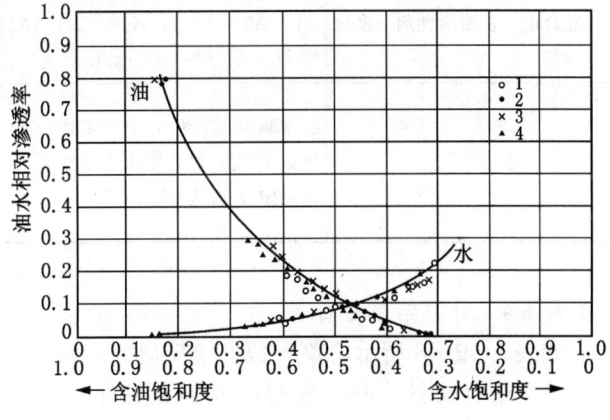

图 7-2-12 油—水相对渗透率曲线 1、2、3、4 分别指第一、二、三、四次试验

由拟合结果可知 A3D1 = 14，A3D2 = 26，A3D = 1000，AD31 = 13，AD32 = 14，B31 = 1000 以及 A4D1 = 9.5，A4D2 = 0.0，A4D = 100。

其他参数如毛细管压力数据、组分流体压缩系数以及扩散数据可依据有关输入数据文件所取之值。

7.2.7.2.3 计算方案设计

表 7-2-8 为 DQ 油田三次采油数值模拟计算方案设计表。从表中可见，利用 UTCHEM 进行六方面的数值模拟研究，基本上涵盖了大庆油田化学驱的实验（或矿场试验）及生产实践。

表 7-2-8　DQ 油田化学驱数值模拟计算一览表

模拟生产方式		模 拟 设 计	井组模型编号	剖面模型编号	岩心驱模型编号
基础水驱（W）		水驱全过程①②	dq700*	dq800	
一元	聚合物驱（P）	浓度 1000mg/L，用量 570V_p	dq701	dq801	
	表面活性剂驱（S）	浓度 0.3%（质量分数），用量 0.3V_p	dq702	dq802	
	碱驱（A）	浓度 1.2%（质量分数），用量 0.3V_p	dq703	dq803	
二元	表面活性剂—聚合物驱（SP）	S＝0.3%（质量分数），P＝1000mg/L/0.3V_p	dq704	dq804	
	碱—表面活性剂驱（AS）	A＝1.2%（质量分数），S＝0.3%（质量分数）/0.3V_p	dq705	dq805	
	碱—聚合物驱（AP）	A＝1.2%（质量分数），S＝0.3%（质量分数）/0.3V_p	dq706	dq806	
三元	表面活性剂—碱—聚合物驱（SAP）	A＝1.2%（质量分数），S＝0.3%（质量分数）P＝1200mg/L/0.35V_p	dq708	dq808	dq908
复合碱	复合碱驱	A1∶A2＝7∶1，浓度 1.2%（质量分数）	dq710	dq810	
	复合碱—表面活性剂驱	A1∶A2＝7∶1，浓度 1.2%（质量分数），S＝0.3%（质量分数）	dq711	dq811	
	复合碱—表面活性剂驱	A1∶A2＝7∶1，浓度 1.2%（质量分数），S＝0.3%（质量分数）	dq712	dp812	
	复合碱—表面活性剂—聚合物驱	A1∶A2＝7∶1，A＝1.2%（质量分数），S＝0.3%，P＝1200mg/L	dq713	dq813	
备　　注		①水驱采收率为 35%（OOIP），含水 92%时转入其他方式；②水驱最终采收率为 44%（OOIP），含水 98%	*为已经计算完成	①表内含两类计算，即混注和段塞注	①岩心驱模型；②仅考虑两种类型

7.2.7.2.4　计算结果分析

如表 7-2-8 所示，单一数值模拟研究涉及六个方面约 45 个方案，分别为水驱、一元驱（单一聚合物驱、单一表面活性剂驱和单一碱驱）、二元驱（表面活性剂—聚合物驱、碱—聚合物驱、碱—表面活性剂驱）、三元驱（SAP 驱）、复合碱驱（包括复合碱驱、复合碱—聚合物驱、复合碱 SAP 驱）。

（1）一元化学驱。

在水驱基础上，进行单纯的聚合物驱（P）、表面活性剂驱（S）和碱驱（A），表 7-2-9 给出了上述三种一元化学驱的模拟结果，单一化学剂驱具有如下特点。

①聚合物驱在三种一元方法中效果最佳，不仅采收率较高而且含水降得较多，反映了 DQ 油田的地质条件下，聚合物驱是较有效的提高采收率方法，从某种意义上讲波及效率（平面、纵向）的提高是起决定性作用的。

②表面活性剂的加入主要改善了驱油效率，碱的加入在于与原油中的酸性物质反应生成表面活性剂，从而改善驱油效率，由于 DQ 油田酸值小于 0.1mg KOH/g，属于低酸值范围，效果不是很明显。因此，可以认为三元复合驱中加入碱更重要的目的在于竞争吸附作

用而减少了注入表面活性剂的损失，使其能更加有效地起作用。

表7-2-9 DQ油田一元化学驱模拟结果

生产方式	阶段采收率 ％（OOIP）	最终采收率 ％（OOIP）	阶段含水 ％	最终含水 ％
水驱	32.62	41.9	92.8	98.2
聚合物驱	12.77	45.39	45.96*	97.85
表面活性剂驱	7.49	40.11	87.32*	97.13
碱驱	4.89	37.51	88.94*	97.5

＊：OOIP。

③聚合物驱中的段塞设计是前置低浓度段塞（700mg/L）$0.1V_p$，主力段塞$0.3V_p$（浓度1200mg/L），后置低浓度段塞（700mg/L）$0.2V_p$，共计注入$360V_p$\5mg/L用量，与实际情况一致，其拟合结果与现场基本一样，反映了模拟参数基本是可靠的，在此基础上模拟了加大用量的效果对比，仅在主力段将浓度由1200mg/L提高到2400mg/L，石油采收率进一步提高。

（2）二元化学驱。

二元化学驱主要是指碱、表面活性剂和聚合物之间两两相配的各种方式。主要有表面活性剂、聚合物驱、碱—表面活性剂驱和碱—聚合物驱三种类型，表7-2-10给出了二元化学驱的模拟结果。

①表面活性剂—聚合物驱比碱—表面活性剂驱产生更好的效果；

②碱—表面活性剂驱效果与单表面活性剂驱效果相比，差别不大；

③在二元驱油中，由于表面活性剂用量低（仅0.3％，质量分数），尽管也可能产生中相区，但其范围很窄，因此在二元驱中不起决定作用。

表7-2-10 二元化学驱模拟结果

生产方式	阶段采收率 ％（OOIP）	最终采收率 ％（OOIP）	阶段含水 ％	最终含水 ％
水驱	32.62	41.9	92.8	98.2
表面活性剂—聚合物驱	12.83	45.45	76.0（OOIP）	97.87
碱—表面活性剂驱	9.16	41.786	90.50（OOIP）	96.791
碱—聚合物驱	11.452	44.072	86.54	97.366
备注			见效平均含水	

（3）三元复合驱（SAP）。

三元复合驱是指加入碱、表面活性剂和聚合物的三元混合驱替方法，该方法的驱油实验以及矿场试验结果表明，石油采收率可比水驱提高20％（OOIP），比聚合物驱高10％（OOIP）。注入时，若取前置段塞：$0.1V_p$聚合物，浓度700mg/L；ASP段塞：$0.3V_p$聚合物浓度1200mg/L，表面活性剂浓度0.3％（质量分数），碱浓度1.2％（质量分数），后置段塞：$0.2V_p$聚合物浓度700mg/L。

则在此基础上进行模拟,结果如表 7-2-11。

表 7-2-11 SAP 驱数值模拟结果

注入方式	阶段采收率 %(OOIP)	最终采收率 %(OOIP)	阶段含水 %	最终含水 %
基础水驱	32.62	41.97	92.8	98.2
聚合物驱	12.73	45.39	75.96	97.85
表面活性剂—聚合物驱	12.83	45.45	76.0	97.87
碱—表面活性剂—聚合物驱	24.64	57.27	61.33	98.20

① SAP 驱有效地提高了石油采收率。

② 为考虑 SAP 三元复合驱不同段塞形式的影响,模拟了设置副段塞的效果对比,将上述主副段塞分为 $0.2V_p$ SAP、$0.1V_p$ SAP 两个段,表面活性剂浓度降为 0.1%(质量分数)。则计算结果为,石油采收率有所降低。由此可见,在这种情况下改变段塞形式对采收率影响是不利的。

(4) 复合碱($NaOH + Na_3PO_4$)的模拟分析。

在 SAP 三元复合驱碱的组成上做了进一步研究,认为复合碱能有效地改善三元复合驱的效果。具体做法是:将 $NaOH$ 和 Na_3PO_4 以一定比例混合,碱的总量基本上保持不变,两种碱($NaOH$ 和 Na_3PO_4)的比例为 7:1,其一定条件下界面张力可达到 $10^{-3} \sim 10^{-2}$ mN/m。加入 Na_3PO_4 后的模拟计算结果如表 7-2-12 所示,可见采收率比水驱采收率提高 29.3%,比单一碱 SAP 三元复合驱高 7.28%。根据这一计算结果,复合碱驱不失为一种改善三元复合驱的有效方法。

表 7-2-12 采用复合驱的 SAP 驱模拟结果

注入方式	阶段采收率(OOIP) %	最终采收率(OOIP) %	阶段含水 %	最终含水 %
基础水驱	32.62	41.97	92.8	98.2
单一碱三元复合驱	24.64	57.27	6.33	98.20
复合碱 ASP 驱	29.3	61.9	60.5*	95.86

* 为见效期平均含水。

8 化学驱油实验研究技术

化学驱油的实验研究是确定化学驱油技术的基础。化学驱油实验研究主要内容包括：驱油体系的物理化学性能、驱油体系同油层掩饰的相互作用、油层的室内物理模拟、化学驱油体系在油层中流动过程和驱替过程的模拟实验，等等。这些实验研究的基础是相似模拟技术、分析技术和测量技术等。

按照相似原理，模拟实际现场的物理、化学和物理化学现象，在室内微缩的模型上，观察和研究现场可能发生的各种现象，以便预测和指导现场试验的方法，称为物理模拟试验（physic analogue test）。室内物理模拟试验方法是一种模仿实验研究或仿真实验研究，可以在较短的时间内，花费较低的费用，观察到需要观察的现象。

化学驱油提高石油采收率的物理模拟实验是在室内模拟油田地质和开发条件下，进行相态模拟实验、岩心驱替实验，预测油田动态实验、预测驱油效果实验等。室内物理模拟实验是检验化学驱油剂性能、预测和估算驱油效果的重要的和必需的实验。本章注重论述、介绍同化学驱油有关的物理模拟实验的基本理论、相似模拟技术和各种室内实验分析和检测方法。

8.1 物理模拟基础理论

8.1.1 相似原理

8.1.1.1 相似的实质

在大多数情况下，为了阐明我们所感兴趣的现象的规律性，必须求助于实验方法。然而，考虑到同类现象是无限多的，为了积累个别实验的数据而进一步把它们推广到同类现象中去，就必须进行大量的实验。同时，为了进行系统细致的研究，常常要使用繁重的很难办到或根本办不到的工程装置进行实验。如果采用相似方法，上进两种实验研究上的困难便可大大减少。

相似方法是一个科学方法，借助它可以把个别现象的研究结果推广到所有相似现象上去，它也是现象模拟方法的基础。所谓模拟就是在实验室内用较小的、有时是放大的模型来进行现象的研究。相似方法不是一种独立的科学研究方法，它与数学分析（分析法）或科学实验（实验法）不能等量齐观。借助分析法或实验法都能揭露物理现象的规律性，但仅靠相似方法却不可能，因为它只是实验和分析研究的辅助方法。然而，它的运用，在研究工作者面前提供了如下的可能性：

（1）对个别的实验结果作出广泛的推广；
（2）用模型对现象进行实验研究；
（3）对复杂的方程可得出很简单的分析解和很通用的数字解；
（4）从将一个具体的物理过程中所得出的分析解，推广到所有其他相似过程中去。

物理相似仅能在同类物理现象中发生，此外，还有数学相似或数学类比，即形式上完全一样的基本微分方程组（和边界条件方程）描述不同类型的物理现象等，例如，热传导方程，方程在形式上同描述液体在毛细管中层流运动时的扩散方程以及具有分布电阻和电容的电路方程完全一样。

每一类物理现象的机理在数学上都可以用所谓基本方程或基本方程组的形式写出来。为了能够把某一个个别现象从该类物理现象中区分开来，还必须有相应的具体条件，即所帮单值条件。单值条件包括：(1) 物理条件——实体（它的运动和变化构成了被研究现象的内容）的具体性质；通常是实体的集合状态和物理参数（基本方程的参数）。(2) 空间（几何）条件——发生所论现象的空间的几何形状和大小，它和边界条件一起决定着所论现象的空间维数（一维的，二维的或三维的）及坐标系的选择。(3) 时间条件——发生所论现象时的条件（初始条件）以及所论过程的定常性或非定常性。(4) 边界条件——同周围介质相互作用的条件，边界条件在数学上可以用联系周围介质和所论现象的方程来表示。在个别情况下，这些方程能够简化为在发生所论现象的空间边界上的函数值的固定表达式。为了求得在数学上描述某个别现象的单值特解，从原则上讲，只要用基本方程组和单值条件就足够了。

相似概念是由初等几何学中借用来的。众所周知，初等几何学中多边形相似的定义是："两个同名多边形，如果它们的对应角相等，对应边成比例，则它们是相似的"。实质上，几何或空间相似只是物理相似的特例；任何物理相似在形式上都可以化为几何相似。这样一类物理现象，如果它们所有的特征量都相似，即所有的向量在几何上相似，所有的标量都相应地成比例，则称为它们是相似的。

(1) 空间（几何）相似。如上所述，空间相似就是所有对应角相等，所有线性尺寸相应地成比例（图8-1-1）。

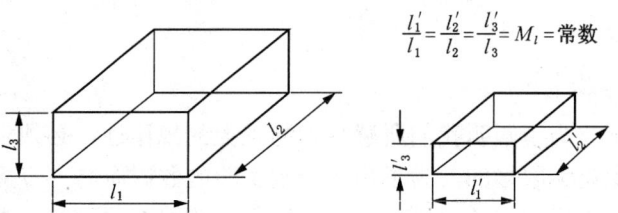

图 8-1-1 空间相似（А. Б. 列兹尼亚科夫，1963）

$$\frac{l'_1}{l_1} = \frac{l'_2}{l_2} = \frac{l'_3}{l_3} = M_l = 常数 \tag{8-1-1}$$

(2) 时间相似。时间相似就是对应的时间间隔成比例。

$$\frac{t'_1}{t_1} = \frac{t'_2}{t_2} = \frac{t'_3}{t_3} = M_t = 常数 \tag{8-1-2}$$

(3) 运动相似。运动相似即速度场（及加速度场）的几何相似。它表现为所有的速度都有相对应的方向，它的大小相应地成比例。在不同直径的圆管内液体的层流运动就是1个例子（图8-1-2）。

$$\frac{v'_1}{v_1} = \frac{v'_2}{v_2} = \frac{v'_3}{v_3} = M_v = 常数 \tag{8-1-3}$$

(4) 动力相似。动力相似即力场的几何相似。它表现为所有的作用力都有相对应的方向，它的大小相应地成比例。具有几何上相似的多角形的两个受载梁就是一个例子（图 8-1-3）。

$$\frac{t'_1}{t_1} = \frac{t'_2}{t_2} = \frac{t'_3}{t_3} = M_t = 常数$$

$$\frac{f'_1}{f_1} = \frac{f'_2}{f_2} = \frac{f'_3}{f_3} = M_f = 常数$$

(8-1-4)

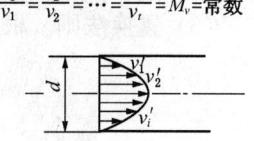

图 8-1-2 运动相似——圆管管道中速度场的分布（А.Б. 列兹尼亚科夫，1963）

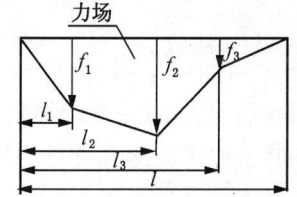
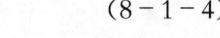
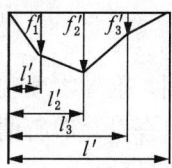

图 8-1-3 动力相似——多角形受力承载梁的力场分布（А.Б. 列兹尼亚科夫，1963）

(5) 温度相似。温度相似就是温度场的几何相似，它表现为所有的温度都成相应的比例。

$$\frac{T'_1}{T_1} = \frac{T'_2}{T_2} = \frac{T'_3}{T_3} = M_T = 常数 \qquad (8-1-5)$$

由上面各例看出，物理相似实际上可以（形式地）归结为向量场和标量场的几何相似。

8.1.1.2 相似的数学表达式

根据上一节的叙述，物理量的相似在数学上就表现为下列的比例形式：

(1) 标量（例如温度）相似：

$$\frac{u'_1}{u_1} = \frac{u'_2}{u_2} = \cdots = \frac{u'_i}{u_i} = M_u = 常数 \qquad (8-1-6)$$

(2) 向量（例如速度）相似：

$$\cdots \frac{u'_i}{u_i} = \frac{u'_{ix}}{u_{ix}} = \frac{u'_{iy}}{u_{iy}} = \frac{u'_{iz}}{u_{iz}} = M_u = 常数 \qquad (8-1-7)$$

式中　u——任何的特征量，可以是标量（如温度）也可以是向量（如速度），对于向量，u 理解为它的绝对值；

　　　M_u——比例常数，即所谓相似比例（相似常数或相似变换倍数），每一种特征量（例如温度的相似比例、速度的相似比例等）和每一对相似现象都有它们自己不同的比例常数。

带有上标的符号代表第一物理现象或者原型，不带有上标"′"的代表第二物理现象或者模型。脚标 1, 2, …, i 代表空间（场）的相应的点和相应的时刻。脚标 x, y, z 代表在相应坐标轴上的分量。

在模拟物理现象时，相似比例就是模型的比例。M_l 代表线性相似比例；M_t 代表时间相似比例；M_v代表速度相似比例；M_f代表力的相似比例；M_T代表温度相似比例；等等。

(3) 置换法则。根据比例的性质，如果

$$\frac{u'_1}{u_1} = \frac{u'_2}{u_2} = \cdots = \frac{u'_i}{u_i} = M_u = 常数$$

则

$$\frac{u'_1 + u'_2}{u_1 + u_2} = \frac{u'_2 - u'_1}{u_2 - u_1} = \frac{\Delta u'}{\Delta u} = M_u = 常数 \qquad (8-1-8)$$

由于常量的极限值就等于它的本身，因此

$$\lim_{\Delta u \to 0}\left(\frac{\Delta u'}{\Delta u}\right) = \frac{\mathrm{d}u'}{\mathrm{d}u} = M_u = 常数 \qquad (8-1-9)$$

根据这个法则，推导物理现象相似准则时，对于特征量的任意阶导数可以用相应特征量的比值（幂次组合量）即所谓积分类比来代替。例如在研究多孔介质中压力传导现象时，包含在方程中各阶导数：

$$\frac{\partial p}{\partial t}, \; \frac{\partial p}{\partial x}, \; \cdots, \; \frac{\partial^2 p}{\partial x^2}, \; \cdots \qquad (8-1-10)$$

可以用它们的积分类比来代替：

$$\frac{p}{t}, \; \frac{p}{x}, \; \cdots, \; \frac{p}{x^2}, \; \cdots \qquad (8-1-11)$$

8.1.1.3 相似准则

比较同类现象、个别现象和相似现象，根据前面的叙述，我们对于这些概念可以给出如下的定义：

同类物理现象——它们是用同一个基本物理方程组（方程中各参数和变数具有相同的物理意义）所描述的现象的总和。

个别现象——它是同类物理现象中由一定的单值条件所决定的一种现象。

相似现象——它们是同类现象中特征量（首先是单值条件）相似的现象群。换句话说，相似现象就是仅仅在特征量（首先是单值条件）的比例上有所区别的同类现象群。

物理现象相似的必要和充分条件是：

(1) 对变数作相似变换时（所有变数都用和它成比例的量代替），基本方程组具有不变性（恒定性），即同时存在着方程。

$$\int (u_1, \; u_2, \; \cdots, \; u_n) = 0 \qquad (8-1-12)$$

$$\int (M_1 u_1, \; M_2 u_2, \; \cdots, \; M_n u_n) = 0 \qquad (8-1-13)$$

式中 $u_1, \; u_2, \; \cdots, \; u_n$ ——不同的变数；

$M_1, \; M_2, \; \cdots, \; M_n$ ——对应的相似比例。

(2) 基本方程组的所有物理参数均相似；

(3) 空间（几何）相似；

(4) 过程的定常性，或者在过程的初始时刻（指非定常过程）所有变数场均相似；

(5) 边界条件（在系统的边界上的条件）相似。

现在我们详细研究上面第一个条件，首先必须指出：已定的无量纲组合——由已知参数组成的无量纲组合量的不变性（即在相对应的空间点上和相对应的时刻，其无量纲组合相等）是变数作相似变换时基本方程保持不变性的必要和充分的特征。现在我们用下面的例子来研究变数的相似变换问题。

规定：第一现象（原型）的量都不带上标"′"，第二现象（模型）的量都带上标"′"，我们知道描述热量传导的方程如下：

$$\frac{\partial T}{\partial t} + \frac{\partial T}{\partial x}v_x + \frac{\partial T}{\partial y}v_y + \frac{\partial T}{\partial z}v_z = a\left(\frac{\partial^2 T}{\partial x^2} + \frac{\partial^2 T}{\partial y^2} + \frac{\partial^2 T}{\partial z^2}\right) \quad (8-1-14)$$

$$\frac{\partial T'}{\partial t'} + \frac{\partial T'}{\partial x'}v'_x + \frac{\partial T'}{\partial y'}v'_y + \frac{\partial T'}{\partial z'}v'_z = a'\left(\frac{\partial^2 T'}{\partial x'^2} + \frac{\partial^2 T'}{\partial y'^2} + \frac{\partial^2 T'}{\partial z'^2}\right) \quad (8-1-15)$$

因为它们是相似现象的，所以，可以由相似现象的数学表示式表达：

$$\frac{T'}{T} = M_T, \quad \frac{t'}{t} = M_t, \quad \frac{x'}{x} = \frac{y'}{y} = \frac{z'}{z} = M_l$$

$$\frac{v'_x}{v_x} = \frac{v'_y}{v_y} = \frac{v'_z}{v_z} = \frac{v'}{v} = M_v, \quad \frac{a'}{a} = M_a$$

则有：

$$T' = M_T T, \quad t' = M_t t, \quad x' = M_l x, \quad \cdots$$

$$v'_x = M_v v_x, \quad \cdots, \quad a' = M_a a$$

把上列得到的第二现象（模型）的变数值代入式（8-1-15），即在基本微分方程中对变数作相似变换，方程（8-1-15）就变成下面形式：

$$\frac{M_T}{M_t}\frac{\partial T}{\partial t} + \frac{M_T M_v}{M_l}\left(\frac{\partial T}{\partial x}v_x + \frac{\partial T}{\partial y}v_y + \frac{\partial T}{\partial z}v_z\right) = \frac{M_a M_T}{M_l^2}a\left(\frac{\partial^2 T}{\partial x^2} + \frac{\partial^2 T}{\partial y^2} + \frac{\partial^2 T}{\partial z^2}\right)$$

$$(8-1-16)$$

作相似变换时，为了保持基本微分方程（8-1-14）和方程（8-1-15）的不变性，方程（8-1-16）各项的系数必须彼此相等，即：

$$\frac{M_T}{M_t} = \frac{M_T M_v}{M_l} = \frac{M_a M_T}{M_l^2} \quad (8-1-17)$$

即

$$\frac{M_T}{M_t} = \frac{M_a M_T}{M_l^2}, \quad \frac{M_T M_v}{M_l} = \frac{M_a M_T}{M_l^2} \quad (8-1-18)$$

或者，把上式化为等于 1 的形式：

$$\frac{M_a M_t}{M_l^2} = M_{\left(\frac{at}{l^2}\right)} = 1 \quad (8-1-19)$$

$$\frac{M_l M_v}{M_a} = M_{\left(\frac{vl}{a}\right)} = 1 \tag{8-1-20}$$

由此可见，已定的无量纲组合的相似比例必须等于 1。这意味着相似现象的上述无量纲组合应当保持不变。实际上，把变数代入上面的相似比例式中，即可得到：

$$\frac{\frac{a'}{a} \cdot \frac{t'}{t}}{\frac{l'^2}{l^2}} = 1，或者 \frac{a't'}{l'^2} = \frac{at}{l^2} = K_1 = 常数 \tag{8-1-21}$$

$$\frac{\frac{v'}{v} \cdot \frac{l'}{l}}{\frac{a'}{a}} = 1，或者 \frac{v'l'}{a'} = \frac{vl}{a} = K_2 = 常数 \tag{8-1-22}$$

这里讲的是不变性（恒定性），而不是常量，因为上述无量纲组合仅仅在该系统（场）的对应点上才相同，对非定常过程来讲，除在对应点上外，还要处于对应的时刻。对于该系统的不同点（和不同时刻）来讲，上述组合可以是不相同的，即：

$$\frac{a'_1 t'_1}{l'^2_1} = \frac{a_1 t_1}{l_1^2}，\frac{a'_2 t'_2}{l'^2_2} = \frac{a_2 t_2}{l_{21}^2} \tag{8-1-23}$$

$$\frac{v'_1 l'_1}{a'_1} = \frac{v_1 l_1}{a_1}，\frac{v'_2 l'_2}{a'_2} = \frac{v_2 l_2}{a_2} \tag{8-1-24}$$

但是：

$$\frac{a'_1 t'_1}{l'^2_1} \neq \frac{a'_2 t'_2}{l'^2_2}，\frac{a_1 t_1}{l_1^2} \neq \frac{a_2 t_2}{l_{21}^2} \tag{8-1-25}$$

$$\frac{v'_1 l'_1}{a'_1} \neq \frac{v'_2 l'_2}{a'_2}，\frac{v_1 l_1}{a_1} \neq \frac{v_2 l_2}{a_2} \tag{8-1-26}$$

无量纲组合的不变性是物理现象相似的数量特征即判据，这些无量纲组合就称作相似准则（有时也称作相似不变量，相似准数）。

由已知量（单值条件所给定的量）组成的相似准则叫做已定相似准则。对于物理现象的相似，除单值条件须相似外，只要已定相似准则保持不变就够了。其余的相似准则的不变性是物理现象相似的结果。因此，这些相似准则叫作未定或待定相似准则，把相似准则分成已定和待定两种是有条件的，在某些情况下它们是能够互换的。

根据以上的讨论，我们能够做如下的结论：已定相似准则不变和单值条件相似是物理相似的必要和充分条件。

8.1.1.4 相似准则方程

由于已定相似准则的不变性是相似的必需条件，而待定相似准则的不变性是物理现象相似的结果，因此这两种相似准则之间就存在着一定的因果关系。这种关系在数学上可以表述成待定相似准则对已定相似准则的单值函数关系的形式。

$$K_u = f_1(K_1, K_2, \cdots, K_n) \tag{8-1-27}$$

$$K_v = f_2(K_1, K_2, \cdots, K_n) \tag{8-1-28}$$

$$K_w = f_3(K_1, K_2, \cdots, K_n) \qquad (8-1-29)$$

式中 $K_1, K_2, \cdots, K_n$——已定相似准则；

$K_u, K_v, \cdots, K_w$——待定相似准则。

待定相似准则对已定相似准则的函数关系称作准则方程。

准则方程就是我们所感兴趣的基本微分方程组的具体特解（积分）。

通常，直接由一般理论来确定准则方程中函数关系的具体形式是不可能的。探求这个函数关系的具体形式可以有两条路，即众所周知的经验法和分析法。

建立准则方程具体形式的经验法可总括如下：

(1) 由实验测量出相似准则中所包括的一切量；

(2) 把实验数据配成准则的形式，并将结果用准则关系的图表形式表示出来；必要时归纳出经验公式，这些公式能够令人满意地描述所得到的准则关系。

经验法的缺点是：

(1) 实际利用这种方法具有局限性：只在已定相似准则只有两个，最多三个的情形下方能运用这种方法；

(2) 在很多情况下，必须把实验得来的关系分为若干段，对于其中的每一段则有不同的经验公式描述；

(3) 经验准则方程只对所研究的准则数值范围是适用的，特别是各段具有不同的经验公式时更是这样。

对所讨论现象确定其准则方程具体形式的分析法则可以概括如下。对描述现象的基本微分方程组求分析解（准确的或近似的），它表述成准则的形式并包括全部必需的相似准则。在实验验证（比较其理论的与实验的规律性）之后，这样所得的准则方程就能够用于以后的研究和工程计算上。

如果任何一个已定相似准则在其某一数值范围内变动时，而现象的相似性实际上并不破坏，则对于该准则而言，这种现象叫做是自模拟。该准则的相应数值范围叫做自模拟区。

当所研究的物理现象群对某一个已定准则为自模拟时，准则方程中就不再包括该准则。例如：在进行流体力学的相似准则的推导研究时，液体在管道中作自模拟的层流运动（$0 < Re < 2300$）时，其速度场总是相似的，而与已定的流体力学的雷诺准则的数值无关。

8.1.1.5 模拟的一般原理

任何物理现象的模拟就是实现与"原型"相似的现象，此时，作为实验研究对象而被实现的现象就是整个相似现象群的"模型"。在以下两种情况下，必须进行模拟：

(1) 当需要研究的工程对象很难直接进行研究或根本不能进行直接研究时；在这种情况下要用模型来获得相似于该工程对象（已有的实物）的现象；

(2) 当需要研究新设计的工程对象时；这里的模型就是所有和它相似的对象的"雏形"，用这个模型可以获得与新设计的工程对象（尚未存在的实物对象）相似的现象。

为了正确地模拟现象，也就是为了使模型上的现象和原型上的现象相似，必须且只须遵守下述的基本条件（它是由相似方法的基本原理直接引出的）：

(1) 模型的现象和原型的现象应当属于同一类，即用同一个基本微分方程组所描述（例如，根据这一条件，在进行流体力学的相似准则的推导和相似模拟时，用可压缩流体，特别是蒸汽或压缩空气来模拟不可压缩流体的现象是不正确的）；

（2）在模型和原型的对应断面上，已定相似准则在数值上必须相等。只有成自动模拟的那些准则才可以不遵守这个条件；

（3）模型和原型的基本微分方程组中的同名物理参数必须相似，也就是相对应地成比例；

（4）模型与原型必须成几何相似；

（5）模型的时间条件（或者是定常过程，或者非定常过程的初始条件）确定的方法是应当使它与原型的相应条件相似；

（6）模型的边界条件与原型的边界条件必须相似。

在进行模拟时，边界条件具有特殊的意义。对于任何物理化学问题的理论（分析）解，所有边界条件都是同等的，因为它们都是单值条件，也就是对于所研究的具体情况，求其基本方程组的单值解的必要条件。当用模型对物理现象进行实验研究时，实际上需要实现边界条件，而实现的方法却不一样。从这个观点来看，存在两类边界条件：一类是可以按实验者的意愿建立的可搭制的边界条件；另一类是不以实验者的意志为转移的不可控制的边界条件。这类条件只受物理现象本身的规律支配。

为了能够求得所研究问题的单值解，必须在原型的整个空间边界上，给定可控制的边界条件。如果遇到了困难，即如果在某一界面上的可控制边界条件是未知的，则必须扩大原型的边界并且选择新的界面，即在它上面可控制边界条件确实已知。同时必须把相应的补充方程同描述该现象的基本方程组联立起来。

为了实现不可控边界条件，必须保证模型和原型的相应边界条件中的物理参数相似（成比例）。

在着手模拟以前，必须从数学上描述原型中被研究的物理现象，也就是建立基本微分（有时为积分或积分微分）方程组和全部必需的单值性条件，并运用相似方法的数学工具，来求出相似准则和定出已定准则。

在确定了相似准则（包括已定相似准则和待定相似准则）就可以根据前述的模拟条件（在模型和原型的对应断面上，已定相似准则在数值上相等）进行模型计算，确定需要建立的模拟模型的各项参数。

8.1.2 相似方法的数学工具

8.1.2.1 求相似准则的方法

物理现象的所有相似准则都能够由该类物理现象的基本微分（积分或积分微分）方程组和全部单值条件求得。这里通常采用的有三种方法：相似变换法，积分类比法，化方程为无量纲形式法。

8.1.2.1.1 相似变换法

相似变换法的实际应用步骤可归纳如下：

（1）写出在数学上描述该物理现象的基本微分方程组和单值条件；

（2）把基本微分方程的所有变数（包括参数）都用与之成比例的量来代替，也就是乘以相应的相似比例；

（3）使每一方程的各个项的比例组合量彼此相等，这样，从每一个方程都可以得到一组确定的等式；

（4）由每个等式都用它的一端除另一端，即可得到一些已定的无量纲比例组合量（数量上等于 1），这就是所要求的相似准则的"相似比例"；

（5）除上述由基本微分方程求出相似准则以外，还有一些相似准则可以直接从单值条件的相似求出。

下面举例说明相似变换法的具体运用：在一个无限平板中非定常热传导的相似准则的求法是这样进行的，首先写出这一过程的基本微分方程：

$$\frac{\partial T}{\partial t} = a \frac{\partial^2 T}{\partial x^2} \tag{8-1-30}$$

与此相应的的单值条件是：

（1）空间条件——平板的几何尺寸为 $2s$；

（2）时间条件（这里即初始条件）——初始时刻（$t=0$）$t = t_0$；

（3）边界条件——介质温度 $T_{介质}$ 不变，并且当 $x = \pm s$ 时，平板表面同介质的热交换规律如下：

$$q = -\lambda \frac{\partial T}{\partial x}\bigg|_{表面} = \pm \alpha (T_{表面} - T_{介质}) \tag{8-1-31}$$

这里 α 是由平板对介质的散热系数。

由于介质温度不变，那么为了简化运算方法和最终结果，我们取这样的温标：把介质温度（起点温度）当作零度，即 $\vartheta = (T - T_{介质})$，这样 $d\vartheta = dT$。

这样一来，可得如下原始表示式——基本微分方程：

$$\frac{\partial \vartheta}{\partial t} = a \frac{\partial^2 \vartheta}{\partial x^2} \tag{8-1-32}$$

边界条件为：当 $x = \pm s$，$-\lambda \frac{\partial \vartheta}{\partial x} = \pm \alpha \vartheta$

把基本微分方程（8-1-32）中的所有变数（包括参数）都用与共成比例的量来代替。

$$\frac{M_T}{M_t} \frac{\partial \vartheta}{\partial t} = \frac{M_a M_T}{M_l^2} a \frac{\partial^2 \vartheta}{\partial x^2} \tag{8-1-33}$$

使方程两端的比例组合量彼此相等：

$$\frac{M_T}{M_t} = \frac{M_a M_T}{M_l^2} \tag{8-1-34}$$

上式的右端除以左端，结果等于 1：

$$\frac{M_a M_t}{M_l^2} = M_{\left(\frac{at}{l^2}\right)} = 1 \tag{8-1-35}$$

取特征长度 $l = s$，由此可得相似准则：

$$\frac{at}{s^2} = 不变量 \tag{8-1-36}$$

从边界条件相似，得到：

$$\frac{\lambda'\frac{\partial \vartheta'}{\partial x'}}{\alpha'\vartheta'} = \frac{\lambda\frac{\partial \vartheta}{\partial x}}{\alpha\vartheta} \tag{8-1-37}$$

因为当现象相似时,导数可以用它的积分类比代替,其中流动坐标用其特征长度代替,于是即得:

$$\frac{\lambda'\frac{\vartheta'}{s'}}{\alpha'\vartheta'} = \frac{\lambda\frac{\vartheta}{s}}{\alpha\vartheta} \tag{8-1-38}$$

或者

$$\frac{\alpha s}{\lambda} = 不变数 \tag{8-1-39}$$

这样一来,我们便得到了进行模拟的两个相似准则:

$$\frac{at}{s^2} = 不变数 \quad \frac{\alpha s}{\lambda} = 不变数 \tag{8-1-40}$$

8.1.2.1.2 积分类比法

积分类比法更为简单,因此它是推导相似准则更为广泛运用的方法。这个方法是根据前面所讲的置换法则而确立的。根据置换法则,当现象相似时,不必考虑特征量的各阶导数,而可以研究相应量之比,即所谓的积分类比。

应用积分类比方法的步骤如下:

(1) 同相似变换方法一样,先写出基本微分(积分或积分微分)方程组和单值条件。

(2) 所有各阶导数都用它们的积分类比代替,换句话说,就是,所有微分符号全部除去。

(3) 方程中所有向量沿坐标轴的分量都用向量的绝对值代替,坐标用该系统的线性特征量代替。

在方程中有复杂的微分运算符号之和(例如 $\frac{\partial^2 u}{\partial x \partial y}$)时,则用一项代替之,这一项中向量的分量也要用向量本身的绝对值来代替。在方程中有积分存在时也是一样,积分要用被积式代替;

(4) 所有的等号、加号、减号要用相似符号即比例符号代替。

(5) 把所得的每一个比例式的全部组合量除以其中任何一个,它们就变成了无量纲组合,这就得到了相似准则。

我们仍然应用在阐明相似变换法时使用过的例子,来阐述积分类比方法的运用。根据基本微分方程(8-1-30)和式(8-1-32),在边界条件为:当 $x = \pm s$, $-\lambda \frac{\partial \vartheta}{\partial x} = \mp \alpha \vartheta$ 时,去掉方程中的微分符号,同时坐标都用特征长度代替,所有等号、加号、减号都用比例符号"^"代替,则有:

$$\frac{\vartheta}{t} \hat{} \frac{a\vartheta}{s^2}, \quad \frac{\lambda\vartheta}{s} \hat{} \alpha\vartheta \tag{8-1-41}$$

把上列组合量化为无量纲形式,即得相似准则:

$$\frac{at}{s^2} = 不变数 \quad \frac{\alpha s}{\lambda} = 不变数 \tag{8-1-42}$$

特别应当指出,对于由具有哈幂尔顿运算子（∇）的向量形式的基本微分方程,用积分类比法求相似准则时,那么,方程中的一阶运算子（微分子）为：

$$\nabla = \frac{\partial}{\partial x} + \frac{\partial}{\partial y} + \frac{\partial}{\partial z} \tag{8-1-43}$$

方程中的二阶运算子"拉普拉斯算子"为：

$$\Delta = \nabla^2 = \frac{\partial^2}{\partial x^2} + \frac{\partial^2}{\partial y^2} + \frac{\partial^2}{\partial z^2} \tag{8-1-44}$$

根据上面阐述过的运用积分类比法的步骤,这些运算子都能够用它们的积分类比来代替。

$$\nabla \text{代之以} \frac{1}{l} \qquad \nabla^2 \text{代之以} \frac{1}{l^2} \tag{8-1-45}$$

8.1.2.1.3 将方程化为无量纲形式法

这种方法曾经得到了很大的推广和应用,其运用步骤如下：

(1) 对基本微分方程组和单值条件中所有变量选择测量单位；

(2) 所有变量都用它们的无量纲值（它们与所选测量单位之比）代替；

(3) 同时,由方程的参数和测量单位所得到的幂次组合量也要化成无量纲形式,其方法是它们用其中任意一个测量单位去除,最后得到的无量纲幂次组合量就是相似准则。

现在,我们仍然用前面多次分析过的无限平板非定常热传导的例子来说明这个方法的应用：

根据基本微分方程（8-1-30）和式（8-1-32）,并且边界条件选择为：$x = \pm s$, $-\lambda \frac{\partial \vartheta}{\partial x} = \mp \alpha \vartheta$。

所选测量单位为：对于坐标则取其为平板厚度的一半 s；对于剩余温度则取其是初始剩余温度 $\vartheta_0 = T - T_{介质}$。这样一来,便得无量纲坐标为：$X = \frac{x}{s}$,无量纲剩余温度为：$\theta = \frac{\vartheta}{\vartheta_0}$。

把原始方程（8-1-32）中的变数用它们的无量纲值代替,由方程（8-1-32）可得：

$$\vartheta_0 \frac{\partial \theta}{\partial t} = \frac{a\vartheta_0}{s^2} \frac{\partial^2 \theta}{\partial X^2} \tag{8-1-46}$$

或者

$$\frac{\partial \theta}{\partial \left(\frac{at}{s^2}\right)} = \frac{\partial^2 \theta}{\partial X^2} \tag{8-1-47}$$

由边界条件得。

$$\frac{\lambda \vartheta_0}{s} \frac{\partial \theta}{\partial X} = \mp \alpha \vartheta_0 \theta \tag{8-1-48}$$

或者

$$\frac{\partial \theta}{\partial X} = \mp \frac{\alpha s}{\lambda} \theta \tag{8-1-49}$$

因此,可以得相似准则：$\frac{at}{s^2} =$ 不变数,$\frac{\alpha s}{\lambda} =$ 不变数。

上面第二个准则可以看作无量纲时间（因为 $\frac{s^2}{a}$ 具有时同的量纲）。

应当指出，在很多情况下，把一些相似准则结合起来，连乘或者相除，把相似准则加上无量纲的数量或乘以纯粹数系数，这样做是合理的。这样可以得到保持其全部性质的新的相似准则。

8.1.2.2 准则方程的推导方法

如果相似准则用上面论述的方法已被求出，那么准则方程的推导便归结为：阐明已定的和未定的准则，得出最一般形式的准则方程。然而，作为现象积分特性的相似准则并不能详尽地表明现象的特性，还须熟悉特征量场的规律性。因此，无量纲变数同已定相似准则和无量纲坐标的关系方程必须列入准则方程组。

我们仍然以无限平板非定常热传导为例阐述推导准则方程的一半原则。无限平板非定常热传导的相似准则我们已经在前面推导出来，结果得到了两个相似准则：

$$\frac{at}{s^2} = 不变数 \quad \frac{\alpha s}{\lambda} = 不变数$$

上面两个准则都是已定的，因为它们都是由已知量组成的（a 和 λ 是物理参数，t 是时间，s 是几何尺寸，α 决定于边界条件）。因为没有其他相似准则，所以也没有联系相似准则的方程。这里，准则方程只能有一个，它把无量纲温度 $\theta = \frac{\vartheta}{\vartheta_0}$ 同相似准则及无量纲坐标 $X = \frac{x}{s}$ 联系起来：

$$\theta = \phi\left(\frac{at}{s^2}, \frac{\alpha s}{\lambda}, X\right) \tag{8-1-50}$$

8.1.3 流体动力学模拟的基本原则

所谓流体动力学模拟指的是流体动力学（水力学和水工学）的模拟和空气动力学的模拟。

流体动力学模拟的基本条件是：在模型和原型上流体动力学相似的基本已定准则在数值上相等。这些准则是雷诺准则（$Re = \frac{wl}{v}$）和弗卢德准则（$Fe = \frac{gl}{w^2}$）。

然而，要同时实现这些条件实际上是很困难的。这是因为，如果雷诺准则相等（运动黏度 v 为常数），模型的速度比例和线性尺寸比例之间有下列关系：

$$M_w = \frac{w'}{w} = \frac{l}{l'} = \frac{1}{M_l} \tag{8-1-51}$$

同样，如果弗卢德准则相等，可得（$g = $ 常数）。

$$M_w = \frac{w'}{w} = \left(\frac{l'}{l}\right)^{1/2} = M_l^{0.5} \tag{8-1-52}$$

但是，上述两个要求是不可能同时满足的。

但是在有压流动的情况中（在管道和暗槽中），弗卢德准则（$Fe = \frac{gl}{w^2}$）消失了，故对于这样的流动可以只根据雷诺准则（$Re = \frac{wl}{v}$）相等来进行模拟。在无压流动（明槽）的情况中，正好相反，可以去掉雷诺准则（$Re = \frac{wl}{v}$），而只根据弗卢德准则（$Fe = \frac{gl}{w^2}$）相等来进行模拟。在这种情况下，模拟非常容易。当根据雷诺准则（$Re = \dfrac{wl}{v}$）模拟时，模型的速度大于原型的速度倍数与模型的尺寸就小于原型的尺寸倍数相当；同样当根据弗卢德准则（$Fe = \dfrac{gl}{w^2}$）模拟时，模型的速度小于原型的速度的倍数等于模型的线性比例的平方根。

所有水动力学模拟需要同时权衡几何相似和流速相似的关系，确定一个合适的比例常数。

8.1.4 物理化学模拟的基本原则

在模拟技术发展的现阶段，在动力区或过渡区进行过程的物理化学模拟还有许多实际困难。因此，我们的研究只限于具有很大理论和实际应用价值的扩散区内进行的物理化学过程的模拟。

对上述过程作物理化学模拟的第一个主要条件就是保证模型和原型的流体动力学相似，模拟在多分散物系中非均质物理化学过程的基础是整个该类过程的相似。这样，就允许用在进行实验时使用起来最方便的溶液（例如各种盐的水溶液）或升华（例如利用在空气中易升华的物质，特别是萘等）来模拟发生在扩散区的这些过程，对于多孔介质（多分散的孔隙材料）中非均质物理化学过程也可以采用类似的模拟方法。

同时，除了流体动力相似准则以外，下列已定准则都须保持不变：普兰特扩散准则（$Pe_D = \dfrac{v}{D}$），傅立叶扩散准则（$Fo_D = \dfrac{Dr}{l^2}$），基本反应物剩余准则（α_1），化学补量准则（σ），粒度准则和颗粒均匀性准则（a，n）。

因此，模拟多分散系统中物理化学过程时，模型和原型中物料的分散性应当完全一致（a = 不变数，n = 不变数）。介质中基本反应物的剩余程度也应当一样（α_1 = 不变数）。准则$Pe_D = \dfrac{v}{D}$不变性的要求就不得不通过溶解来模拟水溶液的物理化学过程，而气溶胶中的过程则用升华来模拟（气溶胶指气体介质同液态或固态分散相共存的状态，水溶胶指液态介质同固态分散相共存的状态）。

然而，如果对浓度场不要求的话，只确定断面（或容积）平均浓度就足够了，准则$Pe_D = \dfrac{v}{D}$不变性的要求可以取消；根据准则$Fo_D = \dfrac{Dr}{l^2}$和σ的不变性可得模型的比例间的关系如下：

$$M_t = \dfrac{M_\vartheta^2}{M_D} \qquad (8-1-53)$$

$$M_\gamma = \dfrac{M_\gamma}{M_M} \qquad (8-1-54)$$

但是当分散性相同时，$M_\vartheta = 1$。因此，$M_t = \dfrac{1}{M_D}$，即模型的时间比例和扩散系数比例成反比例（模型中扩散进行得越快，测量的间隔就应当越小）。颗粒密度比例与介质密度比例成正比例（模型的介质越密，颗粒也必然越密），与化学计量比的比例成反比例。

8.1.5 实验数据表示成相似准则形式的数学处理

在任何物理实验以前都要用相似方法对所研究的物理现象方程进行分析，通过这种预先分析，可以得到最一般形式的描绘现象的准则方程。为了能够对实验数据进行数学处理，首先必须使准则关系方程的形式具体化。

在没有特殊理由时，一般都采取具有最简单的指数关系式 $y=Ax^mu^nv^p$ 作为准则方程的具体形式（方程的各个区段的系数和指数值可能不同）。确定该方程的参数值的方法，可归纳如下：

（1）通过预先分析得到相似准则间的指数关系式 $K_x=AK_1^m\cdot K_2^n$，然后按这样进行实验：对已定准则 K_2 的每一个常数值都能得到待定准则 K_x 一系列充分多的值，这些值仅取决于一个已定准则 K_1；

（2）把所得实验数据用对数坐标作成关系曲线；

（3）如果准则 K_x 和 K_1 之间实际上就是指数关系，那么，它们之间就是直线关系：

$$\lg K_x = \lg A_1 + m\lg K_1 \qquad (8-1-55)$$

这里，$A_1 = Ak_{2i}^n$；

（4）方程（8-1-55）中的系数 m 是直线对横坐标的夹角的正切：

$$m = \text{tg}\varphi = \frac{b}{a} \qquad (8-1-56)$$

这里 a 和 b 可以直接由比例尺决定。

（5）系数 A_1 对于一系列的 K_x（不少于三个），可以按下式确定：

$$A_1 = \frac{1}{N}\sum_{k=1}^{k=N}\frac{K_{xh}}{K_{1k}^m} \qquad (8-1-57)$$

这里 N 为 K_x 的数目。由此，可以建立准则方程的具体形式。

如果由上述方法得不到准则方程指数形式的满意结果，那么可以采用经验公式法取得准则方程的具体形式，其参数的确定，可以采用最小二乘法，具体方法的原则如下：

（1）首先，根据实验数据关系曲线确定经验公式的类型；

（2）用最小二乘法确定经验公式中的参数值；

（3）检验所得到的经验公式中的参数值是否合乎要求。

如果检验后所得的参数值都在误差允许的范围内，那么所建立的准则方程的具体形式就是足够满意的。

8.2 化学复合驱油物理模拟相似准则的确定方法

化学复合驱油的室内油藏物理模拟的理论基础是相似理论。模型与原型的相似依据是相似准则，由本章第一节所述，相似准则的推导过程，可以采用描述化学驱油现象的数学方程无量纲方程化的过程（称为方程分析法），或者采用对描述该现象的各种变量进行量纲分析的过程（称为量纲分析化）。

下面以方程分析方法为例推导室内模拟化学复合驱油的相似准则。

8.2.1 化学复合驱油机理与驱替过程中的重要物理化学现象

化学复合驱油的主要机理是：（1）降低油/水界面张力减少剩余油饱和度；（2）改善驱

油剂与被驱替流体的流度比提高驱油剂的波及系数;(3) 改变油层岩石表面润湿性,使油膜脱落投入运动等。

化学复合驱油过程中,在油层内发生的重要物理化学现象有:

(1) 油/水界面张力降低使毛细管滞留的残余油启动投入运动;

(2) 驱油剂(表面活性剂、聚合物和其他助剂等)在油层岩石表面上的吸附;

(3) 驱替液和被驱替的流体相对渗透率的改变:由于驱替剂黏度、油/水界面张力、岩石表面润湿性等的变化,引起了油层中流体渗透性的变化;

(4) 驱油体系中各种化学剂的扩散和稀释:由于分子热运动引起化学剂通过相界面扩散使得注入的化学驱油段塞内各种化学剂的浓度在驱替过程中发生变化;

(5) 化学驱油体系的非牛顿流体的流动特性。

8.2.2 描述化学复合驱油在油层中流动的方程

假设化学复合驱在油层中的流动控制方程基于以下条件:

(1) 地层均质,油藏等温;

(2) 驱油体系由碱、聚合物、表面活性剂组成;

(3) 驱油过程中只考虑油、水两相流动,水相中含有碱、聚合物、表面活性剂;

(4) 油层和流体微可压缩;

(5) 达西定律适合化学剂存在情况下的油、水两相流;

(6) 各种吸附都达到平衡,且满足 Fick 定律。

这样描述化学复合驱油在油层中流动的方程如下:

(1) 油水组分的连续性方程:

$$\nabla \left[\frac{c_{oo}\rho_o K_o}{\mu_o} (\nabla p_o - \rho_o g \nabla z) \right] + c_{oo} Q_o = \frac{\partial}{\partial t} (\phi S_o c_{oo} \rho_o) \quad (8-2-1)$$

$$\nabla \left[\frac{c_{ww}\rho_w K_w^*}{\mu_w} (\nabla p_w - \rho_w g \nabla z) \right] + c_{ww} Q_w = \frac{\partial}{\partial t} (\phi S_w c_{ww} \rho_w) \quad (8-2-2)$$

式中 c_{jj}——j 组分在 i 相中的质量分量。

(2) 聚合物组分的连续性方程:

$$\frac{\partial}{\partial t} (\phi S_w C_{wp} \rho_p) + \frac{\rho_r (1-\phi) A}{(1+Bc_p)^2} \frac{\partial}{\partial t} (\rho_w c_{wp})$$

$$= \nabla [(D_w + D_{wp}^*) \phi S_w \nabla (c_{wp} \rho_w)]$$

$$+ \nabla \left[\frac{c_{wp}\rho_w K_w}{\mu_w R_k} (\nabla p_w - \rho_w g \nabla z) \right] \quad (8-2-3)$$

(3) 表面活性剂的连续性方程:

$$\frac{\partial}{\partial t} (\phi S_w C_{ws} \rho_w + \phi S_o C_{os} \rho_o) + \frac{\rho_r (1-\phi) A}{(1+Bc_s)^2} \frac{\partial}{\partial t} (\rho_w c_{ws})$$

$$= \frac{c_{wp}\rho_w K_w}{\mu_w R_k} (\nabla p_w - \rho_w g \nabla z) + \frac{c_{op}\rho_o K_o}{\mu_o R_k} (\nabla p_o - \rho_o g \nabla z)$$

$$+ \nabla [(D_o + D_{os}^*) \phi S_o \nabla (c_{os} \rho_o)] + \nabla [(D_w + D_{ws}^*) \phi S_w \nabla (c_{ws} \rho_w)] \quad (8-2-4)$$

(4) 毛细管力关系式：

$$\Phi_o - \Phi_w = p_c - \nabla \rho g x_3 \tag{8-2-5}$$

(5) 饱和度方程：

$$S_w + S_o = 1 \tag{8-2-6}$$

(6) 边界条件：

$$Q = \int_{A_{inj}} \frac{k_w}{R_k \mu_w} \nabla (p_w + \rho_w g \nabla z) \, dA \tag{8-2-7}$$

(7) 初始条件：

$$\begin{aligned} S_w \ (t=0, \ x, \ y, \ z) &= S_w \ (x, \ y, \ z) \\ S_o \ (t=0, \ x, \ y, \ z) &= S_{oi} \ (x, \ y, \ z) \\ p_w \ (t=0, \ x, \ y, \ z) &= p_{wi} \ (x, \ y, \ z) \end{aligned} \tag{8-2-8}$$

8.2.3 方程的无量纲化及相似准则推导

无量纲参量：

$$K_{wD} = \frac{K_w}{K_{wor}}, \quad K_{oD} = \frac{K_o}{K_{owc}}, \quad \mu_{wD} = \frac{\mu_w}{\mu_{wR}}, \quad D_D = \frac{D}{D_R}, \quad R_{kD} = \frac{R_k}{R_f}, \quad \Phi_{wD} = \frac{\Phi_w}{\sigma \cos \sqrt{\frac{\phi}{K}}}$$

$$\Phi_{oD} = \frac{\Phi_o}{\sigma \cos \sqrt{\frac{\phi}{K}}}, \quad p_{wD} = \frac{K_{wor} p_w}{v_{wR} \mu_w L_1}, \quad p_{oD} = \frac{K_{wor} p_o}{v_{wR} \mu_w L_1}, \quad S_w^* = \frac{S_w - S_{wc}}{1 - S_{or} - S_{wc}},$$

$$S_o^* = \frac{S_o - S_{or}}{1 - S_{or} - S_{wc}}, \quad t_D = \frac{v_{wR} t}{\phi L_1 \ (1 - S_{or} - S_{wc})} \tag{8-2-9}$$

将式（8-2-9）中的无量纲参量带入基本微分方程进行无量纲化后得到：

(1) 无量纲化油组分的连续性方程：

$$\sum_{i=1}^{3} \frac{c_{ooR} \rho_{oR} K_{owc} v_{wR} u_w L R_k}{\mu_o x_{iR}^2 K_{wor}} \frac{\partial}{\partial x_{iD}} \left(c_{ooD} \rho_{oD} K_{oD} \frac{\partial p_{oD}}{\partial x_{iD}} \right) +$$

$$\sum_{i=1}^{3} \frac{c_{ooR} \rho_{oR}^2 K_{owc} g_R z_R}{\mu_o x_{iR}^2} \frac{\partial}{\partial x_{iD}} \left(c_{ooD} \rho_{oD}^2 K_{oD} g_D \frac{\partial z_D}{\partial x_{iD}} \right) + \frac{c_{ooR} Q_{oR} c_{ooD} Q_{oD}}{\rho_{oR}}$$

$$= \frac{c_{ooR} \rho_{oR} v_{wR}}{L} \frac{\partial}{\partial t_D} \ (S_o^* c_{ooD} \rho_{oD}) + \frac{c_{ooR} \rho_{oR} v_{wR} S_{or}}{L \Delta S} \frac{\partial}{\partial t_D} \ (c_{ooD} \rho_{oD}) \tag{8-2-10}$$

方程各项分别乘以：

$$\frac{L}{v_{wR} c_{ooR} \rho_{oR}} \tag{8-2-11}$$

进行适当的乘除后得到相似准则：

$$\frac{K_{owc} \mu_w L^2 R_k}{K_{wor} \mu_o x_{iR}^2}, \quad \frac{\rho_{ooR} K_{owc} g_R z_R L}{\mu_o x_{iR}^2 v_{wR}}, \quad \frac{Q_{oR} L}{\rho_{oR} v_{wR}}, \quad \frac{S_{or}}{\Delta S} \tag{8-2-12}$$

(2) 无量纲化水组分连续性方程：

$$\sum_{i=1}^{3} \frac{c_{wwR} \rho_{wwR} K_{wor} v_{wR} \mu_w L R_k}{\mu_w R_k K_{wor} x_{iR}^2} \frac{\partial}{\partial x_{iD}} \left(c_{wwD} \rho_{wD} K_{wD} \frac{\partial p_{wD}}{\partial x_{iD}} \right) +$$

$$\sum_{i=1}^{3}\frac{c_{wwR}\rho_{wR}^2 K_{wor}g_R z_R}{\mu_w R_k x_{iR}^2}\left(c_{wwD}\rho_{wD}^2 K_{wD}g_D\frac{\partial z_D}{\partial x_{iD}}\right)+\frac{c_{wwR}Q_{wR}c_{wwD}Q_{wD}}{\rho_{wD}}=$$

$$\frac{c_{wwR}\rho_{wR}v_{wR}}{L}\frac{\partial}{\partial t_D}(S_w^* c_{wwD}\rho_{wD})+\frac{c_{wwR}\rho_{wR}v_{wR}s_{wc}}{L\Delta S}\frac{\partial}{\partial t_D}(c_{wwD}\rho_{wD}) \qquad (8-2-13)$$

方程各项分别乘以：$\dfrac{L}{v_{wR}c_{wwR}\rho_{wR}}$ 进行适当的乘除后得到相似准数组：

$$\frac{L^2}{x_{iR}^2},\ \frac{\rho_{wR}K_{wor}g_R z_R L}{\mu_w R_k x_{iR}^2 v_{wR}},\ \frac{Q_{wR}L}{\rho_{wR}v_{wR}},\ \frac{S_{wr}}{\Delta S} \qquad (8-2-14)$$

(3) 无量纲化聚合物组分连续性方程：

$$\frac{c_{wpR}\rho_{wR}v_{wR}}{L}\frac{\partial}{\partial t_D}(c_{wpD}\rho_{wD}S_w^*)+\frac{c_{wpR}\rho_{wR}v_{wR}s_{wc}}{L\Delta S}\frac{\partial c_{wpD}\rho_{wD}}{\partial t_D}+$$

$$\frac{\rho_r(1-\phi)A}{(1+Bc_{pD})^2}\frac{v_{wR}\rho_{wR}c_{wpR}}{\phi L\Delta S}\frac{\partial}{\partial t_D}(\rho_{wD}c_{wpD})=$$

$$\sum_{i=1}^{3}\frac{D_R\phi\Delta S c_{wpR}\rho_{wR}}{x_{iR}^2}\frac{\partial}{\partial x_{iD}}(D_{wD}+D_{wpD}^*)\ S_w^*\frac{\partial(c_{wpD}\rho_{wD})}{\partial x_{iD}}+$$

$$\sum_{i=1}^{3}\frac{D_R\phi S_{wc}c_{wpR}\rho_{wR}}{x_{iR}^2}\frac{\partial}{\partial x_{iD}}(D_{wD}+D_{wpD}^*)\ \frac{\partial(c_{wpD}\rho_{wD})}{\partial x_{iD}}+$$

$$\sum_{i=1}^{3}\frac{c_{wpR}\rho_{wR}K_{wor}v_{wR}\mu_w LR_k}{\mu_w R_k x_{iR}^2 K_{wor}}\frac{\partial}{\partial x_{iD}}\left[c_{wpD}\rho_{wD}K_{wc}\frac{\partial(p_{wD})}{\partial x_{iD}}\right]+$$

$$\sum_{i=1}^{3}\frac{c_{wpR}\rho_{wR}K_{wor}g_R z_R}{\mu_w R_k x_{iR}^2}\frac{\partial}{\partial x_{iD}}\left[K_{wD}\frac{\partial}{\partial x_{iD}}(\rho_{wD}g_D z_D)\right] \qquad (8-2-15)$$

方程各项同乘以 $\dfrac{L}{v_{wR}c_{wR}\rho_{wpR}}$，经过适当的乘除后得到相似准数组：

$$S_w^*,\ \frac{S_{wc}}{\Delta S},\ \frac{\rho_r(1-\phi A)}{(1+Bc_{pD})^2\phi\Delta S},\ \frac{D_R\phi\Delta SL}{v_{wR}x_{iR}^2},\ \frac{\rho_{wR}K_{wor}g_R z_R}{\mu_w x_{iR}v_{wR}R_k},\ \frac{D_R\phi\Delta SL}{x_{iR}^2 v_{wR}},\ \frac{L}{x_{iR}^2} \qquad (8-2-16)$$

(4) 表面活性剂组分连续性方程：

$$\frac{c_{wsR}\rho_{wR}v_{wR}}{L}\frac{\partial}{\partial t_D}(c_{wsR}\rho_{wD}S_w^*)+\frac{C_{wsR}\rho_{wR}v_{wR}S_{wc}}{L\Delta S}\frac{\partial}{\partial t_D}(c_{wpD}\rho_{wD})+$$

$$\frac{c_{osR}\rho_{oR}v_{wR}}{L}\frac{\partial}{\partial t_D}(c_{osD}\rho_{oD}S_o^*)+\frac{c_{osR}\rho_{oR}v_{wR}S_{or}}{L\Delta S}\frac{\partial}{\partial t_D}(c_{opD}\rho_{oD})$$

$$=\frac{\rho_r(1-\phi)A}{(1+Bc_s)^2}\left[\frac{v_{wR}\rho_{wR}c_{wsR}}{\phi L\Delta S}\frac{\partial}{\partial t_D}(\rho_{wD}c_{wsD})+\frac{v_{wR}\rho_{oR}c_{osR}}{\phi L\Delta S}\frac{\partial}{\partial t_D}(\rho_{oD}c_{osD})\right]+$$

$$\sum_{i=1}^{3}\frac{D_R\phi\Delta S c_{wsR}\rho_{wR}}{x_{iR}^2}\frac{\partial}{\partial x_{iD}}(D_{wD}+D_{wsD}^*)\ S_w^*\frac{\partial(c_{wsD}\rho_{wD})}{\partial x_{iD}}+$$

$$\sum_{i=1}^{3} \frac{D_R \phi S_{wc} c_{osR} \rho_{oR}}{x_{iR}^2} \frac{\partial}{\partial x_{iD}} (D_{oD} + D_{osD}^*) \frac{\partial (c_{osD}\rho_{oD})}{\partial x_{iD}} +$$

$$\sum_{i=1}^{3} \frac{c_{wsR}\rho_{wR} K_{wor} v_{wR} \mu_w L R_k}{\mu_w R_k x_{iR}^2 K_{wor}} \frac{\partial}{\partial x_{iD}} \left[c_{wsD}\rho_{wD} K_{wc} \frac{\partial (p_{wD})}{\partial x_{iD}} \right] +$$

$$\sum_{i=1}^{3} \frac{c_{wsR}\rho_{wR} K_{wor} g_R z_R}{\mu_w R_k x_{iR}^2} \frac{\partial}{\partial x_{iD}} \left[K_{wD} \frac{\partial}{\partial x_{iD}} (\rho_{wD} g_D z_D) \right]$$

$$\sum_{i=1}^{3} \frac{c_{oR}\rho_{oR} K_{owc} v_{oR} \mu_o L R_k}{\mu_o R_k x_{iR}^2 K_{wor}} \frac{\partial}{\partial x_{iD}} \left[c_{osD}\rho_{oD} K_{wc} \frac{\partial (p_{oD})}{\partial x_{iD}} \right] +$$

$$\sum_{i=1}^{3} \frac{c_{osR}\rho_{oR} K_{owc} g_R z_R}{\mu_o R_k x_{iR}^2} \frac{\partial}{\partial x_{iD}} \left[K_{oD} \frac{\partial}{\partial x_{iD}} (\rho_{oD} g_D z_D) \right] \qquad (8-2-17)$$

方程各项分别乘以 $\dfrac{L}{v_{wR} c_{wR} \rho_{wpR}}$ 经过适当乘除后得到相似准数：

$$\frac{S_{wc}}{\Delta S}, \quad \frac{c_{os}\rho_{oR}}{c_{wsR}\rho_{wR}}, \quad \frac{c_{os}\rho_{oR} S_{oR}}{c_{wsR}\rho_{wR} \Delta S}, \quad \frac{\rho_r (1-\phi) A}{(1+Bc_{sD})^2 \phi \Delta S},$$

$$\frac{\rho_r (1-\phi) A c_{osR}\rho_{oR}}{(1+Bc_{sD})^2 \phi \Delta S c_{wsR}\rho_{wR}}, \quad \frac{D_R \phi \Delta S L}{x_{iR}^2 v_{wR}}, \quad \frac{D_R \phi S_{wc} L}{x_{iR}^2 v_{wR}}, \qquad (8-2-18)$$

$$\frac{\rho_{ooR} K_{wor} g_R z_R L}{\mu_o x_{iR}^2 v_{wR}}, \quad \frac{c_{osR}\rho_{oR} K_{owc} g_R z_R}{c_{wsR}\rho_{wR} K_{wor} \mu_o x_{iR}^2}, \quad \frac{c_{osR}\rho_{oR}^2 K_{owc} g_R z_R}{c_{wsR}\rho_{wR} v_{wR} \mu_o x_{iR}^2}, \quad \frac{L}{x_{iR}^2}$$

（5）无量纲饱和度方程：

$$S_w^* + S_o^* = 1 \qquad (8-2-19)$$

（6）无量纲毛细管力方程：

$$\Phi_{oD} - \Phi_{wD} = J(S_w^*) - \frac{\Delta \rho g x_{3R}}{\sigma \cos \sqrt{\dfrac{\varphi}{k}}} \qquad (8-2-20)$$

（7）无量纲边界条件：

$$\frac{A_{inj} K_{wor} \sigma \cos\theta \sqrt{\dfrac{\phi}{k}}}{\mu_{wR} x_{lR} Q_{wR} R_f} \int_0^1 \frac{K_{wD}}{R_{kD} \mu_{wD}} \frac{\partial \Phi_w}{\partial x_{1R}} \mathrm{d}x_{3D} = 1 \qquad (8-2-21)$$

（8）无量纲初始条件：

$$S_{wD}(t_D = 0, x_D, y_D, z_D) = S_{wiD}(x_D, y_D, z_D)$$
$$S_{oD}(t_D = 0, x_D, y_D, z_D) = S_{wiD}(x_D, y_D, z_D) \qquad (8-2-22)$$
$$P_{wD}(t_D = 0, x_D, y_D, z_D) = P_{wiD}(x_D, y_D, z_D)$$

至此，可以得到相似准则如下：

$$\frac{K_{owc}\mu_w R_k}{K_{wor}\mu_o}, \quad \frac{x_R}{y_R}, \quad \frac{x_R}{Z_R}, \quad \frac{\rho_{oR} K_{owc} g_R z_R}{\mu_o x_R v_{wR}}, \quad \frac{Q_{oR} L}{\rho_{oR} v_{oR}}, \quad \frac{S_{or}}{\Delta S}, \quad \frac{\rho_{wR} K_{wor} g_R z_R}{\mu_w x_R v_{wR} R_k}$$

$$\frac{Q_{wR}L}{\rho_{wR}v_{wR}},\ \frac{S_{wr}}{\Delta S},\ \frac{\rho_r(1-\phi)A}{(1+Bc_{pD})^2\phi\Delta S},\ \frac{D_{RP}\phi\Delta SL}{x_R^2 v_{wR}},\ \frac{c_{os}\rho_{oR}}{c_{wsR}\rho_{wR}},\ \frac{\rho_r(1-\phi)A}{(1+Bc_{sD})^2\phi\Delta S} \quad (8-2-23)$$

$$\frac{K_{owc}\sigma\cos\theta\sqrt{\phi/k}}{x_R\mu_w v_{wR}},\ \frac{S_w}{S_{wR}},\ \frac{S_o}{S_{oR}},\ \frac{p_o}{p_{oR}},\ \frac{Q_{wR}t}{\phi HL^2\Delta S},\ \frac{\Delta p_w}{Q\mu_w/Hk_{wro}},\ \frac{D_{RS}\phi\Delta SL}{x_R^2 v_{wR}}$$

上述相似准则的物理意义如下：

$\dfrac{x_{lR}}{y_R},\ \dfrac{x_R}{z_R}$ 分别为模型的长宽比和长高比；

$\dfrac{K_{owc}\mu_w R_k}{K_{wor}\mu_o}$ 为考虑渗透率降低系数的水油流度比；

$\dfrac{K_{owc}\rho_{oR}g_R z_R}{x_R v_{wR}\mu_o}$ 和 $\dfrac{K_{wor}\rho_{wR}g_R z_R}{x_R\mu_w v_{wR}R_k}$ 分别为束缚水饱和度条件和残余油饱和度条件下的重力与驱动力之比；

$\dfrac{Q_{oR}L}{\rho_{oR}v_{wR}}$ 和 $\dfrac{Q_{wR}L}{\rho_{wR}v_{wR}}$ 分别为无量纲产油量和产水量；

$\dfrac{S_{or}}{\Delta S}$ 和 $\dfrac{S_{wc}}{\Delta S}$ 分别为残余油饱和度和束缚水饱和度与原始含油饱和度之比；

$\dfrac{S_{wi}}{S_{wR}}$ 为不同方向含水饱和度与平均含水饱和度之比；

$\dfrac{p_{oi}}{p_{oR}}$ 为不同方向油相压力与油相平均压力之比；

$\dfrac{\rho_r(1-\phi)A}{(1+Bc_{pD})^2\phi\Delta S}$ 和 $\dfrac{\rho_r(1-\phi)A}{(1+Bc_{sD})^2\phi\Delta S}$ 为可及体积内的聚合物和表面活性剂无量纲吸附量；

$\dfrac{D_{RP}\phi\Delta SL}{v_{wR}x_R^2}$ 和 $\dfrac{D_{RS}\phi\Delta SL}{v_{wR}x_R^2}$ 为聚合物和表面活性剂在不同方向的扩散速度与驱替速度的比；

$\dfrac{c_{osR}\rho_{oR}}{c_{wsR}\rho_{wR}}$ 为表面活性剂在油水相中的浓度比；

$\dfrac{K_{owc}\sigma\cos\theta\sqrt{\phi/K}}{x_R\mu_w v_{wR}}$ 为毛细管力（含润湿性影响）与黏滞力之比；

$\dfrac{Q_{wR}t}{\phi HL^2\Delta S}$ 为无量纲累积产水；

$\dfrac{\Delta p_w}{Q\mu_w/Hk_{wor}}$ 为无量纲注入压差。

由于化学复合驱油的机理比较复杂，控制化学剂在油层中渗流的因素比较多，因此要想在一个物理模型或一次物理模拟实验中使所有机理和控制因素都得到模拟是非常困难的，甚至是不可能的。必须根据实验目的和条件的不同力求实现最主要的相似准则而放宽一些准则，然后进行实验模型的设计。可以根据各种情况，列出不同的相似准则群，例如：相同孔隙介质、相同流体、相同压力降、几何相似、相同温度；相同孔隙介质、相同流体、相同压力降、相同温度，而几何相似准则放宽；相同流体、相同温度，不同孔隙介质、不同压力降，而几何相似放宽；相同孔隙介质、相同流体、相同温度，几何相似，不同压力降，等等。例如：对于相同孔隙介质、相同流体、相同温度，几何相似，不同压力降相似准则群组的模拟如下：

取 $x_{lR}=L,\ y_R=W,\ z_R=H$，那么，能满足的相似准则是：

$$\frac{L}{W}, \frac{L}{H}, \frac{S_{wi}}{S_{wR}}, \frac{S_{wc}}{\Delta s}, \frac{\rho_r (1-\phi) A}{(1+Bc_{sD})^2 \phi \Delta S}, \frac{\rho_r (1-\phi) A}{(1+Bc_{pD})^2 \phi \Delta S},$$

$$\frac{HK_{wro}\Delta p_w}{Q_{wR}\Psi v_{wR}^{n-1}}, \frac{K_{owc}R_k\Psi v_{wR}^{n-1}}{K_{wor}\mu_o}, \frac{Q_{wR}t}{H\phi L^2 \Delta S} \qquad (8-2-24)$$

这种模拟条件下,原型和模型的相对渗透率曲线相同,具有相同的流度比,模拟流体黏度和驱油剂的吸附。但由于压力降不同,使得与压力有关的属性不能精确模拟,且不能模拟毛细管力、重力和弥散现象。

令原型与模型的比例常数为 $r(L) = \frac{L_{原型}}{L_{模型}} = a$,则

(1) 原型和模型的 K, ϕ, K_{owc}, K_{wro}, $\Delta \rho$, R_f, μ_o, ΔS, A, B, c_{sD}, c_{pD}, S_{or}, S_{wi}, v_{wR} 相同;

(2) 原型和模型的几何尺寸和驱替压力分别取: $r(w)=a$, $r(H)=a$, $r(\Delta P_{wR})=a$;

(3) 原型与模型的注入流量和时间变化分别取: $r(Q_{wR})=a^2$, $r(t)=a$。

化学复合驱油相似准则的敏感性分析表明,影响化学复合驱油机理模型与原型模拟结果的主要相似准则是:

$\frac{K_{owc}\sigma\cos\theta \sqrt{\phi/K}}{x_R\mu_w v_{wR}}$ 毛细管力(含润湿性影响)与黏滞力项;

$\frac{K_{owc}}{K_{wor}}$ 相对渗透率项;

$\frac{\rho_r (1-\phi) A}{(1+Bc_{pD})^2 \phi \Delta S}$ 和 $\frac{D_{RS}\phi \Delta SL}{v_{wR} x_R^2}$ 聚合物和表面活性剂在不同方向的扩散速度与驱替速度项;

$\frac{K_{owc}\mu_w R_k}{K_{wor}\mu_o}$ 流度项;

$\frac{S_{or}}{\Delta S}$ 和 $\frac{S_{wc}}{\Delta S}$ 分别为残余油饱和度和束缚水饱和度与原始含油饱和度项;

$\frac{Q_{aPR}}{Q_{aWR}}$ 无量纲注入量项。

第一项反映了界面张力降低和润湿性改变的机理,第二至五项反映了流度比改善的机理。

8.3 聚合物驱油物理模拟相似准数的确定方法

8.3.1 聚合物驱油的流动机理

在第四章第二节中已经详细地阐述了聚合物驱油的机理,公认的驱油机理是由于驱替剂黏度的增加,从而增加了驱油剂的纵向和横向波及效率。这导致了油层岩石对于水的有效渗透率的降低,而对油的有效渗透率没有影响。Bondor 等人用数学方法描述了聚合物在多孔介质中的吸附,并用显式格式数值模拟了吸附过程。Satter 等人用隐式格式数值模拟了聚合物的吸附过程。但是,只考虑聚合物的吸附不能完整解释水的有效渗透率降低的原因。事实上,机械滞留、扩散和耗散及其他复杂现象,也同样对水相渗透率的降低有显著影响。综合吸附、机械滞留、扩散和耗散以及黏度的影响的综合参数是"阻力系数"(RF)。在聚合物驱替过程中,当纵向渗流速度很小时,聚合物的耗散现象占主导地位;相

反，较大渗流速度时扩散占主导地位。Pozzi 和 Blackwell 指出要模拟横向扩散需要一个很大的实验室模型和很长的实验过程，这在实际上难以实现。他们指出，在某些特殊的情况下，几何相似准则和重力相似准则可以放宽以满足上述需要。

Bear 和 Bachmat 提出在各向同性介质中平行流动正交坐标系统，扩散张量为：

$$D = \begin{bmatrix} D_L & 0 & 0 \\ 0 & D_T & 0 \\ 0 & 0 & D_T \end{bmatrix} \tag{8-3-1}$$

Pekins 和 Johnston 进一步通过下列方程定义扩散系数：

$$D_T = D^*/F\phi + 0.0157 v_k d_p \tag{8-3-2}$$

$$D_L = D^*/F\phi + 0.5 v_k d_p \tag{8-3-3}$$

研究表明聚合物段塞前后沿的不稳定流动在该系统中的模拟是很困难的。

8.3.2 聚合物驱油的流动方程

聚合物驱油过程实际上是一个油和相两相流动过程，油相仅含油，水相包含着水和聚合物。因此，水与油，或聚合物与油之间的质量交换可以忽略。另外还要进行以下假设：

(1) 聚合物溶液在均质各相同性的多孔介质中是绝热流动；
(2) 地层水、聚合物溶液配置水、驱替水都有相同的物理特性；
(3) 由于聚合物的亲水特性使聚合物只在水中溶解或水解；
(4) 渗流符合 Darcy's 和 Fick's 定律；
(5) 扩散可用类似于 Fick's 方程描述；
(6) 聚合物的吸附、解吸附和滞留是同时发生的，吸附量与岩石的吸附能力有关。

基于以上假设，不同组分的质量平衡方程有以下形式：

油相的质量平衡方程：

$$\frac{\partial}{\partial t}(\phi S_l \rho_l) = \nabla \left[\frac{\rho_l}{\mu_l} K_l (\nabla p_l + \rho_l g \nabla z)\right] \tag{8-3-4}$$

聚合物的传输方程：

$$\frac{\partial}{\partial t}(\phi S_a C_{ap} \rho_a) + \frac{\rho_r (1-\phi)}{(1+BC_p)^2} \frac{A_P}{\partial t} \frac{\partial}{\partial t}(\rho_a C_{ap})$$

$$= \nabla \left[(D_a + D_{ap}^*) \phi S_a \nabla (C_{ap} \rho_a)\right] + \nabla \left[C_{ap} \rho_a \frac{K_a}{\mu_a} (\nabla p_a + \rho_a g \nabla z)\right] \tag{8-3-5}$$

水的质量平衡方程：

$$\frac{\partial}{\partial t}(\phi S_a C_{ap} \rho_a) = \nabla \{[D_a + D_{aW}^* \phi S_a \nabla (C_{ap} \rho_a)] + (C_{aW} \rho_a)\}$$

$$+ \nabla \left[C_{aW} \rho_a \frac{K_a}{\mu_a} (\nabla p_a + \rho_a g \nabla z)\right] \tag{8-3-6}$$

8.3.3 聚合物驱油的边界条件和初始条件

边界条件：

$$\rho_a v_{an} = -\frac{\rho_a K_a}{\mu_a}(\nabla_n p_a + \rho_a g \nabla_n z) = 0 \qquad (8-3-7)$$

$$\rho_l v_{ln} = -\frac{\rho_l K_l}{\mu_l}(\nabla_n p_l + \rho_l g \nabla_n z) = 0 \qquad (8-3-8)$$

注入井：

$$\int_{A_{inj}} \rho_a \frac{K_a}{\mu_a}(\nabla p_a + \rho_a g \nabla z) \, dA = Q_{aW} + Q_{aP} \qquad (8-3-9)$$

生产井：

$$p_l = p_{lprod} \qquad (8-3-10)$$

$$p_a = p_{lprod} + p_{cla} \qquad (8-3-11)$$

初始条件：

$$S_a(0, x_1, x_2, x_3) = S_{ai}(0, x_1, x_2, x_3) \qquad (8-3-12)$$

$$S_l(0, x_1, x_2, x_3) = S_{li}(0, x_1, x_2, x_3) \qquad (8-3-13)$$

$$p_a(0, x_1, x_2, x_3) = p_{ai}(0, x_1, x_2, x_3) \qquad (8-3-14)$$

聚合物的本构关系和约束条件如：

(1) $S_a + S_l = 1$
(2) $C_{ap} + C_{aW} = 1$
(3) $\rho_l = \rho_l(P_l)$
(4) $\rho_a = \rho_a(P_a, C_{aP})$
(5) $\mu_l = \mu_l(P_l)$
(6) $\mu_a = \mu_a(P_a, C_{aP})$
(7) $p_a = p_l - p_{lca}(S_a)$
(8) $\rho_r = $ constant

(9) $g = $ constant
(10) $K_l = K_l(S_a, R^1)$
(11) $K_a = K_a(S_a, R)$
(12) $D_a + D_{aW} = D_{aW}(D_{Law}, D_{Taw})$
(13) $D_a + D_{ap} = D_{ap}(D_{Lap}, D_{Tap})$
(14) $z = z(x_1, x_2, x_3)$
(15) $\rho_r = $ constant

$$(8-3-15)$$

引入"阻力系数"（RF）"剩余阻力系数"（RRF）修正油层岩石对聚合物段塞后续驱替水的渗透率变化：

$$K_{imod} = K_{li}/RF \qquad (8-3-16)$$

$$K_{a\,mod} = K_{ai}/RF \qquad (8-3-17)$$

$$R = 1 + (RRF - 1) C_{rp}/C'_{rp} \qquad (8-3-18)$$

$$RRF = \frac{K（聚合物驱前）}{K（聚合物后）} \qquad (8-3-19)$$

8.3.4 聚合物驱油的相似准则

将上面各方程、边界条件和初始条件无量纲化，得到一系列无量纲相似准数。由于相似准数太多，不可能同时满足所有的相似准数。因此为了比例模拟驱替过程，有的相似准数必须放松来满足系统出现的主要现象。可以根据各种情况，列出不同的相似准则，如：相同流体、不同孔隙介质、不同压力降的相似准数为：

$$\frac{W}{L}, \frac{\mu_{1R} K_{aR}}{\mu_{aR} K_{lR}}, \frac{\rho_{lR}}{\rho_{aR}}, \frac{Q_{aPR}}{Q_{aWR}}, \phi_R, \frac{S_{aiR}}{S_{aR}}, \frac{p_{liR}}{p_{lR}}, \frac{\rho_{rR} A_{PR}}{S_{aR}}, \frac{p_{prod}}{p_{lR}}, \frac{A_{injR}}{L^2}, RF,$$

$$\frac{H}{L}, \frac{\rho_{aR} g_R L}{p_{aR}}, BC_{aPR}, \frac{Q_{awR} Q_{aR}}{K_{aR} p_{aR} \rho_{aR} L}, \frac{S_{aR} D^*_{aPR} \mu_{aR}}{K_{aR} p_{aR} F_R}, \frac{D^*_{aPR}}{D^*_{aWR}}, \frac{C_{aPR}}{C_{aWR}} \quad (8-3-20)$$

式中 $\dfrac{W}{L}$ ——模型的长宽比；

$\dfrac{\mu_{1R} K_{aR}}{\mu_{aR} K_{lR}}$ ——水油流度比；

$\dfrac{\rho_{lR}}{\rho_{aR}}$ ——油水密度比；

ϕ_R ——孔隙度；

$\dfrac{Q_{aPR}}{Q_{aWR}}$ ——无量纲聚合物注入量；

$\dfrac{S_{aiR}}{S_{aR}}$ ——无量纲油水相饱和度；

$\dfrac{p_{liR}}{p_{lR}}$ ——不同相的压力比；

$\dfrac{\rho_{rR} A_{PR}}{S_{aR}}$ ——吸附量；

$\dfrac{p_{prod}}{p_{lR}}$ ——注聚压力与油相压力比；

$\dfrac{A_{injR}}{L^2}$ ——注入面积比；

RF ——渗透率降低系数；

$\dfrac{H}{L}$ ——模型的长高比；

$\dfrac{\rho_{aR} g_R L}{p_{aR}}$ ——重力与驱动力比；

BC_{aPR} ——无量纲聚合物滞流量；

$\dfrac{Q_{awR} Q_{aR}}{K_{aR} p_{aR} \rho_{aR} L}$ ——无量纲注入能力；

$\dfrac{S_{aR} D^*_{aPR} \mu_{aR}}{K_{aR} p_{aR} F_R}$ ——孔隙内聚合物扩散速度与驱替速度的比；

$\dfrac{D^*_{aPR}}{D^*_{aWR}}$ ——无量纲扩散张量；

$\dfrac{C_{aPR}}{C_{aWR}}$ ——无量纲聚合物浓度。

如上所示，在进行模拟时几何准则、黏性准则和重力准则条件是满足的，然而模型和原型之间的压力降是不同的，因此，导致了模型和原型之间的孔隙介质不同。这种方法也不能模拟扩散和毛细管力的作用，同时由于不同多孔介质特性的变化，残余油饱和度、阻力系数、吸附和相对渗透率的比例模拟也难以实现。为了使模型和原型之间的 RF 一样，模型与原型的聚合物溶液相对段塞尺寸必须一支。若模型与原型在长度方向上比例系数取为"a"时，其他相似准数就意味着有如下的比变化：

H，W，$\Delta p_{\max}$，$(p_1 - p_{\text{prod}})$，W_{aP}，W_{aW} 必须减少"a"倍；

K 必须增加"a"倍；

t 必须减少"a^2"倍。

聚合物驱油相似准则的敏感性分析表明，影响聚合物驱油机理模型与原型模拟结果的主要相似准数是：

$\mu \dfrac{\mu_{\text{lR}} K_{\text{aR}}}{\mu_{\text{aR}} K_{\text{lR}}}$ 为水油流度比；

$\dfrac{S_{\text{aiR}}}{S_{\text{aR}}}$ 为无量纲油水相饱和度；

$\dfrac{Q_{\text{aPR}}}{Q_{\text{aWR}}}$ 为无量纲聚合物注入量；

$\dfrac{K_{\text{aR}}}{K_{\text{lR}}}$ 为相对渗透率项；

$\dfrac{\rho_{\text{rR}} A_{\text{PR}}}{S_{\text{aR}}}$ 为吸附量项。

8.4 化学驱油物理模拟实验

室内化学驱油模拟实验的主要内容就是依据相似准则模拟实际油田的石油地质、开发地质、油层物理等相关条件，建立室内进行物理模拟实验的油层模型、模拟原油、模拟地层水和注入水、模拟驱油剂和相应的水动力学及物理化学渗流条件，依据相似准则进行驱替实验。将实验数据转换成相似准则并由此折算到实际油田的注入、开采等相关资料信息。然而，由于实际油田化学驱油非常复杂，要想在一个物理模型或者一次物理模拟实验过程中，满足所有的相似准则，是十分困难的，甚至是根本做不到的。只能够根据实验的目的和条件的不同放弃一些相似准则，仅只实现那些必要的相似准则。

在进行提高石油采收率室内物理模拟试验时需要模拟的主要现象可以归结为：

8.4.1 水质模拟

实验用水包括配制驱油剂的水、注入水和饱和油层岩心的地层束缚水。为了简便起见，可以采用油田实际注入水作为化学驱油剂配制水和后续注入水，取自油层的地层水作为饱和岩心的地层束缚水。但是经常采用的是根据水质化验分析结果得到的注入水和地层水的各种离子组成，实验室内配制相同矿化度和离子组成的模拟注入水、化学剂配制水和地层水。

8.4.2 原油模拟

模拟实验用油通常为采自油田的原油油样，但是考虑到取样过程中由于压力和温度的变化原油样品已经脱气，使得原油黏度增加，为了避免驱替过程中流度比造成的误差，可以根据等效碳原子数即 $EACN$ 值（参见第五章中有关表面活性剂驱油相态平衡的论述）配制模拟油，替代原油作为模拟油层岩心的饱和油。在进行混相驱油时通常根据原油组分（主要是气相烃和液相烃）组成进行高压配样，以代替油层原油。

8.4.3 油层模型

作为室内物理模拟驱油实验的载体——油层岩石模型是室内进行模拟的主题，主要模拟的是几何准则 $\frac{W}{L}$、渗透率准则 $\frac{K_{aR}}{K_{lR}}$、饱和度准则 $\frac{S_{aiR}}{S_{aR}}$。要实现模型与原型的完全相似实际上是不可能的，通常是保持模型和原型的渗透率、饱和度相似，或者一致的原则，而放宽几何准则的相似。通常使用的油层模型有如下类型：

（1）根据形状分为：线性模型，即一维模型；平面模型，即二维模型；

（2）根据岩石的物性均质状况又分为：渗透率均质模型；渗透率非均质模型。非均质模型又分为：层状非均质模型（垂向上渗透率非均质分布）；线性非均质模型（沿驱替方向渗透率非均质分布）；

（3）根据制备材料分为：天然岩心模型，取自油层的岩心或取自地层地面露头的岩心制备的模型；人造模型，由石英砂和相应的矿物（例如泥土胶结物）人为制作的模型。根据制备方法人造模型又分为：疏松（或非胶结）模型，石英砂和矿物经压实而成的模型；胶结模型，石英砂和矿物经由环氧树脂成型胶结的模型等。

（4）根据实验技术分为：宏观几何尺寸模型和微观模型；微观模型通常分为岩心光刻蚀模型和石英、树脂胶结模型。

油层模型制备完成后，模拟温度准则和压力准则，进行驱替实验模拟束缚水饱和度和原始原油饱和度，同时确定油、水相对渗透率曲线。

8.4.4 模型实验

将制备好的油层模型置于相应的温度、压力（根据温度准则和压力准则）下，根据不同的实验要求进行驱替实验，实验过程中准确测量和记录压力变化，测量油、水、化学溶剂流量和含量的变化，测量油层模型中饱和度的变化等。模型实验的关键是 $\mu\frac{\mu_{lR}K_{aR}}{\mu_{aR}K_{lR}}$（水油流度比）、$\frac{Q_{aPR}}{Q_{aWR}}$（无量纲注入量）、$\frac{D_{RP}\phi\Delta SL}{v_{wR}x_R^2}$ 和 $\frac{D_{RS}\phi\Delta SL}{v_{wR}x_R^2}$（聚合物和表面活性剂在不同方向的扩散速度与驱替速度的比）的模拟。

实验过程中进行油、水和各种驱油剂的准确计量以及驱替过程中模型内流体饱和度的测量和计算。目前采用的流量计量方法是：容积法、重量法等。流出液计量器中液面的探测方法有：电阻法、激光法和红外光谱法等。模型中饱和度的探测方法有：电极电阻法、微波吸收衰减法、放射性同位素剂量计量法、核磁共振法等。随着科学技术的发展，这些方法同计算机技术结合，已经开发出了一系列的先进的在线测量和计量仪器设备。

将物理模拟试验取得的各种数据和参数，特别是数值模拟计算方法得到的参数进行对照，转换为原型的参数，从而进行预测和评估驱油动态和效果。

8.5 表面活性剂的检测方法

8.5.1 石油磺酸钠的定量分析

8.5.1.1 石油磺酸钠的组分组成分析

（1）样品和试剂。水溶性石油磺酸盐（以下称活性物）用 Gale 的方法提纯，油溶性石油磺酸盐（以下称活性物）和未磺化油用 ASTMD3712—78 方法提纯。石油醚（30～60℃），分析纯。无水硫酸钠、氯化钠、无水乙醇、异丙醇和正戊烷等均为分析纯。

（2）操作步骤。

①无机盐分离。把提纯的水溶性活性物和未磺化油及无机盐按一定比例配好作为标准样品。称取总重约5g的样品于已恒重的烧杯中，用 10ml 热乙醇溶解，将烧杯中的可溶部分用已恒重的砂心漏斗过滤，留在杯中的不溶物用 5ml 热乙醇和石油醚交替洗涤 3～4 次，收集滤液于另一杯中，除去溶剂待用。把盛有不溶物的烧杯及漏斗一起放入 110～120℃的烘箱中恒重（约 2h），称重并计算无机盐含量，用下式计算无机盐回收率：

无机盐的回收率（%）=［杯中水溶物（g）+漏斗增重（g）］/无机盐的加入量（g）×100%

②活性物和未磺化油的分离。以每克加 20ml 混合溶剂（50%异丙醇—水，体积比）的比例配成溶液，转移到分液漏斗中，用正戊烷多次萃取，至上层液为浅黄色为止。将上层液合并，下层液收集到恒重的三角瓶Ⅰ中。

把上层液再次转移到分液漏斗中，用等体积的 50%的异丙醇—水溶液萃取，把下层液合并收集到瓶Ⅰ中，上层液收集到恒重的瓶Ⅱ中，除去溶剂，恒重。计算活性物和未磺化油的回收率：

活性物回收率（%）=瓶Ⅰ的增重（g）/活性物的加入量（g）×100%

未磺化油的回收率（%）=瓶Ⅱ的增重（g）/未磺化油的加入量（g）×100%

（3）实际样品分离流程。首先分离无机盐，因为它会妨碍活性物与未反应油的分离。本方法使用反萃取法使已溶在有机相的少量高当量活性物得以重新回收，从而提高了分析的准确度。分离流程见图 8-5-1。

8.5.1.2 两相滴定法定量分析石油磺酸盐

（1）两相滴定机理。阴离子和阳离子表面活性剂之间以等当量关系进行反应，生成 1:1 的盐。这种盐不溶于水或略溶于水，而易溶于氯化烃。因此，在滴定反应中可加入三氯甲烷等有机溶剂，并选择一些水溶性的染料。这种染料可与阳离子（或阴离子）表面活性剂生成不溶于水（或微溶于水）而溶于有机溶剂的有色化合物，利用此有色化合物的生成和相转移确定滴定终点。

当所用指示剂为碱性染料（如亚甲兰）时，在滴定前加入的指示剂（D^+Cl^-）与水溶液中的阴离子表面活性剂（An^-）形成少量的带色的 1:1 的盐 An^-D^+，这种盐被萃取到有机相中去。当用阳离子表面活性剂（Cat^+）滴定阴离子表面活性剂时，两者也形成一种能被萃取到有机相中去的 1:1 的盐（An^-Cat^+），滴定到终点时，由于游离的阴离子活性剂离子 An^- 已反应完，加入的阳离子活性剂 Cat^+ 就开始从 An^-D^+ 中取代指示剂 D^+，当被

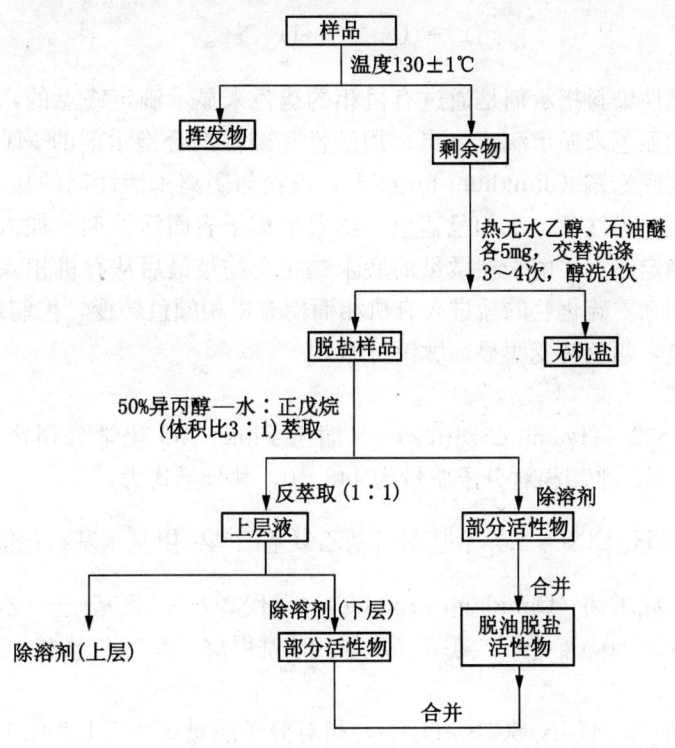

图 8-5-1 石油磺酸盐组分分析分离流程示意图

取代的游离指示剂反回水相时,有机相的颜色也就消失。上述反应式如下:

$$An_{aq}^- + D_{aq}^+ \longrightarrow An^-D_{org}^+ \tag{8-5-1}$$

$$An_{aq}^- + Cat_{aq}^+ \longrightarrow An^-Cat_{org}^+ \tag{8-5-2}$$

$$An_{aq}^-D_{org}^+ + Cat_{aq}^+ \longrightarrow An^-Cat_{org}^+ + D_{aq}^+ \tag{8-5-3}$$

由于以有机相蓝色完全退去作为终点,褪色过程缓慢,终点不够敏锐。故 Epton 取两相一致时为终点,如前所述由于终点时阴离子表面活性剂没有完全反应,导致结果偏低,其滴定剂消耗偏低值,可用下式进行修正计算:

$$\Delta V = \frac{V_1}{V_2 + V} \times \frac{C_B}{C_A} \cdot V_3 \tag{8-5-4}$$

式中 ΔV——阳离子滴定剂消耗修正值,ml;

V_1——三氯甲烷(有机相)体积,ml;

V_2——水相体积,ml;

V_3——加入(亚甲兰)指示剂体积,ml;

V——滴消耗阳离子滴定剂体积,ml;

C_B——指示剂(亚甲兰)溶液浓度,克分子/L;

C_A——阳离子滴定剂溶液浓度,克分子/L。

当所用的指示剂为酸性染料(如溴酚蓝)时,它的阴离子 D^- 在滴定期间仍留在水相中,所以有机相是无色的,当达到滴定终点时,稍为过量的阴离子表面活性剂与 D^- 反应,生成一种被萃取到有机相去的、并使有机相着色的 D^-Cat^+,如式(8-5-5):

$$D_{aq}^- + Cat_{aq}^+ \longrightarrow D^-Cat_{org}^+ \tag{8-5-5}$$

也就是说，碱性染料指示剂是通过有机相的褪色来显示滴定终点的，而酸性染料指示剂是通过有机相的显色来显示滴定终点。用酸性和碱性混合指示剂的M1法，由于有机相和相分别溶有碱性底米鎓（dimidium bromide）染料与阴离子活性剂的盐和二硫化兰染料，所以开始时有机相呈粉红色，水相呈蓝色，随着阳离子表面活性剂的加入，有机相的粉红色逐渐变浅，在滴定终点，由于在微量的底米鎓化合物被最后从有机相除去之前有微量的阴离子表面活性剂和二硫化兰的盐进入有机相而使有机相颜色转变，控制两种染料的比例，就可使终点呈灰色，颜色转变明显，敏锐可靠。

（2）试验方法。

试剂：海明1622（Hgamine-1622）（瑞士Fluka AG化学公司产品）活性物含量98%；含水小于1%，平均相对分子质量为448.10，其分子式为：

$C_{27}H_{42}ClNO_2$ 二异丁基苯氧基乙氧基乙基二甲基苄基氯化铵

混合指示剂：底米鎓（Dimidium bromide）（溴代2'7—二氨基—9—苯基—10甲基菲啶盐）和二硫化兰VN150（4'4''—二氨基二乙基三苯基甲烷—2，4二磺酸盐）均为Fluka AG化学公司产品。

亚甲兰指示剂：$C_{16}H_{18}N_3SCl \cdot 3H_2O$，相对分子质量373，北京化工厂产品。纯度不低于98.5%。

其他试剂：氯仿（A.R.）、无水乙醇（A.R.）、浓硫酸（相对密度1.83，A.R.）和无水硫酸钠（A.R.）。

①MI两相滴定法。

指示剂的配制：将0.05 ± 0.0005g的底米鎓和0.025 ± 0.0005g的二硫化兰（Disulfine blueVN150）分别溶于2.5ml的10%热乙醇溶液中，再将两种溶液转入25ml容量瓶中，加水稀释至刻度，此为指示剂储液，再用含有2ml（5N）H_2SO_4的蒸馏水和2ml上述指示剂储备液混合并稀释至50ml。

滴定剂的配制：称取105℃下干燥过夜的海明1622溶液2.283 ± 0.001g。溶入蒸馏水中，稀释至1000ml，则得0.005mol/L的海明1622溶液。

测定步骤：准确吸取中和至中性的样品5～20ml于100ml具塞量筒中，加入15ml氯仿、10ml蒸馏水、10mlMI指示剂溶液，在微量滴定管（刻度0.05ml）中加入一定量的滴定液，摇荡30s，然后静止分层，下层呈淡红色，继续滴定，开始时每次加入1ml，接近终点时，一滴滴地加入。每次加入后，剧烈摆动，直至下层氯仿的淡红色退去，现灰蓝色，滴定至终点。记录滴定剂耗量（V_0）。

计算：被滴定的阴离子表面活性剂浓度按下式进行计算：

$$C = \frac{V_0 \times C_0}{V} \tag{8-5-6}$$

式中　C——被滴定阴离子表面活性剂溶液浓度，mol/L；

V_0——消耗滴定剂的体积，ml；

C_0——滴定剂浓度，mol/L；

V——取样体积，ml。

②MB 两相滴定法。

指示剂的配制：准确称取 0.030g 亚甲兰，用蒸馏水溶于 1000ml 容量瓶中，再加 6.8ml 浓硫酸（相对密度 1.84）和 50g 无水硫酸钠摇动至溶解，加水稀释至刻度。

滴定剂的配制：称取 105℃ 下干燥过夜的海明 1622 质量为 2.283±0.001g 溶于蒸馏水中稀释至 1000ml。

测定步骤：准确吸取已中和至中性的样品 5~20ml（相当于 25ml 亚甲兰指示剂），如样品体积不到 20ml，加蒸馏水补足至 20ml。由滴定管（刻度 0.05ml）中加入滴定剂开始时每次加 1ml 摇荡 30s 静置分层，下层呈蓝色，用滴定剂继续滴定，快到终点时，逐滴慢慢加入，每次加入滴定剂后剧烈摇动 30s，静置分层后，观察两层颜色，静置 1min 后，由一个白色背景反射的光观察两层颜色相同则到达终点，滴定过量时，氯仿层的蓝色比水层浅，记录滴定剂耗量。

计算：被滴定的阴离子表面活性剂浓度按下式计算：

$$C = \frac{V' + \Delta V}{V} \times C' \qquad (8-5-7)$$

式中　　C——阴离子活性剂的克分子浓度，mol/L；
　　　　C'——滴定剂的克分子浓度，mol/L；
　　　　V——取样量，ml；
　　　　V'——消耗滴定剂体积，ml；
　　　　ΔV——修正值，ml。

$$\overline{\Delta V} = \frac{15}{2\,(45 \times V)} \times \frac{0.000089}{C'} \times 25 \;(\text{ml})$$

8.5.1.3　选择性电极法——电位滴定法定量分析烷基苯磺酸钠

中国石油勘探开发研究院和中国科学院上海有机化学所研制了选择性电极法定量分析石油磺酸盐（包括烷基苯磺酸盐）的方法，方法的主要程序和条件如下：

(1) 原理。

液膜型阴离子表面活性剂选择性电极为指示电极，饱和甘汞电极为参比电极，当水中存在直链烷基苯磺酸钠（LAS）等阴离子表面活性剂时，产生电位响应。用三辛基甲基氯化铵（或苄基十四烷基二甲基氯化铵）为滴定剂，用于定终点测电位滴定试样水中烷基苯磺酸钠（LAS）。水中氯化钠、硫酸钠、三聚磷酸钠等无机盐和非离子表面活性剂对本法没有干扰。测定结果用浓度值（mg/L）表示。

(2) 仪器。

离子计或精密酸度计、液膜型阴离子洗涤剂选择电极（江苏电分析仪器厂）、饱和甘汞电极、电磁搅拌器、3ml 微量滴定管（最小读数 0.02ml）。

(3) 试剂。

LAS 环境分析标准参考物（上海市化学剂采购供应站服务部）。储备溶液（2mg/ml）：称取 1000.00mgLAS 标样，溶于煮沸过的水中，转入 500ml 容量瓶，稀释至标线，置于冰箱（5~10℃）保存备用。

LAS 标准溶液（40~100mg/L）：移取 20~50ml LAS 储备溶液于 1000ml 容量瓶中，用水稀释至标线。当天配用。

三辛基甲基氯化铵滴定剂（滴定度 T 约 0.500mg/ml）：称取 1g 三辛基甲基氯化铵试剂（大连油脂化学厂工业品）于 1000ml 烧杯中，加入 1000ml 水，边加热至 70～80℃边搅拌，冷却，放置过夜，用双层滤纸过滤两次，得澄清液。用 LAS 标准溶液按测定步骤进行标定，滴定度的计算如下：

$$T \text{（mg/ml）} = \frac{40\text{mg/L} \times 0.011}{V \text{（ml）}} \qquad (8-5-8)$$

式中　V——滴定剂体积。

（4）操作步骤。

①电位滴定曲线。将离子选择性电极在 LAS 标准液中浸泡 5min 后，与饱和甘汞电极一起插入水中，启动电搅拌器，1～2min 后，读取电位值，更换 1～2 次水，待电位趋于稳定后，记下电极对水的电位 E_0，移取 10ml LAS 标准溶液于 50ml 烧杯中，加入 10ml 水，插入电极，在电磁搅拌下，每滴加 0.1ml 滴定剂读取相应电位 E_i，以电位 E_i 与滴定剂体积 V_i 作图，得 S 形电位滴定曲线，求出 $\Delta E/\Delta V$ 的最大值，其对应的体积数即为滴定终点时所消耗的滴定剂体积。

滴定曲线表明：滴定终点电位在 E_0 处，终点电位突跃 50mV/0.1ml 以上，实际测定时，也可采用预定终点法，取 E_0 为终点电位。

②试样测定。移取 10ml 水样，置于 50ml 烧杯中，调节 pH 值至 7～8，用水使试样总体积为 20ml，插入电极，在电磁搅拌下，滴加滴定剂，使电位渐升到 E_0 为止（近终点 E_0 时，滴加速度稍慢），读取滴定剂的消耗体积 V_1。滴定完毕后，用水清洗电极，第二次测定时备用。

计算方法如下：

$$C_{\text{LAS}} = \frac{T \times V_1}{V_2} \times 1000 \text{（mg/L）} \qquad (8-5-9)$$

式中　T，V_1——滴定剂的滴定度（mg/ml）和体积（ml）；

　　　V_2——取样体积，ml。

③石油磺酸钠试样浓度测定。精确称取试样（±500.0mg），用水溶解，在 250ml 容量瓶中稀释至刻度，取 10ml 溶液按②进行电位滴定。计算方法如下：

$$C \text{（\%）} = \frac{T \times V_1}{V_2 \text{（mg）}} \times 2500 \text{（\%）} \qquad (8-5-10)$$

（5）精密度和准确度分析。

7 个实验室分析的分别含 12.4mg/L 和 28.3mg/L LAS 的统一分发模拟试样，结果表明，实验室内变更系数小于 2.4%；实验室间总变更系数为 2.9%～4.5%。11 个单位在同一实验室分析三个试样的结果表明，变更系数为 2.7%～4.1%，回收率为 93.0%～103%。

8.5.1.4　高效液相色谱法快速定量分析石油磺酸钠

（1）仪器。

色谱仪：Varian5000 型高效液相色谱仪（北京分析仪器厂）。检测器：固定波长 254nm 紫外检测器。色谱柱：150×4.6mm（内径）不锈钢柱，固定相是合成的阴离子交换剂，粒度 3～5μm，高压匀浆法装柱。装填机：ZTJ-1 型液相色谱装填机（四川分析仪器厂）。色谱数据处理机：CDM-2 型（上海市计算技术研究所）。

（2）试剂。

甲醇、四氢呋喃、氯仿、乙醇、异丙醇、磷酸二氢钠（化学纯，重结晶提纯）、氯化钠、去离子水。以下除注明外均为分析纯。

（3）色谱方法。

用有机溶剂和含一定浓度无机盐的水溶液混合配制移动相，用 G_5 玻璃砂心漏斗过滤，其组成均以体积比表示，移动相流速 1.0ml/min，使用二元折线梯度操作方式。阀进样，样品管 10μl 或 20μl，样品溶于甲醇和水或甲醇、水和四氢呋喃混合液中，定量分析采用峰面积定量。

（4）计算方法。

分离度 R 和理论塔板高度 H 的计算公式：

$$R_s = \frac{t_{R1} - t_{R2}}{W_{1/2,1} + W_{1/2,2}} \qquad (8-5-11)$$

$$H = \frac{L}{5.55}\left(\frac{W_{1/2}}{t_R}\right) \qquad (8-5-12)$$

式中　t_R——保留时间；

　　　$W_{1/2}$——半峰宽；

　　　L——柱长；

脚标 1、2 代表第一、第二组分。

（5）定量分析标样的制备。

采用萃取法分离制备单石油磺酸盐、双石油磺酸盐标样，其流程如图 8-5-2。所得馏分 1 为单磺酸盐，馏分 4 为双磺酸盐。

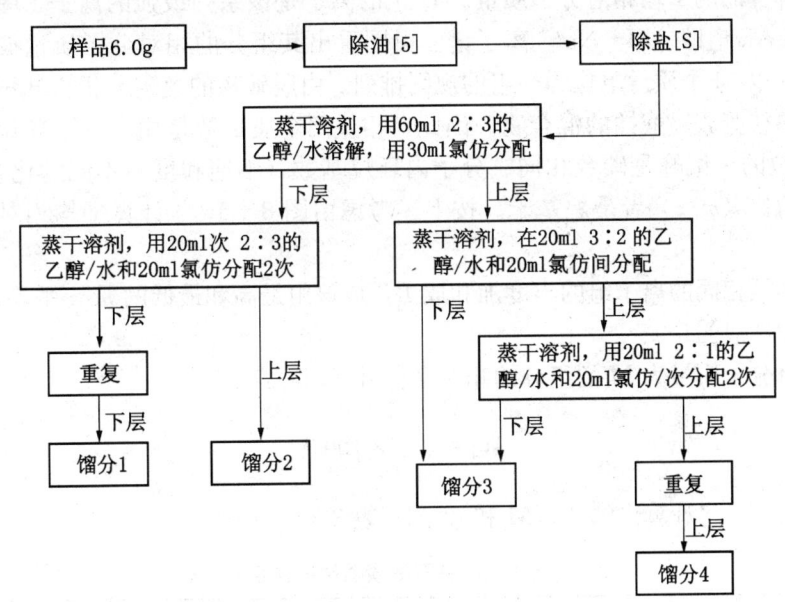

图 8-5-2　单石油磺酸盐、双石油磺酸盐试样制备流程

8.5.2　石油磺酸钠的相对分子质量测定

中国科学院兰州物理化学研究所和玉门油田研究院研制了质谱法分析石油磺酸盐的平均相对分子质量，方法的主要程序和分析条件如下：

8.5.2.1 实验及条件

仪器：VG7070E 质谱计和 VG11/250 数据系统，用氩气在 8kV 高压下产生快原子。也可采用其他型号的，带有产生快原子附件的质谱计。

试剂：甘油，分析纯试剂。将约 $10\mu g$ 石油磺酸钠与适当的基质甘油均匀混合后涂于 FAB 的不锈钢靶上，将靶固定在 FAB 进样杆的尖上，送入离子源中，用 8kV 高压加速下的氩原子流轰击靶上的混合物得到样品的正离子 FAB 质谱图，如图 8-5-3 所示。

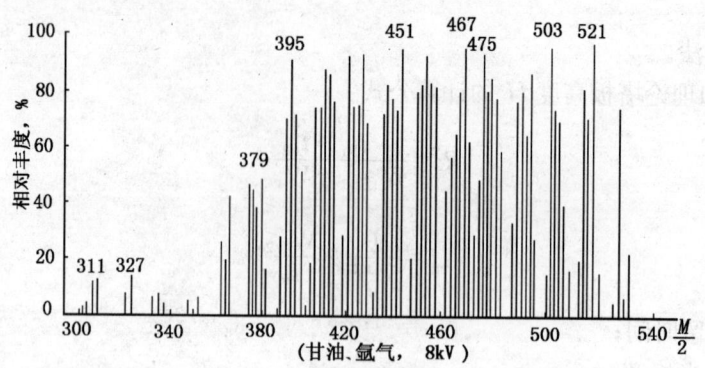

图 8-5-3　一种石油磺酸钠的 FAB 质谱图

8.5.2.2 数据处理及结果

烷基磺酸钠和烷基苯磺酸钠的 FAB 质谱图呈现强的 $[n\mathrm{M}+\mathrm{Na}]$ 准分子离子系列（M—磺酸钠的相对分子质量，Na—金属钠相对原子质量，$n=1,2,3,\cdots$）。可由准分子离子系列计算样品的平均相对分子质量。$n=1$ 的离子是该系列最强的离子，图 8-5-3 示出的试样的 FAB 谱即 $[\mathrm{M}+\mathrm{Na}]^+$ 离子谱。由图看出其组分的相对分子质量彼此均相差两个质量数，并以 14 个质量单位为一组的规则排列。由脱磺物的色谱分析得知试样是具有不同环烷基的单核芳族磺酸钠的混合物。因此，相差两个质量数是相差一个环烷基所致，故 14 个质量单位的一组峰是碳数相同、分子内环烷基数（不饱和度）不同的化合物的组合，其中最高质荷比（m/z）者是烷基苯。按上述考虑由图 8-5-3 计算平均相对分子质量分布：

（1）将碳数相同的离子组的丰度加和成 I_i，取该组最高和最低的 m/z 平均值 M_i，将全部离子峰度加和成 $\sum I_i$。

（2）相对分子质量为 M_i 的组分的相对含量 W_i（%）：

$$W_i = \frac{I_i}{\sum I_i} \times 100\% \qquad (8-5-13)$$

$\sum W_i$ 应是 100%，将计算出的 I_i、M_i 和 W_i 列于表 8-5-1 中。

表 8-5-1　一种石油磺酸钠试样组分含量

M_i（碳原子数）	W_i,%	累积 W_i,%	$M_i \cdot W_i$
524 (31)	0.1	100	0.5
510 (30)	3.0	99.9	15.3
496 (29)	6.3	96.9	31.2

续表

M_i（碳原子数）	W_i,%	累积W_i,%	$M_i \cdot W_i$
482 (28)	7.2	90.6	34.7
468 (27)	9.1	83.4	42.6
454 (26)	10.7	74.3	48.6
440 (25)	9.6	63.6	42.2
426 (24)	9.9	54.0	42.2
412 (23)	9.8	44.1	40.4
398 (22)	10.0	34.3	39.8
384 (21)	9.4	24.3	36.1
370 (20)	7.2	14.9	26.6
356 (19)	4.5	7.7	16.0
342 (18)	2.1	3.2	7.2
328 (17)	0.5	1.1	1.6
314 (16)	0.6	0.6	1.9
$\sum M_i \cdot W_i$			427.1

(3) 以 M_i 为横坐标，W_i 为纵坐标作出按碳原子数分布的相对分子质量分布图（见图 8-5-4）；以 M_i 为横坐标，累积含量（%）为纵坐标作出积分分布曲线（图 8-5-5）。

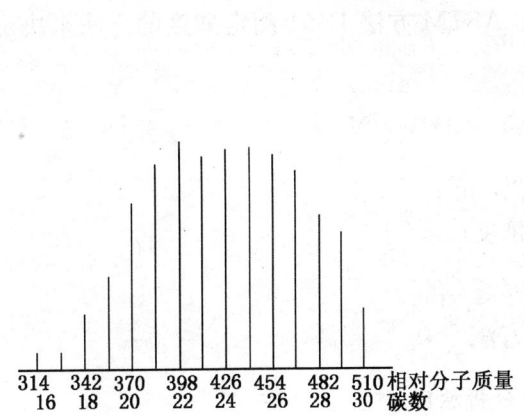

图 8-5-4　由图 8-5-3 得到的
相对分子质量分布图

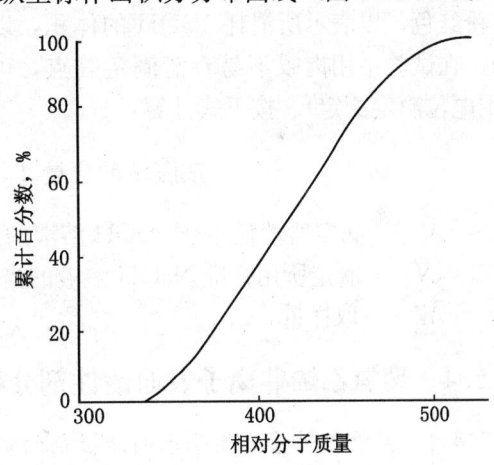

图 8-5-5　由图 8-5-3 得到的
组分累计含量分布图

(4) 由表 8-5-1 按下式计算平均相对分子质量 M_n 为：

$$\overline{M_n} = \sum M_i \cdot W_i \qquad (8-5-14)$$

8.5.3　脂肪（或石油）羧酸钠的分析方法

8.5.3.1　仪器

500ml 分液漏斗 2 个，玻璃漏斗 1 个，50ml 吸液管 1 支，250ml 锥形烧杯 1 个，10ml

微量滴定管1支。

8.5.3.2 试剂

二次蒸馏水；盐酸（HCl）12N；乙醚（分析纯）；异丙醇50%（体积）；0.1N NaOH，1%甲基橙指示剂；0.1%酚酞酒精溶液，Na_2SO_4溶液（240g无水硫酸钠溶于1L蒸馏水中）。

8.5.3.3 操作步骤

取一定量羧酸盐的样品，用200ml蒸馏水分两次溶解，如有必要可以加热，并将它定量地转移至500ml的分液漏斗中，用50ml蒸馏水分两次洗涤烧杯并将洗液加入分液漏斗中，加50ml 12N HCl于分液漏斗中，猛烈摇动，溶液放冷，用200ml乙醚分两次萃取游离出来的酸，合并两次乙醚萃取物于另一500ml的分液漏斗中，相继用含有甲基橙指示剂的硫酸钠溶液（240g/L）50ml摇动洗涤合并在一起的乙醚萃取物，以除去盐酸，直到洗涤液不显红色为止，弃去含盐洗液。

从洗涤过的乙醚萃取物中尽可能地将水分弃去，将分液漏斗倾斜，并加入约10g无水硫酸钠，塞上分液漏斗塞子后猛烈摇动，混合3～4min，经常注意放气，并保证硫酸钠结晶不玷污分液漏斗的上口。用一小团棉花塞在漏斗中，将乙醚溶液滤至一个分液漏斗的上口。用一小团棉花塞在漏斗中，将乙醚溶液滤至一个250ml的锥形烧瓶中，用20ml乙醚冲洗漏斗和滤料，将洗液加入到主要的乙醚溶液中，烧瓶放在蒸汽浴上蒸去乙醚。

当残渣不含乙醚时，加入4～5滴酚酞指示剂溶液和50ml 50%异丙醇，异丙醇预先用酚酞作指示剂进行处理至中性，如果有必要可加热溶解样品，用0.1N NaOH溶液滴定至显粉红色，以表示所消耗NaOH的体积，以N表示碱溶液的当量浓度。如果样品颜色太深，在试验中用肉眼不易看清滴定终点，可用ASTM方法D664测定酸度的方法来决定（用电位滴定测定）。按下式计算：

$$羧酸钠的含量 T（\%）= 333V \cdot N/W \qquad (8-5-15)$$

式中 V——滴定所消耗标准NaOH溶液的体积，ml；
N——滴定所用标准NaOH溶液的当量浓度；
W——取样量，g。

8.5.4 聚氧乙烯非离子表面活性剂分析方法

8.5.4.1 聚氧乙烯系非离子表面活性剂的定量分析原理

聚氧乙烯（POE）系非离子活性物用硫氰酸钴盐比色法快速测定法测定。POE系非离子活性物与硫氰酸钴盐起反应生成蓝色络合物，此络合物溶于二氯甲烷中，并能迅速地自水溶液中萃取出来，其颜色强度与非离子活性物的浓度成线性关系。

本方法有下列干扰性质：阳离子表面活性剂能起类似反应，有阳离子表面活性剂存在时本法不适用；阴离子活性物在测定范围内并不干扰，但有降低或增加颜色的作用；短链烷基苯磺酸盐和螯合剂（如EDTA）也有上述阴离子活性物的作用，但作用强度比阴离子活性物弱得多。

8.5.4.1.1 仪器和试剂

仪器：分光光度计或光电比色计、100ml分液漏斗、容量瓶和移液管。硫氰酸钴盐试剂溶液：称取硝酸钴[$Co(NO_2)_2 \cdot 6H_2O$]30g、氯化铵143g、硫氰酸钾256g；或者硝酸钴［Co（NO$_2$）$_2$·6H$_2$O］30g、硫氰酸铵200g、氯化钾200g，配成1000ml溶液。二氯甲烷（化学纯）、异丙醇（化学纯）。酸性磷酸缓冲液：溶解100g磷酸二氢钠（NaH$_2$PO$_4$·2H$_2$O）于水中，并稀释至1000ml。非离子表面活性剂储备液：准确称取1.00g非离子表面活性剂于250ml容量瓶中，用少量水溶解（需要时可加热），用冷水定容。用移液管移取50ml此液于100ml具塞量筒中。加20ml酸性磷酸盐缓冲液，并用水稀释至100ml刻度。颠倒几次使混合（溶液Bn），此液浓度为2mg非离表面活性剂/g。阴离子表面活性剂储备液：准确称取1.00g活性物的纯阴离子表面活性剂，溶解在250ml容量瓶的水中，并用水定容。用移液管移取50ml此液于100ml具塞量筒中，并用水稀释至100ml刻度。颠倒几次使混合（溶液Ba），此液浓度为2mg阴离子表面活性剂/g。

8.5.4.1.2 操作步骤

(1) 绘制标准曲线。

①单独非离子表面活性剂。在5只100ml分液漏斗中用移液管分别移取20ml二氯甲烷和20ml硫氰酸钴盐试剂溶液，然后依次吸移2ml、4ml、6ml、8ml、10ml溶液Bn和18ml、16ml、14ml、12ml、10ml水。加上塞子，每只分液漏斗都振荡1min（用秒表计）。小心地打开塞子，释放其中产生的压力，并静置分层。分层迅速，并且二氯甲烷层显澄清蓝色。弃去二氯甲烷层的最初几滴，然后将二氯甲烷溶液充满比色池，用二氯甲烷作参比液，在640nm测定吸光度。绘制非离子表面活性剂毫克数—吸光度图，得出的标准曲线应该是直线。

②存在阴离子表面活性剂时的非离子表面活性剂。吸移20ml二氯甲烷于100ml分液漏斗中，然后吸移20ml硫氰酸钴盐试剂溶液、4ml溶液Bn、2ml溶液Ba和14ml水于上述分液漏斗中。以下操作同①：

a. 如果测得的吸光度与仅用4ml溶液Bn时相同，那可以认为这种阴离子表面活性剂的存在并不影响这种特定的非离子表面活性剂，但必须用4ml溶液Bn、4ml溶液Ba和12ml水重复上述操作才能确认。

b. 如果测得的吸光度仍然相同，那么可以可靠地假设这种非离子表面活性剂不受这种阴离子表面活性剂的影响，并且单独非离子表面活性剂绘制的标准曲线可以用于存在这种阴离子表面活性剂时的非离子洗涤剂的测定。

c. 在通常情况下，如果与单独4ml溶液Bn测得的吸收有差别，那么必须按2ml增加量增加溶液Ba的体积，并相应减少水量，一直到两个连续的读数相同。这表示该阴离子的最小浓度必须达到曲线的平坦部分（根据实践，通常需要4ml溶液Ba）。记录需求溶液Ba的毫升数和毫克阴离子表面活性剂。

按上述得到的结果，保持溶液Ba的体积不变，用2ml、4ml、6ml、8ml、10ml溶液Bn和相应的水量，使溶液Ba＋溶液Bn＋水＝20ml，重复上述操作。

绘制非离子表面活性剂毫克数—吸光度图，得到的标准曲线应该是直线。在图上标上需要阴离子表面活性剂性的最小浓度。

③存在螯合剂时的非离子表面活性剂。螯合剂对显色有影响，但是一般小于阴离子表面活性剂的影响。如果同时存在阴离子表面活性剂和NTA或EDTA，可以只考虑阴离子表面活性剂的影响。

非离子＋阴离子＋螯合剂试样：用操作②得到的曲线是满意的。

(2) 测定。

①配制试样溶液：移取50ml 2％原试样溶液到100ml具塞量筒中，加入20ml酸性磷酸缓冲液，用水稀释至100ml刻度。颠倒几次具塞量筒使其混合（此处可用量筒量取，无须用移液管吸移原试样溶液）。

②初步准备：用移液管吸移20ml二氯甲烷、20ml硫氰酸钴盐试剂溶液和20ml试样溶液于100ml分液漏斗中（先加入二氯甲烷可以防止水分进入分液漏斗底部考克处）。塞上漏斗塞子，振荡1 min（用秒表计）。注意打开塞子放气，并让溶液分层。

a. 不存在阴离子表面活性剂、螯合剂：在这种情况下，上述初步准备步骤中的相分离迅速，并且二氯甲烷层呈澄清的蓝色。弃去最初几滴后，将二氯甲烷层注入比色池，在640nm测定吸光度。从适当的标准曲线读取非离子洗涤剂的毫克数。

计算：为了简化计算，可将原试样溶液准确配制成2％浓度：

$$非离子表面活性剂浓度（％）= 从图上读取的非离子表面活性剂毫克数/ 2$$

b. 存在阴离子表面活性剂、螯合剂：在这种情况下，上述初步准备步骤中的相分离要持续1 min才能得到明显的界面，并且二氯甲烷层不澄清。用移液管吸移10ml异丙醇，置于预先干燥的25ml容量瓶中，弃去约1ml二氯甲烷层溶液，然后将剩余的二氯甲烷层溶液放入已盛有异丙醇的25ml容量瓶中到刻度，充分混合，并立即注入比色池中，在640nm测定吸光度。从适当的标准曲线读取非离子洗涤剂的毫克数。

计算方法同a。

(3) 注意事项：

①容量瓶和比色池中痕量水将会破坏颜色，如果需要测定几个样品，可不必冲洗容量瓶和比色池，但是要倒去溶液，将容器颠倒至滴干。

②分液漏斗在测定两个样品之间应该冲洗，但是要关好锥形部塞子，然后颠倒，打开旋塞滴干。这是避免锥形塞子的孔中带进水，这可能是误差的来源。

8.5.4.2 非离子表面活性剂浊点的测定

8.5.4.2.1 原理

将一定浓度的试样水溶液加热至液体完全不透明，冷却并不断搅拌，观察不透明消失时的温度。若试样的水溶液在10～90℃间变混浊，则在蒸馏水中进行测定（方法A）。若试样的水溶液在低于10℃变混浊或试样不能充分溶解于水，则在25％的二乙二醇丁醚水溶液中进行测定（仅适用于溶于25％二乙二醇丁醚水溶液的试样）（方法B）。若试样的水溶液在高于90℃变混浊，则需在密封管内进行测定。密封管可使操作在大气压力下进行，以达到比在大气压下溶液的沸点还要高的温度，或采用在盐水溶液里测定其浊点（方法C）。

8.5.4.2.2 试剂和溶液

二乙二醇丁醚：分析纯，25％水溶液；氯化钠：分析纯，25％溶液。

8.5.4.2.3 材料和仪器

温度计：刻度0.1℃，具有适用于试样被测温度的范围；量筒：容量100ml；烧杯：容量150ml、1000ml；试管：直径20mm、长150mm；安瓿瓶：外径14mm，内径12mm，高120mm（外面用粗孔丝网罩住，以防止安瓿瓶受压爆裂）；具有加热器的磁力搅拌器；分析天平。

8.5.4.2.4 试样制备

(1) 方法A。

准确称取试样0.5g（精确至0.01g），加入100ml蒸馏水，搅拌至试样完全溶解。

(2) 方法B。

准确称取试样5g（精确至0.01g），加入45ml 25％二乙二醇丁醚溶液，搅拌至试样完全溶解。

(3) 方法C。

准确称取试样0.5g（精确至0.01g），加入100ml蒸馏水，搅拌至试样完全溶解。

准确称取试样0.5g（精确至0.01g），加入100ml 5％氯化钠溶液，搅拌至试样完全溶解。

8.5.4.2.5 操作步骤

(1) 方法A。

量取15～20ml上述方法A准备的试样溶液，置于试管中，插入温度计，放入水浴中加热。用温度计搅拌溶液至溶液完全呈混浊状。然后停止加热，在温度计搅拌下缓慢冷却，记录混浊完全消失时的温度。重复试验5次。

(2) 方法B。

量取15～20ml上述方法B准备的试样溶液置于试管中，测试方法同方法A。

(3) 方法C。

量取试样溶液，置于安瓿瓶中，高度约为40mm，用火漆将安瓿瓶封口，再用粗孔丝网将安瓿瓶罩住。将安瓿瓶放入加热浴（传热介质一般可用乙二醇）中，安瓿瓶的上端应略为露出液面。在仪器装置前应旋转完全玻璃或透明塑料保护屏。将温度计移置于安瓿瓶旁的加热浴内。开动磁力搅拌器，同时加热，至安瓿瓶内液体变混浊时停止加热，继续搅拌使冷却，记录混浊完全消失时的温度。重复试验5次，测试装置如图8-5-6所示。

量取15～20ml试样溶液，置于试管中，测试方法同方法A。

8.5.4.2.6 试验结果

读取第二次至第五次4个测试数据，其各数值相差小于0.5℃，以其平均值作为试样的最终测试浊点。

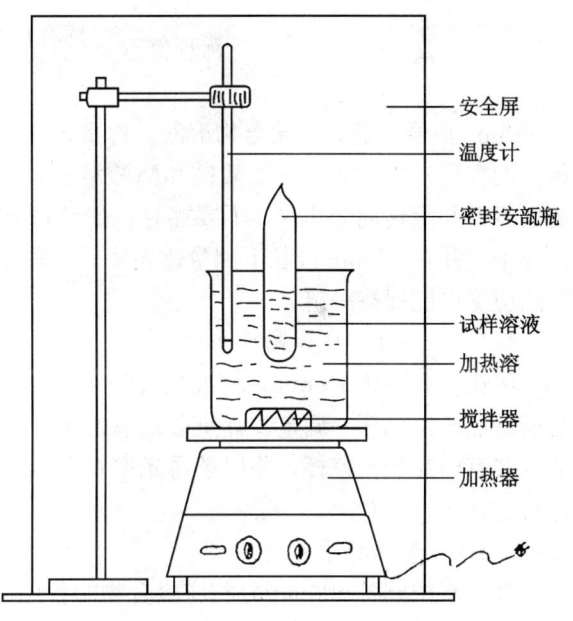

图8-5-6 浊点测试方法C的装置图

8.6 聚合物的检测方法

8.6.1 部分水解聚丙烯酰胺的检测方法

8.6.1.1 漂白方法定量分析部分水解聚丙烯酰胺

8.6.1.1.1 原理

这个方法是基于聚丙烯酰胺与次氯酸钠反应生成了一种不溶的氯酸胺反应产物。测定反应后样品的浊度,并通过与标准物对照确定浓度。

8.6.1.1.2 试剂

冰醋酸、氯化钠(试剂级)及次氯酸钠,5.25%(质量分数)的水溶液(新鲜的工业级 Clorox 或与之相当的产品)。

8.6.1.1.3 仪器

Bausch 和 Lomb Spectronic® 20 比色计(或与之相当的仪器)和与之相配合的比色杯。标准实验天平,最大载量 2000g,灵敏度 0.01g,停表或计时器。

8.6.1.1.4 测定样品的制备

分析的样品必须无油和不含带色杂质,测定溶液应含 10~500mg/L 聚合物,盐水组成必须已知。制备含 6%(质量分数)醋酸和 20%(质量分数)的 5.25%次氯酸钠溶液的溶液,应用蒸馏水配制。这个溶液的储存期限约为两天。所有过程应在通风橱中进行,以防止聚集有毒蒸汽。

如果已知聚合物样品的浓度超过了 500mg/L,则用相同组成的盐水把它稀释到大约 250mg/L。记录稀释倍数,供以后的计算使用。

$$稀释倍数 = \frac{稀释后样品质量(g)}{原来样品质量(g)} \qquad (8-6-1)$$

通过 $5\mu m$ 滤膜过滤 10g 聚合物溶液。称重 $5.0\pm0.03g$ 聚合物溶液放在带盖的干净小瓶(或相当的容器)中。加入次氯酸钠和醋酸溶液,使总重量(样品加溶液)达到 $9.5\pm0.03g$。盖上容器并翻转混合几次。不要摇晃,振动可能导致反应产物絮凝。把混合物转入样品比色杯中,并在 470nm 波长下测量透光率。对每个样品的测试必须在 5 min 内完成。其持续时间应尽可能保持一定。

8.6.1.1.5 测定透光率的方法

将比色计预热 15 min,使波长置于 470nm,用蒸馏水或组成尽可能与样品一致的盐水装满参照的比色杯,调定装置使透光率为零,放入参照比色杯,把仪器调到 100%透光度,放入装有样品的比色杯,并记录透光率百分数。测定后应用参照溶液检查仪器以确保没有漂移。

8.6.1.1.6 制作标准曲线

在盐水中制备 500mg/L 相应聚合物的备用溶液,其盐水组成与待测溶液中的相同。用盐水稀释上面的备用溶液,制备浓度范围为 0~500mg/L,其间距为 50mg/L 的一组标准溶液。对这组标准溶液进行测定,并记录透光率。绘出透光率百分数与聚合物浓度关系的标准曲线。

8.6.1.1.7 样品浓度的测定

把样品透光率与标准曲线直接比较即得到样品浓度。在比较中必须把样品浓度降到小于 500mg/L 和(或)处理硫化物时所进行的各种稀释。

$$聚合物浓度(mg/L) = 由曲线读出的聚合物浓度 \times 稀释倍数$$

8.6.1.2 漂白法定量分析产出水中部分水解聚丙烯酰胺含量

8.6.1.2.1 原理

这个方法分析含乳化油和(或)用高浓度氯化钠清除带色物质的溶液,这些溶液产自油井。测定样品聚合物的含量应当低于100～250mg/L。

8.6.1.2.2　样品制备和浊度测定方法

制备含6%（质量分数）醋酸和20%（质量分数）的5.25%（质量分数）次氯酸钠溶液的溶液，配制溶液使用蒸馏水。这个溶液的储存期限约为两天。如果已知聚合物样品浓度超过250mg/L，则用相同组成的盐水把它稀释到大约125mg/L。把大约15g要分析的溶液放到带塞瓶（或类似容器）中。向溶液中加入大约8g氯化钠。轻微搅拌混合物5 min，静置约30 min，然后用皮下注射器或其他合适的抽吸设备吸取清澈无油部分的溶液。用5μm滤膜过滤饱和盐水溶液。如果此时溶液不是无油和无色的，则放弃不再分析。称量5 ± 0.03g过滤过的溶液放到带塞小瓶（或与之相当的容器）中，加入制备的次氯酸钠和醋酸的试剂，使总重量（样品加试剂）达到9.5 ± 0.03g。翻转容器几次以混合溶液。不要摇动，振荡可能使反应产物絮凝。把混合物转至样品比色杯中，并在波长470nm下测定透光率。对于每个样品，必须在5 min内完成。

8.6.1.2.3　测定透光率的方法

同前。

8.6.1.2.4　绘制标准曲线

用盐水配制250mg/L适当的聚合物备用溶液，其盐水组成与待测溶液的相同。

用盐水稀释上面的备用溶液来制备浓度范围为0～250mg/L、间距为50mg/L的一组标准溶液。记录透光率，绘出透光率与聚合物浓度关系的标准曲线。

8.6.1.2.5　样品浓度的确定

如果原始样品中不存在浓度相当大的表面活性剂，用标准曲线直接比较样品的透光率就可得到聚合物浓度。在比较中应考虑任何必要的和（或）硫化物处理时所进行的稀释。

$$聚合物浓度（mg/L）=由曲线读出的聚合物浓度\times稀释倍数$$

8.6.1.3　淀粉碘化物法定量分析部分水解聚丙烯酰胺

8.6.1.3.1　原理

此方法基于酰胺转化成胺的霍夫曼重排第一步反应。聚合物样品被缓冲至pH为3.5，酰胺被溴水氧化。过剩的溴甲酸钠溶液还原，酰胺氧化产物在线性淀粉存在下可氧化碘离子而形成具有特征蓝色的淀粉碘化物络合物，该络合物在610nm波长下用分光光度计测定。对于10～300mg/L的聚合物浓度范围，采用1.0g样品，并将吸收值与标准曲线对比，便可直接确定聚合物的浓度值。

8.6.1.3.2　仪器

Bausch 和 Lomb Spectronic ® 20 分光光度计或相当的仪器、天平（灵敏度0.01g）、42号 Whatman 滤纸或与之相当的产品、停表或计时器。

8.6.1.3.3　试剂

除非另有说明，所有试剂都是试剂级。使用的水为蒸馏水或去离子水。

三水合醋酸钠、水合硫酸铝、冰醋酸、溴水饱和溶液、甲酸钠、马铃薯淀粉、碘化镉、聚丙烯酰胺产品（干粉、乳状液或凝胶）。

8.6.1.3.4　试剂溶液的制备

制备pH为3.5的缓冲溶液。在700g水中溶解25g三水合醋酸钠和0.75g水合硫酸铝，再加入110g冰醋酸。用醋酸调节pH值至3.5，并稀释到1000g。加入水合硫酸铝是为了增加淀粉—碘化物络合物的颜色。配制1‰（质量分数）的甲酸钠水溶液。为制备淀粉—碘化镉生色试剂，在400g水中溶解11gCdI$_2$，并把溶液煮沸15 min。稀释至800g，搅拌的同时向少量水中缓慢加入2.5g淀粉，形成浆状物。让溶液平稳地煮沸5 min；冷却，然后通过42号双层厚度的Whatman滤纸（或相应产品）抽吸过滤，稀释到1000g。

8.6.1.3.5 绘制标准曲线

在盐水中配制500mg/L的聚合物备用溶液，其盐水组成与样品中的组成相同。由这个备用溶液配制12.5mg/L、25mg/L、50mg/L、100mg/L、150mg/L、200mg/L、250mg/L和350mg/L的标准溶液。稀释时所用盐水的组成与样品所用盐水相同；称量1g样品和5g缓冲溶液加到已称过重量的100ml容器中；稀释到大约25g，混合每个容器；加1g溴水，混合，让其准确地静置15 min；加入5%甲酸钠溶液，并让其准确地静置5 min；加入5g淀粉CdI$_2$生色试剂，混合并用水稀释到50g；让溶液静置15min至充分显色。在610nm波长下测定溶液的吸收值，测定前用空白试剂把仪器准确地调到零吸收值状态；绘制所有吸收值与相应聚合物浓度的关系曲线。

8.6.1.3.6 样品中聚合物浓度的测定

用5μm滤膜过滤部分聚合物样品。称量1g无油无色样品与5g缓冲溶液加到100ml已称过重量的容器中（在进行第2步之前，如果已知聚合物含量小于25mg/L，样品用量应大于1g；如果样品中聚合物含量大于300mg/L，则需稀释到大约200mg/L，并记录稀释倍数，进行比色测试）。用标准曲线对照样品的吸收值即得到样品的聚合物浓度。如果应用的未稀释样品大于1g，由曲线读聚合物浓度必须除以所用样品的质量；在需要稀释的情况下则应计算聚合物浓度。

8.6.1.4 高效液相色谱（HPLC）方法测定部分水解聚丙烯酰胺的浓度

8.6.1.4.1 原理

这个方法用于测定高分子质量阴离子聚合物的浓度，包括部分水解聚丙烯酰胺。此方法适用的浓度范围为50～800mg/L，其最低检测极限约为10mg/L。用排斥色谱柱把聚合物与低相对分子质量组分分离开来。随着聚合物自色谱柱洗涤出来，即可用高灵敏度的折射率检测器检测。通过积分仪测出聚合物的峰面积，并将其结果与聚合物标准样品进行比较来确定聚合物的浓度。

8.6.1.4.2 试剂

水，HPLC级；硫酸钠（无水），试剂级；四氢呋喃，试剂级（四氢呋喃具有爆炸和可能有害健康的危险）；甲醇，试剂级；50%氢氧化钠（NaOH）。

8.6.1.4.3 仪器

Waters M6000A型液相色谱仪，配以具有100μL样品环路的Rheodyne7120注射器或与之相类似的设备；Erma ERC-7510型高灵敏度折射率检测器或与之相当的设备。Nelson Analytical 4416型数据收集系统或能够计算峰值面积的类似系统。

毫伏灵敏度的纸带记录器。61cm×0.7cm排斥色谱柱，它是用具有Glycophase^{TM}G涂层黏接的200 Fractosil玻璃颗粒填充的，或与之相当的仪器。

8.6.1.4.4 用高效液相色谱（HPLC）分析聚丙烯酰胺的实验步骤

（1）溶剂的制备方法。

配制2L 1.0mol/L Na$_2$SO$_4$溶液，用稀NaOH溶液调至pH为7.0（这是2X缓冲剂）。用0.45μmHA型微孔过滤器过滤，把1L过滤的溶液用1L高效液相色谱级的水稀释，并检验其pH值，如有必要，重新把pH值调至7.0（这是流动相）。

(2) 柱管的填充和调整。

柱管采用干式填充法，把大约1g涂以Glycophase™G的200Fractosil颗粒装入61cm×0.7cm不锈钢柱管中，用Alltech色谱柱振动器振荡柱管。一次加1g，直至填充物完全充满柱管为止。相继泵入四氢呋喃、甲醇，让柱管达到所要求的状态。每种溶剂通过柱管至少要250ml。如果存在空腔，应再加入填充物以充满柱管。至少要用250ml配制的溶液（0.5mol/L Na_2SO_4，pH7.0）冲洗柱管，以最后达到要求的条件。

(3) 样品和标准溶液的注入。

把注入系统旋转到负载位置，并用注射器注入样品冲洗注入环路，至少冲洗500μL，迅速把注入系统转到注入位置。

(4) 峰值积分方法。

采用折射率检测器响应的模拟量数字转换，然后用Nelson Analytical 4416型数据采集系统对数字信号进行积分，对于峰值数字积分应采用斜率灵敏度方法。注意观察聚合物组分的波峰响应，并调整其限值，使之刚好在聚合物波峰开始流出时开始积分，由此来确定斜率灵敏度的限值。

(5) 绘制标准曲线。

分析25mg/L、50mg/L、100mg/L、200mg/L和400mg/L聚合物溶液试样。每个溶液都应注入两次试样以评价分析的重复性。绘制出波峰面积与聚合物浓度关系的标准标定曲线。这个曲线应是通过原点的直线。

(6) 测定未知样品浓度。

未知样品应用1.0mol/L Na_2SO_4稀释到0～400mg/L的范围内。对每个溶液样品都应做两次注入，以得到每个样品波峰面积的平均值。应用根据峰面积的平均值由标准曲线查出试样浓度。

8.6.1.5 部分水解聚丙烯酰胺（PHPAM）水解度的测定

部分水解聚丙烯酰胺（PHPAM）的水解度是聚丙烯酰胺分子中的酰胺基转化为羧基部分所占百分数，通常以百分比表示。

8.6.1.5.1 仪器和试剂

搅拌器（磁搅拌器）；滴定管；DDS-11型电导率仪。

0.1%甲苯胺兰溶液、$N/400$聚乙烯磺酸钾溶液（KPVS）、$N/200$甲基甘醇聚氨酯溶液（MGC）、$N/10$氢氧化钠溶液、标准盐酸溶液、去离子水。

8.6.1.5.2 样品配制

用去离子水配制有效浓度为1000mg/L的PHPAM溶液。

8.6.1.5.3 滴定步骤

(1) 沉淀滴定法。

加5g样品溶液和95g去离子水于250ml锥形瓶中，加0.5ml $N/10$ NaOH溶液调节pH值；在搅拌下准确加入5ml $N/200$ MGC，然后加4滴TB指示剂，至少搅拌2 min；

用$N/400$ KPVS滴定至终点，终点应为溶液由蓝色变为粉红色且保持20s，记录下KPCS的用量为 A ml；

用去离子水、MGC、NaOH做空白试验以确定KPVS的确切当量浓度，KPVS的用量记为 B ml。

用下式计算：

$$C = \frac{A-B}{0.2} \times f \times \frac{1}{B} \quad (8-6-2)$$

$$f = 40 \times B \times C_{NKPVS} \quad (8-6-3)$$

水解度为：
$$HD = \frac{71.08 \times [C]}{1000 - 23 \times [C]} \times 100 \quad (8-6-4)$$

式中　[C]——C的绝对值。

(2) 盐酸中和滴定法。

加 5g 样品溶液和 95g 去离子水于 250ml 锥形瓶中，用 NaOH 调节 pH 值至 9 左右；在搅拌下用 0.1N 浓度的标准盐酸溶液滴定，以 pH 计指示滴定终点。

当反应中多余的碱先被酸中和后，接着对部分水解物进行滴定。在用盐酸滴定中，产生如下反应：

$$NaOH + HCl \longrightarrow NaCl + H_2O \quad (8-6-5)$$

$$P-COONa + HCl \rightarrow P-COOH + NaCl \quad (8-6-6)$$

式中　P——包括酰胺基单元在内的部分水解物的长链。

由反应式（8-6-6）可知：用盐酸滴定时，使部分水解物 $P-C\begin{smallmatrix}O\\ONa\end{smallmatrix}$ 全部变成 $P-C\begin{smallmatrix}O\\OH\end{smallmatrix}$。记录 pH 为 7.0～3.3 之间所消耗的盐酸毫升数 V_{HCl}，用下式计算水解度：

$$水解度（\%克分子数）= \frac{71.08 N_{HCl} \times V_{HCl}}{W} \times 100\% \quad (8-6-7)$$

式中　N_{HCl}——标准盐酸溶液当量浓度；

　　　V_{HCl}——滴定丙烯酸链节中所耗用的标准盐酸数，ml；

　　　W——样品聚合物质量，mg。

(3) 电导滴定法。

将稀释好的溶液接入 DDS-11 型电导率仪的电极，用电磁搅拌器搅拌，并调正电导率。用 0.1N 标准盐酸溶液进行滴定，每次滴加盐酸后需搅匀并待电导率平稳，在接近突变时，加滴速度不宜过快，滴加量也应减少。发生如下反应：

$$Na^+ + OH^- + H^+ + Cl^- \longrightarrow Na^+ + Cl^- + H_2O \quad (8-6-8)$$

$$P-C\begin{smallmatrix}O\\O^+\end{smallmatrix} + Na^+ + H^+ + Cl^- \rightarrow P-COOH + Na^+ + Cl^- \quad (8-6-9)$$

相应于两反应式，电导率出现突变点，在滴定中盐酸一旦过量，溶液的电导将突变，如图8-6-1所示。

用电导率与盐酸毫升数作修正曲线，得出 A、B 间滴定中所用的盐酸毫升数 V_{HCl} (AB)，用式(6-2-21)一样计算水解度。

8.6.1.6 特性黏度法测定聚丙烯酰胺及其部分水解物相对分子质量

8.6.1.6.1 原理

聚合物的特性黏度与其相对分子质量有关，可用毛细管黏度计测量水溶性聚丙烯酰胺及其部分水解物的特性黏度。计算相对分子质量的经验公式是：

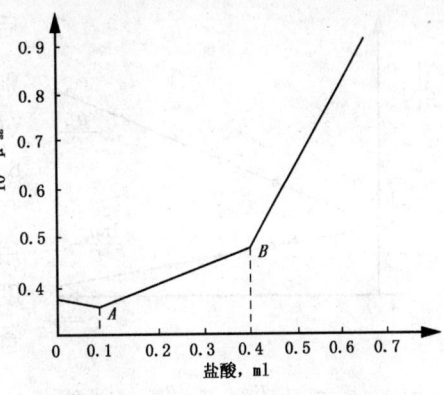

图8-6-1 电导率法测定 PHPAM 水解度—电导滴定曲线

$$[\mu] = K\overline{M}^{\alpha} \tag{8-6-10}$$

式中 $[\mu]$——特性黏度；

$\overline{M}$——平均相对分子质量；

K，α——特定系数。

一定聚合物的溶剂体系，在一定温度时为常数，可在手册上查阅到。

根据黏性流体的流动规律，在毛细管中流动时，其黏度可用下式表示：

$$\mu = \frac{\pi \times H \times g \times R^4 \rho \times t}{8LV} \tag{8-6-11}$$

式中 H——液柱高；

ρ——液体密度；

g——重力加速度；

R——毛细管半径；

L——毛细管长；

V——液体流出体积；

t——流出规定体积所需的时间。

在相对黏度的测定中，所用的毛细管黏度计不变，故 H、R、L、V 都可视作常数。因此：

$$\mu_r = \frac{\mu}{\mu_0} = \frac{\rho \times t}{\rho_0 \times t_0} \tag{8-6-12}$$

又因为所配制的测试样品为稀溶液，溶液的密度与其溶剂相差不多，故可以认为 $\rho_0 = \rho$，则上式被简化为：

$$\mu_r = \frac{t}{t_0} \tag{8-6-13}$$

$$\mu_{sp} = \mu_r - 1 \tag{8-6-14}$$

t，t_0 分别为溶液及溶剂在毛细管黏度计中流出同等体积所需的时间。这样可以用几个不同浓度的溶液流出同体积的时间和溶剂流出时间来计算 μ_r 和 μ_{sp}。并以此计算一系列数据

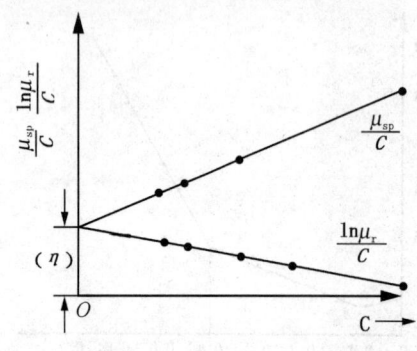

图 8-6-2 $\ln\frac{\mu_{sp}}{C}$—C，$\frac{\mu_{sp}}{C}$—C 曲线

后，采用对数比浓度黏度 $\frac{\mu_{sp}}{C}$—C、增比黏度 μ_{sp}—C 分别作图，外推到 $C\to0$，它们与纵坐标相交值即为 $[\mu]$（如图 8-3-2 所示）。

8.6.1.6.2 测试方法

（1）配制样品：精确称取纯样品，并置于烧杯中，用水溶解。将此溶液移到容量瓶中，并精确稀释到刻度（需在 30℃ 的恒温下），然后用玻璃心漏斗过滤后备用。记录配制后放置到使用时的时间。

（2）测定步骤：将乌式黏度计（如图 8-3-3）用铁夹垂直夹住，浸入恒温槽中，使水面盖过球 4，恒温控制为 30±0.1℃。

①测定 t_0。将 $1N$ NaNO₃ 溶液 10～15ml 加到黏度计内（黏度计要预先干燥），经过 10 min 恒温；夹紧 C 端的皮管，由 B 端用医用针筒或洗耳球将液体吸入球 4 一半处，依次放开 B、C 端面，液面逐渐地下落，待到刻线 5 时开始用秒表计时，记录流经自刻线 5 到刻线 7 所需的时间为 t_0。但这样需重复测定数次，直到每次相差不超过 0.1s。

②测定不同浓度溶液的时间 t。将测定过 t_0 的黏度计洗净并干燥。精确量取聚丙烯酰胺水溶液 10ml，放入黏度计，再加 $3N$ NaNO₃ 溶液 5ml，使混合均匀，并放入恒温槽。在同样的恒温下采用测定 t_0 时一样的方法测得流经同体积液体所需的时间，即为 t_1，重复测定数次。在测过 t_1 后的溶液中累加 $1N$ NaNO₃ 溶液 5ml 稀释，照前法测得 t_2。再相继用 10ml、15ml $1N$ NaNO₃ 溶液稀释后分别测定 t_3，t_4。

（3）数据的处理。计算不同浓度 C 时相应的 t、μ_r、μ_{sp} 以及 $\frac{\mu_{sp}}{C}$。

以 $\ln\frac{\mu_{sp}}{C}$—C，$\frac{\mu_{sp}}{C}$—C 在坐标纸上作图，求得 $C\to0$ 时的 $[\mu]$。用下述公式计算相对分子质量（$\overline{M}_W$），即质均分子质量：

$$[\mu]_{1N\,NaNO_3}^{30℃} = 3.37\times10^{-4}\overline{M}_W^{0.66} \quad (8-6-15)$$

如果溶剂改为 $0.5N$ NaCl 水溶液，恒温为 25℃，溶液的浓度单位为 g/cm³，按下述公式计算相对分子质量：

$$[\mu]_{0.5N\,NaCl}^{25℃} = 7.19\times10^{-3}\overline{M}_W^{0.77} \quad (8-6-16)$$

用此法测定部分水解聚丙烯酰胺的相对分子质量时，比较适宜的相对分子质量范围是 50 万～550 万；水解度为 0～70%（摩尔分数）。

8.6.2 生物聚合物（黄胞胶）的定量检测

8.6.2.1 用苯酚—硫酸方法定量分析生物聚合物

8.6.2.1.1 原理

该方法是基于在酸性环境中酚与糖类结合会产生带色的反应产物。生物聚合物是葡聚多糖类聚合物，例如黄胞胶、单、双、叁和

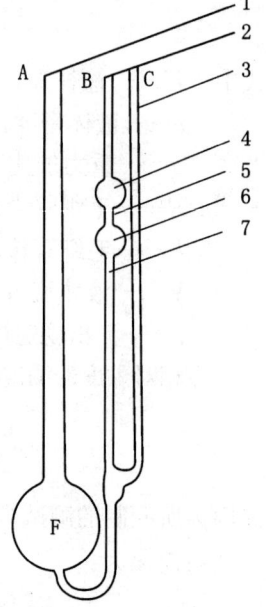

图 8-6-3 稀释型乌式黏度计
1—注液管；2—毛细管；
3—气管；4—缓冲球；
5—上刻线；6—定量球；
7—下刻线

低糖类，诸如葡萄糖、甘露糖和蔗糖以及其他聚合物降解产物。苯酚—硫酸方法除了用于检查注入和采出流体中多糖的浓度外，也可能用于检测。

8.6.2.1.2 试剂和仪器

浓硫酸（AR级）、苯酚（AR级）、提纯的黄胞胶或商品黄胞胶。

15ml离心管和加酸用的7°管夹持器（参见图8-3-4）、容积配量器、比色计或分光光度计、涡流混合器、过滤器、停表或计时器。

8.6.2.1.3 样品的制备

配制黄胞胶有效成分约为100mg/L的溶液。为了计算商品生物聚合物中有效生物聚合物的百分数，应当记录所用的重量。注入流体样品。如果必要，则将样品稀释。油井产出流体样品，用氯仿或己烷萃取，或用离心方法除去乳化油。如果存在表面活性剂，用氯化钠饱和溶液除去。样品用5μm滤膜过滤。

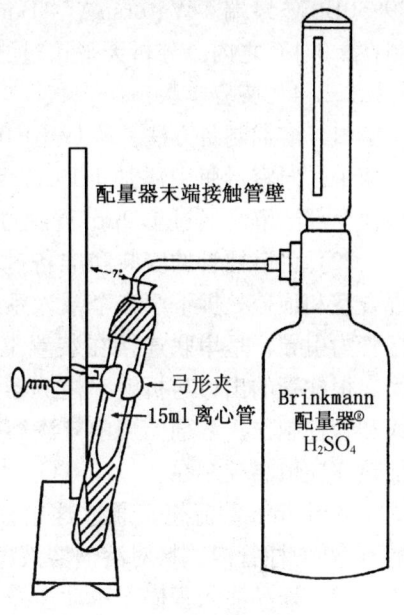

图8-6-4 测定总糖量的试管夹持器和配量器

8.6.2.1.4 分析步骤

在蒸馏水中溶解5.0g苯酚，并稀释到100g来配制苯酚试剂溶液。这个溶液在室温下，一个月内是稳定的。在15ml具塞离心管中加入1g标准黄胞胶溶液，即为制备的样品，应制备一式三个重复样品，以保证其再现性。每个试管中加入1ml苯酚试剂。在涡流混合器上轻微混合离心管并防止溅出。把试管放到7°管夹持器装置中，迅速由配量器把6.0ml浓硫酸加到试管中，不要涡流混合（参见图8-6-4）。让试管在室温下静置10 min。在25℃水浴中使温热的试管平衡15min（±30s）。在波长485nm下用比色计测吸光度。

8.6.2.1.5 绘制标准曲线

用提纯的黄胞胶或用适宜的商品生物聚合物配制500mg/L的备用溶液。用与样品中的组成相同的水稀释，配制浓度范围为0～160mg/L、间隔为20mg/L的一组生物聚合物标准溶液。测试后绘出光吸收值与生物聚合物浓度（mg/L）的关系曲线。

8.6.2.1.6 测定生物聚合物浓度

用标准曲线直接比较样品的吸收值，即可找出样品的生物聚合物浓度。

8.6.2.2 用高效液相色谱（HPLC）方法测定生物聚合物的浓度

8.6.2.2.1 原理

这个方法是测定50～1500mg/L浓度范围内高相对分子质量多糖（相对分子质量大约为1×10^6）浓度的方法。此方法用排斥色谱技术把大分子与较小分子组分分离开来。用差示折射计检测组分的洗涤馏分。把检测器响应的峰积分和聚合物组分的峰面积与聚合物标准溶液进行对比，确定总的生物聚合物浓度。

8.6.2.2.2 试剂

水，HPLC级；磷酸二氢钾，试剂级；磷酸钠（七水合磷酸二氢钠晶体），试剂级。

8.6.2.2.3 仪器

Hewlett \ | Packard 1084B型液相色谱仪，配有79877A型差示折射率检测器和

79850B LC 终端。Watersμ\ | Bondagel^{TM}色谱柱 E-1000 和 E-500。循环水浴，温度控制在 ±0.1℃ 之内。分析天平，过滤器。

8.6.2.2.4 实验步骤：

(1) 溶剂制备方法。称量 10.08g 磷酸二氢钾和 26.80g 磷酸钠放在一个干净的 2L 容量烧瓶中。向容量瓶中添加 HPLC 级的水，直至形成 2.0L 的溶液。摇动容量烧瓶，直到磷酸盐全部溶解。通过 1.2μm 滤膜过滤溶液，然后把溶液在真空下抽空除氧。

(2) 色谱柱管的安装和准备过程。如果使用的是双泵（溶剂梯度）液相色谱仪，应在混合室和顶盖处拆下第二个泵入系统。在柱温室中安装两根柱管。这两根柱管以 E-1000 柱管为引导，呈串联连接在装置上。第一根柱管的入口应与液相色谱样品注入系统连接，第二根柱管的出口与折射率检测器连接，所有接头都应用死体积（非流动体积）很小的管线和管件制作。溶剂储罐中充满溶剂溶液，并用磁力搅拌器缓慢地搅拌溶剂。溶剂和柱管加热室应恒温控制在 35±1.0℃。启动溶剂泵，并在 μ-|Bondage^{TM}柱管或相应设备上建立 1.0ml/min 的流速。通过这组柱管流过约 50ml 溶剂，以清除原来的填充溶剂（2—丙醇），并使柱管内填料对溶剂溶液稳定。

(3) 样品注入程序。手动注样方式要求有一个六通注入阀，两个孔与 100μl 样品环路连接，两个孔作为溶剂的入口和出口，一个孔与 LC 注射器（500μl）连接，一个孔作为取样孔。在注入阀的某一个位置上，溶剂流过样品环路，同时样品通过取样孔抽到注射器中。注入阀应转到第二个位置，样品从注射器排到样品环路。注入阀再返回到第一个位置，以使溶剂把样品带入柱管中。

如果液相色谱系统具有自动进样能力，注入程序为：注入体积 100μl，每个样品分析的时间周期为 12 min，每个试验样品注入两次。

(4) 折射率检测仪器操作步骤。检测器的样品杯和参照杯都应该用外部循环水浴恒温控制在 35±0.1℃。至少让其稳定 2h。在折射率（RI）×4 处设定检测器的衰减。并确定检测器的零点。这是两个检测光电池之间初始均衡的条件，以确定准确的检测器基线。在液相色谱终端绘图仪或外接图形记录器上记录约 30 min 的检测器响应，以确定检测器基线的稳定性。

(5) 峰值积分方法。同 PHPAM 的分析方法。

(6) 绘制标准曲线。同 PHAPM 的分析方法。

(7) 测定未知样品浓度。使用未知样品重复 (3)、(4)、(5) 步骤，对每个溶液样品都应做两次注入，以得到每个样品波峰面积的平均值。根据峰面积的平均值由标准曲线查出试样的浓度。

参 考 文 献

1. 程绍志，张为民．国外剩余油研究．北京：石油工业出版社，1995
2. 崔正刚，殷福珊．微乳化技术与应用．北京：中国轻工业出版社，1999
3. 樊世忠，鄢捷年，周大晨著．钻井液、完井液及保护油气层技术．北京：石油工业出版社，1996
4. 付奎仕，高玉军等．FT-213 两性离子聚合物凝胶调剖剂的研究与应用．油田化学，1995，12（2）：129
5. 顾惕人．朱珧瑶等．表面化学．北京：科学出版社，1994
6. 郭尚平等．物理化学渗流微观机理．北京：科学出版社，1990
7. 韩大匡．胶体分散凝胶驱油技术的研究与进展．油田化学，1996，9（2）
8. 韩大匡．多层砂岩油藏开发模式．北京：石油工业出版社，1999
9. 韩明．硬葡聚糖的结构与性质．油田化学，1993，10（4）：375
10. 韩明，J. Muler，李宇乡．黄原胶水溶液的性质．油田化学，1990，7（3）：284
11. 何勤功，古大治著．油田开发用高分子材料．北京：石油工业出版社，1990
12. 胡博仲，刘垣等．聚合物驱采油工程．北京：石油工业出版社，1995
13. 姜言里，纪平等．聚合物驱油最佳技术条件优选．北京：石油工业出版社，1994
14. 康万利，董喜贵．三次采油化学原理．北京：化学工业出版社，1995
15. 李干佐，郭荣等．微乳液理论及其应用．北京：石油工业出版社，1995
16. 李国玉，周元锦等．中国油田图集．北京：石油工业出版社，1990
17. 李克文，沈平平．原油与浆体流变学．北京：石油工业出版社，1994
18. 李玉柱，苑明顺．流体力学．北京：高等教育出版社，1998
19. 梁文平．乳状液科学与技术基础．北京：科学出版社，2001
20. 刘继德主编．精细化学品系列丛书——油田化学品．北京：中国物资出版社，2001
21. 刘一江主编．化学调剖堵水技术．北京：石油工业出版社，1999
22. 刘志泉，李剑新等．中国原油性质及综合评价．北京：石油工业出版社，1996
23. 罗开富，张熙，黄荣华．疏水缔合水溶性聚合物的合成．油田化学，1999，16（3）：282
24. 罗平亚．罗平亚院士文集．北京：中国大百科全书出版社，1997
25. 马世煜．聚合物驱油实用工程方法．北京：石油工业出版社，1995
26. 梅佑黔．部分水解聚丙烯酰胺的盐敏效应．石油学报（1），1982，41
27. 秦同洛，陈元千．实用油藏工程方法．北京：石油工业出版社，1989
28. 沈平平等．油层物理实验技术．北京：石油工业出版社，1995
29. 沈全中主编．胶体与表面化学．北京：化学工业出版社，2004
30. 沈钟，赵振国，王果庭．胶体与表面化学．北京：化学工业出版社，2004
31. 沈钟，王果庭．胶体与表面化学．北京：化学工业出版社，1997
32. 万仁溥主编．堵水技术（采油技术手册第十分册）．北京：石油工业出版社，1994
33. 王秉浅，沈娟华，颜捷先．胜利油区开发研究与实践．东营：石油大学出版社，1996
34. 王德辰，苏学义等．微乳状液—聚合物驱油技术研究．西安：西北大学出版社，1994
35. 王德润，于宪潮，陈慎之．黄原胶物化性质研究进展．化学通报，1990（3）：1

36 王克亮，王风兰等．改善聚合物驱的技术现象．北京：石油工业出版社，1997
37 王山峰，张春光等．表面活性剂及其在油气田中的应用．北京：石油工业出版社，1995
38 王玉普，王广昀等著．大庆油田高含水期注采技术．北京：石油工业出版社，2001
39 王志武，刘恒，高树棠．三次采油技术与矿场应用．上海：上海交通大学出版，1995
40 吴肇亮主编．CDG体系深部调剖技术．北京：石油大学出版社，1998
41 肖进新，赵振国．表面活性剂应用原理．北京：化学工业出版社，2003
42 许冀泉．粘土的吸水膨胀及其测定方法．钻井液与完井液，1989，6（2）：1～3
43 严瑞萱主编．水溶性高分子．北京：化学工业出版社，1998
44 杨承志．化学驱提高采收率原理．北京：石油工业出版社，1994
45 杨承志，韩大匡．化学驱油理论与实践．北京：石油工业出版社，1996
46 杨普华等译．增效碱驱（复合驱）提高石油采收率译文集．北京：石油工业出版社，1993
47 杨普华，杨承志编译．化学驱提高采收率．北京：石油工业出版社，1988
48 余爱农主编．精细化工制剂成型技术．北京：化学工业出版社，2002
49 张景存等．三次采油．北京：石油工业出版社，1995
50 张远君教编．流体力学大全．北京：北京航空航天大学出版社，1991
51 赵大健，刁虎欣，刘如林．黄原胶的结构与性能．精细石油化工，1986，7（1）：12
52 赵福麟主编．聚合物交联机理研究．东营：石油大学，1998
53 赵国玺．朱珧瑶．表面活性剂作用原理．北京：中国轻工业出版社，2003
54 赵国玺．表面活性剂物理化学（修订版）．北京：北京大学出版社，1991
55 赵如皓．对新型无聚合物压裂液的认识．世界石油工业，20007，（6）
56 赵杏媛，王行信等．中国含油气盆地粘土矿物．武汉：中国地质大学出版社，1995
57 A．E．马特耳，M．卡耳文．金属螯合物化学．北京：科学出版社，1964
58 A．班恩等著．张朝琛译．岩石性质对地下液体渗流的影响．北京：石油工业出版社，1981
59 B．B．杰夫里卡莫夫等．异常石油．北京：石油工业出版社，1983
60 C．R．史密斯著．岳清山，柏松章等译．实用油藏工程．北京：石油工业出版社，1995
61 D．C．邦德等著．王平译．残余油饱和度确定方法．北京：石油工业出版社，1982
62 K．E．布朗．升举法采油工艺（卷一）．北京：石油工业出版社，1987
63 L．W．莱克著．李宗田等译．提高石油采收率的科学基础．北京：石油工业出版社，1992
64 M．B．基尔皮契夫著．沈自求译．相似理论．北京：科学出版社，1955
65 M．N．苏尔古切夫著．卢文瑞等译．二、三次提高原油采收率方法．北京：石油工业出版社，1993
66 N．R．莫罗著．焉捷平等译．石油开采中的界面现象．北京：石油工业出版社，1995
67 P．R．贝歇尔．乳状液理论与实践．北京：科学出版社，1980
68 P．C．Hiemenz著．周祖康，马季铭译．胶体与表面化学原理．北京：北京大学出版社，1985
69 W．Littmann著．杨普华译．聚合物驱．北京：石油工业出版社，1991

70　А. Б. 列兹尼亚科夫著．王成斌译．相似方法．北京：科学出版社，1963
71　А. Т. 格尔布洛夫，Л. Н. 布钦柯夫著．崔耀南，金衍泰译．碱水驱．北京：石油工业出版社，1995
72　Г. А. 巴巴良等著．刘青年等译．表面活性剂在油田开发中的应用．北京：石油工业出版社．1987
73　И. Л. 马尔哈辛著．李殿文译．油层物理化学机理．北京：石油工业出版社，1987
74　Almon, W. R, Davies, D. K. Formation Damage and the Crystal Chemistry of Clays. Longstaffe, F. J. ed, Clays and te resource geologist, Min. Assoc Canada Short Canrse, Calgary, 1981
75　B. Bazin, Yang Chenzhi, et al．Micellar Flooding In an Alkaline Environment under Lao Jun Mioa Oil Field Condition. SPE 22363, Presented at 92 SPE Conference, Beijing, Mar. 23~31（1992）
76　Becher P. R. Emulsions. Theory and Practice. New York, Reinhold, 1965
77　Beggs, H. D, Robinson, J. F. Estimating the Viscosity of Crude Oil Systems. JPT (Sept. 1975), 1140~1141
78　Bourrel, M, Schechter R. S. Microemulsions and Related Systems. Marcel DeCases, J. M., ed, Interactions Solide—Liquide Dans Les Milieux Poreux., Edition TECHNIP, 1985, 335~370
79　Davison P., Mentzer, E. Soc. Petrol. Engrs J. 6 (1981), 1135
80　Donaldson E. C., Chilingarian G. V., Yan, T. F. Enhanced Oil Recovery. Elsevier Science Publishers B. V, 1989
81　Duda J. L. Claus E. E. & Fan S. K. Influence of polymer molecule-wall interactions on mobility control. SPEJ, 2 (1981) 613~622
82　Francois J. Water Soluble Associative Polymers. Lectured at Sichuan Petroleum Administration, Chengdu, Dec. 14~15, 1998
83　Gao Youyin, Yang Chengzhi, LiuCiqun. A Thermodynamic Model of Sulfonate Solution/Oxide System, Presented at 6th International Conference on Surface and Colloid Science, Sengokubara, 1991
84　Glaso, O. Generalized Pressure \ Volume \ Temperature Correlations. JPT (Mug, 1980), 785~795
85　Goodrich, R. C. On the Damping of Water Waves by Monomolecular Films. J. Phys. Chem, 66. 1858 (1962)
86　Han Dakuang, Yang Chengzhi, et al. The Feasibility Study for EOR by Surfactant flooding in Oil Reservoir With High Clay Content. Prceedings of 5th European Symposium on Improved Oil Recovery, Budapest, April 25-27, 495~503 (1989)
87　Han Dakuang, Yang Chengzhi. Techniques for Chemical Flooding without Preflush for the Lao Jun Miao, 93 Denver ACS, March 28-April 2, (1993)
88　Han Dakuang, Yang Chengzhi, et al. Thickened Water for EOR, Journal of beijing petroleum Institute, 1 (1965), 30~40
89　Han Dakuang, Yang Chengzhi, Qian Yuhuai, Yang Puhua. Chemical Flooding：A Technological, Economical and Effective Method for Enhanced Oil Recovery, . 9th Eu-

ropean symposium on Improved Oil Recovery, The Hague, 20~22, October, (1997)
90 Healy, R. N., Reed, R. L. Improved Oil Recovery by Surfactant and Polymer Flooding. edited by D. O. Shah and R. S., Schechter (1977)
91 Johnson T. Kirkwood S., et al. Chem. Ind. London, 1963, 820
92 Lake L. W. Enhanced Oil Recovery. Prentice-Hall, 1989
93 Littmann W. Polymer Flooding. Elsevier, 1988
94 Lou Zhuhong, Yang Chengzhi, et al. Application of Biopolymer at High Temperature and High Salinity Conditions, 93 Denver ACS, March 28-April 2, (1993)
95 Mannheimer, R. J, Schechter, R. S. An Improved Apparaties and Analysis for Surface Rheological Measurements. J. Colloid Interface, 32 (1970), p195
96 Mukerjee, P., Anaclil, A. in Adsorption at Interfaces edited by K. L. Mittal, . ACS Symp. Ser. 1975, 107~128
97 Noik C., Yang Chengzhi, et al. Comportment d Polymeres Hydrosolubles on Presence de Tension-actifs, 92 Minchim, The Fourth Symposium On Mining Chemistry, Kiev, The Ukraive, 6-9 October, (1992)
98 Rosen Milton J. Surfactants and Interface Phenomena, New Jersey: John Wiley & Sons, Inc. Publication, 2004
99 Schechter, R. S., Wade, W. H. Surfactant adsorption: an overview. international energy agency workshop on enhanced oil recovery, . Conf-8004140, Feb. 1981, 96~104
100 Schramm L. L. Foams. Fundamentals and applications in the petroleum Industry. American Chemical Society, Washington, DC 1994
101 Schramm, L. L. Washington, D. C. Foams, American Chemical Society, Washington, DC 1994
102 Shah D. O. Surface Phenomena in Enhanced Oil Recoveri. New York Plenum Press 1981
103 Shah D. O., Schechter R. S. Improved Oil recovery by Surfactants ang polymer Flooding. New York Academic Press. inc 1977
104 Shah, D. O, Walker, Jr, R. D. Enhanced Oil Recovery—Chemical Flooding. DOE/BETC/IC—80/3 volume 2of 4 (1980) F24
105 Shen Pingping, Li Kewen. A New Method for Determining the Frartal Dimensions. Yang ChengZhi, Han Dakuang ed, Improved Oil Recovery. Beijing: Petroleum Ind, 1997
106 K. Shinoda. Principles of Solution and Solubility. Marcel Dekker Inc., 1978
107 K. Shinoda. Colloidal Surfactant. New York, Academic Press, 1963
108 Song Wanchao, Yang Chengzhi, Han Dakuang, et al. Alkaline-Surfactant-Polymer Combination Flooding for Improving Recovery of the Oil with High Acid Value, SPE29905, Presented at the SPE Conference Held in Beijing,, Nov, 13-16, (1995)
109 Sui Jun, Yang Chengzhi, Yang Zhengyu, et al. A Surfactant-Alkaline-Polymer Flooding Pilot Project in Non Acidic Paraffin Oil Field in Daqing, SPE 64509, Presented at SPE Asia Pacific Oil & Gas Conference and Exhibition, Brisbane, Australia, 16-18,

October, (2000)

110 Tang Shanyu, Yang Chengzhi. A Thermodynamic Model of Precipitation and Redissolution of Alkylbenzene Sulfonate in Brine and Effects of the Addition of Polyelectrolytes. Acta Petrolei Sinica, Vol. 10, No. 2, 39~47 (1989)

111 Tang Shanyu, YangChengzhi, Zhang Shufeng. The Adsorption of Petroleum Sulfonate on Yumen Oil Sand, Petroleum Geology and Oilfield Development in Daqing, Vol. 8, No. 4, 53~58 (1989)

112 Tong Zhengxin, Yang Chengzhi, et al. A Study of microscopic Flooding Mechanic of Surfactant-Alkali-polymer, SPE 39662, Presented at the 1998 SPE/DOE IOR Symposium, Held in Tulsa, OK, 19-20 April, (1998)

113 Van Olphen H, Fripiat, J. J. Data Handbook for Clay Minerals and other Non-metallic Minerals. New york: Pergamon Press. 1979

114 Wasan, D. T, et al. Interfacial Shear Viscosity at Fluid \ Fluid Interfaces. AICHE, J. , 17 (1971), 1287

115 Winsor, P. A. Solvent Properties of Amphiphilic. CompoundsLondon, Botterworths Scientific Publications, 1954

116 Yang Changzhi, Han Dakuang. Inhibition of Adsorption of Alkylbenzene Sulfonate on Clay by Polyelectrolytes, Acta Petrolei Sinica, Vol. 7, No. 4, 61~72 (1985)

117 Yang Chengzhi and Cheng Yunxin. Study on Loss of Surfactants in Physical-Chemical Flow Processes, J. K. Borchardtk, T. F. Yen. ed, Advances in Oilfield Chemistry, ACS, Vol. 33, No. 1, 108~113 (1988)

118 Yang Chengzhi, Hang Yanhua, et al. Precipitation-Disslolution du Sulfonate petrolire en Presence de Cations polyvalents en Solution, Revue l Institut Francais du Petrole, Vol. 41, No. 2, 247~253 March-April (1986)

119 Yang Chengzhi, Tang Shanyu. The Behavior of Sulfonate Solution in the Presence of Polyelectrolytes, Presented at 7th International Symposium on Surfactant, Ottawa, Canadia, October2-7, (1988)

120 Yang Chengzhi. China's EOR Response to its Geological Characteritics, PETROMIN, p. 52-62, (October, 1996)

121 Yang Chengzhi. Ionic exchange in Fluid flow through porow media, Petroleum Exploration and Development, 21 (1), 89~97 (1994)

122 Yang Chengzhi. Petroleum Geology, Development Proformance of China's Oilfield and Counter-Measures for Enhanced Oil Recovery, The 3rd Annual Conference on China's Oil Industry, Beijing, June, 18-19, (1996)

123 Yang Chengzhi and Han Dakuang : Present status of EOR in the Chinese Petroleum Industry and its Future, JPSE, 6, 175~189 (1991)

124 Yang Chengzhi and Han Dakuang : Present Status of EOR in Chinese Petroleum Industry and Its Future, Presented at the Forth Asean Council on Petroleum Conference and Exhibition, Singapore, November 14-16 (1989)

125 Y ang Chengzhi, et al. Adsorption Balance of Petroleum Sulfonate Solution on Kao-

linite and the Relationship between the balance and Zeta Potential, Presented at 6th International Symposium on Suafactant, New Delhi, August 19-22 (1986)

126　Yang Chengzhi, Yang Zhenyu, HuJingbang. The Mechanism of Reduction of Sulfonate Adsorption Loss on Na-Kaolinite by a Scarifies, Presented at 8th International Symposium on Surfactants in Solution, Caineville, Florida, USA, June 10-15 (1990)

127　Yang Chengzhi, B. Bazin, et al. Reduction of Surfactant Retention With Polyphosphates in Surfactant Flooding Process, SPE 17481, Tianjing, Nov. 1-5, (1988)

128　Yang Chengzhi, et al. The Mechanism of Sodium Dodecylbenzene Sulfonate Adsorption and Competitive Adsorption with a New Additive on the Na-kaolinite, AIChE Spring national Meeting, New Orleans, LA., Mar., 29-April, (1992)

129　Yang Chengzhi, Han Dakuang, Wang Desheng. The Application of A new Additive in the Pilot Chemical Flooding Project In Yumen Oil Field, Acta Petrolei Sinica, Vol. 15, No. 2, 77~84, (1995)

130　Yang Chengzhi, Han Dakuang, et al. Analysis and Explanation to Industrial Pilot Foam-Flooding Results on the Lao Jun Miao Oilfield in China, SPE/DOE 17387, Tulsa, Oklahoma, April 17-20 (1988)

131　Yang Chengzhi, Han Dakuang, Song Wanchao, et al. The Alkaline-Surfactant-Polymer Combination Flooding and Application to Oilfield for EOR, 8th European Symposium on Improved Oil Recovery, Vienna, Austria, 15-17 May, (1995)

132　Yang Chengzhi, Han Dakuang. Maitrise de L'Adsorption de L'Alkylbenzene Sulfonate de Sodium en solution sur L'Argils par la Polyelectrolyte, Third European Meeting on Improved Oil Flooding, Rome, AGIP Proceedings April 16-18, (1985)

133　Yang ChengZhi, Han Dakuang. Improved Oil Recovery. Beijing, Petroleum Industry Press, 1997

134　Yang Chengzhi, Jia Wenle. The Mechanism of Adsorption and A New Method to Reduce the Surfactant Loss in Chemical Flooding, Presented at AIChE's Spring national Meeting on Enhanced Oil Recovery Process, New Orleans, Louisana, March 6-10, (1988)

135　Yang Chengzhi, Li Yuanqin, Dai Zhijian : Enhanced Oil Recovery by Foams Flooding, Presented at 3rd Euroconference on Foams, Emulsions, and Application, TuDelft, The Netherlands, 4-8, June, (2000) in procceding of 3th Euroconference on Foams, Emulsions, and Application, p235~236

136　Yang Chengzhi, Qian Yuhai, Lou Zhunog, Liu Renjun, Zhan Zhichen, et al : Biopolymer flooding Pilot Test on the High Viscous Oil Reservoir, 9th European symposium on Improved Oil Recovery, The Hague, 1997, 20-22

137　Yang Chengzhi, Yang Zhenyu and Hu Jingbang ; A Model of Sodium Alkylbenzene Sulfonate Adsorption on Na-kaolinite, International Symposium on Surfactants in Solution, Casacas, Venezula, 1994, 26-30

138　Yang Chengzhi, Yuan Hong, and Lou Zhuhong: Surfactant-Alkaline-Polymer Combination Flooding and Carboxylate Surfactant for Application to EOR, 94 International

Symposium on Petroleum and Oil Chemical Engineering, Beijing, 1994

139 Yang Chengzhi, Yuan Hong, Lou Zhuhong, Jia Wenle. The Combination Surfactant for Enhanced Oil Recovery, 10th International Symposium on Surfactants in Solution, Casacas, Venezuela, June, 1994, 26-30

140 Yang Chengzhi, Yuan Hong, Lou Zhuhong, Liang Menglan, et al. Heavy Crude Production-Application of An Emulsion for the Production of Heavy Crude, 2nd World Congress on Emulsion, Bordeaux, France, September, 23-26, (1997)

141 Yang Chengzhi, Jia Wenle, Huang Yanhua. The Mechanism of Adsorption and A New Method to Reduce Surfactant Loss in Chemical Flooding, Journal of Petroleum Science and Engineering, No. 3, 97-109 (1989)

142 Yang Chengzhi. Micellar Solution and Its Application on Oilfield, Petroleum Exploration and Development, No. 2, 44-58 (1978)

143 Yang Chengzhi. Adjustment of Surfactant/polymer interaction in Surfactant/polymer Flooding with Polyelectrolytes, SPE/DOE 14931, Tulsa, Oklahoma, April 20-23 (1986)

144 Yuan Hong, Yang Chengzhi, et al. Mechanism of Alkaline-Surfactant-polymer Combination Flooding for Improving the Recovery of Waxy Crude Oil, Presented at IN-GEPET 96' Lima, Peru, 28-31, October, (1996)

145 Zitha Pacelli, Banhart John, Verbist Guy. Foams, Emulsions and their Applications, Eurofoam 2000 4-8 June, Delft, theNetherlands. Verlag MIT, Publishing, Bremen

附 录

附表1 孪连(Gemini)表面活性剂与其对应的常规表面活性剂的 C_{20} 和 CMC (M. J. Rosen, 2004)

表面活性剂名称	溶解介质	$C_{20}, 10^{-6}M$	$CMC, 10^{-6}M$	参考文献
$[C_{10}H_{21}OCH_2CH(OCH_2COO^-Na^+)CH_2]_2O$	H_2O	4	84	Zhu, 1993
$(C_{11}H_{23}COO^-Na^+)$	H_2O	5000	20000	Zhu, 1993
$[C_{10}H_{21}OCH_2CH(OCH_2CH_2CH_2SO_3^-Na^+)]_2O$	H_2O	8	33	Zhu, 1991
$C_{12}H_{25}SO_3^-Na^+$	H_2O	4400	9800	Zhu, 1991
$[C_{10}H_{21}OCH_2CH(SO_4^-Na^+)CH_2OCH_2]_2$	H_2O	1	13	Zhu, 1990
$C_{12}H_{25}SO_4^-Na^+$	H_2O	3100	8200	Zhu, 1990
$[C_{12}H_{25}N^+(CH_3)_2CH_2]_2 \cdot 2Br^-$	H_2O	—	840	Zana, 1991
$[C_{12}H_{25}N^+(CH_3)_2CH_2CHOH]_2 \cdot 2Br^-$	H_2O	129	700	Rosen, 1996
$C_{12}H_{25}N^+(CH_3)_3 \cdot Br^-$	H_2O	8000	16000	Rosen, 1996
$[C_{12}H_{25}N^+(CH_3)_2CH_2]_2CHOH \cdot 2Cl^-$	0.1 M NaCl	0.9	9.6	Song, 1996
$[C_{12}H_{25}N^+(CH_3)_2CH_2CHOH]_2 \cdot 2Br^-$	0.1 M NaCl	0.9	21	Rosen, 1996
$C_{12}H_{25}N^+(CH_3)_3 \cdot Cl^-$	0.1 M NaCl	1950	5760	Li, 2001
$\{C_{11}H_{23}CONHCH[(CH_2)_3NHC(NH_2)_2^+]CONHCH_2\}_2 \cdot 2Cl^-$	H_2O	1.9	9.5	Perez, 1998
$C_{11}H_{23}CONHCH[(CH_2)_3NHC(NH_2)_2^+]COOCH_3 \cdot Cl^-$	H_2O	630	6000	Perez, 1998
$\{C_{11}H_{23}CONHCH[(CH_2)_3NHC(NH_2)_2^+]CONHCH_2\}_2 \cdot 2Cl^-$	0.01 M NaCl	1	9.2	Perez, 1998
$C_{11}H_{23}CONHCH[(CH_2)_3NHC(NH_2)_2^+]COOCH_3 \cdot Cl^-$	0.01 M NaCl	50	270	Perez, 1998

附表2 孪连(Gemini)表面活性剂与常规表面活性剂协同作用参数(20℃) (M. J. Rosen, 2004)

体 系	溶解介质	β^α	β^M	参考文献
阴离子—阳离子混合物				
$[C_8H_{17}N^+(CH_3)_2CH_2CHOH]_2 \cdot 2Br^- - C_{10}H_{21}SO_3^-Na^+$	0.1 M NaBr	−26	−12	Liu, 1996
$[C_8H_{17}N^+(CH_3)_2CH_2CHOH]_2 \cdot 2Br^- - C_{12}H_{25}SO_3^-Na^+$	0.1 M NaBr	−30	−13	Liu, 1996
$C_8Pyr^+Br^- - C_{12}H_{25}SO_3^-Na^+$	0.1 M NaBr	−19.5	—	Gu, 1989
$[C_{10}H_{21}N^+(CH_3)_2CH_2CHOH]_2 \cdot 2Br^- - C_{10}H_{21}SO_3^-Na^+$	0.1 M NaBr	−34	−14	Liu, 1996
$[C_{10}H_{21}N^+(CH_3)_2CH_2CHOH]_2 \cdot 2Br^- - C_{12}H_{25}SO_3^-Na^+$	0.1 M NaBr	−34	−18	Liu, 1996
$[C_{10}H_{21}N^+(CH_3)_2CH_2CHOH]_2 \cdot 2Br^- - C_{12}H_{25}SO_3^-Na^+$	0.1 M NaCl	−40	−19	Liu, 1996
$[C_8H_{17}N^+(CH_3)_2CH_2CHOH]_2 \cdot 2Br^- - C_{12}H_{25}(OC_2H_4)_4SO_4^-Na^+$	0.1 M NaBr	−28	—	Liu, 1996
$[C_{10}H_{21}N^+(CH_3)_2CH_2CHOH]_2 \cdot 2Br^- - C_{12}H_{25}(OC_2H_4)_4SO_4^-Na^+$	0.1 M NaBr	−31	−11	Liu, 1996
阴离子—非离子混合物				
$(C_{10}H_{21})_2C_6H_2(SO_3^-Na^+)OC_6H_4SO_3^-Na^+ - C_{12}H_{25}(OC_2H_4)_7OH$	0.1 M NaCl	−6.9	−0.8	Rosen, 1993b
$C_{10}H_{21}C_6H_3(SO_3^-Na^+)OC_6H_4SO_3^-Na^+ - C_{12}H_{25}(OC_2H_4)_7OH$	0.1 M NaCl	−1.8	−0.9	Rosen, 1993b

续表

体 系	溶解介质	β^α	β^M	参考文献
阴离子—两性离子混合物				
$(C_{10}H_{21})_2C_6H_2(SO_3^-Na^+)OC_6H_4SO_3^-Na^+ - C_{14}H_{29}N(CH_3)_2O$, pH = 6.0	0.1 M NaCl	-7.3	-2.4	Rosen, 1994
$C_{10}H_{21}C_6H_3(SO_3^-Na^+)OC_6H_5 - C_{14}H_{29}N(CH_3)_2O$, pH = 5.8	0.1 M NaCl	-4.7	-3.2	Rosen, 1993b
阳离子—非离子混合物				
$[C_{10}H_{21}N^+(CH_3)_2CH_2CH_2]_2 \cdot 2Br^-$ -癸基-β-葡糖苷(pH = 9)	0.1 M NaCl	-4.0	-1.9	Li, 2001
$2C_{10}H_{21}N^+(CH_3)_3 \cdot 2Br^-$ -癸基-β-葡糖苷(pH = 9)	0.1 M NaCl	-1.2	-1.2	Rosen, 2001
$[C_{10}H_{21}N^+(CH_3)_2CH_2]_2CHOH \cdot 2Br^-$ -癸基-β-葡糖苷(pH = 9)	0.1 M NaCl	-4.2	-1.2	Li, 2001
$[C_{10}H_{21}N^+(CH_3)_2CH_2CH_2]_2 \cdot 2Br^-$ -癸基-β-麦芽糖苷	0.1 M NaCl	-2.7	-1.9	Li, 2001
$C_{10}H_{21}N^+(CH_3)_3 \cdot Br^-$ -癸基-β-麦芽糖苷	0.1 M NaCl	-0.3	-0.3	Rosen, 2001
$[C_{10}H_{21}N^+(CH_3)_2CH_2]_2CHOH \cdot 2Br^-$ -癸基-β-葡糖苷	0.1 M NaCl	-4.2	-1.2	Li, 2001
$[C_{10}H_{21}N^+(CH_3)_2CH_2]_2CHOH \cdot 2Br^-$ -癸基-β-麦芽糖苷	0.1 M NaCl	-2.9	-1.4	Li, 2001
$[C_{10}H_{21}N^+(CH_3)_2CH_2CHOH]_2 \cdot 2Br^-$ -癸基-β-葡糖苷	0.1 M NaCl	-3.1	-1.4	Li, 2001
$[C_{10}H_{21}N^+(CH_3)_2CH_2CHOH]_2 \cdot 2Br^-$ -癸基-β-麦芽糖苷	0.1 M NaCl	-2.0	-1.7	Li, 2001
$[C_{10}H_{21}N^+(CH_3)_2CH_2CH_2]_2O \cdot 2Br^-$ -癸基-β-葡糖苷	0.1 M NaCl	-3.3	-1.5	Li, 2001
$[C_{10}H_{21}N^+(CH_3)_2CH_2CH_2]_2O \cdot 2Br^-$ -癸基-β-麦芽糖苷	0.1 M NaCl	-2.3	-1.7	Li, 2001
$[C_{12}H_{25}N^+(CH_3)_2CH_2CH_2]_2 \cdot 2Br^-$ -十二烷-β-麦芽糖苷	0.1 M NaCl	-3.0	-2.2	Li, 2001
$[C_{12}H_{25}N^+(CH_3)_2CH_2]_2 \cdot 2Br^- - C_{12}(OC_2H_4)_6OH$	H_2O	—	-2.2	Esumi, 1998
$[C_{12}H_{25}N^+(CH_3)_3 \cdot Cl^-] - C_{12}(OC_2H_4)_5OH$	H_2O	—	-1.0	Rubingh, 1982

附表3　一些表面活性剂的克拉夫特点(Krafft Point)(引自 M. J. Rosen, 2004)

表面活性剂	Krafft Point, ℃	参考文献
$C_{12}H_{25}SO_3^-Na^+$	38	Weil, 1963
$C_{14}H_{29}SO_3^-Na^+$	48	Weil, 1963
$C_{16}H_{33}SO_3^-Na^+$	57	Weil, 1963
$C_{18}H_{37}SO_3^-Na^+$	70	Weil, 1963
$C_{10}H_{21}SO_4^-Na^+$	8	Raisen, 1957
$C_{12}H_{25}SO_4^-Na^+$	16	Weil, 1963
$2-MeC_{11}H_{23}SO_4^-Na^+$	<0	Gotte, 1969
$C_{14}H_{29}SO_4^-Na^+$	30	Weil, 1963
$2-MeC_{13}H_{27}SO_4^-Na^+$	11	Gotte, 1969
$C_{16}H_{33}SO_4^-Na^+$	45	Weil, 1963
$2-MeC_{15}H_{31}SO_4^-Na^+$	25	Gotte, 1969
$C_{16}H_{33}SO_4^- + NH_2(C_2H_4OH)_2$	<0	Weil, 1959
$C_{18}H_{37}SO_4^-Na^+$	56	Weil, 1963
$2-MeC_{17}H_{35}SO_4^-Na^+$	30	Gotte, 1969
$Na^+ {}^-O_4S(CH_2)_{12}SO_4^-Na^+$	12	Ueno, 1974
$Na^+ {}^-O_4S(CH_2)_{14}SO_4^-Na^+$	24.8	Ueno, 1974

续表

表面活性剂	Krafft Point, ℃	参考文献
$Li^+ - O_4S(CH_2)_{14}SO_4^- Li^+$	35	Ueno, 1974
$Na^+ - O_4S(CH_2)_{16}SO_4^- Na^+$	39.1	Ueno, 1974
$K^+ - O_4S(CH_2)_{16}SO_4^- K^+$	45.0	Ueno, 1974
$Li^+ - O_4S(CH_2)_{16}SO_4^- Li^+$	39.0	Ueno, 1974
$Na^+ - O_4S(CH_2)_{18}SO_4^- Na^+$	44.9	Ueno, 1974
$K^+ - O_4S(CH_2)_{18}SO_4^- K^+$	55.0	Ueno, 1974
$C_8H_{17}COO(CH_2)_2SO_3^- Na^+$	0	Hikota, 1970
$C_{10}H_{21}COO(CH_2)_2SO_3^- Na^+$	8.1	Hikota, 1970
$C_{12}H_{25}COO(CH_2)_2SO_3^- Na^+$	24.2	Hikota, 1970
$C_{14}H_{29}COO(CH_2)_2SO_3^- Na^+$	36.2	Hikota, 1970
$C_8H_{17}OOC(CH_2)_2SO_3^- Na^+$	0	Hikota, 1970
$C_{10}H_{21}OOC(CH_2)_2SO_3^- Na^+$	12.5	Hikota, 1970
$C_{12}H_{25}OOC(CH_2)_2SO_3^- Na^+$	26.5	Hikota, 1970
$C_{14}H_{26}OOC(CH_2)_2SO_3^- Na^+$	39.0	Hikota, 1970
$C_{12}H_{25}CH(SO_3^- Na^+)COOCH_3$	6	Ohbu, 1998
$C_{12}H_{25}CH(SO_3^- Na^+)COOC_2H_5$	1	Ohbu, 1998
$C_{14}H_{29}CH(SO_3^- Na^+)COOCH_3$	17	Ohbu, 1998
$C_{16}H_{33}CH(SO_3^- Na^+)COOCH_3$	30	Ohbu, 1998
$C_{10}H_{21}CH(CH_3)C_6H_4SO_3^- Na^+$	31.5	Smith, 1966
$C_{12}H_{25}CH(CH_3)C_6H_4SO_3^- Na^+$	46.0	Smith, 1966
$C_{14}H_{29}CH(CH_3)C_6H_4SO_3^- Na^+$	54.2	Smith, 1966
$C_{16}H_{33}CH(CH_3)C_6H_4SO_3^- Na^+$	60.8	Smith, 1966
$C_{14}H_{26}OCH_2CH(SO_4^- Na^+)CH_3$	14	Weil, 1966
$C_{14}H_{29}[OCH_2CH(CH_3)]_2SO_4^- Na^+$	<0	Weil, 1966
$C_{16}H_{33}OCH_2CH_2SO_4^- Na^+$	36	Gotte, 1969
$C_{16}H_{33}(OCH_2CH_2)_2SO_4^- Na^+$	24	Gotte, 1969
$C_{16}H_{33}OCH_2CH(SO_4^- Na^+)CH_3$	27	Weil, 1966
$C_{18}H_{37}OCH_2CH(SO_4^- Na^+)CH_3$	43	Weil, 1966
$C_{16}H_{33}OCH_2CH_2SO_4^- Na^+$	36	Weil, 1959
$C_{16}H_{33}(OC_2H_4)_2SO_3^- Na^+$	24	Weil, 1959
$C_{16}H_{33}(OC_2H_4)_3SO_4^- Na^+$	19	Weil, 1959
$C_{16}H_{33}[OCH_2CH(CH_3)]_2SO_4^- Na^+$	19	Gotte, 1969
$C_{18}H_{37}(OC_2H_4)_3SO_4^- Na^+$	32	Weil, 1959
$C_{18}H_{37}(OC_2H_4)_4SO_4^- Na^+$	18	Weil, 1959
$C_{18}H_{37}[OCH_2CH(CH_3)]_2SO_3^- Na^+$	31	Gotte, 1969
$n - C_7F_{15}COO^- Li^+$	<0	Shinoda, 1972
$n - C_7F_{15}COO^- Na^+$	8.0	Shinoda, 1972

续表

表面活性剂	Krafft Point, ℃	参考文献
$n-C_7F_{15}COO^-K^+$	25.6	Shinoda,1972
$n-C_7F_{15}COOH$	20	Shinoda,1972
$n-C_7F_{15}COO^-NH_4^+$	2.5	Shinoda,1972
$(CF_3)_2CF(CF_2)_4COO^-K^+$	<0	Shinoda,1972
$(CF_3)_2CF(CF_2)_4COO^-Na^+$	<0	Shinoda,1972
$n-C_7F_{15}SO_3^-Na^+$	56.5	Shinoda,1972
$n-C_8F_{17}SO_3^-Li^+$	<0	Shinoda,1972
$n-C_8F_{17}SO_3^-Na^+$	75	Shinoda,1972
$n-C_8F_{17}SO_3^-K^+$	80	Shinoda,1972
$n-C_8F_{17}SO_3^-NH_4^+$	41	Shinoda,1972
$n-C_8F_{17}SO_3^- + NH_3C_2H_4OH$	<0	Shinoda,1972
阳离子		
$C_{16}H_{33}N^+(CH_3)_3Br^-$	25	Davey,1998
$C_{16}H_{33}N^+(C_2H_5)_3Br^-$	<0	Davey,1998
$C_{18}H_{37}N^+(CH_3)_3Br^-$	36	Davey,1998
$C_{18}H_{37}N^+(C_2H_5)_3Br^-$	12	Davey,1998
$C_{16}H_{33}Pyr^+Br^{-a}$	25	Davey,1998
两性离子		
$C_{12}H_{25}N^+(CH_3)_2(CH_2)_{1-6}COO^-$	<1	Weers,1991
$C_{16}H_{33}N^+(CH_3)_2CH_2COO^-$	17	Weers,1991
$C_{16}H_{33}N^+(CH_3)_2(CH_2)_3COO^-$	13	Weers,1991
$C_{16}H_{33}N^+(CH_3)_2(CH_2)_5COO^-$	<0	Weers,1991
$C_{10}H_{21}(Pyr^+)COO^{-a}$	<0	Zhao,1984
$C_{12}H_{23}CH(Pyr^+)COO^{-a}$	23	Zhao,1984
$C_{14}H_{29}CH(Pyr^+)COO^{-a}$	38	Zhao,1984
$C_{12}H_{25}N^+(CH_3)_2CH_2CH_2SO_3^-$	70	Weers,1991
$C_{12}H_{25}N^+(CH_3)_2(CH_2)_3SO_3^-$	<0	Weers,1991
$C_{16}H_{33}N^+(CH_3)_2CH_2CH_2SO_3^-$	90	Weers,1991
$C_{16}H_{33}N^+(CH_3)_2(CH_2)_3SO_3^-$	28	Weers,1991
$C_{16}H_{33}N^+(CH_3)_2(CH_2)_4SO_3^-$	30	Weers,1991

[a] Pyr+,吡啶鎓。

附表4 非离子表面活性剂的浊点(M. J. Rosen,2004)

表面活性剂	溶剂	浊点,℃	参考文献
$n-C_6H_{13}(OC_2H_4)_3OH^a$	H_2O	37	Mulley,1967
$n-C_6H_{13}(OC_2H_4)_5OH^a$	H_2O	75	Mulley,1967

续表

表面活性剂	溶　剂	浊点,℃	参考文献
$n-C_6H_{13}(OC_2H_4)_6OH^a$	H_2O	83	Mulley,1967
$(C_2H_5)_2CHCH_2(OC_2H_4)_6OH^a$	H_2O	78	Elworthy,1964
$n-C_8H_{17}(OC_2H_4)_4OH^a$	H_2O	35.5	Mulley,1967
$n-C_8H_{17}(OC_2H_4)_6OH^a$	H_2O	68	Shinoda,1967b
$C_{10}H_{21}(OC_2H_4)_4OH^a$	H_2O	21	Mitchell,1983
$C_{10}H_{21}(OC_2H_4)_5OH^a$	H_2O	44	Mitchell,1983
$n-C_{10}H_{21}(OC_2H_4)_6OH^a$	H_2O	60	Mulley,1967
$(n-C_4H_9)_2CHCH_2(OC_2H_4)_6OH^a$	H_2O	27	Elworthy,1964
$C_{11}H_{23}CONH(CH_2CH_2O)_4H^a$	H_2O	52	Kjellin,2002
$n-C_{12}H_{25}(OC_2H_4)_3OH^a$	H_2O	25	Cohen,1981
$C_{12}H_{25}(OC_2H_4)_4OH^a$	H_2O	4	Mitchell,1983
$C_{12}H_{25}(OC_2H_4)_5OH^a$	H_2O	27	Mitchell,1983
$n-C_{12}H_{25}(OC_2H_4)_6OH^a$	H_2O	52	Cohen,1981
$n-C_{12}H_{25}(OC_2H_4)_7OH^a$	H_2O	62	Cohen,1981
$n-C_{12}H_{25}(OC_2H_4)_7OH^b$	H_2O	58.5	Schott,1969
$n-C_{12}H_{25}(OC_2H_4)_8OH^a$	H_2O	79	Mulley,1967
$n-C_{12}H_{25}(OC_2H_4)_8OH^b$	H_2O	73	Fineman,1952
$n-C_{12}H_{25}(OC_2H_4)_{9.4}OH$	H_2O	84	Kuwamura,1984
$C_{12}H_{23}(OC_2H_4)_{9.2}OH$	H_2O	75	Kuwamura,1984
$n-C_{12}H_{25}(OC_2H_4)_{10}OH^a$	H_2O	95	Mulley,1967
$n-C_{12}H_{25}(OC_2H_4)_{10}OH^b$	H_2O	88	Wrigley,1957
$n-C_{13}H_{27}(OC_2H_4)_{8.9}OH^b$	H_2O	79	Kuwamura,1984
$(n-C_6H_{13})_2CH(OC_2H_4)_{9.2}OH^b$	H_2O	35	Kuwamura,1984
$(n-C_4H_9)_3CH(OC_2H_4)_{9.2}OH^b$	H_2O	34	Kuwamura,1984
$n-C_{14}H_{29}(OC_2H_4)_6OH^a$	H_2O	45	Mulley,1967
$n-C_{16}H_{33}(OC_2H_4)_6OH^a$	H_2O	32	Mulley,1967
$n-C_{16}H_{33}(OC_2H_4)_{12.2}OH$	H_2O	97	Kuwamura,1984
$(n-C_5H_{11})_3C(OC_2H_4)_{12.0}OH$	H_2O	48	Kuwamura,1984
$C_{16}H_{31}(OC_2H_4)_{11.9}OH$	H_2O	80	Kuwamura,1984
$C_8H_{17}C_6H_4(OC_2H_4)_7OH^b$	H_2O	15	Mansfield,1964
$C_8H_{17}C_6H_4(OC_2H_4)_{9-10}OH^b$	H_2O	64.3	Schott,1977
$C_8H_{17}C_6H_4(OC_2H_4)_{9-10}OH^b$	$0.2\,M\ NH_4Cl$	60.0	Schott,1977
$C_8H_{17}C_6H_4(OC_2H_4)_{9-10}OH^b$	$0.2\,M\ NH_4Br$	62.5	Schott,1977
$C_8H_{17}C_6H_4(OC_2H_4)_{9-10}OH^b$	$0.2\,M\ NH_4NO_3$	63.2	Schott,1977
$C_8H_{17}C_6H_4(OC_2H_4)_{9-10}OH^b$	$0.2\,M\ (CH_3)_4NCl$	59.6	Schott,1977
$C_8H_{17}C_6H_4(OC_2H_4)_{9-10}OH^b$	$0.2\,M\ (CH_3)_4NI$	67.0	Schott,1977

续表

表面活性剂	溶 剂	浊点,℃	参考文献
$C_8H_{17}C_6H_4(OC_2H_4)_{9-10}OH^b$	$0.2M(C_2H_5)_4NCl$	61.0	Schott,1977
$C_8H_{17}C_6H_4(OC_2H_4)_{9-10}OH^b$	$0.2M(C_3H_7)_4NI$	78.5	Schott,1977
$C_8H_{17}C_6H_4(OC_2H_4)_{10}OH^b$	H_2O	75	Mansfield,1964
$C_8H_{17}C_6H_4(OC_2H_4)_{13}OH^b$	H_2O	89	Fineman,1952
$C_9H_{19}C_6H_4(OC_2H_4)_8OH^b$	H_2O	34	Fineman,1952
$C_9H_{19}C_6H_4(OC_2H_4)_{9.2}OH^b$	H_2O	56	Shinoda,1967b
$C_9H_{19}C_6H_4(OC_2H_4)_{9.2}OH^b$	$n-C_{16}H_{34}-$饱和水	80	Shinoda,1967b
$C_9H_{19}C_6H_4(OC_2H_4)_{9.2}OH^b$	$n-C_{10}H_{22}-$饱和水	79	Shinoda,1967b
$C_9H_{19}C_6H_4(OC_2H_4)_{9.2}OH^b$	$n-C_7H_{16}-$饱和水	71.5	Shinoda,1967b
$C_9H_{19}C_6H_4(OC_2H_4)_{9.2}OH^b$	环己烷-饱和水	54	Shinoda,1967b
$C_9H_{19}C_6H_4(OC_2H_4)_{9.2}OH^b$	$C_2H_5C_6H_5-$饱和水	30.5	Shinoda,1967b
$C_9H_{19}C_6H_4(OC_2H_4)_{9.2}OH^b$	苯-饱和水	<0	Shinoda,1967b
$C_9H_{19}C_6H_4(OC_2H_4)_{12.4}OH^b$	H_2O	87	Fineman,1952
$C_{12}H_{25}C_6H_4(OC_2H_4)_9OH^b$	H_2O	33	Shinoda,1967a
$C_{12}H_{25}C_6H_4(OC_2H_4)_{11.1}OH^b$	H_2O	50	Fineman,1952
$C_{12}H_{25}C_6H_4(OC_2H_4)_{15}OH^b$	H_2O	90	Fineman,1952

[a] 单一化合物；
[b] 聚氧乙烯链分布。

附表5　一些表面活性剂(水溶液)的 C_{CMC}/C_{20},和 π_{CMC} 值(M.J.Rosen,2004)

表面活性剂	温度 ℃	$\Gamma_m \times 10^{10}$ mol/cm²	C_{CMC}/C_{20}	π_{CMC} dyn/cm	参考文献
阴 离 子					
$C_{10}H_{21}OCH_2COO^-Na^+$ (0.1 M NaCl,pH10.5)	30	5.4	4.9	40.5	Tsubone,2001
$C_{11}H_{23}CON(CH_3)CH_2COO^-Na^+$ (pH10.5)	30	2.1	3.5	32.9	Tsubone,2001
$C_{11}H_{23}CON(CH_3)CH_2COO^-Na^+$ (0.1 M NaCl,pH10.5)	30	2.9	6.5	32.5	Tsubone,2001
$C_{11}H_{23}CON(C_4H_9)CH_2COO^-Na^+$	25	1.55	9.3	36.8	Zhu,1998a
$C_{11}H_{23}CON(C_4H_9)CH_2COO^-Na^+$ (硬水,I.S.$=6.6\times10^{-3}M$)^b	25	2.90	28.8	43.9	Zhu,1998a
$C_{11}H_{23}CON(CH_3)CH_2CH_2COO^-Na^+$ (pH10.5)	30	1.6	3.7	30.5	Tsubone,2001
$C_{11}H_{23}CON(CH_3)CH_2CH_2COO^-Na^+$ (0.1 M NaCl,pH10.5)	30	2.5	6.9	31.5	Tsubone,2001
$C_{13}H_{27}CON(C_3H_7)CH_2COO^-Na^+$	25	1.58	12.0	39.2	Zhu,1998a
$C_{13}H_{27}CON(C_3H_7)CH_2COO^-Na^+$ (硬水,I.S.$=6.6\times10^{-3}M$)^b	25	3.50	14.1	42.9	Zhu,1998a
$C_{10}H_{21}SO_3^-Na^+$	10	3.4	2.4	33.0	Dahanayake,1986
$C_{10}H_{21}SO_3^-Na^+$	25	3.3	2.1	31.0	Dahanayake,1986
$C_{10}H_{21}SO_3^-Na^+$	40	3.05	1.8	29.2	Dahanayake,1986
$C_{10}H_{21}SO_3^-Na^+$ (in 0.1 M NaCl)	25	3.85	4.1	32.6	Dahanayake,1986
$C_{10}H_{21}SO_3^-Na^+$ (in 0.5 M NaCl)	25	4.2	5.4	37.1	Dahanayake,1986

续表

表面活性剂	温度 ℃	$\Gamma_m \times 10^{10}$ mol/cm²	C_{CMC}/C_{20}	π_{CMC} dyn/cm	参考文献
$C_{12}H_{25}SO_3^- Na^+$	25	2.9	2.8	33.0	Dahanayake,1986
$C_{12}H_{25}SO_3^- Na^+$	60	2.5	1.92	29	Rosen,1969
$C_{12}H_{25}SO_3^- Na^+$(硬水,I.S.$= 6.6 \times 10^{-3}M$)[b]	25	2.34	9.97	36.2	Rosen,1996
$C_{12}H_{25}SO_3^- Na^+$(在 0.1 M NaCl 中)	25	3.8	5.9	36.4	Dahanayake,1986
$C_{12}H_{25}SO_3^- Na^+$(在 0.5 M NaCl 中)	40	3.6	6.8	39.0	Dahanayake,1986
$C_{12}H_{25}SO_3^- K^+$	25	3.3	2.38	34	Rosen,1974
$C_{16}H_{33}SO_3^- K^+$	60	2.9	2.4	33	Rosen,1969
$C_5H_{17}SO_4^- Na^+$(庚烷-H_2O)	50	2.3	4.0	39	Kling,1957
$C_{10}H_{21}SO_4^- Na^+$	27	2.9	2.56	32	Dreger,1944
$C_{10}H_{32}SO_4^- Na^+$(庚烷-H_2O)	50	2.3	4.4	39	Kling,1957
支化的 $C_{12}H_{25}SO_4^- Na^+$	25	1.7	11.3	40.1	Varadaral,1992
支化的 $C_{12}H_{25}SO_4^- Na^{+a}$(在 0.1 M NaCl 中)	25	3.3	15.2	42.7	Varadaral,1992
$C_{12}H_{25}SO_4^- Na^+$	25	3.2	2.6	32.5	Dahanayake,1986
$C_{12}H_{25}SO_4^- Na^+$(在 0.1 M NaCl 中)	25	38.0	6.0	38	Dahanayake,1986
$C_{12}H_{25}SO_4^- Na^+$	25	3.2	2.6	32.3	Dahanayake,1986
$C_{12}H_{25}SO_4^- Na^+$(H_2O-辛烷)	25	3.3	4.7	42.3	Rehfeld,1967
$C_{12}H_{25}SO_4^- Na^+$(H_2O-十七烷)	25	3.3	4.8	42.5	Rehfeld,1967
$C_{12}H_{25}SO_4^- Na^+$(H_2O-环己烷)	25	3.1	4.9	43.2	Rehfeld,1967
$C_{12}H_{25}SO_4^- Na^+$(H_2O-苯)	25	2.3	2.2	29.1	Rehfeld,1967
$C_{12}H_{25}SO_4^- Na^+$(H_2O-己烷)	25	2.5	1.5	25.2	Rehfeld,1967
$C_{12}H_{25}SO_4^- Na^+$	60	2.6	1.74	28	Rosen,1969
$C_{14}H_{29}SO_4^- Na^+$	25	—	2.6	37.2	Lange,1968
$C_{14}H_{29}SO_4^- Na^+$(庚烷-H_2O)	50	3.0	4.5	43	Kling,1957
$C_{16}H_{33}SO_4^- Na^+$	60	3.3	2.5	35	Rosen,1969
$C_{16}H_{33}SO_4^- Na^+$(庚烷-H_2O)	50	2.6	5.0	43.5	Kling,1957
$C_{18}H_{37}SO_4^- Na^+$(庚烷-H_2O)	50	2.5	5.0	44	Kling,1957
$C_{10}H_{21}OCH_2CH_2SO_3^- Na^+$	25	3.2	2.0	30.5	Dahanayake,1986
$C_{10}H_{21}OCH_2CH_2SO_3^- Na^+$(在 0.1 M NaCl 中)	25	3.85	4.5	34.7	Dahanayake,1986
$C_{10}H_{21}OCH_2CH_2SO_3^- Na^+$(在 0.5 M NaCl 中)	25	4.3	7.1	39.0	Dahanayake,1986
$C_{12}H_{25}OC_2H_4SO_4^- Na^+$	25	2.9	2.6	32.5	Dahanayake,1986
$C_{12}H_{25}OC_2H_4SO_4^- Na^+$(硬水,I.S.$= 6.6 \times 10^{-3}M$)[b]	25	3.59	10.2	40.4	Rosen,1996
$C_{12}H_{25}OC_2H_4SO_4^- Na^+$(在 0.1 M NaCl 中)	25	3.8	7.3	38.6	Dahanayake,1986
$C_{12}H_{25}OC_2H_4SO_4^- Na^+$(在 0.5 M NaCl 中)	25	4.4	8.3	42.4	Dahanayake,1986
$C_{12}H_{25}(OC_2H_4)_2SO_4^- Na^+$	10	2.8	2.8	32.6	Dahanayake,1986
$C_{12}H_{25}(OC_2H_4)_2SO_4^- Na^+$	25	2.6	2.5	30.5	Dahanayake,1986
$C_{12}H_{25}(OC_2H_4)_2SO_4^- Na^+$	40	2.5	2.0	28.5	Dahanayake,1986

续表

表面活性剂	温度 ℃	$\Gamma_m \times 10^{10}$ mol/cm^2	C_{CMC}/C_{20}	π_{CMC} dyn/cm	参考文献
$C_{12}H_{25}(OC_2H_4)_2SO_4^- Na^+$ (硬水, I.S. = $6.6 \times 10^{-3}M$)^b	25	3.24	11.5	39.0	Rosen, 1996
$C_{12}H_{25}(OC_2H_4)_2SO_4^- Na^+$ (在 0.5 M NaCl 中)	25	3.5	6.7	36.5	Dahanayake, 1986
$C_{12}H_{25}(OC_2H_4)_2SO_4^- Na^+$ (在 0.5 M NaCl 中)	25	3.8	10.0	40.2	Dahanayake, 1986
$C_{12}H_{25}(OC_2H_4)_2SO_4^- Na^+$ (硬水, I.S. = $6.6 \times 10^{-3}M$)^b	25	2.41	10.5	33.4	Rosen, 1996
$C_4H_9OC_{12}H_{24}SO_4^- Na^+$	25	1.1	4.2	28	Livingston, 1955
$C_{14}H_{29}OC_2H_4SO_4^- Na^+$	25	2.1	8.8	40	Livingston, 1955
$C_{14}H_{29}OC_2H_4SO_4^- Na^+$ (硬水, I.S. = $6.6 \times 10^{-3}M$)^b	25	3.91	7.9	40.0	Rosen, 1996
$C_4H_9CH(C_2H_5)CH_2OOCCH(SO_3^-)Na^+CH_2COOCH_2CH(C_2H_5)C_4H_9$ (硬水, I.S. = $6.6 \times 10^{-3}M$)^b	25	2.28	151	47.0	Rosen, 1996
$C_{11}H_{23}CON(CH_3)CH_2CH_2SO_3^- Na^+$ (pH 10.5)	30	2.2	2.0	27.2	Tsubone, 2001
$C_{11}H_{23}CON(CH_3)CH_2CH_2SO_3^- Na^+$ (0.1 M NaCl, pH 10.5)	30	3.0	5.5	31.7	Tsubone, 2001
$C_5H_{17}C_6H_4SO_3^- Na^+$	70	2.6	1.36	24.7	Lange, 1964
$p-C_9H_{19}C_5H_4SO_3^- Na^-$	75	1.8	1.3	23	Greiss, 1955
$C_{10}H_{21}C_6H_4SO_3^- Na^+$	70	3.2	1.33	25.4	Lange, 1964
$p-C_{10}H_{21}C_6H_4SO_3^- Na^+$	75	2.1	1.4	23.5	Greiss, 1955
$C_{11}H_{23}-2-C_6H_4SO_3^- Na^+$ (硬水, I.S. = $6.6 \times 10^{-3}M$)^b	30	3.69	9.7	40.0	Zhu, 1998b
$p-1,3,5,7-$四甲基$-$(正辛基)$-1-$苯磺酸钠	75	2.4	2.5	32	Greiss, 1955
$C_{12}H_{25}-2-C_6H_4SO_3^- Na^+$ (硬水, I.S. = $6.6 \times 10^{-3}M$)^b	30	4.16	5.0	35.6	Zhu, 1998b
$C_{12}H_{25}-4-C_6H_4SO_3^- Na^+$ (硬水, I.S. = $6.6 \times 10^{-3}M$)^b	30	3.44	17.4	43.8	Zhu, 1998b
$p-C_6H_{13}CH(C_4H_9)CH_2C_6H_4SO_3^- Na^+$	75	2.85	3.2	35	Greiss, 1955
$p-C_6H_{13}CH(C_5H_{11})C_6H_4SO_3^- Na^+$	75	2.1	>1.7	>26	Greiss, 1955
$C_{12}H_{25}-6-C_5H_4SO_3^- Na^+$ (硬水, I.S. = $6.6 \times 10^{-3}M$)^b	30	3.15	21.5	44.5	Zhu, 1998b
$C_{12}H_{25}C_6H_4SO_3^- Na^+$	70	3.7	1.33	25.8	Lange, 1964
$C_{12}H_{25}C_6H_4SO_3^- Na^+$ (0.1 M NaCl)	25	3.6	11.6	41.9	Murphy, 1990
$p-C_{12}H_{25}C_6H_4SO_3^- Na^+$	75	2.8	1.6	24	Greiss, 1955
$C_{13}H_{27}-2-C_6H_4SO_3^- Na^+$ (硬水, I.S. = $6.6 \times 10^{-3}M$)^b	30	4.05	3.1	30.7	Zhu, 1998b
$C_{13}H_{27}-5-C_6H_4SO_3^- Na^+$ (硬水, I.S. = $6.6 \times 10^{-3}M$)^b	30	3.58	15.8	44.1	Zhu, 1998b
$C_{13}H_{27}-5-C_6H_4SO_3^- Na^+$	30	2.15	7.6	39.0	Zhu, 1998b
$C_{14}H_{29}C_6H_4SO_3^- Na^+$	70	2.7	1.53	26.5	Lange, 1964
$p-C_{14}H_{29}C_6H_4SO_3^- Na^+$	70	2.2	1.6	24.5	Greiss, 1955
$C_{16}H_{33}C_6H_4SO_3^- Na^+$	70	1.9	1.93	27.8	Lange, 1964
$C_{16}H_{33}-8-C_6H_4SO_3^- Na^+$	45	1.61	14.4	42.5	Lascoux, 1983
$n-C_7F_{15}COO^- Na^+$	25	4.0	9.4	47.4	Shinoda, 1972
$n-C_7F_{15}COO^- K^+$	25	3.9	9.3	51.4	Shinoda, 1972
$(CP_3)_2CF(CF_2)_4COO^- Na^+$	25	2.8	11.2	51.8	Shinoda, 1972
$n-C_8F_{17}SO_3^- Li^+$	25	3.0	10.0	42.2	Shinoda, 1972

续表

表面活性剂	温度 ℃	$\Gamma_m \times 10^{10}$ mol/cm²	C_{CMC}/C_{20}	π_{CMC} dyn/cm	参考文献
$C_4F_9CH_2OOCCH_2CH(SO_3^- Na^+)OOCCH_2C_4F_9$	30	3.0	—	53.5	Downer,1999
阳 离 子					
$C_{10}H_{21}N(CH_3)_3^+Br^-$(在0.1 M NaCl中)	25	3.39	2.7	30.4	Li,2001
$C_{12}H_{25}N(CH_3)_3^+Br^-$(硬水,I.S. = $6.6\times10^{-3}M)^b$	25	2.72	3.99	33.9	Rosen,1996
$C_{12}H_{25}N(CH_3)_3^+Cl^-$ (in 0.1 M NaCl)	25	4.39	2.95	31.5	Li,2001
$C_{14}H_{29}N(CH_3)_3^+Br^-$	30	2.7	2.1	31	Venable,1964
$C_{14}H_{29}N(CH_3)_3^+Br^-$(硬水,I.S. = $6.6\times10^{-3}M)^b$	25	3.18	6.45	34.6	Rosen,1996
$C_{14}H_{29}N(C_3H_7)_3^+Br^-$	30	1.9	2.4	29	Venable,1964
$C_{16}H_{33}N(CH_3)_3^+Cl^-$(在0.1 M NaCl中)	25	3.4	10.0	38	Caskey,1971
$C_{10}H_{21}Pyr^+Br^{-c}$	25	2.01	3.97	31.7	Rosen,1996
$C_{12}H_{25}Pyr^+Br^{-c}$	10	3.5	2.7	34.6	Rosen,1982b
$C_{12}H_{25}Pyr^+Br^{-c}$	25	3.3	2.5	32.9	Rosen,1982b
$C_{12}H_{25}Pyr^+Br^{-c}$	40	3.2	2.1	30.8	Rosen,1982b
$C_{12}H_{25}Pyr^+Br^{-c}$(在0.1 M NaBr中)	25	3.5	6.9	35.2	Rosen,1982b
$C_{12}H_{25}Pyr^+Br^{-c}$(在0.1 M NaBr中)	25	3.5	8.9	37.2	Rosen,1982b
$C_{12}H_{25}Pyr^+Cl^{-c}$	10	2.7	2.3	29.6	Rosen,1982b
$C_{12}H_{25}Pyr^+Cl^{-c}$	25	2.7	2.0	28.3	Rosen,1982b
$C_{12}H_{25}Pyr^+Cl^{-c}$	40	2.6	1.8	26.9	Rosen,1982b
$C_{12}H_{25}Pyr^+Cl^{-c}$(在0.1 M NaCl中)	25	3.0	4.6	30.4	Rosen,1982b
$C_{12}H_{25}Pyr^+Cl^{-c}$(在0.1 M NaCl中)	25	3.1	5.5	32.8	Rosen,1982b
$C_{14}H_{29}Pyr^+Br^{-c}$	30	2.8	2.2	31	Venable,1964
$C_{12}N^+H_2CH_2CH_2OHCl^-$	25	1.93	7.0	31	Omar,1997
$C_{12}N^+H(CH_2CH_2OH)_2Cl^-$	25	2.49	7.3	32	Omar,1997
$C_{12}N^+(CH_2CH_2OH)_2Cl^-$	25	2.91	5.6	34	Omar,1997
阴离子—阳离子					
$CH_3SO_4^- \cdot {}^+N(CH_3)_3C_{12}H_{25}$	25	2.70^d	2.7	33.5	Lange,1971
$C_2H_5SO_4^- \cdot {}^+N(CH_3)_3C_{12}H_{25}$	25	2.85^d	3.4	37.5	Lange,1971
$C_{12}H_{25}SO_4^- \cdot {}^+N(CH_3)_3C_2H_5$	25	2.63^d	2.7	33.0	Lange,1971
$C_4H_9SO_4^- \cdot {}^+N(CH_3)_3C_{10}H_{21}$	25	2.50^d	7.0	44.2	Lange,1971
$C_{10}H_{21}SO_4^- \cdot {}^+N(CH_3)_3C_4H_9$	25	2.85^d	3.4	37.5	Lange,1971
$C_6H_{13}SO_4^- \cdot {}^+N(CH_3)_3C_8H_{17}$	25	2.53^d	10.4	49.8	Lange,1971
$C_8H_{17}SO_4^- \cdot {}^+N(CH_3)_3C_6H_{13}$	25	2.50^d	7.0	44.2	Lange,1971
$C_4H_9SO_4^- \cdot N(CH_3)_3C_{12}H_{25}$	25	2.67^d	5.3	42.0	Lange,1971
$C_6H_{13}SO_4^- \cdot {}^+N(CH_3)_3C_{12}H_{25}$	25	2.58^d	10.0	49.3	Lange,1971
$C_8H_{17}SO_4^- \cdot {}^+N(CH_3)_3C_{12}H_{25}$	25	2.72^d	9.6	50.6	Lange,1971
$C_{10}H_{21}SO_4^- \cdot C_{10}H_{21}N(CH_3)_3^+$	25	2.9^d	9.1	50	Corkill,1963

续表

表面活性剂	温度 ℃	$\Gamma_m \times 10^{10}$ mol/cm^2	C_{CMC}/C_{20}	π_{CMC} dyn/cm	参考文献
$C_{12}H_{25}SO_4^- \cdot {}^+N(CH_3)_3C_{12}H_{25}$	25	2.74^d	9.6	50.8	Lange,1971
$C_{12}H_{25}SO_3^- \cdot {}^+HON(CH_3)_3C_{12}H_{25}$	25	2.14^d	13.6	48.5	Rosen,1964
非离子					
$C_8H_{17}CHOHCH_2OH$	25	5.1	9.6	48.6	Kwan,1980
$C_8H_{17}CHOHCH_2CH_2OH$	25	5.3	8.9	48.4	Kwan,1980
$C_{10}H_{21}CHOHCH_2OH$	25	6.3	6.5	49.3^e	Kwan,1980
$C_{10}H_{23}CHOHCH_2CH_2OH$	25	5.8	6.8	48.3^e	Kwan,1980
$C_{12}H_{25}CHOHCH_2CH_2OH$	25	5.1	7.7	45.5	Kwan,1980
Decyl-β-D-glucoside(in 0.1 M NaCl,pH=9)	25	4.18	11.1	44.2	Li,2001
Decyl-β-D-maltoside(in 0.1 M NaCl,pH=9)	25	3.37	6.5	35.7	Li,2001
Dodecyl-β-D-maltoside(in 0.1 M NaCl,pH=9)	25	3.67	7.1	37.3	Li,2001
$C_6H_{13}(OC_2H_4)_6OH$	25	2.7	21.5	40	Mulley,1962;Elwonhy,1964
$C_8H_{17}OCH_2CH_2OH$	25	5.2	7.2	45.0	Shinoda,1959
$C_8H_{17}(OC_2H_4)_5OH$(in 0.1 M NaCl)	25	3.46	8.4	38.3	Varadaraj,1991
$C_{10}H_{21}(OC_2H_4)_6OH$	25	3.0	17.0	42	Carless,1964;Corkill,1964
$C_{10}H_{21}(OC_2H_4)_6OH$(在硬水中,I.S.=6.6×10^{-3}M)^b	25	2.83	16.2	39.4	Rosen,1996
$C_{10}H_{21}(OC_2H_4)_8OH$	25	2.38	16.7	36.4	Meguro,1981
$C_{12}H_{25}(OC_2H_4)_3OH$	25	3.98	11.4	44.1	Rosen,1996
$C_{12}H_{25}(OC_2H_4)_6OH$	25	3.63	13.7	43.4	Rosen,1982a
$C_{12}H_{25}(OC_2H_4)_4OH(H_2O-$十六烷$)$	25	3.16	16.8^f	52.1	Rosen,1991
$C_{12}H_{25}(OC_2H_4)_5OH$	25	3.33	15.0	41.5	Rosen,1982a
$C_{12}H_{25}(OC_2H_4)_5OH$(in 0.1 M NaCl)	25	3.31	18.5	41.5	Varadaraj,1991
$C_{12}H_{25}(OC_2H_4)_6OH$	25	3.7	9.6	41	Carless,1964;Corkill,1964
$C_{12}H_{25}(OC_2H_4)_6OH$(在硬水中,I.S.=6.6 10^{-3}M)^b	25	3.19	12.8	40.2	Rosen,1996
$C_{12}H_{25}(OC_2H_4)_7OH$	25	2.90	14.9	38.3	Rosen,1982a
$C_{12}H_{25}(OC_2H_4)_8OH$	10	2.56	17.5	37.4	Rosen,1982a
$C_{12}H_{25}(OC_2H_4)_8OH$	25	2.52	17.3	37.2	Rosen,1982a
$C_{12}H_{25}(OC_2H_4)_8OH$	40	2.46	15.4	37.3	Rosen,1982a
$C_{12}H_{25}(OC_2H_4)_8OH(H_2O-$十六烷$)$	25	2.64	17.5^f	48.7	Rosen,1991
$C_{12}H_{25}(OC_2H_4)_8OH(H_2O-$庚烷$)$	25	2.62	18.6^f	48.5	Rosen,1991
$C_{12}H_{25}(OC_2H_4)_9OH$	23	2.3	17.0	36	Lange,1965
$C_{12}H_{25}(OC_2H_4)_{12}OH$	23	1.9	11.8	32	Lange,1965
6-支化$C_{13}H_{17}(OC_2H_4)_3OH$(in 0.1 M NaCl)	25	2.87	35.7	45.5	Varadaraj,1991

续表

表面活性剂	温度 ℃	$\Gamma_m \times 10^{10}$ mol/cm²	C_{CMC}/C_{20}	π_{CMC} dyn/cm	参考文献
$C_{13}H_{27}(OC_2H_4)_3OH$ (in 0.1 M NaCl)	25	3.89	8.8	40.9	Varadaraj,1991
$C_{13}H_{27}(OC_2H_4)_8OH$	25	2.78	11.3	36.7	Meguro,1981
$C_{14}H_{29}(OC_2H_4)_6OH$(在硬水中,I.S. = $6.6 \times 10^{-3}M)^b$	25	3.34	10.5	39.6	Rosen,1996
$C_{14}H_{29}(OC_2H_4)_8OH$	25	3.43	8.4	38.0	Meguro,1981
$C_{14}H_{29}(OC_2H_4)_8OH$(在硬水中,I.S. = $6.6 \times 10^{-3}M)^b$	25	2.67	13.8	37.1	Rosen,1996
$C_{15}H_{31}(OC_2H_4)_8OH$	25	3.59	7.1	37.4	Meguro,1981
$C_{16}H_{33}(OC_2H_4)_6OH$	25	4.4	6.3	40	Corkill,1961; Elwonhy,1964
$C_{16}H_{23}(OC_2H_4)_6OH$(在硬水中,I.S. = $6.6 \times 10^{-3}M)^b$	25	3.23	12.7	40.1	Rosen,1996
$C_{16}H_{33}(OC_2H_4)_7OH$	25	3.8	8.3	39	Elwonhy,1962
$C_{16}H_{33}(OC_2H_4)_9OH$	25	3.1	7.8	36	Elwonhy,1962
$C_{16}H_{33}(OC_2H_4)_{12}OH$	25	2.3	8.5	33	Elwonhy,1962
$C_{16}H_{33}(OC_2H_4)_{15}OH$	25	2.1	8.9	32	Elwonhy,1962
$C_{16}H_{33}(OC_2H_4)_{21}OH$	25	1.4	8.0	27	Elwonhy,1962
$p-t-C_8H_{17}C_6H_4(OC_2H_4)_7OH$	25	2.9	22.9	42	Crook,1963,1964
$p-t-C_8H_{17}C_6H_4(OC_2H_4)_8OH$	25	2.6	21.4	40	Crook,1963,1964
$p-t-C_8H_{17}C_6H_4(OC_2H_4)_9OH$	25	2.5	18.6	38.5	Crook,1963,1964
$p-t-C_8H_{17}C_6H_4(OC_2H_4)_{10}OH$	25	2.2	17.4	37	Crook,1963,1964
$C_9H_{19}C_6H_4(OC_2H_4)_{10}OH^i$	25	2.95	13.5	41	Schick,1962b
$C_9H_{19}C_6H_4(OC_2H_4)_{15}OH^i$	25	2.4	12.9	35.5	Schick,1962b
$C_9H_{19}C_6H_4(OC_2H_4)_{30}OH^i$	25	1.9	12.3	31	Schick,1962b
$C_{11}H_{23}CON(CH_2CH_2OH)_2$	25	3.75	6.3	37.1	Rosen,1964
$C_{10}H_{21}CON(CH_3)CH_2(CHOH)_4CH_2OH$(0.1 M NaCl)	25	3.80	10.5	41.4	Zhu,1999
$C_{11}H_{23}CONH(C_2H_4O)_4H$	23	3.4	—	41.3	Kjollin,2002
$C_{11}H_{23}CON(CH_3)CH_2CHOHCH_2OH$(0.1 M NaCl)	25	4.34	10.9	46.2	Zhu,1999
$C_{11}H_{23}CON(CH_3)CH_2(CHOH)_3CH_2OH$(0.1 M NaCl)	25	4.29	9.8	44.7	Zhu,1999
$C_{11}H_{23}CON(CH_3)CH_2(CHOH)_4CH_2OH$(0.1 M NaCl)	25	4.10	8.7	42.3	Zhu,1999
$C_{12}H_{25}CON(CH_3)CH_2(CHOH)_4CH_2OH$(0.1 M NaCl)	25	4.60	7.8	43.0	Zhu,1999
$C_{13}H_{27}CON(CH_3)CH_2(CHOH)_4CH_2OH$(0.1 M NaCl)	25	4.68	4.0	36.0	Zhu,1999
$C_{10}H_{21}N(CH_3)CO(CHOH)_4CH_2OH$	20	3.96	5.2	36.1	Burczyk,2001
$C_{12}H_{25}N(CH_3)CO(CHOH)_4CH_2OH$	20	3.99	8.8	37.6	Burczyk,2001
$C_{14}H_{29}N(CH_3)CO(CHOH)_4CH_2OH$	20	3.97	8.5	37.8	Burczyk,2001
$C_{16}H_{33}N(CH_3)CO(CHOH)_4CH_2OH$	20	3.65	10.1	38.3	Burczyk,2001
$C_{18}H_{37}N(CH_3)CO(CHOH)_4CH_2OH$	20	3.97	8.1	39.7	Burczyk,2001
$C_6F_{13}C_2H_4SC_2H_4(OC_2H_4)_2OH$	25	4.74	—	54	Matos,1989
$C_6F_{13}C_2H_4SC_2H_4(OC_2H_4)_3OH$	25	4.46	—	53.4	Matos,1989

续表

表面活性剂	温度 ℃	$\Gamma_m \times 10^{10}$ mol/cm^2	C_{CMC}/C_{20}	π_{CMC} dyn/cm	参考文献
$C_6F_{13}C_2H_4SC_2H_4(OC_2H_4)_5OH$	25	3.56	—	54	Matos, 1989
$C_6F_{13}C_2H_4SC_2H_4(OC_2H_4)_7OH$	25	3.19	—	51	Matos, 1989
$(CH_3)_3SiO[Si(CH_3)_2O]_3Si(CH_3)_2CH_2(C_2H_4O)_{8.2}CH_3$	25	3.4	37	50	Kanner, 1967
$(CH_3)_3SiO[Si(CH_3)_2O]_3Si(CH_3)_2CH_2(C_2H_4O)_{12.8}CH_3$	25	4.2	19.5	51	Kanner, 1967
$(CH_3)_3SiO[Si(CH_3)_2O]_3Si(CH_3)_2CH_2(C_2H_4O)_{17.3}CH_3$	25	4.2	17.4	50.5	Kanner, 1967
$(CH_3)_3SiO[Si(CH_3)_2O]_9Si(CH_3)_2CH_2(C_2H_4O)_{17.3}CH_3$	25	3.6	11.8	42	Kanner, 1967
两性离子					
$C_{10}H_{21}N^+(CH_3)_2COO^-$	23	4.15	7.0	39.7	Beckett, 1963
$C_{12}H_{25}N^+(CH_3)_2CH_2COO^-$	23	3.57	6.5	36.5	Beckett, 1963
$C_{14}H_{29}N^+(CH_3)_2CH_2COO^-$	23	3.53	7.5	37.5	Beckett, 1963
$C_{16}H_{33}N^+(CH_3)_2CH_2COO^-$	23	4.13	6.9	39.7	Beckett, 1963
$C_{10}H_{21}CH(Pyr^+)COO^-$	25	3.59	3.90	32.1	Zhao, 1984
$C_{12}H_{33}CH(Pyr^+)COO^-$	25	3.57	5.66	35.0	Zhao, 1984
$C_{14}H_{29}CH(Pyr^+)COO^-$	40	3.40	6.16	36.0	Zhao, 1984
$C_{10}H_{21}N^+(CH_2C_6H_5)(CH_3)CH_2COO^-$	25	2.91	12.0	38.0	Dahanayake, 1984
$C_{12}H_{25}N^+(CH_2C_6H_5)(CH_3)CH_2COO^-$	25	2.86	14.4	39.0	Dahanayake, 1984
$C_{12}H_{25}N^+(CH_2C_6H_5)(CH_3)CH_2COO^-$ (in 0.1M NaCl, pH5.7)	25	3.1	15.1	39.9	Rosen, 2001
$C_{12}H_{25}N^+(CH_2C_6H_5)(CH_3)CH_2COO^-$ (H_2O-庚烷)	25	2.81	—	48.4	Murphy, 1988
$C_{12}H_{25}N^+(CH_2C_6H_5)(CH_3)CH_2COO^-$ (H_2O-十六烷)	25	2.90	—	48.6	Murphy, 1988
$C_{12}H_{25}N^+(CH_2C_6H_5)(CH_3)CH_2COO^-$ (H_2O-甲苯)	25	2.22	—	35.6	Murphy, 1988
$C_{10}H_{21}N^+(CH_2C_6H_5)(CH_3)CH_2CH_2SO_3^-$	40	2.59	11.0	33.6	Dahanayake, 1984

[a] 分子支化的4,4—甲基十二醇;

[b] 溶液离子强度;

[c] 吡啶鎓;

[d] 由于每个分子有两个链,所以每厘米长度上的疏水基数为 Γ_m 的两倍;

[e] 在 Krafft 点以下,过饱和溶液;

[f] CMC/C_{30} 值;

[g] 亲水基不均匀,随着分子量的降低聚氧乙烯链长度减小;

附表6 一些表面活性剂(水溶液)的 Γ_m,pC_{20} 值(M. J. Rosen, 2004)

表面活性剂	界面	温度 ℃	Γ_m mol/cm^2 $\times 10^{10}$	a_m^2 Å^2	pC_{20}	参考文献
	阴离子					
$C_{11}H_{23}COO^-Na^+$	0.11M NaCl (水)—空气	20	3.5	47	—	van Voorst Vader, 1960a

续表

表面活性剂	界面	温度 ℃	Γ_m mol/cm² ×10¹⁰	a_m^2 Å²	pC_{20}	参考文献
$C_{11}H_{23}COO^-Na^+$	0.11 M NaCl(水)-庚烷	20	3.7	45	—	van Voorst Vader,1960a
$C_{11}H_{23}COO^-K^+$	0.11 M NaCl(水)-空气	20	3.85	43	—	van Voorst Vader,1960a
$C_{11}H_{23}COO^-K^+$	0.11 M NaCl(水)-空气	20	3.85	44	—	van Voorst Vader,1960a
$C_{15}H_{31}COO^-Na^+$	0.1 M NaCl(水)-空气	25	—	—	4.7	Zhu,1987
$C_{10}H_{21}OCH_2COO^-Na^+$, pH 10.5	0.1 M NaCl(水)	30	5.4	31	3.2	Tsubone,2001
$C_{11}H_{23}CONHCH_2COO^-Na^+$	0.1 M NaOH(水)	45	3.45	48	—	Miyagishi,1989
$C_{11}H_{23}CONHCH(CH_3)COO^-Na^+$	0.1 M NaOH(水)	45	2.9	57	—	Miyagishi,1989
$C_{11}H_{23}CONHCH(C_2H_5)COO^-Na^+$	0.1 M NaOH(水)	45	2.8	60	—	Miyagishi,1989
$C_{11}H_{23}CONHCH[CH(CH_3)_2]COO^-Na^+$	0.1 M NaOH(水)	45	2.7	62	—	Miyagishi,1989
$C_{11}H_{23}CONHCH[CH_2CH(CH_3)_2]-COO^-Na^+$	0.1 M NaOH(水)	45	2.7	61	—	Miyagishi,1989
$C_{11}H_{23}CON(CH_3)CH_2COO^-Na^+$ pH 10.5	H_2O	30	2.1	81	2.5	Tsubone,2001
$C_{11}H_{23}CON(CH_3)CH_2COO^-Na^+$ pH 10.5	0.1 M NaOH(水)-空气	30	2.9	58	3.3	Tsubone,2001
$C_{11}H_{23}CON(C_2H_5)CH_2COO^-Na^+$	硬水 (L.S.=6.6×10⁻³M)ª	25	2.77	59.9	3.84	Zhu,1998a
$C_{11}H_{23}CON(C_4H_9)CH_2COO^-Na^+$	H_2O-空气	25	1.5	107	3.62	Zhu,1998a
$C_{11}H_{23}CON(C_4H_9)CH_2COO^-Na^+$	硬水 (L.S.=6.6×10⁻³M)ª	25	2.9	57.3	4.76	Zhu,1998a
$C_{11}H_{23}CON(CH_3)CH_2CH_2COO^-Na^+$ pH 10.5	H_2O	30	1.6	104	2.7	Tsubone,2001
$C_{11}H_{23}CON(CH_3)CH_2CH_2COO^-Na^+$ pH 10.5	0.1 M NaCl(水)	30	2.5	66	3.4	Tsubone,2001
$C_{13}H_{27}CON(C_3H_7)CH_2COO^-Na^+$	H_2O	25	1.58	105	4.30	Zhu,1998a
$C_{13}H_{27}CON(C_3H_7)CH_2-COO^-Na^+$	硬水 (L.S.=6.6×10⁻³M)ª	25	3.50	47.4	5.28	Zhu,1998a
$C_{17}H_{33}CON[(CH_2)_3OMe]CH_2-COO^-Na^+$	H_2O	25	1.05	158	5.38	Zhu,1998a
$C_{17}H_{33}CON[(CH_2)_3OMe]CH_2-COO^-Na^+$	硬水 (L.S.=6.6×10⁻³M)ª	25	3.33	49.9	5.86	Zhu,1998a
$C_{10}H_{21}SO_3^-Na^+$	H_2O-空气	10	3.37	49	1.70	Dahanayake,1986
$C_{10}H_{21}SO_3^-Na^+$	H_2O-空气	25	3.22	52	1.69	Dahanayake,1986
$C_{10}H_{21}SO_3^-Na^+$	H_2O-空气	40	3.05	54	1.66	Dahanayake,1986
$C_{10}H_{21}SO_3^-Na^+$	0.1 M NaCl(水)-空气	10	4.06	41	2.29	Dahanayake,1986
$C_{10}H_{21}SO_3^-Na^+$	0.1 M NaCl(水)-空气	25	3.85	43	2.29	Dahanayake,1986

续表

表面活性剂	界 面	温度 ℃	Γ_m mol/cm² ×10¹⁰	a_m^2 Å²	pC_{20}	参 考 文 献
$C_{10}H_{21}SO_3^- Na^+$	0.1 M NaCl(水)-空气	40	3.67	45	2.27	Dahanayake,1986
$C_{10}H_{21}SO_3^- Na^+$	0.5 M NaCl(水)-空气	10	4.46	37	2.89	Dahanayake,1986
$C_{10}H_{21}SO_3^- Na^+$	0.5 M NaCl(水)-空气	25	4.24	41	2.87	Dahanayake,1986
$C_{10}H_{21}SO_3^- Na^+$	0.5 M NaCl(水)-空气	40	4.04	41	2.84	Dahanayake,1986
$C_{11}H_{23}SO_3^- Na^+$	0.1 M NaCl(水)-空气	20	3.2	52	—	van Voorst Vader,1960a
$C_{12}H_{25}SO_3^- Na^+$	H_2O-空气	10	3.02	55	2.38	Dahanayake,1986
$C_{12}H_{25}SO_3^- Na^+$	H_2O-空气	25	2.93	57	2.36	Dahanayake,1986
$C_{12}H_{25}SO_3^- Na^+$	H_2O-空气	40	2.73	60	2.33	Bujake,1965;Dahanayake,1986
$C_{12}H_{25}SO_3^- Na^+$	H_2O-空气	60	2.5	65	2.14	Rosen,1976a
$C_{12}H_{25}SO_3^- Na^+$	0.1 M NaCl(水)-空气	10	3.92	42	3.41	Dahanayake,1986
$C_{12}H_{25}SO_3^- Na^+$	0.1 M NaCl(水)-空气	25	3.76	44	3.38	Dahanayake,1986
$C_{12}H_{25}SO_3^- Na^+$	0.1 M NaCl(水)-空气	40	3.55	47	3.30	Dahanayake,1986
$C_{12}H_{25}SO_3^- Na^+$	0.5 M NaCl(水)-空气	10	3.98	42	4.11	Dahanayake,1986
$C_{12}H_{25}SO_3^- Na^+$	0.5 M NaCl(水)-空气	25	3.85	42	4.06	Dahanayake,1986
$C_{12}H_{25}SO_3^- Na^+$	0.5 M NaCl(水)-空气	40	3.60	44	3.93	Dahanayake,1986
$C_{12}H_{25}SO_3^- Na^+$	0.1 M NaCl(水)-PTFE[b]	25	3.0	56	—	Gu,1989
$C_{12}H_{25}SO_3^- K^+$	H_2O-空气	25	3.4	49	2.43	Rosen,1974
$C_{16}H_{33}SO_3^- K^+$	H_2O-空气	60	2.8	58	3.35	Rosen,1968,1974
$C_8H_{17}SO_4^- Na^+$	H_2O-庚烷	50	2.3	72	1.61	Kling,1957
$C_9H_{19}SO_4^- Na^+$	H_2O-庚烷	20	3.0	56±2	—	van Voorst Vader,1960a
$C_{10}H_{21}SO_4^- Na^+$	H_2O-空气	27	2.9	57	1.89	Dreger,1944;Kling,1957
$C_{10}H_{21}SO_4^- Na^+$	0.1 M NaCl(水)	22	3.7	45	—	Betis,1957
$C_{10}H_{21}SO_4^- Na^+$	H_2O-庚烷	50	3.05	54	2.11	Kling,1957;van Voorst Vader,1960a
$C_{10}H_{21}SO_4^- Na^+$	0.032 M NaCl(水)-庚烷	50	3.2	52	—	Lange,1957
$C_{12}H_{25}SO_4^- Na^+$	H_2O-空气	25	3.16	53	2.51	Dahanayake,1986
$C_{12}H_{25}SO_4^- Na^+$	H_2O-空气	60	2.65	63	2.24	Rosen,1969

续表

表面活性剂	界面	温度 ℃	Γ_m mol/cm² ×10¹⁰	a_m^2 Å²	pC_{20}	参 考 文 献
$C_{12}H_{25}SO_4^- Na^+$	0.1 M NaCl(水)	25	4.03	41	3.67	Dahanayake,1986
$C_{12}H_{25}SO_4^- Na^+$	H_2O-庚烷	20	3.1	53	—	van Voorst Vader,1960a
$C_{12}H_{25}SO_4^- Na^+$	H_2O-庚烷	50	2.95	56	2.72	Kling, 1957; van Voorst Vader,1960a
$C_{12}H_{25}SO_4^- Na^+$	0.008 M NaCl(水)-庚烷	50	3.2	52	—	Lange,1957
$C_{12}H_{25}SO_4^- Na^+$	0.1 M NaCl(水)-庚烷	20	3.32	50	—	Vijayendran,1979
$C_{12}H_{25}SO_4^- Na^+$	H_2O-辛烷	25	3.32	50	2.76	Rehfeld,1967
$C_{12}H_{25}SO_4^- Na^+$	H_2O-癸烷	25	3.5	48	2.75	Rehfeld,1967
$C_{12}H_{25}SO_4^- Na^+$	H_2O-十七烷	25	3.32	50	2.75	Rehfeld,1967
$C_{12}H_{25}SO_4^- Na^+$	H_2O-环己烷	25	3.10	54	2.82	Rehfeld,1967
$C_{12}H_{25}SO_4^- Na^+$	H_2O-苯	25	2.33	71	2.57	Rehfeld,1967
$C_{12}H_{25}SO_4^- Na^+$	H_2O-己烷	25	2.51	66	2.41	Rehfeld,1967
$C_{12}H_{25}SO_4^- Na^+$	0.1 M NaCl(水)-苯乙烷	20	3.00	55	—	Vijayendran,1979
$C_{12}H_{25}SO_4^- Na^+$	0.1 M NaCl(水)-丙酸乙酯	20	1.27	131	—	Vijayendran,1979
支化 $C_{12}H_{25}SO_4^- Na^{+C}$	H_2O-空气	25	1.7	95.1	2.9	Varadaraj,1992
支化 $C_{12}H_{25}SO_4^- Na^{+C}$	0.1 M NaCl(水)-空气	25	3.3	49.9	3.6	Varadaraj,1992
$(C_{11}H_{23})(CH_3)CHSO_4^- Na^+$	H_2O-空气	25	2.95	56	—	Dreger, 1944; van Vocrst Vader,1960a
$C_{14}H_{29}SO_4^- Na^+$	H_2O-空气	25	3.0	56	3.11	Huber,1991;Rosen,1996
$C_{14}H_{29}SO_4^- Na^+$	H_2O-庚烷	50	3.2	52	3.31	Kling, 1957; van Voorst Vader,1960a
$C_{14}H_{29}SO_4^- Na^+$	0.002 M NaCl(水)-庚烷	50	3.25	51	—	Lange,1957
$(C_7H_{13})_2CHSO_4^- Na^+$	H_2O-空气	25	3.25	51	—	Dreger, 1944; van Voorst Vader,1960a
$C_{16}H_{33}SO_4^- Na^+$	H_2O-空气	25	—	—	3.70	Livingston,1965
$C_{16}H_{33}SO_4^- Na^+$	0.1 M NaCl(水)-空气	25	—	—	5.24	Caskey,1971
$C_{16}H_{33}SO_4^- Na^+$	H_2O-庚烷	50	3.05	54	3.89	Kling, 1957; van Voorst Vader,1960a

续表

表面活性剂	界 面	温度 ℃	Γ_m mol/cm² ×10¹⁰	a_m^2 Å²	pC_{20}	参考文献
$C_4H_9OC_{12}H_{25}SO_4^- Na^+$	H_2O-空气	25	1.13	147	2.77	Livingston,1965
$C_{12}H_{23}OC_4H_9SO_4^- Na^+$	0.01 M NaCl(水)-空气	20	3.15	52.5	—	van Voorst Vader,1960b
$C_{14}H_{29}OC_2H_4SO_4^- Na^+$	H_2O-空气	25	2.1	66	3.92	Livingston,1965
$(C_{10}H_{21})(C_7H_{15})CHSO_4^- Na^+$	H_2O-空气	20	3.3	50	—	van Voorst Vader,1960a;Livingston,1965.
$(C_{10}H_{21})(C_7H_{15})CHSO_4^- Na^+$	H_2O-庚烷	20	2.85	58	—	van Voorst Vader,1960a;Livingston,1965.
$C_{10}H_{37}SO_4^- Na^+$	H_2O-庚烷	50	2.3	72	4.42	Kling,1957
$C_{10}H_{21}OC_2H_4SO_3^- Na^+$	H_2O-空气	25	3.22	52	2.10	Dahanayake,1986
$C_{10}H_{21}OC_2H_4SO_3^- Na^+$	0.1 M NaCl(水)-空气	25	3.85	43	2.95	Dahanayake,1986
$C_{12}H_{25}OC_2H_4SO_3^- Na^+$	H_2O-空气	25	2.92	57	2.75	Dahanayake,1986
$C_{12}H_{25}OC_2H_4SO_3^- Na^+$	0.1 M NaCl(水)-空气	25	3.72	44	4.07	Dahanayake,1986
$C_{10}H_{21}(OC_2H_4)_2SO_4^- Na^+$	0.01 M NaCl(水)-空气	20	2.2	74	—	van Voorst Vader,1960b
$C_{10}H_{21}(OC_2H_4)_2SO_4^- Na^+$	0.01 M NaCl(水)-庚烷	20	2.3	73	—	van Voorst Vader,1960b
$C_{10}H_{21}(OC_2H_4)_2SO_4^- Na^+$	0.03 M NaCl(水)-空气	20	2.8	59	—	van Voorst Vader,1960b
$C_{12}H_{25}(OC_2H_4)_4SO_4^- Na^+$	H_2O-空气	25	—	—	3.02	Rosen,1996
$C_{12}H_{25}OC_2H_4SO_4^- Na^+$	0.1 M NaCl(水)-空气	10	4.03	41	4.29	Dahanayake,1986
$C_{12}H_{25}OC_2H_4SO_4^- Na^+$	0.1 M NaCl(水)-空气	25	3.81	44	4.23	Dahanayake,1986
$C_{12}H_{25}OC_2H_4SO_4^- Na^+$	0.1 M NaCl(水)-空气	40	3.60	46	4.09	Dahanayake,1986
$C_{12}H_{25}(OC_2H_4)_2SO_4^- Na^+$	H_2O-空气	10	2.76	60	2.96	Dahanayake,1986
$C_{12}H_{25}(OC_2H_4)_2SO_4^- Na^+$	H_2O-空气	25	2.62	63	2.92	Dahanayake,1986
$C_{12}H_{25}(OC_2H_4)_2SO_4^- Na^+$	H_2O-空气	40	2.50	66	2.86	Dahanayake,1986
$C_{12}H_{25}(OC_2H_4)_2SO_4^- Na^+$	0.1 M NaCl(水)-空气	10	3.65	46	4.40	Dahanayake,1986
$C_{12}H_{25}(OC_2H_4)_2SO_4^- Na^+$	0.1 M NaCl(水)-空气	25	3.46	48	4.36	Dahanayake,1986
$C_{12}H_{25}(OC_2H_4)_2SO_4^- Na^+$	0.1 M NaCl(水)-空气	40	3.30	50	4.23	Dahanayake,1986
$o-C_8H_{17}C_6H_4SO_3^- Na^+$	H_2O-空气	25	2.5	66	—	Cray,1955
$p-C_8H_{17}C_6H_4SO_3^- Na^+$	H_2O-空气	25	3.0	55	—	Cray,1955
$p-C_8H_{17}C_6H_4SO_3^- Na^+$	H_2O-空气	70	3.4	49	1.96	Lange,1964

续表

表面活性剂	界面	温度 ℃	Γ_m mol/cm² ×10¹⁰	a_m^2 Å²	pC_{20}	参考文献
$(C_5H_{11})(C_3H_7)CHCH_2C_6H_4SO_3^-Na^+$	H_2O-空气	75	2.75	60	—	Grelss, 1955; van Voorst Vader, 1960a
$p-C_{10}H_{21}C_6H_4SO_3^-Na^+$	H_2O-空气	70	3.9	43	2.53	Lange, 1964
$p-C_{10}H_{21}C_6H_4SO_3^-Na^+$	H_2O-空气	75	2.1	78	2.52	Greiss, 1955
$C_{10}H_{21}-2-C_6H_4SO_3^-Na^+$	硬水 (I.S.=$6.6×10^{-3}M$)ª	30	3.49	48.1	4.1	Zhu, 1998b
$C_{11}H_{23}-2-C_6H_4SO_3^-Na^+$	硬水 (I.S.=$6.6×10^{-3}M$)ª	30	3.69	45.0	4.6	Zhu, 1998b
$C_{11}H_{23}-5-C_6H_4SO_3^-Na^+$	硬水 (I.S.=$6.6×10^{-3}M$)ª	30	3.24	51.2	4.5	Zhu, 1998b
$p-C_{12}H_{25}C_6H_4SO_3^-Na^+$	H_2O-空气	70	3.7	45	3.10	Lange, 1964
$p-C_{12}H_{25}C_6H_4SO_3^-Na^+$	H_2O-空气	75	3.2	52	3.14	Greiss, 1955; van Voorst Vader, 1960a
$C_{12}H_{25}C_6H_4SO_3^-Na^{+d}$	0.1 M NaCl(水)-空气	25	3.6	46	4.9	Zhu, 1987
$C_{12}H_{25}C_6H_4SO_3^-Na^{+d}$	0.1 M NaCl(水)-空气	60	2.8	59	4.9	Rosen, 1989
$C_{12}H_{25}C_6H_4SO_3^-Na^{+d}$	0.1 M NaCl(水)-石蜡	25	4.56	36.4	4.7	Murphy, 1990
$C_{12}H_{25}C_6H_4SO_3^-Na^{+d}$	0.1 M NaCl(水)-聚四氟乙烯	25	4.23	38.4	4.5	Murphy, 1990
$C_{12}H_{25}-2-C_6H_4SO_3^-Na^+$	硬水 (I.S.=$6.6×10^{-3}M$)ª	30	4.16	39.9	4.9	Zhu, 1998b
$C_{12}H_{25}-3-C_6H_4SO_3^-Na^+$	硬水 (I.S.=$6.6×10^{-3}M$)ª	30	3.98	41.7	4.7	Zhu, 1998b
$C_{12}H_{25}-4-C_6H_4SO_3^-Na^+$	硬水 (I.S.=$6.6×10^{-3}M$)ª	30	3.44	48.3	4.9	Zhu, 1998b
$C_{12}H_{25}-5-C_6H_4SO_3^-Na^+$	H_2O-空气	75	2.3	71	2.89	Greiss, 1955
$C_{12}H_{25}-5-C_6H_4SO_3^-Na^+$	硬水 (I.S.=$6.6×10^{-3}M$)ª	30	3.38	49.1	4.7	Zhu, 1998b
$C_{12}H_{25}-6-C_6H_4SO_3^-Na^+$	H_2O-空气	75	2.2	74	2.52	Greiss, 1955
$C_{12}H_{25}-6-C_6H_4SO_3^-Na^+$	硬水 (I.S.=$6.6×10^{-3}M$)ª	30	3.15	52.7	4.9	Zhu, 1998b
$C_{13}H_{27}-2-C_6H_4SO_3^-Na^+$	硬水 (I.S.=$6.6×10^{-3}M$)ª	30	4.05	41.0	5.5	Zhu, 1998b
$C_{13}H_{27}-5-C_6H_4SO_3^-Na^+$	H_2O-空气	30	2.15	77.2	4.0	Zhu, 1998b

续表

表面活性剂	界面	温度 ℃	Γ_m mol/cm² ×10¹⁰	a_m^2 Å²	pC_{20}	参考文献
$C_{13}H_{27}-5-C_6H_4SO_3^-Na^+$	硬水 (I.S.=$6.6\times10^{-3}M$)ᵃ	30	3.58	46.4	5.3	Zhu,1998b
$p-C_{14}H_{29}C_6H_4SO_3^-Na^+$	H_2O-空气	70	2.7	61	3.64	Lange,1964
$C_{14}H_{29}-6-C_6H_4SO_3^-Na^+$	H_2O-空气	75	3.00	57	—	Greiss,1955; van Voorst Vader,1960a
$p-C_{15}H_{33}C_6H_4SO_3^-Na^+$	H_2O-空气	70	1.9	87	4.21	Lange,1964
$C_{16}H_{33}-8-C_6H_4SO_3^-Na^+$	H_2O-空气	45	1.61	103	5.45	Lescaux,1983
$C_{16}H_{33}-8-C_6H_4SO_3^-Na^+$	0.05 M NaCl(水)-空气	45	3.27	51	6.61	Lescaux,1983
$C_{10}H_{21}C_6H_3(SO_3^-Na^+)OC_6H_5$	0.1 M NaCl(水)-空气	25	3.49	48	5.5	Rosen,1992
$C_{10}H_{21}C_6H_3(SO_3^-Na^+)OC_6H_4SO_3^-Na^+$	1 N NaCl(水)-空气	25	2.2	75	3.6	Rosen,1992
$(C_{10}H_{21})_2C_6H_2(SO_3^-Na^+)OC_6H_4SO_3^-Na^+$	0.1 M NaCl(水)-空气	25	1.6	101	—	Rosen,1992
$C_{11}H_{23}CON(CH_3)CH_2CH_2SO_3^-Na^+$,pH 10.5	H_2O	30	2.2	77	2.3	Tsubone,2001
$C_{11}H_{23}CON(CH_3)CH_2CH_2SO_3^-Na^+$,pH 10.5	0.1 M NaCl(水)	30	3.0	56	3.6	Tsubone,2001
$C_4H_9OOCCH_2CH(SO_3^-Na^+)COOC_4H_9$	H_2O-空气	25	2.13	78	1.44	Williams,1957
$C_6H_{13}OOCCH_2CH(SO_3^-Na^+)COOC_6H_{13}$	H_2O-空气	25	1.80	92	2.94	Williams,1957
$C_6H_{13}OOCCH_2CH(SO_3^-Na^+)COOC_6H_{13}$	H_2O-苯	23	1.85	89	—	Lange,1957
$C_6H_{13}OOCCH_2CH(SO_3^-Na^+)COOC_6H_{13}$	0.01 M NaCl(水)-苯	23	2.0	84	—	Lange,1957
$C_4H_9CH(C_2H_5)CH_2OOCCH_2CH(SO_3^-Na^+)COOCH_2CH(C_2H_5)C_4H_9$	H_2O-空气	25	1.56	106	4.05	Williams,1957
$C_4H_9CH(C_2H_5)CH_2OOCCH_2CH(SO_3^-Na^+)COOCH_2CH(C_2H_5)C_4H_9$	0.003 M NaCl(水)-空气	20	1.45	115	—	van Voorst Vader,1960b
$C_8H_{17}COO(CH_2)_2SO_3^-Na^+$	H_2O-空气	30	3.2	52	—	Hikota,1970
$C_{12}H_{25}COO(CH_2)_2SO_3^-Na^+$	H_2O-空气	30	2.85	58	—	Hikota,1970
$C_8H_{17}OOC(CH_2)_2SO_3^-Na^+$	H_2O-空气	30	2.9	57	—	Hikota,1970
$C_{10}H_{21}OOC(CH_2)_2SO_3^-Na^+$	H_2O-空气	30	2.8	59	—	Hikota,1970
$C_{12}H_{25}OOC(CH_2)_2SO_3^-Na^+$	H_2O-空气	30	2.6	65	—	Hikota,1970
$C_6H_{13}OOCCH(C_7H_{15})SO_3^-Na^+$	0.01 M NaCl(水)-空气	25	2.8	59	—	Boucher,1968
$C_6H_{13}OOCCH(C_7H_{15})SO_3^-Na^+$	0.04 M NaCl(水)-空气	25	2.9	57	—	Boucher,1968
$C_7H_{15}OOCCH(C_7H_{15})SO_3^-Na^+$	0.01 M NaCl(水)-空气	25	2.9	57	—	Boucher,1968
$C_7H_{15}OOCCH(C_7H_{15})SO_3^-Na^+$	0.04 M NaCl(水)-空气	25	3.0	56	—	Boucher,1968
$C_4H_9OOCCH(C_{10}H_{21})SO_3^-Na^+$	0.01 M NaCl(水)-空气	20	2.4	70	—	van Voorst Vader,1960b

续表

表面活性剂	界面	温度 ℃	Γ_m mol/cm² ×10¹⁰	a_m^2 Å²	pC_{20}	参考文献
$C_3OOCCH(C_{12}H_{25})SO_3^-Na^+$	0.01 M NaCl(水)-空气	25	3.0	55	—	Boucher,1968
$C_3OOCCH(C_{12}H_{25})SO_3^-Na^+$	0.04 M NaCl(水)-空气	25	3.3	51	—	Boucher,1968
$C_3OOCCH(C_{14}H_{29})SO_3^-Na^+$	0.01 M NaCl(水)-空气	25	3.8	44	—	Boucher,1968
$C_3OOCCH(C_{14}H_{29})SO_3^-Na^+$	0.04 M NaCl(水)-空气	25	3.5	47	—	Boucher,1968
$C_9H_{19}C_6H_4(OC_2H_4)_{9.5}OP(O)(OH)_2$	H_2O-空气(pH 2.5)	25	1.9	86	—	Groves,1972
$C_9H_{19}C_6H_4(OC_2H_4)_{8.5}OP(O)(OH)_2$	H_2O-空气(0.05 M 磷酸盐缓冲液,pH 6.86)	25	2.85	58	—	Groves,1972
$C_9H_{19}C_6H_4(OC_2H_4)_{8.5}OP(O)(OH)_2$	H_2O-己烷(pH 2.5)	20	2.15	77	—	Groves,1972
$C_9H_{19}C_6H_4(OC_2H_4)_{8.5}OP(O)(OH)_2$	H_2O-己烷(0.05 M 磷酸盐缓冲液,pH 6.88)	20	3.0	56	—	Groves,1972
$Na^+{}^-O_3S$-⬡-$O(CH_2)_4O$-⬡-$SO_3^-Na^+$	H_2O-空气	25	0.36	460	—	Rosen,1976b
$Na^+{}^-O_3S$-⬡-$O(CH_2)_{10}O$-⬡-$SO_3^-Na^+$	H_2O-空气	40	0.64	260	—	Rosen,1976b
$Na^+{}^-O_3S$-⬡-$O(CH_2)_{10}O$-⬡-$SO_3^-Na^+$	H_2O-空气	60	0.22	750	—	Rosen,1976b
$Na^+{}^-O_3S$-⬡-$O(CH_2)_{12}O$-⬡-$SO_3^-Na^+$	H_2O-空气	70	0.22	760	—	Rosen,1976b
$Na^+{}^-O_4S(CH_2)_{16}SO_4^-Na^+$	0.001 M NaCl(水)-空气	25	1.75	95	—	Elworthy,1959
$Na^+{}^-O_4S(CH_2)_{16}SO_4^-Na^+$	0.2 M NaCl(水)-空气	25	1.9	88	—	Elworthy,1959
$Na^+{}^-O_4S(CH_2)_{16}SO_4^-Na^+$	1 M NaCl(水)-空气	25	1.9	86	—	Elworthy,1959
$C_7F_{15}SO_3^-Na^+$	H_2O-空气	25	3.1	53	2.76	Shlnoda,1972
$C_8F_{17}SO_3^-Li^+$	H_2O-空气	25	3.0	55	3.20	Shlnoda,1972
$C_8F_{17}SO_3^-Na^+$	H_2O-空气	25	3.1	53	3.23	Shlnoda,1972
$C_8F_{17}SO_3^-K^+$	H_2O-空气	25	3.7	45	3.56	Shlnoda,1972
$C_8F_{17}SO_3^-NH_4$	H_2O-空气	25	4.1	41	3.40	Shlnoda,1972
$C_8F_{17}SO_3^-NH_3C_2H_4OH^+$	H_2O-空气	25	3.9	43	3.44	Shlnoda,1972
$C_7F_{15}COO^-Na^+$	H_2O-空气	25	4.0	42	2.50	Shlnoda,1972
$C_7F_{15}COO^-K^+$	H_2O-空气	25	3.9	43	2.57	Shlnoda,1972
$(CF_3)_2CF(CF_2)_4COO^-Na^+$	H_2O-空气	25	3.8	44	2.57	Shlnoda,1972
阳离子						
$C_{10}H_{21}N(CH_3)_3^+Br^-$	0.1 M NaCl(水)-空气	25	3.39	49	1.80	Li,2001
$C_{12}H_{25}N(CH_3)_3^+Cl^-$	0.1 M NaCl(水)-空气	25	4.39	38	2.71	Li,2001
$C_{14}H_{29}N(CH_3)_3^+Br^-$	H_2O-空气	30	2.7	61	—	Venable,1964

续表

表面活性剂	界面	温度 ℃	Γ_m mol/cm² $\times 10^{10}$	a_m^2 Å²	pC_{20}	参考文献
$C_{14}H_{29}N(CH_3)_3^+Br^-$	0.1 M NaCl(水)-空气	25	2.3	59	3.8	Rosen,2001a
$C_{14}H_{29}N(C_3H_7)_3^+Br^-$	H_2O-水	30	1.9	89	—	Venable,1964
$C_{14}H_{29}N(C_3H_7)_3^+Br^-$	0.05 M KBr(水)-空气	30	2.6	64	—	Venable,1964
$C_{16}H_{33}N(CH_3)_3^+Cl^-$	0.1 M NaCl(水)-空气	25	3.6	46	5.00	Caskey,1971
$C_{16}H_{33}N(C_3H_7)_3^+Br^-$	H_2O-空气	30	1.8	91	—	Venable,1964
$C_{18}H_{37}N(CH_3)_3^+Br^-$	H_2O-空气	25	2.6	64	—	Brashier,1968
$C_8H_{17}Pyr^+Br^{-e}$	H_2O-空气	20	2.3	73	1.28	Bury,1953
$C_{10}H_{21}Pyr^+Br^{-e}$	H_2O-空气	25	—	—	1.82	Venable,1964
$C_{12}H_{25}Pyr^+Br^{-e}$	H_2O-空气	25	3.3	50	2.33	Rosen,1982b
$C_{12}H_{25}Pyr^+Br^{-e}$	0.1 M NaCl(水)-空气	10	3.7	45	3.48	Rosen,1982b
$C_{12}H_{25}Pyr^+Br^{-e}$	0.1 M NaCl(水)-空气	25	3.5	48	3.40	Rosen,1982b
$C_{12}H_{25}Pyr^+Br^{-e}$	0.1 M NaCl(水)-空气	40	3.3	51	3.30	Rosen,1982b
$C_{12}H_{25}Pyr^+Cl^{-e}$	H_2O-空气	10	2.7	61	2.12	Rosen,1982b
$C_{12}H_{25}Pyr^+Cl^{-e}$	H_2O-空气	25	2.7	62	2.10	Rosen,1982b
$C_{12}H_{25}Pyr^+Cl^{-e}$	H_2O-空气	40	2.6	63	2.07	Rosen,1982b
$C_{12}H_{25}Pyr^+Cl^{-e}$	0.1 M NaCl(水)-空气	25	3.0	55	2.98	Rosen,1982b
$C_{14}H_{29}Pyr^+Br^{-e}$	H_2O-空气	30	2.75	60	2.94	Venable,1964
$C_{14}H_{29}Pyr+Br^{-e}$	0.05 M KBr(水)-空气	30	3.45	48	—	Venable,1964
$C_{14}Pyr^+Cl^{-e}$	0.1 M KCl(水)	25	3.46	46	—	Semmler,1999
$C_{16}Pyr^+Cl^{-e}$	H_2O-空气	25	3.37	49	—	Semmler,1999
$C_{16}Pyr^+Cl^{-e}$	0.1 M KCl(水)	25	5.04	33	—	Semmler,1999
$C_{12}N^+H_2CH_2CH_2OHCl^-$	H_2O-空气	25	1.93	86	2.19	Omar,1997
$C_{12}N^+H(CH_2CH_2OH)_2Cl^-$	H_2O-空气	25	2.49	67	2.31	Omar,1997
$C_{12}N^+(CH_2CH_2OH)_3Cl^-$	H_2O空气	25	2.91	57	2.34	Omar,1997
	非离子					
非离子(均一基团)						
$C_8H_{17}OCH_2CH_2OH$	H_2O-空气	25	5.2	32	3.17	Shinoda,1959
$C_8H_{17}CHOHCH_2OH$	H_2O-空气	25	5.1	33	3.63	Kwan,1980
$C_8H_{17}CHOHCH_2CH_2OH$	H_2O-空气	25	5.3	32	3.59	Kwan,1980
$C_{12}H_{25}CHOHCH_2CH_2OH$	H_2O-空气	25	5.1	33	5.77	Kwan,1980
辛基-β-D-葡糖苷	H_2O-空气	25	4.0	41	—	Shinoda,1959
癸基-α-葡糖苷	H_2O-空气	25	3.77	44	—	Aveyard,1998

续表

表面活性剂	界　　面	温度 ℃	Γ_m mol/cm² ×10¹⁰	a_m^2 Å²	pC_{20}	参 考 文 献
癸基-β-葡糖苷	H_2O-空气	25	4.05	41	—	Aveyard,1998
癸基-β-葡糖苷	$0.1 M$ NaCl(水)-空气	25	4.18	40	3.76	Li,2001
十二烷基-β-葡糖苷	H_2O-空气	25	4.61	36	—	Aveyard,1998
癸基-β-麦芽糖苷	H_2O-空气	25	2.96	56	—	Aveyard,1998
癸基-β-麦芽糖苷	$0.01 M$ NaCl(水)-空气	22	—	—	3.58	Lujekvist,2000
癸基-β-麦芽糖苷	$0.1 M$ NaCl(水)-空气	25	3.37	49	3.52	Li,2001
十二烷基-β-麦芽糖苷	H_2O-空气	25	3.32	50	—	Aveyard,1998
十二烷基-β-麦芽糖苷	$0.1 M$ NaCl(水)-空气	25	3.67	45	4.64	Li,2001
N-(2-乙基己基)-2-吡咯烷酮	H_2O-空气	25	3.57	46.5	3.00	Rosen,1988
N-(2-乙基己基)-2-吡咯烷酮	H_2O,pH 7.0-聚乙烯	25	3.26	50.9	—	Rosen,2001b
N-辛基-2-吡咯烷酮	H_2O-空气	25	4.38	37.9	3.14	Rosen,1988
N-辛基-2-吡咯烷酮	H_2O,pH 7.0-聚乙烯	25	4.25	39.0	—	Rosen,2001b
N-辛基-2-吡咯烷酮	硬水 (I.S.=$6.6×10^{-3}M$)ᵃ	25	4.01	41.4	3.34	Rosen,1996
N-癸基-2-吡咯烷酮	H_2O-$0.1 M$ NaCl(水)	25	4.27	38.9	3.21	Rosen,1988
N-癸基-2-吡咯烷酮	$0.1 M$ NaCl(水)-石蜡	25	4.14	40.3	3.28	Rosen,1988
N-癸基-2-吡咯烷酮	$0.1 M$ NaCl(水)-聚四氟乙烯	25	3.79	43.8	3.04	Rosen,1988
N-癸基-2-吡咯烷酮	H_2O-空气	25	4.61	36.0	4.19	Rosen,1988
N-癸基-2-吡咯烷酮	H_2O-石蜡	25	4.54	36.6	4.24	Rosen,1988
N-癸基-2-吡咯烷酮	H_2O-聚四氟乙烯	25	4.24	39.2	4.04	Rosen,1988
N-癸基-2-吡咯烷酮	硬水 (I.S.=$6.6×10^{-3}M$)ᵃ	25	4.17	39.8	4.38	Rosen,1996
N-十二烷基-2-吡咯烷酮	H_2O-空气	25	5.08	32.7	5.30	Rosen,1988
N-十二烷基-2-吡咯烷酮	硬水 (I.S.=$6.6×10^{-3}M$)ᵃ	25	5.15	32.5	5.37	Rosen,1996
N-十二烷基-2-吡咯烷酮	$0.1 M$ NaCl(水)-空气	25	5.15	32.2	5.34	Rosen,1988
$C_{11}H_{23}CON(C_2H_4OH)_2$	H_2O-空气	25	3.75	44	4.38	Rosen,1984
$C_{11}H_{23}CON(C_2H_4O)_4OH$	H_2O-空气	23	3.4	49	—	Kjellin,2002
$C_{10}H_{21}CON(CH_3)CH_2(CHOH)_4CH_2OH$	$0.1 M$ NaCl(水)-空气	25	3.80	44	3.80	Zhu,1999

续表

表面活性剂	界面	温度 °C	Γ_m mol/cm² ×10¹⁰	a_m^2 Å²	pC_{20}	参考文献
$C_{11}H_{23}CON(CH_3)CH_2CHOHCH_2OH$	0.1 M NaCl(水)-空气	25	4.34	38	4.64	Zhu,1999
$C_{11}H_{23}CON(CH_3)CH_2(CHOH)_3CH_2OH$	0.1 M NaCl(水)-空气	25	4.29	39	4.47	Zhu,1999
$C_{11}H_{23}CON(CH_3)CH_2(CHOH)_4CH_2OH$	0.1 M NaCl(水)-空气	25	4.10	40.5	4.40	Zhu,1999
$C_{12}H_{25}CON(CH_3)CH_2(CHOH)_4CH_2OH$	0.1 M NaCl(水)-空气	25	4.60	36	5.02	Zhu,1999
$C_{13}H_{27}CON(CH_3)CH_2(CHOH)_4CH_2OH$	0.1 M NaCl(水)-空气	25	4.68	35.5	5.43	Zhu,1999
$C_{10}H_{21}N(CH_3)CO(CHOH)_4CH_2OH$	H_2O-空气	20	3.96	42	3.60	Burczyk,2001
$C_{12}H_{25}N(CH_3)CO(CHOH)_4CH_2OH$	H_2O-空气	20	3.99	42	4.78	Burczyk,2001
$C_{14}H_{29}N(CH_3)CO(CHOH)_4CH_2OH$	H_2O-空气	20	3.97	42	5.55	Burczyk,2001
$C_{16}H_{33}N(CH_3)CO(CHOH)_4CH_2OH$	H_2O-空气	20	3.65	45	6.11	Burczyk,2001
$C_{18}H_{37}N(CH_3)CO(CHOH)_4CH_2OH$	H_2O-空气	20	3.97	42	6.46	Eurczyk,2001
$(C_2H_5)_2CHCH_2(OC_2H_4)_6OH$	H_2O-空气	20	2.15	77	—	Elworthy,1964
$C_6H_{13}(OC_2H_4)_6OH$	H_2O-空气	25	2.7	62	2.48	Blworthy,1964
$C_8H_{17}(OC_2H_4)_6OH$	H_2O-空气	25	1.50	111	3.14	Varadaraj,1991
$C_8H_{17}(OC_2H_4)_5OH$	0.1 M NaCl(水)-空气	25	3.46	48	3.16	Varadaraj,1991
$(C_4H_9)_2CHCH_2(OC_2H_4)_6OH$	H_2O-空气	20	2.8	61	—	Elworthy,1964
$C_{10}H_{21}(OC_2H_4)_4OH$	H_2O-空气	25	4.07	41	—	Eastoe,1997
$C_{10}H_{21}(OC_2H_4)_5OH$	H_2O-空气	25	3.11	53	—	Eastoe,1997
$C_{10}H_{21}(OC_2H_4)_6OH$	H_2O-空气	23.5	3.0	55	4.27	Carless,1964
$C_{10}H_{21}(OC_2H_4)_6OH$	硬水 (I.S. = $6.6×10^{-3}M$)ᵃ	25	2.83	58.7	4.27	Rosen,1996
$C_{10}H_{21}(OC_2H_4)_8OH$	H_2O-空气	25	2.38	70	4.20	Meguro,1981
$C_{10}H_{21}(OC_2H_4)_8OH$	0.01 M NaCl(水)-空气	22	—	—	4.24	Liljekvist,2000
$C_{12}H_{25}(OC_2H_4)_3OH$	H_2O-空气	25	3.98	42	5.34	Rosen,1982a
$C_{12}H_{25}(OC_2H_4)_4OH$	H_2O-空气	25	3.63	46	5.34	Rosen,1982a
$C_{12}H_{25}(OC_2H_4)_4OH$	H_2O-十六烷	25	3.16	52.6	—	Rosen,1991
$C_{12}H_{25}(OC_2H_4)_5OH$	硬水 (I.S. = $6.6×10^{-3}M$)ᵃ	25	3.88	42.8	5.38	Rosen,1996
$C_{12}H_{25}(OC_2H_4)_5OH$	H_2O-空气	25	3.31	50	5.37	Rosen,1982a
$C_{12}H_{25}(OC_2H_4)_5OH$	0.1 M NaCl(水)-空气	25	3.31	50	5.46	Rosen,1991
$C_{12}H_{25}(OC_2H_4)_6OH$	H_2O-空气	25	3.21	52	—	Eastoe,1997
$C_{12}H_{25}(OC_2H_4)_6OH$	硬水 (I.S. = $6.6×10^{-3}M$)ᵃ	25	3.19	52.0	5.27	Rosen,1996

续表

表面活性剂	界 面	温度 ℃	Γ_m mol/cm² ×10¹⁰	a_m^2 Å²	pC_{20}	参 考 文 献
$C_{12}H_{25}(OC_2H_4)_7OH$	H_2O-空气	10	2.85	58	5.15	Rosen,1982a
$C_{12}H_{25}(OC_2H_4)_7OH$	H_2O-空气	25	2.90	57	5.28	Rosen,1982a
$C_{12}H_{25}(OC_2H_4)_7OH$	H_2O-空气	40	2.77	60	5.28	Rosen,1982a
$C_{12}H_{25}(OC_2H_4)_7OH$	0.1 M NaCl(水)-空气	25	3.65	45.5	5.2	Rosen,2001a
$C_{12}H_{25}(OC_2H_4)_8OH$	H_2O-水	10	2.56	65	5.05	Rosen,1982a
$C_{12}H_{25}(OC_2H_4)_8OH$	H_2O-水	25	2.52	66	5.20	Rosen,1982a
$C_{12}H_{25}(OC_2H_4)_8OH$	H_2O-水	40	2.46	67	5.22	Rosen,1982a
$C_{12}H_{25}(OC_2H_4)_8OH$	H_2O-庚烷	25	2.62	63.6	5.27^f	Rosen,1991
$C_{12}H_{25}(OC_2H_4)_8OH$	H_2O-十六烷	25	2.64	63	5.24^f	Rosen,1991
6-branched $C_{13}H_{27}(OC_2H_4)_5OH$	0.1 M NaCl(水)-空气	25	2.87	58	5.16	Varadaraj,1991
$C_{13}H_{27}(OC_2H_4)_5OH$	H_2O-空气	25	1.96	85	5.34	Varadaraj,1991
$C_{13}H_{27}(OC_2H_4)_5OH$	0.1 M NaCl(水)-空气	25	3.89	43	5.62	Varadaraj,1991
$C_{13}H_{27}(OC_2H_4)_8OH$	H_2O-空气	25	2.78	60	5.62	Meguro,1981
$C_{14}H_{29}(OC_2H_4)_8OH$	H_2O-空气	25	3.43	48	6.02	Meguro,1981
$C_{14}H_{29}(OC_2H_4)_8OH$	硬水 (I.S. 6.6×10⁻³M)^a	25	2.67	62.2	6.14	Rosen,1996
$C_{15}H_{31}(OC_2H_4)_8OH$	H_2O-空气	25	3.59	46	6.31	Meguro,1981
$C_{16}H_{33}(OC_2H_4)_6OH$	H_2O-空气	25	4.4	38	6.80	Elworthy,1962
$C_{16}H_{33}(OC_2H_4)_6OH$	硬水 (I.S.=6.6×10⁻³M)^a	25	3.23	51.4	6.78	Rosen,1996
$C_{16}H_{33}(OC_2H_4)_7OH$	H_2O-空气	25	3.8	44	—	Elworthy,1962
$C_{16}H_{33}(OC_2H_4)_9OH$	H_2O-空气	25	3.1	53	—	Elworthy,1962
n-$C_{16}H_{33}(OC_2H_4)_{12}OH$	H_2O-空气	25	2.3	72	—	Elworthy,1962
n-$C_{16}H_{33}(OC_2H_4)_{15}OH$	H_2O-空气	25	2.05	81	—	Elworthy,1962
n-$C_{16}H_{33}(OC_2H_4)_{21}OH$	H_2O-空气	25	1.4	120	—	Elworthy,1962
p-t-$C_8H_{17}C_6H_4(OC_2H_4)_3OH$	H_2O-空气	25	3.7	45	—	Crook,1964
p-t-$C_8H_{17}C_6H_4(OC_2H_4)_3OH$	H_2O-空气	85	3.2	52	—	Crook,1964
p-t-$C_8H_{17}C_6H_4(OC_2H_4)_4OH$	H_2O-空气	25	3.35	50	—	Crook,1964
p-t-$C_8H_{17}C_6H_4(OC_2H_4)_5OH$	H_2O-空气	25	3.1	53	—	Crook,1964
p-t-$C_8H_{17}C_6H_4(OC_2H_4)_6OH$	H_2O-空气	25	3.0	56	—	Crook,1964
p-t-$C_8H_{17}C_6H_4(OC_2H_4)_6OH$	H_2O-空气	55	2.9	58	—	Crook,1964
p-t-$C_8H_{17}C_6H_4(OC_2H_4)_6OH$	H_2O-空气	85	2.7	61	—	Crook,1964

续表

表面活性剂	界面	温度 ℃	Γ_m mol/cm² ×10¹⁰	a_m^2 Å²	pC_{20}	参 考 文 献
$p-t-C_8H_{17}C_6H_4(OC_2H_4)_7OH$	H_2O-空气	25	2.9	58	4.93	Crook,1963,1964
$p-t-C_8H_{17}C_6H_4(OC_2H_4)_8OH$	H_2O-空气	25	2.6	64	4.89	Crook,1963,1964
$p-t-C_8H_{17}C_6H_4(OC_2H_4)_9OH$	H_2O-空气	25	2.5	66	4.80	Crook,1963,1964
$p-t-C_8H_{17}C_6H_4(OC_2H_4)_{10}OH$	H_2O-空气	25	2.2	74.5	4.72	Crook,1963,1964
$p-t-C_8H_{17}C_6H_4(OC_2H_4)_{10}OH$	H_2O-空气	55	2.1	79	—	Crook,1964
$p-t-C_8H_{17}C_6H_4(OC_2H_4)_{10}OH$	H_2O-空气	85	2.1	80	—	Crook,1964
$(CH_3)_3SiOSi(CH_3)[CH_2(C_2H_4O)_5H] \cdot OSi(CH_3)_3$	H_2O-空气	23±2	5.0	33.5	—	Gentle,1995
$(CH_3)_3SiOSi(CH_3)[CH_2(C_2H_4O)_9H] \cdot OSi(CH_3)_3$	H_2O-空气	23±2	5.1	32.6	—	Gentle,1995
$(CH_3)_3SiOSi(CH_3)[CH_2(C_2H_4O)_{13}H] \cdot OSi(CH_3)_3$	H_2O-空气	23±2	4.2	39.2	—	Gentle,1995
$(CH_3)_3SiOSi(CH_3)[CH_2(C_2H_4O)_{8.5}CH_3] \cdot OSi(CH_3)_3$	H_2O pH 7.0	25	2.52	66	5.95	Gentle,1995
$(CH_3)_3SiOSi(CH_3)[CH_2(C_2H_4O)_{8.5}CH_3] \cdot OSi(CH_3)_3$	H_2O pH 7.0-聚乙烯	25	2.72	61	—	Gosen,2001b
$C_6F_{13}C_2H_4SC_2H_4(OC_2H_4)_2OH$	H_2O-空气	25	4.74	35	—	Matos,1989
$C_6F_{13}C_2H_4SC_2H_4(OC_2H_4)_3OH$	H_2O-空气	25	4.46	37	—	Matos,1989
$C_6F_{13}C_2H_4SC_2H_4(OC_2H_4)_5OH$	H_2O-空气	25	3.56	46.5	—	Matos,1989
$C_6F_{13}C_2H_4SC_2H_4(OC_2H_4)_7OH$	H_2O-空气	25	3.19	52	—	Matos,1989
	两性离子					
$C_{12}H_{25}N(CH_3)_2O$	H_2O-空气	25	3.5	47	3.62	Rosen,1974
$C_8H_{17}CH(COO^-)N^+(CH_3)_3$	H_2O-空气	27	2.8	60	—	Tori,1963a
$C_{10}H_{21}CH(COO^-)N^+(CH_3)_3$	H_2O-空气	10	3.0	55	—	Tori,1963b
$C_{10}H_{21}CH(COO^-)N^+(CH_3)_3$	H_2O-空气	27	2.8	60	—	Tori,1963a
$C_{10}H_{21}CH(COO^-)N^+(CH_3)_3$	H_2O-空气	60	2.5	66	—	Tori,1963b
$C_{12}H_{25}CH(COO^-)N^+(CH_3)_3$	H_2O-空气	27	3.1	54	—	Tori,1963a
$C_{10}H_{21}N^+(CH_3)_2CH_2COO^-$	H_2O-空气	23	4.15	40	2.59	Beckett,1963
$C_{12}H_{25}N^+(CH_3)_2CH_2COO^-$	H_2O-空气	25	3.2	52	—	Chevalier,1991
$C_{14}H_{29}N^+(CH_3)_2CH_2COO^-$	H_2O-空气	23	3.53	47	4.62	Beckett,1963
$C_{16}H_{33}N^+(CH_3)_2CH_2COO^-$	H_2O-空气	23	4.13	40	5.54	Beckett,1963
$C_{12}H_{25}N^+(CH_3)_2(CH_2)_3COO^-$	H_2O-空气	25	2.5	67	—	Chevalier,1991
$C_{12}H_{25}N^+(CH_3)_2(CH_2)_5COO^-$	H_2O-空气	25	2.4	68	—	Chevalier,1991
$C_{12}H_{25}N^+(CH_3)_2(CH_2)_7COO^-$	H_2O-空气	25	2.15	77	—	Chevalier,1991

续表

表面活性剂	界面	温度 ℃	Γ_m mol/cm² ×10¹⁰	a_m^2 Å²	pC_{20}	参考文献
$C_{10}H_{21}CH(Pyr^+)COO^-$	H_2O-空气	25	3.59	46	2.87	Zhao,1984
$C_{12}H_{25}CH(Pyr^+)COO^-$	H_2O-空气	25	3.57	46	3.98	Zhao,1984
$C_{14}H_{29}CH(Pyr^+)COO^-$	H_2O-空气	40	3.40	49	4.92	Zhao,1984
$C_{10}H_{21}N^+(CH_2C_6H_5)(CH_3)CH_2COO^-$	H_2O-空气	25	2.91	57	3.36	Dahanayake,1984
$C_{12}H_{25}N^+(CH_2C_6H_5)(CH_3)CH_2COO^-$	H_2O-空气	10	2.96	56	4.42	Dahanayake,1984
$C_{12}H_{25}N^+(CH_2C_6H_5)(CH_3)CH_2COO^-$	H_2O-空气	25	2.86	58	4.42	Dahanayake,1984
$C_{12}H_{25}N^+(CH_2C_6H_5)(CH_3)CH_2COO^-$	H_2O-空气	40	2.76	60	4.32	Dahanayake,1984
$C_{12}H_{25}N^+(CH_2C_6H_5)(CH_3)CH_2COO^-$	0.1 M NaCl(水),pH 5.7	25	3.13	53.0	4.6	Rosen,2001a
$C_{12}H_{25}N^+(CH_2C_6H_5)(CH_3)CH_2COO^-$	H_2O-庚烷	25	2.76	60	—	Murphy,1988
$C_{12}H_{25}N^+(CH_2C_6H_5)(CH_3)CH_2COO^-$	H_2O-异辛烷	25	2.77	60	—	Murphy,1988
$C_{12}H_{25}N^+(CH_2C_6H_5)(CH_3)CH_2COO^-$	H_2O-环庚烷	25	2.78	60	—	Murphy,1988
$C_{12}H_{25}N^+(CH_2C_6H_5)(CH_3)CH_2COO^-$	H_2O-十二烷	25	2.83	59	—	Murphy,1988
$C_{12}H_{25}N^+(CH_2C_6H_5)(CH_3)CH_2COO^-$	H_2O-十六烷	25	2.90	57	—	Murphy,1988
$C_{12}H_{25}N^+(CH_2C_6H_5)(CH_3)CH_2COO^-$	H_2O-环己烷	25	2.64	63	—	Murphy,1988
$C_{12}H_{25}N^+(CH_2C_6H_5)(CH_3)CH_2COO^-$	H_2O-甲苯	25	2.51	66	—	Murphy,1988
$C_8H_{17}N^+(CH_2C_6H_5)(CH_3)CH_2CH_2SO_3^-$	H_2O-空气	25	2.72	61	2.23	Dahanayake,1984
$C_{10}H_{21}N^+(CH_2C_6H_5)(CH_3)CH_2CH_2SO_3^-$	H_2O-空气	25	2.72	61	3.34	Dahanayake,1984
$C_{12}H_{25}N^+(CH_2C_6H_5)(CH_3)CH_2CH_2SO_3^-$	H_2O-空气	10	2.81	59	4.52	Dahanayake,1984
$C_{12}H_{25}N^+(CH_2C_6H_5)(CH_3)CH_2CH_2SO_3^-$	H_2O-空气	25	2.72	61	4.40	Dahanayake,1984
$C_{12}H_{25}N^+(CH_2C_6H_5)(CH_3)CH_2CH_2SO_3^-$	H_2O-空气	40	2.59	64	4.32	Dahanayake,1984
$C_{12}H_{25}CHOHCH_2N^+(CH_3)_2CH_2CH_2OP\cdot(O)(OH)O^-$	H_2O-空气	25	3.8	43.8	—	Tsuborio,1990
阴离子-阳离子						
$C_2H_5N^+(CH_3)_3 \cdot CH_{12}H_{25}SO_4^-$	H_2O-空气	25	2.63	63	3.04	Lange,1971
$C_4H_9N^+(CH_3)_3 \cdot CH_{10}H_{21}SO_4^-$	H_2O-空气	25	2.85	58	2.57	Lange,1971
$C_6H_{13}N^+(CH_3)_3 \cdot C_8H_{17}SO_4^-$	H_2O-空气	25	2.50	67	2.57	Lange,1971
$C_8H_{17}N^+(CH_3)_3 \cdot C_6H_{13}SO_4^-$	H_2O-空气	25	2.53	66	2.57	Lange,1971
$C_{10}H_{21}N^+(CH_3)_3 \cdot C_4H_9SO_4^-$	H_2O-空气	25	2.50	67	2.57	Lange,1971
$C_{12}H_{25}N^+(CH_3)_3 \cdot CH_3SO_4^-$	H_2O-空气	25	2.70	61	2.32	Lange,1971

续表

表面活性剂	界 面	温度 ℃	Γ_m mol/cm² ×10¹⁰	a_m^2 Å²	pC_{20}	参考文献
$C_{12}H_{25}N^+(CH_3)_3 \cdot C_2H_5SO_4^-$	H_2O-空气	25	2.85	58	2.57	Lange,1971
$C_{12}H_{25}N^+(CH_3)_3 \cdot C_4H_9SO_4^-$	H_2O-空气	25	2.67	62	3.02	Lange,1971
$C_{12}H_{25}N^+(CH_3)_3 \cdot C_6H_{13}SO_4^-$	H_2O-空气	25	2.58	64	3.70	Lange,1971
$C_{12}H_{25}N^+(CH_3)_3 \cdot C_8H_{17}SO_4^-$	H_2O-空气	25	2.72	61	4.27	Lange,1971
$C_{12}H_{25}N^+(CH_3)_3 \cdot C_{12}H_{25}SO_4^-$	H_2O-空气	25	2.74	61	5.32	Lange,1971
$C_{10}H_{21}N^+(CH_3)_3 \cdot C_{10}H_{21}SO_4^-$	H_2O-空气	25	3.35	58	—	Corkhill,1963
$C_{12}H_{25}N^+(CH_3)_2OH \cdot C_{12}H_{25}SO_3^-$	H_2O-空气	25	2.14	78	5.66	Rosen,1964
$C_{16}H_{33}N^+(CH_3)_3 \cdot C_{12}H_{25}SO_4^-$	H_2O-空气	30	2.80	59	—	Tomasic,1999

[a] I.S：溶液离子强度；
[b] PTFE：聚四氟乙烯；
[c] ：分子支化的4,4,一甲基十二醇溶液；
[d] ：商品；
[e] Pyr^+：吡啶鎓鎓；
[f] pC^{30}。

附表7 一些表面活性剂胶束的胶束聚集数（M. J. Rosen, 2004）

表面活性剂名称	溶剂	温度	聚集数	参考文献
阴离子				
$C_8H_{17}SO_3^- Na^+$	H_2O	23	25	Tartar, 1955
$(C_8H_{17}SO_3^-)_2 Mg^{2+}$	H_2O	23	51	Tartar, 1955
$C_{10}H_{21}SO_3^- Na^+$	H_2O	30	40	Tartar, 1955
$(C_{10}H_{21}SO_3^-)_2 Mg^{2+}$	H_2O	60	103	Tartar, 1955
$C_{12}H_{25}SO_3^- Na^+$	H_2O	40	54	Tartar, 1955
$(C_{12}H_{25}SO_3^-)_2 Mg^{2+}$	H_2O	60	107	Tartar, 1955
$C_{14}H_{29}SO_3^- Na^+$	H_2O	60	80	Tartar, 1955
$C_{14}H_{29}SO_3^- Na^+$	0.01 M NaCl	23	138	Tartar, 1955
$C_{10}H_{21}SO_4^- Na^+$	H_2O	23	50	Tartar, 1955
$C_{12}H_{25}SO_4^- Na^+$	H_2O	25	80	Sowada, 1994
$C_{12}H_{25}SO_4^- Na^+$	0.1 M NaCl	25	112	Sowada, 1994
$C_{12}H_{25}SO_4^- Na^+$	0.2 M NaCl	25	118	Sowada, 1994
$C_{12}H_{25}SO_4^- Na^+$	0.4 M NaCl	25	126	Sowada, 1994
$C_6H_{13}OOCCH_2SO_3Na$	H_2O	25	16	Jobe, 1984
$C_8H_{17}OOCCH_2SO_3Na$	H_2O	25	37, 42	Jobe, 1984

表面活性剂	溶剂	温度	聚集数	参考文献
$C_{10}H_{21}OOCCH_2SO_3Na$	H_2O	25	69,71	Jobe, 1984
$C_6H_{13}OOCCH_2CH(SO_3Na)COOC_6H_{13}$	H_2O	25	30,36	Jobe, 1984
$C_8H_{17}OOCCH_2CH(SO_3Na)COOC_8H_{17}$	H_2O	25	59,56	Jobe, 1984
$C_{10}H_{21}-1-\phi SO_3^- Na^+$	H_2O(浓度 0.05 M)	25	60	Binana-Limbele, 1991a
$C_{10}H_{21}-1-\phi SO_3^- Na^+$	0.1M NaCl(浓度 0.05 M)	25	78	Binana-Limbele, 1991a
$p-C_{10}-5-\phi SO_3^- Na^+$	H_2O(浓度 0.05 M)	25	47	Binana-Limbele, 1991a
$p-C_{10}-5-\phi SO_3^- Na^+$	H_2O(浓度 0.1 M)	25	76	Binana-Limbele, 1991a
$p-C_{10}-5-\phi SO_3^- Na^+$	0.1 M NaCl(浓度 0.1 M)	25	81	Binana-Limbele, 1991a
$p-C_{12}-3-\phi SO_3^- Na^+$	H_2O(浓度 0.05 M)	25	77	Binana-Limbele, 1991a
阳离子				
$C_{10}H_{21}N^+(CH_3)_3Br^-$	H_2O	20	39	Lianos, 1981
$C_{10}H_{21}N^+(CH_3)_3Cl^-$	H_2O	25	36	Sowada, 1994
$C_{12}H_{25}N^+(CH_3)_3Br^-$	H_2O(浓度 0.04 M)	25	42	Rodenas, 1994
$C_{12}H_{25}N^+(CH_3)_3Br^-$	H_2O(浓度 0.10 M)	25	69	Rodenas, 1994
$C_{12}H_{25}N^+(CH_3)_3Br^-$	0.02M KBr (浓度 0.04 M)	25	49	Rodenas, 1994
$C_{12}H_{25}N^+(CH_3)_3Br^-$	0.08M KBr (浓度 0.04 M)	25	59	Rodenas, 1994
$C_{12}H_{25}N^+(CH_3)_3Cl^-$	H_2O	25	50	Sowada, 1994
$[C_{12}H_{25}N^+(CH_3)_3]_2SO_4^{2-}$	H_2O	23	65	Tartar, 1955
$C_{14}H_{29}N^+(CH_3)_3Br^-$	H_2O(浓度 $1.05\times10^{-1} M$)	5	131	Gorski, 2001
$C_{14}H_{29}N^+(CH_3)_3Br^-$	H_2O(浓度 $1.05\times10^{-1} M$)	10	122	Gorski, 2001
$C_{14}H_{29}N^+(CH_3)_3Br^-$	H_2O(浓度 $1.05\times10^{-1} M$)	20	106	Gorski, 2001
$C_{14}H_{29}N^+(CH_3)_3Br^-$	H_2O(浓度 $1.05\times10^{-1} M$)	40	88	Gorski, 2001
$C_{14}H_{29}N^+(CH_3)_3Br^-$	H_2O(浓度 $1.05\times10^{-1} M$)	60	74	Gorski, 2001
$C_{14}H_{29}N^+(CH_3)_3Br^-$	H_2O(浓度 $1.05\times10^{-1} M$)	80	73	Gorski, 2001
$C_{14}H_{29}N^+(C_2H_5)_3Br^-$	H_2O	20	55	Lianos, 1982
$C_{14}H_{29}N^+(C_4H_9)_3Br^-$	H_2O	20	35	Lianos, 1982
$C_{16}H_{33}N^+(CH_3)_3Br^-$	H_2O(浓度 0.005 M)	25	44	Rodenas, 1994
$C_{16}H_{33}N^+(CH_3)_3Br^-$	H_2O(浓度 0.021 M)	25	75	Rodenas, 1994
$C_{16}H_{33}N^+(CH_3)_3Br^-$	0.1 M KBr (浓度 0.005 M)	25	57	Rodenas, 1994
$C_{16}H_{33}N^+(CH_3)_3Br^-$	0.1 M KBr (浓度 0.021 M)	25	71	Rodenas, 1994
两性离子				
$C_8H_{17}N^+(CH_3)_2CH_2COO^-$	H_2O	21	24	Tori, 1963a
$C_8H_{17}CH(COO^-)N^+(CH_3)_3$	H_2O	21	31	Tori, 1963a

续表

表面活性剂	溶剂	温度	聚集数	参考文献
$C_{12}H_{25}N^+(CH_3)_2CH_2COO^-$	H_2O	25	80-85	Chorro, 1996
$C_{12}H_{25}N^+(CH_3)_2(CH_2)_3COO^-$	H_2O	25	55-56	Kamenka, 1995a
$C_{12}H_{25}N^+(CH_3)_2(CH_2)_5COO^-$	H_2O	25	39-43	Kamenka, 1995a
$C_{12}H_{25}N^+(CH_3)_2(CH_2)_3SO_3^-$	H_2O	25	59-67	Kamenka, 1995a
阴离子—阳离子				
$C_8H_{17}NH_3^+ \cdot C_2H_5COO^-$	C_6H_6	30	5±1	Fendler, 1973a
$C_8H_{17}NH_3^+ \cdot C_2H_5COO^-$	CCl_4	30	3±1	Fendler, 1973a
$C_8H_{17}NH_3^+ \cdot C_2H_5COO^-$	C_6H_6	30	3±1	Fendler, 1973a
$C_8H_{17}NH_3^+ \cdot C_3H_7COO^-$	CCl_4	30	4±1	Fendler, 1973a
$C_8H_{17}NH_3^+ \cdot C_5H_{11}COO^-$	C_6H_6	30	3±1	Fendler, 1973a
$C_8H_{17}NH_3^+ \cdot C_5H_{11}COO^-$	CCl_4	30	5±1	Fendler, 1973a
$C_8H_{17}NH_3^+ \cdot C_8H_{17}COO^-$	C_6H_6	30	3±1	Fendler, 1973a
$C_8H_{17}NH_3^+ \cdot C_8H_{17}COO^-$	CCl_4	30	5±1	Fendler, 1973a
$C_8H_{17}NH_3^+ \cdot C_{11}H_{23}COO^-$	C_6H_6	30	7±1	Fendler, 1973a
$C_8H_{17}NH_3^+ \cdot C_{13}H_{27}COO^-$	C_6H_6	30	3±1	Fendler, 1973a
$C_8H_{17}NH_3^+ \cdot C_{13}H_{27}COO^-$	CCl_4	30	3±1	Fendler, 1973a
$C_4H_9NH_3^+ \cdot C_2H_5COO^-$	C_6H_6	—	4	Fendler, 1973b
$C_4H_9NH_3^+ \cdot C_2H_5COO^-$	CCl_4	—	3	Fendler, 1973b
$C_6H_{13}NH_3^+ \cdot C_2H_5COO^-$	C_6H_6	—	7	Fendler, 1973b
$C_6H_{13}NH_3^+ \cdot C_2H_5COO^-$	CCl_4	—	7	Fendler, 1973b
$C_8H_{17}NH_3^+ \cdot C_2H_5COO^-$	C_6H_6	—	5	Fendler, 1973b
$C_8H_{17}NH_3^+ \cdot C_2H_5COO^-$	CCl_4	—	5	Fendler, 1973b
$C_{10}H_{21}NH_3^+ \cdot C_2H_5COO^-$	C_6H_6	—	5	Fendler, 1973b
$C_{10}H_{21}NH_3^+ \cdot C_2H_5COO^-$	CCl_4	—	4	Fendler, 1973b
非离子				
$C_8H_{17}O(C_2H_4O)_6H$	H_2O	18	30	Balmbra, 1964
$C_8H_{17}O(C_2H_4O)_6H$	H_2O	30	41	Balmbra, 1964
$C_8H_{17}O(C_2H_4O)_6H$	H_2O	40	51	Balmbra, 1964
$C_8H_{17}O(C_2H_4O)_6H$	H_2O	60	210	Balmbra, 1964
$C_{10}H_{21}O(C_2H_4O)_6H$	H_2O	35	260	Balmbra, 1964
$C_{12}H_{25}O(C_2H_4O)_2H$	C_6H_6	—	34	Becher, 1960
$C_{12}H_{25}O(C_2H_4O)_6H$	H_2O	15	140	Balmbra, 1962
$C_{12}H_{25}(OC_2H_4)_6OH$	H_2O	20	254-345	Lianos, 1981

表面活性剂	溶剂	温度	聚集数	参考文献
$C_{12}H_{25}O(C_2H_4O)_6H$	H_2O	25	400	Balmbra, 1962
$C_{12}H_{25}O(C_2H_4O)_6H$	H_2O	35	1,400	Balmbra, 1962
$C_{12}H_{25}O(C_2H_4O)_6H$	H_2O	45	4,000	Balmbra, 1962
$C_{12}H_{25}O(C_2H_4O)_6H^a$	H_2O	25	123	Becher, 1961
$C_{12}H_{25}O(C_2H_4O)_{12}H^a$	H_2O	25	81	Becher, 1961
$C_{12}H_{25}O(C_2H_4O)_{18}H^a$	H_2O	25	51	Becher, 1961
$C_{12}H_{25}O(C_2H_4O)_{23}H^a$	H_2O	25	40	Becher, 1961
$C_{13}H_{27}O(C_2H_4O)_6H$	C_6H_6	—	99	Becher, 1960
$C_{14}H_{29}O(C_2H_4O)_6H$	H_2O	35	7,500	Balmbra, 1964
$C_{16}H_{33}O(C_2H_4O)_6H$	H_2O	34	16,600	Balmbra, 1964
$C_{16}H_{33}O(C_2H_4O)_6H$	H_2O	25	2,430	Elworthy, 1963
$C_{16}H_{33}O(C_2H_4O)_7H$	H_2O	25	594	Elworthy, 1963, 1964b
$C_{16}H_{33}O(C_2H_4O)_9H$	H_2O	25	219	Elworthy, 1963
$C_{16}H_{33}O(C_2H_4O)_{12}H$	H_2O	25	152	Elworthy, 1963
$C_{16}H_{33}O(C_2H_4O)_{21}H$	H_2O	25	70	Elworthy, 1963
$C_9H_{19}C_6H_4O(C_2H_4O)_{10}H^b$	H_2O	25	276	Schick, 1962b
$C_9H_{19}C_6H_4O(C_2H_4O)_{15}H^b$	H_2O	25	80	Schick, 1962b
$C_9H_{19}C_6H_4O(C_2H_4O)_{15}H^b$	0.5 M 尿素	25	82	Schick, 1962b
$C_9H_{19}C_6H_4O(C_2H_4O)_{15}H^b$	0.86 M 尿素	25	83	Schick, 1962b
$C_9H_{19}C_6H_4O(C_2H_4O)_{20}H^b$	H_2O	25	62	Schick, 1962b
$C_9H_{19}C_6H_4O(C_2H_4O)_{30}H^b$	H_2O	25	44	Schick, 1962b
$C_9H_{19}C_6H_4O(C_2H_4O)_{50}H^b$	H_2O	25	20	Schick, 1962b
$C_{10}H_{21}O(C_2H_4O)_8CH_3$	H_2O	30	83	Nakagawa, 1960
$C_{10}H_{21}O(C_2H_4O)_8CH_3$	H_2O + 2.3％正癸烷	30	90	Nakagawa, 1960
$C_{10}H_{21}O(C_2H_4O)_8CH_3$	H_2O + 4.9％正癸烷	30	105	Nakagawa, 1960
$C_{10}H_{21}O(C_2H_4O)_8CH_3$	H_2O + 3.4％正癸醇	30	89	Nakagawa, 1960
$C_{10}H_{21}O(C_2H_4O)_8CH_3$	H_2O + 8.5％正癸醇	30	109	Nakagawa, 1960
$C_{10}H_{21}O(C_2H_4O)_{11}CH_3$	H_2O	30	65	Nakagawa, 1960
α-单癸酸酯	C_6H_6	—	42	Debye, 1958
α-单月桂酸酯	C_6H_6	—	73	Debye, 1958
α-单豆蔻酸酯	C_6H_6	—	86	Debye, 1958
α-单棕榈酸酯	C_6H_6	—	15	Debye, 1958
α-单硬脂酸酯	C_6H_6	—	11	Debye, 1958

续表

表面活性剂	溶剂	温度	聚集数	参考文献
蔗糖单月桂酸酯	H_2O	0-60	52	Herrington, 1986
蔗糖单油酸酯	H_2O	0-60	99	Herrington, 1986

[a]:商品;
[b]:进行了分子蒸馏的商品。

附表8 表面活性剂协同效应参数数据表(M. J. Rosen, 2004)

混合物	温度,℃	β^a	β^M	参考文献
阴离子—阴离子混合物				
$C_{13}COO^- Na^+ - LAS^- Na^{+a}$ (0.1 M NaCl, pH 10.6)	60	+0.2	-0.6	Rosen, 1989d
$C_{15}COO^- Na^+ - C_{12}SO_3^- Na^+$ (0.1 M NaCl, pH 10.6)	60	-0.01	+0.2	Rosen, 1989d
$C_{15}COO^- Na^+ - LAS^- Na^{+a}$ (0.1 M NaCl, pH 10.6)	60	+1.4	+0.7	Rosen, 1989d
$C_{15}COO^- Na^+ - C_{16}SAS^- Na^{+b}$ (0.1 M NaCl, pH 10.6)	60	-0.1	-0.7	Rosen, 1989d
$C_{15}COO^- Na^+ - C_{16}SO_3^- Na^+$ (0.1 M NaCl, pH 10.6)	60	+0.7	+0.7	Rosen, 1989d
$C_7F_{15}COO^- Na^+ - C_{10}SO_4^- Na^+$ (0.1 M NaCl, 庚烷-H_2O)	30	+0.8(β_{LL}^a)	+0.3	Zhao, 1986
$C_7F_{15}COO^- Na^+ - C_{12}SO_4^- Na^+$ (0.1 M NaCl)	30	+2.0	—	Zhao, 1986
$C_{12}SO_3^- Na^+ - LAS^- Na^{+a}$ (0.1 M NaCl)	25	-0.3	-0.3	Rosen, 1989d
$C_{12}SO_3^- Na^+ - AOT^- Na^{+a}$ (0.1 M NaCl)	25	-0.3	-0.5	Rosen, 1989d
阳离子—阳离子混合物				
$C_7F_{15}COO^- Na^+ - C_7N^+Me_3Br^-$ (0.1 M NaCl)	30	-15.0	—	Zhao, 1986
$C_5SO_3^- Na^+ - C_{10}Pyr^+Cl^{-d}$ (0.01 M NaCl)	25	-11.8	—	Goralczyk, 2003
$C_5SO_3^- Na^+ - C_{10}Pyr^+Cl^{-d}$ (0.03 M NaCl)	25	-10.8	—	Goralczyk, 2003
$C_5SO_3^- Na^+ - C_{10}Pyr^+Cl^{-d}$ (0.03 M NaBr)	25	-8.2	—	Goralczyk, 2003
$C_5SO_3^- Na^+ - C_{10}Pyr^+Cl^{-d}$ (0.03 M NaI)	25	-5.5	—	Goralczyk, 2003
$C_7SO_3^- Na^+ - C_{10}Pyr^+Cl^{-d}$ (0.01 M NaCl)	25	-15.4	—	Goralczyk, 2003
$C_8SO_3^- Na^+ - C_{14}N^+Me_3Br^-$ (0.1 M NaBr(水)-空气)	25	-13.5	—	Gu, 1989
$C_8SO_3^- Na^+ - C_{14}N^+Me_3Br^-$ (0.1 M NaBr(水)-PTFE[e])	25	-10.8(β_{LL}^a)	—	Gu, 1989
$C_8SO_3^- Na^+ - C_{14}N^+Me_3Br^-$ (0.1 M NaBr(水)-石蜡)	25	-11.2(β_{LL}^a)	—	Gu, 1989
$C_{10}SO_3^- Na^+ - C_{12}N^+Me_3Br^-$	25	-35.6	—	Rodaklewicz-Nowak, 1982
$C_{10}SO_3^- Na^+ - C_{12}N^+Me_3Br^-$ (H_2O-PTFE[e])	25	-28.8(β_{LL}^a)	—	Gu, 1989
$C_{10}SO_3^- Na^+ - C_{12}N^+Me_3Br^-$ (H_2O-聚乙烯)	25	-26.5(β_{LL}^a)	—	Gu, 1989
$C_{10}SO_3^- Na^+ - C_{12}N^+Me_3Br^-$ (0.1 M NaBr(水)-空气)	25	-19.6	—	Gu, 1989
$C_{10}SO_3^- Na^+ - C_{12}N^+Me_3Br^-$ (0.1 M NaBr(水)-PTFE[e])	25	-14.1	—	Gu, 1989

续表

混合物	温度,℃	β^{α}	β^M	参考文献
$C_{10}SO_3^- Na^+ - C_{12}N^+ Me_3 Br^-$ (0.1 M NaBr (水) - 石蜡)	25	-15.3	—	Gu, 1989
$C_{10}SO_3^- Na^+ - C_{12}Pyr^+ Br^{-d}$ (0.1 M NaBr (水) - 空气)	25	-19.7	—	Gu, 1989
$C_{10}SO_3^- Na^+ - C_{12}Pyr^+ Br^{-d}$ (0.1 M NaBr (水) - PTFE^e)	25	$-14.2(\beta_{LL}^{\alpha})$	—	Gu, 1989
$C_{10}SO_3^- Na^+ - C_{12}Pyr^+ Br^{-d}$ (0.1 M NaBr (水) - 石蜡)	25	$-15.3(\beta_{LL}^{\alpha})$	—	Gu, 1989
$C_{12}SO_3^- Na^+ - C_8 Pyr^+ Br^{-d}$ (0.1 M NaBr (水) - 空气)	25	-19.3	—	Gu, 1989
$C_{12}SO_3^- Na^+ - C_8 Pyr^+ Br^{-d}$ (0.1 M NaBr (水) - PTFE^e)	25	$-14.1(\beta_{LL}^{\alpha})$	—	Gu, 1989
$C_{12}SO_3^- Na^+ - C_8 Pyr^+ Br^{-d}$ (0.1 M NaBr (水) - 石蜡)	25	$-15.3(\beta_{LL}^{\alpha})$	—	Gu, 1989
$C_{12}SO_3^- Na^+ - C_{10}Pyr^+ Cl^{-d}$ (0.1 M NaCl)	25	-33.2	—	Liu, 1996
$C_8 SO_4^- Na^+ - C_8 N^+ Me_3 Br^-$	25	-14.2	-10.2	Zhao, 1980
$C_8 SO_4^- Na^+ - C_8 N^+ Me_3 Br^-$ (0.1 M NaBr)	25	-14	-10	Liu, 1996
$C_8 SO_4^- Na^+ - C_8 Pyr^+ Br^{-d}$	25	—	-10.7	Li, 1992
$C_8 SO_4^- Na^+ - C_8 (OE)_3 Pyr^+ Cl^{-d}$	25	—	-6.3	Li, 1992
$C_8 OESO_4^- Na^+ - C_8 Pyr^+ Br^{-d}$	25	—	-8.1	Li, 1992
$C_8 (OE)_3 SO_4^- Na^+ - C_8 Pyr^+ Br^{-d}$	25	—	-4.4	Li, 1992
$C_8 (OE)_3 SO_4^- Na^+ - C_8 (OE)_3 Pyr^+ Cl^{-d}$	25	—	-3.9	Li, 1992
$C_8 (OE)_3 SO_4^- Na^+ - C_{10} Pyr^+ Cl^{-d}$	25	—	-8.1	Li, 1992
$C_8 (OE)_3 SO_4^- Na^+ - C_{12} Pyr^+ Br^{-d}$	25	—	-10.4	Li, 1992
$C_8 (OE)_3 SO_4^- Na^+ - C_{14} Pyr^+ Br^{-d}$	25	—	-11.4	Li, 1992
$C_{10} SO_4^- Na^+ - C_{10} N^+ Me_3 Br^-$	25	—	-18.3	Corkill, 1963
$C_{10} SO_4^- Na^+ - C_{10} N^+ Me_3 Br^-$ (0.05 M NaBr)	23	—	-13.2	Holland, 1983
$C_{12} SO_4^- Na^+ - C_{12} N^+ Me_3 Br^-$	25	-27.8	-25.3	Lucassen-Reynde
$C_{12} SO_4^- Na^+ - C_{12} N^+ Me_3 Br^-$ (H_2O - PTFE^e)	25	$-30.6(\beta_{LL}^{\alpha})$	—	Gu, 1989
$C_{12} SO_4^- Na^+ - C_{12} N^+ Me_3 Br^-$ (H_2O - 聚乙烯)	25	$-26.7(\beta_{LL}^{\alpha})$	—	Gu, 1989
$C_{12} (OE)_3 SO_4^- Na^+ - C_{16} N^+ Me_3 Cl^-$	25	—	-23.1	Esumi, 1994
$C_{12} (OE)_3 SO_4^- Na^+ - C_{16} N^+ Me_3 Cl^-$	25	—	-16.8	Esumi, 1994
$C_{12} (OE)_3 SO_4^- Na^+ - C_8 F_{17} CH_2 CH(OH) CH_2 N^+ (CH_3) - (C_2H_4OH)_2 \cdot Cl^-$	25	—	-17.1	Esumi, 1994
$C_{12} (OE)_3 SO_4^- Na^+ - C_8 F_{17} CH_2 CH(OH) CH_2 N^+ - (CH_3)(C_2H_4OH)_2 \cdot Cl^-$	25	—	-10.7	Esumi, 1994
$C_4 H_9 \phi SO_3^- Na^+ - C_{16} N^+ Me_3 Br^-$	27	-9.95	—	Bhat, 1999
$(CH_3)_2 CHCH_2 \phi SO_3^- Na^+ - C_{16} N^+ Me_3 Br^-$	27	-9.4	—	Bhat, 1999
$(CH_3)_3 C \phi SO_3^- Na^+ - C_{16} N^+ Me_3 Br^-$	27	-8.2	—	Bhat, 1999
$C_{16} - 2 - \phi - SO_3^- Na^+ - C_{14} N^+ Me_3 Br^-$	50	—	-19.4	Bourrel, 1984
$C_{16} - 4 - \phi - SO_3^- Na^+ - C_{14} N^+ Me_3 Br^-$	50	—	-17.2	Bourrel, 1984

续表

混合物	温度,℃	β^{α}	β^{M}	参考文献
$C_{16}-6-\phi-SO_3^-\,Na^+-C_{14}N^+Me_3Br^-$	50	—	-16.1	Bourrel, 1984
$C_{16}-8-\phi-SO_3^-\,Na^+-C_{14}N^+Me_3Br^-$	50	—	-15.3	Bourrel, 1984
$C_{14}-7-\phi-SO_3^-\,Na^+-C_{14}N^+Me_3Br^-$	50	—	-17.3	Bourrel, 1984
$C_{12}-6-\phi-SO_3^-\,Na^+-C_{14}N^+Me_3Br^-$	50	—	-18.7	Bourrel, 1984
$C_{10}-5-\phi-SO_3^-\,Na^+-C_{14}N^+Me_3Br^-$	50	—	-19.9	Bourrel, 1984
$C_{12}SO_3^-\,Na^+-C_{14}N^+Me_3Br^-$	50	—	-20.0	Bourrel, 1984
阴离子—非离子混合物				
$C_7F_{15}COO^-\,Na^+-C_8SOCH_3$	25	-4.7	-3.2	Zhao, 1986
$C_7F_{15}COO^-\,Li^+-C_8-\beta-D-$葡糖苷	25	—	-1.9	Esumi, 1996
$C_{10}SO_3^-\,Na^+-1,2-C_{12}$十二醇 (0.1 M NaCl)	25	-2.4	—	Rosen, 1983
$C_{12}SO_3^-\,Na^+-1,2-C_{12}$十二醇 (0.1 M NaCl)	25	-2.75	-1.3	Zhou, 2003
$C_{12}SO_3^-\,Na^+-1,2-C_{12}$十二醇 (0.1 M NaCl)	25	-3.0	-1.45	Rosen, 1983
$C_{12}SO_3^-\,Na^+-4,5-C_{12}$十二醇 (0.1 M NaCl)	25	-3.2	—	Zhou, 2003
$C_{14}SO_3^-\,Na^+-1,2-C_{12}$十二醇 (0.1 M NaCl)	25	-2.6	—	Rosen, 1983
$C_{12}SO_3^-\,Na^+-N-$辛基$-2-$吡咯烷酮 (H_2O-空气)	25	-2.6	—	Rosen, 1989b
$C_{12}SO_3^-\,Na^+-N-$辛基$-2-$吡咯烷酮 (H_2O-石蜡)	25	$-2.1(\beta_{LL}^a)$	—	Rosen, 1989b
$C_{12}SO_3^-\,Na^+-N-$辛基$-2-$吡咯烷酮 (H_2O-PTFE^e)	25	$-2.0(\beta_{LL}^a)$	—	Rosen, 1989b
$C_{12}SO_3^-\,Na^+-N-$辛基$-2-$吡咯烷酮 (0.1 M NaCl(水)$-$空气)	25	-3.1	—	Rosen, 1989b
$C_{12}SO_3^-\,Na^+-N-$辛基$-2-$吡咯烷酮 (0.1 M NaCl(水)$-$石蜡)	25	$-2.9(\beta_{LL}^a)$	—	Rosen, 1989b
$C_{12}SO_3^-\,Na^+-N-$辛基$-2-$吡咯烷酮 (0.1 M NaCl(水)$-$PTFE^e)	25	$-2.5(\beta_{LL}^a)$	—	Rosen, 1989b
$C_{12}SO_3^-\,Na^+-N-$十二烷基$-2-$吡咯烷酮 (0.1 M NaCl(水)$-$十六烷)	25	$-1.7(\beta_{LL}^a)$	—	Rosen, 1989b
$C_{12}SO_3^-\,Na^+-N-$辛基$-2-$吡咯烷酮 (0.1 M NaCl(水)$-$十六烷)	25	$-2.3(\beta_{LL}^a)$	—	Rosen, 1989b
$C_{12}SO_3^-\,Na^+-C_{11}H_{23}CON(CH_3)CH_2(CHOH)_4CH_2OH$ (0.1 M NaCl)	25	-2.8	-1.8	Zhou, 2003
$C_{12}SAS^-\,Na^{+b}-C_{12}(OE)_7OH$	25	-0.2	-1.0	Zhu, 1987
$C_{10}SO_3^-\,Na^+-C_{12}(OE)_8OH$ (0.1 M NaCl)	25	-2.2	—	Rosen, 1983
$C_{12}SO_3^-\,Na^+-TMN6^f$ (0.1 M NaCl)	25	-1.7	-2.1	Zhou, 2003
$C_{12}SO_3^-\,Na^+-C_{12}(OE)_4OH$ (0.1 M NaCl)	25	-1.6	-0.8	Zhou, 2003

续表

混合物	温度,℃	β^{α}	β^{M}	参考文献
$C_{12}SO_3^- Na^+ - C_{12}(OE)_7OH$ (0.1 M NaCl)	25	-1.7	-2.4	Zhou, 2003
$C_{12}SO_3^- Na^{+b} - C_{12}(OE)_8OH$	25	-1.5	-3.4	Rosen, 1983
$C_{12}SO_3^- Na^+ - C_{12}(OE)_8OH$ (0.1 M NaCl)	25	-2.6	-3.1	Rosen, 1983
$C_{12}SO_3^- Na^+ - C_{12}(OE)_8OH$ (0.5 M NaCl)	25	-2.0	—	Rosen, 1983
$C_{12}SO_3^- Na^+ - C_{12}(OE)_8OH$ (0.1 M NaCl (水) - PTFE^e)	25	$-2.1(\beta_{SL}^{\alpha})$	—	Gu, 1989
$C_{12}SO_3^- Na^+ - C_{12}(OE)_8OH$ (0.5 M NaCl (水) - PTFE^e)	25	$-1.7(\beta_{SL}^{\alpha})$	—	Gu, 1989
$C_{12}SO_3^- Na^+ - C_{14}(OE)_8OH$ (0.1 M NaCl)	25	-1.1	-0.5	Zhou, 2003
$C_{12}SO_3^- Na^+ - C_{14}(OE)_8OH$ (0.1 M NaCl)	25	-1.4	-2.0	Zhou, 2003
$C_{14}SO_3^- Na^+ - C_{12}(OE)_8OH$ (0.1 M NaCl)	25	-2.3	—	Rosen, 1983
$C_{10}SO_4^- Na^+ - C_{12}(OE)_8OH$ (0.1 M NaCl)	25	-3.2	—	Rosen, 1983
$C_{12}SO_4^- Na^+ - C_8(OE)_4OH$	25	—	-3.1	Lange, 1973
$C_{12}SO_4^- Na^+ - C_8(OE)_5OH$	25	—	-3.4	Lange, 1973
$C_{12}SO_4^- Na^+ - C_8(OE)_{12}OH$	25	—	-4.1	Lange, 1973
$C_{12}SO_4^- Na^+ - C_{10}(OE)_4OH$ ($5 \times 10^{-4} M$ Na$_2$CO$_3$)	23	—	-3.6	Holland, 1983
$C_{12}SO_4^- Na^+ - C_{12}(OE)_4OH$ (0.1 M NaCl)	25	-3.0	—	Huber, 1991
$C_{12}SO_4^- Na^+ - C_{12}(OE)_4OH$ (0.1 M NaCl - PTFE^e)	25	$-2.1(\beta_{SL}^{\alpha})$	—	Huber, 1991
$C_{12}SO_4^- Na^+ - C_{12}(OE)_8OH$ (0.1 M NaCl)	25	-2.5	-3.4	Penfold, 1995; Goloub, 2000
$C_{12}SO_4^- Na^+ - C_{12}(OE)_8OH$	25	-2.7	-4.1	Rosen, 1983
$C_{12}SO_4^- Na^+ - C_{12}(OE)_8OH$ (0.1 M NaCl)	25	-3.5	—	Rosen, 1983
$C_{12}SO_4^- Na^+ - C_{12}(OE)_8OH$ (0.1 M NaCl - PTFE^e)	25	$-2.9(\beta_{SL}^{\alpha})$	—	Ou, 1989
$C_{12}SO_4^- Na^+ - C_{14}(OE)_8OH$ (0.5 M NaCl)	25	-3.3, 3.1	-3.0	Ingram, 1980; Rosen, 1983
$C_{12}SO_4^- Na^+ - C_{12}(OE)_8OH$ (0.5 M NaCl - PTFE^e)	25	$-2.7(\beta_{SL}^{\alpha})$	—	Ou, 1989
$C_{12}SO_4^- Na^+ - C_{16}(OE)_{10}OH^g$	30	-4.3	-6.6	Ogino, 1986
$C_{12}SO_4^- Na^+ - C_{16}(OE)_{20}OH^g$	30	—	-6.2	Ogino, 1986
$C_{12}SO_4^- Na^+ - C_{16}(OE)_{30}OH^g$	30	—	-4.3	Ogino, 1986
$C_{14}SO_4^- Na^+ - C_{12}(OE)_8OH$ (0.1 M NaCl)	25	-3.2	—	Rosen, 1983
$C_{12}(OE)SO_4^- Na^+ - C_{10}-\beta-$葡糖苷 (0.1 M NaCl, pH 5.7)	25	-1.8	-1.4	Rosen, 2001a
$C_{12}(OE)SO_4^- Na^+ - C_{10}-\beta-$麦芽糖苷 (0.1 M NaCl, pH 5.7)	25	-1.5	-1.3	Rosen, 2001a
$C_{12}(OE)SO_4^- Na^+ - C_{12}-\beta-$麦芽糖苷 (0.1 M NaCl, pH 5.7)	25	-1.4	-1.3	Rosen, 2001a
$C_{12}(OE)SO_4^- Na^+ - 2:1$ (摩尔) $C_{12}-\beta-$麦芽糖苷, $C_{12}-\beta-$糖苷葡 (0.1 M NaCl, pH 5.7)	25	-3.2	-3.2	Rosen, 2001a
$C_{12}(OE)_2SO_4^- Na^+ - 1,2-C_{10}$二醇 (0.1 M NaCl)	25	-1.4	~0	Zhou, 2003

续表

混合物	温度,℃	β^a	β^M	参考文献
$C_{12}(OE)_2SO_4^- Na^+ - C_{11}H_{23}CON(CH_3)-CH_2$ (CHOH)$_4$OH (0.1 M NaCl)	25	-1.8	-1.2	Zhou, 2003
$C_{12}(OE)_2SO_4^- Na^+ Cg(OE)_4OH$	25	—	-1.6	Holland, 1984
$C_{12}(OE)_2SO_4^- Na^+ - TMN6^f$ (0.1 M NaCl)	25	-1.6	-0.9	Zhou, 2003
$C_{12}(OE)_2SO_4^- Na^+ - C_{12}(OE)_4OH$ (0.1 M NaCl)	25	-1.4	-0.9	Zhou, 2003
$C_{12}(OE)_2SO_4^- Na^+ - C_{12}(OE)_6OH$ (0.1 M NaCl)	25	-1.5	-1.95	Zhou, 2003
$C_{12}(OE)_2SO_4^- Na^{+b} - C_{12}(OE)_{10}OH^b$ (0.1 M NaCl)	25	-2.1	-2.3	Rosen, 1988
$C_{10}-3\phi SO_3^- Na^+ - C_9\phi(OE)_{10}OH$ (0.17 N NaCl)	27	—	-1.5	Osbome-Lee, 1985
$LAS^- Na^{+a} - C_{10}-\beta-$麦芽糖苷 (0.1 M NaCl)	22	-1.9	-2.1	Liljekvist, 2000
$LAS^- Na^{+a} - C_{11}CON(C_2H_4OH)_2$ (0.1 M NaCl)	25	-2.4	-1.5	Rosen, 1988
$LAS^- Na^{+a} - N-$辛基$-2-$吡咯烷酮 (0.005 M NaCl)(水)-空气)	25	-3.8	-2.3	Zhu, 1989
$LAS^- Na^{+a} - N-$十二烷基$-\alpha-$吡咯烷酮 (0.005 M NaCl)(水)-空气)	25	-3.1	-1.7	Zhu, 1989
$LAS^- Na^{+a} - C_{10}(OH)_8OH$ (0.1 M NaCl)	22	-4.8	-3.3	Liljekvist, 2000
$LAS^- Na^{+a} - C_{12}(OH)_{10}OH$ (0.1 M NaCl)	25	-2.4	-2.7	Rosen, 1988
$C_{12}-2-\phi SO_3^- Na^+ - C_{12}(OE)_8OH$	25	-3.1	-5.2	Utarapichart, 1987
$C_{12}-2-\phi SO_3^- Na^+ - C_{12}(OE)_8OH$ (0.005 N NaCl)	25	-4.0	-5.8	Utarapichart, 1987
$C_{12}-2-\phi SO_3^- Na^+ - C_{12}(OE)_8OH$ (0.01 N NaCl)	25	-4.3	-5.4	Utarapichart, 1987
$C_{12}-2-\phi SO_3^- Na^+ - C_{12}(OE)_8OH$ (0.01 N NaCl)	40	-3.4	-3.8	Utarapichart, 1987
$C_{12}-4-\phi SO_3^- Na^+ - C_{12}(OE)_8OH$	25	-2.3	-5.1	Utarapichart, 1987
$C_{12}-4-\phi SO_3^- Na^+ - C_{12}(OE)_8OH$ (0.005 N NaCl)	25	-3.9	-5.5	Utarapichart, 1987
$C_{12}-4-\phi SO_3^- Na^+ - C_{12}(OE)_8OH$ (0.01 N NaCl)	25	-3.9	-5.0	Utarapichart, 1987
$C_{12}-4-\phi SO_3^- Na^+ - C_{12}(OE)_8OH$ (0.1 N NaCl)	25	-3.5	-3.9	Utarapichart, 1987
$C_{12}-4-\phi SO_3^- Na^+ - C_9\phi(OE)_{50}OH^b$ (0.17 N NaCl)	27	—	-2.6	Osborne-Lee, 1985
$AOT^c - 1,2-C_{10}$二醇 (0.1 M NaCl)	25	-1.3	-1.2	Zhou, 2003
$AOT^c - TMN6^f$ (0.1 M NaCl)	25	-0.5	-0.5	Zhou, 2003
$AOT^c Na^+ - C_{12}(OE)_5OH$	25	-0.9	-1.2	Chang, 1985
$AOT^c - C_{12}(OE)_6OH$ (0.1 M NaCl)	25	-1.6	-1.5	Zhou, 2003
$AOT^c Na^+ - C_{12}(OE)_7OH$	25	-1.6	-1.9	Chang, 1985
$AOT^c Na^+ - C_{12}(OE)_8OH$	25	-2.6	-2.0	Utarapichart, 1987
$AOT^c Na^+ - C_{12}(OE)_8OH$ (0.05 N NaCl)	25	-1.7	-3.6	Utarapichart, 1987
$AOT^c - C_{14}(OE)_8OH$ (0.1 M NaCl)	25	-2.05	-0.2	Zhou, 2003
$C_{12}H_{25}CH(SO_3^- Na^+)COOCH_3 - C_9H_{19}CON(CH_3)-CH_2$ (CHOH)$_4$CH$_2$OH	30	—	-2.1	Okano, 2000

续表

混合物	温度,℃	β^σ	β^M	参考文献
阴离子—两性离子混合物				
$C_8F_{17}SO_3^-Li^+ - C_6F_{13}C_2H_4SO_2NH(CH_2)_3N^+(CH_3)_2CH_2COO^-$	25	—	-8.3	Esutni, 1993
$C_{12}SO_3^-Na^+ - C_{12}N^+H_2(CH_2)_2COO^-$ (0.1 M NaBr（水）-空气, pH 5.8)	25	-4.2	-1.2	Rosen, 1991a
$C_{12}SO_3^-Na^+ - C_{12}N^+(Br)(Me)CH_2COO^-$ (pH 5.0)	25	-6.9	-5.4	Rosen, 1984
$C_{12}SO_3^-Na^+ - C_{12}N^+(Br)(Me)CH_2COO^-$ (pH 6.7)	25	-4.9	-4.4	Rosen, 1984
$C_{12}SO_3^-Na^+ - C_{12}N^+(Br)(Me)CH_2COO^-$ (pH 9.3)	25	-2.9	-1.7	Rosen, 1984
$C_{12}SO_3^-Na^+ - C_{12}N^+(Br)(Me)CH_2COO^-$ (0.1 M NaBr - PTFE^e, pH 5.8)	25	-6.2	—	Rosen, 1987
$C_{12}SO_3^-Na^+ - C_{12}N^+(Br)(Me)CH_2COO^-$ (0.1 M NaBr - 石蜡, pH 5.8)	25	-6.9	—	Gu, 1989
$C_{12}SO_3^-Na^+ - C_{12}N^+(Br)(Me)CH_2COO^-$ (pH 5.8) 庚烷-水	25	-5.2(β^σ_{LL})	-4.0(β^σ_{LL})	Rosen, 1989c
$C_{12}SO_3^-Na^+ - C_{12}N^+(Br)(Me)CH_2COO^-$ (pH 5.8) 十二烷-水	25	-4.8(β^σ_{LL})	-3.6(β^σ_{LL})	Rosen, 1989c
$C_{12}SO_3^-Na^+ - C_{12}N^+(Br)(Me)CH_2COO^-$ (pH 5.8) 庚烷-水	25	-4.7(β^σ_{LL})	-4.0(β^σ_{LL})	Rosen, 1989c
$C_{12}SO_3^-Na^+ - C_{12}N^+(Br)(Me)CH_2COO^-$ (pH 5.8) 异辛烷-水	25	-4.4(β^σ_{LL})	-4.0(β^σ_{LL})	Rosen, 1989c
$C_{12}SO_3^-Na^+ - C_{12}N^+(Br)(Me)CH_2COO^-$ (pH 5.8) 环己烷-水	25	-5.0(β^σ_{LL})	-4.2(β^σ_{LL})	Rosen, 1989c
$C_{12}SO_3^-Na^+ - C_{12}N^+(Br)(Me)CH_2COO^-$ (pH 5.8) 甲苯-水	25	-3.2(β^σ_{LL})	-2.1(β^σ_{LL})	Rosen, 1989c
$C_{12}SO_3^-Na^+ - C_{10}N^+(Br)(Me)C_2H_4SO_3^-$ (pH 6.6)	25	-2.5	—	Rosen, 1984
$C_{12}SO_3^-Na^+ - C_{14}N^+(CH_3)_2O^-$ (0.1 M NaCl（水）-空气, pH 5.8)	25	-10.3	-7.8	Rosen, 1994
$C_{12}SO_3^-Na^+ - C_{14}N^+(CH_3)_2O^-$ (0.1 M NaCl（水）-空气, pH 2.9)	25	-13.5	—	Rosen, 1994
$C_{12}SO_4^-Na^+ - C_{12}N^+H_2(CH_2)_2COO^-$	30	-13.4	-10.6	Tajima, 1979
$C_{10}SO_4^-Na^+ - C_{10}S^+(Me)O^-$	25	-4.3	-4.3	Zhu, 1988
$C_{12}SO_4^-Na^+ - C_{12}N^+H_2(CH_2)_2COO^-$	30	-15.7	-14.1	Tajima, 1979
$C_{12}SO_4^-Na^+ - C_{12}N^+(CH_3)_2O^-$	23	—	-7.0	Goloub, 2000
$C_{12}SO_4^-Na^+ - C_{10}S^+(Me)O^-$ ($1\times10^{-3}M$ Na$_2$CO$_3$)	24	—	-2.4	Holland, 1983
$C_{12}SO_4^-Na^+ - C_{10}P^+(Me)_2O^-$ ($1\times10^{-3}M$ Na$_2$CO$_3$)	24	—	-3.7	Holland, 1983

续表

混合物	温度,℃	β^a	β^M	参考文献
$C_{12}SO_4^-Li^+ - C_6F_{13}C_2H_4SO_2NH(CH_2)_3N^+(CH_3)_2CH_2-COO^-$	25	—	0	Esuml, 1993
$C_{14}SO_4^-Na^+ - C_{12}N^+H_2(CH_2)_2COO^-$	30	−15.5	−15.5	Tajims, 1979
$LAS^-Na^{+a} - C_{12}N^+(Me)_2CH_2COO^-$ (0.1 N NaCl, pH 5.8)	25	−3.8	−2.9	Rosen, 1988
$LAS^-Na^{+a} - C_{12}N^+(Me)_2CH_2COO^-$ (0.1 N NaCl, pH 9.3)	25	−2.8	−1.7	Rosen, 1988
阳离子—阳离子混合物				
$C_{12}N^+Me_3Cl^- - C_{14}N^+Me_3Cl$	30	—	−0.8	Filipovic-Vinockovic, 1997
阳离子—非离子混合物				
$C_{10}N^+Me_3Br^- - C_{10}-\beta-$葡糖苷 (0.1 M NaCl, pH 9.0)	25	−1.2	−1.2	Rosen, 2001a
$C_{10}N^+Me_3Br^- - C_{10}-\beta-$麦芽糖苷 (0.1 M NaCl, pH 9.0)	25	−0.3	−0.3	Rosen, 2001a
$C_{12}N^+Me_3Br^- - C_{12}-\beta-$麦芽糖苷 (0.1 M NaCl, pH 5.7)	25	−1.0	−0.8	Rosen, 2001a
$C_{12}N^+Me_3Br^- - C_{12}-\beta-$麦芽糖苷 (0.1 M NaCl, pH 9.0)	25	−1.9	−1.5	Rosen, 2001a
$C_{12}N^+Me_3Cl^- - \alpha:1$(摩尔)$C_{12}-\beta-$麦芽糖苷,$C_{12}-\beta-$葡糖苷(0.1 M NaCl, pH 9.0)	25	−2.8	−2.8	Rosen, 2001a
$C_{14}N^+Me_3Br^- - C_{12}-\beta-$麦芽糖苷 (0.1 M NaCl, pH 9.0)	25	−1.8	−1.3	Rosen, 2001a
$C_{10}N^+Me_3Br^- - C_8(OE)_4OH$ (0.05 M NaBr)	23	—	−1.8	Holland, 1983
$C_{12}N^+Me_3Cl^- - C_{12}(OE)_4OH$ (0.1 M NaCl)	25	−1.8	−0.35	Zhou, 1983
$C_{12}N^+Me_3Cl^- - C_{12}(OE)_5OH$	25	—	−1.0	Rubingh, 1982
$C_{12}N^+Me_3Cl^- - C_{12}(OE)_7OH$ (0.1 M NaCl)	25	−1.8	−1.2	Zhou, 1983
$C_{16}N^+Me_3Br^- - C_{12}(OE)_5OH$	25	—	−3.0	Rubingh, 1982
$C_{16}N^+Me_3Cl^- - C_{12}(OE)_8OH$ (0.1 M NaCl)	25	—	−3.1	Lange, 1973
$C_{20}N^+Me_3Cl^- - C_{12}(OE)_8OH$	25	—	−4.6	Lange, 1973
$C_{12}Pyr^+Br^{-d} - N-$辛基$-2-$吡咯烷酮 (0.1 M NaBr, pH 5.9)	25	−1.6	—	Rosen, 1991a
$C_{12}Pyr^+Br^- - C_{12}(OE)_8OH$	25	−1.0	—	Hua, 1982a
$C_{12}Pyr^+Br^- - C_{12}(OE)_8OH$ (0.1 M NaBr)	25	−0.8	—	Rosen, 1982
$C_{12}Pyr^+Cl^- - C_{12}(OE)_8OH$	25	−2.8	—	Rosen, 1983
$C_{12}Pyr^+Cl^- - C_{12}(OE)_8OH$ (0.1 M NaCl)	10	−2.5	—	Rosen, 1983
$C_{12}Pyr^+Cl^- - C_{12}(OE)_8OH$ (0.1 M NaCl)	25	−2.2	—	Rosen, 1983
$C_{12}Pyr^+Cl^- - C_{12}(OE)_8OH$ (0.1 M NaCl)	40	−2.0	—	Rosen, 1983
$C_{12}Pyr^+Cl^- - C_{12}(OE)_8OH$ (0.5 M NaCl)	25	−1.5	—	Rosen, 1983
$(C_{12})_2N^+Me_2Br^- - C_{12}(OE)_5OH$	25	—	−1.6	Rubingh, 1982
阳离子—两性离子混合物				

混合物	温度,℃	β^σ	β^M	参考文献
$C_{10}N^+Me_3Br^- - C_{10}S^+MeO^-$, pH 5.9	25	-0.6	-0.6	Zhu, 1988
$C_{12}N^+Me_3Br^- - C_{12}N^+(Bz)(Me)CH_2COO^-$, pH 5.8	25	-1.3	-1.3	Rosen, 1984
$C_{12}Pyr^+Br^{-d} - C_{12}N^+H_2CH_2CH_2COO^-$ (0.1 M NaBr (aq.), pH 5.8)	25	-4.8	-3.4	Rosen, 1991a
非离子—非离子混合物				
$C_{10}-\beta-$葡糖苷$-C_{10}-\beta-$麦芽糖苷 (0.1 M NaCl, pH 9.0)	25	-0.3	-0.2	Rosen, 2001a
$C_{10}-\beta-$麦芽糖苷$-C_{12}(OE)_7OH$	25	—	-0.04	Slerra, 1999
$C_{10}-\beta-$葡糖苷$-C_{10}(OE)_8OH$ (0.1 M NaCl)	22	-0.5	-0.3	Lujekvist, 2000
$C_{12}-\beta-$葡糖苷$-C_{12}(OE)_7OH$ (0.1 M NaCl, pH 5.7)	25	-0.7	-0.05	Rosen, 2001a
$C_{12}(OE)_3OH - C_{12}(OE)_8OH$	25	-0.2	—	Rosen, 1982
$C_{12}(OE)_3OH - C_{12}(OE)_8OH$ (H_2O-十六烷)	25	$-0.7(\beta^\sigma_{LL})$	$-0.2(\beta^M_{LL})$	Rosen, 1991b
$C_{12}(OE)_4OH - C_{12}(OE)_8OH$ (0.1 M NaCl)	25	-0.3	—	Huber, 1991
$C_{12}(OE)_8OH - C_{12}(OE)_4OH$ (0.1 M NaCl $-$ PTFE^e)	25	$0.0(\beta^\sigma_{SL})$	—	Huber, 1991
$C_{10}F_{19}(OE)_9OH-1-C_8H_{17}C_6H_4(OE)_{10}OH$	25	+0.8	—	Zhao, 1986
$N-$丁基$-2-$吡咯烷酮$-(CH_3)_3SiOSi(CH_3)-[CH_2(CH_2CH_2O)_{8.5}CH_3]OSi(CH_3)_3$, pH 7.0	25	-0.4	—	Wu, 2002
$N-$丁基$-2-$吡咯烷酮$-(CH_3)_3SiOSi(CH_3)-[CH_2(CH_2CH_2O)_{8.5}CH_3]OSi(CH_3)_3$, 聚乙烯, pH 7.0	25	$-3.5(\beta^\sigma_{SL})$	—	Wu, 2002
$N-$丁基$-2-$吡咯烷酮$-(CH_3)_3SiOSi(CH_3)-[CH_2(CH_2CH_2O)_{8.5}CH_3]OSi(CH_3)_3$, pH 7.0	25	-0.8	—	Wu, 2002
$N-$丁基$-2-$吡咯烷酮$-(CH_3)_3SiOSi(CH_3)-[CH_2(CH_2CH_2O)_{8.5}CH_3]OSi(CH_3)_3$, 聚乙烯, pH 7.0	25	$-5.9(\beta^\sigma_{SL})$	—	Wu, 2002
$N-(2$乙基己基$)-2-$吡咯烷酮$-(CH_3)_3SiOSi(CH_3)-[CH_2(CH_2CH_2O)_{8.5}CH_3]OSi(CH_3)_3$, pH 7.0	25	-0.7	—	Wu, 2002
$N-(2$乙基己基$)-2-$吡咯烷酮$-(CH_3)_3SiOSi(CH_3)-[CH_2(CH_2CH_2O)_{8.5}CH_3]OSi(CH_3)_3$, 聚乙烯, pH 7.0	25	$-6.7(\beta^\sigma_{SL})$	—	Wu, 2002
$N-$辛基$-2-$吡咯烷酮$-(CH_3)_3SiOSi(CH_3)-[CH_2(CH_2CH_2O)_{8.5}CH_3]OSi(CH_3)_3$, pH 7.0	25	-0.4	—	Wu, 2002
$N-$辛基$-2-$吡咯烷酮$-C_{12}(OE)_8OH$ (H_2O-hexadecane)	25	$-0.5(\beta^\sigma_{LL})$	$-0.1(\beta^M_{LL})$	Rosen, 1991b
$N-$辛基$-2-$吡咯烷酮$-(CH_3)_3SiOSi(CH_3)-[CH_2(CH_2CH_2O)_{8.5}CH_3]OSi(CH_3)_3$, 聚乙烯, pH 7.0	25	$-5.4(\beta^\sigma_{SL})$	—	Wu, 2002

续表

混合物	温度,℃	β^{α}	β^M	参考文献
N-癸基-2-吡咯烷酮-$(CH_3)_3SiOSi(CH_3)$-$[CH_2(CH_2CH_2O)_{8.5}CH_3]OSi(CH_3)_3$, pH 7.0	25	+0.1	—	Wu, 2002
N-癸基-2-吡咯烷酮-$(CH_3)_3SiOSi(CH_3)$-$[CH_2(CH_2CH_2O)_{8.5}CH_3]OSi(CH_3)_3$, 聚乙烯, pH 7.0	25	$+1.2(\beta_{LL}^{\sigma})$	—	Wu, 2002
N-辛基-2-吡咯烷酮-$C_{12}(OE)_8OH$ (H_2O-十六烷)	25	$-2.0(\beta_{LL}^{\sigma})$	$-1.4(\beta_{LL}^M)$	Rosen, 1991b
非离子—两性离子混合物				
C_{12}-β-麦芽糖-$C_{12}N^+(Bz)(Me)CH_2COO^-$ (0.1 M NaCl, pH 5.7)	25	-1.7	-1.1	Rosen, 2001a
2:1(摩尔) C_{12}-β-麦芽糖-C_{12}-β-葡糖苷 $C_{12}N^+(Bz)MeCH_2COO^-$ (0.1 M NaCl, pH 5.7)	25	-2.7	-2.7	Rosen, 2001a
$C_{10}(EO)_4OH$-$C_{12}N^+(Me)_2O^-$ ($5\times10^{-4}Na_2CO_3$)	23	—	-0.8	Holland, 1983
$C_{12}(EO)_6OH$-$C_{12}N^+(Me)_2O^-$ (pH 2)	23	—	-1.0	Goloub, 2000
$C_{12}(EO)_6OH$-$C_{12}N^+(Me)_2O^-$ (pH 8)	23	—	-0.3	Goloub, 2000
$C_{12}(EO)_8OH$-$C_{12}N^+(Bz)(Me)CH_2COO^-$	25	-0.6	-0.9	Rosen, 1984

[a] LAS^-Na^+:商品十二烷基苯磺酸钠；

[b] SAS:商品仲烷基磺酸盐；

[c] AOTNa:(2-乙基己基)磺酸钠；

[d] Pyr:吡啶鎓；

[e] PTFE:聚四氟乙烯；

[f] TMN6:商品 2,4,8-三四基壬基氧乙烯醇；

[g]:商品。